吴宇平　袁翔云　董　超　段冀渊　编著

锂离子电池
——应用与实践

第二版

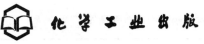

化学工业出版社

·北京·

锂离子电池作为新型能源材料之一正处于蓬勃发展时期。本书主要讲述锂离子电池的原理、研究方法、负极材料（碳基负极材料和非碳基负极材料）、正极材料（氧化钴锂、氧化镍锂、氧化锰锂、钒的氧化物和其他正极材料）、电解质（液体电解质、固体电解质和凝胶电解质）、锂离子电池材料的最新制备方法及锂离子电池的生产和检测、锂离子电池的充放电行为和锂离子电池的主要应用。全书许多内容反映了国际、国内的最新研究和生产成果，基本概念清楚、思路清晰、内容全面、易于读者理解。

本书对从事锂离子电池研究、开发和生产人员而言具有重要的参考价值和现实指导意义，本书也可以作为高等院校相关专业教师和学生的参考书。

图书在版编目（CIP）数据

锂离子电池——应用与实践 /吴宇平等编著.
2 版. —北京：化学工业出版社，2011.12（2024.8 重印）
ISBN 978-7-122-12421-0

Ⅰ. 锂… Ⅱ. 吴… Ⅲ. 锂离子电池-研究
Ⅳ. TM912

中国版本图书馆 CIP 数据核字（2011）第 196635 号

责任编辑：朱　彤　　　　　　　　　　　文字编辑：糜家铃
责任校对：洪雅姝　　　　　　　　　　　装帧设计：刘丽华

出版发行：化学工业出版社（北京市东城区青年湖南街 13 号　邮政编码 100011）
印　　装：北京虎彩文化传播有限公司
787mm×1092mm　1/16　印张 25¾　字数 714 千字　2024 年 8 月北京第 2 版第 15 次印刷

购书咨询：010-64518888　　　　　　　　售后服务：010-64518899
网　　址：http://www.cip.com.cn
凡购买本书，如有缺损质量问题，本社销售中心负责调换。

定　　价：88.00 元

第二版前言

2004 年我国电化学开拓者之一吴浩青院士 90 华诞之时,我们出版了《锂离子电池——应用与实践》一书以庆祝。当时,吴先生说待到该书再版时,他来题序。然而,时间易逝,2010年我们敬爱的吴先生离我们而去。值吴先生离开我们一周年之际,再版此书,以表深切的思念!

在该书的第二版中,一方面丰富了原有的内容,补充了最新的一些资料,另一方面将第一版中的一些内容进行了删除和合并。国泰华荣化工有限公司的袁翔云、上海出入境检验检疫局的董超和段冀渊等人在实用方面提出了许多有价值的建议,并进行了一些编写和审定工作。

本书主要讲述锂离子电池的原理、研究方法、负极材料(碳基负极材料和非碳基负极材料)、正极材料〔氧化钴锂、氧化镍锂、氧化锰锂、磷酸(亚)铁锂、钒的氧化物和其他正极材料〕、电解质(液体电解质、固体电解质和凝胶电解质)、锂离子电池的生产和检测、锂离子电池的充放电行为、锂离子电池的应用和与锂离子电池有关的资源分布,在最后一章讲述了其他类型的锂二次电池。有关内容较第一版在广度和深度上做了相当大的拓展。第 1 章和第 2 章由唐伟、第 3 章和第 4 章由刘丽丽、第 5 章～第 7 章由白羽、第 8 章和第 9 章由侯宇扬、第 10章由朱玉松、第 11 章和第 12 章由王旭炯、第 13 章和第 14 章由田舒、第 15 章和第 16 章由孙红、第 17 章由唐伟负责新文献的收集和整理工作以及本书的编写工作。

本书的出版得到了国家"973"项目(2007CB209702)、国际合作项目(2010DFA61770)和自然科学基金委(21073046)等的支持,在此表示感谢!

化学工业出版社对本书的出版给予大力的支持和帮助,并经常关心本书的写作进程,在此对他们的辛勤工作和关心表示深深的谢意和崇高的敬意!

最后,感谢刘芳林女士在本书的编写过程中做了许多有益的编辑和整理工作!

由于时间关系,书中疏漏与不足在所难免,敬请国内、国外同行多加指正。

编 者

2011 年 11 月

第一版前言

在国内外前辈和同行的支持、鼓励下，我们曾经出版了《锂离子二次电池》一书。由于篇幅所限，在该书中对有关锂离子电池的诸多方面不能较系统地涉及；再加上两年时间已过去，锂离子电池各方面的技术又有长足的发展。同时，原书在实际应用部分有待于加强。为了能给从事锂离子电池产业界的同行以更多的借鉴意义，很有必要编写一本新的专著。因此，通过与国内在产业方面经验比较丰富的研究开发人员进行充分的交流、合作，编写了本书。

本书主要讲述锂离子电池的原理、研究方法、负极材料（碳基负极材料和非碳基负极材料）、正极材料（氧化钴锂、氧化镍锂、氧化锰锂、钒的氧化物和其他正极材料）、电解质（液体电解质、固体电解质和凝胶电解质）、锂离子电池材料的最新制备方法及锂离子电池的生产和检测、锂离子电池的充放电行为和锂离子电池的主要应用。在本书的最后一章讲述与锂离子电池有关的资源分布。本书有关内容较前一书在广度和深度上进行了相当大的拓展。

本书在编写过程中得到了国家"211"工程重点学科的支持；同时，还得到了张家港市国泰华荣化工新材料有限公司的独家赞助和支持，在此表示衷心感谢！中国科学院化学研究所的方世璧教授、李永军教授、唐晓辉高工以及书后附录中与锂离子电池有关的一些主要企业对本书的出版也给予很大的帮助和支持，在此表示由衷的谢意！

化学工业出版社的编辑以及其他有关同志对本书的出版给予大力的支持和帮助，并经常关心本书的写作进程。在这里对他们的辛勤工作表示深深的谢意和崇高的敬意！最后感谢刘芳林女士在本书的编写过程中所做的编辑和整理工作。

由于时间关系，书中错误在所难免。敬请国内、国外同行多加指正。

编　者
2004 年 3 月

目录

第1章

锂离子电池的发展

1.1 电池的发展过程及我国的电池发展简史

  电池的发展史可以追溯到公元左右，那时人们就对电池有了原始的认识，但是一直到 1800 年，意大利人伏打（Volt）发明了人类历史上第一套电源装置，开始了电池原理的了解，并使电池得到了应用［他也因此获得了伯爵的头衔；为了纪念他，将电压的单位定为伏特（voltage）］，从此开始了电池的历史。两个世纪过去了，电池发展经历了一系列的重大变革，如 1836 年诞生了丹尼尔电池；1839 年 Grove 提出空气电池原理；1859 年发明铅酸电池，1882 年实现其商品化，成为了最先得到应用的充电电池体系，其充放电过程的电极反应如下：

铅酸电池 $\qquad\qquad PbO_2 + 2H_2SO_4 + Pb \Longrightarrow 2PbSO_4 + 2H_2O$ $\qquad\qquad$ (1-1)

  1868 年 Leclance 发明干电池（$Zn/ZnCl_2$-NH_4Cl/MnO_2），1888 年实现商品化。1883 年发明了氧化银电池。1899 年发明了镍-镉电池，1901 年发明了镍-铁电池。进入 20 世纪后，电池理论和技术一度处于停滞时期，但在第二次世界大战之后，随着一些基础研究在理论上取得突破、新型电极材料的开发和各种用电器具日新月异的发展，电池技术又进入一个快速发展的时期。1917 年发明了锌-空气电池；为了适应重负荷用途的需要，发展了碱性锌-锰电池。1951 年实现了镍-镉电池的密闭化。1958 年 Harris 提出了采用有机电解液作为锂一次电池的电解质，20 世纪 70 年代初期便实现了军用和民用。1962 年 Herbet 和 Ulam 提出采用硫材料作为电池器件的正极材料。后来基于环保考虑，研究重点转向蓄电池。镍-镉电池在 20 世纪初实现商品化以后，在 20 世纪 80 年代得到了迅速的发展，其充放电过程的电极反应如下：

$$Cd + 2NiOOH + 4H_2O \Longrightarrow Cd(OH)_2 + 2Ni(OH)_2 \cdot H_2O \quad E_0 = 1.30V \qquad (1-2)$$

  1901 年发明了镍-铁电池，其充放电过程的电极反应如下：

$$Fe + 2NiOOH + 4H_2O \Longrightarrow Fe(OH)_2 + 2Ni(OH)_2 \cdot H_2O \quad E_0 = 1.37V \qquad (1-3)$$

并也于 20 世纪初进行了商品化，然而由于铁电极易腐蚀，放置时自放电快，再加上充放电效率低，氢的析出过电位低，在充电时易放出氢气，因此后来基本上没有其商品了，主要是镍-镉充电电池。最近因其优良的环保效果，经过改进又有了商品。

  由于镉的毒性和镍-镉电池的记忆效应，被随之发展起来的 MH-Ni 电池部分取代。其充放电过程的电极反应如下：

$$M + xNi(OH)_2 \Longrightarrow MH_x + xNiOOH \quad E_0 = 1.30V \qquad (1-4)$$

1990 年前后，发明了锂离子电池。1991 年，锂离子电池实现商品化，1994 年发明水溶液可充锂电池（简称为水锂电），1995 年发明了聚合物锂离子电池（采用凝胶聚合物电解质为隔膜和电解质），1999 年进行商品化生产，2008 年发明了以掺杂化合物为负极、嵌入化合物为正极的新型水锂电。2009 年由于 Lisicon 陶瓷-玻璃膜的采用，日本研究人员发明了以金属锂为负极、空气为正极的充电式锂-空气电池，其中负极可以为聚合物电解质或有机电解液，正极为碱性水溶液体系。

电池的应用也得到了不断发展。例如 20 世纪 40 年代，电池的家用主要限于手电筒、收音机和汽车、摩托车的启动电源，而现代家庭则除了上述各种消费电子产品外，还有 40～50 种其他典型的用途，如从闹钟、手表到 CD 唱机和移动电话等。除了室内外，还有其他许多应用，特别是大电池，例如医院、宾馆、超市、电话交换机等场合用的应急电源，电动工具如拖船、拖车、铲车、轮椅车、高尔夫用车、电动汽车、混合动力车等用的动力电池，电网峰谷调节、电力储存用的储能电池，太阳板或风力发电站用电池、装备，导弹、潜艇和鱼雷等军用电池，还有满足各种特殊要求的电池等。

目前的电池通常分为两类：一次电池或原电池、二次电池或充放电电池或蓄电池。前者基本上只能放电一次，放电完后，不能再使用了。后者则是放电完了后，可以进行充电，然后又可以进行放电，反复使用多次。它们可以制成各种大小或型号的电池，例如小的有芯片、智能银行卡用的约几十微瓦·时的电池，大的有电站用于电网负荷调节的 100MW·h 的大型电池。其市场也非常广大，例如 1991 年世界电池产值为 210 亿美元，其中 40％为原电池，60％为充放电电池。当然，其市场目前正在迅速发展。

20 世纪 90 年代初，国家进行了"863"重点攻关，使 Ni-MH 电池的产业化得到了迅速的发展。在"十五"、"十一五"、"十二五"期间，我国科技部多次设立重大、重点等攻关项目，推动锂离子电池及其关键材料的产业化。目前我国在锂离子电池及其电极材料、电解液方面的产量均处于世界前三位。

1.2 高性能电池的参数

一般而言，高性能电池应满足如下 20 项参数：

①电池电压高，在放电区的大部分区域有着稳定的放电平台；②单位质量（W·h/kg）或体积（W·h/dm³）的储能密度高；③电池电阻低；④单位质量（W/kg）或体积（W/dm³）的输出峰功率大；⑤持续输出功率大；⑥工作温度范围宽；⑦搁置寿命长；⑧工作寿命长；⑨成本低；⑩使用可靠性高；⑪密封性好，耐液漏；⑫耐滥用；⑬ 在使用和事故调节下安全；⑭组成材料易得，且对环境影响小；⑮适宜于再生；⑯充放电效率高；⑰循环性能优越；⑱可进行快速充电；⑲可承受过充电和过放电；⑳不需要维护。

但是，对于实用电池而言，要满足上述全部 20 项高性能指标很难做到。但是，一些关键的参数，例如单位质量和体积的能量密度必须满足要求。对于锂离子电池而言，主要是满足质量和体积容量密度高、输出功率大、循环性能优良、放电区平稳、可进行快速充放电等一些要求。

1.3 锂离子电池的诞生过程

任何事物的诞生都有一定的背景。锂离子电池的产生同样也离不开这一点。20 世纪 60、70 年代发生的石油危机迫使人们去寻找新的替代能源。由于金属锂在所有金属中最轻、氧化还原电位最低、质量能量密度最大，因此锂电池成为了替代能源之一。在 20 世纪 70 年代初实现了锂原电池的商品化。锂原电池的种类比较多，其中常见的为 $Li//MnO_2$、$Li//CF_x$（$x<1$）、$Li//SOCl_2$。前两者主要是民用，后者主要是军用。与一般的原电池相比，它具有明显的优点：

① 电压高，传统的干电池一般为 1.5V，而锂原电池则可高达 3.9V；

② 比能量高，为传统锌负极电池的 2～5 倍；

③ 工作温度范围宽，锂原电池一般能在 －40～70℃ 下工作；

④ 比功率大，可以大电流放电；

⑤ 放电平稳，大多数锂一次电池具有平稳的放电曲线；

⑥ 储存时间长，预期可达 10 年。

因此在锂原电池的推动下，人们几乎在研究锂原电池的同时就开始可充放电的锂二次电池的研究。

随着人口的日益增加，而地球资源有限，因此迫使人们提高对资源的利用率，而采用充电电池是有效途径之一，从而推动了锂二次电池的研究和发展。

随着人们环保意识的日益增强，铅、镉等有毒金属的使用日益受到限制，因此需要寻找新的可替代传统铅酸电池和镍-镉电池的可充电电池。锂二次电池自然成为有力的候选者之一。

电子技术的不断发展推动各种电子产品向小型化发展，如便携电话、微型相机、笔记本电脑等的推广普及，而小型化发展必须伴随着电源的小型化。传统铅酸电池等的容量不高，因此也必须寻找新的电池体系。锂原电池的优点使锂二次电池成为强有力的候选者。

在 20 世纪 80 年代末以前，人们主要集中在以金属锂及其合金为负极的锂二次电池体系。但是锂在充电时候，由于金属锂电极表面的不均匀（凹凸不平）导致表面电位不均匀，从而造成锂的不均匀沉积。该不均匀沉积过程导致锂在一些部位沉积过快，产生树枝一样的结晶（枝晶）。当枝晶发展到一定程度时，一方面会发生折断，产生"死锂"，造成锂的不可逆；另一方面更严重的是，枝晶穿过隔膜，将正极与负极连接起来，结果产生短路，生成大量的热，使电池着火、甚至发生爆炸，从而带来严重的安全隐患。其中具有代表性的为 20 世纪 70 年代末 Exxon 公司研究的 $Li//TiS_2$ 体系，充放电过程示意如下：

$$x Li + TiS_2 \underset{\text{放电}}{\overset{\text{充电}}{\rightleftharpoons}} Li_x TiS_2 \tag{1-5}$$

尽管 Exxon 公司未能将该锂二次电池体系实现商品化，但它对锂二次电池研究的推动作用是不可低估的。该种以金属锂或其合金为负极的锂二次电池之所以不能实现商品化，主要原因是循环寿命的问题没有得到根本解决，因为：

① 如上所述在充电过程中，锂的表面不可能非常均匀，因此不可能从根本上解决枝晶的生长问题，从而不能从根本上解决安全隐患；

② 金属锂比较活泼，很容易与非水液体电解质发生反应，产生高压，造成危险。

随后 1980 年 Goodenough 等提出了氧化钴锂（$LiCoO_2$）作为锂充电电池的正极材料，揭开了锂离子电池的雏形，1985 年发现炭材料可以作为锂充电电池的负极材料，发明了锂离子电池，1986 年完成了锂离子电池的原形设计，并实现了 $Li//MoS_2$ 充电电池的商品化，但是 1989 年 $Li//MoS_2$ 充电电池发生起火事故完全导致该充电电池的终结，其主要原因还是在于没有真正解决安全性问题。"千呼万唤始出来"，人们终于在 20 世纪 80 年代末、90 年代初发现用具有石墨结构的炭材料取代金属锂负极，正极则用锂与过渡金属的复合氧化物如氧化钴锂，这样构成的充电电池体系可以成功地解决以金属锂或其合金为负极的锂二次电池存在的安全隐患，并且在能量密度上高于以前的充放电电池。同时由于金属锂与石墨化炭材料形成的插入化合物（intercalation compound）LiC_6 的电位与金属锂的电位相差不到 0.5V，因此电压损失不大。在充电过程中，锂插入到石墨的层状结构中，放电时从层状结构中跑出来，该过程可逆性很好，所组成的锂二次电池体系的循环性能非常优良。另外，炭材料便宜，没有毒性，且处于放电状态时在空气中比较稳定，这样一方面避免使用活泼的金属锂，另一方面避免了枝晶的产生，明显改善了循环寿命，从根本上解决了安全问题。因此在 1991 年该二次电池就实现了商品化。

按照经典的电化学命名规则，充电电池的命名应该是正极在前、负极在后，这样该电池体系应该命名为"氧化钴锂-石墨充电电池"。但是这对于普通老百姓而言，不容易记，因此应该有一个简单的名字。由于充放电过程是通过锂离子的移动实现的，因此人们便将其称之为"锂离子电池"。对于该电池体系的命名而言，不应该求全责备，因为单从名字上不可能对其性质有所了解。在我国，为了方便交流，企业界将"锂离子电池"简称为"锂电"。

1.4　与电池有关的一些基本概念

在电池行业中一些常用的术语如下，它们对锂离子电池的电化学行为的了解也是必要的。

① 一次电池（primary battery）　只能进行一次放电的电池，不能进行充电而再利用。

② 二次电池（secondary battery）　可反复进行充电放电而多次使用的电池，也叫做蓄电池或充电电池。

③ 蓄电池（secondary/rechargeable battery）　同二次电池。

④ 充电电池（rechargeable battery）　二次电池。

⑤ 正极（positive electrode）　放电时，电子从外部电路流入电位较高的电极。此时除称为正极外，由于发生还原反应，也可以称为阴极（cathode）；而在充电时，则不能称为阴极，因为此时发生的是氧化反应，而应称为阳极（anode）。

⑥ 嵌入（intercalate/insert）　锂进入到正极材料的过程。

⑦ 脱嵌（deintercalate/remove）　锂从正极材料中出来的过程。

⑧ 负极（negative electrode）　放电时，电子从外部电路流出、电位较低的电极。此时除称为负极外，由于发生氧化反应，也可以称为阳极（anode）；而在充电时，则不能称为阳极，因为此时发生的是氧化反应，而应称为阴极（cathode）。

⑨ 插入（intercalate/insert/store）　锂进入到负极材料的过程。

⑩ 脱插（deintercalate/remove）　锂从负极材料中出来的过程。

⑪ 标称电压（nominal voltage）　电池 0.2C 放电时全过程的平均电压。

⑫ 标称容量（nominal capacity）　电池 0.2C 放电时的放电容量。

⑬ 开路电压（open circuit voltage）　电池没有负荷时正负极两端的电压。

⑭ 闭路电压（closed circuit voltage）　电池有负荷时正负极两端的电压，也叫工作电压。

⑮ 工作电压（working voltage）　同闭路电压。

⑯ 放电（discharge）　电流从电池流经外部电路的过程，此时化学能转换为电能。

⑰ 放电特性（discharge characteristics）　电池放电时所表现出来的特性，例如放电曲线、放电容量、放电率、放电深度、放电时间等。

⑱ 放电曲线（discharge curve）　电池放电时其电压随时间的变化曲线。

⑲ 放电容量（discharge capacity）　电池放电时释放出来的电荷量，一般用时间与电流的乘积表示，例如 $A \cdot h$、$mA \cdot h$（$1A \cdot h = 3600C$）。

⑳ 放电速率（discharge rate）　表示放电快慢的一种度量。所用的容量 1h 放电完毕，称为 1C 放电；5h 放电完毕，则称为 C/5 放电。

㉑ 放电深度（depth of discharge）　表示放电程度的一种度量，为放电容量与总放电容量的百分比，简称 DOD。

㉒ 持续放电时间（duration time）　电池在外部一定的负荷下在规定的终止电压前所放电的时间之和。

㉓ 终止电压（end voltage）　电池放电或充电时，所规定的最低的放电电压或最高的充电电压。

㉔ 残存容量（residual capacity）　电池残留的可再继续释放出来的容量。

㉕ 过放电（overdischarge）　超过规定的终止电压，在低于终止电压时继续放电，此时容易发生漏液或电池的使用寿命受到影响。

㉖ 自放电（self discharge）　电池在搁置过程中，没有与外部负荷相连接而产生容量损失的过程。

㉗ 利用率（utilization）　实际放电容量与理论放电容量的百分比。

㉘ 内阻（internal resistance）　电池正负极两端之间的电阻，是集流体、电极活性物质、隔膜、电解液的电阻之和，其值越小性能越佳。

㉙ 储存寿命（shelf/storage life）　电池在没有负荷的一定条件下进行放置，达到性能劣化到规定的程度时所能放置的时间。

㉚ 循环寿命（cycle life）　在一定的条件下，将充电电池进行反复充放电，当容量等电池性能达到规定的要求以下时所能发生的充放电次数。

㉛ 液漏（liquid leakage）　电解液从电池流出的现象。

㉜ 内部短路（internal shortage）　电池内部正极和负极形成电通路时的状态，主要是由于隔膜的破坏、混入导电性杂质、形成枝晶等造成的。

㉝ 充电（charge）　利用外部电源将电池的电压和容量升上去的过程，此时电能转换为化学能。

㉞ 放电特性（charge characteristics）　电池充电时所表现出来的特性，例如充电曲线、充电容量、充电率、充电深度、充电时间等。

㉟ 充电曲线（charge curve）　电池充电时其电压随时间的变化曲线。

㊱ 过充电（over charge）　超过规定的充电终止电压而继续充电的过程，此时电池的使用寿命受到影响。

㊲ 恒压充电（constant voltage charge）　在恒定的电压下，将充电电池进行充电的过程。一般而言，该恒定的电压为充电终止电压。一般设置了终止电流，当电流少于该值时，充电过程结束。

㊳ 恒流充电（constant current charge）　在恒定的电流下，将充电电池进行充电的过程。一般设置了终止电压，当电压达到该值时，充电过程结束。

㊴ 容量密度（capacity density）　单位质量或体积所能释放出的电量，一般用 mA·h/L 或 mA·h/kg 表示。

㊵ 能量密度（energy density）　单位质量或体积所能释放出的能量，一般用 W·h/L 或 W·h/kg 表示。

㊶ 功率密度（power density）　单位质量或体积所能释放出的能量，一般用 W/L 或 W/kg 表示。

㊷ 库仑效率（coulombic efficiency）　在一定的充放电条件下，放电时释放出来的电荷与充电时充入的电荷的百分比，也叫充放电效率。

㊸ 碳　化学元素，符号 C，原子序数 6，同素异形体有金刚石、石墨、富勒烯和碳纳米管，是构成无定形炭材料与石墨的主要元素。使用的例子有：a. 凡与碳元素、碳原子有关的词语，一律用碳；b. 含碳的化合物，如碳氢化合物、碳酸钙、碳化硅、芳香碳等；c. 专业用语，如渗碳、含碳量、游离碳等。

㊹ 炭　字义解释为 C/H 原子比大于 10 的固体材料，它不能包含石墨，只能是使用的原

材料或中间产品（部分产成品）。使用的例子如下。a. 无定形炭材料的词组用语，如焦炭、木炭、煤炭、炭黑、活性炭、炭棒等；b. 专业用语，炭化、炭化物；c. 日常用语，生灵涂炭、雪中送炭、炭疽病等。但是，对于一般人而言，与㊹在诸多情况下混用。

1.5 **锂离子电池的原理、发展及其特点**

锂离子电池的充放电原理（以石墨为负极、$LiCoO_2$为正极为例）简示如图1-1。

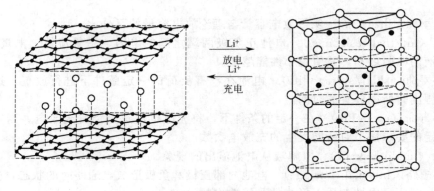

图 1-1　锂离子电池的充放电原理示意

电极反应如下：

正极：
$$LiCoO_2 \underset{充电}{\overset{放电}{\rightleftharpoons}} Li_{1-x}CoO_2 + x\,Li^+ + xe^- \qquad (1\text{-}6)$$

负极：
$$6C + xLi^+ + xe^- \underset{充电}{\overset{放电}{\rightleftharpoons}} Li_xC_6 \qquad (1\text{-}7)$$

总的反应：
$$6C + LiCoO_2 \underset{充电}{\overset{放电}{\rightleftharpoons}} Li_{1-x}CoO_2 + Li_xC_6 \qquad (1\text{-}8)$$

在正极中（以 $LiCoO_2$ 为例），Li^+ 和 Co^{3+} 各自位于立方紧密堆积氧层中交替的八面体位置。充电时，锂离子从八面体位置发生脱嵌，释放一个电子，Co^{3+} 氧化为 Co^{4+}；放电时，锂离子嵌入到八面体位置，得到一个电子，Co^{4+} 还原为 Co^{3+}。而在负极中，当锂插入到石墨结构中后，石墨结构与此同时得到一个电子。电子位于石墨的石墨烯（graphene）分子平面上，与锂离子之间发生一定的静电作用，因此锂的实际大小比在正极中要大。在多种有关锂离子电池工作原理的示意图中，我们选择图1-1作为说明，在一定程度上更科学些。在"锂离子电池"的命名以前，亦有人将该种类型的锂二次电池称为"摇椅电池"，因为锂在正极和负极之间来回摆动，也有人将其形象地称为"浓差电池"。这些只是一种形象的说明，但并不科学。

从1990年至今，锂离子电池一直在不断发展。表1-1为锂二次电池的发展过程，从表中可以看出，除了常见的锂离子电池外，还有锂/聚合物电池、聚合物锂离子电池、Li/FeS_2 电池等，本书主要讲述锂离子电池（包括聚合物锂离子电池）。如果对其他锂二次电池感兴趣，可以参考有关文献。

锂离子电池的种类也比较多。根据温度可分为高温锂离子电池和常温锂离子电池；根据所用电解质的状态可分为液体锂离子电池（即通常所说的锂离子电池和目前市场上的软包装锂离子电池）、凝胶锂离子电池和全固态锂离子电池。在学术界亦可以根据正极材料的不同而分类，使用的正极材料有氧化钴锂、氧化镍锂、氧化锰锂、三元正极材料、磷酸（亚）铁锂等。当然还有别的分类方法，同时在这些分类的基础上，亦可以再进行细分。为了叙述的方便，本书采用按电解质的不同而进行分类。

表 1-1　锂二次电池的发展过程

年代	电 池 组 成 的 发 展			体　系
	负　极	正　极	电 解 质	
1958			有机电解液	
20 世纪 70 年代	金属锂 锂合金	过渡金属硫化物(TiS_2、MoS_2)	液体有机电解质	$Li/LE/TiS_2$
		过渡金属氧化物(V_2O_5、V_6O_{13})	固体无机电解质(Li_3N)	Li/SO_2
		液体正极(SO_2)		
20 世纪 80 年代	Li 的嵌入物($LiWO_2$)	聚合物正极 FeS_2 正极 砷化物($NbSe_3$)	聚合物电解质	Li/聚合物二次电池 $Li/LE/MoS_2$ $Li/LE/NbSe_3$
	Li 的碳化物(LiC_{12}) (焦炭)	放过电的正极 ($LiCoO_2$、$LiNiO_2$)		$Li/LE/LiCoO_2$
			增塑的聚合物 电解质	$Li/PE/V_2O_5$,V_6O_{13}
		锰的氧化物 ($Li_xMn_2O_4$)		$Li/LE/MnO_2$
1990	Li 的碳化物(LiC_6) (石墨)	尖晶石氧化锰锂 ($LiMn_2O_4$)		$C/LE/LiCoO_2$ $C/LE/LiMn_2O_4$
1994	无定形碳		水溶液电解质	水锂电
1995		氧化镍锂	PVDF 凝胶电解质	聚合物锂离子电池(准确地应 称为"凝胶锂离子电池")
1997	锡的氧化物	橄榄石形 $LiFePO_4$		
1998	新型合金		纳米复合电解质	
1999				凝胶锂离子电池的商品化
2000	纳米氧化物负极			
2002				$C/$电解质$/LiFePO_4$
2008	掺杂导电聚合物			掺杂/嵌入复合机理的水锂电
2009/2010			PE 或 LE/水溶液电解质	充电式锂-空气电池

注：LE 为液体电解质，PE 为聚合物电解质。

现在锂离子电池的性能与刚诞生时相比，性能有了明显提高，目前具有以下优点：

① 能量密度高，UR18650 型的体积容量和质量容量分别可超过 620W·h/L 和 250W·h/kg，随着技术的不断发展，还在不断地提高；

② 平均输出电压高（约 3.6V），为 Ni-Cd、Ni-MH 电池的三倍；

③ 输出功率大；

④ 自放电小，每月 10% 以下，不到 Ni-Cd、Ni-MH 的一半；

⑤ 没有 Ni-Cd、Ni-MH 电池一样的记忆效应，循环性能优越；

⑥ 可快速充放电，1C 充电时容量可达标称容量的 80% 以上；

⑦ 充电效率高，第 1 次循环后基本上为 100%；

⑧ 工作温度范围宽，−25～+45℃，采用特种电解质，能拓宽到−40～+70℃；

⑨ 残留容量的测试比较方便；

⑩ 无需维修；

⑪ 没有环境污染，称为绿色电池；

⑫ 使用寿命长，80％DOD 充放电可达 1200 次以上；当采用 $LiFePO_4$ 为正极时，循环次数可达 3000 次以上。

在锂离子电池基础上诞生的聚合物锂离子电池，则还兼有下述特点：

① 塑形灵活性，可以制作成各种形状的电池；

② 完美的安全可靠性；

③ 更长循环寿命，容量损失少；

④ 体积利用率高；

⑤ 应用领域更广。

当然，锂离子电池也有一些不足之处：

① 成本高，主要是正极材料 $LiCoO_2$ 的价格高，随着正极技术的不断发展，可以采用氧化锰锂为正极，从而可以大大降低锂离子电池的成本；

② 必须有特殊的保护电路，以防止过充电；

③ 与普通电池的相容性差，因为一般要在用 3 节普通电池（3.6V）的情况下才能用锂离子电池进行替代。

同其优点相比，这些缺点不成为主要问题，特别是用于一些高科技、高附加值产品中，因此应用范围非常广泛。

1.6 我国发展锂离子电池产业的必要性

对于我国目前的电池工业而言，存在的主要问题是环境污染和资源浪费严重。

对于环境污染而言，由于我国电池工业的生产自动化、机械化程度不高，某些乡镇企业甚至多为手工操作，这导致了生产过程中污染大，对工人身体危害大。干电池行业曾被人戏称为"污染工业"、"黑工业"。这些污染物主要有 MnO_2 粉、HgO、沥青烟、烟雾、石蜡烟气等。其中汞是最受关注的有剧毒的重金属，极微量的汞对人体即有很大的毒性，典型事例是日本的水俣，发达国家已宣布自 1994 年起禁止有汞电池的生产和进口，目前我国多数厂家仍然生产有汞电池。铅酸蓄电池行业的主要污染物有 Pb、PbO 粉尘、酸雾及废酸等。铅也是毒性较大的重金属，慢性铅中毒表现为神经学缺陷、肾机能障碍和贫血。Cd-Ni 电池所用原料亦多为粉状，也存在粉尘污染问题，而且 Cd 的毒性较大，可以累积在肾脏和骨骼中，引起肾功能失调，骨骼中钙被镉取代，使骨骼软化，疼痛难忍，日本神奈川流域的骨痛病是镉中毒的典型事例。近年来在我国多处地方发现儿童血液中的铅含量超标，这进一步说明我国绿色电池产业的发展任重而道远。另外，碱雾、废碱也是重要污染物。锌-锰干电池经常出现铜绿、冒浆现象，总有一些 Ni-MH 电池在使用中出现喷碱或爆裂，铅酸蓄电池仍有较大比例为老式开口电池，使用中易冒气、冒酸。

废旧电池的大量弃用浪费了大量的有用材料。例如对于干电池中的银电池而言，我国基本上未加以回收利用。至于价值低的锌-锰干电池就更差了。

为了减少污染、保护环境、维护生态平衡，以及保护地球上的有限资源，应当尽可能扩大资源种类、选用储量丰富及有利于环保的资源。因此，锂离子电池成为了我国必须发展的电池品种。

另外，从第 15 章所述的锂离子电池的应用来看，锂离子电池的良好经济效益、社会效益和战略意义（包括汽车、航天、军事等领域）也迫使我国不得不考虑锂离子电池的发展。从我国目前的发展状况而言，还有一些关键技术掌握在日本和美国手中。因此，要想参与国际高端竞争，必须在锂离子电池的材料制备和集成技术方面实现自有知识产权化。

1.7 锂离子电池的结构

实用锂离子电池的结构同镍氢电池等一样，一般包括以下部件：正极、负极、电解质、隔膜、正极引线、负极引线、中心端子、绝缘材料、安全阀、PTC（正温度控制端子）、电池壳。以圆柱形为例，构造示意如图 1-2(a) 所示。至于扣式电池，组成基本上相似，主要包括正极、负极、电解质、隔膜、壳、密封圈和盖板。后来又发展了方形电池 [见图 1-2(b)]，主要原因在于其体积可以更小，容量密度更大，有利于电子元件等的轻便化、小型化。聚合物锂离子电池的结构一般如图 1-2(c) 所示。

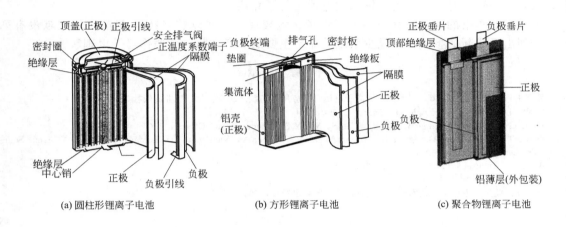

(a) 圆柱形锂离子电池   (b) 方形锂离子电池   (c) 聚合物锂离子电池

图 1-2 锂离子电池的几种结构

1.8 锂离子电池组的结构

随着锂电池技术的发展和节能环保的重视和普及，锂离子电池组作为储能设备的应用越来越广泛，如电动车、混合动力汽车、不间断电源以及太阳能发电系统等新能源领域。

锂离子电池组是由一定数量的锂离子电池单体通过串联、并联或者串并联结合的方式组成电池组。通常情况下，采用方形结构单体的锂离子电池组，结构一般可以采用立式（见图1-3）或卧式两种结构形式；而采用圆柱形结构的单体锂离子电池组，其结构一般采用立式结构。

方形结构单体的锂离子电池组，无论是采用立式或者卧式的结构，都可以采用传统的框架式结构或者拉杆式结构。在拉杆式结构中，整齐排列的电池单体用两块端面夹板夹住，用螺

图 1-3 立式结构
锂离子电池组

杆拉紧固定。该结构质量比（即组成的电池组的全部单体质量总和与蓄电池组总质量之比）可达到最佳；若采用碳纤维端板和钛合金拉杆，其结构质量比可达 1∶1.2 左右。

锂离子电池组一般包括锂离子电池单体、电池组结构件以及电连接器件等。电池组结构件起到支撑单体电池和散热的作用，因此一般采用高强度、质量小、导热性好的材

料。电连接器件一般用于实现电池组的功率输出、充电输入、热控、均衡电路信号传输等功能。

1.9 本书内容说明

本书主要内容包括负极材料（包括碳基负极材料和非碳基负极材料）、正极材料（包括氧化钴锂、氧化镍锂、氧化锰锂、三元材料、磷酸铁锂、钒的氧化物和其他正极材料）、电解质材料（有机液体电解质、全固态电解质、凝胶聚合物电解质）。另外，在第2章对锂离子电池的一些材料要求及采用的一些研究方法进行了说明，随后对锂离子电池的生产和测试、锂离子电池的充放电性能进行了说明。在本书的第16章，对与锂离子电池有关的主要资源进行了说明。在最后一章，对其他类型的锂二次电池进行了介绍。

另外，在本书的编写过程中，由于参考文献较多，一些以前（2004年前）的文献没有列出，只列出了最新的参考文献及少数以前非常重要的参考文献，请原作者予以理解。

参 考 文 献

[1] 吴宇平，戴晓兵，马军旗，程预江. 锂离子电池——应用与实践. 北京：化学工业出版社，2004.
[2] Li W, Dahn J R, Wainwright D. Science, 1994, 264：1115.
[3] Wang G J, Qu Q T, Wang B, Shi Y, Tian S, Wu Y P. Chem. Phys. Chem., 2008, 9：2299.
[4] Zhang T, Imanishi N, Hasegawa S, Hirano A, Xie J, Takeda Y, Yamamoto O, Sammes N. Electro. Chem. Solid-State Lett., 2009, 12：A132.
[5] Wang Y, Zhou H J. Power Sources. 2010, 195：358.
[6] 科技日报. 2011年1月6日.
[7] 李国欣. 航天器电源系统技术概论. 北京：中国宇航出版社，2007.

第2章

锂离子电池主要材料的选择要求及其研究方法

作为锂离子电池的主要材料（负极材料、正极材料和电解质），其选择必须有一定的要求。同时了解一些研究方法，对于深入了解现有材料、探索新材料具有积极意义。

2.1 负极材料的选择要求

自从锂离子电池诞生以来，研究的有关负极材料主要有以下几种：石墨化炭材料、无定形炭材料、氮化物、硅基材料、锡基材料、新型合金、纳米氧化物和其他材料。作为锂离子电池负极材料，要求具有以下性能：

① 锂离子在负极基体中的插入氧化还原电位尽可能低，接近金属锂的电位，从而使电池的输出电压高；

② 在基体中大量的锂能够发生可逆插入和脱插，以得到高容量密度，即可逆的 x 值尽可能大；

③ 在整个插入/脱插过程中，锂的插入和脱插应可逆，且主体结构没有或很少发生变化，这样可确保良好的循环性能；

④ 氧化还原电位随 x 的变化应该尽可能小，这样电池的电压不会发生显著变化，可保持较平稳的充电和放电；

⑤ 插入化合物应有较好的电子电导率（σ_e）和离子电导率（σ_{Li^+}），这样可减少极化，并能进行大电流充放电；

⑥ 主体材料具有良好的表面结构，能够与液体电解质形成良好的 SEI（solid-electrolyte interface）膜；

⑦ 插入化合物在整个电压范围内具有良好的化学稳定性，在形成 SEI 膜后不与电解质等发生反应；

⑧ 锂离子在主体材料中有较大的扩散系数，便于快速充放电；

⑨ 从实用角度而言，主体材料应该便宜，对环境无污染等。

2.2 正极材料的选择要求

锂离子电池正极材料一般为嵌入化合物（intercalation compounds），作为理想的正极材料，锂嵌入化合物应具有以下性能：

① 金属离子 M^{n+} 在嵌入化合物 $Li_xM_yX_z$ 中应有较高的氧化还原电位，从而使电池的输出电压高；

② 在嵌入化合物 $Li_xM_yX_z$ 中大量的锂能够发生可逆嵌入和脱嵌，以得到高容量，即 x 值尽可能大；

③ 在整个嵌入/脱嵌过程中，锂的嵌入和脱嵌应可逆，且主体结构没有或很少发生变化，这样可确保良好的循环性能；

④ 氧化还原电位随 x 的变化应该尽可能小，这样电池的电压不会发生显著变化，可保持较平稳的充电和放电；

⑤ 嵌入化合物应有较好的电子电导率（σ_e）和离子电导率（σ_{Li^+}），这样可减少极化，并能进行大电流充放电；

⑥ 嵌入化合物在整个电压范围内应化学稳定性好，不与电解质等发生反应；

⑦ 锂离子在电极材料中有较大的扩散系数，便于快速充放电；

⑧ 从实用角度而言，嵌入化合物应该便宜，对环境无污染等。

作为锂离子正极材料的氧化物，常见的有氧化钴锂（lithium cobalt oxide）、氧化镍锂（lithium nickel oxide）、氧化锰锂（lithium mangense oxide）和钒的氧化物（vanadium oxide），其他正极材料如铁的氧化物、其他金属的氧化物、5V 正极材料以及多阴离子正极材料（目前研究的主要为磷酸亚铁锂：$LiFePO_4$）等也进行了研究。在这几种正极材料的原材料中，钴最贵，其次为镍，最便宜的为锰和钒，因此正极材料的价格基本上也与该行情一致。这些正极材料的结构主要是层状结构和尖晶石结构。

2.3 电解质的选择要求

目前使用和研究的电解质包括液体电解质、全固态电解质和凝胶型聚合物电解质。

2.3.1 液体电解质

用于锂离子电池体系的有机电解质，首先应该满足下述条件：

① 锂离子电导率高，在较宽的温度范围内电导率在 $3\times10^{-3}\sim2\times10^{-2}S/cm$；

② 热稳定性好，在较宽的范围内不发生分解反应；

③ 电化学窗口宽，即在较宽的电压范围内稳定，对于锂离子电池而言，要稳定到 4.5V；

④ 化学稳定性高，即与电池体系的电极材料如正极、负极、集电体、隔膜、黏合剂等基本上不发生反应；

⑤ 在较宽的温度范围内为液体，一般希望该范围为 $-40\sim70℃$；

⑥ 对离子具有较好的溶剂化性能；

⑦ 没有毒性，蒸气压低，使用安全；

⑧ 尽量能促进电极可逆反应的进行；

⑨ 对于商品锂离子电池，制备容易、成本低也是一个重要的考虑因素。

在上述因素中最重要的是安全性、长期稳定性和反应速率。有机电解液由有机溶剂和电解质锂盐两部分组成。因此这些影响因素应该从三个方面来考察：有机溶剂、电解质锂盐及其组成的电解液。

对于有机溶剂而言，主要是考察闪点、挥发性、毒性和电池在滥用状态下同其他电池材料的反应等问题。由于锂离子电池具有较高的电压（一般为 4～4.5V），还要求电解液应该具有足够的氧化稳定性。对于稳定性而言，主要是不与电池的活性电极材料发生反应，或者能在电极表面反应形成一个离子通过性非常好的膜，这就要求离子具有较高的湿度并且能发生配位作用形成溶剂络合物，从而使锂离子的迁移数小于 0.5，因此，降低锂离子的极化效应对锂离子迁移数的影响以及提高电解液的导电性是选择溶剂的一个重要标准。

对锂离子电池常用的电解质锂盐而言，主要包括热稳定性好、电化学稳定性好、离子电导率高、价格低、制备容易、对环境污染少等方面。

组成电解液后，主要是考察有机电解液与电极的相容性，因为在电池首次充电过程中，锂离子电池的电极表面均要生成一层界面膜（SEI）。界面膜的形成一方面消耗了电池中有限的锂离子，另一方面也增加了电极/电解液的界面电阻，造成了一定的电压滞后，但优良的界面膜具有有机溶剂的不溶性，允许锂离子比较自由地进出电极而溶剂分子却无法穿越，从而阻止溶剂分子的共嵌入和共插入对电极的破坏，提高电解液各组分在电极/电解液相界面的稳定性。当然，有机电解液的电导率高、电化学窗口宽、化学稳定性好等同样也是电解液所要求的。

2.3.2　全固态电解质

全固态电解质包括两类：无机电解质和聚合物电解质。

（1）无机电解质的选择要求

作为理想的锂无机固体电解质材料，必须尽可能满足下述条件：

① 离子电导率高，尤其是在室温下具有较高的离子电导率，而其电子电导率必须很低，否则电很不稳定，会出现漏电；

② 相结构稳定性好，在使用过程中不能发生相变，对于玻璃态固体电解质，防止重新发生晶化；

③ 化学稳定性要好，尤其在充电时要保持良好的化学稳定性，与金属接触时不能发生氧化还原反应；

④ 电化学稳定性好，尤其是电化学窗口宽，例如高于 4.2V。

（2）聚合物电解质的选择要求

电池体系中的电解质是离子载流子，对电子而言必须是绝缘体，用于锂离子电池的聚合物电解质必须尽可能满足下述条件：

① 聚合物膜加工性优良；

② 室温电导率高，低温下锂离子电导率也较高；

③ 高温稳定性好，不易燃烧；

④ 化学稳定性好，不与电极等发生反应；

⑤ 电化学稳定性好，电化学窗口宽；

⑥ 弯曲性能好，机械强度大；

⑦ 价格合理等。

2.3.3　凝胶型聚合物电解质

作为实用的电解质隔膜聚合物必须满足以下几个必要条件：

① 在较宽的范围内尤其是低温下具有高的离子电导率，以降低电池内阻；

② 锂离子的传递系数基本不变，以消除浓度极化；

③ 可以忽略的电子导电性，以保证电极间有效的隔离；

④ 对电极材料有高的化学稳定性和电化学稳定性；

⑤ 有机溶剂在凝胶聚合物电解质中的蒸气压应尽可能低；

⑥ 凝胶聚合物电解质与电极活性物质之间的黏结性好；

⑦ 所有的溶剂均固定在聚合物基体中，不存在自由有机溶剂，保证不发生液漏；

⑧ 价格低廉，保证与环境具有良好的相容性；

⑨ 生产过程尽可能简单，以利于批量生产。

常用离子电导率、电化学稳定窗口、锂离子迁移数等来表征凝胶聚合物电解质。

2.4 锂离子电池材料的一些研究方法

锂离子电池材料的主要研究方法有 X 射线衍射法、光电子能谱法、红外和拉曼光谱、电镜法、比表面积测量、交流阻抗谱仪、循环伏安法、电化学石英晶体微量天平、热分析法、固体核磁共振谱、质谱法、激光粒径分布法等。

2.4.1 X 射线衍射法

X 射线入射晶体后会发生多种现象，其中对晶体结构研究最为主要的是衍射现象。入射晶

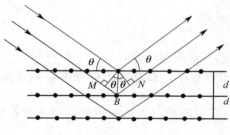

图 2-1 布拉格反射条件

体的 X 射线常称为原始 X 射线，它会使晶体内原子中的电子发生频率相同的强制振动，因此每个原子即可作为一个新的 X 射线源向四周发射波长和入射线相同的球面波（X 射线），人们称此为次生 X 射线。它与原始 X 射线有相同的波长，但其强度却是非常微弱的，单个原子的次生 X 射线是微不足道的，但在晶体中存在着按一定周期重复的大量原子，这些原子所产生的次级 X 射线会发生干涉现象，干涉的结果，可使次生 X 射线互相叠加或互相抵消。从光学原理知道干涉现象是由于从不同光源射出的光线之间存在着行程差所引起的，只有当行程差等于波长的整数倍时光波才能互相叠加，而在其余情况下则减弱。由晶体各原子所衍射出的次生 X 射线在不同的方向上具有不同的行程差，只有在某些方向上当行程差恰等于整数波长时，次生 X 射线才可以叠加起来，方能使胶片感光，即如图 2-1 所示。

$$\text{光程差 } \Delta = \overline{MB} + \overline{BN} = 2d\sin\theta = n\lambda \quad n = 1, 2, 3, \cdots \tag{2-1}$$

式中，λ 为 X 射线的波长；θ 为入射 X 射线和格子面间的夹角。

只有在 d 满足上述关系时，反射束同相，干涉才相互加强。式（2-1）是由布拉格（Bragg）导出的，人们常称为布拉格公式。可见一定的格子面对一定波长的 X 射线，只有在一定角度时才会产生相互加强的反射。

原子和分子的有规则排列可形成一定的晶体，晶体的结构有 7 种（见表 2-1）。不同的晶系有不同的对称性，例如点对称、面对称、反轴等。为了表示空间点阵面，引入了米勒（Miller）指数。每一个空间点阵面，用给定的 3 个米勒指数来表示。图 2-2 说明米勒指数的导出，单胞原点在点 O，所示的两平面平行并斜着穿过单胞。按照定义，同组的第三个平面必定通过原点。这组平面中的每一个都可以延伸到晶体的表面，在延伸时将切割和通过众多的单胞。这一组平面中还有更多的平面平行于图中所示的两个

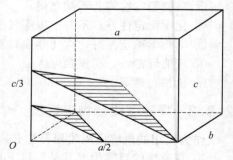

图 2-2 米勒指数的导出

平面，但它们并不穿过这个特定的单胞。为了标志一组平面的米勒指数，首先考虑与通过原点的平面相邻的那个平面；第二步，找出这个平面与三根晶胞轴的交点，并以晶胞边长分数的形式写出这些交点，我们考虑的平面与 x 轴相截于 $a/2$，与 y 轴截于 b，与 z 轴截于 $c/3$，则分数交点为 $1/2$、1 和 $1/3$；第三步，取这些分数的倒数（2 1 3）。这三个整数就是这个平面及与之平行的其他平面的米勒指数，并以相同的层间距 d 与相邻的平面分隔。

一组平面的层间距 d 是这组平面中任何一对相邻平面间的垂直距离，在布拉格公式中以 d 值表示。对立方晶胞的（1 0 0）面而言，层间距 d 就等于 a，即等于晶胞边长；对立方晶胞中的（2 0 0）面而言，$d=a/2$ 等。具体的一些计算见表 2-1。

表 2-1 不同晶系晶面间距计算公式

晶　　系	晶面间距计算公式
三斜（triclinic） $a\neq b\neq c$ $\alpha\neq\beta\neq\gamma$	$\dfrac{1}{d_{hkl}^2}=\dfrac{1}{(1+2\cos\alpha\cos\beta\cos\gamma-\cos^2\alpha-\cos^2\beta-\cos^2\gamma)}$ $\times\left[\begin{array}{l}\dfrac{h^2\sin^2\alpha}{a^2}+\dfrac{k^2\sin^2\beta}{b^2}+\dfrac{l^2\sin^2\gamma}{c^2}+\dfrac{2hk}{ab}(\cos\alpha\cos\beta-\cos\gamma)+\\[2mm]\dfrac{2kl}{bc}(\cos\beta\cos\gamma-\cos\alpha)+\dfrac{2lh}{ac}(\cos\gamma\cos\alpha-\cos\beta)\end{array}\right]$
单斜（monoclinic） $a\neq b\neq c$ $\alpha=\gamma=90°\neq\beta$	$\dfrac{1}{d_{hkl}^2}=\dfrac{1}{\sin^2\beta}\left(\dfrac{h^2}{a^2}+\dfrac{k^2}{b^2}+\dfrac{l^2}{c^2}-\dfrac{2hl\cos\beta}{ac}\right)$
正交（orthorhombic） $a\neq b\neq c$ $\alpha=\beta=\gamma=90°$	$\dfrac{1}{d_{hkl}^2}=\dfrac{h^2}{a^2}+\dfrac{k^2}{b^2}+\dfrac{l^2}{c^2}$
四方（tetragonal） $a=b\neq c$ $\alpha=\beta=\gamma=90°$	$\dfrac{1}{d_{hkl}^2}=\dfrac{h^2+k^2}{a^2}+\dfrac{l^2}{c^2}$
三方（trigonal） $a=b=c$ $\alpha=\beta=\gamma\neq90°<120°$	$\dfrac{1}{d_{hkl}^2}=\dfrac{(h^2+k^2+l^2)\sin^2\alpha+2(hk+kl+lh)(\cos^2\alpha-\cos\alpha)}{a^2(1+2\cos^3\alpha-3\cos^2\alpha)}$
六方（hexagonal） $a=b$ $\alpha=\beta=90°,\gamma=120°$	$\dfrac{1}{d_{hkl}^2}=\dfrac{4}{3}\left(\dfrac{h^2+hk+k^2}{a^2}\right)+\dfrac{l^2}{c^2}$
立方（cubic） $a=b=c$ $\alpha=\beta=\gamma=90°$	$\dfrac{1}{d_{hkl}^2}=\dfrac{h^2+k^2+l^2}{a^2}$

2.4.2 光电子能谱法（XPS）

XPS 具有定性、定量分析元素的能力，测定元素在化合物中的存在价态，同时还能感受该元素周围其他元素、官能团、原子团对其内壳层电子的影响所产生的化学位移，是表面化学分析最有效的分析方法，它在所有表面分析能谱中获得的化学信息最多。

光电子能谱学的基本原理是光电效应，所以在介绍 XPS 原理时，必须先介绍一下光电效应过程。当一种具有一定能量的光照射到物质上时，入射光子会把能量全部转移给物质中原子的某一个束缚电子，光子湮灭，若该能量足够可以克服该束缚电子的结合能（束缚能），剩下的能量作为该电子逃离原子的动能。这种被光子直接激发出来的电子称为光电子，这个过程称为光电效应。这些光电子的动能大小是不等的，而且它们在数量上又具有不同的分布，如果以这些动能（eV）分布为横坐标，相对强度（计数/s）为纵坐标，那么所记录的谱峰即为光电子能谱图。

　　原子的电子层分布可分为两个区域，第一个区域是外壳层的价电子层，第二个区域是内壳层。这两层的电子所反映的信息是完全不一样的，价壳层的电子是构成化学键的电子，它不再属于分子内的某个原子，而是属于整个分子，内层电子则不同，它仍然属于每一个原子，反映这个原子的一些特征信息。内层电子容易吸收 X 光量子，价层电子容易吸收紫外光量子，激发内壳层电子时，需要用高能的 X 射线作为激发源，激发价电子时，需要用低能的紫外线作为激发源。

　　根据爱因斯坦光电效应定律，原子中的电子结合能 E_b 应服从下列关系：

$$E_b = h\nu - E_k \tag{2-2}$$

　　式中，h 为普朗克常数；$h\nu$ 为入射光子的能量；E_k 为光电过程中电子克服结合能后获得的动能。因为 $h\nu$ 是已知的，通过对 E_k 的测定，就可以计算出 E_b。E_k 的测定可以通过电子分析器来完成。

　　束缚电子结合能就是把电子从所在的能级移到不受原子核吸引并处在能量最低的状态时所需要的能量。对导体来说，把处于束缚能级上的电子移到导带时电子就可以认为是自由电子。费米（Fermi）能级可以视为束缚和自由的分界线。对绝缘体和半导体，Fermi 能级是在价带和导带之间的禁带。

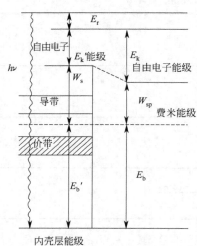

图 2-3　光电过程的能量关系

　　图 2-3 给出了光电过程的能量关系。图中左边为非金属固体样品能级。若是金属样品，导带位置稍有不同，它的 Fermi 能级位置仍是一样和谱仪壁相同。从图中我们可以设想入射光子的能量 $h\nu$ 可分为四个部分：①克服内壳层电子的结合能 E_b，使电子提升到 Fermi 能级；②克服环境对电子逸出的阻碍作用（如晶体场作用），将电子从 Fermi 能级提升到自由电子能级所需要的能量，即样品的功函数 W_s；③根据动量守恒原理，当原子受到冲击时，将带走的部分反冲能量 E_r，但是由于原子的质量远远大于电子的质量，在测量中反冲能量可以忽略不计；④光电子的动能 E_k'。所以有下面的关系式：

$$h\nu = E_b + W_s + E_r + E_k' \tag{2-3}$$

其中，$E_b + W_s$ 为相对自由电子能级的电子结合能。

　　由于样品不同，其功函数的大小也有所不同，在样品和能谱仪入口之间有接触电位，当具有 E_k' 的电子在通过具有上述电位差所形成的电场空间时，或被加速或被减速。所以光电子在进入能谱仪的分析器后将具有动能 E_k，E_k 此时就是实际测量的电子动能：

$$E_k = E_k' + (W_s - W_{sp}) \tag{2-4}$$

　　式中，W_{sp} 为仪器的功函数，将式(2-4) 代入式(2-3)，则：

$$E_k \approx h\nu - E_b - W_{sp} \tag{2-5}$$

上式忽略了反冲能量 E_r，各种谱仪材料的功函数的平均值约为 4eV。因为 W_{sp} 与样品无关，不随着时间而变化，就可以在每次测量中利用其校正值计算 E_b 值。E_b 的不同，表明原子所处的键合状态不同，从而可以表明原子所处的结构。

　　光电子能谱的特点是给出与单个轨道结合能有关的最简单和最直接的信息，是一种无损分析方法。

　　X 光电子能谱的有效探测深度：金属为 0.5～2.0nm；氧化物为 2.0～4.0nm；有机物和聚合物为 4.0～10.0nm。虽然绝对灵敏度很高，但是相对灵敏度不高，一般只能检测出样品中 0.1% 以上的组分。

2.4.3　红外和拉曼光谱

红外和拉曼光谱是利用分子振动光谱的不同特性。前者主要对应于极性基团的非对称振动，后者则主要对应于非极性基团与骨架的对称振动。两种方法相互配合，均用于研究锂离子电池材料及其充放电过程中结构的变化。

2.4.3.1　红外光谱

红外光谱是研究分子结构必不可少的工具。当一束红外光照射到被测样品上时，分子由振动的低能级跃迁到相邻的高能级，而在相应于基团特征频率的区域内出现吸收峰，从吸收峰的位置及强度，可得到此种分子的定性及定量数据。

根据量子学说的观点，物质在入射光的照射下，分子吸收能量时，其能量的增加是跳跃式的。所以，物质只能吸收一定能量的光量子。两个能级间的能量差与吸收光的频率服从玻尔（Bohr）公式：

$$h\nu = E_2 - E_1 \tag{2-6}$$

式中，E_1、E_2 分别为低能态和高能态的能量；ν 为光波的频率。

由上式可知，若低能态与高能态之间的能量差愈大，则所吸收的光的频率愈高；反之，所吸收的光的频率愈低。通常频率 ν 可以用波数 σ 来表示。

量子学说还指出，两个能级之间只有遵循一定的规律才能跃迁，即两个能级间的跃迁只能在电偶极改变不等于零时才能发生。而分子运动可以分为平动、转动、振动及分子内电子的运动，每个运动状态都属于一定的能级。

当物质吸收红外区的光量子以后，只能够引起原子的振动和分子的转动，不会引起电子的跳动，所以红外光谱又称振动转动光谱。

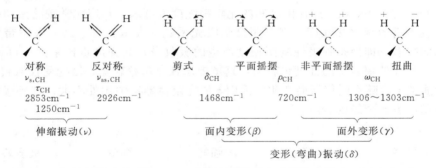

图 2-4　长链烃类分子中的—CH_2—的各种振动方式及其表示法："＋""—"
分别表示由纸面向上和向下振动

红外光谱图中吸收峰与分子及分子中各基团的不同的振动形式相对应。分子偶极变化的振动形式可分为两类：伸缩振动和弯曲振动。伸缩振动是指原子沿着价键方向来回运动；弯曲振动是指原子垂直于价键方向的运动。例如在长链烃类分子中的—CH_2—就有六种振动方式，如图 2-4 所示。每种振动方式就相应有一种振动频率，如—CH_2—对称伸缩振动的频率为 $2855cm^{-1}$，反对称伸缩振动频率为 $2925cm^{-1}$。

分子中每个原子在空间有 3 个自由度，由 N 个原子组成的分子在空间应有 $3N$ 个自由度。对于非直线形分子，应减去 3 个平移自由度及 3 个转动自由度。所有原子核除彼此作相对振动外，也能与整个分子作相对振动，因此振动频率组很多。某些振动频率与分子中存在一定的基团有关，键能不同，吸收的振动能也不同。因此，每种基团、化学键都有特殊的吸收频率组，能够利用红外吸收光谱进行结构分析。但同一基团在不同分子中产生特征频率会略有改变，因此应用时应注意各种因素的影响。

在分子振动过程中，同一类型化学键的振动频率是非常接近的，它们总是出现在某一范围内，但是相互又有区别，即所谓特征频率或基团频率。

分子中原子以平衡点为中心，以非常小的振辐（与原子核间距离相比）作周期性的振动，即所谓简谐振动。根据这种分子振动模型，把化学键相连的两个原子近似地看做谐振子，则分子中每个谐振子（化学键）的振动频率 ν（基本振动频率），可用经典力学中胡克定律导出的简谐振动公式（也称振动方程）计算：

$$\nu = \frac{1}{2\pi}\sqrt{\frac{K}{\mu}} \tag{2-7}$$

式中，振动频率 ν 用波数 σ 表示，则：

$$\sigma = \frac{\nu}{c} = \frac{1}{2\pi c}\sqrt{\frac{K}{\mu}} \tag{2-8}$$

式中，c 为光速；K 为化学键力常数（即化学键强度）；μ 为两个原子的折合质量，即 $\mu = m_1 m_2 / (m_1 + m_2)$。

根据原子质量和相对原子质量的关系，式(2-8) 可改写为：

$$\sigma = \frac{\sqrt{N}}{2\pi c}\sqrt{\frac{K}{M}} \tag{2-9}$$

式中，N 为阿伏伽德罗常数（6.024×10^{23}）；M 为两个原子的折合摩尔质量，即 $M = M_1 M_2 / (M_1 + M_2)$。当化学键力常数 K 的单位以 $10^{-2} N/m$ 表示，则式(2-9) 简化为：

$$\sigma = 1307\sqrt{\frac{K}{M}} \tag{2-10}$$

式(2-10) 称为分子振动方程，可用于计算双原子分子或复杂分子中化学键的振动频率。已测得单、双、三键的键力常数分别为 $K_单 = (4 \sim 6) \times 10^{-5} N/m$，$K_双 = (8 \sim 12) \times 10^{-5} N/m$，$K_三 = (12 \sim 18) \times 10^{-5} N/m$。这样由已知的化学键强度就可求得相应化学键的振动频率。

分子吸收光谱的吸收峰强度，都可用摩尔吸光系数 ε 表示。由于红外吸收带的强度比紫外、可见的弱得多，即使是强极性基团振动产生的吸收带，其强度也比紫外、可见的低 $2 \sim 3$ 个数量级。并且红外辐射源的强度也较弱，这就要求仪器狭缝较宽，因此受仪器狭缝宽度的影响，同一物质的 ε 值随不同仪器而变化，因而 ε 值在定性鉴定中用处不大。红外吸收峰的强度通常粗略地用以下 5 个级别表示：

v.s	s	m	w	v.w
极强峰	强峰	中强峰	弱峰	极弱峰
$\varepsilon > 100$	$\varepsilon = 20 \sim 100$	$\varepsilon = 10 \sim 20$	$\varepsilon = 1 \sim 10$	$\varepsilon < 1$

峰强与分子跃迁概率有关。跃迁概率是指激发态分子所占分子总数的百分数。基频峰的跃迁概率大，倍频峰的跃迁概率小，组频峰的跃迁概率更小。

峰强与分子偶极矩有关，而分子的偶极又与分子的极性、对称性和基团的振动方式等因素有关。一般极性较强的分子或基团，它的吸收峰也较强，例如 $C=O$、OH、$C-O-C$、$Si-O$、$N-H$、NO_3 等均为强峰；而 $C=C$、$C=N$、$C-C$、$C-H$ 等均为弱峰；分子的对称性越低，则所产生的吸收峰越强。基团的振动方式不同时，电荷分布也不同，其吸收峰的强度一般为：

$$\nu_{as} > \nu_s > \delta$$

但是苯环上的 $\gamma_{\phi-H}$ 为强峰，而 $\nu_{\phi-H}$ 为弱峰。

红外光谱图通常是以吸收光带的波长或波数为横坐标，而以透过百分率为纵坐标表示吸收强度。

2.4.3.2 拉曼光谱

拉曼光谱是一种散射光谱。拉曼散射效应是 1928 年印度物理学家（C. V. Raman）拉曼发现的，当时采用的是汞灯。30 年代曾用于分子结构的研究，但由于当时应用汞弧灯的光源强度不够高，产生的拉曼效应太弱，使拉曼散射光谱的实际应用受到了限制。60 年代激光技术得到了迅速发展，随着激光新型光源的引入，使拉曼光谱的实际应用出现了崭新的局面。

激光拉曼光谱分析是利用激光束照射试样物质时发生散射现象而产生与入射光频率不同的散射光谱所进行的分析方法。分子引起的拉曼散射可用量子理论来解释。频率为 ν_0 的入射光可以看做具有能量 $h\nu_0$ 的光子，当光子与物质分子相碰撞时，可能产生弹性碰撞与非弹性碰撞两种情况。在弹性碰撞时，光子与分子无能量交换，则光子能量保持不变，故产生的散射光频率与入射光频率相同，只是光子的运动方向发生改变，这种弹性散射称为瑞利散射。在非弹性碰撞时，光子与分子间产生能量交换，光子把一部分能量给予分子或从分子获得一部分能量，光子能量就会减少或增加。在瑞利散射线两侧就可以看到一系列低于或高于入射光频率的散射线，这就是拉曼散射。如果分子原来处于低能级 E_1 状态，碰撞结果使分子跃迁至高能级 E_2 状态，则分子将获得能量 (E_2-E_1)，而光子则损失这部分能量，这时光子的频率变为：

$$\nu_- = \nu_0 - \frac{E_2-E_1}{h} = \nu_0 - \frac{\Delta E}{h} \tag{2-11}$$

这就是斯托克斯线。如果分子原来处于高能级 E_2 状态，碰撞结果使分子跃迁到低能级 E_1 状态，则分子就要损失能量 (E_2-E_1)，而光子获得这部分能量，这时光子频率变为：

$$\nu_+ = \nu_0 + \frac{E_2-E_1}{h} = \nu_0 + \frac{\Delta E}{h} \tag{2-12}$$

这就是反斯托克斯线。

斯托克斯线的频率或反斯托克斯线的频率与入射光的频率之差，以 $\Delta\nu$ 表示，称为拉曼位移。相对应的斯托克斯线与反斯托克斯线的拉曼位移 $\Delta\nu$ 相等，即：

$$\Delta\nu = \nu_0 - \nu_- = \nu_+ - \nu_0 = \frac{E_2-E_1}{h} \tag{2-13}$$

因为在常温下，根据玻尔兹曼分布定律，处于低能级 E_1 的分子数比处于高能级 E_2 的分子数多得多，所以斯托克斯线比反斯托克斯线强得多，而瑞利谱线强度又比拉曼谱线强度高几个数量级。

由上面的讨论可知，拉曼散射的频率位移 $\Delta\nu$ 与入射光频率 ν_0 无关（这样便于我们选择合适频率的入射光源，例如通常选用可见光为拉曼光谱的入射光源），而与分子结构有关，即拉曼位移 $\Delta\nu$ 就是分子的振动或转动频率。不同化合物的分子具有不同的拉曼位移 $\Delta\nu$、拉曼谱线数目和拉曼相对强度，这是对分子基团定性鉴别和分子结构分析的依据。对于同一化合物，拉曼散射强度与其浓度呈直线关系，这是拉曼光谱定量分析的依据。

拉曼光谱出现在可见光区，而其拉曼位移一般为 $4000 \sim 25 \text{cm}^{-1}$（最低可测至 10cm^{-1}），这相当于波长 $2.5 \sim 100 \mu m$（最长 $1000 \mu m$）的近红外到远红外的光谱频率，即拉曼效应对应于分子转动能级或振-转能级跃迁。当直接用吸收光谱法研究时，这种跃迁就出现在红外或远红外光区，得到的是红外光谱。但不能认为拉曼光谱是把本来应用红外吸收方法获得的结果转移到可见光区来，因为两者机理有本质不同。拉曼光谱是一种散射现象，它是由分子振动或转动时的极化率变化（即分子中电子云变化）引起的，而红外光谱是吸收现象，它是由分子振动或转动时的偶极矩变化引起的。

拉曼光谱来源于分子极化率变化，是由具有对称电荷分布的键（此种键易极化）的对称振动引起的，故适于研究同原子的非极性键。

激光拉曼光谱振动叠加效应较小，谱带较为清晰，倍频和组频很弱，易于进行偏振度测定，以确定物质分子的对称性，因此比较容易确定谱带归宿，在谱图分布方面有一定的方便之处。拉曼光谱可直接测定气体、液体和固体样品，并且可用水作溶剂，可用于高聚物的立规性、结晶度和取向性等方面的研究。它也是无机化合物和金属有机化合物分析的有力工具，对于无机体系，它比红外光谱法优越得多，不但可在水溶液中测定，而且可测定振动频率处于 $700\sim1000cm^{-1}$ 范围的络合物中金属-配位键的振动。

2.4.4 电镜法

自 17 世纪初发明光学显微镜以来，人们第一次看到了细胞这个生物单元，促进了科学的发展。但光学显微镜的分辨本领最多不能超过 200nm，从理论上说，无法看到尺寸小于光波长 1/2 的物体。

20 世纪 20 年代，发现电子流也具有波动的性质，是一种电磁波，其波长比光波短 10 万倍以上。如果能够制成一台用电子束成像的电子显微镜，分辨本领便可大大提高。自 1932 年德国 Ruska 和 Knoll 研制出第一台电子显微镜，经过半个多世纪的发展，今天的透射电子显微镜（TEM）放大率不仅可达 100 万倍以上，还可以直接分辨 $1\sim2\text{Å}$ 的单个原子，并且还能进行纳米尺度的晶体结构及化学组成分析，成为全面评价固体微观结构的综合性仪器。

电子显微镜利用电磁透镜使电子束聚焦成像，具有极高的放大倍数和分辨率，可以洞察物质在原子层次的微观结构。但是高聚物和生物大分子主要由轻元素组成，轻元素原子对电子的散射很弱，这种分子的结构本身又容易在电子束的照射下产生损伤，因此像的反差及清晰度不高。英国医学研究委员会分子生物实验室的 Klug 博士，把衍射原理与电子显微学巧妙地结合在一起，发展了一整套图像处理方法，把生物标本的电子显微像的分辨率提高到可以观察生物分子内部结构的水平，并由此而获得了 1982 年的诺贝尔化学奖。这也为从分子水平上研究材料的结构及材料的结构与性能的关系开辟了新的前景。

分辨本领是能够清楚地分辨物理细节的本领，通常以能够分清两点的最小间距 δ 来衡量。δ 愈小，能分清的物理细节愈细，分辨本领就愈高。

$$\delta=0.61\lambda/n\sin\alpha \tag{2-14}$$

式中，n 为物体所处媒质的折射率；λ 为光波的波长；α 为入射光束与透镜光轴间的夹角。对光学显微镜来讲，玻璃透镜的折射率 $n=1.5$，$\sin\alpha\leqslant1$，因此 $\delta\approx0.5\lambda$。对电镜、磁透镜而言，$n=1$，α 为 $10^{-2}\sim10^{-3}$ 弧度，则 $n\sin\alpha=10^{-2}\sim10^{-3}$。电子显微镜中电子的波长很短，当加速电压为 100kV 时，λ 为 0.0037nm，比光学显微镜波长小 10 万倍。因此，电镜的分辨率比光学显微镜高近千倍，目前可达 0.1nm。

实际上两点能否分开与观察者的视力有关，肉眼一般可以分开明视距离 25cm 处的间距为 $0.1\sim0.2$mm 的两点，更小的细节就需要用放大镜或显微镜来放大到用肉眼能察觉的程度。显微镜的放大倍数应为：

$$M=\delta_{眼}/\delta_{oM} \tag{2-15}$$

光学显微镜的分辨率（δ_{oM}）为光波波长的一半（约为 200nm），取眼睛的分辨率为 $\delta_{眼}=0.2$ mm，因此光学显微镜最大放大倍数为 1000 倍。超过这个数值并不能得到更多的信息，而仅仅是将一个模糊的斑点再放大而已。多余的放大倍数称为空放大。

为了看清楚原子，电镜必须有优于 0.25nm 的原子尺寸的分辨率和 50 万～100 万倍的放大倍数，否则就不能在底片上记录下原子的存在。目前 200kV 电镜的技术水平已达到放大倍数 100 万倍，点分辨率 0.19nm，晶格分辨率 0.14nm。目前最高水平仪器的晶格分辨率可达 0.05nm。基本可以在底片上记录下原子的存在，清晰地反映原子在空间的排列。

电子显微镜是通过电子束射线与物质的相互作用来观察物质的组成和表面形态。目前的电子显微镜可分为两类：一类是透射式电镜，另一类为反射式电镜。下面以透射式电镜为例进行简单说明。

透射式电镜的成像不是由于样品对电子的吸收效应造成的，而是由于物体对电子发生散射作用的结果，样品各部分厚薄疏密程度的不同，对电子散射的能力也各不相同。物体厚度和密度越大，则对电子的散射能力越强，即电子散射的角度越大，因此电子束通过样品时会以不同的角度散射，然后通过接物镜（第二线圈）重新会聚成像，所形成的初像再经投影透镜（第三线圈）放大，最后电子束打在荧光屏上出现物像，可直接观察或照相。

电镜除了上述电子显微镜外，还有扫描电镜。它的结构与透射电镜在电子枪、透镜部分完全相同，只是电子束不是穿过样品，而是将细聚焦的电子束在样品表面扫描，并将从被扫的微小区域内激发产生的信号进行检测放大，然后用来同步地调制阴极射线管荧光屏上相应位置的亮度，也就是样品形貌、结构和组分特征的反映，通过对各种信号进行收集处理，即可对样品进行分析研究。显然它的分辨能力是由电子束的粗细所决定的。其特点是：①观察时保真度高，可以完整地反映样品表面的特征，而透射电镜往往要通过复型来观察，容易造成失真；②有真实的三维效应，而透射电镜的三维效应差；③景深大，扫描电镜景深比透射电镜大 10 倍，比光学显微镜大 100 倍，这对形貌观察特别有利。

对扫描电镜来说，试样的制备要简单得多，在不破坏样品结构形态的情况下，取其部分即可。对导电性差的试样，为了得到满意的结果，常常在样品表面用真空喷涂的方法镀上一层重金属以改善表面的导电性，用金、铂、铜均可，一般用金的较多。

除此以外，电镜法还包括电子衍射、选区电子衍射、高分辨电子衍射、小角度电子衍射、扫描电子衍射、晶体分光光谱法（X-ray wavelength dispersive spectroscopy）、X 射线光谱法（X-ray energy dispersive spectroscopy）、能量损失谱法（electron energy loss spectroscopy）、高分辨电镜（high resolution electronic micrograph）等方法。

2.4.5　比表面积的测量

比表面积的测量方法主要是基于布朗诺尔-埃米特-泰勒（BET）的多层吸附理论，基于以下三个假设拓展到多层吸附的情况：①气体分子可以在固体上吸附无数多层；②吸附的各层之间没有相互作用；③朗缪尔吸附理论对每一单分子层成立。根据该理论，有下述关系：

$$\frac{p}{V(p_0-p)}=\frac{1}{V_mC}+\frac{(C-1)p}{p_0V_mC} \tag{2-16}$$

式中，p 为不同吸附量时液氮的饱和蒸气压；p_0 为总气压；V 为加入液氮的体积；V_m 为固态吸附单层容量；C 为仪器常数。

然后用 $\frac{p}{V(p_0-p)}$ 对 $\frac{p}{p_0}$ 作图，在其线性范围内求出斜率 a 和截距 b，而 $V_m=1/(a+b)$，$S=4.35V_m/W(m^2/g)$，这样可以求出材料的比表面积 S。

一般而言，该法的测量范围为 $0.1\sim1000m^2/g$。近年来随着锂离子电池纳米材料的快速发展，对于材料内在结构的表征变得越来越重要，因此各种 BET 比表面积的测量也被顺理成章地引入到电极材料的表征当中，因为比表面积与电池的安全性能、倍率性能等因素有关。

2.4.6　交流阻抗谱仪

交流阻抗谱仪对于研究电极过程中的一些变化具有非常重要的意义，在此节将其在负极材料方面的研究也进行简单的说明。

2.4.6.1　交流阻抗谱法简介

将一个小振幅（几个至几十个毫伏）低频正弦电压叠加在外加直流电压上面并作用于电解池，然后测量电解池中极化电极的交流阻抗，从而确定电解池中被测定物质的电化学特性，该方法为交流阻抗法。交流阻抗法主要是测量法拉第阻抗（Z）及其与被测定物质的电化学特性之间的关系，通常用电桥法来测定，也可以简称为电桥法。

该法是把极化电极上的电化学过程等效于电容和阻抗所组成的等效电路（见图 2-5）。交流电压使电极上发生电化学反应产生交流电流，将同一交流电压加到一个由电容及电阻元件所组成等效电路上，可以产生同样大小的交流电流。因此，电极上的电化学行为，相当于一个阻抗所产生的影响。由于这个阻抗来源于电极上的化学反应，所以称之为法拉第阻抗（Fradic impedance），如图 2-5 中的 Z 所示，图中 C_L 表示电极表面双电层的电容，R_i 为电解池的内阻，R_c 为极化电极自身的电阻，R_0 为电解池外面线路中的电阻，通常 R_c 和 R_i 数值较小，可以忽略不计。

法拉第阻抗 Z 本身又可以用一个等效线路来代表。Z 可以看做是由一个电阻 R_s 和一个电容 C_s 串联而成，这个电阻称为极化电阻（polarization resistance），这个电容称为假电容（pesudo-capacitor）。之所以要假定 Z 是由 R_s 和 C_s 串联而成，是因为通常用交流电桥来测定阻抗，交流电桥的可调元件就是相互串联的可变电阻和电容。也可以把 Z 看做是由电阻和电容并联而成，但其计算要比串联线路复杂得多。利用交流电桥测定与法拉第阻抗相当的极化电阻（R_s）和假电容（C_s）的装置如图 2-6 所示。电解池 CE 连接于电桥线路，作为电桥的第四臂。振荡器 O 供给的交流电压的振幅约为 5 mV。直流电压 P 加于电解池的两个电极上，调节 C_m 与 R_m 使电桥达到平衡，用示波器指示平衡点。从电桥试验中求出 C_m 与 R_m，再用其他方法求出图 2-5 的 R_c、R_i 和 C_L 值，然后用作图法求出 R_s 与 C_s。

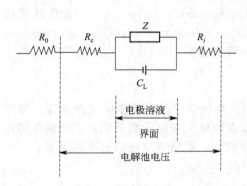

图 2-5　等效电路

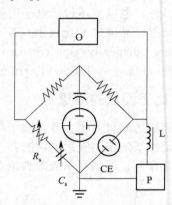

图 2-6　交流电桥法

2.4.6.2　交流阻抗谱法在负极材料方面的研究

交流阻抗谱法的应用之一为测定负极材料的表面膜阻抗和锂离子在其中的扩散系数。

锂离子嵌入碳电极，首先在电极表面形成 SEI 钝化膜，因而，锂嵌入的等效电路可用图 2-7 表示。等效电路由两部分组成：一部分反映 SEI 钝化膜，另一部分反映碳电极的电化学反应和电极中锂离子的扩散。R_0 是溶液的电阻，R_c 和 R_f 分别是法拉第阻抗和 SEI 膜阻抗。W 是 Warburg 阻抗，即碳电极中锂离子扩散引起的阻抗；C_d 和 C_f 分别是 R_c 和 R_f 相对应的电容。

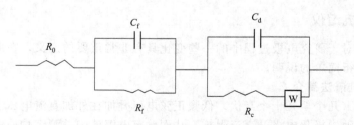

图 2-7　锂离子插入碳负极材料的等效电路

由于 W 是频率函数，而 R_c 不是，因而电极的反应速率在低频率（长时间）由锂离子在电极中的扩散控制，在高频率（短时间）由电化学反应控制。另外一些学者已研究出，只有在比相应于电化学反应控制更低的频率（更短时间）时，电极反应速率才由钝化膜 SEI 的传递控制。

对于半无限扩散和有限扩散，Warburg 阻抗 W 按下式计算：

$$W = \sigma \omega^{-\frac{1}{2}} - j\sigma \omega^{-\frac{1}{2}} \tag{2-17}$$

式中，ω 为交流电角频率；σ 为 Warburg 系数。

在电极上施加小交流电压。假设电极是平板电极；碳电极中锂离子的扩散是一维、电极厚度范围内的扩散，扩散满足 Fick 第二定律。经一系列的数学推导，得出：电流与电压的相位差为 $45°$，与角频率无关；于是 Warburg 系数为：

$$\sigma = \left[\frac{V_m (\mathrm{d}E/\mathrm{d}y)}{\sqrt{2} Z_{Li} FSD^{\frac{1}{2}}} \right] \quad \omega \gg \frac{2D}{L^2} \tag{2-18}$$

式中，V_m 为碳电极 $Li_y C_6$ 化学计量 $y=0$ 的摩尔体积；Z_{Li} 为锂离子传输电子数，等于 1；S 为电解液与电极之间的横截面积；F 为法拉第常数；D 为电极中锂离子的化学扩散系数；$\mathrm{d}E/\mathrm{d}y$ 为 $Li_y C_6$ 电量滴定曲线化学计量 y 处的斜率；ω 为交流电角频率；L 为电极厚度。

锂离子浓度扩散反映在电极阻抗复数平面图上是一条 $45°$ 的直线，如图 2-8 所示。σ 是 I_m 或 R_e-$\omega^{-1/2}$ 图（相应于反映浓度扩散的频率区段）的直线斜率。

锂嵌入一些炭材料，特别是石墨，在电量滴定曲线上会出现一些电压平台，使得 $\mathrm{d}E/\mathrm{d}y$ 不易准确得到。为避免利用 $\mathrm{d}E/\mathrm{d}y$ 值，对式(2-18)进行一定的变换处理，得到如下的 Warburg 系数等式：

$$\sigma = \left(\frac{RT}{\sqrt{2} Z_{Li}^2 F^2 S} \right) \frac{1}{\sqrt{DC}} \quad \omega \gg \frac{2D}{L^2} \tag{2-19}$$

式中，C 为电极中锂的浓度，即碳电极 $Li_y C_6$ 化学计量 y 摩尔体积 V_m（碳电极 $Li_y C_6$ 化学计量 $y=0$ 的摩尔体积）；Z_{Li} 为锂离子传输电子数，等

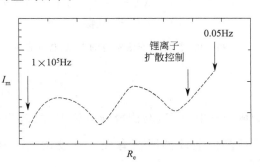

图 2-8　锂离子电池负极阻抗的复数平面图

于 1；S 为电解液与电极之间的横截面积；F 为法拉第常数；R 为气体常数；T 是热力学温度，可计算碳电极中锂离子的扩散系数。

式(2-19)的适用范围是 $\omega \gg 2D/L^2$，通常电极厚度 L 为 10^{-2} cm 数量级，扩散系数 D 小于 10^{-6} cm²/s 数量级，ω 应远大于 10^{-2} Hz。实际测量 ω 都能满足此要求。

本方法假定：

① 电极表面的电位是锂活性的量度，因此，电极应当以电子导体为主；

② 扩散的推动力仅是化学梯度，电场忽略不计，因此，电极应具有高电导率；

③ 体系是线性的，即在施加的交流电压的范围内，扩散系数与浓度无关。另外，对式(2-18)的处理是假定体系没有发生浓差极化。因此，实际施加的电压应当很小，以至被测量的阻抗与电压振幅无关。

除了上面的假设之外，同样也存在电极摩尔体积和电解液与电极界面面积的近似处理，以及电极制作方法的影响问题。

处理后的 Warburg 系数公式不需要 $\mathrm{d}E/\mathrm{d}y$ 值，因而，交流阻抗法能测量所有的碳材料中锂离子的扩散系数。交流阻抗法应用复数平面图法还可以提供更多的电极信息。电极阻抗复数平面图（见图 2-8）反映了锂嵌入碳电极的整个电极过程。由图可以获得有关的参数：溶液的电阻、法拉第阻抗、SEI 膜阻抗以及相对应的电容。

近年来人们越来越多地利用交流阻抗法研究、分析锂离子嵌入碳材料的动力学问题，包括扩散系数的测定。

2.4.7　循环伏安法

极化电极的电位随时间而做如式(2-20)线性变化时：

$$0<t\leqslant\lambda \text{ 时，} E=E_0-vt; \quad t>\lambda \text{ 时，} E=E_0-2v\lambda+vt$$

即电位扫描到头后，再回过头来扫描到原来的起始电位，这种测量方法为循环伏安法，所得到的电流-电位曲线如图 2-9 所示。

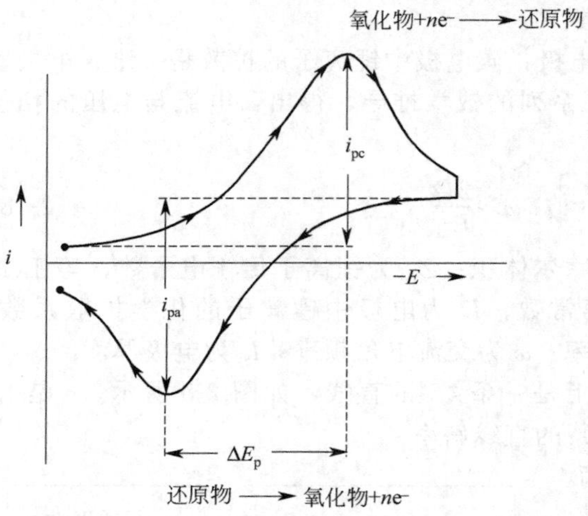

对于可逆氧化还原反应，电流与扫描时间的关系为式(2-20)：

$$i(t)=nFD^{1/2}a^{1/2}p\left(\frac{nF}{2RT}vt\right) \quad (2-20)$$

对于氧化和还原过程，均存在峰电流。应注意的是峰电流的大小不是从零电流处进行测量，而应从背景电流处进行测量。峰电流的大小为：

$$i_p=KnFAC^*\left(\frac{nF}{RT}\right)^{1/2}v^{1/2}D^{1/2} \quad (2-21)$$

其中 K 为 0.4463。两个峰电流、两个峰电流之比以及两个峰电位的大小是循环伏安法中最为重要的参数。

对于符合 Nernst 方程的电极反应，在 25℃时，两个峰电位之差 ΔE_p 为：

图 2-9 循环伏安法所得的电流-电位曲线

$$\Delta E_p=E_{pa}-E_{pc}=\frac{57\sim63}{n} \text{ (mV)} \quad (2-22)$$

即阳极峰电位 E_{pa} 与阴极峰电位 E_{pc} 之差为 $\frac{57}{n}\sim\frac{63}{n}$mV 之间，确切的大小与扫描过阴极峰电位之后多少毫伏再回扫有关。一般在过阴极峰电位之后有足够的毫伏之后再回扫，ΔE_p 为 $\frac{58}{n}$mV。

峰电位与标准电极电势 $E^{\ominus}$ 的关系为：

$$E^{\ominus}=\frac{E_{pa}+E_{pc}}{2}+\frac{0.029}{n}\lg\frac{D_{Ox}}{D_{Red}} \quad (2-23)$$

由于 $\frac{D_{Ox}}{D_{Red}}$ 接近于 1，这一项很小。所以只要反应符合 Nernst 方程，反应产物是稳定的，$i_{pa}=i_{pc}$，则循环伏安法是一个方便的测量标准电极电位的方法。

同时，循环伏安法可以发现中间状态并加以鉴定，还可以知道中间状态发生在什么电势范围以及中间状态的稳定性如何。根据氧化还原峰的电位差，亦可以判断反应的可逆性。若反应速率常数小，偏离 Nernst 方程，则波拉宽，$(E_{pa}-E_{pc})>\frac{58}{n}$mV。速率常数越小，两峰电位的差别越大。电流响应还与扫描速率有关。对于一定的电极反应速率常数，当扫描速率比较慢时，E_p 与 v 无关；当 v 越来越快，则 E_p 不再恒定，而是与 v 有关。

$$E_p=\text{常数}+\frac{30}{an}\lg v \text{ (mV)} \quad (2-24)$$

其中 a 为迁移系数。另外，还可以判断电化学-化学偶联反应。

2.4.8 电化学石英晶体微量天平

2.4.8.1 电化学石英晶体微量天平的原理

对于电解液的分解，一般是通过傅里叶红外谱、交流阻谱等的变化来推定可能发生的反应。但是，从某种程度上而言，认识并不充分。最近发展的电化学石英晶体微量天平（electrochemical quartz crystal microbalance，简称 EQCM）对于较深入地研究电极材料的表面反应较有裨益。

　　EQCM 的核心部件是一种 AT-Cut 石英晶体振荡片，在电化学池中它的作用是一种特殊的工作电极。它的一个面浸在溶液中而另一个面暴露于空气中并与测量线路相连，作为工作电极贴紧于溶液的膜表面，通常是导电的；如果是化学修饰电极，则修饰剂通过不同的方法修饰在该面上。AT-Cut 是一种厚度剪切型 AT-Cut 石英晶体振荡片。这种石英晶体振荡片的振荡频率（f）与质量之间的关系为：

$$f = d_q N/m \tag{2-25}$$

　　式中，f 表示频率；d_q 是石英密度，2.65g/cm³；m 表示石英片的单位振荡面积上的质量，g/cm²；N 为频率常数，1.67×10^5 cm·Hz。设有单位面积质量为 Δm 的外来物质均匀附着于电极（即由石英晶体振荡片组成）表面，引起的频率变化为 Δf，由式(2-25)可得：

$$\Delta f = \frac{-f^2 \Delta m}{d_q N (1 + \Delta m/m)} \tag{2-26}$$

　　一般情况下 $\Delta m \ll m$，因此上式简化为：

$$\Delta f \approx -\frac{f^2 \Delta m}{d_q N} \tag{2-27}$$

该式表达了电极质量变化所引起的频率变化之间的关系。在电化学体系中引起质量变化的通常是氧化还原反应，因此人们更有兴趣和关心的是有关电化学参数与 EQCM 频率变化（Δf）之间的关系。由法拉第定律及式(2-27)可得到电量与频率之间的关系：

$$\Delta f = 10^6 M_w C_i Q/nF \tag{2-28}$$

　　式中，Q 表示电量，C/cm²；M_w 是沉积或离开电极表面物质的摩尔质量；C_i 代表 f^2/Nd_q；F 为法拉第常数；n 为电化学反应电子得失数，常数与有关参量的单位有关，负号已略去。上式表述了电量（Q）与 ΔF 之间呈正比关系。根据该方程可以测量 M_w，并考察物质的粗糙程度、支持电解质及有关物质是否进入膜中以及掺入的量等。电量反映的是氧化还原过程的总量，它适用于电解法和库仑法。因为库仑等于电流和时间的乘积或电流对时间的积分量，所以电化学伏安法中如阶跃电位法中表现为 i 与 t 的关系；线性扫描法中，则为 i 与 v（扫描速率）的关系。在石英晶体微量天平电化学方法中，人们需要获得 Δf 与 i 或 Δf 与 t 之间的关系，这样有利于探讨电极反应过程。对于 EQCM，常用的线性扫描或循环扫描伏安法，i 与 Δf 的关系式为：

$$i = \left(\frac{dQ}{dE}\right) v = \left[\frac{d(\Delta f)}{dE}\right] \times 10^{-6} nFv/M_w C_i \tag{2-29}$$

　　式中，v 为电位扫描的速率，其余符号同前述。

　　对于阶跃电位扩散控制的电极过程，i 与 t 的关系为 Cottrell 公式。由于 $Q = \int i dt$，再结合式(2-28)可得 Δf 与 t 的关系式：

$$\Delta f = (2 \times 10^6) C_i M_w D^{1/2} C^* t^{1/2} \pi^{-1/2} \tag{2-30}$$

　　式中，C^* 是参与电化学反应物质的本体浓度；D 为扩散系数。该式成立的基本条件是电流效率为 100%，生成物的膜均匀平整。因为只有在上述条件下，计时库仑方程式才表示为：

$$Q = 2nFD^{1/2} C^* t^{1/2} \pi^{-1/2} \tag{2-31}$$

Q 的单位为 C/cm²。

　　如果令：

$$S_f = \Delta f/t^{1/2} = (2 \times 10^6) C_i M_w D^{1/2} C^* t^{1/2} \pi^{-1/2} \tag{2-32}$$

$$S_q = Q/t^{1/2} = 2nFD^{1/2} C^* \pi^{-1/2} \tag{2-33}$$

则可得：

$$S_f/S_q = C_i M_w/F \tag{2-34}$$

因为 S_f、S_q 可由 Δf 与 $t^{1/2}$ 关系及 Q 与 $t^{1/2}$ 关系的实验曲线求得，C_i 与 F 为实验参量，因此由式(2-34)可求得 M_W 值。

图 2-10 为表示 EQCM 仪器原理的方框图。通常电化学研究用的 AT-Cut 石英晶体的原频率为 10.0MHz 或 5.0MHz。

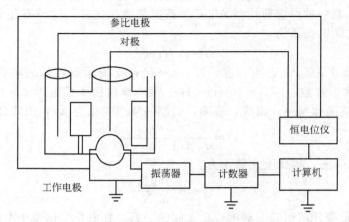

图 2-10　EQCM 仪器原理的方框图

2.4.8.2　电化学石英晶体微量天平的应用

由于电化学石英晶体微量天平不常见，下面以石墨材料（KS6）为例，简单说明其实际应用。

图 2-11 为石墨在 $LiClO_4$ 电解液中电位与共振频率差（$\Delta f = f - f_0$）随放电（锂插入）过程的进行而变化的曲线。

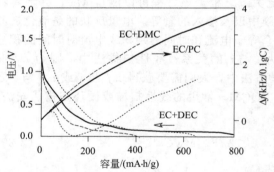

图 2-11　石墨（KS6）在 1mol/L $LiClO_4$ 的电解液中电位与共振频率之差 Δf 随放电过程进行的曲线

假定频率的变化是简单地通过石英上面物质质量的变化而产生的话，每通过 1 单位电荷产生的质量变化（Δm）可用 Sauerbrey 方程式(2-35)说明：

$$\Delta m = -K\Delta f \tag{2-35}$$

式中 K 为常数，它与电极的几何面积 A、石英的密度 ρ_q 和振动常数 μ_q 有关，

$$K = A(\rho_q\mu_q)^{1/2}(2f_0)^{-1} \tag{2-36}$$

通常计算图 2-12 中频率的变化 Δf，可以得知质量的变化（Δm）。图 2-12 为含有 1mol/L $LiClO_4$ 的 EC＋PC 及 EC＋DMC 体系的质量变化与电极电位的关系。当然，如果负极反应只有简单的锂插入反应［见式(2-37)］，那么每一库仑电荷增加的质量（$\Delta m/\Delta Q$）应该为 6.94g/F（$1F = 9.65\times10^4$C）。

$$x Li^+ + 6C + xe^- \Longrightarrow Li_xC_6 \quad (0\leqslant x\leqslant 1) \tag{2-37}$$

当电位在 1.5V 以上时，EC＋PC 及 EC＋DMC 体系的 $\Delta m/\Delta Q$ 均较高。在 0.5～0.8V 时，EC＋PC 体系的 $\Delta m/\Delta Q$ 为 27～35g/F，这表明至少还有一个其他反应发生。例如 PC 在石墨表面沉积［见式(2-38)］，可使质量增加 36.9g/F。

$$2Li^+ + CH_3CH(OCO_2)CH_2(PC) + 2e^- \Longrightarrow Li_2CO_3 + CH_3CH=CH_2 \tag{2-38}$$

在 PC 基电解液中，石墨表面观察到有机碳酸盐，照此，质量的变化应该大于 36.9g/F。而实际上却低于此值，因此有可能是生成的有机碳酸酯通过别的反应如与水发生反应，生成相对分子质量较低的产物［见式(2-39)］。

$$2ROCO_2Li + H_2O \longrightarrow Li_2CO_3 + CO_2 + 2ROH \tag{2-39}$$

在负极反应时，除了锂的插入外，还会有别的竞争反应。当电位降低时，$\Delta m/\Delta Q$ 稍有降低。在 EC+PC 中当电位低于 0.1V 时，$\Delta m/\Delta Q$ 最小，约为 15g/F。这表明即使在很低的电位下，锂负极插入反应仍伴随着如式(2-38)、式(2-39)一样的副反应。由于观测到的 $\Delta m/\Delta Q$ 值远低于溶剂的相对分子质量，因此不可能是溶剂分子插入造成的。

在 1mol/L LiClO₄ 的 EC+DMC 电解液中，质量变化明显高于 EC+PC 体系，尤其是在少于 0.5V 的低电位下。在 EC+DMC 体系中发现 CH₃OLi 为还原分解产物。电化学石英晶体微量天平的结果能反映有机溶剂在石墨表面的分解产物。

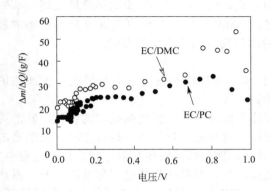

图 2-12　石墨（KS6）在 1mol/L LiClO₄
电解液中 $\Delta m/\Delta Q$ 随电位的变化情况
（实心圆为 EC+PC 电解液；
空心圆为 EC+DMC 电解液）

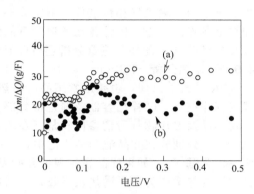

图 2-13　石墨（KS6）在 1mol/L LiClO₄（a）
和 1mol/L Li（CF₃SO₃）₂N（b）的 EC+DMC
电解液中 $\Delta m/\Delta Q$ 与电位的变化

如前所述，电解质锂盐不同，石墨材料的电化学行为不一样，这同样可以通过电化学石英晶体微量天平得到证实。图 2-13 为 LiClO₄ 和 Li(CF₃SO₃)₂N 两种电解质盐得到的结果。在低于 0.1V 时，对于含有 1mol/L Li(CF₃SO₃)₂N 的 EC+DMC 体系而言，$\Delta m/\Delta Q$ 约为 7～15g/F；而对于 1mol/L LiClO₄ 的 EC+DMC 电解液而言，则为 20～25g/F，质量变化少，库仑效率高。显然与前面的结果相一致，即库仑效率与阴离子大小有关。

同样也可以通过电化学石英晶体微量天平研究正极材料等在电解液中发生的变化。

2.4.9　热分析法

热分析技术虽然早在一百年前就有，但是高灵敏度的热分析仪只有 20 余年的历史，而热分析技术用于锂离子电池及其材料的研究和分析，却是近十几年的事。

所谓热分析技术是指在等速升温（或等速降温）条件下连续测定试样的某种物理性质随温度变化的技术。根据所测定的物理性质不同，热分析技术可分为若干种，表 2-2 为若干常见的热分析技术的分类及命名。

表 2-2　热分析技术的分类及命名

测定的物理量	命　　名	缩写符号	测定的物理量	命　　名	缩写符号
质量	热重分析	TG	热量差	差示扫描热分析	DSC
质量变化速度	微分热重分析	DTG	热膨胀系数、模量	热机械分析	TMA
温差	差热分析	DTA	挥发分组分的成分及数量	释出气体分析	EGA

这里着重介绍 TG、DTA 技术及其在锂离子电池研究中的应用。

2.4.9.1　热重分析（TG）的基本原理

热重分析是测定样品质量随温度的变化，样品放在样品池中程序升温，样品杆与天平梁的一端连接，升温之前，利用调节砝码及 TG 控制电路使天平平衡，然后以一定速度升温。如果样品无质量变化，则天平保持平衡，记录笔走直线（基线）。若在某温度时，样品开始有质量变化，如热分解使样品失重时，天平梁失去平衡，梁的另一端向下倾斜，则透过光闸照射到光电池上的光能量发生变化，光电流改变，输入线圈中的电流改变，使磁铁芯向下移动，于是天平又恢复平衡。因此，在测定过程中，天平将始终保持平衡位置。控制线圈中电流强度的变化，即相当于样品的失重或失重百分数。同时用连接在样品池底部的热电偶连续测定样品的温度，并用另一支记录笔记录。

利用热重分析可以研究物质的热稳定性、热分解温度、分解反应速率等。如果同时将分解产生的挥发组分输入气相色谱仪，测定分解产物的组成，则可以研究物质的热降解机理。从失重曲线上各点的斜率可以计算在各温度下的失重速度（dW/dT），从而可以计算分解速率常数 K 及反应活化能。此外，热重分析还可以研究各种添加剂对热稳定性的影响。

2.4.9.2 差热分析（DTA）

DTA 是最早出现，也是最常用的一种热分析技术。测量仪一般由三部分组成：①加热炉及温度程序控制；②样品容器及温差检测部分；③记录仪。

将样品及参比物（所谓参比物是指在测定的温度范围内不发生任何热效应的物质，通常选用 Al_2O_3）分别放在样品池和参比池中，以一定速度等速升温。当样品无热转变时，记录笔走直线（称为基线）。如果样品在某温度开始发生热转变，例如样品发生熔融，则在熔融过程中，外界供给的热量作为熔融潜热被吸收，样品本身温度不变，但参比物的温度却继续上升，因此二者产生温差，即在熔融过程中，样品温度低于参比物温度，因此，记录笔向下绘出吸热峰，熔融过程结束后，样品温度逐渐与参比物相同，重新变为零，记录笔又回到基线。根据峰的位置可以判断熔融温度，由于熔融峰的面积与熔融热成正比，所以，可以计算熔融热。

同理，当样品发生放热反应时，即样品温度高于参比物温度，将绘出向上的放热峰。从 DTA 曲线的形状及峰位置，可以确定热转变的类型及转变温度。

2.4.9.3 测试条件对热分析结果的影响

在 TG、DTA 等热分析技术中，测试条件往往对结果有较大影响。例如样品用量、样品的形状及堆积情况、升温速度、炉内气氛等均会影响 TG、DTA 曲线的形状及位置，因此，无论在测试及分析热谱时均应给予足够的重视。

（1）试样

微量热分析中试样用量一般为 5~10mg，用少量样品有利于减少试样内的温度梯度，也有利于挥发性分解产物的析出，减少各种气体间的副反应，提高实验的重复性。试样应当力求粒度均匀，纤维状试样应剪成 2~3mm，并应当用盖压紧，以保证熔融后成为均匀的液膜。否则试样熔融后收缩呈液珠状，与样品池接触不好，会使重复性变劣，结果亦不准确。样品的粒度不宜太大、装填的紧密程度适中为好。同批试验样品，每一样品的粒度和装填紧密程度要尽量一致。

样品的反应热、热导率和比热容均会对 TG 热谱图带来影响。反应热会引起样品温度和炉温不一样，个别情况下二者之差可达 30℃甚至更高。这将会对用 TG 研究某些样品加热反应的动力学带来严重误差。因此，必须进行温度校正来消除该类误差。为了使样品的热容与参比物匹配以改善基线稳定性，可以用热惰性物质稀释样品，但稀释物质必须不与试样发生反应。

（2）试样皿

试样皿的材质有玻璃、铝、陶瓷、石英、金属等，其形状有深有浅，如选择不当对试验结果的准确性会带来影响。聚四氟乙烯类试样不能用陶瓷、玻璃和石英类试样皿，因相互间会形成挥发性碳化物。白金试样皿不适宜作含磷、硫或卤素的高聚物的试样皿，因白金对该类聚合物有加氢或脱氢活性。总之，在选择试样皿时应注意试样皿对试样、中间产物和最终产物应是惰性的。试样皿的形状以浅盘为好，试验时将试样薄薄地摊在其底部，不要加盖，以利于传热和生成物的扩散。

（3）升温速度

升温速度对 TG、DTA 结果有很大影响，一般升温速度越快，温度滞后越大，开始分解温度、终止分解温度、分解温度的区间以及转变温度偏高。对于高分子试样，建议采用 5～10℃/min；对于传热性好的无机物、金属类试样，升温速度一般为 10～20℃/min。

（4）炉气氛

根据实验目的，可选择在各种气氛下进行热分析测定，例如有空气、氧气、氮气、氩气、真空等。必须注意，同一试样在不同气氛下会得到不同的结果，通常测定熔融过程及熔融热应在氮气下进行。

2.4.10　核磁共振法

核磁共振现象自 1946 年被布洛赫（Bloch）和柏赛尔（Purcel）（他们两人也因此获得了诺贝尔奖）发现以来，已有三十余年的历史，特别是在最近几年，从仪器性能的改进和应用方面都取得了很大的进展。目前，核磁共振法广泛地应用于物理、化学及生物学等各个领域，大大推动了这些领域的研究工作。

核磁共振谱是由具有磁矩的原子核吸收射频（无线电波）辐射而产生能级跃迁所形成的吸收光谱，由于它所吸收的辐射波长比红外光波长长得多的无线电波（$\lambda=3000\sim3m$，$\nu=0.1\sim100MHz$），因此称为核磁共振波谱，简称核磁共振，以 NMR 表示。

凡是原子序数与质量数均为奇数的原子核，如 ^1H、^7Li、^{13}C、^{15}N、^{17}O、^{19}F、^{31}P 等，它们在自旋运动时都会产生磁矩。原子序数为奇数，质量数为偶数的原子，如 ^2H、^{10}B、^{14}N 等它们均有自旋现象，也有自旋磁矩，而原子序数与质量数均为偶数的原子，如 ^{12}C、^{16}O、^{32}S 等它们均无自旋现象，也无自旋磁矩。应用最广的是氢原子核（即质子）的核磁共振谱，又称它为质子磁共振法，以 PMR 或 ^1H NMR 表示。

一个氢原子核即一个质子，是带有正电荷的自旋单体，因此顺着它的自转轴就产生一个微小磁场。它本身就像一个小磁铁。在无外加磁场的环境中，质子自旋所产生的磁矩取向是杂乱无章的，但它处于外电场时，它的磁矩取向则或者与外磁场方向一致（↑），或者与外磁场方向相反（↓）。质子磁矩与外磁场方向的平行和反平行两种取向，分别相当于它的低能态和高能态两种能级。由于这两种能级差很小，因此如用波长很长（能量很低）的无线电波（射频）照射处于外磁场中的质子，则当电磁波能量与质子的两个能级差能量相等时，处于低能态的质子就可以吸收此能量而跃迁至高能态，这对质子的磁矩取向由与外磁场平行转变为反平行，这种现象称为"核磁共振"。

质子对射频辐射能的吸收和分子对紫外、红外辐射的吸收一样，也是量子化的。它由低能级跃迁至高能级吸收的能量为：

$$\Delta E=h\nu \tag{2-40}$$

只有当辐射波的频率和外磁场达到一定的关系时，质子才吸收此辐射能。根据量子力学计算结果：

$$\Delta E=\frac{\gamma h H}{2\pi} \tag{2-41}$$

式中，γ 为一个比例常数，是各种原子核的特征数值，称为磁旋比。质子的 $\gamma=26750$。由上面两式可导出辐射波的频率 ν 与外磁场强度 H 的关系：

$$\nu=\frac{\gamma}{2\pi}H \tag{2-42}$$

由此可知，无论改变外界磁场强度 H 或改变辐射能的频率 ν，都可以达到上述关系。为操作方便起见，在实际工作中常采用辐射频率不变（通常采用固定的 60MHz、100MHz、300MHz 等频率），而改变磁场强度的方法。当磁场达到一定强度时，处于磁场中样品的质子即可发生共振吸收。于是核磁共振仪便可接收到此吸收信号。

质子受到的屏蔽效应不同，产生在不同磁场强度的共振，称为化学位移。1970 年国际纯粹与应用化学协会（IUPAC）建议化学位移一律采用以四甲基硅烷 $(CH_3)_4Si$（以 TMS 表示）作为内标准物质。以它的质子峰作为零点，其他化合物质子峰的化学位移是相对于这个零点而言的。在 TMS 左边出现的峰为正值（TMS 的），出现在右边的峰为负值。

化学位移常以 δ 表示。δ 是样品质子峰的频率 ν 与 TMS 质子峰的频率 ν_{TMS} 之差，再与核磁共振仪的辐射频率 ν_0 之比。因为由此所得数值很小，故乘以 10^6，即 δ 的单位是 10^{-6}。

$$\delta = \frac{\nu - \nu_{TMS}}{\nu_0} \times 10^6 \tag{2-43}$$

在许多有机化合物的核磁共振谱中，有些质子的吸收峰不是单峰，而是一组多重峰。这种同一类质子吸收峰增多的现象称为裂分。由邻近质子的自旋相互干扰而引起的，称作自旋偶合，由此所引起的吸收峰的裂分称作自旋裂分。质子除受外加磁场的影响外，还受到相邻质子自旋的影响。如果有 n 个相邻的氢时，在 ^1H NMR 谱上将出现 $(n+1)$ 个峰，此即为 $(n+1)$ 规则。

上述测量主要是针对液体样品，对于固体样品而言，NMR 谱线非常宽。如果高分辨 NMR 只能限于液体样品，就会使 NMR 的作用受到严重的局限：第一，有许多材料是只能在固体状态下进行研究，如煤、交联高分子等，很难找到合适溶剂来溶解它们，虽然有些材料可用溶剂溶解，但溶解后的溶液已经不是原来的物质状态；第二，固体中核所感受的各向异性作用往往包含着许多重要信息，把这些信息全部丢掉也是很可惜的。经过长期探索，人们终于找到了有效的方法，可人为地造成真实空间或自旋空间的快速运动，将各向异性作用平均掉，从而产生了固体核磁共振仪。

固体核磁共振谱也是通过固体核磁共振谱中的化学位移变化来考察原子核-原子核之间的相互作用及各原子的局部微环境。固体中引起化学位移的因素很多，对顺磁性固体材料来说，除了抗磁性物质引起的位移外，还存在着由顺磁性物质引起的各向同性位移。

引起各向同性位移的作用主要有两种。第一种是研究核与顺磁中心未成对电子之间的偶极作用，这种作用类似于核自旋之间的偶极-偶极相互作用，它是一种直接的空间作用，产生的位移称为偶极位移，可表示为：

$$\left(\frac{\Delta H}{H}\right)_{dip} = B\left(\frac{3\cos^2\theta - 1}{r^3}\right)\frac{D}{T_2} \tag{2-44}$$

其中

$$B = \frac{28g^2\beta^2}{9\theta}$$

对于给定的分子体系，在一定温度下，B、D、T 皆为常数，偶极位移仅与几何因子有关。液体分子中由于存在布朗运动，θ 值不断变化，磁偶极之间的相互作用平均效果为零，因此液体核磁共振的谱线可以很窄。但对于固体来说，晶格中的各原子位置是固定的，偶极位移在各个方向上是不同的，因此偶极位的各向异性会导致顺磁物质的 NMR 谱变宽。第二种相互作用是顺磁物质中尚未成对电子自旋通过化学键的电子或电子的离域作用而传递到整个分子，因而在分子的各个位置上都有一定的自旋密度分布，从而影响了核的屏蔽。这是一种间接作用，主要是通过化学键的作用来完成，它所产生的位移叫接触位移。接触位移通常可以表示为：

$$\left(\frac{\Delta H}{H}\right)_{con} = A_i \frac{r_i}{r_N} \cdot \frac{g\beta S(S+1)}{3KT} \tag{2-45}$$

其中 $A_i = Q\rho_i$，Q 为与分子结构有关的系数，接触位移的大小与分子结构本身关系密切，即使在核自旋密度（ρ）很小的情况下，由于 Q 值很大，仍可能产生大的接触位移。

在核磁共振谱中，化学位移是最重要的参数之一。它是核外电子对外加磁场起了屏蔽作用的结果，核所处的化学环境不同，其化学位移也不同。通过核磁共振谱的化学位移变化，可以考察研究核所处的化学环境，得到丰富的分子结构信息，从而了解这些材料在实验过程中发生的微观结构变化。

近年来，固体核磁共振技术在锂离子电池电极材料的研究方面得到广泛的重视和应用。与 ^7Li（$I=2/3$）核相比，^6Li（$I=1$）核具有小得多的四极矩耦合常数和较弱的同核偶极耦合，因此 ^6Li NMR 谱具有较高的分辨率。目前，在研究电极材料的固体核磁共振实验中，所使用的核磁共振仪器的频率大多在几十到上百兆赫兹。在实验方法方面，除了简单的单脉冲模式外，为了消除体系中原子核与原子核之间的偶极相互作用，提高 NMR 的分辨率，摩角旋转（MAS）已经成为一种标准的方法。在通常情况下，样品旋转的频率为几千赫兹。在考察 Li 核的核磁共振实验时，通常选择浓度为 1mol/L 的 LiCl 溶液作为标准参考物。

2.4.11　质谱法

质谱分析是一种测量离子荷质比（电荷/质量）的分析方法，可用来分析同位素成分、有机物构造及元素成分等。第一台质谱仪是英国科学家弗朗西斯·阿斯顿于 1919 年制成的。阿斯顿用这台装置发现了多种元素同位素，研究了 53 个非放射性元素，发现了天然存在的 287 种核素中的 212 种，第一次证明原子质量亏损。他为此荣获 1922 年诺贝尔化学奖。

用来测量质谱的仪器称为质谱仪，可以分成三个部分：离子化器、质量分析器与侦测器。其基本原理是使试样中的成分在离子化器中发生电离，生成不同荷质比的带正电荷离子，经加速电场的作用，形成离子束，进入质量分析器。在质量分析器中，再利用电场或磁场使不同荷质比的离子在空间上或时间上分离，或是透过过滤的方式，将它们分别聚焦到侦测器而得到质谱图，从而获得质量与浓度（或分压）相关的图谱。

质谱仪根据其应用一般分为有机质谱仪以及无机质谱仪，但是这个分类并不十分严谨。因为有些仪器带有不同附件，具有不同功能。例如，一台气相色谱-双聚焦质谱仪，如果改用快原子轰击电离源，就不再是气相色谱-质谱联用仪，而称为快原子轰击质谱仪（FAB MS）。另外，有的质谱仪既可以和气相色谱相连，又可以和液相色谱相连，因此也不好归于某一类。在以上各类质谱仪中，数量最多、用途最广的是有机质谱仪。

近年随着锂离子电池的快速发展，具有很高精度的质谱仪也被逐渐地应用到锂离子电池，尤其是其电极材料的研究上来。例如采用程序控温脱附-质谱联用等实验方法研究 $LiNi_{0.8-y}Ti_yCo_{0.2}O_2$ 电极材料的热稳定性，探明掺钛前后 $LiNi_{0.8-y}Ti_yCo_{0.2}O_2$ 材料热分解反应的气体产物，了解了钛掺杂对电极材料热稳定性的改善作用机制。

2.4.12　激光粒径分布法

随着锂离子电池工业中对材料粒径测量精度要求的提高，激光粒度分析仪的应用也日益广泛。激光粒度测量方法的理论依据是 Fraunhofer 衍射理论和完全的米氏光散射理论。光照射颗粒时，衍射和散射的情况跟光的波长及颗粒的大小有关，因此当用单色性很好并且波长固定的激光作为光源时，就可以消除波长的影响，从而得出衍射、散射情况跟颗粒粒径分布的对应关系。

激光粒度测量方法的过程为：激光发出的单色光，经光路变换成为平面波的平行光，平行光经过试样槽，遇到散布其中的颗粒发生衍射和散射，从而在样品后方产生光强的相应分布，被信息接收器接收并转化为电信号，进而经过复杂的程序处理得到颗粒粒径分布。

激光粒度测量方法的优点有：测量粒径分布范围广（为 $0.02\sim200\mu m$）；无信号盲区（在采用三维扇形检测器之后），实际分辨很高；检测速度快，整个操作过程一般都可以在 8min 之内完成；智能化程度较高，能够以各种人性化的方式输出操作者所需要的结果形式；输出结果是连续的粒径分布，使用方便；重复性好。

　　激光粒度测量方法的缺点主要在于参数设置方面的一些困难。在操作之前，操作者需要设定 SOP（standard operating procedures）文件中样品的折射率、吸收率等物性参数。对于常规样品，已经有默认的 SOP 设置，但对于科研以及生产实际中非常规的样品，获得其准确的折射率等参数并不容易，从而影响粒径测量结果的可靠性。另外，详细的理论还可以证明，激光粒度仪对于粒径的测量相当于同衍射角的球体直径，这对于很多不规则的颗粒的测量会产生一些误差。

参 考 文 献

[1] 吴宇平，戴晓兵，马军旗，程预江. 锂离子电池——应用与实践. 北京：化学工业出版社，2004.
[2] 刘汉三，李劼，龚正良，张忠如，杨勇. 电化学，2005，11，46.
[3] 焦淑红，邹若飞，郭晋梅. 理化检验——物理分册，2004，40，344.
[4] 李文凯，吴玉新，黄志民，樊融，吕俊复. 中国分体技术，2007，5，10.

第 3 章

碳基负极材料

作为锂二次电池的负极材料，首先是金属锂，随后才是合金。但是，它们无法解决锂离子电池的安全性能，这才诞生了以炭材料为负极的锂离子电池。从第一章锂离子电池的发展过程可以看出，自锂离子电池的商品化以来，研究的负极材料有以下几种：石墨化炭材料、无定形炭材料、氮化物、硅基材料、锡基材料、新型合金和其他材料。本章主要讲述碳基负极材料，其他非碳基负极材料将在第 4 章进行论述。

3.1 炭材料科学的发展简史

经典的炭材料原是一种很古老的材料，对它的利用可追溯到纪元前，其大量工业生产和应用也早在 19 世纪中叶就已出现。然而，人们对这种固体材料的基础理论研究却起源于 20 世纪初。此后很长的年代里，炭结构的研究是在固体（晶体）结构领域里发展起来的。早期研究属于物理学科，后来炭化的研究则在燃料化学（煤化学、石油化学）学科领域里发展壮大。50 年代末期起，高分子学科领域加强了耐高温聚合物方向的探索，广泛开展了高聚物热解炭的研究，与此同时，诱发了从聚合物转化成炭及其炭化机理的研究工作。所以，在炭材料科学作为独立分支存在以前，它的萌生和早期发展大都起源于相邻学科领域。

关于炭材料科学作为独立的一个学科分支在国际学术界出现的时间，钱树安先生曾对此进行了推测。根据国际上有关炭科学国际会议的召开时间及 Carbon 杂志于 1963 年在美国创刊，认为炭材料科学的真正独立存在，应在 20 世纪 50 年代末或 60 年代初。这个时间刚好和国际上材料科学作为独立学科的兴起时间（60 年代初）相一致。

炭材料科学涉及物理学和化学的各个领域。从物理的角度看，炭材料科学的主要方向是固体的结构和物性。于是便要求具备固体物理学应用的有关知识，例如晶体和非晶体结构、原子价键结构、晶体中的缺陷与运动、晶体中的电子状态、固体的力学性能、光学性能、磁性能、电性能、热性能等；还需要固体结构研究方法的理论知识，即固体结构分析中的物理方法 XRD、EM、XPS、ESR、STM 等；为此还必须具备与此有关的数学基础，以便研究者在研究碳素结构和特性时独立地进行数学方程的推导。从化学的角度来看，研究方向涉及有机物的结构组成、热解、炭化反应、合成反应以及其他涉及制备化学的有关反应，还涉及炭的化学反应性。除化学学科的大学基础课程外，碳素化学还涉及一系列应用化学二级学科：煤化学、石油化学（烃类热解化学）、高分子化学和物理、催化化学、高温化学、有机结构分析等。液相炭的原料沥青涉及多环芳烃的结构和性质，这就和结构化学、量子有机化学等理论化学科目相联系。因此，炭材料的发展历史也是交错纷纭。

图 3-1　乱层炭结构的模型

1914 年，埃瓦尔德（P. P. Ewald）用劳厄（M. von Laue）照相法首先测定了天然石墨的晶体结构，认为碳原子处于平面层的正六角形对称位置，计算出 c/a 比为 1.633。同年，布拉格（W. H. Bragg）测定了石墨中二维碳层面的间距。德拜（P. Debye）和谢乐（P. Scherrer）于 1916～1917 年用 X 射线粉末衍射法研究了天然石墨的结构，导出了 ABCABC 堆积的菱形结构模型，并提出了微晶理论和无定形炭（无定形炭是一种细分散的石墨，这种分散状态是通过机械手段无法达到的，其弥散的衍射峰大致都在同一位置，并和天然石墨衍射图上的有关特征峰相对应）的概念。赫尔（A. W. Hull）于 1917 年推测出石墨的另一种 ABAB 堆积的六方形结构，1924 年德国人海塞尔（O. Hassel）和马克（H. Mark）用精确的 X 射线衍射法测定了其结构。1934 年，美国麻省理工学院的沃伦（B. E. Warren）及其合作者首次采用原子径向分布函数法（傅里叶积分分析法）研究了炭黑的原子结构，证实了炭黑中存在着类似于石墨中的二维六元碳网层片，认为炭黑不是真正的无定形炭，至少应是处于介晶状态（mesomorphic state），其中有单层甚至几层堆砌在一起的石墨晶体。1941 年，沃伦在劳厄的基础上提出了假微晶（pseudocrystallite）的概念，并推导出如图 3-1 的乱层炭结构模型。于是，术语"turbostratic（乱层）"作为介晶的命名，便开始使用"乱层炭"（turbostratic carbon）这个术语。1941 年怀特（A. H. White）和日尔谟（L. H. Germer）研究了热解炭膜的结构，从侧面支持了沃伦的乱层炭结构模型，为后来热解炭膜的结构研究奠定了基础。1942 年李普逊（H. Lipson）和史托克斯（A. R. Stokes）测定出石墨的菱形结构，并观察到在天然石墨中其含量约占 5%，从而确定了石墨中存在两种晶体结构：六方形结构和菱形结构（见图 3-2）。

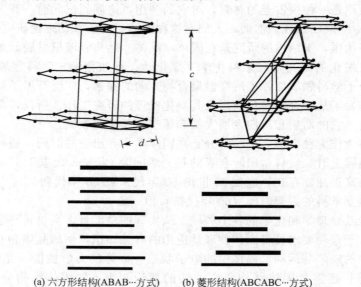

(a) 六方形结构(ABAB…方式)　　(b) 菱形结构(ABCABC…方式)

图 3-2　石墨的两种晶体

1950～1951 年间，英国的富兰克林（R. E. Franklin）女士根据沃伦的理论模型，把炭分为两大类：易石墨化炭和难石墨化炭，也有人分别称之为软炭（soft carbon）和硬炭（hard carbon）。前者如沥青焦、石油焦和聚氯乙烯（PVC）焦，后者如聚偏氯乙烯（PVDC）炭、纤维素炭和糖炭等。这两大类型炭的区别主要在于晶体结构参数随热处理温度的变化趋向不一样。易石墨化炭经 $1000\sim1300℃$ 处理后 d_{002} 约为 0.344nm，$1200℃$ 处理后 L_a、L_c 之值约为 3.5nm。而难石墨化炭经 $1000℃$ 处理后 d_{002} 约为 0.37nm，L_c 的大小仅相当于 $2\sim3$ 层石墨烯面（graphene plane），L_a 为 $1\sim2$nm。在经 $3000℃$ 处理后前者的 d_{002} 接近 0.370nm（如 PVC 焦的 d_{002} 为 0.3361nm），L_a 达 150 层以上；而后者 d_{002} 仍高达 0.345nm，$L_a<5$nm，L_c 的大小不超过 10 层石墨烯面。并推测了易石墨化炭的石墨化机理，归结为两相邻粗糙定向的微晶逐渐移动而使 c 轴相平行，最后结合、长大成更大的晶体。这种分类基本上是针对炭前驱体而言，而且是反映前驱体的石墨化容易程度，因此具有一定的局限性，并不能反映炭结构的本质特点。

梅埃耳（J. Maire）和梅林（J. Mering）于 20 世纪 50 年代末提出，碳网层面内部的不完善性所引起的空间障碍是相邻两层面堆叠非定向性的本质原因，并提出了一个结构参数，称为畸变参数（δ^2），被定义为在层面中原子偏离平均层面平面的平均偏差。δ^2 和梅林等人所采用的石墨化因子 g' 存在很多的相关性。当热处理温度提高时，炭样品的变化可以满意地用 δ^2 和 g' 值的变化来解释。罗兰德（W. Ruland）从衍射理论的物理背景出发，认为乱层炭存在的缺陷是多种多样的，如空穴和隙间原子、微小的隙间层面、键的变形及交联、层面的弯曲及褶皱等，可以解释各种无定形炭的 X 射线衍射峰的宽化，并圆满地解释了对 L_a 和 L_c 随热处理温度上升的趋向以及石墨化机理。

1968 年拜恩（L. L. Ban）和海斯（W. M. Hess）认为沃伦的乱层炭理论模型存在着本质的缺陷，于是，厄根（S. Ergun）自 1968 年起，通过研究工作的逐渐展开，最终建立了比较完整的关于准晶炭结构的现代理论——多缺陷统计理论，并因此在 1973 年美国第 11 次双年度国际炭会议上被授予理论成就奖。厄根指出，一般所谓的"无定形炭"，并非自层堆状的小微晶所组成（如原来沃伦等人所确认），炭黑中的二维碳网层比原来设想的要大得多，可能大出一个数量级，而且这些层面很不完善，存在着诸多缺陷（空穴、位错和层面挠曲等），缺陷按统计规律随机分布。另外，面间距并非都等距离，层面堆砌中存在着缺陷，名为层错（stacking faults）。厄根据炭结构多缺陷统计理论及以径向分布函数推导出的一系列特征参数，建议以平均无缺陷距离（mean defect-free distance）L_a' 代替经典的微晶直径 L_a。$L_a'=2/\alpha$，α 为径向分布函数中的一个缺陷参数；而以平均无层错堆砌高度（mean fault-free stacking height）L_c' 代替经典的微晶高度 L_c，$L_c'=2/\beta$，β 为 002 峰富氏变换径向分布函数中的一个综合常数。炭的石墨化过程可以很顺利地被解释为这些缺陷的退火和多衍射峰的锐化。

此后，经典炭材料科学基本上建立起来了，进入了一个稳定发展的时期。

1985 年发现了富勒烯（fullerene），1991 年发现了碳纳米管（carbon nanotubes），1996 年诺贝尔化学奖授予富勒烯的发明人 Robert F. Curl Jr.、Harry Kroto 和 Richard E. Smalley，2010 年诺贝尔物理奖授予从事石墨烯材料物理性能方面的科学家 Andre Geim 和 Konstantin Novoselov，炭材料科学又迎来了一个新的发展时期。

3.2　炭材料的一些性能

碳原子为周期表中第 12 号元素，尽管比较简单，但是它组成的物质丰富多彩，更不用说生物体的复杂性。单就炭材料而言，人们其实了解的并不是很多。在炭材料中它主要以 sp^2、sp^3 杂化形式存在，形成的品种有石墨化炭、无定形炭、富勒球、碳纳米管、石墨烯等。

3.2.1　炭材料的结构

C—C 键的键长在炭材料中单键一般为 0.154nm，双键为 0.142nm。当然随品种不同，亦

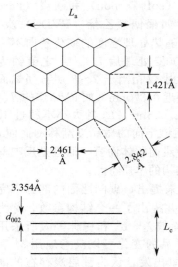

图 3-3 石墨晶体的一些结构参数

会发生一定的变化，在这里不多述。C═C 双键组成六方形结构，构成一个平面（石墨烯面），这些面相互堆积起来，就成为石墨晶体。如图 3-3 所示，石墨晶体的参数主要有 L_a、L_c 和 d_{002}。L_a 为石墨晶体沿 a 轴方向的平均大小，L_c 为石墨烯面沿与其垂直的 c 轴方向进行堆积的厚度，随炭种类不同，小到 1nm，大到 10μm 或更大。一般用 X 射线衍射确定：

$$d_{002}(nm)=\lambda/20\sin\theta \tag{3-1}$$
$$L_a(nm)=0.184\lambda/(\beta\cos\theta) \tag{3-2}$$
$$L_c(nm)=0.089\lambda/(\beta\cos\theta) \tag{3-3}$$

式中，λ、β 和 θ 分别为入射 X 射线的波长、X 射线衍射峰半峰宽和衍射角。另外，L_a 在 2.5～10nm 时，对拉曼光谱的影响大，因此又可用拉曼光谱进行测定（见式 3-4）。

L_a 和 L_c 从小变到大，一般可以通过石墨化过程来实现。由于石墨烯面之间通过范德华力相互结合在一起，因此较易平移，也使石墨具有各向异性，平面（basal plane）和端面（edge plane）的性能明显不同。

d_{002} 为石墨烯面之间的距离。对于理想的单晶而言为 0.3354nm，对无定形炭而言可以高达 0.37nm，甚至更高。当插入其他原子或离子时，亦可高达 1nm 以上。

如上所述，石墨烯面间的堆积方式有两种：ABAB…方式和 ABCABC…方式，因此形成的六方形结构（2H）和菱形结构（3R）两种（见图 3-2）。在炭材料中，两种结构基本上共存。至今没有发现有效合成单一结构的方法或将两者分离开来的方法，原因主要在于石墨烯平面的移动性大。

在了解上述参数后，必须意识到即使上述参数均相同，其性能并不一定相同，因为它们反映的是平均值。例如石墨烯面的堆积有可能是基本上平行，也有可能是倾斜而致。图 3-4 和图 3-5 分别为 L_a 和 L_c 与炭品种的关系。因此，炭材料的性能还与其内在结构有关。

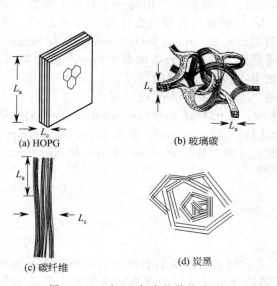

图 3-4 L_a 和 L_c 与炭品种的关系

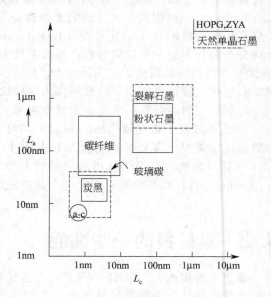

图 3-5 L_c 与炭品种之间的关系

3.2.2 石墨晶体的拉曼光谱

由于拉曼光谱可进行原位（in situ）测量，因此在这里进行简单的说明。假定石墨为无限大晶体，具有 D_{6h}^4 对称性，有可能产生下述 6 种振动模式：2 种 B_{2g}、2 种 E_{2g}、A_{2u} 和 E_{1u}。

这些振动模式示意如图 3-6 所示，其中只有两种模式具有拉曼光学活性。对于高取向裂解石墨（highly oriented pyrolytic graphite：HOPG）而言，在 $1582cm^{-1}$ 有明显对应于一种 E_{2g} 模式的吸收峰，位于低波数的另一种 E_{2g} 模式很难观察到。大多数人认为 $1582cm^{-1}$ 拉曼峰为 L_a 和 L_c 较大时对称性 E_{2g} 的一级散射。当 L_a 减小时（如玻璃碳），在 $1360cm^{-1}$ 附近观察到一新的吸收峰，峰的强度与从 X 射线衍射法测得的 $1/L_a$ 呈线性关系。因此将其定为 A_{1g} 模式，也就是说不能从无限大的石墨晶体上观察到。相关解释认为与位于端面石墨烯的对称性破坏有关。这些端面导致光子的光学激发选择定则在石墨晶体中的破坏。在无定形炭材料中，更多的光子可以产生包括 $1360cm^{-1}$ 在内的散射峰。端面越多，$1360cm^{-1}$ 峰强度越大。因此依据 HOPG 端面拉曼光谱的极化敏感性，亦可以观察到 $1360cm^{-1}$ 峰。

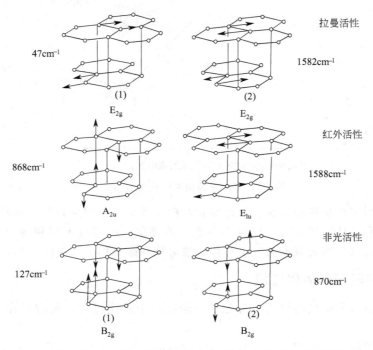

图 3-6 从石墨晶体 D_{6h}^4 空间群推测的振动模式（以拉曼光谱和中子散射测定振动频率；
对应于 $870cm^{-1}$ 振动频率峰，尽管推测出存在，但在试验中未观察到）

$1582cm^{-1}$ 峰随 L_a 和 L_c 的减少而变宽，并向高频处移动。当杂原子或分子等插入到石墨烯面之间，亦会导致峰的变化。

一般而言，峰强度之比 I_{1360}/I_{1582} 与端面的多少有关。端面越少，即 L_a 越大，峰强度比越小，亦即峰强度与 $1/L_a$ 成正比。

L_a 与 I_{1360}/I_{1580} 存在如下经验公式：

$$L_a(nm) = 4.4 I_{1360}/I_{1580} \quad （适用于 0.001 \leqslant I_{1360}/I_{1580} \leqslant 1） \tag{3-4}$$

3.2.3 炭材料的种类

对于炭材料的分类，如前所述，有人分为硬炭和软炭。前者难石墨化，后者易石墨化。但是这样的称谓并不很科学。即使是软炭，随热处理温度的不同，亦有无定形炭和石墨化炭之分，而且该方法依原材料的性能而有很大关系。将原材料进行改性，软炭也能变成硬炭。因此我们在本书中将炭材料分为：石墨化炭和无定形炭。该分类与锂离子电池负极材料的发展是一致的。

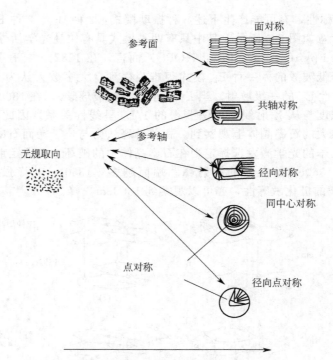

图 3-7　炭材料的微观结构的分类示意

炭材料的结构可以从堆积方式、晶体学和对称性等多个角度来划分。从晶体学角度而言划分为晶体和无定形。从堆积方式可以分为石墨、玻璃碳、碳纤维和炭黑等（见图 3-4）。从微观结构的对称性可以分为无规取向、点对称、轴对称和面对称等（见图 3-7）。

3.2.4　炭化过程和石墨化过程

在炭材料具有石墨化结构以前，首先必须经历一个炭化过程，然后再在 2000℃ 以上进行石墨化。

3.2.4.1　炭化过程

沃克指出："自有机物前驱体出发，通过热处理使前者转化成具有可被控制的微晶排列的炭固体，这一知识乃是碳素材料科学的核心。""正是特定原料在经历炭化以后所生成的炭固体的结构，它决定了炭的各种物理和化学性质以及它们的应用方向"。这说明了炭化过程的重要性。

炭化机理依炭化所处的相态分为气相炭化、液相炭化和固相炭化。其中液相炭化则主要与下面所述的中间相炭微珠的形成有关，固相炭化则主要与下述的聚合物的裂解炭化有关，而气相炭化的发展则经历了较长的时间，下面就烃类高温热解通过气相进行炭化的机理进行简单的说明。

从 20 世纪初到 20 世纪 30 年代中期，石油和燃料化学工业出现了汽油、煤油、低碳烃煤气和不饱和烃如乙烯、乙炔（后者是生产有机合成原料如乙酸、甲醛、乙醛等物质的原料）等的增长需求，从而带动了高温气相热解反应的研究。尽管当时科技界都认为烃类高温气相转化所伴生的表面炭膜为无用的副产品，但却吸引了众多的学者来研究这种炭的生成机理，以便创造条件抑制它的生成。

其中提出过的机理主要包括：表面直接分解机理［俄国学者戴斯涅尔（П. А. Теснер）和法尔凯斯（И. С. Рафалькес）］、液滴理论［美国贝尔电话研究所的葛利兹代尔（R. O. Grisdale）］。

在 20 世纪 50 年代，葛利兹代尔的液滴理论几乎统治着西方学术界，而在俄国则以戴斯涅尔的表面直接分解论占统治地位。

将上述两种表面上相矛盾的观点加以统一成为气相热解导致生成各种亚类型炭的统一理论被美国宾夕法尼亚州立大学的金尼（C. R. Kinney）所完成。他从 20 世纪 50 年代对烃类的气相热解反应动力学和机理就进行了系统的工作，在第三次国际炭会议（1957 年）的一篇总结论文中报道了四种亚类型的气相炭，即表面炭薄膜、浅灰金属光泽（Ⅰ型炭），厚炭膜（Ⅱ型炭），海绵状炭、黑褐色（Ⅲ型炭），炭黑（Ⅳ型炭）。当苯在 900～1400℃以很低浓度的气体通过反应管时，主要生成Ⅰ型炭。当将反应物浓度提高时，随着反应时间的加长，开始生成粗糙表面的薄膜逐渐转换成气相中生长的羽毛状物，反应时间进一步增加，使炭膜最后转成厚炭膜。在同一反应器之下游堆积有海绵状炭，最后在气流出口处沉降有炭黑堆积物。他推测了四种炭的生成机理（见图 3-8）：薄炭膜乃是在完全排除气相反应的条件下完全由反应物直接碰撞表面而被吸附后在表面上进行脱氢聚合而成，厚炭片乃是气相反应和纯表面热解过程的混合生成物，海绵炭则由于更深度炭化液滴在气相凝聚、落到反应器下游，最终炭化而成，炭黑则为纯气相生成液滴在气相中吸收气体多环芳烃（反应物的气相热解初期生成物）而长大并最终在气相中单独炭化而成。

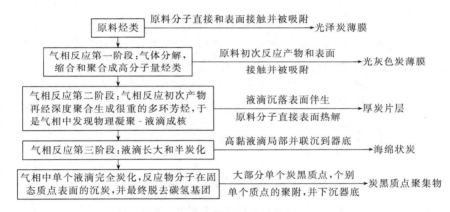

图 3-8　气相炭化的机理示意

在炭化过程中，炭材料的密度逐渐增加。在炭化初期由于小分子的"逸出"等原因生成孔隙。孔隙的数目一般是先增加，达到 800℃左右以后逐渐减少。对于孔结构而言，有开孔和闭孔两种。另外，炭材料中的孔根据其大小可分为三种：大孔（＞100nm）、中孔（10～100nm）和微孔（＜10nm）。微孔可以用小角 X 射线散线来测量，一般为透镜状，周围被微晶平面所包围。在炭化初期除生成孔隙外，还存在隙间原子。

3.2.4.2　石墨化过程

尽管在炭化过程中也发生石墨化过程，但是此时的石墨晶体很小，因此不认为是石墨化过程。石墨化过程一般是指在炭化过程以后继续进行的热处理过程，温度通常在 2000℃以上。在石墨化过程中，随石墨化程度的提高，炭材料的密度逐渐增加，而对于孔隙的数目而言则是逐渐减少的。孔结构同样有开孔和闭孔两种。随石墨化程度的增加，闭孔的相对含量较低，而开孔的相对含量升高。除此以外，在石墨化过程中还发生碳原子的重排。以炉黑为例，在 2600℃经过 30min 石墨化处理后，由于石墨化过程中热应力的解脱和各向异性的热膨胀现象，原炭黑中具有曲率的碳层面变平直；另外，为了适应局部的应变，在平面的弧线接合处发生了一系列的位错和调节（accommodation），层面中存在畸变（distortions）。由于相邻同向层面的合并和原来折曲层面的变直，石墨处理以后炉黑的层间距离变小，分布也变窄，范围为 0.335～0.346nm，平均值为 0.340nm。当然，石墨烯面的堆积数目和有序程度增加（见图 3-9）。

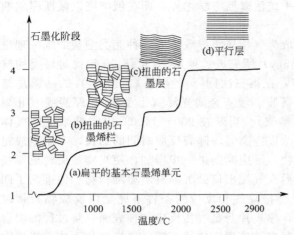

图 3-9　石墨化过程中石墨烯分子的堆积情况

对于石墨化过程而言，不可能十全十美，总存在一定的缺陷结构。但是，这些缺陷结构诸如位错、sp^3 杂化碳原子的检测比较困难，因此被锂二次电池行业基本忽略了。一些位错示意如图 3-10 所示，它们对孔结构的形成具有一定的作用。另外，在石墨化过程中，小分子相互结合亦会留下一些孔结构。

为了表示石墨化进行的程度，常用以下因子来表示：

（1）石墨化因子 g

$$\overline{a_3} = 3.354g + 3.440(1-g) \tag{3-5}$$

式中，$\overline{a_3}$ 为表观层间距；g 因子纯粹为一经验数据，表示两固定点在湍层和石墨化层间的概率。

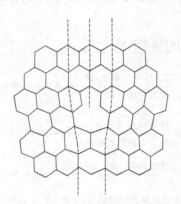
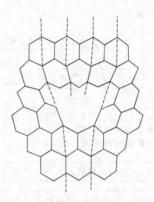

(a) 沿伯格斯矢量[$2\overline{0}20$]方向的刃型位错　　(b) 沿伯格斯矢量[$4\overline{0}40$]方向的刃型位错

图 3-10　石墨六方形网络平面中的刃型位错

（2）相邻层的有序概率 p

$$d_{002} = 3.440 - 0.086(1-p^2) \tag{3-6}$$

或进一步修正公式：

$$d_{002} = 3.440 - 0.086(1-p) - 0.064p(1-p) - 0.030p^2(1-p) \tag{3-7}$$

因石墨化程度的不同，炭材料划分为石墨化炭和无定形炭。事实上两者均含有石墨晶体和无定形区，只是各自的相对含量不一样而已。目前这种划分标准是定性而不是定量的。正如高分子材料中一样，晶区和无定形区总是相互缠绕在一起。一般而言，无定形区中存在应变，由 sp^3 杂化碳原子及有序碳区间的石墨烯分子等组成。

3.2.5　炭材料的表面结构

在锂离子电池中，炭材料直接与电解液接触，因此表面结构对电解液的分解及界面的稳定性具有很重要的作用。表面结构主要包括以下因素。

（1）端面与平面的分布

炭材料中端面与平面之比可以变化很大。端面的比例定义为端面面积与总面积之比，即 $f_e = 1 - f_b$（平面面积的比例）。该比例与炭材料品种及表面积的处理过程有关。如图 3-11 所示，端面也有两种：Z 字形（zig-zag）面和扶椅型（arm-chair）面。

如前 3.2.2 节所述，炭材料中端面与平面之比可以变化很大。端面的比例定义为端面面积与总面积之比，即 $f_e = 1 - f_b$（平面面积的比例）。该比例与炭材料品种及制备有关。

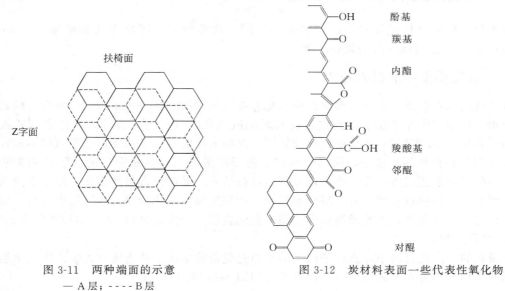

图 3-11　两种端面的示意
— A 层；- - - - B 层

图 3-12　炭材料表面一些代表性氧化物

（2）粗糙因子

除了 HOPG 的平面外，炭材料表面总存在某种程度的粗糙。将粗糙因子定义为微观面积与几何面积之比：

$$\sigma = A_m / A_g \tag{3-8}$$

微观面积 A_m 为吸附或通过动力学测量得到的面积；几何面积 A_g 或宏观面积则为外观检查或计时安培分析法确定；σ 大于或等于 1。端面积 A_e 亦可以根据 A_g、σ 和 f_e 计算出来：

$$A_e = A_g \sigma f_e \tag{3-9}$$

（3）物理吸附杂质

对于炭材料而言，其物理吸附性能差异很大，因此不同的材料，在不同的气氛下表现的电化学性能会不相同，以 θ_p 来表示炭材料表面被杂质物理吸附所覆盖的比例。

（4）化学吸附

由于干净的炭表面碳原子的价态未饱和，因此易于化学吸附不同的分子，特别是含氧原子。在这里我们只讲表面氧化物。表面氧化物对炭材料的表面化学有很大影响。一些代表性的氧化物如图 3-12 所示。随表面处理的不同，氧化物在表面可分为单层或多层。

以上表面结构因素汇总于图 3-13 中。

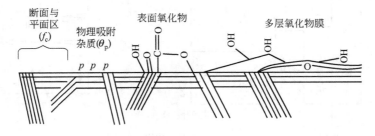

图 3-13　炭材料表面的结构因素

这些表面结构因素的表征方法有很多，如超高真空技术（俄歇电子能谱、光电子能谱）、拉曼光谱和红外光谱、接触角和湿润性、隧道扫描电镜、热解吸质谱等。具体可参看有关文献。

3.3 石墨化炭负极材料

石墨化炭负极材料随原料不同而种类亦不同，典型的为石墨化中间相微珠（mesophase microbeads）、天然石墨和石墨化碳纤维。

3.3.1 锂在石墨中的插入行为

对于锂插入石墨形成层间化合物或插入化合物（intercalation compound：也有人称之为嵌入化合物，在本书中为了便于与锂在正极材料的嵌入和脱嵌行为区分开来，称之为插入或脱插）的研究早在 20 世纪 50 年代中期就开始了。该插入反应一般是从菱形位置（即端面，亦有人称为 Z 字面和扶椅面）进行，因为锂从完整的石墨烯平面是无法穿过的。但是如果平面存在缺陷结构诸如前述的微孔等，亦可以经平面进行插入。随锂插入量的变化，形成不同的阶化合物，例如平均四层石墨烯面有一层中插有锂，则称之为四阶化合物，有三层中插有一层称为三阶化合物，依此类推，因此最高程度达到一阶化合物。一阶化合物 LiC_6 的层间距为 3.70Å，形成 $\alpha\alpha$ 堆积序列。

在最高的一阶化合物中，锂在平面上的分布避免彼此紧挨，防止排斥力大。因此常温常压下得到的结构平均为六个碳原子一个锂原子，如图 3-14 所示。

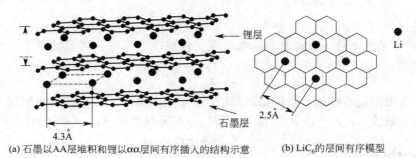

(a) 石墨以AA层堆积和锂以αα层间有序插入的结构示意　　(b) LiC_6的层间有序模型

图 3-14　LiC_6 的结构

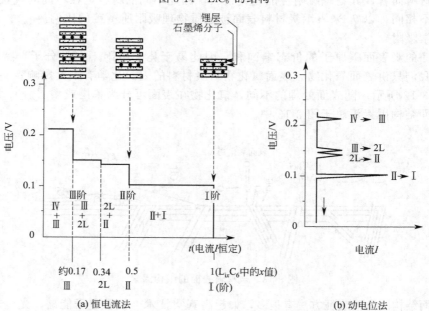

(a) 恒电流法　　　　　　　　　　　　　　(b) 动电位法

图 3-15　将锂以电化学法插入到石墨中形成阶化合物

对于 n 大于 2 的阶化合物，必须意识到同一阶化合物，其结构有可能不同。该成阶现象为热力学过程，主要取决于客体原子将以范德华力结合的两层石墨烯面打开所需的能量，而不取决于客体原子之间的相互排斥作用。一般而言，成阶现象或插入程度可以通过电化学还原的方法来监测和控制，基本方法有两种：恒电流法和动电位法（线性扫描伏安法）。图 3-15（a）为恒电流法将石墨进行电化学还原插入锂过程中电位与组成的变化，明显的电压平台表明两相区的存在。图 3-15（b）为动电位法的结果，电流峰的出现亦表明两相区域的存在。X 射线衍射法和拉曼光谱测量亦可以对阶现象的产生及多阶化合物的存在进行观察。

图 3-16（a）和（b）为锂在石墨中发生插入和脱插的充放电曲线。初看之下，两相之间不存在明显的分界区，这是由于：①堆积密度在一定范围内变化即相存在宽度；②多种过电位的存在导致伏安过程中峰变宽或在恒电流测量过程中电压平台呈斜坡状。但是将低压区放大［见图 3-16（c）］，还是可以观察到平台之间存在分界，可以观察到明显的电压平台，即阶化合物的生成和阶之间的转换。锂插入石墨过程中在第一次循环时，锂的插入量大于可逆脱出量，在随后的循环中一般两者基本上相等。这主要是由于固体电解质界面膜（solid-electrolyte interface，简称 SEI）或界面保护层（膜）（将在 3.8 节进行说明）的需要。该保护层的生成情况一方面与炭的品种有关，另一方面与电解液的类型有关。应该说还存在一部分插入的锂为不可逆锂，可能与炭中一些缺陷结构之间的紧密结合有关。

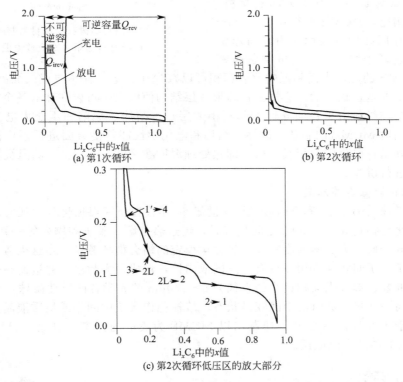

图 3-16　锂插入石墨过程中电位与组分的曲线

在锂插入石墨中，充放电电压比较平稳，锂离子可逆插入石墨层间的反应主要发生在 0.2V（除另有说明，本章全部相对于 Li^+/Li 电位）以下，在 0.2V、0.12V、0.08V 三个电位附近有明显的锂插入平台，分别对应于稀一阶（diluted stagel，极少量锂随机地插在石墨晶体中）转变为四阶化合物、2L 阶化合物（类似于二阶化合物的一个液态相）转变为二阶化合物（LiC_{10} 或 LiC_{12}）、二阶化合物转变为一阶化合物（LiC_6）三个相变阶段。这是由石墨特殊的层状结构所决定的。在常温常压下，锂的最大插入量为 372mA·h/g，即对应于 LiC_6 一阶化合物。

　　锂插入时形成阶化合物，这些阶化合物在电池的保存过程中，会与电解液反应，生成一些无机物，增加 SEI 膜的厚度，最终有可能导致膜与电极的分离，使电极失去活性。

3.3.2　初期的石墨化负极材料

　　首先报道将石墨化炭作为锂离子电池负极材料的时间为 1989 年。索尼公司（具体说应该为 Sony Energytech. Inc.）以呋喃树脂为原料进行热处理，作为商品化锂离子电池的负极。图 3-17 为第一次充放电曲线。由于后来发展的炭材料尤其是 MCMB 的电化学性能要比其明显优越，因此，该种炭材料不再有市场。

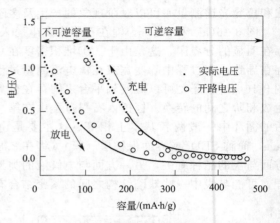

图 3-17　以呋喃树脂为原材料制备的碳基
负极材料的第一次充放电曲线

3.3.3　石墨化中间相炭微珠

　　在已商品化的炭材料中，石墨化中间相炭微珠（简称为 MCMB，也有人称之为中间相炭微球）被认为是最具有实力的炭材料。与其他炭材料相比，MCMB 直径在 $5\sim40\mu m$ 之间，呈球形片层结构且表面光滑，而球状结构有利于实现紧密堆积，从而可制备高密度的电极；MCMB 的光滑表面和低的比表面积可以减少在充电过程中电极表面副反应的发生，从而降低第一次充电过程中的库仑损失；球形片层结构使锂离子可以在球的各个方向嵌入和脱出，解决了石墨类材料由于各向异性引起石墨烯层过度溶胀、塌陷和不能大电流充放电的问题。因此，人们对 MCMB 的制备、改性、结构和电化学性能等诸方面进行了广泛的研究。在本节，主要指高温石墨化中间相炭微珠（即热处理温度在 2000℃以上），低温炭化中间相微珠将在 3.4.3 节进行讲述。

3.3.3.1　中间相炭微珠的形成

　　中间相炭微珠是 Brooks 和 Taylor 于 20 世纪 60 年代在研究煤焦化时发现的，其形成过程为沥青类芳烃化合物在 $300\sim500℃$ 之间热解时，经过热分解、脱氢和缩聚等一系列化学反应，逐步形成相对分子质量大、平面度较高、热力学稳定的缩合稠环芳烃。当这类芳族平面大分子足够大时，由于分子间相互作用而具有一定的取向性，形成更大片层，并进而在表面张力的作用下发生片层堆叠、形成表面积最小的直径为 $5\sim140\mu m$ 的光学各向异性微珠。它是沥青类有机物（液态）向固体炭过渡时的中间液晶状态，故被称作炭质中间相或炭质液晶，其结构模型和形成过程示于图 3-18。1992 年，研制出以 MCMB 为负极的锂离子电池，于是开始了 MCMB 在锂离子电池中的广泛应用。

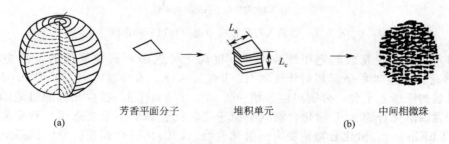

芳香平面分子　　　　　　　堆积单元　　　　　　　　中间相微珠

(a)　　　　　　　　　　　　　　　　　　　　(b)

图 3-18　中间相微珠碳结构模型（a）和形成过程（b）

3.3.3.2　中间相炭微珠的制备

中间相炭微珠的制备是以液相炭化理论为指导的。在液相炭化的过程中，从化学角度来看，是液相反应物系内不断进行着热分解和热缩聚反应；从物相学角度而言，是反应物系内各向同性液相逐渐变成各向异性的中间相小球，而且随着中间相的各向异性程度逐渐提高，中间相小球体生成、融并、长大解体并形成炭结构。

按照液相炭化理论，各种烃类从难到易的顺序为烷烃、烯烃、芳烃和多环芳烃。所以，制备中间相炭微珠的原料多为含有多环芳烃重质成分的烃类，主要有煤系沥青和重质油、石油系重质油等。当然，原料成分（吡啶不溶物 PI、喹啉不溶物 QI）、添加剂及反应条件等对微珠的生成、长大、融并和结构均有影响。

制备方法主要有溶剂分离法、乳化法、离心分离法、超临界流体分离等方法。下面以乳化法为例进行简单的说明。

乳化法是 1988 年提出来的，其流程如图 3-19 所示：以软化点为 300℃左右的喹啉可溶性中间相沥青为原料，磨碎（75μm 以下）并悬浮在硅油中，加热搅拌形成乳状液，中间相沥青在高于其软化点温度下呈低黏度液态分散胶体，由于表面张力作用而呈球形，可完成中间相沥青颗粒球化。冷却后，得到含 MCMB 的悬浮液，通过离心分离从硅油中分离出 MCMB，用苯或丙酮冲洗后干燥即得到平均直径为 20～30μm 的 MCMB，MCMB 产率（相对于中间相沥青）为 65%～90%。熔融沥青颗粒可在具有较低溶解能力的热稳定液体介质中球化，由此得到的 MCMB 产率高，尺寸分布窄，球形比较规整。MCMB 颗粒大小分布取决于中间相沥青的颗粒大小分布。通过对中间相沥青的分级就可以控制 MCMB 的颗粒尺寸。此方法困难在于过程的控制和从基质中分离出 MCMB。

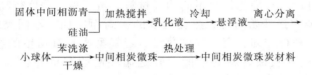

图 3-19　乳化法制备中间相炭微珠的流程示意

3.3.3.3　中间相炭微珠的物化性能

通过溶剂分离制得的 MCMB，其密度为 1.47g/cm³ 左右，与热处理中间相沥青原料相比，MCMB 的碳、氢含量较低，其氢浓度大约是热处理沥青原料的 60%。MCMB 是由数均分子量在 400～3000、重均分子量为 2500 左右的芳烃构成，其组成取决于原料的种类和制备条件。对于乳化法制备的 MCMB，其 QI 含量高于原料沥青；与溶剂分离得到的 MCMB 相比，乳化法制取的 MCMB 碳含量较高，杂原子含量较低。

溶剂分离法制备的 MCMB 不溶于喹啉类溶剂，热处理期间 MCMB 不熔融并保持其球形。随着热处理温度升高，MCMB 氢含量下降，600℃以下 MCMB 呈中间相结构，600℃以上发生碳质中间相性质和结构的变化，700℃以上 MCMB 变成固体，在 500～1000℃期间，MCMB 密度逐渐由 1.5g/cm³ 提高到 1.9g/cm³，比表面积在 700℃出现极大值。热处理至 1000℃左右，MCMB 会形成收缩裂纹，裂纹方向平行于构成 MCMB 的层片方向。MCMB 可在无形变情形下石墨化，在转变成石墨化炭时保持形状不发生熔融。其石墨化能力低于石油焦类物料。MCMB 在 2800℃石墨化后 d_{002} 在 0.3359～0.3370nm 之间，这可能是由于 MCMB 中在热处理时石墨微晶的生长受制于球体形状难以改变。尽管 MCMB 由缩合稠环芳烃组成，但 MCMB 单独热处理时，其球体单元形状几乎不改变。在多核芳烃或沥青物料中，MCMB 热处理时显示类似于中间相球体在沥青中热处理期间所表现的行为，即融于这些介质中。乳化法制取的 MCMB 在热处理期间具有大小不同的光学各向异性组织。

MCMB 及其热处理产物呈疏水性，但由于 MCMB 边缘碳原子反应性非常高，对表面改性具有高的活性，例如氧化性和非氧化性气体等离子体对 MCMB 进行等离子体处理可大大提高 MCMB 表面的亲水性，这是由于其表面形成官能团的缘故，氮基团、氨基团等官能团能够通过芳环取代反应引入到 MCMB 的外表面和内部，浓硫酸可与 MCMB 发生磺化反应，磺化 MCMB 具有离子交换能力。

MCMB 芳环结构的发展及其产率与原料的平均分子量和桥接碳含量相关。在 MCMB 周边存在许多定向芳烃的边缘基团，使 MCMB 表面具有极高的活性，例如 MCMB 制活性炭（CO_2 活化）具有以下组织结构：活化烧蚀 7% ～ 12%，微孔宽度 0.6～1.5nm，微孔表面积 67～ 200m^2/g，活性表面积 3.0～8.5m^2/g。此外，MCMB 的导电性高。

对于中间相炭微珠，其 002 衍射的 2θ 角为 25°左右。在 1000℃ 热处理后，其 110 衍射峰清晰可见，但是 002 衍射峰仍与原生中间相炭微珠基本相同，这表明，当热处理温度达 1000℃

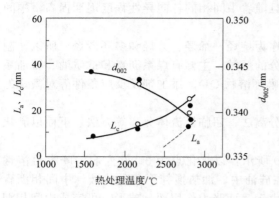

图 3-20　d_{002}、L_c 和 L_a 随着热处理温度变化的关系曲线

时，中间相炭微珠的结构并没有发生大的变化。图 3-20 为 d_{002}、L_c 和 L_a 随着热处理温度变化的关系曲线。d_{002} 随着热处理温度的提高而减小，2800℃ 时，其值为 0.339nm，L_c 随着热处理温度的提高而逐渐增大。

3.3.3.4　石墨化中间相炭微珠的电化学性能

不同温度热处理可产生石墨化程度不同的炭材料。当石墨化程度较高时（平均碳层间距小于 0.344nm）时，可逆容量开始随着石墨化程度的提高而增加。不同类型的石墨化中间相炭微珠，例如六角排列、平行排列、变形的洋葱型、经线型和具有向错的经线型、Brooks/Taylor 型对其作为锂离子电池负极材料的性能尤其是循环性能有重要影响。尽管充放电曲线与 MCMB 的织态结构无关，但具有向错的经线型 MCMB 的循环性能最好，而 Brooks/Taylor 型最差。可逆容量随石墨化程度的不同在 282～325mA·h/g 范围内变化 [见图 3-21（a）]，第 1 次循环的充放电曲线可达 90%，循环性能也比较理想 [见图 3-21（b）]，由于石墨晶体的排列无序，可以以 1C 进行充放电。在 1.0V 以上，由于插入的三元化合物 C_n-Li-溶剂的分解，石墨层之间会发生轻微的膨胀。

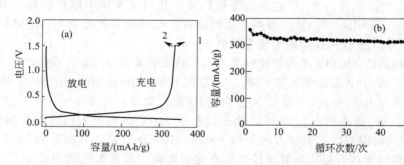

图 3-21　MCMB 作为负极材料在第 1 次和第 2 次循环的充放电曲线（a）和循环性能（b）
（1 和 2 指循环次数）

3.3.4　石墨的电化学行为

石墨包括天然石墨和人造石墨。但是前者更为复杂，而后者相对而言较为简单些。下面主要讲述天然石墨。

3.3.4.1 天然石墨的电化学行为

对于石墨化程度高的天然石墨而言，锂的可逆插入容量在合适的电解质中可达 372mA·h/g，即为理论水平，电位基本上与金属锂接近（见图 3-22）。但是，在碳酸丙酯（PC）基电解液中则主要是 PC 的分解，不能发生有效的锂插入和脱插，这与石墨和 PC 的结构有关，具体在 3.3.4.2 说明。它的主要缺点在于石墨烯面易发生剥离，因此循环性能不是很理想，通过改性，可以有效防止，具体见第 3.5 节。天然石墨粒子的形状如板状、鳞片状或圆形，对循环性能并没有明显的影响。但是，对于菱形及六方形的影响则存在着分歧，一种认为两种晶体对容量的贡献一样，另一种认为菱形晶体含量增加导致界面区增加，因而能提高容量。如改变菱形石墨的含量，容量可从 250mA·h/g 增加到 350mA·h/g 以上；同时菱形石墨的含量增加，隙间位置增加，因而不易剥离，循环性能还能得到提高；菱形相（3R）的含量与不可逆容量存在着一定的关系，可以作为选择天然石墨的一个标准。

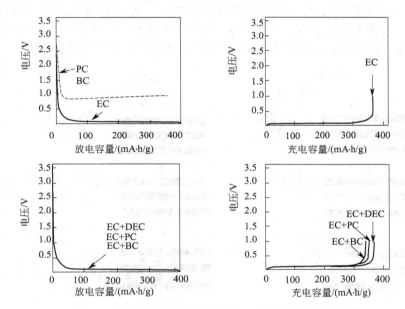

图 3-22 天然石墨在不同电解质中第 1 次循环的充放电曲线

但是，对于普通的天然石墨而言，由于自然进化过程中石墨化过程不彻底，存在天然杂质和缺陷结构，因此锂的插入行为不能与高质量的天然石墨相比，一般容量低于 300mA·h/g，第一次循环的充放电效率低于 80%，而且循环性能也不理想，有待于改性，具体见 3.5.3 节。

天然石墨作为负极材料在低温（例如−20℃）下的电化学行为不理想，主要是锂离子在石墨中的扩散动力学慢造成的，而不是电解质和 SEI 膜的电导率低的原因，因此在改性时，锂离子在石墨中的扩散动力学是关键。但是，也有人提出不同的观点，即锂离子在固体中的快速系数不是影响速率行为的因素，主要原因在于进入石墨中的锂离子数目有限，即与孔隙率有关。适当的孔隙率可以改善石墨负极的大电流下的充放电行为。

3.3.4.2 石墨的剥离

石墨发生剥离是共插入的溶剂分子或它的分解产物所产生的应力超过石墨烯分子间的吸引力（即范德华力），显著增大石墨层间距；如果石墨表面没有稳定的 SEI 膜保护，就会引发石墨的剥落现象。严格来说，石墨层间的吸引力是一定的，石墨剥离现象的发生主要取决于溶剂分子插入石墨烯分子间的容易程度以及是否存在稳定的 SEI 膜，而溶剂分子插入石墨烯分子间的容易程度与石墨本身结构如结晶度和缺陷的含量以及溶剂分子的结构有关。石墨结构中缺陷一方面可以作为电子受体降低炭材料的费米能级，另一方面，某些缺陷结构能够抑制石墨烯分子相互之间的移动，从而不利于同样是电子受体的极性溶剂分子的共插入。

溶剂分子的结构明显影响石墨的剥离程度。扫描隧道电镜（STM）结果表明：溶剂分子的插入是形成 SEI 膜和引起石墨层剥落现象的必要步骤，关键在于石墨层大量剥落以前石墨表面是否已经形成均匀致密的钝化膜。

图 3-22 的结果表明，将 PC 改为 EC 后，能够形成稳定的钝化膜，锂能够发生有效的插入和脱插，剥离现象得到明显抑制。由于溶剂反式-2,3-碳酸丁酯与顺式 2,3-碳酸丁酯的结构不一样，结果截然相反，前者不发生剥离，而后者发生明显的剥离。我们可以联想到实际生活中，为了将两块结合得比较紧密的板子撬开，必须使用一头尖的杆子或其他类似东西。如果两头均不尖，则很难将板子撬开。因此石墨的剥离机理可能与此相类似。该过程示意如图 3-23 所示。因此在研究设计新的电解质时，只要没有"尖"的位置，对石墨而言就不会发生剥离。

电解质盐的加入效果说明了上述推理的可靠性。如在 PC/EC 溶剂中加入 $TBAF_6$，锂基本上不发生插入，因为 $TBAF_6$ 有一较长的烷基作为"尖"，能将石墨层撬开。3-烷基斯德酮的结果同样表明 3-异丙基的行为较佳，因为没有"尖"。依此类推，在 PC 中将甲基上的三个氢原子进行取代如较大的卤素，由于"尖"头变"钝"，剥离反应得到明显的抑制。

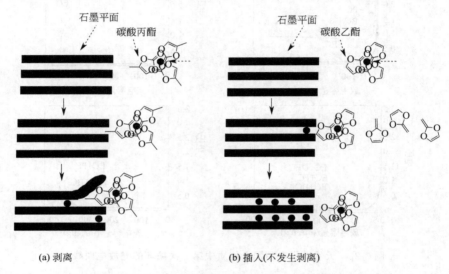

(a) 剥离   (b) 插入(不发生剥离)

图 3-23　石墨发生剥离的可能机理（●为锂离子或插入的锂）

3.3.4.3　影响石墨电化学性能的一些因素

影响石墨电化学性能的一些因素包括颗粒大小和分布、形态、取向、石墨电极的制备条件、黏结剂的种类等。小颗粒石墨（约 $6\mu m$）具有比大颗粒（约 $44\mu m$）材料更优越的大电流充放电性能。当小颗粒石墨以 C/2 速率下充放电仍能达到 C/24 速率下充放电容量的 80%；而大颗粒石墨以 C/2 速率充放电只能达到 C/24 充放电容量的 25%。原因在于一方面小颗粒可以使单位面积所负荷的电流减少，有利于降低过电位；另一方面，小颗粒炭微晶的边缘可为锂离子提供更多的迁移通道；同时锂离子迁移的路径短，扩散阻抗较小。但是，小颗粒之间的阻挡作用将使液相扩散速率降低；相反，大颗粒虽然有利于锂离子的液相扩散，但锂离子在炭材料中的固相扩散过程变得相对困难，二者的竞争结果使得炭材料存在最佳的颗粒大小和分布。

石墨的取向对负极的大电流性能很重要，因为锂离子在石墨中的扩散具有很强的方向性，即它只能从垂直于石墨晶体 c 轴方向的端面进行插入。如图 3-24 所示，如果石墨的取向平行集流体，则锂离子的迁移路径较长，导致扩散速率下降，降低大电流性能；如果石墨烯的取向平行集流体，则锂离子不需经过弯曲的路径，可以直接发生锂离子的插入和脱插，因而扩散阻力小，有利于大电流充放电。然而由于石墨烯分子的平移性，在加工涂膜和挤压过程中，绝大部分石墨烯分子采用平行集流体的方式进行堆积，垂直集流体的方式很难实现。

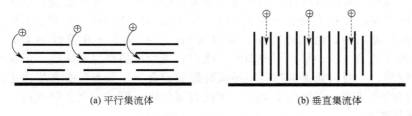

（a）平行集流体　　　　　　（b）垂直集流体

图 3-24　石墨颗粒取向对扩散的影响（⊕代表锂离子）

如前所述，石墨表面存在各种各样的基团，这些基团对石墨的剥离具有明显的影响。如果表面存在酸性基团，则不易发生剥离。

在制备石墨电极时，压制后，可逆容量和不可逆容量均有所减少。在大电流下的循环性能随电极密度提高而提高，但当电极密度达到 $0.9g/cm^3$ 后，反而下降。

至于后处理方法对石墨尤其是天然石墨负极材料的影响，将在后面改性部分 3.5.3 节进行阐述。

3.3.5　石墨化碳纤维

碳纤维材料多种多样，例如酚醛树脂碳纤维、PAN 碳纤维、中间相沥青基碳纤维（MPPF：mesophase pitch fiber）等。碳纤维具有独特的高比强度和高比模量，它为脆性、多晶多相材料，内部存在着微裂纹、微孔等缺陷。石墨化碳纤维可作为复合材料的增强材料，在现代工业、国防、宇航和化工等科学技术的发展中起着重要的作用。碳纤维的价格一般较高，沥青基碳纤维的研制成功，大大降了成本，因为其来源广泛、价格低廉，使得碳纤维复合材料的应用愈加广泛。下面就中间相沥青基碳纤维的生产进行说明。

中间相沥青基纤维是由中间相沥青（MPP）纺制而成。熔融纺丝时，在喷丝孔的剪切及拉伸作用下，各向异性的中间相大分子可以沿着纤维轴取向排列。在纺丝后通过氧化、炭化、石墨化处理，最终可以制得高性能石墨化沥青碳纤维（MPPCF）。沥青基碳纤维的性质由纺丝沥青的性质所决定。光学同性沥青只能得到通用级沥青碳纤维，光学异性沥青即中间相沥青可以得到高性能沥青基碳纤维。中间相沥青是一种保持着向列结构排列的稠环芳烃的混合物，它的宏观表现完全取决于分子大小、分布和结构特征。目前国内用于制备纺丝用中间相沥青的原料主要为石油重质油。这些原料中含有大量的链状烷烃及芳香烃轻质组分，而沥青烯和前沥青烯等重质组分的含量低，直接用催化裂化渣油的重质组分制备纺丝用中间相沥青时，收率一般低于 20%。由于一些化学性质稳定和炭化性差的轻质组分存在，将影响热缩聚过程中中间相沥青的生成，造成分子量分布不均匀。因此优质中间相沥青一般先采用溶剂萃取的方法，除去催化剂和部分轻质组分。

在氧化、炭化、石墨化过程中，原丝（MPPF）都要经受一次热历程，热处理温度对最终 MPPCF 的结构和性能有很大影响。MPPF 不像一般合成纤维那样在 DSC 谱图中有明显的熔融峰，而它仅表现为平缓的熔融吸热现象，这是其分子结构所决定的。当温度超过 400℃时发生热分解。原丝若不经过氧化稳定化处理而直接炭化的话，将会导致纤维软化熔融而相互粘连，甚至发生熔并。因此，氧化处理的实质是使 MPPF 分子结构中的小分子化合物通过氧桥（主要是内酯）与其他分子相连的一个缩合过程。最终使这些小分子能够通过氧化缩合反应而固定在构成纤维的大分子网上，并且大分子间可通过含氧基团连接成更大的分子网，为以后的炭化过程提供不熔性的稳定结构。此外，因中间相沥青纤维为各向异性，氧化处理除了上述的稳定化作用之外，还有固定取向的作用，使顺轴取向的平面分子通过氧桥相互连接构成分子顺轴取向体。这种连接可以避免在高温炭化作用下变成垂直纤维轴的取向体。当然，氧化工艺参数对最终 MPPCF 的力学性能有很大的影响，在升温速率、氧化温度、恒温时间等因素中氧化温度最为重要。随后的炭化过程进行的主要反应为芳烃大分子之间的脱氢、脱水缩合和交联反应。随炭化温度升高，芳香平面分子逐渐增大，层间距 d_{002} 减小，石墨烯分子的堆积层数增加，纤维内部的孔隙减少，致密度提高，密度增加，抗拉强度 σ 和拉伸强度 E 也相应提高。高温石墨化处理（2500～3000℃）可提高碳纤维内石墨微晶的择优取向度。但碳纤维在制造过程中直径不好控制，一般只能得到直径不等碳纤维的混合物，而且只有在生产工艺苛刻的条件下才能得到所需的碳纤维，产物还不稳定，因此石墨化碳纤维难以大规模应用。

3.3.5.1 碳纤维结构

碳纤维结构的研究自 20 世纪 70 年代初开始以来应用十分广泛。巴尼特（F. R. Barnet）和诺尔（M. K. Norr）将典型的商品碳纤维（PAN 基、黏胶基和中间相沥青基）用等离子氧经不同程度的刻蚀后进行 SEM 分析，结果显示 Modmor 型高模量碳纤维符合通常所采用的皮芯结构模型，而 Thornel 75 型黏胶基碳纤维显示出表面的外壳，符合所谓的葱皮模型，皮层内部杂乱分布着微纤簇（fibril cluster），中心地区的结晶性较差，而从外表皮依径向往内 1/3 的半径长度为圆周地区结晶度高。相差晶边成像技术的研究表明，PAN 碳纤维横截面的炭结构中层面走向十分杂乱，由此演绎出的 PAN 碳纤维横向微观结构。除此以外，还有多种多样的结构，如图 3-7 所示。

3.3.5.2 碳纤维的电化学性能

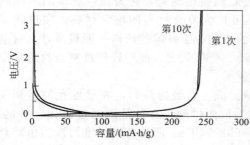

图 3-25　碳纤维的充放电曲线

石墨化碳纤维的表面和电解液之间的浸润性能非常好，同时由于嵌锂过程主要发生在石墨的端面，从而使具有径向结构的碳纤维极利于锂离子的快速扩散，因而具有优良的大电流充放电性能。此外，碳纤维材料的质量比容量也较大。沥青基碳纤维作为负极材料时，与前处理有很大的关系，在低黏度纺出来制备的碳纤维石墨化程度高，放电容量大；而在高黏度纺出来制备的碳纤维快速充放电能力好，可能与锂离子在结晶较低的碳纤维中更易扩散有关；优化时可逆容量达 315mA·h/g，不可逆容量仅为 10mA·h/g，第一次充放电效率达 97%。石墨化中间相沥青基碳纤维同石墨相比，锂离子的扩散系数高一个数量级，大电流下的充放电行为亦优于石墨。但是，容量一般较石墨要低。图 3-25 为一种具有 Z 字层状结构碳纤维的充放电曲线。碳纤维的形态结构对电化学行为影响较大。对于中间相沥青基碳纤维而言，径向结构的电化学性能比较好。

3.3.6　其他石墨化炭材料

石墨化炭材料多种多样，除上述外，还包括其他有机物或有机聚合物进行高温热处理的产物。例如，聚合物材料在高温下处理也可以作为负极材料。但是，这方面的研究不多，而且实际意义也不大，在此不多说。

3.3.7　石墨化炭材料的一些通性

石墨化炭材料在锂插入时，首先存在着一个比较重要的过程：形成钝化膜或固体-电解质界面膜（solid-electrolyte interface，简称 SEI），界面膜的好坏对于其电化学性能影响非常明显。其形成一般分为以下两个步骤：①0.5V 以上膜开始形成；②0.2～0.55V 主要成膜过程。在 0.0～0.2V 才开始锂的插入，形成阶化合物；在 250℃ 的无机共熔盐中也是在该电位下才进行锂的插入。如果膜不稳定，或致密性不够，一方面电解液会继续发生分解，另一方面溶剂会发生插入，导致炭结构的破坏。表面膜的好坏与炭材料的种类、电解液的组成有很大的关系，发生的反应具体见 3.7 节。另外，电解液可以透过表面膜，与锂插入形成的阶化合物发生反应，在 140～280℃ 范围内产生一放热峰。

一般而言，石墨化炭材料在碳酸丙酯（PC）基电解液中的电化学性能不好，主要原因在于 PC 在炭材料表面的分解产生的界面膜不致密，因而电解液一直能够通过该膜发生分解。如果采用 EC 基电解液或在 PC 基电解液中加入 EC，可以使界面膜的性能得到提高，从而能够发生锂的可逆插入和脱插。

在上述石墨化炭材料中，石墨材料的循环性能一般不太理想，可能与石墨中不存在交联的 sp^3 炭结构而易导致石墨烯分子发生平移有关，因此有待于改进。

3.4 无定形炭材料

无定形炭材料的研究主要源于石墨化炭需要进行高温处理。同时其理论容量（372mA·h/g）比起金属锂（3800mA·h/g）而言要小很多。因此从 20 世纪 90 年代起，它备受关注，主要特点为制备温度低，一般在 500～1200℃ 范围内。由于热处理温度低，石墨化过程进行得很不完全，所得炭材料主要由石墨微晶和无定形区组成，因此称为无定形炭。002 面对应的 X 射线衍射峰比较宽，其他的 X 射线衍射峰如 001、004 等并不明显。层间距 d_{002} 一般在 0.344nm 以上，石墨微晶大小 L_a 和 L_c 一般不超过几十个纳米。无定形炭材料的制备方法主要有三种：将小分子有机物在催化剂的作用下进行裂解、将高分子材料直接进行低温（<1200℃）裂解和低温处理其他炭前驱体。

3.4.1 小分子裂解炭

小分子裂解炭的研究源于 20 世纪 50 年代。美国贝尔电话研究所的葛利兹代尔（1953 年）发现用甲烷在 1000℃ 下在瓷球表面发生裂解，生成热解炭，金尼及其合作者（1957 年）发现采用联苯于 1200℃ 热解时生成厚炭膜和海绵状炭，其中还藏着炭黑质点的球状结构。前苏联学者戴斯湮尔和叶切斯托娃（1953 年）分别将甲烷和苯在铂表面于 900～1000℃ 分解，生成裂解炭。另外，其他金属如铁、钴和镍对小分子裂解炭的生成具有强催化作用。

目前研究的小分子有机物包括范、六苯并苯、酚酞、硼烷、硅烷、含氮化合物、二萘嵌苯（perylene）等，它们裂解后得到的炭材料基本上为无定形结构，可逆容量大于石墨的可逆容量（372mA·h/g）。图 3-26 为乙炔通过等离子化学气相沉积法得到裂解炭的充放电曲线。

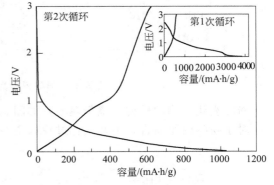

图 3-26 小分子裂解炭的充放电曲线

3.4.2 聚合物裂解炭（polymeric carbon）

聚合物裂解炭，顾名思义就是将聚合物进行裂解得到的炭材料。至于作为聚合物裂解炭材料前驱体的高分子品种比较多，如聚苯、聚丙烯腈、酚醛树脂、纤维素、聚（4-乙烯吡啶）、蜜胺树脂、聚氯乙烯、聚偏氟乙烯、聚苯硫醚、环氧树脂、聚萘、含苯骨架等的其他聚合物、呋喃树脂、丙烯腈-丁二烯-苯乙烯三元共聚物等。

3.4.2.1 聚合物的裂解过程

大部分聚合物的裂解过程为固相炭化过程，主要发生下述三种方式的反应：

① C—C 链裂解，生成小分子，产物以气体形式跑掉；

② C—C 链塌陷，形成芳香片层（lamellae），然后形成塑相，生成球形液晶，石墨化过程容易发生；

③ C—C 链基本上维持不动，仅仅与周围的 C—C 链发生结合，不形成塑相，不易发生石墨化过程。

聚合物的裂解炭化过程主要分三个阶段：

① 预炭化阶段　该过程主要在发生大量失重的初期或预氧化过程，经过该过程，聚合物一般变为黑色；

② 炭化过程　该过程表现为快速的重量损失，主要在 300~500℃ 时进行，氧、氮、氯等杂原子从结构中发生脱掉，经过该过程，得到彼此分离的线型共轭体系的松散网络；

③ 在上述炭化过程的末期，材料发生脱氢，形成芳香族的梯形聚合物，主要在 500~1200℃ 范围内进行。随着分离的共轭体系相互结合，形成导电网络，电导率迅速增加。

下面就酚醛树脂和呋喃树脂的炭化过程发生的可能反应进行简单的说明。在酚醛树脂的炭化过程中，由于酚醛树脂的结构本身就比较复杂，随合成条件和放置条件的不同而不同。炭化过程发生的反应主要如图 3-27 所示。

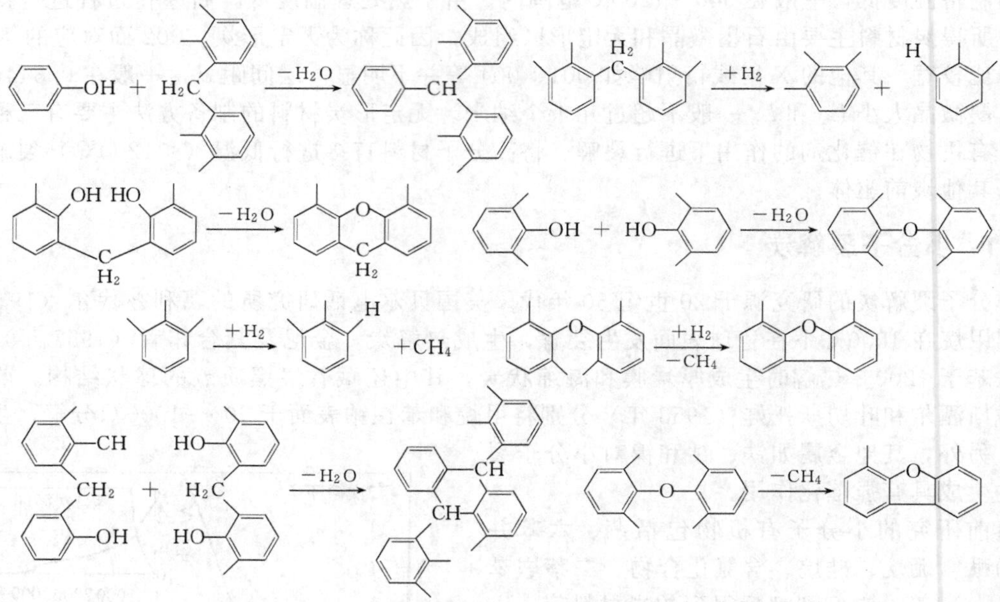

图 3-27　酚醛树脂炭化过程发生的可能反应

酚醛炭化产物的模型（绕带模型）如图 3-4（b）所示。

对于呋喃树脂而言，主要炭化过程如图 3-28 所示。

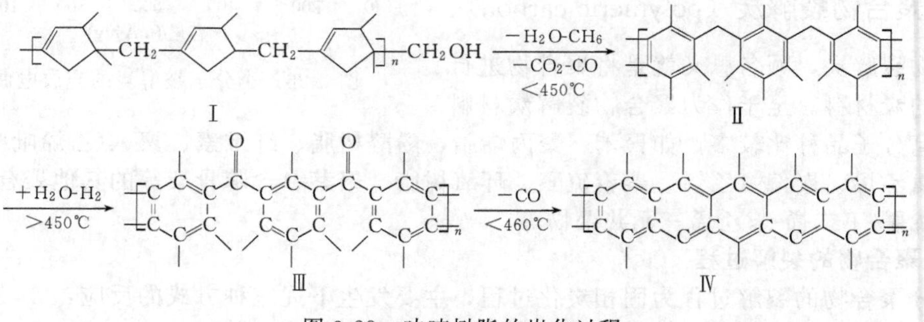

图 3-28　呋喃树脂的炭化过程

3.4.2.2 聚合物裂解炭的物化性能和电化学性能

由于聚合物裂解炭的制备温度低，一般为无定形结构，由石墨微晶和无定形区组成。在无定形区中存在大量的纳米孔，这主要是在热处理过程中小分子的逸出造成的。一般而言，在700℃附近纳米孔的数目最多，随后，随着炭化的进行，纳米孔之间发生融合而生成大孔而逐渐消失。从后面的机理说明可以得知，微孔是无定形炭的可逆容量超过石墨的理论容量的主要原因所在。因此，在热处理过程中，可以有意识地引入微孔，提高无定形炭负极材料的可逆容量。图 3-29 为酚醛树脂裂解后得到的 PAS（polyacenic semiconductor）的充放电曲线。如图3-30 所示，可逆容量与热处理温度有着密切的关系。

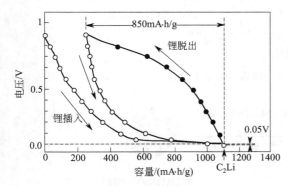

图 3-29　聚合物裂解炭在第 1 次
循环的充放电曲线

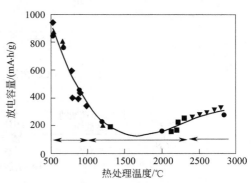

图 3-30　制备的聚合物裂解炭在第 1 次
循环的容量与温度的关系

3.4.3 低温处理其他炭前驱体

低温处理制备无定形炭有碳纤维（例如 M-46）、糖在浓硫酸下脱水得到的炭材料、带状炭膜（ribbon-like carbon films：RCF）、芘在密封体系下催化聚合脱氢而成的炭材料等。当然将中间相微珠、稻谷壳等在低温下处理也可以得到无定形炭。

表 3-1 为 MPPCF 的结构参数、性能与炭化温度之间的关系。图 3-31 为中间相碳纤维（MCF）的可逆容量、充放电效率与热处理温度的关系。在 1500℃以下，随热处理温度的提高，首次循环的可逆容量下降，充放电效率提高。

表 3-1　为 MPPCF 的结构参数与性能与温度之间的关系

HTT/℃	d_{002}/nm	L_c/nm	L_a/nm	ρ/(g/cm³)	σ/(kg/mm²)	E/(kg/mm²)
600	0.350	1.43	1.25	1.58	25	1000
800	0.347	1.50	1.55	1.67	80	7500
1000	0.343	1.63	2.05	1.78	120	11000
1200	0.340	1.92	2.25	1.92	140	12400

以乳液聚合所得 PAN 纳米粒子为前驱体，通过在其表面包覆一层磷酸钛以隔离粒子间相互接触，有效防止 PAN 在炭化过程中发生交联和团聚。炭化之后酸洗除去包覆层，可制备了平均粒径约为 50nm 的纯净的碳纳米球，如图 3-32 所示。该材料比石墨微球有望表现出更优良的倍率性能。

在低温下热处理中间相微珠，也得到无定形炭。在 1200℃以下，随热处理的升高，可逆容量下降。至于锂在 MCMB 中的动力学行为有人认为主要受电池电阻控制。

采用模板法也可以制备无定形炭材料。如用有通道的无机化合物如海泡石黏土矿物作模板，然后将烯烃如乙烯、丙烯聚合，热处理得到无定形炭后，将模板除去，可逆容量高达633mA·h/g。将造纸厂的废渣进行热处理也可以制备出可逆容量大于 300mA·h/g 的负极材料。用纳米碳酸钙（50nm）作为模板，与酚醛树脂高能球磨，再经过惰性气氛煅烧，酸处理

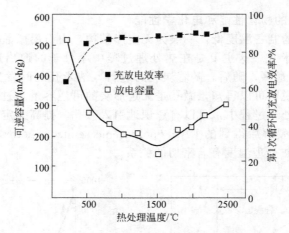

图 3-31　MCF 在第一次循环的容量与温度的关系

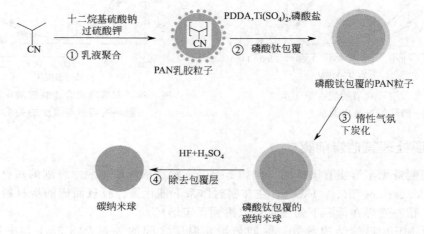

图 3-32　碳纳米球制备过程示意

也可以制备多孔炭材料，在 2000mA/g 的大电流密度下，首次可逆容量达 150mA·h/g，100 次后，容量还保持 92%。

　　将糖通过水热法，进行乳液聚合，得到球形胶束。胶束进一步生长，得到球核或球形粒子。将得到的球形粒子进行低温热处理，可以得到含有纳米孔的无定形炭球。其可逆容量可达 430mA·h/g，但是第一次充放电效率低，最高一般为 73%，容量一般随循环的进行而衰减。

3.4.4　无定形炭材料的一些通性

　　总体上而言，无定形炭材料的可逆容量虽然高，甚至可高达 900mA·h/g 以上。但是循环性能均不理想，可逆储锂容量一般随循环的进行衰减得比较快。另外，电压存在滞后现象，锂插入时，主要是在 0.3V 以下进行；而在脱出时，则有相当大的一部分在 0.8V 以上（见图 3-29）。

　　低温无定形炭材料第一次的充放电效率比较低，但是组装成锂离子电池后，实际容量不如高温石墨化炭材料。因此，提高无定形炭材料的充放电效率特别是第一次充放电效率的大小是改进低温无定形炭材料性能的一个重要方向。

　　锂在无定形炭材料的插入过程基本上与在石墨中相似。首先是形成界面膜，然后是锂的插入。但是锂的插入电位与插入到石墨中不一样，前者在 1.1V 左右就开始锂的插入，后者则是在 0.3V 以下才开始锂的明显插入。在插入过程中，没有明显的电压平台及阶现象的出现。以 1mol/L LiCl 溶液为参比，^{7}Li NMR 共振的结果观察到两种锂结构：一种与石墨中相近（位移

在 $\delta10$ 附近），另一种则明显偏离，原子性要多一些（位移大于 $\delta50$）。一般认为后者对应于无定形区中锂的插入。插入的部分锂与无定形炭中的一些缺陷结构发生反应，生成不可逆的锂化合物（位移在 $\delta0$ 附近）。循环伏安法也观察到两组可逆的氧化还原峰：1V 和 0V 附近。

3.4.5　锂在无定形炭材料中的储存机理

对于锂在无定形炭材料中的储存机理，有多种说法，特别是锂在无定形炭材料中，主要有锂分子 Li_2 机理、多层锂机理、晶格点阵机理、弹性球-弹性网模型（elastic balls-elastic nets）、层-边端-表面机理、纳米级石墨储锂机理、碳-锂-氢机理、单层石墨烯分子机理、微孔储锂机理。

锂分子 Li_2 机理表示锂除了正常的形成插入化合物机理外，锂还以分子的形式储存于炭材料中，因此理论水平可达 LiC_2，即相当于理论容量可达 1116mA·h/g，体积容量比金属锂还大。多层锂机理中，第一层锂占据 α 位置，实际上就是形成石墨插入化合物，它在动力学和热力学上都是稳定的。为了使锂原子之间的距离少于共价锂之间的距离（2.68Å，$1Å=10^{-10}$ m），因此不得不在 β 位置甚至 γ 位置上再形成几层锂。该机理与锂分子 Li_2 机理的储锂位置基本一致，只是相互间的作用不一样。晶格点阵机理则认为锂在 d_{002} 为 4.0Å 的 PAS 炭材料中像晶格一样进行堆积，因此在 10Å 的立方点阵中可以储存 47 个锂原子，可以与金属锂的晶体点阵相当，理论可逆容量为 1000mA·h/g，即相当于 LiC_2 化合物的水平。弹性球-弹性网模型则是将插入物（锂）看做弹性球，石墨平面看做弹性网，这样锂的插入行为就像球进入到网层中间一样。层-边端-表面储锂机理则认为锂在炭材料的储锂方式有三种：炭材料的层间插入、边端碳原子与锂发生反应以及锂与表面上的碳原子发生反应。纳米级石墨储锂机理则认为炭材料中有几种不同的形态：石墨相、纳米级石墨相和其他相，纳米级石墨虽然其尺寸小，可它不仅能像石墨一样可逆储锂，而且也能在表面和边缘部分储锂，因此其储锂容量较石墨更大一些。碳-锂-氢机理则认为除了正常的插入化合物外，锂还与含氢炭材料中的氢原子发生键合，即插入的锂以共价形式转移部分 2s 轨道上的电子到邻近的氢原子，与此同时 C—H 键发生部分改变。单层石墨烯分子机理认为无定形炭由单层石墨烯分子组成，锂可以在石墨烯分子的两面进行吸附，从而与一般的石墨插入化合物相比，容量要高一倍，理论容量可大 724mA·h/g。实际上，该机理是在层-边端-表面机理上取其表面吸附锂而产生的。

总体而言，上述机理均存在着不足之处，它们对一些现象如电压滞后、容量衰减等不能进行圆满的解释，在不断的完善之后，提出了微孔机理。现在大部分学者倾向于微孔储锂机理，连一些以前提出碳-锂-氢机理、单层石墨烯分子机理的学者也认为微孔储锂机理比较合理，下面对其进行重点介绍。

如前所述，无定形炭材料由石墨微晶和无定形区组成。无定形区包括微孔、sp^3 杂化碳原子、碳链等，它们也是大石墨烯分子的一部分。在微孔周围，有许多缺陷结构如碳自由基等。

低温炭材料与石墨或石墨化炭之间明显的区别之一是微孔数目的多少。在低温炭材料中存在着许多微孔，而在石墨中，微孔的数目基本上没有了。例如 600℃ 热处理蜜胺树脂微孔的比表面积为 $86m^2/g$，而石墨的总比表面积一般均低于 $10m^2/g$。因此微孔被认为是储锂的"仓库"。但是初始提出的微孔机理并不完善，特别是对容量衰减并不能进行很好的解释。依据锂在无定形炭材料插入和脱插过程中电子自旋共振谱强度的变化，在上述微孔机理概念的基础上发展了新的微孔机理。该机理示意如图 3-33 所示。

锂在插入过程中，首先是锂插入到石墨微晶中，然后插入到位于石墨微晶中间的微孔中，形成锂簇或锂分子 Li_x（$x \geqslant 2$）。在脱插过程中，先是锂从位于外围的石墨微晶中发生脱插，然后位于微孔中的锂簇或锂分子通过石墨微晶发生脱插。由于微孔周围为石墨微晶，因此锂的插入在石墨微晶之后，电压位于 0V 左右；而微孔周围为缺陷结构，存在着自由基碳原子，与锂的作用力比较强，因此锂从微孔中脱插需要一定的作用力，这样就产生了电压滞后现象。这与锂在插入和脱插过程中，层间距 d_{002} 的变化相一致。锂首先插入时，d_{002} 增加，并达到

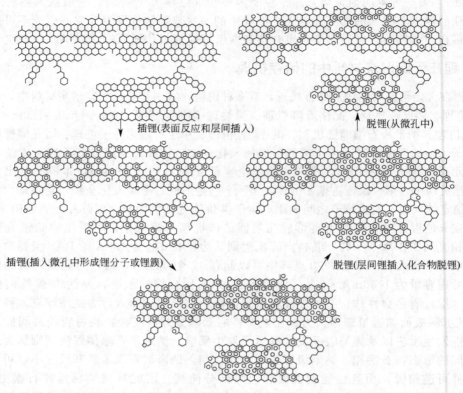

插锂(表面反应和层间插入)　　脱锂(从微孔中)

插锂(插入微孔中形成锂分子或锂簇)　　脱锂(层间锂插入化合物脱锂)

图 3-33　微孔储锂机理（○：锂）

3.70Å；随后随锂的插入不发生变化。在脱插过程中，先是 d_{002} 从 3.70Å 开始减少，达到一定值时，随锂的脱插 d_{002} 并不发生变化。另外，其他人的电子自旋结果亦与此相一致。

在无定形炭材料的前驱体中加入一些致孔剂如 $ZnCl_2$、层状黏土、交联剂二乙烯苯等增加微孔数目，从微孔机理而言可逆储锂容量应该增加，结果证明了该机理的可行性，而这是前述机理不能解释的。

在循环过程中，由于微孔周围为不稳定的缺陷结构，锂在插入和脱插过程中导致这些结构的破坏。这种破坏导致可逆容量发生衰减。从扫描电镜明显观察到不同循环次数炭材料的粒子不断变小、电子自旋共振以及拉曼光谱 $1580cm^{-1}$ 附近（G-band）随充放电的进行而发生变化的测量结果都证明了这一点。其容量衰减机理示意如图 3-34 所示。

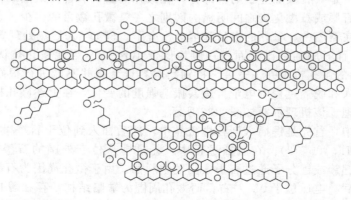

图 3-34　容量衰减机理
～ C—C 键的断裂；O 锂

3.5　炭材料的改性

在这里我们没有将石墨化炭与无定形炭进行具体的分开论述。炭材料的改性主要有以下几个方面：非金属的引入、金属的引入、表面处理和其他方法。

3.5.1　引入非金属元素

对非金属元素的研究进行得比较多，下面按其在周期表中主族的顺序予以说明。

H 是最轻的元素，对于其具体的影响存在着分歧。有些人观察到可逆容量与 H/C 比之间存在着线性关系，便认为 H 参与了下述反应：

$$C—H+2Li \longrightarrow C—Li+LiH \tag{3-10}$$

$$C—H+2Li \longrightarrow C—Li+\frac{1}{2}H_2 \tag{3-11}$$

可是氢的含量并不随循环的进行而发生变化，尽管容量存在着衰减。最多是氢的掺杂只对特定的炭材料起作用。

硼为ⅢA 族中的非金属元素，它的引入能提高可逆容量，原因在于硼的缺电子性，为电子受体，能增加锂与炭材料的结合能，即从 E_0 增加到 $E_0+\Delta$（E_0 为锂插入到石墨中形成 Li_xC_6 化合物时的结合能）。有利于石墨化过程，同时减少位错的端面数，降低层间距 d_{002}。它对充电电压的影响主要在 1.1～1.6V。炭材料的容量随硼含量的增加而线性增加，甚至炭材料中硼的含量可高达 13%，而且能降低不可逆容量的大小。最近的实验结果表明硼的结合方式对炭材料的电化学性能有明显的影响，如果 B 以 B—C 等形式存在，则导致不可逆容量增加。当然，硼也可以引入到石墨化炭材料中，提高可逆容量。

氮在炭材料中的存在形式主要有三种：石墨烯氮（位于石墨烯分子中，N_{1s} 电子结合能为 398.5eV）、共轭氮（没有并入到石墨烯分子中的—C ≡N—键，N_{1s} 电子结合能为 400.2eV）和氨基氮（N_{1s} 电子结合能＞403eV）。前两者对可逆容量的提高起着有利的作用，后者比较活泼，与锂发生反应，能导致不可逆容量的增加。在聚合物裂解炭中不存在氨基氮，而通过化学气相沉积法制备的炭材料再进行热处理后，亦没有氨基氮的存在。表 3-2 为碳基负极材料中氮含量的变化与可逆容量的关系。

表 3-2　锂离子电池碳基负极材料中氮含量与可逆容量的关系

前驱体	N/C 原子比	可逆容量/(mA·h/g)	前驱体	N/C 原子比	可逆容量/(mA·h/g)
苯	0	249	聚苯乙烯	0	345
吡啶	0.0800	335	聚-4-乙烯吡啶	0.0804	386
吡啶＋氯气	0.0855	392	聚丙烯腈	0.195	418
吡啶＋氯气	0.137	507	蜜胺树脂	0.217	536

硅在炭材料中的分布为纳米级，引入量在 0～6% 的范围内时，可逆容量的增加幅度约为 30mA·h/g/1%Si，即引入的每一个硅原子可以与 1.5 个锂原子发生可逆作用，其影响的电压范围为 0.1～0.6V，而且其容量在多次循环以后没有衰减。索尼公司发现，用竹子为前驱体进行低温热处理制备无定形炭中含有硅，其可逆容量可高达 600mA·h/g 以上。硅与碳的复合物也能提高可逆容量，主要原因在于硅的引入能促进锂在炭材料内部的扩散，能有效防止枝晶的产生。但是硅的化学状态不是一般认为的元素硅，而是以 Si—O—C 化合物形式存在，因此其容量提高的机理并不完全是通常认为硅与锂形成合金，还有待于进一步的研究。但是最近的研究结果表明，含硅炭材料在首次锂插入时，没有通常所说的在 0.8V 附近形成的钝化膜，可望用于降低碳基负极材料的不可逆容量和改善表面结构 。

磷引入到炭材料以后对炭材料的电化学行为的影响随前驱体的不同而有所不同。由于磷原子的半径（0.155nm）比碳原子（0.077nm）大，其掺杂增加了炭材料的层间距，有利于锂的插入和脱出，另外，还影响炭材料的结构，如促进石墨烯分子的有序排列、软化碳结构及有利于石墨化过程的进行等，导致可逆容量提高，可高达 550mA·h/g，第一次充放电效率达 83%。

硫原子的引入对提高炭材料的电化学性能有一定的作用，在炭材料中的存在形式有三种 C—S、S—S 和硫酸酯，对应硫原子 S_{2p} 的电子结合能分别为 164.1eV、165.3eV 和 168.4eV。硫的引入对炭材料的结构有明显的影响。它们均有利于可逆容量的提高，但后者则还会导致不可逆容量的提高。充电曲线表明，硫引入以后在 0.5V 以前的平台性能更为优越。

至于ⅥA族的氧和ⅦA族的氟的引入主要是因为改性的作用，待下面 3.5.3 节再予以说明。

3.5.2 引入金属元素

炭材料中引入的金属元素有主族和过渡金属元素。主族元素有ⅠA族的钾、ⅡA族的镁、ⅢA族的 Al、Ga。过渡金属元素有钒、镍、钴、铜、铁等。

钾引入到炭材料中是通过首先形成插入化合物 KC_8，然后组装成电池。由于钾脱出以后可逆插入的不是钾，而是锂。再加之钾脱出以后炭材料的层间距（0.341nm）比纯石墨的层间距（0.336nm）要大，有利于锂的快速插入，可形成 LiC_6 的插入化合物，可逆容量达 372mA·h/g。另外，用 KC_8 为负极，正极材料的选择余地比较宽，可用一些低成本的、不含锂的化合物。

镁在炭材料中的引入是偶然发现的，将咖啡豆在低温进行热处理发现所得炭材料的可逆容量高达 670mA·h/g，从 X 射线衍射发现有镁的衍射峰，但是具体原因并没有得到说明。

铝和镓的引入之所以能提高炭材料的可逆容量，主要是由于它们与碳原子形成固溶体，组成的平面结构中，由于铝和镓的 p_z 轨道为空轨道，因而可以储存更多的锂，提高可逆容量。

过渡金属钒、镍和钴的引入主要是以氧化物的形式加入到前驱体中，然后进行热处理。由于它们在热处理过程中起着催化剂的作用，有利于石墨化结构的生成以及层间距的提高，因而提高了炭材料的可逆容量，改善了炭材料的循环性能。以钒为例，其以氧化钒的形式加入，在热处理过程中与生成的石墨烯发生络合，形成络合分子。该络合分子起着成核剂的作用，有利于石墨烯分子的有序排列。该过程示意如图 3-35 所示。

聚合物＋V_2O_5 $\xrightarrow{\triangle}$ 炭前驱体与 VO_x（$x \leqslant 5/2$）的混合物

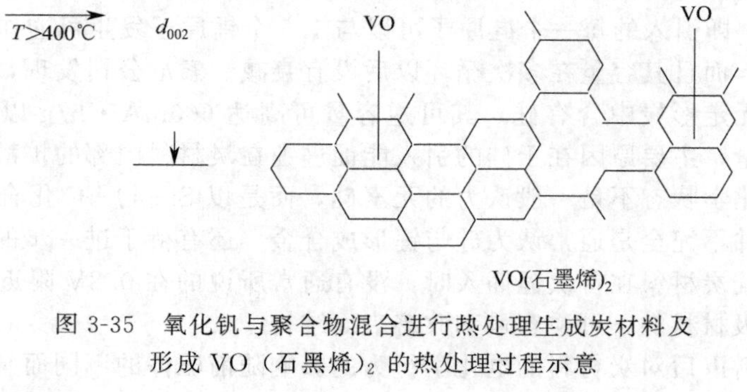

图 3-35 氧化钒与聚合物混合进行热处理生成炭材料及
形成 VO（石墨烯）$_2$ 的热处理过程示意

铜和铁的掺杂过程比较复杂，先将它们的氯化物与石墨反应，形成插入化合物，然后用 LiAlH$_4$ 还原。经过这样的处理，一方面提高了层间距，另一方面改善了石墨的端面位置，使炭材料的电化学性能提高，首次循环的可逆容量大于 372mA·h/g。在所得的掺杂化合物 C$_x$M（M＝Cu、Fe）中，$x<24$ 时，由于 M 过多，石墨中锂的插入位置少而使容量降低；相反，$x>36$ 时，第一次的不可逆容量大，耐过放电性能差。

3.5.3　表面处理

天然石墨在 PC 电解质中容易剥离，同时快速充放电能力不如其他炭材料，因此希望将表面进行涂层以期改善电化学性能。由于炭材料表面存在着一些不规则结构，而这些不规则结构又容易与锂发生不可逆反应，造成炭材料的电化学性能劣化。因此将表面进行处理，改善表面结构，可提高电化学性能，主要方法有：氟化、气相氧化、液相氧化、等离子处理、炭包覆、金属包覆、聚合物包覆等。在这里着重讲一下氧化方法和包覆。

3.5.3.1　氧化处理

将石墨进行氧化处理，一方面能生成一些纳米级微孔或通道，这样增加锂插入和脱插的通道，同时也增加锂的储存位置，有利于可逆容量的提高。另一方面表面形成—C—O—等与石墨晶体表面发生紧密结合的结构，在锂的插入过程中形成致密钝化膜，减少了溶剂分子的共插入，从而抑制电解液的分解，这样导致循环性能有明显的改善。同时表面氧原子提高了锂在粒子中的扩散，加速锂离子在表面的吸附，有利于锂的插入和脱插。另外，对于普通的天然石墨，还可以将一些不稳定、反应活性高的结构如 sp^3 杂化碳原子、碳链等除去，因此有利于降低不可逆容量。氧化处理的方法比较多，可以以空气、氧气、臭氧为氧化剂，通过气相-固相反应实现。在上述氧化处理的基础上，亦可以引入催化剂，加速氧化过程，如镍、钴、铁等。这样不仅仅产生上述氧化处理的效果，还因催化剂的存在导致纳米级微孔和通道数目的增加，更加有利于锂的插入和脱插；催化剂与锂形成合金，也能对可逆锂容量的提高起着一定的作用。但是该种反应难以保证产品的均匀性，不利于工业化生产。后来吴宇平等人采用强化学氧化剂的溶液如过硫酸铵、硝酸、过氧化氢、硫酸铈等与石墨进行反应，改性后电化学性能有了明显提高（见图 3-36），并且可以保证产

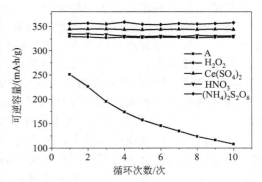

图 3-36　将天然石墨（A）用氧化性溶液进行改性后的循环性能

品质量的均匀性。以普通的天然石墨为例，氧化前可逆容量仅为 251mA·h/g，氧化后达 355mA·h/g 以上，而且第一次充放电效率从 64% 提高到 88% 以上，容量随循环的进行没有衰减。该工艺对产业化而言具有较强的应用前景。

但是氧化处理不一定会导致可逆容量的提高，相反有可能导致不可逆容量增加。因此性能的好坏与原材料及处理时间等有明显的关系。另外，氯化处理亦能对石墨和无定形炭的电化学性能有明显改善作用。

3.5.3.2　采用炭包覆

用气相、液相、固相炭化沉积的工艺在石墨等结晶度高的炭材料上包覆一层无定形炭，这样既可以保留石墨材料的高容量和低电位平台等优点，又兼有无定形炭与电解液相容性好和大电流充放电性能佳的特点。由于无定形炭层的存在避免了天然石墨与溶剂的直接接触，避免了由于溶剂分子共嵌入而造成的石墨层剥落现象，因而扩大了电解液溶剂的选择范围和减少石墨电极的容量衰减。另外，无定形炭的层间距比石墨大，可改善锂离子在其中的扩散性能；这相当于在石墨外表面形成一层锂离子的缓冲层，从而提高了石墨材料的大电流充放电性能。该方

法的关键是在石墨外形成完整的包覆层。但是，在工业化过程中，存在的关键问题是在粉碎后，包覆层能否稳定存在；一般而言，很容易发生脱落，因此至今尚未能实现产业化。

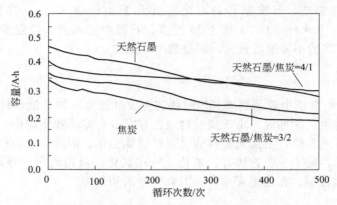

图 3-37　以天然石墨、焦炭及其复合炭材料为负极、$LiCoO_2$ 为
正极组成 AA 型锂离子电池的循环性能

　　将其他炭材料涂层涂在天然石墨表面一般采用包覆的方法。对于不同的原材料，最佳比例不一样。如将石油焦包覆天然石墨，在 700℃ 处理 1h，结果表明原材料的最佳比例为 1：1；对于焦炭包覆天然石墨，最佳比为 4：1（见图 3-37）。热处理温度不一样，电化学性能亦相差较大。另外，在天然石墨表面覆盖一层 BC_x 或 $C_x N$ 亦可以改善其性能。当然，必须意识到只有包覆适当的表面才有利于锂的充电、放电及容量的提高。

　　将气相热分解的炭沉积在天然石墨表面，亦能明显改善容量及循环性能。从 ^{7}Li NMR 的结果来看，气相分解产生的炭也提供锂储存位置。

　　当然，其他炭材料也可以采用包覆进行改性，例如 MCMB 和低温碳纤维毡（carbn fiber felt）无定形炭浸渍在环氧树脂中，然后热处理，能提高循环性能。

　　将气相热分解的炭沉积在天然石墨表面是另一种涂层方法，亦能明显改善容量及循环性能。从 ^{7}Li NMR 的结果来看，气相分解产生的炭也提供锂储存位置。

　　从上面的储锂机理可以看出，微孔可以作为储锂的"仓库"。然而直接与电解液相接触的微孔会由于表面钝化膜的形成而消耗大量的电解液。在其表面上通过化学气相沉积法沉积另一层炭，将微孔与电解液之间的接触通道进行隔离，而又不阻止锂的插入，从而可明显提高电化学性能，该原理示意于图 3-38。

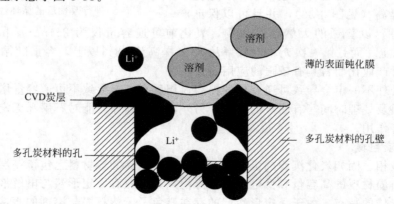

图 3-38　在多孔炭负极表面包覆另外一层 CVD 炭形成闭孔示意

3.5.3.3　包覆金属及其氧化物

　　由于 NiO 与锂的反应具有较高的转化反应动力学性能，因此通过在介孔炭（CMK-3）的

孔隙里负载一层纳米 NiO，有效改善了炭材料的容量以及倍率性能，在 1000 mA/g 的电流密度下，NiO/CMK-3 复合材料的放电容量高达 812mA·h/g。

在石墨等炭材料表面沉积上一层金属如 Ag，可形成一层稳定的固体电解质界面，当银含量（质量分数，下同）为 5％时，1500 次循环后容量仅损失 12％。通过沉积一层均匀的金属银可以有效降低电荷转移阻抗，提高锂的扩散系数，抑制电解液在石墨表面的分解，提高电化学性能。

为了抑制溶剂化锂离子插入到石墨中，在石墨表面包覆一层纳米镍后，明显提高了石墨的电化学性能。例如，用质量分数 10％的 Ni 包覆 SFG 75 石墨（75μm，Timcal America），所得复合物在碳酸丙酯中的充放电效率从 59％提高到 84％，可逆容量增加 30～40mA·h/g。原因在于该层纳米金属有效将电解质与石墨的活性端面隔离开来，减少了溶剂化锂离子在这些位置的共插入和碳酸丙酯的还原。对于 KS 10 石墨，该种涂层降低电荷传递阻抗、交换电流密度、表面膜阻抗，提高锂离子扩散系数；而且组合物的自放电速率下降，搁置寿命延长。当然，也可以采用别的方法将纳米镍粒子沉积在石墨的表面，例如水热氢还原法。由于电子传递阻抗降低，大电流下的充放电行为得到了改善。

如第 4 章所述，由于锡也可以作为储锂的主体材料（host material），因此，石墨表面也可以包覆锡。但是，复合物的电化学性能与锡的包覆量和随后的热处理温度有关。加热处理将无定形锡转变为晶型锡。复合物除了容量高外，充放电效率、大电流行为和循环寿命均要优于没有包覆的石墨。其他金属如铜等也可以达到提高电化学性能的目的。

也可以在石墨（CMS）表面包覆一层 MoO_3，在 1mol/L $LiClO_4$ 的 PC/DMC（1∶1，体积比）电解液中，表现出比石墨更好的电化学性能，当 MoO_3 包覆量适中（MoO_3 16.8％，CMS 83.2％）的 CMS 表现出最高的容量，首次可逆容量达 385mA·h/g，且循环性能良好。

当然，在炭材料的表面也可以包覆锡的氧化物、锡及其合金。例如通过浸渍和热处理，在活性炭纤维的表面涂布一层锡和锡的氧化物，当锡的量足够时，不仅可逆容量增加，而且循环性能也有明显改善。纳米合金 Sn-Sb 与 MCMB 形成复合物时，当 Sn-Sb 的质量分数低于 30％时，减轻了纳米粒子之间的团聚，提高了循环性能，可逆容量达 420mA·h/g。而纳米合金粒子 $Sn_{65}Sb_{18}Cu_{17}$ 和 $Sn_{62}Sb_{21}Cu_{17}$ 包覆在石墨表面时，只有电流小时，锂能够发生完全可逆的插入和脱插。随循环的进行，锡变为无定形，锂的插入和脱插动力学逐渐变慢，因此容量发生衰减。

其他金属如锌、铝、铜也可以包覆在石墨表面。效果与上述金属基本上相同，降低了界面阻抗，减少了电解液与活性端面之间的接触。以铝为例，如图 3-39 所示，铝包覆石墨的循环性能和大电流行为明显提高。当然，包覆量也不是越多越好。

另外沉积的金属可以作为储锂的位置，有利于容量的提高，与此同时，提高了复合材料的电导率（如 Ni、Al），有利于快速充放电。同样的金属沉积在不同的炭材料表面，所表现出来的电化学行为会不一样，例如 Ni 沉积在人工石墨和天然石墨表面。当然也与沉积方法有关。将银沉积在低温制备的无定形碳纤维表面，容量和大电流充放电能力得到明显提高，有可能推广到低温无定形炭的应用。

以上包覆在石墨表面的金属基本上没有选择性。如果在炭材料表面选择性沉积金属如 Ag 或 Cu，可以将表面的化学活性缺陷结构覆盖或除去。这样，在水分含量较高（1000×10^{-6}）的环境下，由于活性降低，明显减少了水的吸附量，因此即使在较高的湿度下组装成模型电池，循环性能仍然比较理想（见图 3-40）。与此同时，沉积的金属也可以提高可逆容量，但是，具体原因有待于深入研究。

氧化物例如 TiO_2 和 M_xO（M 为 Cu、Ni、Fe 和 Pb）也可以包覆在炭材料表面，改善炭材料的一些电化学性能。但是，由于它们与锂发生反应形成氧化锂，因此初次循环的充放电效率并不高，在实际应用上有待于进一步的提高。

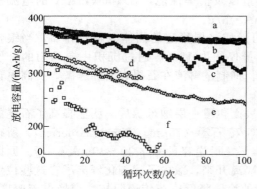

图 3-39 石墨包覆铝前（曲线 d、e 和 f）
后（曲线 a、b 和 c）的循环性能
（圆圈、三角形和四方形分别指充放电
速率为 0.2 C、0.5 C 和 1C）

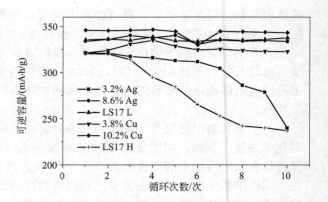

图 3-40 Cu、Ag 与石墨形成复合
负极材料对水分敏感性的影响
（LS17 为石墨，除 LS17L 是在水分含量低于 100×10^{-6}
的氩气条件下制备的测试电池外，其他均是在水分
含量约为 1000×10^{-6} 的氩气下制备的测试电池）

3.5.3.4 采用聚合物包覆

首先考虑包覆炭材料表面的聚合物为具有导电性和电化学活性的聚合物，例如聚噻吩、聚吡咯和聚苯胺。后来，发现其他聚合物也可以作为有效的涂层。

聚噻吩的作用是多方面的。首先，它可以作为导电剂，因为它具有良好的导电性，形成的复合物为良好的导电网络。因此，在生产线中可以不要压制过程。其次，因为它是聚合物，可以作为黏合剂，从而不需加入绝缘性的含氟聚合物。再次，锂可以掺杂在聚合物中，尽管容量较低，约为 44mA·h/g，可以从某种程度上提高复合物的可逆容量。最后，聚合物涂层也可以减少石墨与电解液之间的接触，减少不可逆容量。

通过原位聚合，在石墨（SFG 10）表面包覆聚吡咯，由于形成 SEI 膜的厚度减少，因此可逆容量高、充放电效率、大电流充放电性能和循环性能提高。当聚吡咯的含量为 7.8％时，电化学性能最佳。

不同形式的聚苯胺例如苯胺绿、碱性苯胺和质子化苯胺均可以作为黏合剂，减少 SEI 膜的厚度，改善石墨的电化学性能，减少不可逆容量。

离子导电性共聚物也可以包覆在石墨表面，也可以减少不可逆容量，提高循环性能。原因在于包覆层抑制了溶剂化锂离子的共插入，改善了石墨的结构稳定性。

其他没有电化学活性的聚合物包括聚电解质例如明胶、纤维素和聚硅氧烷也可以包覆在炭材料表面。以明胶为例，石墨粒子用

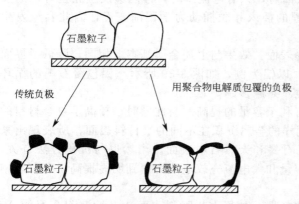

图 3-41 聚电解质包覆在石墨表面的简单示意

明胶的水溶液处理后（见图 3-41），明胶分子吸附在石墨粒子表面，减少了石墨粒子与液体电解质之间的接触，同时还可以作为黏合剂，减少含氟黏合剂的用量。这样包覆后，复合物的不可逆容量从 30％～35％减少到 13％～16％，充放电效率在第三次循环就达到 100％。当然，在前处理过程中，明胶溶液的浓度、pH 等对处理后的效果有明显的影响。

在炭表面覆盖一薄层硅胶，可防止有机电解液与炭粒子的直接接触，抑制有机电解液的插入，降低不可逆容量，提高第一次循环的充放电效率。

3.5.3.5　采用有机物包覆

由于炭材料尤其是石墨表层反应活性较低，传统的一些改性层与石墨本体之间的结合并不是很紧密，而芳香族化合物可以与炭进行共价键和作用，因此可以通过相应的重氮盐在石墨表面的还原作用得到一层与石墨表层碳共价键的芳基膜，该芳基膜含有特定的活性官能团，这种膜一方面可以保护石墨表层，另一方面可以增强 SEI 膜的稳定性，同时这些特定的官能团可以控制石墨电极与电解液之间的相容性，解决了 SEI 膜的稳定性和均匀性问题。这为传统石墨及其他材料的改性提供了很好的方向。

将 4-氨基苯酸重盐在石墨表面反应，得到多层安息香酸锂包覆在石墨表层，结果显示，这样改性后电化学性能明显得到提高，首次充电容量为 345mA·h/g，效率高达 91.5%，20 次循环后容量还保持初始容量的 98.5%，而没有改性的石墨首次效率仅有 75%。

3.5.4　采用机械化学法

粉碎的作用主要是增加端面的数目，同时减少粒子大小，为锂的插入和脱插提供更多的出入口，因此可逆容量增加。但是，端面的量越多，不可逆容量越大，因为这些端面的活性高，使锂与电解质发生不可逆反应；另外端面之间可以发生相互结合，端面的数目随循环的进行而不断减少；同时溶剂亦能降低端面的活性，这样容量随循环的进行而不断衰减。

炭材料的粒子大小对炭材料的性能也有影响，主要是因为粒子越小，石墨晶体的四周及端面等为锂提供了更多的出入口，这样能明显提高锂的可逆容量。以前认为 KS 石墨基本上不能可逆储锂，可是通过改变粒子的大小，容量不仅有提高，还超过了石墨的理论容量。

另外，通过改变粒子大小的研究表明，端面的比例虽然少，但是对不可逆容量的大小起着重要作用。端面的量越多，不可逆容量越大。将炭材料在明胶的水溶液中浸渍后，尽管其他性能不变，但是第一次不可逆容量降低。这主要是降低了活性位置的含量。

3.5.5　其他方法

由于第一次不可逆容量不仅仅与钝化膜的形成有关，而且也与一些缺陷结构有关，因此事先用正丁基锂/己烷、锂萘和熔融金属锂将石墨处理后再与电解液反应，在其表面形成一层人工钝化膜，将石墨的可逆容量提高到 430mA·h/g。该方法所形成的人工钝化膜可以达到对电子绝缘而只对锂离子传导的要求。其优点是不受炭材料本身的影响；但操作和工艺复杂，在致密性和均匀性方面很难以达到经电化学还原过程形成的 SEI 膜的水平。加入炭黑、铜和镍等可提高导电性，改善循环性能。在炭负极表面沉积一层无机离子导电体氮氧磷化锂（LiPON），也可以提高电化学性能。

3.6　其他炭负极材料

以上负极炭材料主要讲述了石墨化炭材料和无定形炭材料。其他的碳基负极材料有富勒烯和碳纳米管，由于它们与炭材料的"近亲性"，自然也可以作为锂离子电池的负极，发生锂的可逆插入和脱插。

3.6.1　富勒烯

富勒烯可以可逆储锂，但是容量不高。然而对其结构的了解可能对进一步了解炭材料有益。在此予以简单的说明。

C_{60} 分子最早是日本学者 E. Osawa 提出来的，并推测该分子是稳定的，但是一直到

1985 年 9 月，美国莱斯大学的理查德、斯莫利及其研究小组在研究碳加热到 800℃时发生的现象时才偶然发现 C_{60}，H. W. Kroto 等人在 1985 年提出其球形结构。1990 年德国物理学家 W. Kratschmor 制备出 C_{60}（buckminster fullerene）和 C_{70} 后，科学家们对 C_{60} 及碳原子团簇的形状与结构进行了大量的研究，下面对 C_{60} 碳原子簇及其固体结构予以阐述。

C_{60} 中的每个碳原子参与形成两个六边形环和一个五边形环，从六边形环来看，碳原子应以 sp^2 杂化轨道成键，键角 120°，从五边形环来看，五边形每个内角为 108°，近似于 sp^3 杂化。C_{60} 的每个碳原子和周围三个 C 原子形成三个 σ 键，其键角和为 $2×120°+108°=348°$，它小于平面角 360°，所以三个键不在同一平面内。每个正五边形都被正六边形分隔开，在此结构中所有的价键都是饱和键。其中每个碳原子以两根单键和一根双键与相邻的碳原子连接。原子之间共有 90 对键，其中 60 对长键，30 对短键。这些键的长度要比其他单质碳的键要短。C_{60} 为球面笼状。根据杂化轨道理论计算，C_{60} 的每个碳原子的三个键为 $sp^{2.28}$ 杂化，介于平面六边形的 sp^2 杂化和正四面体 sp^3 杂化轨道之间。其 C—C—C 键角平均为 116°，轨道间夹角平均为 101.64°。在球形 C_{60} 分子的内外表面分布着电子云，使其成为一个非平面的芳香体系，它的内聚力可能超过金刚石，这种稳妥的 C_{60} 分子结构，成为继石墨、金刚石后又一种同素异构体。C_{60} 中 60 个碳原子是等效的，各占据平截正 20 面体的顶点，形成一个类似足球的结构〔见图 3-42(a)〕，属 I_n 点群。由 20 个六边形环和 12 个五边形环组成的球形 32 面体，其中五边形环只与六边形环相邻，而不相互连接，32 面体共有 60 个顶角，每个顶角上占据一个碳原子，这种 32 面体也可看成是由 20 面体经截顶后形成的，故又称截顶 20 面体。球形 C_{60} 分子的直径的理论计算值为 0.71nm，大约 0.3nm 的空心。科学家们将除 C_{60} 以外的笼形碳族命名为富勒烯族（fullerenes）。

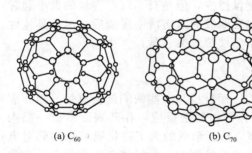

(a) C_{60}　　　　　(b) C_{70}

图 3-42　分子结构示意

若沿垂直于 C_{60} 的一个五度轴的赤道平面剖开，则其边缘将呈扶手椅子形状（armchair）。在该边缘外增加一圈五个扶手椅子形的六边形，构成 C_{70}。C_{70} 原子团簇的结构为与 C_{60} 类似，呈椭圆球结构，如图 3-42(b) 所示，也被称为橄榄球（rugby ball），它是由 12 个五边形和 25 个六边形组成的 37 面体，属于 D_{5h} 点群。对于 C_{76}，它是由 28 个六边形和 12 个五边形组成的笼形 40 面体，具有 D_2 对称性，密度比 C_{60} 低 25%～30%。C_{84} 原子团簇为闭合的笼形 44 面体，由 12 个五边形和 32 个六边形组成，属于 C_{2v} 点群。

除了上述富勒烯外，还有其他富勒烯，如 C_{28}、C_{32}、C_{50}、C_{240}、C_{540} 等。

由于 C_{60} 分子呈足球状，具有高度的几何对称性，因而物理性质极为稳定，可在静止高压下保持完好结构。但在室温条件下对 C_{60} 施以非均匀高压，可将其转化为金刚石。

目前的合成方法主要有两大类：石墨蒸发法和苯燃烧法。其中石墨蒸发法因加热方式不同又有激光法、电弧法、高频诱导加热法、太阳能聚焦加热法等。常用的为电弧法。原料一般为石墨，也可以采用煤焦得到的焦炭。另外，用薄膜沉积（电子束溅射蒸发石墨）法也可以制备富勒烯，只是产生的富勒烯为 C_{70} 或更大的分子。

富勒烯具有超导性、非线性光学性、磁性，还有其他性能，例如与酸的化学反应性、在空气中的热稳定性、在熔融和固态硫中的溶解性，由于 C_{60} 的分子结构稳定且硬度很高，因此将有广泛的用途，例如可将其作为超级润滑剂、火箭固体燃料、半导体、晶体管和计算机芯片、高精度陀螺仪等。当然，也可以作为锂离子电池的负极材料。但是，如前所述，容量较低，再加上价格高，研究较少，在这里也就不多说。

3.6.2　碳纳米管

碳纳米管的发现始于 1991 年，由于其特有的纳米性能，广受关注。它是一种主要由碳六边形（弯曲处和末端为碳五边形和碳七边形）组成的单层或多层纳米级管状材料，由自然界最强的 C—C 共价键结合而成。因此具有非常高的强度（理论值是钢的 100 多倍，碳纤维的 20 多倍），同时还具有很高的韧性、硬度和导电性能。

沿垂直 C_{60} 五度轴的赤道面附近增加 i 圈"扶手椅子"形的六边形，则可得到一个 C_{60+10i} 的长管状分子。或沿 C_{60} 的一个三度轴的赤道平面剖开，顺边缘增加 i 圈六边形（每增加一圈，增加 18 个碳原子），便得到一个 C_{60+18i} 的长管状分子。这种管状分子就叫布基管或碳纳米管。这种碳纳米管可看做是由一层石墨层卷起来的石墨微管（graphene tabule），直径为几个纳米。石墨层卷绕的方式不同，可得到不同的碳纳米管（见图 3-43），层数可以是单层，也可以为多层。

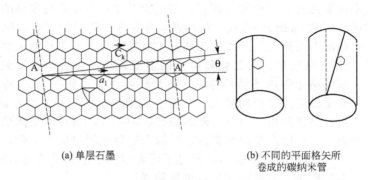

(a) 单层石墨　　　　　　　(b) 不同的平面格矢所卷成的碳纳米管

图 3-43　碳纳米管的构成示意

碳纳米管的种类多种多样。根据构型可分为三种：扶椅式（armchair）、锯齿形（zig-zag）和手性碳纳米管（chiral）。根据石墨化程度的不同可分为无定形和石墨化碳纳米管。根据壁的多少可分为多壁（multi wall）和单壁（single wall）碳纳米管。根据形态来分，可以分为：普通封口型、变径型、洋葱型、海胆型、竹节型、念珠型、纺锤型、螺旋型和其他异型等。下面我们按第三种分类进行说明。

碳纳米管的生产方法主要有三种：催化裂解法或化学气相沉积法（CVD）、电弧法（arc discharge）和激光蚀刻法（laser ablation），其中化学气相沉积法和电弧法较常使用。产品类型分为单壁碳纳米管（SWNT）和多壁碳纳米管（MWNT）。单壁碳纳米管是碳纳米管的极限形式，管壁由一层碳原子构成，直径 1～2nm。碳纳米管末端的五元环和七元环组成的端帽可用浓硝酸处理打开。通常由化学气相沉积法生产的碳纳米管粗产物中含有许多杂质，在使用前须要进行净化处理。由于碳纳米管具有很高的结构稳定性，耐强酸强碱腐蚀，故其净化处理一般采用酸浸泡或酸煮的方式，然后用蒸馏水清洗。

3.6.2.1　多壁碳纳米管

多壁碳纳米管的结构类似俄罗斯的玩具，中心管为封闭的圆柱体，由石墨烯"卷"成，侧面由碳原子六边形组成，两端由碳原子五边形封顶。中心管的外围一般有几个到几十个单壁碳纳米管同轴组成，管间作用力同石墨烯之间一样，为范德华力。管间的距离为 34pm，约比石墨的 002 面间距（33.5pm）稍大一点。多壁碳纳米管的外径在纳米级范围内，长度可达微米级。一般含有缺陷和杂质，其量与制备条件有关。前者如悬键（dangling bond）、侧壁孔和开端等一般可以通过退火处理发生愈合；后者如催化剂粒子、石墨和无定形炭等可以通过纯化而除去。

多壁碳纳米管的典型制备方法主要有两种：将烷烃如乙炔、乙烯和樟脑蒸气进行催化热解和电弧放电。它们的电化学性能与制备方法有关。

碳纳米管也可以为无定形的。例如吴宇平实验室通过用柠檬酸溶液为前驱体，阳极氧化铝模板为生长基体，采用较低的烧结温度，制备出了形貌均一、管径大小可调的碳纳米管，这主要是由于多孔氧化铝模板的纳米孔道内富含羟基，柠檬酸易于在孔道内与羟基结合，从而进一步在惰性气氛中裂解成无定形的碳纳米管。

在 EC/PC/DMC（1∶1∶3，体积比）的 1mol/L LiPF$_6$ 电解质中，锂插入电弧放电制备的多壁碳纳米管时，会发生石墨烯层的剥离。插入时形成 n 阶化合，然而没有观察到 $n>2$ 的阶化合物。

催化热解制备的多壁碳纳米管，如果不进行纯化，不可逆容量大。进行纯化和退火处理后，不可逆容量明显下降，且随退火温度的增加而下降。

同无定形炭与石墨化炭一样，多壁碳纳米管的结构对比容量和循环寿命有很大的影响。石墨化程度低的可逆容量大，第一次循环时的可逆容量可达 640mA·h/g，主要原因在于锂插入到一些非石墨结构中例如微孔、端面和表面等。与此相对比，石墨化程度高的多壁碳纳米管可逆容量低，第一次循环仅为 282mA·h/g。但两者均存在电压明显的滞后现象（超过 1V），比含氢的无定形炭的电压滞后要高。原因可能与锂发生拖插时要通过更长的距离有关。两者的循环性能明显不一样。20 次循环后，石墨化程度低的多壁碳纳米管容量衰减到起始的 65.3%，而石墨化程度高的多壁碳纳米管由于结构稳定，容量还可达其初始的 91.5%。对于开口碳纳米管，可认为在纳米管里面能发生锂的插入，但由于毛细现象的存在，而难以发生可逆脱插，但是提高充电电压，可以将锂脱出。当然，随制备方法的差异，报道的结果稍有不同。在开孔碳纳米管的内孔和外表面，锂能产生快速扩散，扩散系数高于闭口碳纳米管，对于前者锂的扩散系数为 $3.15\times10^{-24}\sim9.5\times10^{-23}\,cm^2/s$，而对于后者锂的扩散系数为 $8.0\times10^{-25}\sim3.25\times10^{-23}\,cm^2/s$。竹节型多壁碳纳米管同样也可以可逆储锂。

多壁碳纳米管存在较高的不可逆容量，造成的原因如下：①强积聚电荷的趋势，对于开口碳纳米管，其不可逆容量高是由于电荷的静电引力，使得一旦进入碳纳米管内孔就很难脱出；②碳纳米管内部的缠结也是不可逆容量较大的原因；③循环过程中不断形成和老化的钝态碳层和电极中可能的孤立绝缘部分是不可逆容量的原因。对于循环过程中的容量衰减，认为 Li$^+$ 插入/脱出和溶剂分子的共插入导致碳纳米管的石墨层脱落。

炭材料可以进行掺杂处理来提高电化学性能，同样碳纳米管也可以通过杂原子的引入来提高点化学性能。硼掺杂后的多壁碳纳米管由约 35～45 层高度三维有序排列的石墨烯组成，它破坏了内部的六方对称性。在多壁碳纳米管开端的尖部或在最外面的几层石墨烯中，可观察到 BC$_3$ 纳米畴（nanodomain）。掺杂前后的比表面积变化不大，分别为 10cm^2/g 和 12cm^2/g，且介孔（一般认为直径在 10～100nm 范围内）的体积也差不多。掺杂后，第一次循环的可逆容量从 156mA·h/g 增加到 180mA·h/g，但两者的库仑效率差不多，为 55%～58%，循环性能均比较满意。锂的插入过程也是通过形成阶化合物而进行的，如图 3-44 所示，与上述的稍有不同，可观察到 $n>2$ 阶化合物的形成。

如果先用无电电镀法在碳纳米管表面镀上一层铜，然后在空气中加热氧化为氧化铜。该复合物的可逆储锂容量可达 700mA·h/g，原因在于 CuO 层也可以作为储锂的主体，可逆容量为 268mA·h/g。该过程示意如式(3-12)：

$$CuO+xe^-+xLi^+ \Longleftrightarrow CuOLi_x \qquad\qquad (3-12)$$

锂插入 CuO 中的电压为 1.7～1.0V，释放出来的电压为 2.3～2.5V。

如上所述，炭材料可以通过氧化进行改进。同样，碳纳米管也可以通过氧化进行改进。将多壁碳纳米管用魔水（浓硝酸与浓硫酸体积比 1∶3 的混合物）进行氧化，由于硫酸和硝酸均可以进入石墨烯层之间，产生缺陷或空隙等，结果提高了可逆储锂容量，可达 200mA·h/g。但是第一次循环的不可逆容量高，达 460mA·h/g，原因可能与氧化产生的表面氧化物和残留的酸有关。

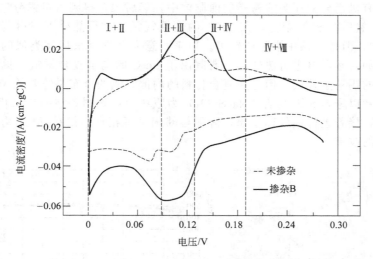

图 3-44　未掺杂和掺杂有硼的多壁碳纳米管在第一次循环的循环伏安曲线
[扫描速率为 0.004 mV/s，电解液为 EC/DEC（1∶1，体积比）的
1mol/L LiClO₄ 溶液，罗马数字表示相应的阶化合物的阶数]

3.6.2.2　单壁碳纳米管

单壁碳纳米管可以认为由一层石墨烯 "滚" 成的圆柱体，直径一般为 1～2nm，长度可达几个微米。这些直径相差无几的单壁碳纳米管自动结合在一起，形成具有结晶性的长 "绳"，其中平行的单壁碳纳米管之间也以范德华力进行结合。该绳的直径通常情况下为 10～50nm，即一根绳含有 30～600 个单壁碳纳米管。当然该数目可在三到几千个的范围内变化。与多壁碳纳米管一样，也含有缺陷和杂质。理论比表面积高，内比表面积和外比表面积的总和可达 2630m²/g，其制备方法有催化热解、电弧放电和激光烧蚀法（laser blation）。

锂也可以可逆插入到单壁碳纳米管中，可逆容量的范围为 460（对应于 Li$_{1.23}$C$_6$）～1000mA·h/g（Li$_{2.7}$C$_6$）（用球磨法处理引入缺陷）。但是第一次循环的可逆容量很高，可达 1200mA·h/g，这与比表面积大（350m²/g）有关，因为钝化膜或界面膜的有效生成需要消耗较多的电解质。从恒流充放电和循环伏安曲线看不出明显的锂在纳米管晶格中插入或脱插的氧化还原电位，可能不是通过形成阶化合物的机理进行的。锂可以插入到碳纳米管之间的沟槽（channel）中，破坏碳纳米管之间的结合，与层间的剥离相似。该破坏导致不可逆容量的产生或晶格的破坏。由于锂的插入，部分电荷从锂转移到碳上，使电阻随锂的插入而下降，因此双层电容效应不是容量高的原因。当单壁碳纳米管的端部用浓酸打开，锂的插入量可达 LiC$_6$。尽管其内外表面均可以为锂的额外储存位置，但是具体机理还有待于进一步研究。

总之，碳纳米管作为负极材料显示出特有的性能，但是还有待于深入研究，特别是碳纳米管的结构与插锂机理之间的关系。目前，碳纳米管主要是作为锂离子电池电极材料的导电剂。

3.7　碳基复合负极材料

以上介绍了各种碳材料的结构及性能，但是由于碳材料的容量远低于硅（4200mA·h/g）、锡等的理论容量，而硅、锡这些材料又由于严重的体积膨胀效应导致容量衰减，因此，可以将硅、锡等的纳米结构与碳基材料复合，这样可以明显改善材料的循环性能。

3.7.1　碳与 Co、Sn 的复合物

锡的熔点比较低（232℃），一开始国内有许多专家认为不能形成锡-碳（Sn-C）的复合材

料。韩国学者将有机锡分散在酚醛树脂的前驱体中，然后聚合得到有机锡分散在酚醛树脂中的核/壳结构溶胶，然后在 85℃聚合，在 800℃的惰性气氛下进行热处理，得到锡在里面、碳在外面的核/壳结构，但是，核中空隙比较多。后来，意大利学者采用相类似的方法，并在聚合的时候引入催化剂，然后再进行热处理，研制出了 Sn-C 的纳米复合材料（见图 3-45）。当然，在靠近材料外部的锡粒子较大，但是在复合材料的内部，锡的分布是非常均匀的。中国科学院北京化学所的学者以尿素和锡酸钠（Na_2SnO_3）为原料，首先制备空的二氧化锡（SnO_2）核，然后用蔗糖包覆，接着进行热处理还原，得到与韩国学者相类似的核/壳结构，并且电化学性能也有了更明显的改善。

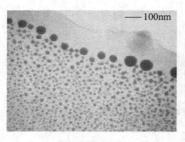

(a) 扫描电镜图

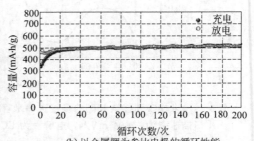

(b) 以金属锂为参比电极的循环性能

图 3-45　Sn-C 纳米复合材料的性能

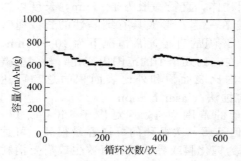

图 3-46　索尼 Sn-Co-C 复合负极材料组成
锂离子电池的循环性能

2005 年索尼公司首次将 Sn、Co、C 三种主体元素结合，形成无定形纳米复合负极材料，实现了"Nexelion"电池的产业化，引起了国内外学者的广泛关注。目前合成 Sn-Co-C 复合材料的方法主要有机械合金化法、真空溅射法。该材料的循环性能（见图 3-46）并不优良，主要用于摄像机用的锂离子电池。

采用行星式球磨机，将金属 Sn、Co 和乙炔黑球磨制得 Sn-Co 合金，结果发现，物料有严重的黏结现象，未能全部合金化。而通过高能球磨制备了 $Sn_{0.31}Co_{0.28}C_{0.43}$ 合金，结果表明，合金由 CoSn 和 C 构成，球磨时间超过 72h 后，粒度基本保持不变，约为 16nm，合金的容量可达 500mA·h/g，而且经过 100 个循环周期，合金的结构保持不变。

3.7.2　碳与硅的复合物

硅的嵌锂电位与炭类材料如石墨、中间相炭微球等较接近，因此硅和碳复合，不仅可以达到改善硅体积效应的目的，又可提高其电化学稳定性。到目前为止，硅已经与多种炭材料复合制备出高容量和优良循环性能的复合负极材料。

将硅和蔗糖在红外光下超声混合后，直接用浓硫酸脱水 2h，形成核壳式硅-碳复合材料，其首次放电容量能达到 1115mA·h/g，循环 75 次后的可逆容量为 560mA·h/g。采用喷雾热解法将柠檬酸、纳米硅晶体和酒精混合均匀后在 400℃分解：

$$Si + C_6H_8O_7/C_2H_6O \longrightarrow Si/C + CO_2 \uparrow + H_2O \uparrow + 能量 \uparrow$$

当无定形炭含量为 56%（质量分数）时，循环 100 次后容量能保持 1120mA·h/g。稳定的碳包覆层不仅有效控制了硅颗粒的体积膨胀，而且还阻止了硅颗粒的团聚，具有良好的导电性能。

在 450℃条件下通过热分解 SiH_4 将硅颗粒沉积在 MCMB 表面，可逆容量为 462mA·h/g，高于商品 MCMB 容量，但复合材料的首次库仑效率仅有 45%。鉴于此，可利用球磨法制备纳米 Si-MCMB 晶体混合物，其首次可逆比容量为 1066mA·h/g，同时具有较好的循环性能，循环 25 次后仍能保持 700mA·h/g，这是由于在球磨过程中，硅与 MCMB 在高的机械能作用下形成有机的整体，MCMB 良好的结构稳定性和延展性使得嵌入 MCMB 晶格中的 Si 与 Li⁺ 反应引起的体积变化得到有效缓解，从而使负极材料的稳定性得到改善。

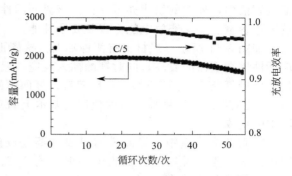

图 3-47 硅包覆碳纳米线的性能图

向二氧化硅模板中注入含单质硅的前驱体，高温炭化后用 HF 刻蚀模板制备成直径约为 6.5nm 的硅-碳核壳结构的复合纳米线，在 0～1.5V 间充放电，其首次充电容量高达 3163mA·h/g，首次库仑效率为 86%。在大电流充放电情况下，其循环稳定性比小电流要更加突出，循环 80 次后，容量仍能保留 87%。

用化学气相沉积（CVD）方法将 SiH_4 在碳纳米纤维上沉积，得到硅包覆的碳基纳米线，该纳米线的可逆容量高达 2000mA·h/g，首次充放电效率达 90%，并保持良好的循环性能，如图 3-47 所示。这得益于在锂离子的嵌入和脱出过程中，碳核较小的体积变化和优异的导电性。

在天然球形石墨（SSG）表面包覆一层纳米硅，可以明显改善材料的容量与循环性能，如图 3-48 所示，通过比较不同硅含量（5% 和 10%）发现，含有 10% 的纳米硅的复合材料的容量明显高于

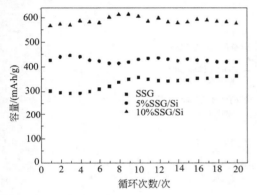

图 3-48 天然球形石墨和硅含量为 5% 和 10% 的天然球形石墨-纳米硅复合材料的循环性能（电压范围为 0.01～2V，电流密度为 0.2mA/cm²）

5% 硅含量的材料。这主要是由于石墨载体具有良好的电子导电性，当纳米硅被"钉"在石墨载体上，不仅可以防止纳米硅在充放电过程中因体积膨胀而发生脱落，而且也充分利用了纳米硅的高容量性能，使其具有良好的电化学性能。

3.8 炭负极材料与电解质之间的界面

从热力学角度而言，锂、锂合金以及锂与炭材料形成的插入化合物在有机电解液中不稳定，会发生电解液的氧化反应。然而该反应产生的部分产物沉积在这些负极材料表面（也有部分溶于电解液中），形成固体-电解质-界面、钝化膜或保护膜。当该界面或保护膜比较致密时，可以有效地将有机电解液与负极材料隔离开来，避免进一步反应，这时负极材料表现为在电解液中的动力学稳定。如果该界面不稳定或不致密，不能有效阻止有机溶剂的通过或溶剂化锂离子的通过，就会继续发生电解液的氧化反应或溶剂化锂离子的插入反应等，这时负极材料在该电解液中表现为动力学不稳定，不能发生锂的有效插入和脱插反应。对于有效的界面而言，该界面不能为电子导体，否则溶剂会与电子发生反应，但必须是锂离子导体，否则锂离子不能通过，就不能发生锂的插入或脱插过程。

炭材料与电解质之间的界面膜组成与炭材料表面结构有很大的关系，例如石墨表面的物种及其含量、粒子的形状及大小、比表面积大小及分布、开孔的比例、杂原子和灰分等。在不同

的电解液中，界面的组成亦不一样。该界面的性能不仅对不可逆容量有明显的影响，同时还影响可逆容量、快速充放电能力以及安全性能。

如图 3-11 所示，炭材料有两种端面：扶椅形和 Z 字形。位于端面和缺陷附近碳原子的反应活性比在平面的要高，同时锂的插入反应一般是通过端面进行，因此在第一次循环时发生的过程比较复杂（见图 3-49）。一般而言，界面膜的形成电位在 1.7～0.5V 之间，但也有可能在 0V 时还发生。由于锂离子电池使用的基本上为碳酸酯体系，因此这里也主要讲述在该类电解液中的组成。

在碳酸酯体系中，界面膜的组成主要是碳酸锂、氧化锂和烷基碳酸锂 $ROCO_2Li$。当电解质盐为含氟锂盐时，界面膜中一般含有 LiF；当为 $LiClO_4$ 时，也会含有氯元素。具体含量与电解液的组成有关。由于目前研究的方法基本上是非原位测得的结果，因此很可能与实际情况有些差距。一般而言，认为该界面膜有两层组成，一层贴近碳基负极材料，比较致密，主要由碳酸锂和氧化锂组成；另一层比较疏松，在第一层的外面，主要由烷氧碳酸锂和聚合物组成。

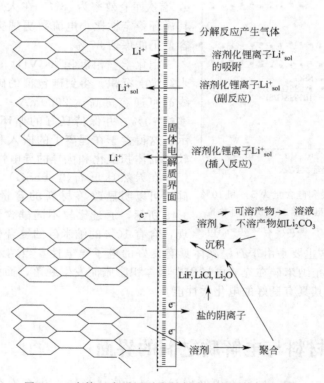

图 3-49　在第一次循环时炭材料表面发生的部分反应

钝化膜的厚度与电解液体系、负极材料和外界条件有关。在 EC/DMC（2∶1）的 1mol/L $LiBF_4$ 溶液中，钝化膜的厚度约为 0.9nm。主要组成为 PEO、Li_2CO_3 和 $LiBF_4$ 的还原产物约为 1.5～2nm，LiOH 和 Li_2O 不是钝化膜的主要组分。在较高的温度（60℃）下，石墨粒子与电解液之间的钝化膜增厚，而且会发生石墨结构的破坏。越接近电解液，变化越明显。最新发现除了表面结构外，还存在一层"次表面"（sub-surface），它们对 SEI 膜的形成以及炭材料的电化学性能产生明显的影响。

对于聚合物电解质、无机电解质等而言，同样也存在着界面，目前对此了解不多，特别是组成。一般的研究方法主要是考察电阻的变化。电阻小或不随时间而发生增加，表明界面性能好。

3.9　国内部分工业产品介绍

目前，国内生产锂离子电池负极材料的主要有上海杉杉科技有限公司、深圳贝特瑞科技有限公司、娄底辉宇科技有限公司等。中间相炭微球 CMS（carbonaceous mesophase spheres）是上海杉杉科技有限公司的主要负极材料，微球的生产工艺采用溶剂分离法，石墨化后得到的产品性能与日本大阪煤气公司的 MCMB 相近。另外，该公司还有人造石墨和天然石墨两大系列的产品，主要有 CGS（composite graphite spheres）、MGS（modified graphite spheres）、MGP（modified graphite powder）。CGS 是人造石墨和天然石墨形成的复合材料，MGS 和 MGP 分别是对天然石墨和人造石墨进行表面改性而获得的锂离子电池负极材料。此外还有 CMP2 和 CMS-1 等负极材料。该公司几个主要产品的性能指标和电镜照片分别见表 3-3 和图 3-50。

表 3-3　杉杉科技有限公司的一些负极材料及其部分性能

品种	粒径(D_{50})/μm	首次可逆容量/(mA·h/g)	首次充放电效率/%	比表面积/(m^2/g)	真实密度/(g/cm^3)	振实密度/(g/cm^3)	灰分含量/%
CMS	20	315	95.0	1.0	2.15	1.39	0.04
CGS	20	340	94.5	1.5	2.15	1.30	0.03
MGS	20	350	93.0	2.0	2.20	1.25	0.05
MGP	20	330	94.0	2.0	2.20	1.15	0.03

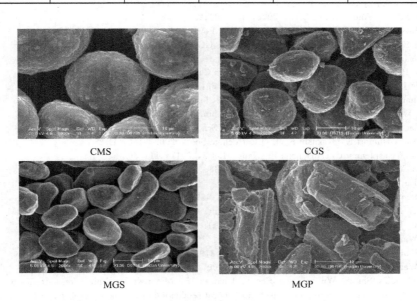

CMS

CGS

MGS

MGP

图 3-50　杉杉科技部分负极材料的 SEM 照片

参 考 文 献

[1]　吴宇平，戴晓兵，马军旗，程预江. 锂离子电池——应用与实践. 北京：化学工业出版社，2004.

[2]　Sun H，He XM，Ren JG，Li JJ，Jiang CY，Wan CR. Electrochim Acta.，2007，52：4312.

[3]　Skowroński JM，Knofczyński K. J Power Sources，2009，194：81.

[4]　Wu XL，Liu Q，Guo YG，Song WG. Electrochem Commun.，2009，11：1468.

[5]　Nozaki H，Nagaoka K，Hoshi K，Ohta N，Inagaki M. J. Power Sources，2009，194：486.

[6]　Hou ZH，Zeng FY，He BH，Tao W，Ge CY，Kuang YF，Zeng JH. Mater Lett.，2011，65：897.

[7]　Imanishi N，Ono Y，Hanai K，Uchiyama R，Liu Y，Hirano A，Takeda Y，Yamamoto O. J Power Sources，2008，178：744.

[8] Ohta N, Nagaoka K, Hoshi K, Bitoh S, Inagaki M. J Power Sources, 2009, 194: 985.

[9] Yi J, Li XP, Hu SJ, Li WS, Zhou L, Xu MQ, Lei JF, Hao LS. J. Power Sources. doi: 10.1016/j.jpowsour, 2010.12.017.

[10] Subramanian V, Karabacak T, Masarapu C, Teki R, Lu TM, Wei BQ. J. Power Sources, 2010, 195: 2044.

[11] Chang JC, Tzeng YF, Chen JM, Chiu HT, Lee CY. Electrochim Acta., 2009, 54: 7066.

[12] Courtel FM, Niketic S, Duguay D, Yaser AL, Isobel JD. J. Power Sources, 2011, 196: 2128.

[13] Zou L, Kang FY, Li XL, Zheng YP, Shen WC, Zhang J. J. Phys. Chem. Solids, 2008, 69: 1265.

[14] Qin Y, Chen ZH, Lu WQ, Amine K. J. Power Sources, 2010, 195: 6888.

[15] Yuan CZ, Gao B, Su LH, Zhang XG. Solid State Ionics, 2008, 178: 1859.

[16] Yang LC, Shi Y, Gao QS, Wang B, Wu YP, Tang Y. Carbon, 2008, 46: 1792.

[17] Liu LL, Tian S, Zhu YS, Tang W, Li LL, Wu YP. Micro. Meso. Mater. To be submitted.

[18] Cheng MY, Pan CJ, Hwang BJ. J. Mater Chem., 2009, 19: 5193.

[19] Hosono E, Fujihara S, Honma I, Ichihara M, Zhou H. J. Electrochem Soc., 2006, 153: 1273.

[20] Cheng MY, Hwang BJ. J. Power Sources, 2010, 195: 4977.

[21] Rahman MM, Chou SL, Zhong C. Solid State Ionics, 2010, 180: 1646.

[22] Gao J, Zhang HP, Fu LJ, Wu YP. Electrochim Acta., 2007, 17: 5417.

[23] Yang LC, Guo WL, Shi Y, Wu YP. J. Alloy Comp., 2010, 501: 218.

[24] Jhan YR, Duh JG, Tsai SY. Diamond Related Mater. 2011, 20: 413.

[25] Mu JB, Chen B, Guo ZC. J. Colloid Interface Sci., 2011, 356: 706.

[26] Wang F, Yao G, Xu MW, J. Alloy Comp., 2011, 509: 5969.

[27] Wu P, Du N, Zhang H. J. Phys. Chem. C., 2010, 114: 22535.

[28] Li YM, Lv XJ, Lu J. J. Phys. Chem. C., 2010, 114: 21770.

[29] Feng CQ, Li L, Guo ZP. J. Alloys Comp., 2010, 504: 457.

[30] Yang ZX, Du GD, Guo ZP. J. Mater Res., 2010, 25: 1516.

[31] Gao J, Fu LJ, Zhang HP, Zhang T, Wu YP, Wu HQ. Electrochem Commun. 2006, 8: 1726.

[32] Gao J, Fu LJ, Zhang HP, Yang LC, Wu YP. Electrochim Acta., 2008, 53: 2376.

[33] Zhang X, Ji L, Zhang S, Yang W. J. Power Sources, 2007, 173: 1017.

[34] Liu R, Lee SB. J. Am. Chem. Soc., 2008, 130: 2942.

[35] Rios EC, Rosario AV, Mello RMQ, Micaroni L. J. Power Sources, 2007, 163: 1137.

[36] Sivakkumar SR, Ko JM, Kim DY, Kim BC, Wallace GG. Electrochim Acta., 2007, 52: 7377.

[37] Zhang X, Yang, WS, Ma YW. Electrochem Solid State Lett., 2009, 12: A95.

[38] Snook GA, Peng C, Fray DJ, Chen GZ. Electrochem Commun, 2007, 9: 83.

[39] Peng C, Jin J, Chen GZ. Electrochim Acta., 2007, 53: 525.

[40] Chen L, Zhang XG, Yuan CZ, Chen SY. Acta Phys-Chim Sin., 2009, 25: 304.

[41] Yang XH, Wang YG, Xiong HM, Xia YY. Electrochim Acta., 2007, 53: 752.

[42] Yuan C, Gao B, Su L, Zhang X. J Colloid Interface Sci., 2008, 322: 545.

[43] Masaharu N, Yoshinori K, Kazushi S. J. Electrochem Soc., 2009, 156: D125.

[44] Stranks SD, Weisspfennig C, Parkinson P. Nano. Lett., 2011, 11: 66.

[45] Lu Q, Zhou YK. J. Power Sources, 2011, 196: 4088.

[46] Han YQ, Lu Y. Carbon, 2007, 45: 2394.

[47] Pinson J, Podvoria F. Chem. Soc. Rev., 2005, 34: 429.

[48] Belmont JA, Amici RM, Galloway PP. Patent PCT Int. Appl., WO 96 18688 A1.

[49] Belmont JA. Patent PCT Int. Appl., WO 96 18690 A1.

[50] Pan QM, Wang HB. Electrochem Commun, 2007, 9: 754.

[51] Pan QM, Jiang YH. J. Power Sources, 2008, 178: 379.

[52] Pan QM, Wang HB, Jiang YH. J. Mater Chem., 2007, 17: 329.

[53] Yang LC, Qu QT, Shi Y, Wu YP, van Ree T. Chapter 15, Materials for lithium ion batteries by mechanochemical methods, in "High energy ball milling: mechanochemical production of nanopowders", pp. 361-408, Dr. Sopicka-Lizer Małgorzata (Editor), Woodhead Publishing Limited, Cambridge, UK, 2010.

[54] Zhao NH, Zhang P, Yang LC, Wu YP. Mater Lett., 2009, 63: 1955.

[55] Yang H, Zhao D. J. Mater Chem., 2005, 15: 1217.

[56] Reddy ALM, Ramaprabhu S. J. Phys. Chem. C., 2007, 111: 7727.

[57] Liao S, Holmes KA, Tsaprailis H, Birss VI. J. Am. Chem. Soc., 2006, 128: 3504.

[58] Reddy ALM, Ramaprabhu S. J. Phys. Chem. C., 2007, 111, 44: 16138.

[59] Shaijumon M M, Rajalakshmi N, Ramaprabhu S. Appl. Phys. Lett., 2006, 88: 253105.

[60] Zheng SF, Hu JS, Zhong LS, Song WG, Wan LJ, Guo YG. Chem. Mater, 2008, 20: 3617.

[61] Egashira M, Takatsuji H, Okada S, Yamaki JI. J. Power Sources, 2002, 107: 56.

[62] Ulus A, Rosenberg Y, Burstein L, Peled E. J. Electrochem Soc., 2002, 149: A635.

[63] Lee K, Jung Y, Oh S. J. Ame. Chem Soc., 2003, 125: 5650.

[64] Derrien G, Hassoun J, Panero S, Scrosati B. Adv. Mater, 2007, 19: 2336.

[65] Zhang WM, Hu JS, Guo YG, Zheng SF, Zhong LS, Song WG, Wan LJ. Adv. Mater, 2008, 20: 1160.

[66] David M. Power Electronics Technology，2006，1：50.
[67] Huang T，Yao Y，Wei Z. Electrochim Acta.，2010 56：476.
[68] Li MY，Liu CL，Shi MR，Electrochim Acta.，2011，56：3023.
[69] Li J，Le DB，Ferguson PP. Electrochim Acta.，2010，55：2991.
[70] 孙庆，史鹏飞，矫云超，程新群. 电池，2007，37：345.
[71] Hassoun J，Mulas G，Panero S，Scrosati B. Electrochem Commun，2007，9：2075.
[72] Yang XL，Wen ZY，Zhu XY，Huang SH. Electrochem Solid-State Lett.，2005，8：A481.
[73] Nga SH，Wang J，Konstantinov K，Wexler D，Chew SY，Guo ZP，Liu HK. J. Power Sources，2007，174：823.
[74] Xie J，Cao GS，Zhao XB. Mater Chem. Phys.，2003，88：295.
[75] Wang G X，Yao J，Liu HK. Electrochem Solid-State Lett.，2004，7：A250.
[76] Endo M，Kim C，Nishimura K，Fujimo T，Miyashita K. Carbon，2000，38：183.
[77] Cui LF，Yang Y，Hsu CM，Cui Y. Nano Lett.，2009，9：3370.
[78] Zhang T，Gao J，Fu LJ，Yang LC，Wu YP，Wu HQ. J. Mater Chem.，2007，17：1321.

第4章

非碳基负极材料

本章主要讲述自锂离子电池的诞生以来，研究的有关非碳基负极材料，它主要有以下几种：氮化物、硅基材料、锡基材料、新型合金、钛的氧化物、纳米氧化物和其他负极材料。

4.1 氮化物

氮化物的研究主要源于 Li_3N 具有高的离子导电性，即锂离子容易发生迁移。将它与过渡金属元素如 Co、Ni、Cu 等发生作用后得到氮化物 $Li_{3-x}M_xN$。该氮化物具有 $P6$ 对称性，密度与石墨相当。同六元环型石墨相似，由 A、B 两层组成（见图 4-1：以 $Li_{2.5}Co_{0.5}N$ 为例）。A 层为 Li—N，B 层为 M 替代 Li—N 层间的 Li 而形成的 M—Li。全部 B 层中的锂和 A 层中的一半锂可发生可逆脱出，脱出的上限电压为 1.4V。超过 1.4V，脱出一半锂的 A 层（见图 4-2）就会发生分解，导致 A 层结构的破坏，容量发生不可逆变化。

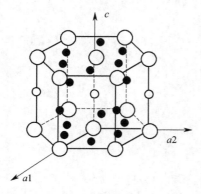

图 4-1　$Li_{2.5}Co_{0.5}N$ 的结构示意

●Li；○M(Co,Ni 或 Cu)；◯N

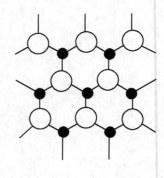

图 4-2　一半锂脱出以后的 Li—N 层（A 层）结构示意

●Li；◯N

在锂脱出过程中，该氮化物首先由晶态转化为无定形态，并发生部分元素的重排，在随后的循环中，保持该无定形态。至于 Co 在其中的化合价变化，则认为是＋1 与＋2 之间的转换。这一点与传统正极材料氧化钴锂 Li_xCoO_2 有明显不同，后者是在＋3 与＋2 价之间发生变化。

在上述氮化物中，以 $Li_{3-x}Cu_xN$ 的性能最佳，可逆容量可达 650mA·h/g 以上，最新研究出层状 $Li_{3-x}Cu_xN$（$0.1 \leqslant x \leqslant 0.39$）在 $0.02 \sim 1.4V$ 电压区间内首次可逆容量可高达 1000mA·h/g，但是循环性能较差，20 个充放电后，容量为 500mA·h/g；其次为 $Li_{3-x}Co_xN$，可逆容量达 560mA·h/g［见图 4-3(a)］。层状氮化铁锂（$Li_{3-x}Fe_xN$）同 $Li_{2.6}Co_{0.4}N$ 相比，可逆容量差不多，并具有较好的大电流充放电性能。$Li_{3-2x}Ni_xN$（$0.20 \leqslant x \leqslant 0.60$）研究的较少，但是也可以储锂。

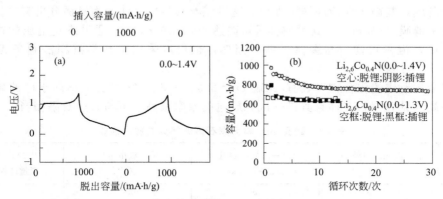

图 4-3　氮化物 $Li_{2.6}Co_{0.4}N$ 的充放电曲线（a）及其与 $Li_{2.6}Cu_{0.4}N$ 的循环性能（b）
（以金属锂为参比电极，电流密度恒定为 $0.5mA/cm^2$）

　　该类氮化物的平均放电电压比石墨（为 0.4V）要高，以金属锂为参比电极，略为 1.1V［见图 4-3(a)］。在未超过 1.4V 时，循环性能比较好［见图 4-3(b)］，但是合成条件苛刻，需要在高压下加热（30MPa、750℃）。因此从实用的角度而言，并不称心如意。

　　最近的结果表明，氮化物 $Li_{2.6}Co_{0.4}N$ 的可逆容量可以高达 1024mA·h/g，且第一次循环的充放电效率为 96%，1C/0.2C 的容量比亦高达 94.9%。但是由于电解质与 $Li_{2.6}Co_{0.4}N$ 之间发生分解反应，形成界面钝化膜，导致容量发生衰减。如果限制氮化物 $Li_{2.6}Co_{0.4}N$ 表面界面膜的形成，尽管初始容量稍低（约 900mA·h/g），但是循环性能有了明显的提高。通过掺杂也可以提高其循环性能，例如，$Li_{2.6}Co_{0.35}Fe_{0.05}N$ 与 $Li_{2.6}Co_{0.4}N$ 相比，循环性能要好一些，50 次循环后容量衰减由 60% 降低到 35%。

　　由于本身不需要充电就可以放电，当与下述锡的氧化物负极材料结合时，可弥补氧化物负极材料在第一次循环产生的不可逆容量损失，提高锡的氧化物负极材料的充放电效率。

　　其他氮化物如 Zn_3N_2 和 Cu_3N 也可以与锂发生反应，生成 $\beta\text{-}Li_3N$。而 $\beta\text{-}Li_3N$ 能够发生脱锂，其可逆反应之一示意如式（4-1）：

$$LiZn + \beta\text{-}Li_3N \longrightarrow 3e^- + 3Li^+ + LiZnN \tag{4-1}$$

其原理明显不同于前述过渡金属与氮形成的含锂氮化合物。对于 Cu_3N 而言，可逆容量可高达 300mA·h/g 以上，而且具有良好的循环性能和大电流充放电性能。其原因可能在于如下 4.6 节所述，在 Cu_3N 表面形成了有机层的结果。

　　$Li_{2.7}Mg_{0.3}N$ 为四方晶系，晶胞参数 $a = 0.388nm$，$c = 0.547mn$。可以通过以氮化锂和镁金属为原料进行加热制备。也能发生可逆储锂，可逆容量为 1695mA·h/g，嵌入量 x 最大可达 2.5276。室温时锂离子嵌入 $Li_{2.7}Mg_{0.3}N$ 的自由能为 $-397.51kJ/mol$，锂离子在 $Li_{2.7}Mg_{0.3}N$ 中的化学扩散系数为 $5.9 \times 10^{-11} \sim 7.23 \times 10^{-10} cm^2/s$，具有相当的吸引力。

4.2　硅及硅化物

　　硅有晶体和无定形两种形式。作为锂离子电池负极材料，以无定形硅的性能较佳。有人认为，锂插入硅是一个无序化的过程，形成介稳的玻璃体，因此在制备硅时，可加入一些非晶物，如非金属、金属等，以得到无定形硅。硅与锂的插入化合物可达 $Li_{22}Si_4$ 的水平，在 $0\sim1.0V$（以金属锂为参比电极）的范围内，可逆容量可高达 800mA·h/g 以上，甚至可高达 1000mA·h/g 以上，但是容量衰减快。当硅为纳米级（78nm）时，容量在第 10 次还可达 1700mA·h/g 以上。但是，在可逆锂插入和脱插过程中，发现硅会从无定形转换为晶形硅，且纳米硅粒子会发生团聚，导致容量随循环的进行而衰减。对于通过化学气相沉积法制备的无定形纳米硅薄膜，其循环性能同样不理想。这可能与其与集电体发生机械分离有关。制备无定形硅的亚微米薄膜（500nm），其可逆容量可高达 4000mA·h/g，通过终止电压的控制，可以改善循环性能，但是可逆容量要降低些。当然，也可以采用电化学沉积法制备无定形硅的薄膜。

硅与非金属形成的化合物代表有 SiB_n（$n=3.2\sim6.6$），它本质上不同于硅的掺杂，可逆容量较硅要高（见表 4-1），而且其第一次充放电的效率很高，可与人造石墨相当。

表 4-1 硅及 SiB_4 与人造石墨的部分充放电性能

负极材料	第一次充放电效率/%	第一次放电容量/(mA·h/g)	平均放电电压/V	20 次循环后容量的保持率/%
Si	25	800	0.4	—
SiB_4	82	1500	0.5	95
人造石墨	80	230	0.4	96

大量金属元素引入硅中，导致新的硅化物产生，其中以锰的硅化物性能较为突出，其平均放电电压与石墨差不多，但容量和循环性能均比天然石墨要优越，容量高 40% 以上，天然石墨达到其初始容量的 50% 时，循环次数为 350，而锰的硅化物则为 450 次。

铬与硅形成复合物的容量从 Li/Si 的 550mA·h/g 提高到 800mA·h/g，容量大小与 Li/Si 的初始比例有关。当 Li/Si 的比例约为 1:3.5 时，容量最大，循环性好。

将硅分散到非活性 TiN 基体中形成纳米复合材料，尽管容量较低（约为 300mA·h/g），但循环性能很好，而且制备非常方法简单，只需高能机械研磨就可以。该主要原因是由于硅均匀分散在纳米 TiN 基体中，这样在锂插入和脱插时，体积发生连续的变化，而不是突然的变化。球磨时间越长，硅分散越好，尽管初始容量稍低，但是循环性能越好。

通过氢等离子体金属反应（hydrogen plasma-metal reaction）可以合成 Si-Ni 合金，作为锂离子电池负极材料，在 Ni 含量为 9.0% 时，该材料的可逆容量高达 1304mA·h/g。

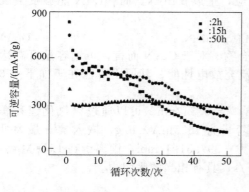

图 4-4 Si/Ag 复合物在 $0.07\sim2.0V$ 之间
进行循环时容量的衰减与球磨时间的关系

如果将硅均匀分散在银载体中，由于银载体电导率高，且具有柔性，再加上硅是以纳米粒子形式存在，因此充放电过程中硅的体积变化得到了大大的缓冲，如图 4-4 所示，循环性能比较理想。当然，循环性能与球磨时间有关。

将硅与石墨或其他炭材料通过球磨方式形成纳米复合物 $C_{1-x}Si_x$（$x=0$、0.1、0.2、0.25）。球磨后，石墨的晶体大小增加，但是硅的大小随硅含量的增加而降低。球磨后可逆容量从 437mA·h/g（球磨纯石墨）增加到 1039mA·h/g（球磨制备的 $C_{0.8}Si_{0.2}$），增加的可逆容量位于约 0.4V 附近。对于 $C_{0.8}Si_{0.2}$ 而言，20 次循环后还可达 794mA·h/g。这主要是纳米硅粒子减少了锂插入和脱插时的破坏速率。另外，在硅的外面包覆一层通过气相化学法沉积的炭，其电化学性能有所提高，但是硅在可逆充放电过程中，结构还是发生缓慢的破坏。

当然，将含有硅和石墨的沥青进行高温裂解处理，得到的 Si/C 复合物可逆容量在 0.02～1.5V 之间高达 800～900mA·h/g。在前驱体过程中加入少量的 $CaCO_3$，可以提高充放电效率到 84%，抑制了循环过程中的容量衰减。该复合物的插入电位比商品的 CMS 负极材料稍高，从而提高了在大电流充电下的安全性能。

将硅与石墨进行机械混合后，然后通过活性气相法沉积一层炭材料，将硅包覆在里面，希望能抑制硅与锂形成合金而产生的体积膨胀。尽管取得了一定的效果，但是并不尽如人意。通过终止电位的控制，可以使循环性能得到提高。

4.3 锡基氧化物和锡化物

锡基负极材料的研究从某种程度上而言，首先源于日本精工电子工业公司，随后三洋电机、松下电器、富士胶卷等单位相继进行了研究，国内也有诸多研究单位进行了报道。事实上，复旦大学吴浩青院士领导的课题组早在 1987 年就从事过这方面的工作。锡基负极材料在这里先讲述锡的氧化物、复合氧化物和锡盐等，至于合金在 4.4.1 节进行讲述。

4.3.1 氧化物的研究

SnO-Sn-Li 的三元相图见图 4-5。

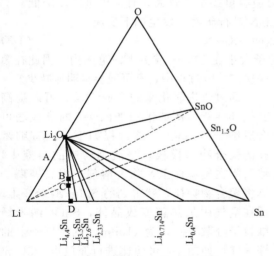

图 4-5 SnO-Sn-Li 的三元相图

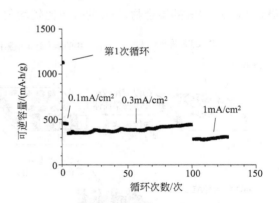

图 4-6 低压气相沉积法制备的 SnO_2 晶体的
氧化锡的可逆容量与循环性能的关系

锡的氧化物有三种：氧化亚锡、氧化锡及其混合物。氧化亚锡（SnO）的容量同石墨材料相比，要高许多，但是循环性能并不理想。氧化锡也能可逆储锂。由于制备方法不一样，因此性能有较大的差别。低压化学气相沉积制备的 SnO_2 晶体可逆容量高达 500mA·h/g 以上，而且循环性能比较理想（见图 4-6），100 次循环以后容量也没有衰减，充放电效率除第一次外，达 90% 以上。而溶胶-凝胶法及简单加热制备的氧化锡的可逆容量虽然也可高达 500mA·h/g 以上，但是循环性能并不理想。原因可能一方面在于电压的选择，通过选择适当的电压范围，容量衰减的现象可以得到抑制。电压范围过宽，很容易形成锡的聚集体，而金属锡具有较好的延展性、熔点低、较易移动，这样易生成两相区，体积不匹配，导致容量衰减。另一方面可能与粒子大小有关，低压气相沉淀法所得的粒子为纳米级，别的方法则至少为微米级，而纳米粒子的容量衰减要明显低于微米 SnO。由于氧化亚锡和氧化锡均可以可逆储锂，它们的混合物也可以可逆储锂。

锡的氧化物之所以能可逆储锂，目前存在着两种看法：一种为合金型，另一种为离子型。合金型认为其过程如下：

$$Li + SnO_2(SnO) \longrightarrow Sn + Li_2O \tag{4-2}$$

$$Sn + Li \Longrightarrow Li_x Sn \quad (x \leqslant 4.4) \tag{4-3}$$

即锂先与锡的氧化物发生氧化还原反应，生成氧化锂和金属锡，随后锂与还原出来的锡形成合金。而离子型认为其过程如下：

$$Li + SnO_2(SnO) \Longrightarrow Li_x SnO_2(Li_x SnO) \tag{4-4}$$

即锂在其中是以离子的形式存在，没有生成单独的 Li_2O 相，第一次充放电效率比较高。

但是，也有观察到复合型的，即锂插入 SnO 时，四方形 SnO 发生还原生成 β-Sn 和结构与 SnO 有强烈作用的金属锡；锂发生脱插时，该过程部分可逆，形成 SnO，同时也能观察到 Sn（Ⅳ）的形成。

但是 X 射线能谱分析只观测到了分离的金属锡和 Li_2O 相，而没有观测到均一的 $Li_x SnO_2$ 相。锂离子虽然可以在半导体材料 SnO_2、SnO 中储存，但是量很小，不可能达到 4.4molSn/mol 的水平。另外，电子结合能的结果表明，在插锂的氧化物负极材料中，没有锂离子存在。因此在锡的氧化物中，合金型机理的可能性大一些。在充放电过程中，不可逆容量并不完全是由于氧化锂的形成而产生，一部分也可能是由于锡的氧化物导致电解质的聚合、分解而产生。

二氧化锡可以为单晶或多晶，也可以形成各种各样的核/壳结构，例如壳为无定形的碳纳米管，但是这种结构由于二氧化锡的存在首次不可逆容量还是比较大，有待于进一步降低。

为了减少氧化锡的不可逆容量，将 SnO_2 与 Li_3N 进行研磨，发生如下反应：

$$2Li_3N + 3SnO \longrightarrow 3Li_2O + 3Sn + N_2 \uparrow \tag{4-5}$$

得到 Li_2O 与 Sn 的混合物，Sn 的分布比较均匀，粒子大小在 100nm 或更小的范围内，因此在第一次充放电过程中，不可逆容量明显减少。

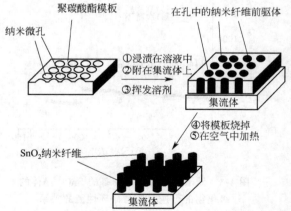

图 4-7　用模板法制备 SnO_2 纳米纤维

通过改进氧化锡的合成方法，可以提高其循环性能。例如采用如图 4-7 的模板法可合成纳米级 SnO_2。该过程如下：以有纳米孔的聚合物为模板，浸渍到含锡的溶液中，然后附在集流体上，除去溶剂，用氧等离子体将聚合物除掉，就得到的 SnO_2 纳米纤维。再在空气中加热就变成晶体，SnO_2 纳米纤维粒子分散单一，为 110nm，就像梳子上的棕一样，如图 4-8 可快速进行充放电，8C 充放电时容量亦达 700mA·h/g 以上，而且容量衰减很慢。具体原因可能在于纳米粒子减缓了体积的变化，从而提高了循环性能。无论是容量、大电流下的充放电性能还是循环性能，均比 SnO_2 薄膜的行为要好。另外，采用微波提升的溶液法和采用表面活性剂作为模板，均可以合成锡的纳米氧化物。

与碳基负极材料一样，在锡的氧化物表面也形成钝化膜，而且组成基本上一样。

4.3.2　复合氧化物

在氧化亚锡、氧化锡中引入一些非金属、金属氧化物，如 B、Al、P、Si、Ge、Ti、Mn、Fe、Zn 等，并进行热处理，可以得到复合氧化物。机械研磨 SnO 和 B_2O_3 同样可得到复合氧化物。所得复合物为无定形结构，X 射线衍射图上只有 $2\theta = 27° \sim 28°$ 处有一明显的峰。该无

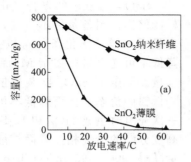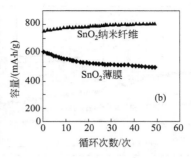

图 4-8　SnO_2 纳米纤维在不同充放电速率下的容量（a）及在 8C 下的循环性能（b）

定形结构在可逆充放电过程中没有遭到破坏，它由活性中心 Sn—O 键和周围的无规网络结构组成。无规网络结构由加入的其他氧化物组成，它们使活性中心相互隔离开来，因而能够有效地储锂，容量大小与 Sn—O 活性中心的多少有关，最大可逆容量超过 $600mA \cdot h/g$。另外，加入的其他氧化物使混合物形成无定形玻璃体，同结晶态的锡的氧化物相比，锂的扩散系数提高，有利于锂的可逆插入和脱出。该复合氧化物的密度比石墨高，可达 $3.7g/cm^3$，每 1mol 复合单元氧化物可储存 8mol 锂，体积容量密度大于 $2200mA \cdot h/cm^3$，比当今的碳基负极材料（无定形炭和石墨化炭分别少于 $1200mA \cdot h/cm^3$ 和 $500mA \cdot h/cm^3$）要高 2 倍以上，能够与 Ni—MH 电池的储氢合金 AB_5 相匹敌。后者即使每一个金属原子能储一个氢原子，也只能达 $2400mA \cdot h/cm^3$。

对于复合氧化物的储锂机理，目前也有两种观点：一种为合金型，另一种为离子型，分别示意如下：

合金型（以 Sn_2BPO_6 玻璃体为例）：

$$4Li + Sn_2BPO_6 \longrightarrow 2Li_2O + 2Sn + \frac{1}{2}B_2O_3 + \frac{1}{2}P_2O_5 \tag{4-6}$$

$$8.8Li + 2Li_2O + 2Sn + \frac{1}{2}B_2O_3 + \frac{1}{2}P_2O_5 \Longleftrightarrow 2Li_{4.4}Sn + \frac{1}{2}B_2O_3 + \frac{1}{2}P_2O_5 + 2Li_2O \tag{4-7}$$

即锂也是先与锡的复合氧化物发生氧化还原反应，生成氧化锂、其他氧化物和纳米金属锡，随后与还原出来的锡形成合金。锂离子作为玻璃体的改性剂，将 M—O—M′（M，M′＝B、P 和 Sn）的桥合键分开，形成非桥合的 $M—O^{\delta-}$ 键。

离子型（以 $SnB_{0.5}P_{0.5}O_3$ 为例）：

$$SnB_{0.5}P_{0.5}O_3 + 8Li \Longleftrightarrow Li_{7\sim8}SnB_{0.5}P_{0.5}O_3 \tag{4-8}$$

即锂以离子形式存在，没有单独的 Li_2O 相生成。而且在充放电过程中，复合氧化物的无定形结构不易遭到破坏，特别是掺杂剂如 Al 等对结构的稳定起着很大作用，加入 2% 的 Mo 亦对提高循环性能有帮助，50 次循环后还可保持初始容量（$510mA \cdot h/g$）的 87%，充放电效率比较高，达 90% 以上。以 $LiCoO_2$ 为正极，100 次循环以后可逆容量的保持率达 90% 以上。

事实上，合金型机理观察到可逆容量随循环的进行而衰减，而离子型机理观察到可逆容量随循环的进行衰减得很慢。另外通过 ^7Li NMR（以 LiCl 的水溶液作参比）观察到插入锂的离子性成分较别的负极材料要多一些（见表 4-2），这从某种程度证明存在离子型机理。

表 4-2　用 ^7Li NMR 测量部分负极材料中 Li 的化学位移（以 1mol/L LiCl 水溶液作参比）

负极材料	Li 的化学位移 δ	备注	负极材料	Li 的化学位移 δ	备注
$SnB_{0.5}P_{0.5}O_3$	2～10	随 Li 的插入而变化	石墨	40～50	随 Li 的插入而增加
Sn	14～16	随 Li 的插入而增加	Li	264	
SnO	4～17	随 Li 的插入而增加	$Li_{22}Sn_5$	108	冶金法合成的
无定形炭	80				

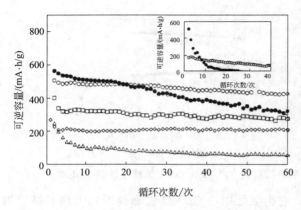

图 4-9　SnO_2 和 $Sn_{1-x}Mo_xO_2$ 混合氧化物的
循环性能（插图中为在 800℃热处理 SnO_2 和
$Mo_{0.02}Sn_{0.97}O_2$ 的循环性能）

● SnO_2；○ $Mo_{0.02}Sn_{0.97}O_2$；□ $Mo_{0.14}Sn_{0.78}O_2$；
◇ $Mo_{0.17}Sn_{0.74}O_2$；△ $Mo_{0.26}Sn_{0.61}O_2$

SnO 与 P_2O_5 的复合氧化物 $Sn_2P_2O_7$ 同样能储锂，制备条件不一样，容量及不可逆容量不一样，优化条件可以提高可逆容量，降低不可逆容量；掺杂 Mn 后可降低不可逆容量。无定形 SnO_2 掺杂少量硅，硅的掺杂降低锡的价态，从而降低不可逆容量。在第一次充电时生成 SiO_2 和 Li_2SiO_3，由于产生高度分散的惰性相，界面扩散增加，可逆容量高达 $900\sim950mA\cdot h/g$，比最高组分 $Li_{4.4}Sn$ 的理论容量还高。另外，有些研究结果认为在 SnO_2（非 SnO）中掺杂 B_2O_3、In_2O_3 以后，不仅容量降低，而且循环性能也劣化。

将 SnO_2 与 MoO_2 混合，通过机械球磨，制备 $Sn_{1-x}Mo_xO_2$ 复合氧化物。该复合氧化物的结晶度低，具有锡石（cassiterite）型结构，钼在其中以四价形式存在。钼的存在主要有两方面的作用：增加可逆容量和提高容量保持性能（见图 4-9）。当然，对提高锂离子在电极材料中的扩散速率也有明显的效果。但是在球磨过程中，发现有无定形的二氧化硅存在，它来源于玛瑙缸和球，对 Si—O 键的稳定性作用不大。通过采用非水解型溶胶-凝胶法制备氧化锡与氧化铝的二元复合干凝胶，尽管可逆容量（$390mA\cdot h/g$）较商品二氧化锡（$420mA\cdot h/g$）要低，但是循环性能有明显提高，主要原因在于没有形成单独的氧化锡区。

通过简单的溶液法合成 CuO 纳米管和 SnO_2 的复合物，在首次放电过程中 CuO 被还原成单质 Cu，不仅可以保持纳米管的结构，还可以抑制 SnO_2 的体积膨胀，相对纯粹的 SnO_2，电化学性能得到了显著提高。

提过机械化学法，制备无定形 $50SiO\cdot50SnO$（%，摩尔分数）粉末，其可逆容量很高，在 $0\sim2.0V$ 之间循环时达 $800mA\cdot h/g$。同样方法制备的 SnO-B_2O_3-P_2O_5 要低。而且，前者的不可逆容量也要低。因此无定形 $50SiO\cdot50SnO$ 粉末很有前景。

4.3.3　锡盐

除氧化物以外，锡盐也可以作为锂离子二次电池的负极材料，如 $SnSO_4$，最高可逆容量也可以达到 $600mA\cdot h/g$ 以上。根据合金型机理，不仅 $SnSO_4$ 可作为储锂的活性材料，别的锡盐也可以，如 Sn_2PO_4Cl，40 次循环后容量可稳定在 $300mA\cdot h/g$。

锂在 $SnSO_4$ 中的插入和脱插过程发生的反应如下：

$$SnSO_4 + 2Li \longrightarrow Sn + Li_2SO_4 （约 1.6V） \tag{4-9}$$

$$Sn + 4Li \Longleftrightarrow Li_4Sn（第二次循环以后） \tag{4-10}$$

在反应式(4-9)中，形成的金属锡很小（可能为纳米级大小）。反应式（4-10）则是容量之所以产生的实质原因。锂与锡形成的合金 Li_4Sn 为无定形结构，该无定形结构在随后的循环过程中也不易遭到破坏，循环性能较好。在充放电过程中，X 射线衍射及穆斯堡尔谱测量结果证明了上述反应过程。

另外的几种锡盐如 Sn_2ClPO_4、$SnHPO_4$ 以及 $Sn_2P_2O_7$ 也可以发生可逆储锂。例如多孔的正八面体 $Sn_2P_2O_7$ 纳米片在 $1\sim1.2V$ 的电压区间内首次可逆容量高达 $600mA\cdot h/g$，库仑效率为 68%，明显高于纳米 SnO_2。这主要是因为，在放电过程中 $Sn_2P_2O_7$ 转化成非晶相的 Li_3PO_4 和 $LiPO_3$，而这两种物质对电解液的反应活性低于 SnO_2 的分解产物 Li_2O。循环 220

次后，容量为 547mA·h/g，充分显示良好的循环性能。

　　硫化锡（SnS₂）同 SnO₂ 一样，主要是以合金型机理进行锂的插入和脱插，先形成 Li₂S，然后再与 Sn 形成合金，也具有较高的可逆容量。纳米结构的粒子容量可达 620mA·h/g，而且稳定性也较好，通过一步生物水热法合成的 SnS₂ 微球具有优良的倍率与循环性能，在 1C（0.65A/g）、5C、10C 电流密度下经过 100 次充放电后，仍能分别表现出 570.3mA·h/g、486.2mA·h/g、264mA·h/g 的容量。也可以通过在 SnS₂ 表面包覆一层炭来提高 SnS₂ 的电化学性能。

4.3.4　其他锡化物

　　其他的锡化物包括：锡硅氧氮化物、锡的羟氧化物和纳米金属锡等。

　　锡硅氧氮化物的可逆容量为 260mA·h/g，当在空气中于 250℃ 热处理 1h 后，可达 340mA·h/g 以上。其组成可以为 SiO_2-Si_3N_4-SnO_2-Sn_3N_4-Si-Sn 中的任何比例，可以用 $Si_aSn_bO_yN_z$ 表示，其中 $a+b=2$，$y \leqslant 4$，$0 < z \leqslant 2.67$。以金属锂为参比，其充放电曲线如图 4-10(a) 所示。其微分曲线表明，在锂插入时，位于约 0.25V 和 0.09V 附近的峰对应于 Li_xSi 合金，而在 0.38V 和 0.66V 的电压则对应于 Li_xSn 合金的形成。即 Si 和 Sn 均通过与锂形成合金，从而导致可逆容量较高。但是即使在很小的电流下，插入和脱插电位存在着 0.1V 以上的差别，该电压滞后现象有待于进一步的研究。另外，第一次循环不可逆容量的多少没有见诸报道，但是由于合金的形成是可逆容量的来源，则还原为单质 Si 和 Sn 的不可逆容量应该是不小的。与正极 LiCoO₂ 组成锂离子电池时，如图 4-10(b) 所示，在 3.93～2.7V 循环，每循环仅衰减 0.001%，当充电到 4.10V 时，在 500 次循环的可逆容量更高。

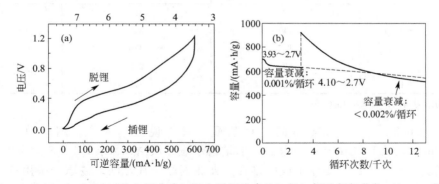

图 4-10　(a) Li_xSiTON 的电压曲线（以金属锂为参比）(b) 锡硅氧氮化物（100nm 厚）
与 LiCoO₂（200nm 厚）组成锂离子电池后的循环性能［电解质为
15μm 厚的氧氮磷化锂（lithium phosphorus oxynitride：LiPON）］

　　锡的羟氧化物［$Sn_3O_2(OH)_2$］亦可以发生锂的可逆插入和脱出，尽管也是合金机理，可逆容量高达 855mA·h/g。

　　从上可知，锡基负极材料作为锂离子二次电池的负极很有潜力，但是有一些方面的研究有待于进一步的深入，如锂在锡基材料中的插入机理。不同的方法所得的材料，锂在其中的插入机理可能不一样。这一问题的深入对于锡基负极材料的进一步发展不仅具有理论意义，而且具有很重要的实际应用价值。

4.4　新型合金

　　如前所述，锂二次电池最先所用的负极材料为金属锂，后来用锂的合金如 Li-Al、Li-Mg、Li-Al-Mg 等以期克服枝晶的产生，但是它们并未产生预期的效果，随后陷入低谷。在锂离子电池诞生后，人们发现锡基负极材料可以进行锂的可逆插入和脱出，从此又掀起了合金负极的一个小高潮。合金的主要优点是：加工性能好、导电性好、对环境的敏感性没有炭材料明显，具有快速充放电能力，防止溶剂的共插入等。从目前研究的材料来看，多种多样。我们按基体材料来分，主要分为以下几类：锡基合金、硅基合金、锑基合金、锗基合金和镁基合金等。

4.4.1 锡基合金

锡基合金主要是利用 Sn 能与 Li 形成高达 $Li_{22}Sn_4$ 合金，理论容量高，然而锂与 Sn 形成合金 Li_xSn 时，体积膨胀很大，再加之金属间相 Li_xSn 像盐一样很脆，因此循环性能不好，所以加入另一种非活性且比较软的金属 M'，这样，锂插入 Sn 中时由于 M' 的可延性，使体积变化大大减小。

在锡基合金中，研究比较深入的为铜与锡形成的负极材料 $Li_xCu_6Sn_{5\pm1}$（$0<x<13$）。研究结果认为铜在 $0\sim2.0V$ 电压范围内并不与锂形成合金，因此可作为惰性材料，一方面提供导电性能，另一方面提供稳定的框架结构，就像正极氧化物材料中的氧原子一样。在 Cu 与 Sn 形成的 CuSn 和 $Cu_6Sn_{5+\delta}$（$\delta=0$、±1）等几种合金形式，其理论容量汇于表 4-3。

表 4-3　Sn、CuSn 和 $Cu_5Sn_{5+\delta}$（$\delta=0$、±1）的理论容量

电极材料	$Cu_6Sn_{5+\delta}$ 的 δ 值	终止组分为 LiSn 时的理论容量[1] /(mA·h/g)	终止组分为 Li_7Sn_3 时的理论容量[1] /(mA·h/g)	终止组分为 $Li_{4.4}Sn$ 时的理论容量[1] /(mA·h/g)
Sn	—	226	527	994
Cu_6Sn_6	+1	147	343	647
Cu_6Sn_5	0	137	320	604
Cu_6Sn_4	−1	125	292	551
$CuSn$[2]	(+1)	147	343	647

①以初始物质为基准；②来自 Li_2CuSn。

事实上，Cu_6Sn_{5+1} 与 CuSn 是同一种物质，只是说法不一样。图 4-11 为 η-Cu_6Sn_5、CuSn、Li_2CuSn 以及 $Li_xCu_6Sn_5$（$x\approx13$）的结构示意。从结构来看，Cu_6Sn_5 为 NiAs 型结构（空间点阵群为 $P6_3/mmc$），锡原子成层排列，夹在铜原子片之间。锡原子采用三棱柱结构与邻近的 6 个铜原子络合，而铜原子采用四棱锥的结构与 5 个锡原子络合或采用八面体形式与 6 个锡原子络合。在一些铜原子的络合区中，每一个 Cu_6Sn_5 单元存在一个隙间位置。如果该位置被锡原子占据，则得到假想的 "Cu_6Sn_5" 结构，主要铜原子全部以八面体形成键合。Li_2CuSn 有两种晶型结构。一种为锂原子位于 CuSn 立方岩盐框架的隙间位置，另一种与 Cu_6Sn_5 结构紧密相关，为 Hg_2CuTi 型结构，具有四方对称性 [$F4\bar{3}m$，见图 4-11(c)]。随锂与锡形成的合金不同，理论容量亦发生变化（见表 4-3）。Cu_6Sn_5 锂化后沿六方通道 Cu—Cu 方向原子间距从 0.419nm 增加到 $Li_{2.17}CuSn_{0.83}$ 的 0.444nm，与六方通道平行的 Cu—Cu 间距从 0.252nm 增加到 0.444nm。这样每一个 Cu_6Sn_5 单元总的体积膨胀为 61%。

锂插入时发生相变，经过两个步骤。首先形成 Li_2CuSn 结构，位于 0.4V 的放电平台为 Cu_6Sn_5 与 Li_2CuSn 的共存产生的，理论计算为 0.378V；当锂继续插入时，达 0.1V 以下时，产生富锂相 $Li_{4.4}Sn$，这时富锂相 $Li_{4.4}Sn$ 和 Cu 共存。脱插时经多步反应再生成 Cu_6Sn_5 结构，首先锂从 $Li_{4.4}Sn$ 发生脱出，生成 $Li_{4.4-x}Sn$。随锂的不断脱出，$Li_{4.4-x}Sn$ 与 Cu 反应生成 Li_2CuSn。然后锂从 Li_2CuSn 脱出形成有空位的 $Li_{2-x}CuSn$。当 $Li_{2-x}CuSn$ 中的 x 达到 1 时，进一步脱锂生成初始的金属间化合物 Cu_6Sn_5。0.8V 的电压平台对应于 $Li_{2-x}CuSn$ 与 Cu_6Sn_5 的共存。在 $Li_xCu_6Sn_5$ 中极化比较大。提高放电终止电压，可防止相互之间的连续排斥和 Cu

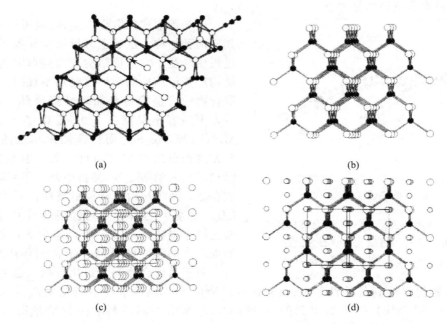

图 4-11 η-Cu$_6$Sn$_5$(a)、CuSn（ZnS 型）(b)、Li$_2$CuSn(c) 以及 Li$_x$Cu$_6$Sn$_5$(d)（$x \approx 13$）的结构示意

○ Li；● Sn；○ Cu

的再掺入，这样循环性能较好。锂在 Li$_x$Cu$_6$Sn$_5$ 中的动力学比较慢。初始容量为 200mA·h/g，比石墨小，但是体积容量大，以 8.28g/cm^3 的密度为例，200mA·h/g 对应于 1656mA·h/cm^3，而 LiC$_6$ 仅为 850mA·h/cm^3。

当然，锡/铜复合物除了上述化学反应外，还可以通过电化学共沉积、机械化学法和化学还原法制备，其电化学性能可以得到明显改善。例如电化学共沉积法制备的 Cu-Sn（原子比 3.83∶1）复合物的比容量在 40 次循环后还有 200mA·h/g。另外，也可以先将锡沉积在铜表面，然后淬火处理以及高温裂解得到 Cu$_6$Sn$_5$ 结构的合金。

Ni$_3$Sn$_2$ 和 Co$_3$Sn$_2$ 的结构与 η-Cu$_6$Sn$_5$ 相似，因此也能发生锂的可逆插入和脱出，可逆容量达 327mA·h/g 或 2740mA·h/cm^3，比现有的炭材料高 4 倍。当利用容量为 1500mA·h/cm^3 时，容量衰减慢。通过机械球磨制备的纳米 Ni-57%-Sn（质量分数）和 Ni$_3$Sn$_4$ 合金的初始放电容量可达 1515mA·h/g，而且可逆容量也比较高。不可逆容量主要发生在第一次循环，但是从第一次循环起，容量还是发生衰减。进行淬火处理的纳米晶 Ni$_3$Sn$_4$ 的循环性能则有明显的提高，原因在于锂原子主要与位于晶界区的锡原子发生可逆反应。但是对于 NiSn 合金而言，可逆容量仅仅只有 77mA·h/g，可能与锂的扩散系数很低有关。

Sn 可以与 Sb 形成合金。图 4-12 为锂插入 SnSb 过程中的电位图。在 Sn-SnSb 中存在多相结构，粒子越小，循环性能越好。当粒子小于 300nm 时，200 次循环后还可达 360mA·h/g。当 SnSb$_x$ 合金大小位于纳米级时，如图 4-13 所示，循环性能明显提高，容量达 550mA·h/g。为了有效改善 SnSb 合金的循环性能，可以合成多孔结构的 SnSb，然后包覆一层炭材料。Sn、Sb 也可

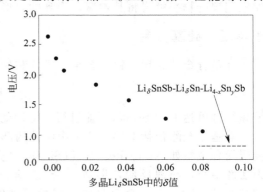

图 4-12 25℃时锂插入多晶 Li$_\delta$SnSb 时的库仑滴定曲线电压与 δ 的关系图

以与 Ag 形成合金进行可逆储锂。

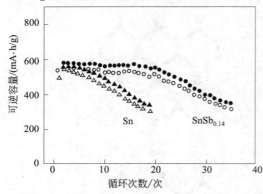

图 4-13 纳米 $SnSb_x$ 合金和 Sn 负极材料的
循环性能（实心为锂插入，空心为锂脱除；
电压为 $0.1 \sim 1.2V$；电流为 $0.4mA/cm^2$）

镁与锡形成的合金 Mg_2Sn 也可以可逆储锂，其有两种结构，层状立方形结构和菱形结构。通过机械球磨，六方形结构变为菱形结构。六方形结构和菱形结构的循环性能均不理想，但是两者混合物的可逆容量和循环性能最佳，20 次循环后，可逆容量保持在 $250 \sim 300mA \cdot h/g$，大于 Mg_2Ge 和 Mg_2Si，而且锂插入和脱插过程中没有发现相分离和 Mg_2Sn 的分解。但是另有报道，锂除了插入到 Mg_2Sn 晶格中外，还可以与 Sn 生成合金，因此初始容量要更高些，可达 $460mA \cdot h/g$。合金中的 Mg 不与锂发生反应形成合金。通过终止电压的限制，可以避免 Sn 发生聚集而形成较大的簇，提高 Mg_2Sn 的循环性能。

对于其他金属间含锡化合物，也可以作为负极材料。例如化学法制备的钛矿（perovskite）结构 $SnMn_3C$ 本身不能发生锂插入，但是将 Sn、Mn 和 C（MCMB）球磨后得到的 $SnMn_3C$，它是由不同晶相取向的纳米结构粒子组成（见图 4-14）。晶界区明显可以作为锂加入纳米粒子的通道，因此锂可以与在晶界区表面及其里面的锡原子发生可逆插入和脱插，可逆容量能达约 $150mA \cdot h/g$，并且没有容量衰减。对于 $SnFe_3C$，它与 $SnMn_3C$ 相类似，球磨后也可以可逆储锂。

Sn 也可以与其他金属一起形成合金，如 Cd、Ni、Mo、Fe、Cu 等。以钼为例，加入 2% 时循环性能最佳。但是这些合金必须有稳定的结构，才能具有优良的循环性能和潜在的应用价值。近年来发现 Zn 和 Sn 也可以形成合金可逆储锂。

对于金属锡而言，可以与聚氧化乙烯和无

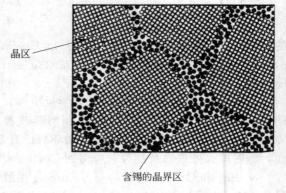

晶区

含锡的晶界区

图 4-14 晶区和位于晶界区原子
组成的纳米结构材料示意

机离子聚合物进行复合，减少了界面电荷传递阻抗，提高了低温下（$-20℃$）的电化学性能。如果用聚合物裂解炭将其包覆，得到的球形粒子可望改善锡的电化学性能。

4.4.2 硅基合金

硅基合金的原理与锡基合金一样，利用硅与锂形成类似的合金 [见式(4-11)]：

$$4.4Li + Si \Longrightarrow Li_{4.4}Si \tag{4-11}$$

最高组分可达 $Li_{4.4}Si$，从而能进行可逆锂的插入和脱出。

硅基合金除包括上述 4.2 节中所述的部分硅化物外，如 Si/Ag、Si/TiN，还包括其他纳米金属间合金粉如 NiSi、FeSi 和 $FeSi_2$ 等，它们均可以用高能球磨法制备。在锂插入合金中，Si 为活性中心，与锂反应，形成 Li_xSi 合金。对于 NiSi 而言，其储锂容量高达 $1180mA \cdot h/g$（$7050mA \cdot h/cm^3$），而且具有一定的可逆性。对于纳米晶 $FeSi_2$ 而言，锂插入容量较高，达 $1129mA \cdot h/g$。但是，与淬火的 $FeSi_2$ 相比，不可逆容量较高，在循环的初始阶段容量衰减得比较快。部分硅化物的插锂和脱插情况见表 4-4。

表 4-4 部分硅化物的发生锂脱插情况

前驱体	相对分子质量	第 1 次脱锂量/mol	脱锂容量/(mA·h/g)
$CoSi_2$	115.11	0.25	58
$FeSi_2$	112.03	0.25	60
$NiSi_2$	114.87	0.85	198
$CaSi_2$	96.26	1.15	320
SiB_3	60.52	1.0	443
SiO	44.09	1.1	669
无定形硅	28.09	1.05	1002

通过机械化学法，镁与硅也可以形成合金，一些合金的可逆容量在 500mA·h/g 以上。石墨也可以与 $Fe_{20}Si_{80}$ 进行球磨得到复合物。在充放电过程中 $FeSi_2$ 基体比较稳定，可作为活性中心 Si 的缓冲体。$Fe_{20}Si_{80}$ 合金电极的初始容量高，但是衰减快，与石墨形成复合物后，循环性能明显改善，而且可逆容量也高，约为 600mA·h/g。

4.4.3 锑基合金

由于锑的化学性能与硅、锡相似，锂在锑中的插入量也可达 Li_3Sb 的水平，因此含锑化合物亦可以作为有前景的锂离子电池负极材料，研究的锑化物有 $ZnSb$、$\beta\text{-}Zn_4Sb_3$、与石墨的复合物、$CoSb_3$、$CoFe_3Sb_{12}$、MSb_2 和 $InSb$ 等。

$\beta\text{-}Zn_4Sb_3$ 为菱形晶体结构，$a = 1.2231nm$，$c = 1.2428nm$，密度为 $6.077g/cm^3$，比锌 $(7.14g/cm^3)$ 和锑 $(6.684g/cm^3)$ 的密度均要小，这表明 $\beta\text{-}Zn_4Sb_3$ 中存在一些储锂空间。

将 $\beta\text{-}Zn_4Sb_3$ 合金粉进行高能球磨，变成 $ZnSb$ 和一些未知的结构。与未球磨的 $\beta\text{-}Zn_4Sb_3$ 相比，在第一循环的可逆容量从 503mA·h/g 增加到 566mA·h/g，而且锂从合金中发生脱插的电位从 0.95V 减少到 0.85V，表明在球磨后的样品中锂离子的阻抗较小。但是球磨后的 $\beta\text{-}Zn_4Sb_3$ 的循环性能依然差。在循环过程中，发现有几种含锂化合物，如 $LiZnSb$、Li_3Sb 和 $LiZn$。球磨法得到 Zn_4Sb_3 的可逆容量可达 503mA·h/g，当球磨时间长，达 100h 后，可逆容量更高 (566mA·h/g)，但是循环性能和充放电效率不理想。

将 Zn_4Sb_3 合金与石墨通过机械球磨混合后，得到复合物 $Zn_4Sb_3\text{-}(C_7)$，由于石墨基体可以缓冲 Zn_4Sb_3 合金与锂发生反应时的体积变化，因此同球磨 Zn_4Sb_3 合金、未球磨 Zn_4Sb_3 合金以及 Zn_4Sb_3 合金与石墨的简单混合物相比（见图 4-15），无论是循环性能还是初始可逆容量，均有明显提高，并且电压滞后也明显减少。第一次循环的可逆容量高达 581mA·h/g，并且第 10 次循环时可逆容量还在 402mA·h/g。

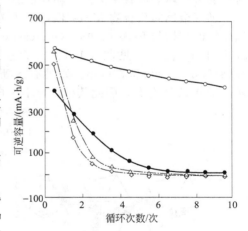

图 4-15 球磨和未球磨 Zn_4Sb_3、$Zn_4Sb_3\text{-}C_7$ 以及 Zn_4Sb_3 和石墨的混合物的循环性能
◇ Zn_4Sb_3（未球磨）；△ Zn_4Sb_3（球磨）；
○ $Zn_4Sb_3\text{-}C_7$（球磨）；● $Zn_4Sb_3\text{-}C_7$
（石墨和 Zn_4Sb_3 的混合物）

用电沉积的方法在铜箔上可以一步合成 $ZnSb$ 纳米合金，通过控制前驱体浓度，外加电压以及基底类型可以得到不同的形貌（纳米片、纳米线、纳米颗粒等），结果表明纳米片的形貌性能最佳，在 100mA/g（0.18C）电流密度下首次可逆容量为 735mA·h/g，效率高达 85%，70 次循环后，容量仍能保持 500mA·h/g。

在 Zn-Sb 化合物中加入 20% 的氧化锂，尽管初始可逆容量增加，但是循环性能并没有明显改善。

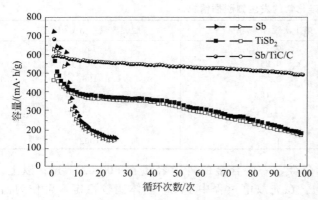

图 4-16 在 0~2V 的电压区间内 Sb、$TiSb_2$
以及 Sb/TiC/C 的循环对比

Ti 与 Sb 也可以形成合金 $TiSb_2$ 后进行可逆储锂，为了改善 $TiSb_2$ 的性能，将其与超级炭进行球磨得到 Sb/TiC/C，容量和循环性能相比 Sb 和 $TiSb_2$ 都得到了提高，经过 100 次循环后容量保持在 500mA·h/g，如图 4-16 所示。

Co 与 Sb 形成的合金 $CoSb_3$ 也可以可逆储锂。其初始可逆容量大小与粒子大小有明显的关系，随粒子的减少而增加。例如粒子较粗时（约 $6\mu m$），初始可逆容量为 385mA·h/g，当球磨后得到细粒子时（少于 100nm），可逆容量达 586mA·h/g。由于 $CoSb_3$ 微米粒子的开裂和纳米粒子的氧化，导致第一次循环存在不可逆容量。按理而言，表面钝化膜的形成也应该是不可逆容量的一部分。然而球磨后 $CoSb_3$ 粒子与锂反应的体积变化仍很大，因此循环性能还是不理想。但是即使是 50 次循环后，其体积容量还是比较高，大于 $1.6A·h/cm^3$，为石墨的 2 倍。当然，可逆容量也可以更高，可达 $8Li/CoSb_3$。

高能球磨后制备的超细粉 $CoFe_3Sb_{12}$ 的储锂机理也是由于其中的 Sb 可以与 Li 形成 Li_3Sb 合金，在 200mA/g 的电流下，第一次循环的可逆容量高达 396mA·h/g。同样，也可以通过与石墨进行球磨混合来提高其循环性能。

锑基金属间化合物 MSb_2 也可以可逆储锂。例如铬与锑在 750℃ 热处理得到多晶 $CrSb_2$。该晶体的结构与 FeS_2 白铁矿（marcasite）结构相似，空间群为 $Pnnm$，其中 Cr 位于 $2a$ 位置，Sb 位于 $4g$ 位置（见图 4-17）。实验室制备出来的菱形晶胞单元参数 $a=0.6029nm$，$b=0.6875nm$，$c=0.32729nm$。如图 4-18 所示，第一次锂插入的平台为 0.3V，而不像 Sn_xSb 一样位于 0.85V 左右，因此其机理也不一样。在充放电过程中可能存在如下反应：

$$Sb + 2e^- + 2Li \underline{} Li_2Sb \qquad (4-12)$$

$$Li_2Sb + e^- + Li \longrightarrow Li_3Sb \qquad (4-13)$$

$$Sb + 3e^- + 3Li^+ \underline{} Li_3Sb \qquad (4-14)$$

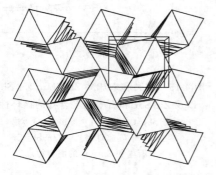

图 4-17 白铁矿 $CrSb_2$ 的晶胞结构和
$CrSb_6$ 八面体之间的连接示意

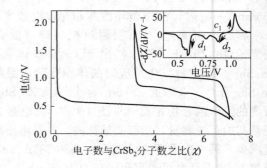

图 4-18 $CrSb_2$ 在 C/4 速率下的锂插入和脱插曲线
[插图为积分 $-d\chi/dV$ 与电位之间的曲线，
箭头方向为第一次循环（d_1）和第二次循环
（d_2）锂插入及第一次循环锂脱插（c_1）]

其中式(4-12) 和式(4-13) 的反应产物 Li_3Sb 从 X 射线衍射得到了证明。锂发生脱插后，Li_3Sb 的 X 射线衍射峰不见了。由于铬作为导电支持体，形成的锂化产物 Li_3Sb 高度分散在其

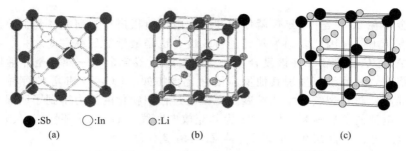

●:Sb ○:In ○:Li

(a)   (b)   (c)

图 4-19 $InSb(a)$、$Li_2InSb(b)$ 和 $Li_3Sb(c)$ 的晶胞结构示意

中，有利于循环性能的提高。与锑相比，循环性能有明显提高，然而总体而言，循环性能还有待于提高。

在锑的基础上，加入铟，通过球磨形成闪锌矿（金刚石，zinc blende）形结构的 InSb［见图 4-19(a)］，空间点阵群为 $F4\overline{3}m$。锂在其中的插入行为分两步：在 0.5～1.2V 之间首先形成 Li_2InSb［结构见图 4-19(b)］，然后随着锂的进一步插入，将 In 替换出来，形成 $Li_{2+x}In_{1-x}Sb$，最终有可能形成 Li_3Sb［结构见图 4-19(c)］。该反应在室温下是可逆的。从 InSb 到 $Li_{2.5}InSb$，再到 Li_3Sb，a 的变化很小，从 0.6475nm 到 0.6594nm，再到 0.6450nm，体积变化不大。另外，置换出来的 In 对保持闪锌矿结构起着一定的作用；所有的锂插入产物的电子导电性能好，因此循环性能比较理想（见图 4-20）。

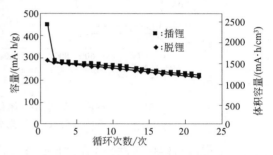

图 4-20   InSb 在 0.5～1.2V 之间的循环性能

可另有人报道球磨得到的 InSb 只是存在式(4-14)的可逆反应（$\chi\leqslant0.27$），即式(4-15)：

$$xLi+InSb \Longleftrightarrow Li_xInSb \quad (x\leqslant0.27) \tag{4-15}$$

当 $x>0.27$ 时，发生下述式(4-16)的反应，将铟置换出来，而没有中间产物 Li_2InSb 等。该过程在 0.65V 以上时，循环性能好。在较低的电位时，In 与锂反应，形成合金 $InLi_x$。这时，循环性能就变劣。也许如上所述，在第一阶段，置换出来的 In 可以起着缓冲作用，防止体积膨胀或开裂。

$$xLi+Li_2InSb \Longleftrightarrow Li_{2+x}InSb+xIn \tag{4-16}$$

$$3Li+InSb \longrightarrow Li_3Sb+In \tag{4-17}$$

晶体方钴矿在锂插入时，分解得到非晶钴和 Li_3Sb，循环时锂在合金 Li_xSb 中发生可逆插入和脱插。同样，进一步掺杂也可以提高其电化学性能。

4.4.4 其他合金

其他合金包括锗基合金、铝基合金、铅基合金等。

锗基合金的储锂原理与锡基合金一样，利用锗与锂形成类似的合金［见式(4-18)］：

$$4.4Li+Ge \Longleftrightarrow Li_{4.4}Ge \tag{4-18}$$

从而能进行可逆锂的插入和脱出。

与 Si 相比，Ge 具有更高的扩散系数，近年来 Ge 基负极材料得到了越来越多的关注，2010 年首次报道用无序介孔 Ge 作为负极材料，即将 GeO_2 在高能球磨的条件下被 Mg 还原，再通过盐酸刻蚀，就得到介孔 Ge，相比微米级 Ge，电化学性能得到了很大提高，在 150mA/g 电流密度下充放电，经过 20 次循环后可逆容量保持在 789.3mA·h/g，为首次可逆容量的 83.6%。

铝及其合金早在 20 世纪 70 年代就作为锂二次电池负极进行过研究。然而，新型合金与以前的简单合金有所不同。因此以铝为基础进行改性，也是最近的研究方向之一。将 SiC 与铝进行球磨，形成 Al/SiC 复合物。在该复合物中，与上述新型合金不一样，是非活性的 SiC 均匀分散在活性的铝中，并且没有发现其他反应活性化合物如 Al_4C_3 和 Si 等的存在。由于铝的机械强度得到了提高，防止裂纹产生和扩展及充放电过程中粉化的能力得到了明显加强，因此也可以作为锂离子电池的负极材料。图 4-21 为其充放电曲线（a）和循环性能（c），可逆容量可达 703mA·h/g。电位平台在 0.5V 以下，与石墨相差不大。

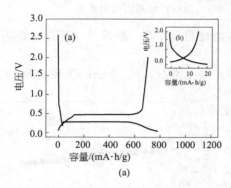
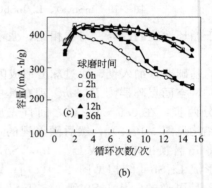

图 4-21 球磨制备的 Al（体积分数 20%）/SiC 复合材料（a）和
SiC 材料（b）的充放电曲线和循环性能（c）

Pb 也可以与锂形成高达 $Li_{4.4}Pb$ 的合金，生成的合金有 LiPb、Li_5Pb_2、Li_3Pb、$Li_{10}Pb_3$、Li_3Pb、Li_7Pb_2、Li_4Pb、$Li_{4.4}Pb$ 等。表 4-5 为部分铅基合金的电位及体积变化。由于体积变化大，因此对于纯金属而言，循环性能不可能比较理想。同金属锡一样，其氧化物均可以作为锂离子电池的负极材料，一般为合金机理。因此，对于氧化物而言，在锂插入时，首先是 Pb（Ⅳ）通过一步反应转化为 Pb（Ⅱ），但是将 Pb（Ⅱ）还原为 Pb 是一个复杂过程，包括几个步骤，这些还原反应是不可逆的。但是一旦形成 Pb 后，在 1.0～0.0V 之间锂可以与铅形成合金 Li_xPb（$0 \leqslant x \leqslant 4.4$）。从充放电曲线图 4-22（a）可以看出，铅与锂形成多种可逆中间产物，但是合金的种类似乎与铅的氧化物种类有关。与通常的锡基氧化物一样，随循环的进行，容量发生衰减。为了抑制容量衰减，通过喷雾法将铅沉积在铅片上，由于沉积的喷雾层与锂形成的合金 Li_xPb 位于活性物质与基体之间，有利于电子和离子通过电极，因此提高了循环性能 [见图 4-22（b）]。

表 4-5 部分铅基合金的电位及体积变化

铅合金	氧化电位/V	还原电位/V	Li_xPb 与 Pb 的体积比
Pb	—		1
LiPb	0.53	0.66	1.46
$Li_{2.6}Pb$	0.30～0.26	0.54	2.3
$Li_{3.0}Pb$	—	0.24	2.46
$Li_{3.5}Pb$	0.12	0.15	2.76
$Li_{4.4}Pb$	0.05	0.10	3.30

锌也可以与锂形成合金，动力学控制气相沉积法得到的锌可控制微观结构如粒子大小、取向、组分、孔隙率等，因此锂在合金中迁移快，能明显抑制锂枝晶或纤维的生长。Nb-Te 喷射法得到合金薄膜亦可以发生锂的可逆插入和脱插，容量大于 100mA·h/g（0.5～2.0V）。

将上述一些能与锂形成合金的金属进行混合，得到两者均能储锂的合金材料，在此基础上亦可以引入惰性组分。

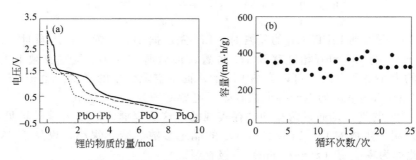

图 4-22　几种铅的氧化物在第一次循环的放电曲线（a）和将主要成分为
α-PbO 的氧化物沉积在铅片上的循环性能（b）

4.5　钛的氧化物

钛的氧化物包括氧化钛及其与锂的复合氧化物。前者有多种结构，如金红石、锐钛矿、碱硬锰矿和板态矿；后者包括锐钛矿 $Li_{0.5}TiO_2$、尖晶石 $LiTi_2O_4$、斜方相 $Li_2Ti_3O_7$ 和尖晶石 $Li_4Ti_5O_{12}$（$Li_{4/3}Ti_{5/3}O_4$）。

在 Li-Ti-O 三元系化合物中，初始充放电容量和循环时可逆容量的变化与 n_{Li}/n_{Ti} 有明显的关系。从该关系曲线（见图 4-23）可以看出，$1/2 \leqslant n_{Li}/n_{Ti} \leqslant 4/5$ 时，初始充放电容量为常数，循环时的可逆容量则随 n_{Li}/n_{Ti} 的增加而增加；$4/5 \leqslant n_{Li}/n_{Ti} \leqslant 2$ 时，初始充放电容量和循环时的可逆容量均随 n_{Li}/n_{Ti} 的增加而减少。$n_{Li}/n_{Ti}=4/5$ 为一个拐点，是一个不同于 Li_2TiO_3（$n_{Li}/n_{Ti}=2$）和锐钛矿 TiO_2 的相。处与这三种组分之间的物质则是它们之间的混合物。

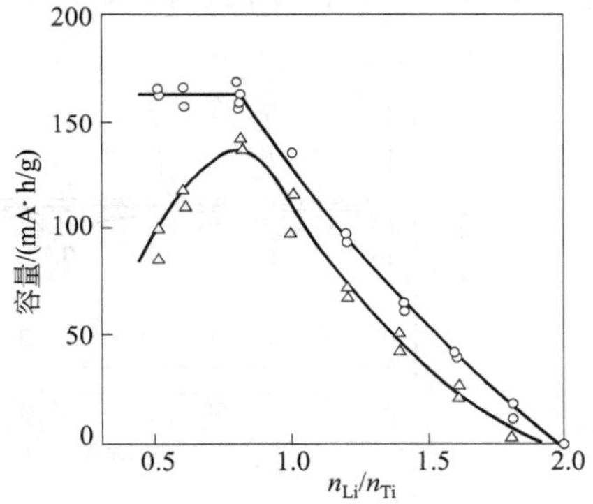

4.5.1　$Li_4Ti_5O_{12}$ 负极材料

4.5.1.1　$Li_4Ti_5O_{12}$ 的结构和电化学性能

在 Li-Ti-O 三元系化合物中，作为锂离子电池负极

图 4-23　Li-Ti-O 三元系化合物中
初始充放电容量（○）和循环时
可逆容量（△）与 n_{Li}/n_{Ti} 的关系

材料研究得较多的为尖晶石 $Li_4Ti_5O_{12}$，其结构如图 4-24 所示，可写为 $Li[Li_{1/3}Ti_{5/3}]O_4$，空间点阵群为 $Fd\overline{3}m$，晶胞参数 a 为 0.836nm，为不导电的白色晶体，在空气中可以稳定存在。其中 O^{2-} 构成 FCC 的点阵，位于 32e 的位置，一部分 Li 则位于 8a 的四面体间隙中，同时部分 Li^+ 和 Ti^{4+} 位于 16d 的八面体间隙中。当锂插入时还原为深蓝色的 $Li_2[Li_{1/3}Ti_{5/3}]O_4$。电化学过程可示意如式（4-19）：

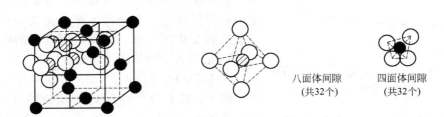

八面体间隙
（共32个）　　四面体间隙
（共32个）

图 4-24　$Li_4Ti_5O_{12}$ 的晶体结构
● 四面体间隙中的阳离子；◧ 八面体中的阳离子；○ O^{2-}

$$Li[Li_{1/3}Ti_{5/3}]O_4 + Li^+ + e^- \rightleftharpoons Li_2[Li_{1/3}Ti_{5/3}]O_4 \qquad (4\text{-}19)$$
$$\quad 8a \quad 16d \quad 32e \qquad\qquad\qquad 16c \quad 16d \quad 32e$$

当外来的 Li^+ 嵌入到 $Li_4Ti_5O_{12}$ 的晶格时，Li^+ 先占据 $16c$ 位置。与此同时，在 $Li_4Ti_5O_{12}$ 晶格中原来位于 $8a$ 的 Li^+ 也开始迁移到 $16c$ 位置，最后所有的 $16c$ 位置都被 Li^+ 所占据。因此，可逆容量的大小主要取决于可以容纳 Li^+ 的八面体空隙数量的多少。由于 Ti^{3+} 价的出现，反应产物 $Li_2[Li_{1/3}Ti_{5/3}]O_4$ 的电子导电性较好，电导率约为 $10^{-2}S/cm$。

式(4-19) 过程的进行是通过两相的共存实现的，这从锂插入产物的紫外可见光谱和 X 射线衍射得到了证明。生成的 $Li_2[Li_{1/3}Ti_{5/3}]O_4$ 的晶胞参数 a 变化很小，仅从 $0.836nm$ 增加到 $0.837nm$，因此称为零应变（zero-strain）电极材料。

$Li_4Ti_5O_{12}$ 的典型充放电曲线如图 4-25(a) 所示。放电非常平稳，平均电压平台为 $1.56V$。可逆容量一般在 $150mA \cdot h/g$ 附近，比理论容量（$168mA \cdot h/g$）约低 10%。由于是零应变材料，晶体非常稳定，尽管也发生细微的变化。这与前述的炭材料明显不一样，能够避免在充放电过程中由于电极材料的来回伸缩而产生的结构破坏，从而具有优越的循环性能［见图 4-25(b)］。因此除作为锂二次电池负极材料外，亦可以作为参比电极来衡量其他电极材料性能的好坏（一般是采用金属锂为参比电极进行比较，而金属锂易形成枝晶，不能作为长期循环性能评价的较好的标准）。由于充电过程中不像炭材料一样需要生成钝化膜，第一次充放电效率高达 90% 以上。锂离子的扩散系数为 $2 \times 10^{-8}cm^2/s$，比通常碳基负极材料高一个数量级。

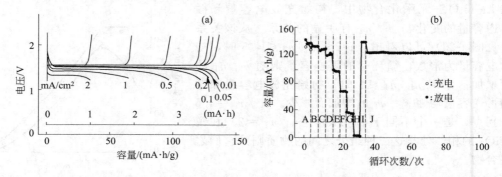

图 4-25 尖晶石 $Li_4Ti_5O_{12}$ 的典型充放电曲线（a）和循环性能（b）［电解质为 PAN/EC-PC＋$LiPF_6$ 的凝胶聚合物，活性物质厚度约为 $25\mu m$；在（b）中充电电流密度恒定为 $0.02mA/cm^2$，从 A 到 J 放电电流密度分别为 0.02、0.05、0.1、0.2、0.5、1.0、5.0、0.02 和 $0.2mA/cm^2$，$0.5mA/cm^2$ 约为 1C］

当然，液体电解质的种类对 $Li_4Ti_5O_{12}$ 的电化学性能有一定的影响。例如在 $1mol/L$ $LiClO_4$-PC、$1mol/L$ $LiClO_4$-（PC＋DME）、$1mol/L$ $LiAsF_6$-PC 和 $1mol/L$ $LiAsF_6$-（PC＋DME）四种电解液中，$Li_4Ti_5O_{12}$ 与 $LiClO_4$-PC 电解液的电化学相容性最好。电解液对电极性能影响与首次放电过程在 $Li_4Ti_5O_{12}$ 电极上形成的表面膜有关，表面膜与溶剂的性质有关，而表面膜的存在对电池的循环性能、安全性能等有重要的作用，但这与阻抗的变化不一致。从交流阻抗谱图中也看不出 $Li_4Ti_5O_{12}$ 负极表面形成了钝化膜。

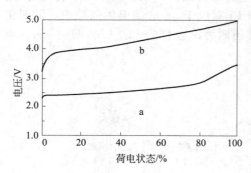

图 4-26 以氧化钴锂 $LiCoO_2$ 为正极材料、$Li_4Ti_5O_{12}$（a）和石墨（b）为负极材料组成锂离子电池的充电曲线

与 $LiCoO_2$、$LiNiO_2$、$LiMn_2O_4$、三元材料等高电位嵌入正极材料（约为 4V）组成锂离子电池，开路电压为 $2.4 \sim 2.5V$，约为 Ni-Cd 或 Ni-MH 电池的 2 倍。以氧化钴锂 $LiCoO_2$ 为例，$Li_4Ti_5O_{12}$ 的充电曲线如图 4-26 中曲线 a，与石墨（曲线 b）相比，

$Li_4Ti_5O_{12}$ 的曲线更平坦，在充电结束时电压才明显上升，而石墨的电压则是在整个阶段逐渐上升，不存在充电结束的明显指示电压，很容易过充，必须采用防过充的电子保护装置。

对于 $Li_4Ti_5O_{12}$ 和石墨在浅 DOD 的循环性能而言，$Li_4Ti_5O_{12}$-$LiCoO_2$ 系统的循环次数可达 4000 次，而以石墨为负极的锂离子电池则仅为 2800 次。虽然该锂离子电池体系的比能量明显要小于以石墨作负极的锂离子电池，但是由于使用 $Li_4Ti_5O_{12}$ 为负极，作为储能用的大型电池就可以使用铝箔作集流体。

4.5.1.2　$Li_4Ti_5O_{12}$ 的改性

$Li_4Ti_5O_{12}$ 作为锂离子电池的负极材料，导电性能很差，且相对于金属锂的电位较高而容量较低，因此希望对其进行改性。目前而言，改性的方法主要有掺杂、包覆和采用新的制备方法。

（1）$Li_4Ti_5O_{12}$ 的掺杂改性

如同炭材料和后述的正极材料一样，掺杂是有效的途径之一，这可以从 Li^+ 和 Ti^{4+} 两方面进行。

为了改善 $Li_4Ti_5O_{12}$ 的电导性，可用 Mg 来取代 Li。由于 Mg 是 2 价金属，而 Li 为 1 价，这样部分 Ti 由 4 价转变为 3 价，大大提高了材料的电子导电能力。当每 1mol $Li_4Ti_5O_{12}$ 单元中掺杂有 1/3mol 单元 Mg 时，电导率从 10^{-13} S/cm 以下提高到 10^{-2} S/cm，但是可逆容量有所下降。对于 x 接近 1 的 $Li_{4-x}Mg_xTi_5O_{12}$ 的容量为 130mA·h/g，这可能是因为 Mg 占据了尖晶石结构中四面体的部分 $8a$ 位置所致。

中国科学院硅酸盐研究所在 $Li_4Ti_5O_{12}$ 的掺杂方面做了一些工作，通过合成 $Li_{3.95}M_{0.15}Ti_{4.9}O_{12}$（M＝Al、Ga、Co）和 $Li_{3.9}Mg_{0.1}Al_{0.15}Ti_{4.85}O_{12}$ 材料，测定了不同元素掺杂的电化学性能，其循环性能如图 4-27 所示。结果发现，研究发现 Al^{3+} 的引入能明显提高可逆容量与循环性能，Ga^{2+} 引入能稍微提高容量，但并没有改善循环稳定性，而 Co^{3+} 和 Mg^{2+} 的引入反而在一定程度上降低其电化学性能。

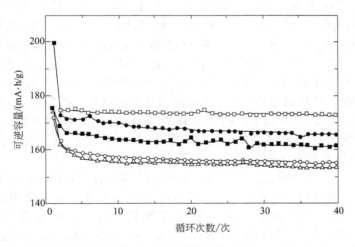

图 4-27　不同元素掺杂 $Li_4Ti_5O_{12}$ 后的循环性能 （0.5～2.3V，0.15mA/cm²）
■ $Li_{3.92}Ti_5O_{11.96}$；□ $Li_{3.61}Al_{0.13}Ti_{4.9}O_{11.8}$；● $Li_{3.82}Ga_{0.15}Ti_{4.9}O_{11.94}$；
○ $Li_{3.85}Co_{0.15}Ti_{4.9}O_{11.9}$；△ $Li_{3.82}Mg_{0.08}Al_{0.14}Ti_{4.85}O_{11.9}$

另外，考虑到以下关系：

$$3M^{3+} \Longrightarrow 2Ti^{4+} + Li^+ \tag{4-20}$$

因此可以将 $Li_4Ti_5O_{12}$ 中的 Ti^{4+} 用其他 3 价过渡金属离子代替，例如 Fe、Ni、Cr 等。Fe 来源丰富，没有毒性，用 Fe^{3+} 取代替换部分 Ti^{4+} 后，晶体结构仍然为尖晶石结构，在第一次循环时 0.5V 左右出现一个新的锂插入平台，但是在脱插的过程中没有发现对应的平台。而且掺杂后，可逆容量发生增加，可在 200mA·h/g 以上；但是并不是一直随之增加而增加，循环性能也明显改善。例如当 Fe 的掺杂量为每 1mol $Li_4Ti_5O_{12}$ 单元 0.033mol 时，可逆容量超过 150mA·h/g，25 次循环后基本上没有衰减。当 $Li_4Ti_5O_{12}$ 中 2/3 Ti^{4+} 和 1/3 Li^+ 被 Fe^{3+} 取代后，得到的 $LiFeTiO_4$ 的容量高达 650mA·h/g，然而其循环性能也不理想。Ni 和 Cr 的原子半径与 Ti 相近，掺杂后 $Li_{1.3}M_{0.1}Ti_{1.7}O_4$（M＝Ni 和 Cr）相对于锂电极的电压为 1.55V；而尖晶石结构 $Li[CrTi]O_4$ 相对于金属锂的开路电压略低一点（为 1.5V），循环时的可逆容量为 150mA·h/g。

锂也可以掺杂到 $Li_4Ti_5O_{12}$ 中，增加容量和改善循环性能。

从上面的掺杂可以得知，八面体缺陷（16d）位置的存在会减少可逆容量，四面体（8a）的存在会增加不可逆容量，将锂引入到隙间 48f 位置可以防止相转变。

（2）$Li_4Ti_5O_{12}$ 的包覆改性

传统的对 $Li_4Ti_5O_{12}$ 的包覆改性一般是通过有机物或聚合物炭化后包覆。

将 $Li_4Ti_5O_{12}$ 放入溶有 $SnCl_2·nH_2O$ 的乙醇溶液得到的溶胶中，加入氨水搅拌，85℃ 干燥 5h，500℃ 恒温 3h，制得了 SnO_2 包覆的 $Li_4Ti_5O_{12}$。结果表明：SnO_2 包覆在 $Li_4Ti_5O_{12}$ 的表面提高了 $Li_4Ti_5O_{12}$ 的可逆比容量和循环稳定性，在 $0.5×10^{-3}A/cm^2$ 电流密度下循环 16 次后，放电比容量还有 236mA·h/g。

Ag 具有优良的电子导电性以及可以减小材料极化，研究发现在 $Li_4Ti_5O_{12}$ 表面通过 $AgNO_3$ 的分解包覆一层 Ag，显著提高了容量以及循环性能，2C 倍率下 50 次充放电后容量保持 184mA·h/g。

较新的一种方法是对 $Li_4Ti_5O_{12}$ 进行氟化作用，通过将 F_2 在 $Li_4Ti_5O_{12}$ 表面不同温度下氟化，发现 70℃ 和 100℃ 下的性能最佳，在 600mA/g 大电流密度下比单纯 $Li_4Ti_5O_{12}$ 表现出更好的性能。也可以在 $Li_4Ti_5O_{12}$ 表面包覆一层氮化钛以提高性能。

（3）$Li_4Ti_5O_{12}$ 的制备方法改性

$Li_4Ti_5O_{12}$ 通常采用固相法制备，如将 TiO_2 和 Li_2CO_3 在高温（750～1000℃）下反应。为了补偿在高温下 Li_2CO_3 的挥发，通常使 Li_2CO_3 过量约 8%。但是如果与机械法相结合，先用高能球磨法来得到 TiO_2 和 Li_2CO_3 的非晶相混合物，然后加热烧结得到尖晶石相 $Li_4Ti_5O_{12}$，可以缩短反应时间，降低烧结温度，在 450℃ 时就出现相转变，同时烧结后的产物的粒度较小，分布也比较均匀，并减少在高温下由于挥发而导致 Li 的损失。

在高温热处理时，使用助烧添加剂也可以降低热处理温度，提高离子电导率。例如在热处理时加入质量分数 15% 的 $0.44LiBO_2·0.56LiF$ 助烧添加剂，该添加剂是一种玻璃形成相，可以将多孔的粉状结构转换为网络结构。由于它仅与 $Li_4Ti_5O_{12}$ 发生轻微反应或不反应，因此 $Li_4Ti_5O_{12}$ 的晶体结构没有明显改变。

由于 Ti 为 4 价，很容易形成溶胶，因此采用溶胶-凝胶法可以缩短热处理时间，降低热处理温度。该过程为：先将四异丙醇钛（$Ti[OCH(CH_3)_2]_4$）添加到醋酸锂的乙醇溶液中，然后缓慢滴加氨水，得到白色凝胶。在 60℃ 下干燥后，通过高温处理得到结晶性很好的 $Li_4Ti_5O_{12}$。但是，其锂离子扩散系数为 $3×10^{-12}cm^2/s$，比在 $LiMn_2O_4$ 中的扩散系数（10^{-10}～$10^{-11}cm^2/s$）要低。也比固相法得到 $Li_4Ti_5O_{12}$ 要低（$2×10^{-8}cm^2/s$），这可能与测量方法有关。然而，同样是采用溶胶-凝胶法制备的纳米 $Li_4Ti_5O_{12}$ 晶体具有良好的快速充放电能力，在 250C 下亦能进行充放电。当制备的粒子大小在亚微米级（例如 700nm）时，1C 下循环 100 次以后，容量还保持 99%。当粒子为 9nm 时，充放电速率可以高达 250C，而且在较高的充放电速率下容量基本上能够达到理论容量。

微波加热法也可以制备 $Li_4Ti_5O_{12}$，按 $r(Li_2CO_3:TiO_2)=4:5$ 混合，把 1g 混合物置于 30mL 坩埚内，再把此坩埚置于另一个 50mL 的坩埚内，形成双坩埚系统，微波炉内加热。结果表明：$Li_4Ti_5O_{12}$ 的性能得到了很好的改进。材料中的 $r(Li:Ti)$ 为 4:5，在 700W 功率下照射 15min，$Li_4Ti_5O_{12}$ 变成球形颗粒，电化学测试表明：$Li_4Ti_5O_{12}$ 具有平稳的电压平台，高的放电效率，良好的循环性能。在 $1mA/cm^2$ 达 $162mA \cdot h/g$，$4mA/cm^2$ 达 $144mA \cdot h/g$，微波合成法速度快，节能。

固相快速淬火法可以合成微米大小的 $Li_4Ti_5O_{12}$，按 $r(Li_2CO_3 : TiO_2) = 4 : 5$ 混合，球磨 15h，在 90℃ 干燥 8h，在 900℃ 恒温 24h，之后迅速置于冰水容器中，重复几次。结果表明：$Li_4Ti_5O_{12}$ 的平均粒径在 $1 \sim 2\mu m$，具有高的电导率，良好的循环性能，在 2C 放电时，可逆比容量达 $154mA \cdot h/g$。

用喷雾干燥法可制备多孔 $Li_4Ti_5O_{12}$ 和密实 $Li_4Ti_5O_{12}$，比较两种 $Li_4Ti_5O_{12}$ 的可逆比容量，结果表明：多孔的 $Li_4Ti_5O_{12}$ 在 2C、5C 和 20C 充放电时，可逆比容量为 $144mA \cdot h/g$、$128mA \cdot h/g$ 和 $73mA \cdot h/g$，密实的 $Li_4Ti_5O_{12}$ 在 2C、5C 和 20C 充放电时，可逆比容量为 $108mA \cdot h/g$、$25mA \cdot h/g$ 和 $17mA \cdot h/g$。

也可以使用模板法制备，比如用 SiO_2 球来制备三维多孔的 $Li_4Ti_5O_{12}$，多孔壁可以缩短锂离子迁移路径，保持与电解液的良好接触，从而提高倍率性能。

综上所述，$Li_4Ti_5O_{12}$ 作为锂离子电池负极材料，具有以下优点：在锂离子插入/脱插过程中晶体结构的稳定性好，为零应变过程，具有优良的循环性能和放电电压平台；具有相对金属锂较高的电位（1.56V），因此可选的有机液体电解质比较多，避免了电解液分解现象和界面保护钝化膜的生成；$Li_4Ti_5O_{12}$ 的原料（TiO_2 和 Li_2CO_3、LiOH 或其他锂盐）来源也比较丰富；同时也具有优良的热稳定性。因此，$Li_4Ti_5O_{12}$ 可作为一种理想的替代炭的负极材料。

4.5.2　二氧化钛负极材料

开放的晶体结构和钛离子灵活的电子结构，使 TiO_2 可接受外来离子的电子，并为嵌入的阳离子（Li^+、H^+ 和 Na^+ 等）提供空位。为了保持电中性，电子会伴随着 Li^+ 共同嵌入 TiO_2 晶格中，TiO_2 的嵌脱锂反应可用式(4-21)表示，此反应的可逆性与电池材料的循环性能密切相关。

$$TiO_2 + xLi^+ + xe^- \rightleftharpoons Li_xTiO_2 \tag{4-21}$$

式中，x 为嵌锂系数，x 值的大小与电极材料的形貌状态、微结构、表面缺陷等有关。嵌锂过程中，材料从 TiO_2 四方转变为 Li_xTiO_2 正交晶系。

TiO_2 用于锂离子电池的优势有：嵌锂电位比碳高，约为 1.75V，可解决锂在负极产生枝晶的问题；在有机电解液中的溶解度较小，嵌脱锂过程中的结构变化小，可避免嵌脱锂过程的材料体积变化引起的结构破坏，提高材料的循环性能和使用寿命。

4.5.2.1　锐钛矿二氧化钛及其改性

锐钛矿 TiO_2 属四方晶系，$I4_1/amd$ 空间群，晶胞参数 $a = 37.9nm$，$b = 95.1nm$，密度为 $3.79g/cm^3$，以 TiO_6 八面体为基础，通过共用四条边和共顶点连接而成。锐钛矿 TiO_2 存在沿 a 轴和 b 轴的双向孔隙通道，在室温下的嵌锂容量较高。伴随着 Li^+ 的嵌入，逐渐形成了具有四方晶格结构的贫锂相 $Li_{0.01}TiO_2$（有报道称为纯锐钛矿）和具有正交晶格结构的富锂相 $Li_{0.6}TiO_2$，在电极材料中形成了两相平衡，使 Li^+ 可在两相之间流动，嵌锂电位保持恒定。锐钛矿 TiO_2 的理论嵌锂比容量为 $330mA \cdot h/g$，实际比容量通常仅为理论值的一半。当嵌锂系数大于 0.5 后，TiO_2 晶格中会发生强烈的 Li—Li 相互作用，阻碍 Li^+ 的进一步嵌入。

Li^+ 嵌入到晶格的过程会不可避免地使晶格结构发生变化，导致 TiO_2 容量衰减。通过拉曼光谱研究 TiO_2 在嵌脱锂过程中的结构变化，可发现 TiO_2 嵌锂后的拉曼光谱变得复杂，可见 Li^+ 在 TiO_2 的晶格中的位置并非完全相同，TiO_2 周围嵌锂空位的化学环境并不完全一样，脱锂反应结束后，仍有 Li—O 键的吸收峰，说明 Li^+ 并未完全脱出，有部分残留在材料的晶体结构中，这也是该材料首次充放电效率不高的原因。

粒子大小对 TiO_2 电化学性能具有明显的影响。例如在 $1mol/L$ 的 $LiClO_4/EC+DMC$（体积比 $1:1$）电解液中，6nm、15nm 和 30nm TiO_2 的放电比容量分别 $234mA \cdot h/g$、$210mA \cdot h/g$ 和 $203mA \cdot h/g$。6nm 样品的 1.78V（vs. Li^+/Li）嵌锂平台比 15nm 和 30nm 的短，1.78V 平台对应于锐钛矿 TiO_2 纳米粒子向 $Li_{0.5}TiO_2$ 的转变，6nm 样品较高的放电比容量主要是源于 $1.78\sim1.00V$ 较长的充电斜坡。由此可见，6nm 样品较大的比表面积使表面原子增加，Li^+ 可以嵌入的晶格空位变少。充电斜坡随材料比表面的增大而延长，说明该过程是一种表面效应，表面层原子嵌/脱锂的可逆性很好。30nm 样品的充放电平台随着循环次数的增加迅速缩短，主要是因为部分 Li^+ 嵌入 TiO_2 体相晶格后被困住并失去活性，而 6nm 样品显示了很好的循环性能。此外，随着材料尺寸的增加，电极的倍率性能也逐渐变差。

热处理对 TiO_2 的循环性能有明显的影响。以乙醇、钛酸四丁酯和乙酸为原料，用水热法制备了粒径为 22nm 的锐钛矿球状 TiO_2 纳米粒子，材料在 1.8V 附近的充放电电位平台明显，首次放电比容量达 $170mA \cdot h/g$，100 次循环后，可逆比容量仍高于首次放电比容量的 95%。在 500℃下热处理后，样品的充放电曲线没有明显的变化，首次放电比容量达 $180mA \cdot h/g$，尽管在 300℃（12nm）、400℃（15nm）下热处理的样品的首次放电曲线与 500℃热处理的样品接近，但 100 次循环后，300℃和 400℃热处理样品的比容量衰减明显，与文献的结论一致。

将以钛酸异丙酯为前驱体，用溶胶-凝胶法合成的尺寸为 $15\sim20nm$ 的锐钛矿 TiO_2 纳米粒子，与微米级锐钛矿 TiO_2 的嵌/脱锂性能进行了对比发现，在 500℃下烧结 2h 制备的纳米 TiO_2，比容量可达 $169mA \cdot h/g$，循环稳定性良好；在 500℃下烧结 4h 所得 TiO_2 的充放电比容量比烧结 2h 所得 TiO_2 的高，但容量衰减比较明显。微米级的 TiO_2 充放电容量较小，循环性能差，首次循环的充电比容量仅为 $75mA \cdot h/g$，放电比容量为 $37mA \cdot h/g$；5 次循环后的可逆比容量衰减到 $16mA \cdot h/g$，说明粒径是影响材料嵌/脱锂能力的重要因素。

通过一种新的熔盐合成方法可以对 TiO_2 进行相貌的改变。如将 TiO_2 加到 NaOH 与 KOH 的共熔体系中，制备出一种新型锐钛矿 TiO_2 纳米棒。该纳米棒是由约 10nm 的纳米颗粒相互连接而成的网状孔结构，具有较大的比表面积，在电极制备过程中，这种结构保持不变。以 $60mA/g$ 的电流进行充放电测试，材料的首次嵌锂比容量为 $266mA \cdot h/g$，在随后的充放电过程中显示出良好的循环性能；当以 $120mA/g$ 的电流进行充放电测试时，比容量仍可保持在较高的水平。这种方法成本低且易于大规模生产，具有较好的应用前景。

总体而言，Li^+ 嵌入锐钛矿 TiO_2 的过程大致可分为三步：①少量的 Li^+（嵌锂系数约为 0.06）在 1.78V（vs. Li^+/Li）之前嵌入 TiO_2，但较小尺寸的纳米颗粒在首次放电过程中的嵌锂系数可达 0.22，接下来的循环中嵌锂容量达到一个稳定值；②Li^+ 嵌入 TiO_2 纳米微晶的体相晶格八面体空隙中，该过程发生在 1.78V（vs. Li^+/Li）平台区，是一个经典的法拉第过程；③当所有能够到达的八面体空隙填满后，Li^+ 在外电场力的作用下进一步嵌入到表面层，因此出现了一个较宽的电位斜坡区 [为 $1.78\sim1.00V$（vs. Li^+/Li）]。

作为锂离子电池负极材料，TiO_2 表现出较好的电化学性能，但是其电导率较低，如能提高其电导率，可以有利于电子传输，减小充放电过程中的极化现象，提高电化学性能，因此，提高其导电性是改进的一个重要方向。复旦大学在纳米锐钛矿 TiO_2 改进方面做了许多工作，不仅在纳米粒子的表面包覆了一层炭材料，提高了锂离子的传递系数，而且将其制成纳米孔材料，明显提高了其大电流性能。

不同倍率下的电化学表征结果表明（见图 4-28），两种电极材料在 C/2 下均有良好的循环性能，但 TiO_2/C 复合物有更高的可逆容量。而且经过炭包覆后，多孔 TiO_2/C 复合物在大倍率充放电下的极化现象减小，可逆容量和首次库仑效率提高。主要原因是经过炭包覆后，在多孔壁表面形成一层炭膜，可以形成电子导电网络，有利于减小大电流充放电下的极化，提高电化学性能。

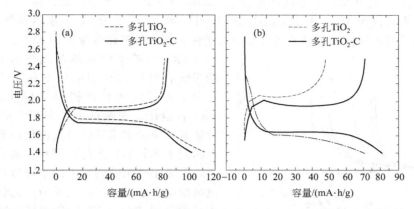

图 4-28　多孔 TiO_2 和多孔 TiO_2-C 复合物在(a) C/8(b) C/2 倍率下首次充放电
曲线（电压范围：$1.4\sim2.5V$ vs. Li^+/Li）

4.5.2.2　金红石二氧化钛

金红石 TiO_2 属四方晶系，$P4_2/mnm$ 空间群，晶胞参数 $a=45.9nm$，$c=29.6nm$，密度 $4.13g/cm^3$，O^{2-} 呈近似六方最紧密堆积，钛原子位于氧空间八面体的中心，填充半数的八面体空隙，构成 TiO_6 八面体配位，Li^+ 可填入剩下的八面体空隙，TiO_6 配位八面体沿 c 轴呈链状排列，并与上下的 TiO_6 配位八面体各共用一条棱，链间由配位八面体共顶点相连。尽管 TiO_6 八面体通过共棱连接，形成平行于 c 轴的链，但沿 c 轴的孔隙通道很窄，八面体空位的半径为 $4nm$，Li^+ 的半径为 $6nm$，因此室温下仅有少量的 Li^+ 可以嵌入。在聚合物电解质电池中，Li^+ 在 120℃下嵌入金红石 TiO_2，有很好的可逆性，首次放电过程中每个 TiO_2 单元可嵌入 0.5 个和 1 个 Li^+，并在接下来的数次循环中保持不变，优于锐钛矿 TiO_2。金红石 TiO_2 在较高温度下的可逆容量高，室温下的可逆容量较低。有人认为这是因为金红石独特的密堆积方式使它具有较高的密度，使 Li^+ 的扩散过程受到限制。但这种解释不能令人信服，因为金红石 RuO_2 有相似的堆积方式及密度，却有较好的嵌/脱锂性能。

当金红石 TiO_2 的粒径变小时，锂嵌入的活性增加。在纳米结构的金红石中，约 $0.8Li$ 可以嵌入，如果金红石 TiO_2 为微米结构，仅有 $0.1\sim0.25$ Li 可以嵌入。锂离子嵌入纳米金红石 TiO_2 的过程中，由于 ab 面的体积膨胀，金红石经过一个不可逆的相转变形成了具有电化学活性的 $LiTiO_2$（ccp），随后的循环是锂离子在 $LiTiO_2$（ccp）中的脱出和嵌入。不同的方法可以用来合成纳米金红石 TiO_2，如溶胶-凝胶法和低温表面活性剂法等。

将 $TiCl_4$ 加入到一定浓度的盐酸中，在 60℃下水解，可制备长 200nm、宽 10nm 的棒状金红石纳米粒子，50nm 材料的首次放电容量为 $77mA\cdot h/g$（$0.23Li/TiO_2$），在接下来的放电过程中，有 0.11 个 Li^+ 可脱出。10nm 样品的首次放电可嵌入 0.85 个 Li^+，在接下来的循环中，锂的化学计量比会有少量的增加，最终接近于 1，经过 60 次循环后，比容量保持在 $150mA\cdot h/g$。纳米金红石 TiO_2 电极具有较高的储锂容量、倍率性能和循环性能，在 $50mA/g$ 的电流下，首次充电过程的嵌锂系数可超过 1，$0.6\sim0.7$ 个 Li^+ 能够可逆循环；经过 100 次循环后，电极的比容量仍为 $132mA\cdot h/g$。

4.5.2.3　B 型二氧化钛

B 型二氧化钛是一种不同于锐钛矿 TiO_2、金红石 TiO_2 的晶型，属单斜晶系、$C2/m$ 空间群，晶胞参数 $a=121.6nm$，$b=37.4nm$，$c=65.1nm$，$\beta=107.29°$。TiO_2-B 晶胞的结构可看成以 TiO_6 八面体为基础，通过共用边和共顶点形成。TiO_2-B 的密度为 $3.6g/cm^3$，在 a、b 和 c 轴方向均有更开放的空间通道，有利于 Li^+ 的嵌/脱。

一维 TiO_2-B 纳米材料如纳米线和纳米管可以通过水热法制备，例如直径为 $20\sim40nm$ 的

TiO$_2$-B 纳米线，长达数微米，首次比容量达 305mA·h/g，几乎是锐钛矿的 2 倍，经过 80 次循环后，容量损失仅为 3%；将 15mol/L 的 NaOH 与锐钛矿在 150℃下水热制得的 TiO$_2$-B 纳米管，在锂离子嵌入过程中也显示出良好的可逆性，首次放电比容量高达 328mA·h/g。

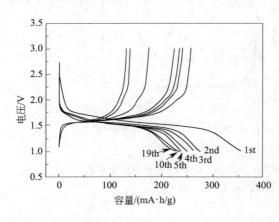

图 4-29 TiO$_2$-B 纳米带在 1.0～3.0V、67mA·h/g 电流密度下的充放电曲线

TiO$_2$-B 纳米管和纳米线的嵌锂行为不同，纳米线在脱锂过程中电位变化不大，为 1.5～1.6V；尽管纳米管的锂容量稍高，达到 Li$_{0.98}$TiO$_2$，但存在明显的电位滞后，嵌锂电位分离较明显，说明纳米管的可逆性比纳米差。这可能是因为纳米管有较大的比面积，易吸收空气中的水，附着于纳米管内壁上的水难以有效除去，在电极反应引起了较多的副反应。总体而言，相对于其他晶型 TiO$_2$，TiO$_2$-B 的可逆容量和库仑效率较高。这主要是因为线状和片状的形貌增加了材料的比表面积，缩短了 Li$^+$ 的扩散路径；同时较低的密度、更开放的空间通道也有利于 Li$^+$ 的迁移。

通过水热方法制备的 TiO$_2$-B 纳米带宽约 30～200nm，比表面积高达 305m^2/g，在 1.0～3.0V 的电压区间内首次放电容量为 356mA·h/g（见图 4-29），明显高于 TiO$_2$-B 纳米线（305mA·h/g）和纳米管（335mA·h/g）。

也通过改善 TiO$_2$-B 的结构，如制备多孔材料来增加更多反应活性位点，缩短锂离子路径，并提高循环稳定性和增加比容量。

4.6 纳米氧化物负极材料

纳米过渡金属的氧化物 MO（M=Co、Ni、Cu 或 Fe）的电化学性能明显不同于微米级以上的粒子，如图 4-30 所示，可逆容量在 600～800mA·h/g 之间，而且容量保持率高，在 50 次循环后可为 100%，且具有快速充放电能力；锂插入时电压平台约 0.8V，锂脱出时，为 1.5V 左右，其机理与传统的锂插入/脱锂或形成锂合金机理均不一样。在锂插入过程中，Li 与 MO 发生还原反应，生成 Li$_2$O；在脱锂过程中，Li$_2$O 与 MO 能够再生成 Li 和 MO，该过程示意如式(4-21)，即常说的转化机理。

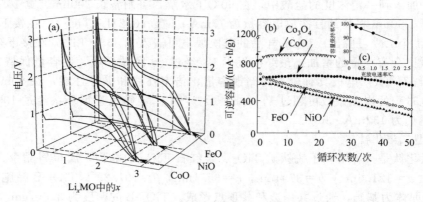

图 4-30 部分过渡氧化物 MO 在 C/5 下的充放电曲线（a）和循环性能（b）；插图（c）为 CoO 的容量与充放电速率的关系

$$MO + 2Li \Longrightarrow Li_2O + M(M = Co、Ni、Cu \text{ 或 } Fe) \tag{4-22}$$

微米级 Cu_2O、CuO 等也可以可逆储锂，而且容量也比较高，其机理与上述的纳米级 CoO 等氧化物也相似。对于锡的氧化物 SnO_x（$1 \leqslant x \leqslant 2$）而言，则与上面说到的机理不完全一样，尽管其粒子大小亦在纳米范围内，但也表现为同样的可逆过程。

对于 Cr_2O_3 而言，其作为锂离子电池负极材料，与锂的反应式如下：

$$Cr_2O_3 + 6Li^+ + 6e^- \longrightarrow 2Cr + 3Li_2O \tag{4-23}$$

为了提高 Cr_2O_3 作为负极材料的电化学性质，目前已经合成了各种形貌的 Cr_2O_3 材料，如介孔、纳米、核壳结构等。以二氧化硅模板（KIT-6）制备的介孔 Cr_2O_3 在 $0.02\sim3V$ 的电压区间首次充电内可释放出 3.9 个锂，容量达到 $750mA \cdot h/g$，前 10 次容量衰减较严重，80 个循环后容量稳定在 $400mA \cdot h/g$ 以上。通过将 Cr 热氧化法制备的 Cr_2O_3 薄膜，在 $1mol/L$ $LiClO_4$ 的 PC 电解液中，$3\sim10$ 次循环之间，容量稳定在 $460mA \cdot h/g$，显示出良好的电化学性能。

当然，上述微米级以下或纳米氧化物也可以进行掺杂。对于 MgO 的掺杂，其储锂机理与没有掺杂的氧化物相比，似乎没有什么异样。虽然掺杂后初始容量有所下降，但是容量保持率或循环性能有所改进。对于氧化锡的掺杂而言，则情况发生明显变化，氧化物锡可以发生可逆变化，而 CoO 则被还原为 Co 后，不能发生氧化物的可逆变化。

该种无机氧化物负极材料的循环性能、可逆容量除了受到粒子大小的影响外，结晶性和粒子形态对其影响也非常大。通过优化，可以提高氧化物负极材料的综合电化学性能。目前最大的问题可能在于充电电压和放电电压之间的滞后太大。

4.7 其他负极材料

其他负极材料包括铁的氧化物、铬的氧化物、钼的氧化物和磷化物等。

铁的资源丰富，价格便宜，没有毒性，依据 $Li_6Fe_2O_3$ 最高理论容量可达 $1000mA \cdot h/g$，对金属锂的电位在 1.1V 以下，因此备受关注。但是目前对其机理并没有研究清楚，可能像锡的氧化物一样，也是合金机理。这样一来第一次不可逆容量大，因此有待进一步研究。固相反应合成的晶体 Fe_3PO_7 具有 $R3m$ 的空间点群，晶格参数 $a = 0.8006nm$，$c = 0.6863(3)nm$。首次锂插入容量为 $800mA \cdot h/g$，在 $0.5\sim3.5V$ 之间的可逆容量为 $500mA \cdot h/g$。在第一次循环时，当电位达到 0.5V 时，由于 Fe^{3+} 还原为金属 Fe，Fe_3PO_7 的晶体结构发生塌陷。尽管如此，在锂脱出时，部分晶相结构得到恢复，发生可逆循环。

通过共沉积反应，α-Fe_2O_3 与 SnO_2 可以形成二元体系。该二元体系的可逆容量为 $300mA \cdot h/g$。在充放电过程中，表面反应和插入反应均参与了与锂的反应。最新的结果表明 FeP_2 可以与锂发生如下反应：

$$Li + FeP_2 \longrightarrow Fe_{1-x}\text{-}P\text{-}Li_y\text{P-}Fe_x \longrightarrow \text{``}FeP_q\text{''} + Li \tag{4-24}$$

可逆容量高达 $1350mA \cdot h/g$ 以上，可望成为一新的亮点。通过改变不同 Fe 与 P 的比例，即 FeP_x（$x = 1$、2、4），发现 FeP_x 随着 x 值的不同，与锂发生反应的路径也不同，其中 FeP 和 FeP_2 可以部分或全部转化成 Li_3P 和 Fe，在循环中可以检测到 FeP 和 Li_xFeP 中间相产物，FeP 是在充电过程中形成的，FeP_4 是通过锂离子的插入发生反应的，检测不到 Li_3P 以及 Fe，比例不同，对应的储锂数量和容量差别很大。

铁的另外一种氧化物 β-$FeOOH$ 以其独特的隧道型结构得到了广泛的关注与研究。该材料可以与锂发生如下反应：

$$\beta\text{-}FeOOH + Li + e^- \longrightarrow FeOOHLi \tag{4-25}$$

一方面，作为锂离子电池正极材料，容量高达 $275mA \cdot h/g$，接近理论容量 $283mA \cdot h/g$。研

究发现 β-FeOOH 也可作为负极材料，用液相沉积方法制备的 β-FeOOH 薄膜首次放电可达 864mA·h/g，将有望成为一种很有潜力的锂离子电池材料。

MoO_2 是人们在锂离子电池研究早期就开始探索的一种电极材料，常温下其储锂机理可表示为：

$$MoO_2 + xLi^+ + xe^- \Longleftrightarrow Li_xMoO_2 \tag{4-26}$$

嵌锂过程中 Li_xMoO_2 随 x 变化在单斜相和正交相之间的转变，随后，人们对无定形 $MoO_{2+\delta}$（$\delta < 0.3$）、MoO_2 亚微米粒子、MoO_2/C 纳米复合物等电极材料进行了研究，发现 MoO_2 是一种良好的锂离子电池负极材料，特别是在纳米尺度下，可以表现出优秀的性能（400～750 mA·h/g），一般可通过高温气相沉积、电化学沉积、水热法等途径制备 MoO_2 纳米棒/纳米线、不规则 MoO_2 纳米颗粒。

用乙醇蒸气作还原剂，在 400℃ 下可将 α-MoO_3 微米材料还原制备得到表面包覆有半石墨化炭层的单斜纳米 MoO_2，在约 500mA/g 的电流密度下首次循环表现出约 320mA·h/g 的可逆容量，经过 20 次循环可逆容量没有衰减。

用 α-MoO_3 纳米带作前驱体，在葡萄糖和乙醇的共同作用下，可制得表面包覆无定形炭的单斜 MoO_2 纳米带，该材料在 500mA/g 电流密度下恒流充放电，首次可逆容量达 600mA·h/g，30 次循环后仍能保持在 550mA·h/g 左右，电流密度上升到 1000mA/g，首次可逆容量接近 500mA·h/g，如图 4-31 所示。充分表现出优良的电化学性能，究其原因，可能是由于该材料具备适中的纳米尺寸和良好的炭包覆层。

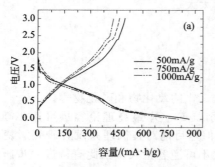
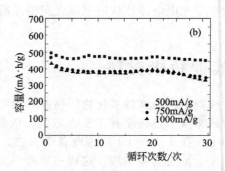

图 4-31 MoO_2@C 纳米带在 0.01～3V 及不同电流密度下的首次充放电曲线（a）和循环性能（b）

以微米级 α-MoO_3 为前驱体，乙二胺为还原剂，Fe_2O_3 为辅助剂，通过水热法可合成银耳状 MoO_2，通过 SEM［图 4-32(a)］可观察到 MoO_2 纳米片，进一步通过 TEM［图 4-32(b)］观察纳米片边缘翘起部分，可以清晰分辨 $d = 1.1nm$ 的晶格周期。测试结果表明该材料电化学性能也良好，70mA/g 条件下首次可逆容量有 657.9mA·h/g。

其他氧化物负极材料有 WO_2、WO_3、薄膜 ZnO、$Li_3CuFe_3O_7$、VBO_3、MV_2O_6 及其类似物等，由于研究较少，因此不多述。

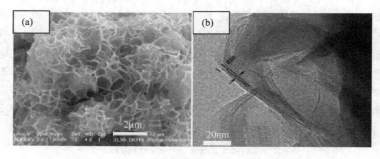

图 4-32   银耳状 MoO_2 的 SEM（a）和 TEM 照片（b）

磷化物主要包括 Cu_3P、CoP_3、MnP_4 等。Cu_3P 主要为六方相结构,属于 $P6_3cm$ 空间群,$a = 6.959\text{Å}$,$c = 7.143\text{Å}$,在空气中非常稳定。Cu_3P 的电化学性能与制备方法例如溶剂热法、机械化学法、喷射法或陶瓷法等有明显的关系,因为这些方法影响粒子的大小、结晶性等。锂插入时,发生的反应与材料有关,制备的 Cu_3P 薄膜负极材料主要发生如下反应:

$$Cu_3P + 3Li \longrightarrow 3Cu + Li_3P \tag{4-27}$$

导致 Cu_3P 的无定形化。但是,在锂脱插时,并不能完全再生成 Cu_3P,导致容量衰减。初始锂插入量为 $415\text{mA} \cdot \text{h/g}$,随后稳定在 $200\text{mA} \cdot \text{h/g}$ 左右。尽管质量容量密度低于石墨化炭材料,但是体积容量密度($1473\text{A} \cdot \text{h/L}$)比石墨($800\text{A} \cdot \text{h/L}$)高 80%。对于溶剂热法制备的 Cu_3P,其锂插入反应为明显的多步反应,分别形成 $LiCu_2P$ 和 Li_2CuP,并伴随铜的析出,15 次循环后还保留有 $400\text{mA} \cdot \text{h/g}$ 的水平。也有人认为没有 $LiCu_2P$ 的形成,只有 Li_2CuP 和 Li_3P 的形成,因为 Cu_3P、Li_2CuP 和 Li_3P 的结构非常相似(见图 4-33),易通过"取代"发生锂的插入和铜的析出。首次循环的不可逆容量为 17%,可逆体积容量可达 $2500\text{mA} \cdot \text{h/cm}^3$。

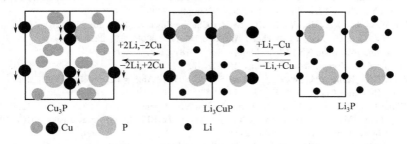

图 4-33 锂取代 Cu_3P 中的 Cu 形成 Li_3P 并析出铜的过程示意

锂在复合磷化物 Li_xMPn_4($MPn = TiP$、VP 或 VAs)的插入和脱插主要是通过相转变实现的,但是首次锂插入后,并不能完全再生成原来的复合磷化物,体积变化也没有上述磷化物那么大,最大可逆容量可达 $830\text{mA} \cdot \text{h/g}$,平均电位为 1V 左右。

4.8 部分负极材料产品

在非碳基负极材料领域,主要是 $Li_4Ti_5O_{12}$,工业界称之为钛酸锂。由于在安全性方面具有优势,例如钛酸锂材料耐高温、不燃烧、不爆炸、防过充,能快速解决充放电问题,3min 即可完成充电,使用更符合消费者习惯,使用寿命更长,钛酸锂材料循环寿命高达 10000 次,电池寿命超过 10 年。因此,钛酸锂将成为最有可能替代炭材料的最佳负极材料产品。

目前,国内生产钛酸锂负极材料的厂家主要是深圳市天骄科技开发有限公司和贝特瑞新能源材料股份有限公司。表 4-6 为天骄公司钛酸锂的部分性能指标。

表 4-6 深圳市天骄科技开发有限公司钛酸锂的部分性能指标

项 目	指 标	项 目	指 标
$D_{10}/\mu m$	0.2	比表面积/(m^2/g)	$1.0 \sim 2.0$
$D_{50}/\mu m$	1.0	压实密度/(g/cm^3)	$2.0 \sim 2.2$
$D_{90}/\mu m$	$\leqslant 3.0$	首次放电容量/$(mA \cdot h/g)$[①]	$165 \sim 170(0.8 \sim 2.7V,$
pH 值	$\leqslant 11.50$		$0.2C$ 恒流充放电)
振实密度/(g/cm^3)	$\geqslant 1.20$	首次充放电效率/%[①]	$\geqslant 99.70$

① 以金属锂为负极进行测试的结果。

参 考 文 献

[1] 吴宇平，戴晓兵，马军旗，程预江. 锂离子电池——应用与实践. 北京：化学工业出版社. 2004.

[2] Bach S，Pereira-Ramos JP，Ducros JB，Willmann P. Solid State Ionics，2009，180：231.

[3] Ducros JB，Bach S，Pereira-Ramos JP，Willmann P. Electrochim Acta.，2007，52：7035.

[4] Cabana J，Stoeva Z，Titman JJ，Gregory DH，M. Palacín R. Chem. Mater.，2008，20：1676.

[5] Chan CK，Peng HL，Liu G，McIlwrath K，Zhang XF，Huggins RA，Cui Y. Nat Nanotechnol，2008，3：31.

[6] Laik B，Eude L，Pereira-Ramos JP，Cojocaru CS，Pribat D，Rouviere E. Electrochim Acta.，2008，53：5528.

[7] Feng JJ，Yan PX，Zhuo RF，Chen JT，Yan D，Feng HT，Li HJ. J. Alloys Compd.，2009，475：551.

[8] Zheng Y，Yang J，Wang JL，Nuli YN. Electrochim Acta.，2007，52：5872.

[9] Kim H，Han B，Choo J，J Cho. Angew Chem. Int. Ed.，2008，47：10151.

[10] Shin HC，Corno JA，Gole J，Liu ML. J Power Sources，2005，139：314.

[11] Ji LW，Zhang XW. Electrochem Commun，2009，11：1146.

[12] Lam C，Zhang YF，Tang YH，Lee CS，Bello I，Lee ST. J. Cryst. Growth，2000，220：466.

[13] Sandu I，Moreau P，Guyomard D，Brousse T，Roue L. Solid State Ionics，2007，178：1297.

[14] Yang XL，Wen ZY，Xu XX，Lin B，Huang SH. J. Power Sources，2007，164：880.

[15] Liu Y，Wen ZY，Wang XY，Yang XL，Hirano A，Imanishi N，Takeda Y. J. Power Sources，2009，189：480.

[16] Yang XL，Wen ZY，Zhang LL，You M. J. Alloys Compd.，2008，464：265.

[17] Wang Z，Tian WH，Liu XH，Lia Y，Li XG. Mater Chem. Phys.，2006，100：92.

[18] Lou W，Wang Y，Yuan C，Lee JY，Archer LA. Adv. Mater，2006，18：2325.

[19] Wang Y，Su F，Lee JY，Zhao XS. Chem Mater. 2006，18：1347.

[20] Kim MG. Cho J. Adv. Funct. Mater，2009，19：1497.

[21] Park M.，Wang GX，Kang YM，Wexler D，Dou SX，Liu HK. Angew Chem. Int. Ed.，2007，46：750.

[22] Kim H，Cho J. J. Mater Chem.，2008，18：771.

[23] Zhao NH，Wang GJ，Huang Y，Wang B，Yao BD，Wu YP. Chem. Mater，2008，20：2612.

[24] Li C，Wei W，Fang SM，Wang HX，Zhang Y，GuiYH，Chen RF. J. Power Sources，2010，195：2939.

[25] Lee S，Cho J. Chem. Commun，2010，46：2444.

[26] Corredor JI，León B，Vicente CP，Tirado JL. J. Phys. Chem. C.，2008，112：17436.

[27] Kim TJ，Kirn C，Son D. J. Power Sources，2007，167：529.

[28] Liu SA，Yin XM，Chen LB. Solid State Sci.，2010，12：712.

[29] Zhai CX，Du N，Zhang H. Chem. Commun，2011，47：1270.

[30] Zai JT，Wang KX，Su YZ，Qian XF. J. Power Sources，2011，196：73650.

[31] Kim HS，Chung YH，Kang SH. Electrochem Acta.，2009，54：3606.

[32] Fan XY，Zhuang QC，Wei GZ. Acta. Chimica Sinica，2009，67：1547.

[33] Ke FS，Huang L，Cai JS，Sun SG. Electrochim Acta.，2007，52：6741.

[34] Fan XY，Ke FS，Wei GZ，Huang L，Sun SS. Electrochem Solid-State Lett.，2008，11：A195.

[35] Ju SH，Jang HC，Kang YC. J. Power Sources，2009，189：163.

[36] Shin NR，Kang YM，Song MS. J. Power Sources，2009，186：201.

[37] Wang F，Zhao MS，Song XP. J. Alloys Comp.，2009，472：55.

[38] Zhao MS，Zheng QY，Wang F. J. Nanosci Nanotech，2010，10：7025.

[39] Huang F，Lu XZ，Liu Y，Liu J，Wu R. Mater Sci. Tech.，2011，27：29.

[40] Hassoun J，Reale P，Panero S，Scrosati B. Adv. Mater，2009，21：4807.

[41] Hassoun J，Lee KS，Sun YK，Scrosati B. J. Am. Chem. Soc.，2011，133：3139.

[42] Yang LC，Qu QT，Shi Y，Wu YP，van Ree T. Chapter 15, Materials for lithium ion batteries by mechanochemical methods, in "High energy ball milling: mechanochemical production of nanopowders", pp. 361-408, Dr. Ma+gorzata Sopicka-Lizer (Editor), Woodhead Publishing Limited, Cambridge, UK, 2010.

[43] Saadat S，Tay YY，Zhu JX，Teh PF，Maleksaeedi S，Yan QY. Chem. Mater，2011，23：1032.

[44] Park，CM，Sohn HJ. Adv. Mater，2010，22：47.

[45] Park CM，Jeon KJ. Chem. Commun，2011，47：2122.

[46] Zhu J，Sun T，Chen J，Shi W，Zhang X，Lou X，Mhaisalkar S，Hng HH，Yan Q. Chem. Mater，2010，22：5333.

[47] Lee H，Kim H，Doo S，Cho J. J. Electrochem Soc.，2007，154：343.

[48] Chan CK，Zhang F，Cui Y. Nano Lett.，2008，8：307.

[49] Cui G，Gu L，Zhi L，Kaskhedikar N，Aken PA，Müllen K，Maier J. Adv. Mater，2008，20：3079.

[50] Laforge B，Levan-Jodin L，Salot R，Billard A. J. Electrochem Soc.，2008，155：181.

[51] Yoon S，Park CM，Sohn HJ. Electrochem Solid State Lett.，2008，11：42.

[52] 52 Yang LC，Gao QS，Li L，Tang Y，Wu YP. Electrochem Commun，2010，12：418.

[53] HaoYJ，Lai QY，Lu JJ，Ji XY. Ionics，2007，13：369.

[54] Cheng L，Li XL，Liu HJ，Xiong HM，Zhang PW，Xia YY. J. Electrochem Soc.，2007，154：A692.

[55] Bruce PG，Scrosati B，Tarasco JM. Angew Chem. Int. Ed.，2008，47：2930.

[56]　Huang SH，Wen，ZY，Zhu XJ，Lin ZX. J. Power Sources，2007，165：408.
[57]　Huang SH，Wen ZY，Zhu XJ，Lin ZX. J. Electrochem Soc.，2005，152：A186.
[58]　Tabuchi T，Yasuda H，Yamachi M. J. Power Sources，2006，162：813.
[59]　He HG，Li N，Li，Dai C，Wang D. Electrochem Commun，2008，10：1031.
[60]　Wang GJ，Gao J，Fu LJ，Zhao NH，Wu YP，Takamura T. J. Power Sources，2007，174：1109.
[61]　Jung HG，Myung ST，Yoon CS，Son SB，Oh KH，Amine K，Scrosati B，Sun YK. Energ Environ Sci.，2011，4：1345.
[62]　Huang J，Jiang Z. Electrochim Acta.，2008，53：7756.
[63]　Yu H，Zhang X，Jalbout AF，Yan X，Pan X，Xie H，Wang R. Electrochim Acta.，2008，53：4200.
[64]　Wang YY，Hao YJ，Lai QY. Ionics，2008，14：85.
[65]　Huang HH，Wen ZY，Zhang JC，Gu ZH，Xu XH. Solid State Ionics，2006，177：851.
[66]　Nakajima T，Ueno A，Achiha T，Ohzawa Y，Endo M. J. Fluor Chem.，2009，130：810.
[67]　Snyder MQ，Trebukhova SA，Ravdel B，Wheeler MC，Di Carlo J，Tripp CP，DeSisto WJ. J. Power Sources，2007，165：379.
[68]　Hsiao KC，Liao SC，Chen JM. Electrochim Acta.，2008，53：7242.
[69]　Li J，Tang Z，Zhang Z. Electrochem Commun，2005，7：894.
[70]　Jiang C，Zhou Y，Honma I，Kudo T，Zhou H. J. Power Sources，2007，166：514.
[71]　Tang YF，Yang L，Qiu Z，Huang JS. Electrochem Commun，2008，10：1513.
[72]　Li J，JinY L，Zhang X G. Solid State Ionics，2007，178：1590.
[73]　Yang LH，Dong C，Guo J. J. Power Sources，2008，175：575.
[74]　Ganesan M，Dhananjeyan MVT，Sarangapani KB. J. Electroceram，2007，18：329.
[75]　Sorensen EM，Barry SJ，Jung HK，Rondinelli JR，Vaughey JT，Poeppelmeier KR. Chem. Mater，2006，18：482.
[76]　Bao S J，Bao Q L，Li CM，Dong ZL. Electrochem Commun，2007，9：1233.
[77]　Guillzume S，Emmanuel B，Dominique L. J. Mater Chem.，2005，15：1263.
[78]　Kavan L，Rathousky J，Gratzel M，Shklover V，Zukal A. J. Phys. Chem. B，2000，104：12012.
[79]　Baddour-Hadjcan R，Pereira-Ramos JP. J. Power Soures，2007，174：1188.
[80]　Jiang C，Wei M，Qi Z，Kudo T，Honma I. J. Power Sources，2007，166：239.
[81]　Oh S W，Park S H，Sun Y K. J. Power Sources，2006，161：1314.
[82]　Poizot P，Laruelle S，Grugeon S，Dupont L，Tarascon JM. Nature，2000，407：496.
[83]　Subramanian V，Karki A，Gnanasekar K I. J. Power Sources，2006，159：186.
[84]　Bao SJ，Ban QL，Li CM. Electrochem Commun，2007，9：1233.
[85]　Fabregat-Santiago F，Randriamahazaka H，Zaban A，Fabregat-Santiago F，Randriamahazaka H，Zaban A. Phys. Chem. Chem Phys.，2006，8：1827.
[86]　Cao Q，Zhang HP，Wang GJ，Xia Q，Wu YP，Wu HQ. Electrochem Commun，2007，9：1228.
[87]　Fu LJ，Liu H，Zhang HP，Wu YP. Electrochem Commun，2006，8：1.
[88]　Fu LJ，Yang LC，Shi Y，Wu YP. Micro. Meso. Mater，2009，117：515.
[89]　Ohzuku T，Sawai K，Hird T. J. Electrochem Soc.，1990，137：3004.
[90]　Hu YS，Kienle L，Guo YG，Maier J，Adv. Mater，2006，18：1421.
[91]　Baurin E，Cassaignon S，Koelsch M，Jolivet JP，Dupont L，Tarascon JM. Electrochem Commun，2007，9：337.
[92]　Jiang C，Honma I，Kudo T，Shou H. Electrochem Solid-State Lett.，2007，10：A127.
[93]　Wang DH，Choi DW，Yang Z，Viswanathan VV，Nie Z，Wang C，Song Y，Zhang J，Liu J. Chem Mater，2008，20：3435.
[94]　Baudrin E，Cassaignon S，Koelsch M，Jolivet JP，Dupont L，Tarascon JM. Electrochem Commun，2007，9：337.
[95]　Jiang CH，Itaru H，Tetsuiehi K. Electrochem Solid State Lett.，2007，10：A127.
[96]　Peter GB. Energy materials. Solid State Sci.，2005，7：1456.
[97]　Sudant G，Baudrin E，Larcher Tarascon JM. J. Mater Chem.，2005，15：1263.
[98]　Armstrong G，Armstrong AR，Canales J，Bruce PG. Chem. Commun，2005，19：2454.
[99]　Wang Q，Wen ZH，Li JH. Inorg Chem.，2006，45：6944.
[100]　Li QJ，Zhang JW，Liu BB，Li M，Yu S. Inorg. Chem.，2008，47：9870.
[101]　Armstrong AR，Armstrong G，Canales J，Bruce PG. Angew. Chem.，Int. Ed. 2004，43：2286.
[102]　Jiang CH，Hosono E，Zhou HS. Nano Today，2006，1：28.
[103]　Wang KX，Wei MD，Morris MA，Zhou HS，Holmes JD. Adv. Mater，2007，19：3016.
[104]　Wen ZH，Wang Q，Zhang Q，Li JH. Adv. Funct Mater，2007，17：2772.
[105]　Luo JY，Zhang JJ，Xia YY. Chem. Mater，2006，18：5618.
[106]　Grugeon S，Laruelle S，Dupont L，Chevallier F，Taberna PL，Simon P，Gireaud L，Lascaud S，Vidal E，Yrieix B，Tarascon JM. Chem. Mater，2005，17：5041.
[107]　Shaju KM，Jiao F，Debart A，Bruce PG. Phys Chem Chem Phys.，2007，9：1837.
[108]　Dupont L，Laruelle S，Grugeon S，Dickinson C，Zhou W，Tarascon JM. J. Power Sources，2008，175：502.
[109]　Hu J，Li H，Huang XJ，Chen LQ. Solid State Ionics，2006，177：2791.
[110]　Dupont L，Grugeon S，Laruelle S，Tarascon JM. J. Power Sources，2007，164：839.

[111]　Li JT, Maurice V, Jolanta SM, Seyeux A, Zann S, Klein L, Sun SG, Marcus P. Electrochim Acta., 2009, 54: 3700.

[112]　Boyanov S, Zitoun D, Menetrier M, Jumas JC, Womes M, Monconduit L. J. Phys. Chem. C., 2009, 113: 21441.

[113]　Amine K, Yasuda H, Yamachi M. J. Power Sources, 1999, 81: 221.

[114]　Funabiki A, Yasuda H, Yamachi M. J. Power Sources, 2003, 119: 290.

[115]　Shao H, Qian X, Yin J, Zhu ZJ. Solid State Chem, 2005, 178: 3130.

[116]　Tabuchi T, Katayama Y, Nukuda T, Ogumia Z. J. Power Sources, 2009, 191: 640.

[117]　Tabuchi T, Katayama Y, Nukuda T, Ogumia Z. J. Power Sources, 2009, 191: 636.

[118]　Auborn JJ, Barberio YL. J. Electrochem Soc., 1987, 134: 638.

[119]　Dahn JR, McKinnon WR. Solid State Ionics, 1987, 23: 1.

[120]　Liang Y, Yang S, Yi Z, Sun J, Zhou Y. Mater Chem. Phys., 2005, 93: 395.

[121]　Shi Y, Guo B, Corr SA, Shi Q, Hu YS, Heier KR, Chen L, Seshadri R, Stucky GD. Nano Lett., 2009, 9: 4215.

[122]　Manthiram A, Tsang C. J. Electro. Chem. Soc., 1996, 143: 143.

[123]　Ji LX, Herle S, Rho YH, Nazar LF. Chem. Mater, 2007, 19: 374.

[124]　Zach MP, Ng KH, Penner RM. Science, 2000, 290: 2120.

[125]　Zhou J, Xu NS, Deng SZ, Chen J, She JC, Wang ZL. Adv. Mater, 2003, 15: 1835.

[126]　Liang Y, YiZ, Lei X, Ma X, Yang S, Sun J, Liang Y, Zhou Y. J. Alloys Comp., 2006, 421: 133.

[127]　Liang YG, Yi ZH, Yang SJ, Zhou LQ, Sun JT, Zhou YH. Solid State Ionics, 2006, 177: 501.

[128]　Yang LC, Gao QS, Tang Y, Wu YP, Holze R. J. Power Sources, 2008, 179: 357.

[129]　Yang LC, Li LL, Wu YP, to be submitted.

[130]　Yang LC, Gao QS, Zhang YH, Tang Y, Wu YP. Electrochem Commun, 2008, 10: 118.

[131]　Pehlivan E, Niklasson GA, Granqvist CG, Georen P. Phys. Status Solidi A., 2010, 207: 1772.

[132]　Lee JH, Hon MH, Chung YW, Leu IC. Appl. Phys. A., 2011, 102: 545.

◆ 第5章

氧化钴锂正极材料

氧化钴锂一般有两种结构：层状结构和尖晶石结构。然而通常意义说的氧化钴锂基本上指前者，在本书中除非另有说明，亦指前者。后者结构不稳定，循环性能不好，常被人忽略，在这里只是进行简单介绍。层状氧化钴锂为锂离子电池中最常见的正极材料，其可应用于水锂电，具体见第17章。然而与氧化镍锂和氧化锰锂等正极材料相比，研究得不是很多，一方面在于其资源有限，成本比较高（见16.3节），另一方面在于容易制备和结构比较稳定。

5.1 氧化钴锂的物理性能

常用的氧化钴锂为层状结构［见图 5-1（a）］，结构比较稳定，其 X 射线衍射曲线如图 5-1（b）所示。其研究始于 1980 年。在理想层状 $LiCoO_2$ 结构中，Li^+ 和 Co^{3+} 各自位于立方紧密堆积氧层中交替的八面体位置，$a=0.2816nm$，$c=1.4056nm$，c/a 比一般为 4.991。但是实际上由于 Li^+ 和 Co^{3+} 与氧原子层的作用力不一样，氧原子的分布并不是理想的密堆结构，而是有所偏离，呈现三方对称性（空间群为 $R\bar{3}m$）。在充电和放电过程中，锂离子可以从所在的平面发生可逆脱嵌/嵌入反应。由于锂离子在键合强的 CoO_2 层间进行二维运动，锂离子电导率

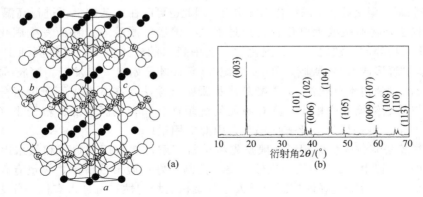

图 5-1　（a）层状氧化钴锂的结构（灰色圆圈为处于 $3b$ 位置的 Co^{3+}，黑圈为处于 $3a$ 位置的 Li^+，
白色圆圈为处于 $6c$ 位置的 O^{2-}）和（b）X 射线衍射曲线

高，扩散系数为 $10^{-7} \sim 10^{-9}\,\mathrm{cm^2/s}$。另外共棱的 CoO_6 的八面体分布使 Co 与 Co 之间以 Co—O—Co 形式发生相互作用，电子电导率 σ_e 亦比较高。

5.2 氧化钴锂的制备方法

氧化钴锂的制备方法比较多，通常为固相反应。对于固相反应，一般是在高温下进行的。但是在高温下离子和原子通过反应物、中间体发生迁移需要活化能，对反应不利，必须延长反应时间，才能制备出电化学性能均比较理想的电极材料。索尼公司为了克服迁移时间长的问题，采用超细锂盐和钴的氧化物混合；同时为了防止反应生成的粒子过小而易发生迁移、溶解等，在反应前加入黏合剂进行造粒，该过程示意如图 5-2。

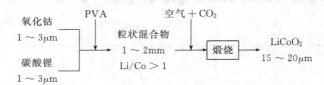

图 5-2 索尼公司生产 $LiCoO_2$ 的流程示意

为了克服固相反应的缺点，可以采用溶胶-凝胶法、喷雾分解法、沉降法、冷冻干燥旋转蒸发法、超临界干燥和喷雾干燥法等方法进行改性，这些方法的优点是 Li^+、Co^{3+} 间的接触充分，基本上实现了原子级水平的反应。低温下制备的 $LiCoO_2$ 介于层状结构与尖晶石 $Li_2[Co_2]O_4$ 结构之间，由于阳离子的无序度大，电化学性能差，因此层状 $LiCoO_2$ 的制备还须在较高的温度下进行热处理。至于加热方式，亦可以采用微波、红外等，这样有利于反应产物均匀和产品质量的稳定。

喷雾干燥仪的结构示意如图 5-3。先将锂盐与钴盐混合，然后加入聚合物支撑体如 PEG，然后进行喷雾干燥。一般而言，这样制备的前驱体材料结晶度低，不能直接作为锂二

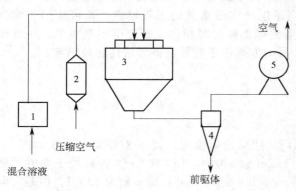

图 5-3 喷雾干燥法的流程示意

1—输液泵；2—加热器；3—主塔；4—旋风分离器；5—风扇

次电池的正极材料。但是锂和钴的混合比较均匀，因此也可以在此基础上再进行高温热处理。

溶胶-凝胶法是将有机或无机化合物经过溶液、溶胶、凝胶等过程而发生固化，然后热处理制备固体氧化物等的方法之一，是湿化学方法中新兴的一种方法，可追溯到 1946 年，即通过正硅酸乙酯水解形成 SiO_2 凝胶，到 20 世纪 80 年代才开始进一步发展。溶胶-凝胶法主要分三种：外凝胶法（油包水乳化法）、内凝胶法和凝胶支撑法。在本书中不予以区分，统称为溶胶-凝胶法。与其他传统方法相比，具有明显的优越性，如合成温度低、粒子小（在纳米级范围）、粒径分布窄、均一性好、比表面积大，因此应用很广。

用溶胶-凝胶法制备氧化钴锂，一般是先将钴盐溶解，然后用 LiOH 和氨水逐渐调节 pH，形成凝胶。在该过程中，pH 的控制比较重要。控制不好一般形成沉淀，故也有人将该法称为沉淀法或共沉淀法。为了更好地控制粒子大小及结构的均匀性，可加入有机酸作为载体，如草酸、酒石酸、丙烯酸、柠檬酸、聚丙烯酸、腐殖酸、聚乙烯吡咯烷酮、2-乙基己酸、琥珀酸等。在形成的凝胶中，由于酸上的氧与钴离子和锂离子结合，因此不仅可以保证粒子在纳米级

范围内，而且使锂与钴在原子级水平发生均匀混合，在较低的合成温度下就可以得到结晶性好的氧化钴锂；同时也不像固相反应那样需要长时间加热。

5.3 氧化钴锂的热稳定性

处于充电状态的氧化钴锂 Li_xCoO_2（$x<1$）一般处于介稳状态，当温度高于 200℃时，会发生如式(5-1)所示氧的释出：

$$Li_{0.5}CoO_2 \longrightarrow 0.5LiCoO_2 + \frac{1}{6}Co_3O_4 + \frac{1}{6}O_2 \tag{5-1}$$

对于化学脱锂的 $Li_{0.49}CoO_2$，放热反应从 190℃起开始发生 [图 5-4(a)]，它对应于从层状结构 $R\bar{3}m$ 向尖晶石 $Fd\bar{3}m$ 的转变；而不是氧的释出。$Li_{0.49}CoO_2$ 与电解液（EC/DMC 的 1mol/L $LiPF_6$）的反应有两个明显的放热峰 [见图 5-4(b)]。一个位于 190℃，对应于溶剂在活性的正极表面的分解；另一个起始于 230℃，对应于电解质与 $Li_{0.49}CoO_2$ 分解产生的 O_2 的氧化反应。至于放热量与 $Li_{0.49}CoO_2$ 量的关系目前存在两种结果：其一是无关；另一为基本上成正比，并且还与电解质盐的浓度及种类有关。

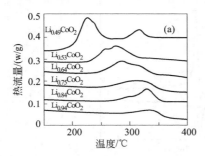 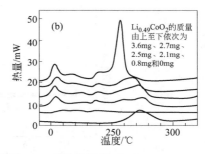

图 5-4 化学脱锂后 Li_xCoO_2 的差热曲线 (a) 和化学脱锂后 $Li_{0.49}CoO_2$ 与 3μL 电解液接触的差热曲线 (b)（升温速率为 5℃/min）

在较高温度下的自放电与热稳定性有关，最主要的是涉及结构的变化。例如层状 $LiCoO_2$ 可转变为六方尖晶石 $LiCoO_2$，其活化能为 81.2kJ/mol。该结构制备增加了内部应变，减少了锂离子沿 c 轴的发生连续迁移的距离。

5.4 固相法制备氧化钴锂的电化学性能

锂离子从 $LiCoO_2$ 中可逆脱嵌量最多为 0.5 单元。$Li_{1-x}CoO_2$ 在 $x=0.5$ 附近发生可逆相变，从三方对称性转变为单斜对称性。该转变是由于锂离子在离散的晶体位置发生有序化而产生的，并伴随晶体常数的细微变化。但是，也有人在 $x=0.5$ 附近没有观察到这种可逆相变。当 $x>0.5$ 时，$Li_{1-x}CoO_2$ 在有机溶剂中不稳定，会发生失氧反应；同时 CoO_2 不稳定，容量发生衰减，并伴随钴的损失。该损失是由于钴从其所在的平面迁移到锂所在的平面，导致结构不稳定而使钴离子通过锂离子所在的平面迁移到电解质。因此 x 的范围为 $0 \leqslant x \leqslant 0.5$，理论容量为 156mA·h/g。在此范围内电压表现为 4V 左右的平台。典型的放电曲线如图 5-5

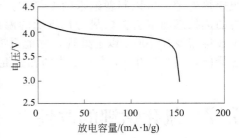

图 5-5 典型氧化钴锂的放电曲线
（电流密度 0.25mA/cm²）

所示。

当 $LiCoO_2$ 进行过充电时，会生成新的结构。例如在 4.5V 时生成一种目前结构还未阐明的中间相 O1a，在 4.8V（$Li_{1-x}CoO_2$ 中的 x 位于 0.9～1.0 之间）左右形成终相（terminal phase）O1（CdI_2-型单层六方结构）。

5.5 喷雾干燥法制备氧化钴锂的电化学性能

喷雾干燥法直接制备的氧化钴锂结晶度低，不能直接作为锂离子电池的正极材料。但是锂和钴的混合比较均匀，再在高温下进行热处理，可以制备高性能的锂离子电池正极材料，第 1 次循环充放电效率高达 90% 以上，可逆容量达 135mA·h/g，循环性能优越。如果将喷雾得到的产品进行研磨，然后再在高温下退火处理，第一次的可逆容量可达 150mA·h/g。与通常采用固相反应制备的 $LiCoO_2$ 相比，不仅可逆容量增加，而且可逆性得到明显的提高，这可以从图 5-6 的循环伏安曲线得到说明。

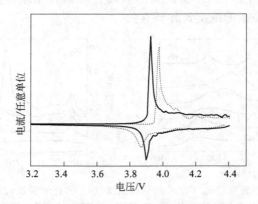

图 5-6　喷雾干燥法（实线）与固相法（虚线）制备的
$LiCoO_2$ 在第一次循环的循环伏安曲线

5.6 溶胶-凝胶法制备氧化钴锂的电化学性能

溶胶-凝胶法制备的氧化钴锂无论是可逆容量还是循环性能，均较固相反应优越，可逆容量可达 150mA·h/g 以上，以金属锂为参比电极，溶胶-凝胶法所得的材料在 10 次循环以后容量还在 140mA·h/g 以上，具有良好的循环性能。

在溶胶-凝胶法中，采用聚氧化乙烯-聚氧化丙烯-聚氧化乙烯的嵌段共聚物为表面活性剂和快速热处理，可以制备纳米的 $LiCoO_2$。当然，溶胶-凝胶法制备的 $LiCoO_2$ 的循环性能还与最终的热处理温度有关，尽管在较低的温度如 400℃ 就可以制备具有良好晶型的 $LiCoO_2$，但是一般均需要在 700℃ 以上处理，才能具有良好的循环性能。例如在 550℃ 制备的 $LiCoO_2$ 不仅容量低，而且产生 Co^{3+} 和 Li^+ 的相互混合，造成锂离子的扩散系数降低。

5.7 氧化钴锂的改性

尽管 $LiCoO_2$ 比其他正极材料的循环性能优越，但是仍会发生衰减。透射电镜（TEM）可以明显观察到 $LiCoO_2$ 在 3.5～4.35V 之间循环时受到不同程度的破坏，如产生严重的应变、缺陷密度增加和粒子发生偶然破坏；产生的应变导致两种类型的阳离子无序：八面体位置层的缺陷和部分八面体结构转变为尖晶石四面体结构。因此对于长寿命需求的空间探索而言还有待于进一步提高循环性能。同时，研究过程发现，$LiCoO_2$ 经过长期的循环后，从层状结构转变为立方尖晶石结构，特别是位于表面的粒子；另外，降低氧化钴锂的成本和提高在较高温度（<65℃）下的循环性能也是目前研究的方向之一。采用的方法主要有掺杂和包覆。

5.7.1 氧化钴锂的掺杂

掺杂的元素有 Li、B、Al、Mg、Cr、Ni、Mn、Cu、Sn、Zn 和稀土元素等。

锂的过量也可以称为掺杂。由于锂的过量，为了保持电中性，Li_xCoO_2 中含有氧缺陷。高压氧处理可以有效降低氧缺陷结构。可逆容量与锂的量有明显的关系。当 Li/Co=1.10 时，可逆容量最高，为 140mA·h/g。当 Li/Co>1.10 时，由于 Co 的含量降低，容量降低。当然，如果提高充电的终止电压到 4.52V，容量可达 160mA·h/g。但是过量的锂并没有将 Co^{3+} 还原，而是产生了新价态的氧离子，其结合能高，周围电子密度小，而且空穴结构均匀分布在 Co 层和 O 层，提高 Co—O 的键合强度。

硼离子的掺杂主要是降低了极化，减少了电解液的分解，提高了循环性能。例如掺杂硼后的可逆容量高于 130mA·h/g，掺杂量为 10% 时 100 次循环后容量还在 125mA·h/g 以上。

镁离子的掺杂对锂的可逆嵌入容量影响不大，而且也表现良好的循环性能，这主要是镁掺杂后形成的为固熔体，而不是多相结构。通过 ^7Li MAS-NMR 联用的方法，观察到镁掺杂后的相结构存在缺陷：氧空位和中间相 Co^{3+}。

采用铝进行掺杂主要考虑如下因素：①铝便宜、毒性低、密度小；②α-$LiAlO_2$ 与 $LiCoO_2$ 的结构相类似，且 Al^{3+}（53.5pm）和 Co^{3+}（54.5pm）的离子半径基本上相近，能在较大的范围内形成固熔体 $LiAl_yCo_{1-y}O_2$；③Al 的掺杂可以提高电压；④掺杂后可以稳定结构，提高容量，改善循环性能。可以采用丙烯酸作为载体的

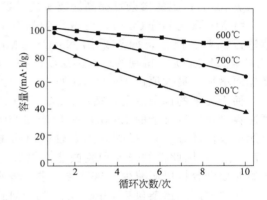

图 5-7 热处理温度对 Al 掺杂的 $LiAl_{0.25}Co_{0.75}O_2$ 的电化学性能的影响（充放电电压范围为 2.5～4.3V，充放电速率为 C/5）

溶胶-凝胶法制备掺杂的 $LiAl_yCo_{1-y}O_2$。但是，掺杂量的多少及相应的热处理温度对电化学性能有明显的影响。如图 5-7 所示，当热处理温度为 600℃时，容量和循环性能均较更高温度处理所得到的产品性能要好。当温度过高时，易导致内部结构缺陷和残留有 Co^{4+}。$LiAl_{0.15}$-$Co_{0.85}O_2$ 初始可逆容量达 160mA·h/g，10 次循环后主体结构没有明显变化。与此同时，$Li_{0.5}Al_{0.25}Co_{0.75}O_2$ 的放热峰同 $Li_{0.5}CoO_2$ 的相比有了明显提高，且产热量有明显降低。

用 Cr 取代制备的 $LiCo_{1-y}Cr_yO_2$（$0.0 \leqslant y \leqslant 0.20$）为六方形结构，随 y 的增加，由于 Cr^{3+} 的离子半径大于 Co^{3+}，晶体参数 a 和 c 增加。循环伏安法表明当 $y=0.05$ 和 0.10 时，$Li_{1-x}(Co_{1-y}Cr_y)O_2$ 在 $x=0.5$ 时发生的相变得到了抑制；对于给定的 x 值，$y=0.05$ 时的电压高于 $y=0.10$。增加 Cr 的含量，减少了能发生可逆脱嵌的锂量。$y=0.05$ 和 0.10 时不理想的循环性能可能归结于层状结构中存在轻微的阳离子无序。

镍取代后的 $LiCo_{1-x}Ni_xO_2$ 可以采用软化学法制备成纳米粒子。该法在低至 330℃时就可以得到层状结构。但是，在合成纳米粒子时，必须避免高温，特别是金属与甘油醇形成络合物的分解。镍的取代抑制了晶体的生长，在 400℃时进行热处理后，制备的粒子大小为 10～15nm。当 50% 的钴被取代后，其电化学性能比较优良，在 C/2 下循环时容量可达 100 次，比钴取代量大于 50% 的 $LiCo_{1-x}Ni_xO_2$ 的稳定性要高。例如在 50℃储存时，前者的容量衰减要

明显低于后者（见图 5-8），而且从差热法可以明显看出放热峰提高到 250℃ 以上，而后者则为 200℃。

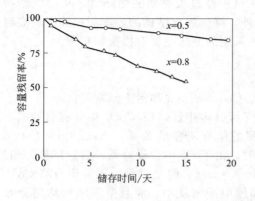

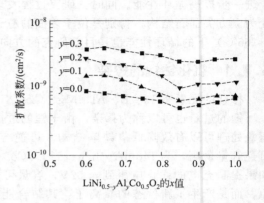

图 5-8　$LiCo_{1-x}Ni_xO_2$ 在 50℃ 储存时容量衰减情况　　　图 5-9　$LiNi_{0.5-y}Al_yCo_{0.5}O_2$ 的扩散系数

在镍掺杂的基础上可以进行进一步的掺杂，例如铝、镍共同掺杂的 $LiNi_{0.5-y}Al_yCo_{0.5}O_2$（$0<y<0.3$）；铝的掺杂可提高锂离子的扩散系数（见图 5-9）。

将 Mn 取代部分 Co 后，可得到尖晶石 $LiCoMnO_4$，表现为 5V 附近的电压，这将在第 8 章进行说明。但是，如果采用 $Na_xCo_{0.5}Mn_{0.5}O_2$ 作为前驱体，然后进行离子交换，合成 $Li_xCo_{0.5}Mn_{0.5}O_2$，得到的材料为层状结构，电位处于 4.0～5.0V 之间，而且可逆容量随 x 的增加而增加，最大值位于 $x=0.8$ 处。

稀土元素的掺杂主要包括 Y、La、Tm、Gd 和 Ho。掺杂量为 1‰（摩尔分数）时，初始可逆容量比没有掺杂的 $LiCoO_2$ 平均增加 $20mA \cdot h/g$，而且放电平台要好。这主要是由于稀土元素取代部分 Co，尽管 a 和 b 轴则略有减少，但是层间距 c 增大了，总的晶胞体积增大 0.7% 左右，因此锂的嵌入和脱嵌能力更好，有利于提高可逆容量。但是随着掺杂量的增加，初始充放电容量反而减少，这有待于进一步研究。

其他方面的掺杂包括 LiF、Ni、Cu、Mg、Sn、Zn 等。

5.7.2　氧化钴锂的包覆

氧化钴锂表面包覆的材料比较多，主要为无机氧化物，例如 MgO、Al_2O_3、$3LaAlO_3 \cdot Al_2O_3$、AlF_3、$AlPO_4$、$Y_3Al_5O_{12}$、TiO_2、$Li_4Ti_5O_{12}$、V_2O_5、$LiMn_2O_4$、SnO_2、ZrO_2。当然，不同的包覆层产生的效果并不完全一样。例如 MgO 的包覆可以有效提高 $LiCoO_2$ 的结构稳定性，当充电终止电压分别为 4.3V、4.5V 和 4.7V 时，可逆容量分别为 $145mA \cdot h/g$、$175mA \cdot h/g$ 和 $210mA \cdot h/g$。$LiCoO_2$ 的表面涂上一层无定形氧化铝后，可以防止钴的溶解，稳定 $LiCoO_2$ 的层状结构，提高了循环性能（见图 5-10）；至于是否抑制了相变，还有待于进一步的研究。由于钴的损失减少，避免了非活性物质的形成和活性物质的流失，同时还可避免 Co^{4+} 的进一步形成和生成 Co^{4+} 反应的发生。在 $LiCoO_2$ 表面涂上一层 $LiMn_2O_4$，开始热分解温度从 185℃ 提高到 225℃，而且循环性能亦有明显

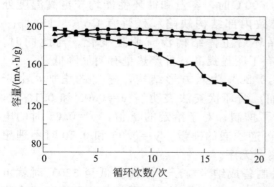

图 5-10　没有包覆和用 Al_2O_3 包覆的 $LiCoO_2$
在 3.0～4.5V 充放电时的循环性能

■ 没有包覆的 $LiCoO_2$；● 包覆有 Al_2O_3 在 300℃ 下处理的 $LiCoO_2$；▲ 包覆有 Al_2O_3 在 600℃ 下处理的 $LiCoO_2$

提高。

将纳米 $AlPO_4$ 包覆在 $LiCoO_2$ 表面，也能达到相同的效果；并且在较高的温度下循环时，比较能提高热稳定性，而且能减少 Co 的溶解。

V_2O_5 包覆在 $LiCoO_2$ 表面的效果与温度也有关系，在 400℃ 时的效果最佳。

SnO_2 包覆层可以采用溶胶-凝胶法制备，过程示意如下：

① 水解 $Sn(OR)_4 + H_2O \longrightarrow Sn(OR)_3(OH) + ROH$ (5-2)

② 缩合脱水 $Sn(OR)_3(OH) + Sn(OR)_3(OH) \longrightarrow (OR)_3Sn\text{-}O\text{-}Sn(OR)_3 + H_2O$ (5-3)

③ 包覆 $LiCoO_2$ 粒子表面的 $OH + (OR)Sn(OR)_3 \longrightarrow LiCoO_2$ 粒子表面$\text{-}O\text{-}Sn(OR)_3$ (5-4)

其中 OR 为烷氧基。

SnO_2 包覆后的 $LiCoO_2$ 的电化学性能与接着的热处理有关。当 $T < 600℃$ 时，Sn 主要分布在粒子表面，呈现出优良的结构稳定性，而且在 4.15V 和 4.2V 处不发生从单斜到六方形的相变，在 4.4～2.75V 之间以 0.5C 速率充放电，47 次循环后容量保持率还在 80% 以上（见图 5-11）；当 $T = 600℃$ 时，Sn 扩散到粒子里面，此时包覆层不存在，不能防止 $LiCoO_2$ 与电解液之间的接触、相变以及由此产生的阳离子无序化，因此 47 次循环后，容量衰减率达 51%（见图 5-11 中曲线 d）。

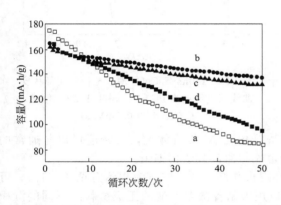

图 5-11 没有涂层的 (a) 和在 400℃ (b)、500℃ (c) 和
600℃ (d) 制备的 SnO_2 涂层的 $LiCoO_2$ 的循环性能

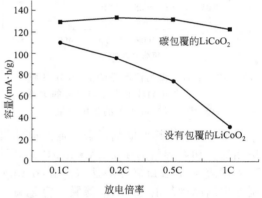

图 5-12 碳包覆前后 $LiCoO_2$ 在不同
倍率下的容量变化

当然，也可以进行碳包覆。碳包覆后可以大幅度提高大电流下的充放电性能（见图 5-12），主要原因在于碳的存在大幅度提高了电子的导电性能，减少了内阻和离子传递阻抗。但是在包覆碳的时候要注意时间和温度，否则表面的 $LiCoO_2$ 的结构和价态会发生变化，从而对电化学性能造成不利影响。

5.8 其他方法制备的 $LiCoO_2$

通过静电喷射沉积法制备 $LiCoO_2$ 薄膜，随沉积时间的增加，沉积量线性增加。温度在低至 600℃ 时就可以得到单相、且只能在高温（800℃）下热处理才能获得的 $LiCoO_2$ 稳定结构。当然随淬火温度的增加，结晶性提高，循环性能稳定，而且在循环过程中 Co 原子周围的几何位置和电子结构没有发生变化。采用射频溅射和脉冲激光沉积法，也可以制备 $LiCoO_2$ 薄膜。在前者制备的薄膜中，锂离子扩散平面（c 轴）垂直基体表面，有利于锂离子的嵌入和脱嵌；而后者则与基体表面平行，不利于锂离子的嵌入和脱嵌。另外，沉积的基体对制备的薄膜材料的性能有影响。厚度对制备的薄膜电极材料的电化学性能有明显的影响。图 5-13 为射频磁溅射法制备的薄膜的放电容量与厚度的关系，越厚，在大电流下表现出来的容量越小，被认为是与扩散系数大小有关。然而，也有人认为薄膜电极的电化学行为不受扩散控制，而受所谓的"电池阻抗（cell-impedance）"控制。与通常的 $LiCoO_2$ 一样，充电终止电压越高，容量越大。例如在充电到 4.2V 时，容量可达 $170mA \cdot h/g$，比通常的 $LiCoO_2$ 要高 20% 多，这可能与新的可逆反应有关。从 140nm 的薄膜电极的循环伏安曲线（见图 5-14）可以看出三对可逆氧化还原峰，第一对为经典锂的嵌入和脱嵌（3.894V/3.922V），第二对（4.060V/4.065V）和第三对（4.164V/4.174V）被认为是有序/无序转变。在充电到 4.4V 时均存在良好的循环性能。只有高于 4.4V 时，才发现存在明显的相变，粒子发生破坏，电阻增加。当然，小粒子的循环性能优于大粒子的循环性能。

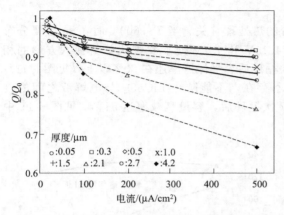

图 5-13 射频磁溅射法制备的 $LiCoO_2$ 薄膜在 4.2～3.0V 之间的放电容量与厚度的关系（Q_0 为 $20\mu A/cm^2$ 下的放电容量）

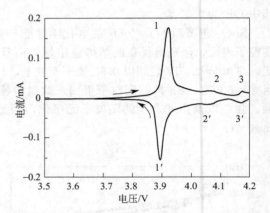

图 5-14 140nm $LiCoO_2$ 薄膜电极的循环伏安曲线（电解液为 PC 的 $1mol/L$ $LiClO_4$ 溶液，扫描速率为 0.5mV/s）

将 $LiCoO_2$ 与其他助剂混合，通过电泳沉积法沉积在 Al 集流体上，其密度可以与通常的方法相比。初始容量为 $142mA \cdot h/g$，循环性能也能与通常方法相媲美。

采用溶胶-凝胶旋转涂膜法（spin coating）和退火相结合的方法（流程示意见图 5-15），可以制备出结晶度高的 $LiCoO_2$ 薄膜，容量高，可以用来制备微型电池的正极材料。不同的沉积基体，效果不一样。对于沉积在 Pt（200）集流体上的 $LiCoO_2$ 薄膜，在较高的温度下制备的容量高，但是容量衰减快。与沉积在 Pt（111）集流体上的相比，容量要高。该法与静电喷射沉积法等方法相比，可以很好地控制计量关系、结晶度、密度和微结构，而且制备成本相对而言比较低，沉积速率快。

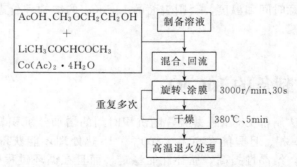

图 5-15 采用溶胶-凝胶旋转涂膜法和退火相结合制备 $LiCoO_2$ 薄膜的流程

另外，通过机械化学法与高温热处理相结合可以有效缩短高温处理所需的时间，并且同时具有优良的循环性能。

采用水热法可以获得超细的氧化钴锂。在合成过程中，制备条件对产品的性能影响很大。将 LiOH、$Co(NO_3)_2$ 和 H_2O_2 在 150～250℃下反应 0.5～24h，可以得到在高温下才能得到的层状结构，平均粒子大小为 70～200nm，LiOH 浓度的提高有利于结晶度的提高，将制备的氧化钴锂在 230℃时进行退火处理，尽管可逆容量从 130mA·h/g 减少到 120mA·h/g，但是循环性能有了明显的提高。由于粒子处于亚微米范围内，并且比表面积大，大电流下的电化学性能好。

将溶胶-凝胶法制备的 $LiCoO_2$ 进行超声分散，然后采用喷墨打印法，可以制备 $LiCoO_2$ 薄膜电极，其可逆容量可达 120mA·h/g，并具有良好的循环性能。

5.9　氧化钴锂的回收制备

目前，用完了的锂离子电池的再生已经成为了日益关注的问题。通过机械法、热处理、溶胶-凝胶法等方法相结合，从废弃的锂离子电池中可以制备性能优良的 $LiCoO_2$ 正极材料。该过程示意如图 5-16。

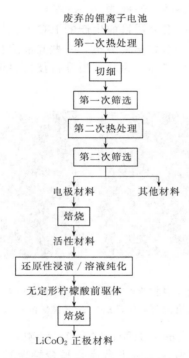

图 5-16　从废弃的锂离子电池中再生制备 $LiCoO_2$ 的流程

5.10　尖晶石型氧化钴锂

当反应温度为中等温度 400℃时，而非高温 850℃，氧化钴锂的电化学性能与前述高温层状氧化钴锂明显不同。高分辨中子衍射表明该材料中的阳离子分布介于理想的层状结构和理想的尖晶石结构之间（在此暂且归于尖晶石氧化钴锂进行说明）。可逆容量及循环性能均不理想，加入部分镍取代钴形成 $LiCo_{1-x}Ni_xO_2$（$0 < x \leqslant 0.2$）后，容量及稳定性均有提高。将尖晶石氧化钴锂及掺有镍的 $LiCo_{1-x}Ni_xO_2$ 用甲酸等进行处理，发生如下反应：

$$LiCoO_2 \longrightarrow Li[Co_2]O_4 + CoO + Li_2O \tag{5-5}$$

能得到理想的尖晶石结构，结果电化学性能有了明显提高。在锂化过程中，尖晶石型的四方对称性能够得到维持，且在锂嵌入和脱嵌时，晶胞单元只膨胀、缩小 0.2%。从该角度而言，应用前景不可小觑，有待进一步的研究。温室时通过进一步反应可合成结晶性较好的尖晶石 $LiCo_2O_4$。

另外，采用过硫酸钠作为氧化剂，取出部分锂，可形成尖晶石 $LiCo_2O_4$。阳离子分布为 $LiCo_2O_4$、$Li_{8a}[Co_2]_{16d}O_4$。锂离子从 $8a$ 位置发生脱嵌时的电位为 $3.8\sim4.0V$，而锂离子的嵌入电位为 $3.5\sim3.6V$，比理论预测的 $1.3V$ 要小。当然，尖晶石 $LiCo_2O_4$ 的电化学性能与所使用的 $LiCoO_2$ 原材料也有密切的关系。

5.11 部分氧化钴锂工业产品的性能

生产氧化钴锂的国内外企业比较多，如湖南瑞翔新材料有限公司、湖南杉杉新材料有限公司、北大先行科技产业有限公司、中信国安盟固利动力科技有限公司、北京当升科技材料科技股份有限公司等。下面将介绍部分产品的性能。

北京当升科技材料科技股份有限公司目前生产的 $LiCoO_2$ 产品有五种型号，一些具有高倍率性能，适合于 20C、25C、30C、40C 倍率放电，一些具有高的压实密度，例如 $\geqslant4.2g/cm^3$，一些具有优良的循环性能等。图 5-17(a) 为北京当升科技材料科技股份有限公司生产的型号为 LCO-5# 钴酸锂的 SEM 图。

(a)   (b)

图 5-17 北京当升科技材料科技股份有限公司生产的型号为 LCO-5# 钴酸锂（a）和
湖南杉杉新材料有限公司生产的 LC108 型钴酸锂（b）的 SEM 图

湖南杉杉新材料有限公司生产的 LC420、LC500、LC400、LC108 四种型号的氧化钴锂产品中，LC108 为二次颗粒，类球形；电压平台高，平台稳定性好；容量循环性能优良。图 5-17(b) 为 LC108 型氧化钴锂（钴酸锂）的 SEM 图，平均粒径为 $6\sim12\mu m$。其质量比容量 $\geqslant140mA\cdot h/g$，组装成锂离子电池的 $3.6V$ 平台率 $>83\%$，50 周内每周期容量衰减率 $\leqslant0.1\%$，振实密度 $>2.5g/cm^3$。

参 考 文 献

[1] 吴宇平，戴晓兵，马军旗，程预江. 锂离子电池——应用与实践. 北京：化学工业出版社，2004.
[2] Ohzuku T. J. Power Sources, 2007, 174: 449.
[3] Wang GJ, Zhao NH, Yang LC, Wu YP, Wu HQ, Holze R. Electrochim Acta., 2007, 52: 4911.
[4] Ruffo R, Wessels C, Huggins RA, Cui Y. Electrochem Commun, 2009, 11: 247.
[5] Wang GJ, Qua QT, Wang B, Shi Y, Tian S, Wu YP, Holze R. Electrochim Acta, 2009, 54: 1199.
[6] Wang GJ, Fu LJ, Zhao NH, Yang LC, Wu YP, Wu HQ. Angew Chem. Int. Ed., 2007, 46: 295.
[7] Wang YG, Luo JY, Wang CX, Xia YY. J. Electrochem Soc., 2006, 153: A1425.
[8] Porthault H, Cras FL, Franger S. J. Power Sources, 2010, 195: 6262.
[9] Ni CT, Fung KZ. Solid State Ionics, 2008, 179: 1230.

[10] Okubo M，Hosono E，Kudo T，Zhou HS，Honma I. Solid State Ionics，2009，180：612.

[11] Doh CH，Kim DH，Kim HS，Shin HM，Jeong YD，Moon SI，Jin BS，Eom SW，Kim HS，Kim KW，Oh DH. J. Power Sources，2008，175：881.

[12] Takahashi Y，Tode S，Kinoshita A，Fujimoto H，Nakane I，Fujitani S. J. Electrochem Soc.，2008，155：A537.

[13] Zhou J，Notten PHL. J. Power Sources，2008，177：553.

[14] Li D，Peng Z，Ren H，Guo W，Zhou Y. Mater Chem. Phys.，2008，107：171.

[15] Lee DG，Gupta RK，Cho YS，Hwang KT. J Appl Electro. Chem.，2009，39：671.

[16] Shi X，Wang C，Ma X，Sun J. Mater Chem. Phys.，2009，113：780.

[17] Baskara R，Kuwata N，Kamishima O，Kawamura J，Selvasekarapandian S. Solid State Ionics，2009，180：636.

[18] Fu LJ，Liu H，Wu YP，Rahm E，Holze R，Wu HQ. Solid State Sci.，2006，8：113.

[19] Lu CZ，Chen JM，Cho YD，Hsu WH，Muralidharan P，Fey GTK. J. Power Sources，2008，184：392.

[20] Chen JM，Cho YD，Hsiao CL，Fey GTK. J. Power Sources，2009，189：279.

[21] Yi TF，Shu J，Yue CB，Zhu XD，Zhou AN，Zhu YR，Zhu RS. Mater Res. Bull，2010，45：456.

[22] Lee JW，Park SM，Kim HJ. J. Power Sources，2009，188：583.

[23] Li H，Wang ZX，Chen LQ，Huang XJ. Adv. Mater，2009，21：4593.

[24] Liu JY，Liu N，Liu DT，Bai Y，Shi LH，Wang ZX，Chen LQ，Hennige V，Schuch A. J. Electrochem Soc.，2007，154：A55.

[25] Sun YK，Han JM，Myung ST，Lee SW，Amine K. Electrochem Commun，2006，8：821.

[26] Sun YK，Myung ST，Park BC，Yashiro H. J. Electrochem Soc.，2008，155：A705.

[27] Sun YK，Cho SW，Lee SW，Yoon CS，Amine K. J. Electrochem Soc.，2007，154：A168.

[28] Cao Q，Zhang HP，Wang GJ，Xia Q，Wu YP，Wu HQ. Electrochem Commun，2007，9：1228.

[29] Huang JJ，Yang JJ，Li WR，Cai WB，Jiang ZY. Thin Solid Films，2008，516：3314.

第6章

氧化镍锂正极材料

在目前的锂离子电池中，一般采用氧化钴锂 $LiCoO_2$。然而如后面第 16 章所述，钴的自然资源有限、价格昂贵，从而大大限制了锂离子电池的应用领域，必须研究和开发高性能、低价格的其他正极材料。$LiNiO_2$ 是替代 $LiCoO_2$ 的最有前景的正极材料之一，实际容量可达 $190 \sim 210mA \cdot h/g$，明显高于 $LiCoO_2$，且其对环境影响更小，同时在价格和资源上比 $LiCoO_2$ 更具优势。

6.1 氧化镍锂的物理化学性能

氧化镍锂和氧化钴锂一样 [见图 6-1(a)]，为 α-$NaFeO_2$ 型层状结构，属于 $R\bar{3}m$ 空间群，其 X 射线衍射示意如图 6-1(b) 所示。氧原子位于 $6c$ 位置，为立方密堆积。镍原子位于 $3a$ 位置，锂原子位于 $3b$ 位置，交替占据八面体位置，在 [111] 晶面方向上呈层状排列。$a=0.2886nm$，$c=1.4214nm$。当 003 与 104 面衍射峰的强度比少于 1.2 时，108 和 110 面的衍射峰则难以分辨出来。但是，在高温下（$>120℃$），八面体 $3a$ 位置和隙间 $6c$ 位置参与锂离子的扩散，导致部分 $3a$ 位置的锂离子迁移到隙间的 $6c$ 位置，从而产生阳离子无序。

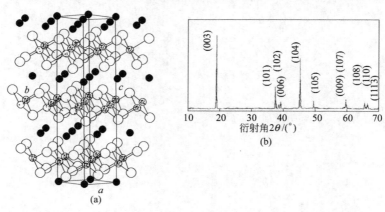

图 6-1　氧化镍锂的理想结构（a）和 X 衍射示意（b）

由于 Ni^{2+} 较难氧化为 Ni^{3+}，在通常条件下所合成的 $LiNiO_2$ 材料中会有部分 Ni^{3+} 被 Ni^{2+} 占据，为保持电荷平衡，一部分 Ni^{2+} 要占据 Li^+ 所在的位置。由于在 $LiNiO_2$ 固熔体中，层间由锂或额外镍离子占据八面体的尺寸远远大于 NiO_2 层的 NiO_6 八面体，所以层间存在的额外镍离子为 +2 价，即通常所说的阳离子无序（cation disorder）。由于存在于锂层（3a）的 Ni^{2+}（$r_{Ni^{2+}} = 0.068nm$）半径小于 Li^+ 的离子半径（$r_{Li^+} = 0.076nm$），且在脱锂过程中被氧化为半径更小的 Ni^{3+}（$r_{Ni^{3+}} = 0.056nm$），导致层间局部结构塌陷，使得占据锂位的镍离子周围的 6 个锂位难发生再嵌入，造成材料容量损失，循环性能下降。随着脱锂的进行，Ni_{3d} 价态的密度（DOS：density of state）会变宽，Ni_{3d} 和 O_{2p} 的价态发生重叠。

正极材料充电状态下的热稳定性是影响电池安全性能的重要因素。$LiNiO_2$ 的热稳定性差，在同等条件下（例如电解液组成、终止电压）与 $LiCoO_2$ 和 $LiMn_2O_4$ 正极材料相比，$LiNiO_2$ 的热分解温度最低（200℃附近），且放热量最多，主要原因是由于充电后期处于高氧化态的镍（+4）不稳定，氧化性强，不仅氧化分解电解质，腐蚀集流体，放出热量和气体，而且自身不稳定，在一定温度下容易放热分解并析出 O_2。当热量和气体聚集到一定程度，就可能发生爆炸，使整个电池体系遭到破坏。$LiNiO_2$ 热稳定性与充电状态有关，随充电电压的升高，$LiNiO_2$ 的热分解温度降低，并且放热量增加。例如在 180～250℃ 脱锂的 $Li_{1-x}NiO_2$ 热分解为 $LiNi_2O_4$（$Fd3m$）。该热分解行为与 x 有明显关系。当 $x \leqslant 0.5$ 时，分解产物主要是尖晶石 $LiNi_2O_4$，其量随 x 的增加而线型增加。当 $0.5 < x \leqslant 0.8$ 时，除产生 $LiNi_2O_4$ 外，还有氧的析出：

$$Li_{1-x}NiO_2 \longrightarrow LiNi_2O_4 + O_2 \tag{6-1}$$

当温度高于 270℃ 时，则分解为岩盐结构，并伴随氧的释放。$Li_{1-x}NiO_2$ 的热行为可以解释为两个过程的叠加：阳离子（镍离子和锂离子）发生重排，生成尖晶石或岩盐相的放热反应；氧释放的吸热反应。

当正极材料处于过充状态时不仅可以导致电解液氧化，产生气体，增大电池内压及电池内阻，而且材料自身会发生一定程度的分解，引起电极间容量的不匹配。

在低温下的热行为目前研究较少，然而它可能与常温下的电化学行为有关。当位于低温（13～300K）时，在 20K 以下发现异常的高热容，它与自旋玻璃态转变有关。在 100K 以上，同 $LiCoO_2$ 相比，热容要高。在较高的温度（>50℃）下，镍离子易从镍离子所在的平面迁移到锂离子所在的平面，导致 c/a 比例下降。

$LiNiO_2$ 容量的衰减以前认为与失氧有关，但最近的结果认为主要是形成非活泼的 $Ni(II)$ 和 $Ni(III)$，从而阻碍了锂离子的嵌入/脱嵌。

与 $LiCoO_2$ 一样，在储存过程中要严格控制水分和 CO_2，因为在室温下 $LiNiO_2$ 与 CO_2 反应生成 Li_2CO_3，同时 Ni^{3+} 还原为 Ni^{2+}，变为 NiO。

6.2　氧化镍锂的固相反应制备

$LiNiO_2$ 的固相反应制备一般是将锂的化合物如 Li_2O、$LiOH$、$LiNO_3$ 等与镍化合物如 NiO、$Ni(NO_3)_2$、$Ni(OH)_2$ 等混合均匀后，例如在约 800℃ 下煅烧，冷却研磨得到层状 $LiNiO_2$。应该指出的是，温度过高，易生成非计量比产物，主要原因在于 $LiNiO_2$ 在高温下易发生如式（6-2）的分解反应，生成 Li_dNiO_{2-d}（$0 < d < 1$），导致额外的镍离子占据锂位，阻碍了锂离子的脱嵌，严重影响 $LiNiO_2$ 的电性能。所以在通常的合成过程中，尽量降低合成温度、采用氧气氛或锂过量等方法，以稳定 Ni^{3+}，减少锂挥发，抑制缺锂现象的发生。而生成 2D 结构的有序阳离子排列所需的温度在 700℃ 左右，所以合成温度也不能过低。适宜的合成温度为 700～800℃。另外，$LiNiO_2$ 在较高温度（>720℃）下也易发生相变，从六方相向立方相转变，而该种立方相不具有电化学活性。因此，焙烧温度严重影响产品的电化学性能。

$$LiNiO_2 \longrightarrow Li_d NiO_{2-a}(0<d<1)+xLi_2O\uparrow \tag{6-2}$$

合成时，宜选用化学活性较高的含锂前驱体（如 Li_2O、$LiOH$ 或 $LiNO_3$）和含镍前驱体如 NiO 或 $Ni(OH)_2$。所以原材料及 Li/Ni 配比对 $LiNiO_2$ 的纯度影响大，以 Li_2CO_3 和 $Ni(OH)_2$ 为原材料，易生成 $Li_2Ni_8O_{10}$ 相，不利于电化学反应；而以 $LiOH$ 和 $Ni(OH)_2$ 为原材料，在 $600\sim750℃$ 能得到单一相层状结构的 $LiNiO_2$。

6.3　固相法制备的氧化镍锂的电化学性能

从电子结构方面来看，$Li^+(1s^2)$ 能级与 $O^{2-}(2p^6)$ 能级相差较大，而 $Ni^{3+}(3d^7)$ 能级更接近 $O^{2-}(2p^6)$ 能级，所以 Li—O 间电子云重叠程度小于 Ni—O 间电子云重叠程度，Li—O 键远弱于 Ni—O 键。因此，Li^+ 能够在 NiO 层与层之间进行嵌入、脱嵌。

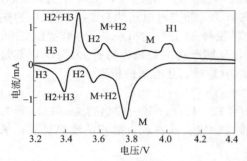

图 6-2　$LiNiO_2$ 的循环伏安曲线

当 $Li_{1-x}NiO_2$ 中 $x\leqslant0.5$ 时，在循环过程还能保持结构的完整性。但是，在循环过程中 $LiNiO_2$ 像 $LiCoO_2$ 一样，当 $Li_{1-x}NiO_2$ 中的 $x>0.5$ 时，同样也发生相变。例如从初始的六方相（H1）转变为单斜相（M），然后从 M 相转变为另一种六方相（H2），从另一种六方相 H2 转变为第三种六方相（H3）。这可以从 $LiNiO_2$ 的循环伏安曲线（见图 6-2）可以看出。当然这也可以从 $LiNiO_2$ 的充放电曲线的放大图及其微分曲线上得到说明。特别是后两种相变，产生比较严重的破坏作用。随锂脱嵌的进行，a 轴减少，c 轴增加，发生晶格的各相异性变化，这样在每一个粒子的表面形成微裂，生成单斜相和新的六方相（H2 和 H3），容量发生明显衰减。

另外，$x>0.5$ 时，Ni^{4+} 较 Co^{4+} 更易在有机电解质如 PC 或 EC 电解质溶液中发生还原，$LiNiO_2$ 在 $4.2V$ 时就观察到气体产生，而对于 $LiCoO_2$ 和 $LiMn_2O_4$ 而言，要到 $4.8V$ 以上才能观察到气体产生。

层状氧化镍锂中 c/a 比通常为 4.93，在锂层中含有少量镍，镍对锂层的污染明显影响电化学性能。典型固相反应制备 $LiNiO_2$ 的充放电曲线如图 6-3 所示。

对于 Li_xNiO_2 来说，如上所述，其电压和组成曲线的形状比较复杂，反映出 $Li_{1-x}NiO_2$（$0\leqslant x\leqslant0.82$）在充放电过程中由 Li 层中 Li/空位的有序性重排引起一系列相变。单斜相扭曲不是由 Ni^{3+} 的杨-泰勒效应产生的，而是 Li 空位的有序性重排所形成的超晶格结构引起的。这些相变在充放电过程中引起 $LiNiO_2$ 晶格参数发生变化，造成 NiO_2 层形变，发生容量衰减。但是，也有人认为这类相扭变是由 Ni^{3+} 的杨-泰勒效应和 Li 空位的有序性重排共同作用的结果，并在 $x=0.25$、0.33、0.4、0.5 和 0.75 存在不同的相图；当锂含量较低时，主要为 $Li_{0.4}NiO_2$。

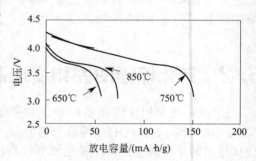

图 6-3　典型固相反应制备的 $LiNiO_2$ 的充放电曲线［以 $LiOH$ 和 $Ni(OH)_2$ 为原料］

$LiNiO_2$ 在充放电过程中存在着较大的不可逆容量，主要体现在第一次循环。目前的研究结果表明，合成产物的非计量比是导致 $LiNiO_2$ 第一次循环容量损失的主要原因。非计量比

Li_xNiO_2 化合物主要体现为锂离子和镍离子的错位及缺锂富镍状态。在 $LiNiO_2$ 中 Li^+ 位上存在 Ni^{2+}，为了维持 Ni^{2+} 进入 Li—O 层后体系的电中性平衡，原 Ni—O 层中也必然有等量的 Ni^{2+} 存在。非计量比 $Li_{1-y}Ni_{1+y}O_2$ 层间 Ni^{2+} 在脱锂后期将被氧化成离子半径更小的 Ni^{3+}，造成该离子附近结构的塌陷，在随后的嵌锂过程中难以嵌入已塌陷的位置上，从而造成嵌锂量减少，致使第一次循环容量损失。也有人认为层间和层中 Ni^{2+} 在脱锂前期同时发生氧化，位于层间 Ni^{2+} 周围的 Li^+ 会优先脱嵌，容量损失主要发生在第一次循环脱锂前期。另外，如果脱锂充电过程达到高电压，生成高脱锂产物，此时 Ni—O 层结构将由数量占大多数而半径较小的 Ni^{4+} 决定，与此同时，具有杨-泰勒效应的少量 Ni^{3+} 将通过四面体空隙转移到 Li^+ 空位，以期稳定整个结构，从而产生更大的不可逆容量。因此与计量化合物的偏移越大，第一次循环容量不可逆容量和高电压下充电容量损失越大。所以，应尽可能合成接近计量比的产物 $LiNiO_2$。

$LiNiO_2$ 充放电过程中发生的相变严重制约了其性能和使用寿命。当脱嵌的锂量达到 0.75 以上，将严重破坏材料的结构稳定性。因此充电终止电压必须控制在 4.1V 以下，也就是 $LiNiO_2$ 的可逆容量限制在约 200mA·h/g（约 0.75 单元 Li^+）以下。如果充电电压超过 4.1V，将产生不可逆容量。例如当充电至 4.8V 时，将生成组成为 $Li_{0.06}NiO_2$ 的产物，每次循环的不可逆容量损失高达 40～50mA·h/g。

正极材料的表面在充放电过程中，同样也形成表面钝化膜，因为该膜的形成有利于提高正极材料处于完全充电状态时的稳定性。

6.4　氧化镍锂的改性

如上所述，$LiNiO_2$ 通常采用固相反应法，但是镍较难氧化为 +4 价，必须在较高温度下进行。而在较高温度下易生成缺锂的氧化镍锂，很难批量制备理想的 $LiNiO_2$ 层状结构；另外，热稳定性差，易产生安全问题；在充放电过程中存在着相变；因此，人们希望将其进行改性。$LiNiO_2$ 的改性主要有以下几个方向：

① 提高脱嵌相结构的稳定性，从而提高安全性；

② 抑制或减缓相变，降低容量衰减速率；

③ 降低不可逆容量，与负极材料达到较好的平衡；

④ 提高可逆容量。

改性的方法主要有溶胶-凝胶法、加入掺杂元素和进行包覆。

6.4.1　溶胶-凝胶法制备的氧化镍锂

溶胶-凝胶法制备 $LiNiO_2$ 与制备 $LiCoO_2$ 基本上相同。首先将 LiOH 或氨水加入镍盐（例如硝酸镍）的水溶液中，得到凝胶型沉淀物，在低于 100℃下将溶剂除去，通过水洗将未反应的锂盐除去，然后在温度高于 400℃下进行热处理，得到 $LiNiO_2$ 结晶。

当然，在溶胶-凝胶法的制备过程中，也可以加入小分子的有机物例如柠檬酸、己二酸、酒石酸或高分子例如聚乙烯醇、聚乙烯醇缩丁醛作为凝胶支撑体。以聚乙烯醇缩丁醛为例，在 750℃热处理 5h 就可以合成结晶性很好的 $LiNiO_2$，比固相反应、喷雾干燥等方法均要优越。其原因之一为锂、镍之间是原子级水平的混合，另一原因是有机物在热处理时发生氧化，产生大量的热，可以加速 $LiNiO_2$ 晶体的形成。当然加入的有机物并不是多多益善，过多会导致氧的分压过低，使 Ni 从 +2 价氧化为 +3 价进行得不完全。

用溶胶-凝胶法制备的球形 $Ni_{1-x}Co_x(OH)_2$ 粉末为原料（$x=0.1$、0.2 和 0.3）制备 $LiNi_{1-x}Co_xO_2$，同常见的将 $Co(OH)_2$ 和 $Ni(OH)_2$ 混合制备 $Li_{1-x}Co_xNi_{1-x}O_2$ 相比，阳离子

无序度降低，晶格参数 c/a 之比增加，电化学稳定性提高。

溶胶-凝胶法的主要优越性还可以从合成时的反应动力学得到说明。其反应速率的决定步骤为 NiO 与 Li_2CO_3 之间反应生成 $LiNiO_2$，而不是由扩散步骤来控制。通过反应时间和反应温度可以控制 $LiNiO_2$ 的纯度及其分解。

溶胶-凝胶法制备的 $LiNiO_2$ 热稳定性提高到 400℃ 以上，初始容量在 150mA·h/g 以上。

为了抑制 Ni^{4+} 的还原，也可以在溶胶-凝胶法的基础上进行掺杂，具体见 6.4.2 节。

6.4.2 单一元素的掺杂

掺杂元素的主要目的是提高 $LiNiO_2$ 六方晶体结构在循环过程中的稳定性。引入的掺杂元素较多，如 Li、F、Na、Mg、Al、Ca、Ti、Mn、Fe、Co、Cu、Zn、Ga、Nb 和 Ba 等，下面分别说明。

对于锂的掺杂，从某种程度上而言，不是掺杂，而是过量锂的加入，生成非计量化合物 $Li_{1+x}NiO_2$。一般而言不利于电化学性能的提高。

氟的单独掺杂主要是取代部分氧原子，导致 Ni^{2+} 跑到锂离子所在的位置，增加阳离子的无序程度。然而，由于内部阻抗减少，电化学性能却有明显提高。但是，取代后，在充放电过程中晶体结构还是发生变化。也有人报道，氟的掺杂可以抑制相转变，从而提高循环性能。

钠的掺杂主要是取代锂，例如生成 $Li_xNa_{1-x}NiO_2$。随 x 的不同，相的状态不同。$x=0.0$ 时，为单斜相（$C2/m$）；当 $0.13<x<0.15$ 时，为第一种菱形相（$R\overline{3}m$），在 Li/Na（3a）位置没有无序的 Ni，并且不出现因相邻 Ni 层位置变化时而产生的杨-泰勒效应；当 $0.70<x<1.00$ 时，为第二种菱形相（$R\overline{3}m$）。作为正极材料，第一种菱形相将具有良好的应用前景。

对于镁离子的取代，当其加入量少时，主要是 Ni^{2+} 被取代，循环性能比较理想。但是当其加入量较多时，镁离子可取代 Ni^{4+}，得到明显不同的电化学性能。主要原因在于镁过量时，占据锂所在的位置。

铝可以均匀掺杂到 $LiNiO_2$ 中。在 $LiAl_xNi_{1-x}O_2$ 中的掺杂量 x 可以高达 0.25，在 750℃ 下热处理仍然为单相的层状结构。由于 Al^{3+} 为惰性元素，在过充电条件下，可以防止 $LiNiO_2$ 结构的破坏。同时，电荷载流子的扩散阻抗减少，锂离子的扩散系数增加；充放电过程中的放热反应得到明显的抑制，与电解液的接触稳定性明显提高；掺杂铝后，还原电位增加了约 0.1V，对应于锂嵌入的第三个平台在正常的充放电（终止电压低于 4.3V）下不会出现，因为在没有掺杂的该电压平台位于约 4.23V。在正常充放电条件下，只出现第一个和第二个电压平台，电位分别为 3.73V 和 4.05V（没有掺杂的为 3.63V 和 3.93V）。因此，循环性能与耐过充性能有了明显提高。在氧气气流下，铝掺杂的 $LiAl_{0.25}Ni_{0.75}O_2$ 也可以在 700℃ 下通过静电喷射沉积法进行制备。Al 的掺杂提高了在室温和较高温度下的电化学性能，与此同时，循环过程晶体的稳定性得到了明显提高（见图 6-4）。

采用溶胶-凝胶法，可以得到 Ca 掺杂的层状 $LiNi_{1-x}Ca_xO_2$（$x=0.0\sim0.5$），其可逆容量和循环性能均较没有掺杂的有明显改善，主要原因在于 Ca 为惰性，在充放电过程中可以起着"柱子"的作用，防止因锂的脱嵌造成晶格的坍塌。

在氧气气氛及 750℃ 下，通过固相反应，可以将 Ti^{4+} 掺杂到 $LiNiO_2$ 中，形成的 $LiNi_{1-x}Ti_xO_2$（$0.025<x<0.2$）为高度有序、具有单一相的层状结构。Ti^{4+} 的掺杂可保持晶体结构的稳定性，防止杂离子 Ni^{2+} 迁移到锂所在的位置。可逆容量高达 240mA·h/g，而且在 4.3~2.8V 及 C/5 速率下具有良好的循环性能（见图 6-5）。另外，还可以提高 $LiNiO_2$ 的热稳定性。

将锰取代部分镍进行掺杂，可以有效防止结构参数的突变。晶格参数 c 和 Ni—O 键距随 $Li_{1-x}Ni_{0.8}Mn_{0.2}O_2$ 中 x 的增加而增加，抑制了从 H1→M→H2 之间的相变。根据 XPS、XANES 和 ESR 的结果，在循环过程中 $Li_{1-x}Ni_{0.8}Mn_{0.2}O_2$ 的电荷补偿归结于镍的价态变化。

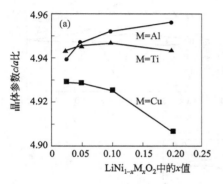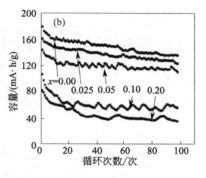

图 6-4　$LiNiO_2$ 的晶体参数 c/a 比与部分掺杂元素及量的关系（a）
以及循环性能与铝的掺杂量 x 的关系（b）

然而，镍与位于 $3a$ 位置的锂的交换导致锂难以从锂层中发生脱嵌，可逆容量低，电化学性能表现不佳。但是当锰的含量较高时，形成的层状 $LiMn_{0.5}Ni_{0.5}O_2$ 具有良好的结构稳定性，在充放电过程中并不发生结构的蜕变，而且热稳定性得到明显提高，当然，其可逆容量较 $LiNiO_2$ 而言要低些。

掺杂 Fe^{3+} 后，导致锂脱嵌的电位提高，使 Ni^{3+} 很难氧化为 Ni^{4+}，而且许多 Ni^{2+} 或 Fe^{3+} 占据锂离子所在的位置，结果电化学性能明显劣化。但是最近的结果表明，采用燃烧法进行 Fe 掺杂，得到的 $LiNi_{1-y}Fe_yO_2$（$0.000 < y < 0.100$）具有少量的阳离子无序，$y = 0.025$ 时具有最高的首次放电容量 176.5mA·h/g，在 2.7～4.2V 之间循环 100 次后还有 121mA·h/g。

为了稳定 Ni^{4+}，钴可以部分取代镍得到 $LiNi_{1-x}Co_xO_2$。由于钴和镍是位于同一周期的相邻元素，具有相似的核外电子排布，且 $LiCoO_2$ 和 $LiNiO_2$ 同属于 α-$NaFeO_2$ 型化合物，因此可以将钴、镍以任意比例混合并保持层状结构。由于这方面的研究比较多，下面进行较为详细的说明。

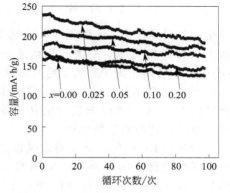

图 6-5　Ti 的掺杂量对 $LiNi_{1-x}Ti_xO_2$ 的
循环性能的影响

Ni—O 和 Ni—Ni 之间的距离随 Li_xNiO_2（$x \leqslant 0.8$）中 x 的增加而减少，NiO_6-配位区的局部相变随钴掺杂量的增加而减少，因此在循环过程中相变也就越来越不明显（见图 6-6）。因此有人认为，钴掺杂后可以不发生相变，但是事实上相变还是存在的，只是只有很少一部分发生而已。部分钴离子取代镍离子所在层中的无序结构，阻止 Li 层的无序化过程，Li_xNiO_2 的两相区在掺杂的 $LiNi_{1-x}Co_xO_2$ 体系中基本上消失。

在掺杂化合物 $LiCo_yNi_{1-y}O_2$ 中，层间距大小主要受 Li^+ 的影响，而且锂离子的半径最大（$r_{Li^+} = 0.076nm$），其次优先占据锂位的离子应该是 Ni^{2+} 和 Co^{3+} 中半径较大的离子，而在 $LiCo_yNi_{1-y}O_2$ 化合物中 Co^{3+} 的离子半径小于 Ni^{2+}，应占据 $3b$ 位。这从中子衍射实验得到了证实。因此可以用下式来表示 $LiCo_yNi_{1-y}O_2$ 中各类原子的分布：

$$\underset{3a \text{ 位}}{[Li_d^+ Ni_{1-d}^{2+}]} \underset{3b \text{ 位}}{[Ni_{1-d}^{2+} Ni_{d(2-x)-2(1-x)}^{3+}} \underset{6c \text{ 位}}{Co_{(1-x)(2-d)}^{3+}]} O_2^{2-}$$

尽管如此，Co 在 $3b$ 位并非总是理想分布的，Co 的分布并不都是均匀的，在固相反应产物 $LiCo_yNi_{1-y}O_2$ 中有钴簇的存在。

钴的掺入大大降低了 $LiNiO_2$ 的非化学计量，并且稳定了其层状结构，从而使最终材料的性能得到改善。因为钴离子半径（0.053nm）小于镍离子半径（0.056nm），所以随掺杂钴量的增加，与层内金属-金属距离有关的晶格参数 a 和相当于三个层间距的参数 c 缓慢降低，表

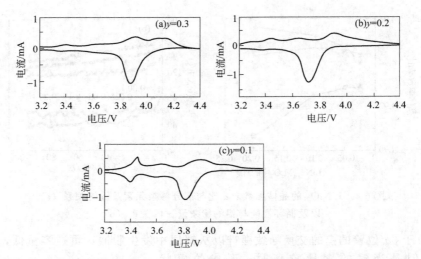

图 6-6　不同钴掺杂量的 $LiCo_yNi_{1-y}O_2$ 的循环伏安曲线（与图 6-2 相对比）

征结构各向异性的 c/a 值增大。上述参数的变化表明，由钴取代镍提高了材料的二维层状特性。从另一角度看，Co^{3+} 的半径小于 Ni^{3+}，钴取代镍降低了层中金属—氧键的键长（d_{M-O}），且两阳离子都处于低自旋状态，因此，Ni 位的配位场增强使得 $(Co_{1-y}Ni_y)O_2$ 层中 Ni^{2+} 的稳定性降低。钴的存在使得 $(Co_{1-y}Ni_y)O_2$ 层中只有三价阳离子能够稳定存在，且不再需要 Ni^{2+} 占据锂位来进行电荷补偿，所以可以获得严格的二维结构。当钴含量大于 30% 时，可以得到纯的二维结构。

掺杂物 $LiCo_yNi_{1-y}O_2$ 的合成首先采用固相反应。当固相反应的合成温度低于 800℃时，要得到性能良好的材料，助熔剂和氧气氛是必不可少的条件。如果没有氧气氛，温度超过 800℃后，$LiCo_yNi_{1-y}O_2$ 会部分分解为 Li_2O。当 $0.7 \leqslant y \leqslant 0.9$ 时，要得到纯相 $LiCo_yNi_{1-y}O_2$ 固熔体，合成温度需提高到 1000℃。所以 $LiCo_yNi_{1-y}O_2$ 中的 y 值通常小于 0.3。钴掺杂量较低（$y \leqslant 0.2$）时，则发现有额外 Ni^{2+} 的存在，生成缺锂产物，当 $y \geqslant 0.3$ 时，可以得到纯二维结构的固熔体。

固相反应温度高、烧结时间长，锂以 Li_2O 的形式直接从 $LiCo_{1-y}Ni_yO_2$ 中挥发出来，极易造成缺锂现象的发生，使非化学计量程度加剧，材料性能严重劣化。再者，固相反应产物中易发生 Co 的不均匀分布，即出现 Co 簇。另外材料的物性也不理想，形貌不规则，颗粒度较大，粒度分布不均匀，导电性及可逆性较差，因此也可以采用溶胶-凝胶法来降低合成温度。

采用 $Ni_{1-y}Co_y(OH)_2$ 共沉淀为前驱体和含锂前驱体一同烧结，在 800℃下仅仅焙烧 2～5h 得到的产物 $LiNi_{1-y}Co_yO_2$ 中只有 3% 的缺锂，样品容量高，可逆性好，结晶程度高，综合电化学性能优于纯 $LiNiO_2$ 和 $LiCoO_2$。如果采用 $LiNO_3$，烧结过程中出现液相 $LiNO_3$ 及由此产生的偏析，导致高镍材料中仍存在缺锂现象。为抑制缺锂现象的发生，进一步用 $K_2S_2O_8$ 将共沉淀 $Ni_{1-y}Co_y(OH)_2$ 氧化为 β-$Ni_{1-y}Co_yOOH$，并以此为前驱体，与 $LiNO_3$ 在 400℃下合成 $LiNi_{1-y}Co_yO_2$。由于镍在 β-$Ni_{1-y}Co_yOOH$ 中已处于 3 价氧化态，所以在 400～450℃便可与 $LiNO_2$ 反应，所得产物结晶程度好，初始容量高。

$LiCo_yNi_{1-y}O_2$ 化合物的不可逆容量较大，首次充放电的不可逆容量通常在 15%～20%。实验证明 $LiCo_yNi_{1-y}O_2$ 化合物的不可逆主要发生在首次充电过程的初期阶段，随着充电深度的加深不可逆产生的速度逐渐下降。并且 $LiCo_yNi_{1-y}O_2$ 化合物随着 Co 含量的增加，其不可逆容量呈线性下降。在首次充电时，额外 Ni^{2+} 周围的 Li^+ 优先脱嵌，且该 Ni^{2+} 的氧化过程不可逆，因而造成 $LiCo_yNi_{1-y}O_2$ 化合物在首次充放电过程中产生较大的不可逆。

$LiCo_yNi_{1-y}O_2$ 在充放电过程中也有容量衰减现象发生。在充电状态下，Ni、Co 离子处于

+4 价，反应活性高，易与有机溶剂发生失氧反应等，导致 MO_2 层中 M 离子的溶解。这些因素都严重影响了 $LiCo_yNi_{1-y}O_2$ 的循环性能，所以应控制充放电终止电压、稳定材料结构，以延长 $LiCo_yNi_{1-y}O_2$ 的循环寿命。人们对 $LiCo_yNi_{1-y}O_2$ 在充放电过程中钴镍的氧化还原行为进行了详细的研究。另外，在充电过程中镍离子首先氧化为 +4 价，其次才是钴离子的氧化。

在 $Li_{1-x}Ni_{0.85}Co_{0.15}O_2$ 中，以 Co_3O_4 尖晶石结构存在，抑制 $Li_{1-x}NiO_2$ 分解位岩盐相。当 $x=0.26$ 时，$LiNi_xCo_{1-x}O_2$ 在第一次循环的可逆容量与粒子大小有关，位于 205～210mA·h/g 之间。当以 C/2 进行充放电时，可逆容量为 157mA·h/g，其快速充放电能力可与 $LiCoO_2$ 相媲美。使用椭圆形 $Ni_{1-x}Co_x(OH)_2$ ($x=0.1$、0.2 和 0.3) 粒子作为前驱体，可以合成 $LiNi_{1-x}Co_xO_2$。与通过将 $Co(OH)_2$ 和 $Ni(OH)_2$ 混合制备的 $Li_{1-x}Co_xNi_{1-x}O_2$ 相比，无序程度降低，晶体参数 c/a 增加，循环性能明显提高。

当然，钴的掺杂也可以通过溶胶-凝胶法制备，使用的载体有聚乙烯醇、马来酸、草酸、柠檬酸和三乙基胺等。例如使用聚乙烯醇作为载体，在 600℃ 下合成的 $Li_xNi_{0.85}Co_{0.15}O_2$ 具有良好的结晶性，而且快速充放电能力可以与固相反应制备的相比。另外，钴的掺杂有利于热稳定性能的提高。在加热时，掺杂的钴转化为尖晶石 Co_3O_4，该尖晶石结构围绕钴原子，比较稳定，可以防止 $Li_{1-x}NiO_2$ 分解为岩盐结构。采用马来酸作为载体，发现钴的掺杂量对电化学性能也有明显的影响 [见图 6-7(a)]，不同的方法得到的最佳钴量不一样，一般而言 x 在 0.2～0.3 范围内。在同样的条件下，不同的载体所得到的电化学性能可能不完全一样，如图 6-8 所示。

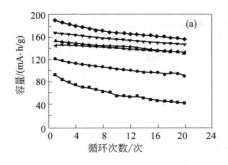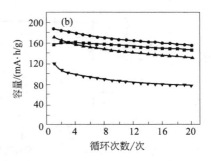

图 6-7 $LiCo_xNi_{1-x}O_2$ 的循环性能与钴的掺杂量 x 的关系 (a) (■：$y=0.05$；●：$y=0.10$；▲：$y=0.15$；▼：$y=0.20$；◆：$y=0.25$；◀：$y=0.30$) 和热处理温度 T 对 $LiCo_{0.25}Ni_{0.75}O_2$ 的循环性能的影响 (b) (■：$T=750℃$；●：$T=800℃$；▲：$T=850℃$；▼：$T=900℃$)

对于 $LiNi_{1-x}Co_xO_2$ 而言，溶胶-凝胶法的制备条件如溶剂、焙烧时间、焙烧温度 [见图 6-7(b)]、有机载体以及有机载体与金属离子的摩尔比等均影响其电化学性能。图 6-9 为采用马来酸作为载体、焙烧温度为 800℃、焙烧时间 2h、马来酸与金属离子比为 1 时溶剂的影响情况。以乙醇作为溶剂，得到 $LiNi_{0.8}Co_{0.2}O_2$ 的电化学性能最佳。

除了固相反应、溶胶-凝胶法外，也可以采用射频磁溅射法制备薄膜 $LiCo_xNi_{1-x}O_2$。但是表面存在锂和氧的化合物，因此电化学性能不理想。但是，采用高温（700℃）退火，可以将表面膜完全除去，得到具有良好电化学性能的薄膜电极材料，例如放电容量可达 $60.2\mu A/cm^2$。但是目标物性能好坏特别是材料的均匀性和计量关系对薄膜电极的电化学性能具有明显影响。

钴的掺杂亦能提高 $LiNiO_2$ 的热稳定性。随着 Co 含量的增加，吸热峰的位置由 190℃ 提高到 220℃，且峰值明显降低，表明热稳定性得到明显提高。

$LiCo_yNi_{1-y}O_2$ 存在储存方面的问题。本身碱性较高，在存放过程中易与空气中的水分及 CO_2 反应，从而导致材料性能的恶化。即使在室温下，$LiCo_yNi_{1-y}O_2$ 材料仍会有 Li 脱嵌，在材料表面形成 Li_2CO_3。$LiCo_yNi_{1-y}O_2$ 在 25℃、55% 相对湿度的空气中放置时，Li_2CO_3 的转

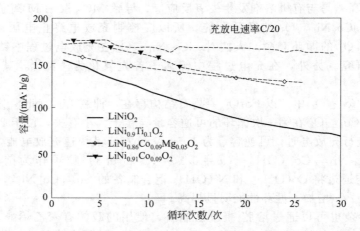

图 6-8 $LiNiO_2$ 和 $LiNi_{(1-x-y)}M_xM'_yO_2$ （M、M'＝Ti、Co 或 Co＋Mg）正极材料的循环性能［温度为 60℃，电压范围为 4.1～3V，电解液为 PC/EC/DMC（1/1/3）的 $1mol/L$ $LiPF_6$ 溶液］

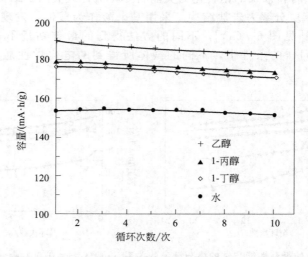

图 6-9 不同溶剂对合成的 $LiNi_{0.8}Co_{0.2}O_2$ 的循环性能的影响（马来酸作为载体、焙烧温度为 800℃、焙烧时间 2h、马来酸与金属离子比为 1）

化比例与其在空气中放置时间的平方根成正比。放置 500h 后，8％的 Li 将会转变为 Li_2CO_3。而在 675℃时，70％以上的 Li 会从基体结构中脱嵌与 CO_2 反应，形成 Li_2CO_3。

Ga 掺杂的 $LiNiO_2$ 为单一的六方结构，并不存在 Ga 的其他相结构，例如 $LiGaO_2$。在充电过程中，保持六方结构，单斜相和其他类型的六方结构没有发现。晶体参数缓慢而连续地发生变化。在 3.0～4.3V 之间可逆容量可高于 $190mA·h/g$，而且 100 次循环后容量保持率高于 95％。当充电终止电压更高时，例如 4.4V 或 4.5V，可逆容量大于 $200mA·h/g$，而且也具有良好的容量保持性。即使在过充电条件下，也具有良好的稳定性。

砷、铟和铷的掺杂对 $LiNiO_2$ 的电化学性能的改善非常有限。

铜的掺杂则不能得到稳定的 $LiNiO_2$ 晶体结构，因此电化学性能差。

钡的掺杂采用传统的固相法就可以实现，掺杂后，$LiNi_{1-x}Ba_xO_2$ 的 X 射线衍射峰强度 $I_{(003)}/I_{(104)}$ 之比随 Ba 的增加而增加，表明位于二维层状结构中的 Ni^{3+} 的稳定性增加，主要 $LiNi_{1-x}Ba_xO_2$ 的循环性能较未掺杂的有明显改善。

当然并不是所有元素的掺杂均能得到满意的效果，如 Mn、In、Nb 等，相反由于它们的掺杂导致一些不利因素的产生，反而使电化学性能下降，例如占据锂所在的位置，导致电压升高。因此有必要深入探讨掺杂元素对 $LiNiO_2$ 本体电子结构和晶体结构的影响，通过理论模拟和试验证明，找出一些普适规律，确立有效掺杂的选择依据。

综上所述，有效的掺杂均能提高氧化镍锂的电化学性能，例如提高可逆容量（可高达 $206mA \cdot h/g$）、减少不可逆容量、提高循环稳定性、减少充放电过程中的发热量、改善大电流下的充放电行为以及耐过充电性能。其原因在于：①取代杂相中的 Ni^{2+}，抑制 Ni^{2+} 对电化学性能的副作用；②取代部分 $LiNiO_2$，生成惰性的 $LiMO_2$（$M=Al$、Ga、Co 等），防止过充电对 $LiNiO_2$ 结构的破坏；③提高晶体结构的稳定性，抑制相转变；④降低电荷传递阻抗，提高 Li^+ 的扩散系数；⑤提高脱锂状态下的热稳定性及其安全性。

6.4.3 多种元素的掺杂

如 6.4.2 所述，不同元素具有不同的掺杂效应，单一元素的掺杂有利也有弊，进行两种或多种元素的掺杂可以扬长避短，同时由于多种元素的共同作用，提高电化学性能更佳，从而全面提高 $LiNiO_2$ 的整体性能。

如上所述，锂的过量不利于电化学性能的提高。但是对于掺杂的 $LiNi_{0.8}Co_{0.2}O_2$ 而言，则不仅提高了可逆容量，而且也利于循环性能的提高。例如当 $Li_{1+x}Ni_{0.8}Co_{0.2}O_2$ 中 x 值为 0.10 时，可逆容量（$182mA \cdot h/g$）和循环性能均处于最佳化，而且首次充放电效率高达 92%。当 $x=0.15$ 时，首次充放电效率高达 98.8%，并且循环性能优越，尽管容量有所下降（见图 6-10）。另外，锂的适当过量可防止 Ni^{2+} 占据锂离子所在的位置。

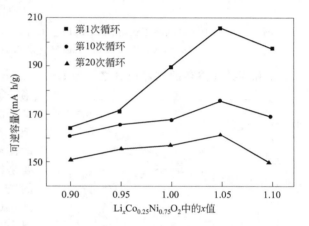

图 6-10 Li 和 Co 共同掺杂的 $Li_xCo_{0.25}Ni_{0.75}O_2$ 的可逆容量与锂量的关系

通过固相反应掺杂有钴和氟的 $Li_{1+x}Ni_{1-x}Co_yO_{2-z}F_z$ 可逆容量为 $182mA \cdot h/g$，在前 100 次循环容量仅衰减 3.8%，在随后的循环中容量衰减更少（见图 6-11）。这是由于钴和氟共同作用的结果。

钴和镁的共同掺杂得到的层状结构具有良好的稳定性，而且镍的无序程度低，具有良好的

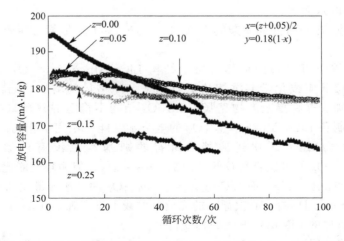

图 6-11 同时掺杂有钴和氟的氧化镍锂 $Li_{1+x}Ni_{1-x}Co_yO_{2-z}F_z$ 的循环性能

循环性能。与单纯钴的掺杂相比，尽管初始容量有所降低，但是循环性能有明显提高；另外处于脱锂状态时的热分解温度提高了 25～34℃，放热量也有明显降低（见图 6-12）。

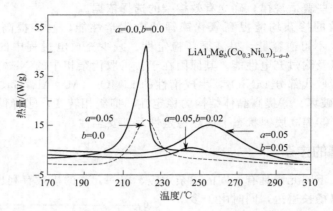

图 6-12 处于充电状态正极材料 LiAl$_a$Mg$_b$(Co$_{0.3}$Ni$_{0.7}$)$_{1-a-b}$ 的差热扫描曲线 [（a＝0.00 和 0.05，b＝0.02 和 0.05），正极材料以 0.1C 充电到 4.3V，并平衡 20h]

钴和铝共同掺杂的较好组分之一为 Li(Ni$_{0.84}$Co$_{0.16}$)$_{0.97}$Al$_{0.03}$O$_2$。其可逆容量为 185mA·h/g，第一循环的不可逆容量仅仅为 25mA·h/g，具有良好的循环性能。Al 的进一步掺杂较单纯的钴掺杂而言，进一步提高了层状结构的稳定性和相应的循环性能。至于热稳定性的显著提高则似乎主要是钴的贡献。然而，如果在制备过程中确保 Al 的均匀分布，电化学性能将会更佳。例如将 Ni$_{0.8}$Co$_{0.15}$(OH)$_{2-x}$ 溶胶和 Al(OH)$_3$ 溶胶按比例混合，然后与 LiOH 混合，得到 LiNi$_{0.8}$Co$_{0.15}$Al$_{0.05}$O$_2$ 正极材料，其可逆容量在 0.1C 下为 190mA·h/g，首次充放电效率为 90.3%，而且具有良好的倍率性能（见图 6-13）。另外，在采用喷雾干燥制备过程中，可以加入一些干燥控制剂如 N,N-二甲基甲酰胺，可以有效控制前驱体中的组分。该类材

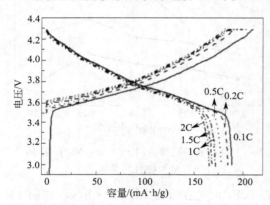

图 6-13 LiNi$_{0.8}$Co$_{0.15}$Al$_{0.05}$O$_2$
在不同充放电倍率下的容量变化

料在充电过程中，Ni 从＋3 价氧化为＋4 价，而 Co 的氧化态基本上不变；与此同时，扭曲的 NiO$_6$ 则转变为对称的八面体。

采用燃烧法合成 Al 和 B 共同掺杂的 LiAl$_x$B$_{0.3-x}$Ni$_{0.7}$O$_2$，尽管可逆容量较低，但是容量衰减速率慢。

钴和锰的共同掺杂可以得到单相的层状结构 LiCo$_x$Mn$_y$Ni$_{1-x-y}$O$_2$（$0\leqslant x\leqslant 0.3$，$y$＝0.2），可以通过固相反应或化学共沉淀法进行制备。随钴量的增加，结构稳定性和有序度提高，可逆容量增加。这种掺杂产物克服了 LiNiO$_2$ 结构不稳定的致命缺陷，有着良好的发展前景。不同方法制备 LiCo$_x$Mn$_y$Ni$_{1-x-y}$O$_2$ 的电化学性能并不完全相同。有的观察到 4.1V 附近有微弱的 Mn^{3+}/Mn^{4+} 氧化还原峰，而有的则基本上没有观察到（见图 6-14）。LiMn$_{0.125}$Co$_{0.25}$Ni$_{0.675}$O$_2$ 的可逆容量较低，为 150mA·h/g，但循环性能比较好，每循环一次容量衰减仅仅为 0.41mA·h/g。而 LiCo$_{0.2}$Mn$_{0.25}$Ni$_{0.55}$O$_2$ 的可逆容量在 3.0～4.5V 之间的可逆容量达 180mA·h/g，且在前 50 次循环的充放电曲线上没有观察到 3V 电压平台的出现，因此不存在如第 7 章所述的 LiMnO$_2$ 发生的相变行为。

钴和铑的共同掺杂得到 LiCo$_{0.3}$Rh$_x$Ni$_{0.7-x}$O$_2$（$0\leqslant x\leqslant 0.003$），由于铑的掺杂不仅抑制了

充放电过程中的相变，还控制了循环过程中阻抗的增加，提高了锂离子的扩散系数，因此，$LiCo_{0.3}Rh_xNi_{0.7-x}O_2$ 的可逆容量得到了提高，循环寿命和热稳定性得到了改善。

在层状 $LiMn_{0.5}Ni_{0.5}O_2$ 的基础上，除了钴的掺杂外，还可以掺杂镁、铝、钛等元素。当其他元素的掺杂量为 5% 时，可逆容量提高 10%～30%，循环性能有了提高；热稳定性也有提高。但是，发现镍和锰分别为 +2 价和 +4 价，主要体现镍的氧化还原电对的贡献。

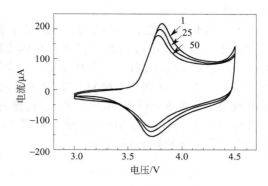

图 6-14　$LiMn_{0.2}Co_{0.25}Ni_{0.55}O_2$ 在前 50 次扫描的循环伏安曲线（扫描速率为 0.1mV/s）

通过溶胶-凝胶法得到锌与钴共同掺杂 $LiNiO_2$ 的可逆容量高达 245mA·h/g，而且在前 10 次循环没有容量衰减。在 $LiCo_{0.2}Ni_{0.8}O_2$ 的基础上掺杂的结果没有这样明显的改性，但是同样具有明显效果，而且在较高温度下的循环性能也得到提高。原因在于 Zn^{2+} 的大小在充放电过程中保持不变，可以稳定该结构。同样 Sr^{2+} 对 $LiCo_{0.2}Ni_{0.8}O_2$ 的掺杂也可以提高其电化学行为。但是 Sr^{2+} 的量不能超过 10^{-4}，否则容量反而降低。

在钴掺杂的基础上，进一步掺杂铁，得到 $LiNi_{0.85}Co_{0.10}Fe_{0.05}O_2$，不仅可以稳定 $LiNiO_2$ 的结构，提高热稳定性，同时减少极化，增加可逆容量。

Co 和 Ga 也可以对 $LiNiO_2$ 进行共同掺杂，得到具有优良电化学性能的正极材料，例如 $LiNi_{0.8}Co_{0.18}Ga_{0.02}O_2$ 的可逆容量高达 210mA·h/g。

钇对钴掺杂氧化镍锂的进一步掺杂得到 $LiNi_{0.7-y}Co_{0.30}Y_yO_2$（$y=0～0.05$）。钇的含量 y 少于 0.05 时，得到共熔体。容量和循环性能以及大电流下的电化学行为等均有明显提高，另外，在循环过程中，相转变可以得到部分抑制，但是并不能全部消除。但是，锂嵌入和脱嵌的可逆性有了明显提高，从循环伏安图中可以看出锂的脱嵌电位峰的电压滞后明显减少。

钛和镁的共同掺杂不仅提高了可逆容量，而且对热稳定性也有明显提高。例如 $LiTi_{0.125}Mg_{0.125}Ni_{0.75}O_2$ 和 $LiTi_{0.15}Mg_{0.15}Ni_{0.70}O_2$ 的可逆容量可高达 190mA·h/g。而且当 $LiNi_{1-x}Ti_{x/2}Mg_{x/2}O_2$ 处于充电状态时，放热量随 x 的增加而减少。当 $x \geqslant 0.25$ 时，在 400℃ 下没有观察到放热峰。

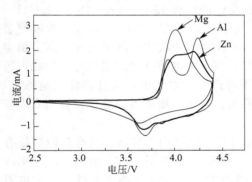

图 6-15　$LiM_{0.05}Ti_{0.05}Co_{0.2}Ni_{0.7}O_2$（M 为 Al、Mg 或 Zn）的循环伏安曲线（扫描速率为 0.1mV/s）

钴、钛以及 M（M 为 Al、Mg 或 Zn）的多元掺杂得到 $LiM_{0.05}Ti_{0.05}Co_{0.2}Ni_{0.7}O_2$。从它们的循环伏安曲线（见图 6-15）可以看出，以 Mg 的效果最佳，没有发生相变，而其他的则存在阳离子无序；Mg 掺杂的循环性能好，容量衰减很慢。

多元素的掺杂还可以提高氧化镍锂正极材料的安全性。例如在掺杂钴的 $LiCo_yNi_{1-y}O_2$ 中掺入 Al、Ti、W、Mo、Mg、Ga、Ta 等元素，在过充时可以降低电导率，阻止有害反应的继续发生。

6.4.4　氧化镍锂的包覆

为了克服结构稳定性差的问题，将 $LiNiO_2$ 进行包覆或涂层是一种较佳的选择之一。涂层材料种类繁多，如 ZrO_2、$Li_2O \cdot 2B_2O_3$ 玻璃体、MgO、$AlPO_4$、SiO_2、$Co_3(PO_4)_2$、Co-Mn

氧化物等。

通过溶胶-凝胶法，在每个 $LiNiO_2$ 粒子表面包覆一层薄薄的 ZrO_2。该包覆层明显减少了晶体相变，与没有进行包覆的相比，晶体参数的变化要小好几倍。当位于 $LiNiO_2$ 表面 ZrO_2 的分布位于约 $1\mu m$ 左右时，晶格扭变可以得到有效抑制，从而抑制相变，特别是上述对循环性能影响严重的 M 到 H2 和 H2 到 H3 的相变。因此，包覆的 $LiNiO_2$ 在循环性能方面有了明显的改进。例如如图 6-16 所示，ZrO_2 包覆的 $LiNiO_2$ 在 $4.3\sim2.75V$ 之间循环 70 次后，容量仅仅衰减 2%。对于 Co-Mn 氧化物，其在 $LiNiO_2$ 表面形成固熔体，不仅抑制了相变，还减少了循环过程中界面阻抗的增加。

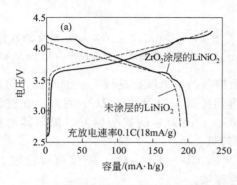
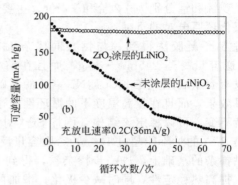

6-16 未涂层和 ZrO_2 涂层的 $LiNiO_2$ 在第 1 次循环 4.3V 和 2.75V、0.1C（18mA/g）下的充放电曲线（a）及其在 0.2C（36mA/g）下的循环性能（b）

如上 6.4.2 节和 6.4.3 节所述，许多杂原子可以引入到 $LiNiO_2$ 结构中，将其进行改性。对于掺杂的 $LiNiO_2$，还有许多方面可以进行改进和提高。例如将 $LiNi_{0.8}Co_{0.2}O_2$ 与 $LiOH \cdot H_2O$ 和 H_3BO_3 混合，然后在 500℃下将混合物加热 10h，这时就在 $LiNi_{0.8}Co_{0.2}O_2$ 粉末的表面包覆了一层 $Li_2O \cdot 2B_2O_3$ 玻璃体。由于形成的 $Li_2O \cdot 2B_2O_3$ 玻璃体的离子电导率高，稳定性好，可以有效防止 $LiNi_{0.8}Co_{0.2}O_2$ 与液体电解质接触，减少电池体系中的副反应。因此，包覆的 $LiNi_{0.8}Co_{0.2}O_2$ 正极材料具有较高的可逆容量，不可逆容量也较少，而且循环性能稳定，自放电少，较高温度下的电化学性能亦表现非常好。然而，对于包覆后可逆容量增加的原因有待于考察。

当半晶 $Li_xNi_{1-y}Co_yO_2$ 的表面用 MgO 包覆后，循环性能得到明显提高。但是初始容量有所下降，与在 $LiNi_{0.8}Co_{0.2}O_2$ 表面包覆 $Li_2O \cdot 2B_2O_3$ 玻璃体明显不一样。在 $LiSr_{0.02}Ni_{0.9}Co_{0.1}O_2$ 的表面涂上一层 MgO，热分解的起始温度升高约 10℃，放热量亦大大减少，大电流如 1C 放电行为明显改进，大大减少了爆炸的可能性。而且在大电流下的电化学行为有了明显改进。

综上所述，将 $LiNiO_2$ 正极材料的表面进行涂层，可以产生如下作用：①防止 $LiNiO_2$ 与电解液之间的直接接触，减少副反应；②由于表面性能得到提高，减少了循环过程中的产热量；③抑制相变，提高了结构的稳定性；④减少了界面阻抗的增加。因此，表面改性可以有效提高 $LiNiO_2$ 的综合性能。当然其他氧化物材料例如 $LiCoO_2$、Al_2O_3 和 SnO_2 也可以得到同样的改进效果。

6.5 其他方法制备的 $LiNiO_2$

其他制备方法包括预氧化离子交换法、溶液氧化还原法、乳液法、燃烧法、等离子溅射法、激光沉积法等。后两者主要用于微型电池的制备。以预氧化离子交换法为例，该法

为先用 $Na_2S_2O_8$ 将 $Ni(OH)_2$ 氧化成 $NiOOH$，再在水热合成条件下令锂离子与氢离子发生离子交换反应，最终得到 $LiNiO_2$ 产物，这种方法克服了传统方法高温下耗时长的缺点。但 $NiOOH$ 存在两种不同晶型的差异，氧化剂残余物 SO_4^{2-} 以及产物中少量残余水的存在，都对该方法生产的产物性能造成很大影响。制备层状结构的 $LiNiO_2$ 需要较高的温度，而温度过高，易分解，产生杂相；温度过低，结晶性差。如果先采用溶液氧化还原法，例如用氧化剂 $LiOCl$ 或 $LiOBr$ 等将 Ni^{2+} 氧化为 Ni^{3+}，从溶液中沉淀出来，然后与 $LiOH$ 进行反应，在 700℃ 时就可以得到循环性能优良的 $LiNiO_2$；同时还可以与其他杂原子一起进行共沉淀，而且掺杂非常均匀。乳液法可用来制备细粒子、粒子分布窄和结晶性高的正极材料。在该法中，将适量比例的阳离子化合物溶于水中，然后将水溶液与不互溶的油相进行混合。加入适当的表面活性剂和乳化处理，水相在油相中得到很好的分散，形成微小的液体粒珠。将得到的混合物在热板上将水和油挥发，然后将剩余的有机物和表面活性剂进行加热处理除去。以 $LiNiO_2$ 为例，可以得到结晶性很好的亚微米粒子。燃烧法是通过燃烧提供能量，完成晶化过程。例如采用二甲酰肼作为燃料，在 350℃ 下就可以获得结晶性很高的 $LiCo_xNi_{1-x}O_2$。

6.6　部分氧化镍锂工业产品的性能

　　生产氧化镍锂（工业界称之为镍酸锂）的企业并不多。该正极材料多用于与其他正极材料混合使用，组装成锂离子电池，使其具有更好的能量密度、大电流冲放电性能、大电流脉冲放电性能、低温性能和高温储存性能。如采用掺杂 $LiNiO_2$ 作为正极材料，组装成圆柱形 18650 电池，能量密度为 201W·h/kg，可超过美国军用标准（MIL-PRF-320521，184W·h/kg）。

　　图 6-17 为中信国安盟固利动力科技有限公司生产的 $LiNiO_2$（镍酸锂）的 SEM，平均粒径为 $7\sim12\mu m$。其比容量 $\geqslant180$mA·h/g，电压平台为 3.5V，循环寿命 $\geqslant500$ 次，振实密度 $\geqslant2.2$g/cm^3。图 6-18 为其充放电曲线和循环曲线。

图 6-17　中信国安盟固利动力科技有限公司
生产的 $LiNiO_2$（镍酸锂）的 SEM

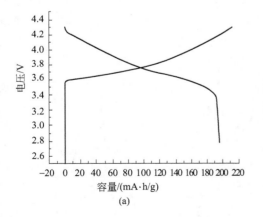

(a)

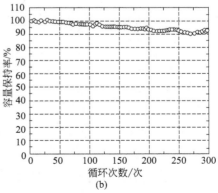

(b)

图 6-18　中信国安盟固利动力科技有限公司生产的 $LiNiO_2$
（镍酸锂）的充放电曲线（a）和循环曲线（b）

参 考 文 献

[1] 吴宇平，戴晓兵，马军旗，程预江. 锂离子电池——应用与实践. 北京：化学工业出版社，2004.

[2] Arof AK. J. Alloys Compd. ，2008，449：288.

[3] Xiang JF，Chang CX，Zhang F，Sun JT. J. Alloys Compd. ，2009，475：483.

[4] Fu LJ，Liu H，Li C，Wu YP，Rahm E，Holze R，Wu HQ. Prog. Mater Sci. ，2005，50：881.

[5] Amriou T，Khelifa B，Aourag H，Aouadi SM，Mathieu C. Mater Chem. Phys. ，2005，92：499.

[6] Liu H，Yang Y，Zhang J. J. Power Sources，2007，173：556.

[7] Thongtem T，Thongtem S. Inorg. Mater，2006，42：202.

[8] Laubach S，Laubach S，Schmidt PC，Ensling D，Schmid S，Jaegermann W，Thissen A，Nikolowski K，Ehrenberg H. Phys. Chem. Chem. Phys. ，2009，11：3278.

[9] Sasaki T，Nonaka T，Oka H，Okuda C，Itou Y，Kondo Y，Takeuchi Y，Ukyo Y，Tatsumi K，Muto S. J. Electrochem Soc. ，2009，156：A289.

[10] Liu HS，Yang Y，Zhang JJ. J. Power Sources，2007，173：556.

[11] Sathiyamoorthi R，Vasudevan T. Mater Res. Bull，2007，42：1507.

[12] Ha HW，Jeong KH，Kim K. J. Power Sources，2006，161：606.

[13] Xia H，Lu L，Lai MO. Electrochim Acta. ，2009，54：5989.

[14] Lee KS，Myung ST，Moon JS，Sun YK. Electrochim Acta. ，2008，53：6033.

[15] Chang ZR，Dai DM，Tang HW，Yua X，Yuan XZ，Wang HJ. Electrochim Acta. ，2010，55：5506.

[16] Ju SH. Kang YC. J. Alloys Compd. ，2009，469：304.

[17] Song MY，Kwon IH，Shim S，Song JH. Ceramics International，2010，36：1225 .

[18] Shi X，Wang C，Ma X，Sun J. Mater Chem. Phys. ，2009，113：780.

[19] Lee DG，Gupta RK，Cho YS，Hwang KT. J. Appl. Electro chem. ，2009，39：671.

[20] Li D，Peng Z，Ren H，Guo W，Zhou Y. Mater Chem. Phys. ，2008，107：171.

[21] Baskara R，Kuwata N，Kamishima O，Kawamura J，Selvasekarapandian S. Solid State Ionics，2009，180：636.

[22] Jouybari YH，Asgari S. J. Power Sources，2011，196：337.

[23] Sathiyamoorthi R，Vasudevan T. Electrochem Commun，2007，9：416.

[24] Yoon S，Lee CW，Bae YS，Hwang I，Park YK，Song JH. Electrochem Solid-State Lett. ，2009，12：A211 .

[25] Ju SH，Jang HC，Kang YC. Electrochim Acta. ，2007，52：7286 .

[26] Nonaka T，Okuda C，Seno Y，Nakano H，Koumoto K，Ukyo Y. J. Power Sources，2006，162：1329 .

[27] Li D，Yuan C，Dong J，Peng Z，Zhou Y. J. Solid State Electrochem，2008，12：323.

[28] Oh SW，Myung ST，Kang HB，Sun YK. J. Power Sources，2009，189：752.

[29] Park SH，Kang SH，Belharouak I，Sun YK，Amine K. J. Power Sources，2008，177：177.

[30] Kim JM，Kumagai N，Cho TH. J. Electrochem Soc. ，2008，155：A82.

[31] Mantia FL，Rosciano F，Tran N，Novak P. J. Appl Electro chem，2008，38：893.

[32] Tong DG，Luo YY，Chu W，He Y，Ji XY. Mater Chem. Phys. ，2007，105：47.

[33] Li C，Zhang HP，Fu LJ，Liu H，Wu YP，Rahm E，Holze R，Wu HQ. Electrochim Acta. ，2006，51：3872.

[34] Ryu KS，Lee SH，Park YJ. Bullet Korea Chem. Soc. ，2008，29：1737 .

[35] Deng XR，Hu GR，Du K，Peng ZD，Gao XG，Yang YN. Mater Chem. Phys. ，2008，109：469.

第7章

氧化锰锂正极材料

在商品的实用化生产中必须考虑资源问题。在目前商品化的锂离子电池中，正极材料主要还是氧化钴锂。钴的世界储量有限，而锂离子电池的耗钴量不小，仅以日本厂家为例：单 AAA 型锂离子电池每只就要使用 $10g\ Co_2O_3$；另一方面，钴的价格高，镍的价格次之，而锰的价格最低，并且我国的锰储量丰富，占世界各国第四位（具体见 16.5.2 节），采用氧化锰锂正极材料，可大大降低电池成本；而且锰无毒，污染小，回收利用问题在一次锂电池中已经积累了丰富的经验，对环境友好，因此氧化锰锂成为正极材料研究的热点。图 7-1 为锂-锰-氧三元体系的相图。该图表明，锰的氧化物比较多，主要有三种结构：隧道结构、层状结构和尖晶石结构。

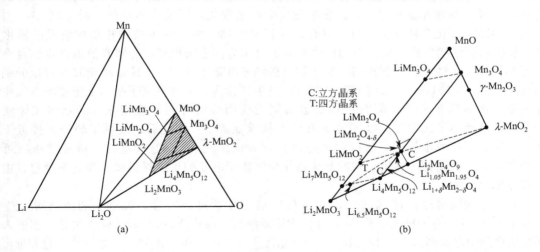

图 7-1 锂-锰-氧三元体系的相图在 25℃的等温截面曲线 （a） 和图 7-1(a) 中阴影部分的放大图 （b）

7.1 隧道结构的氧化物

隧道结构的氧化物主要为 MnO_2 及其衍生物，它包括 $\alpha\text{-}MnO_2$、$\beta\text{-}MnO_2$、$\gamma\text{-}MnO_2$ 和斜方 MnO_2，其结构示意如图 7-2 所示。根据隧道的大小可描述为 1×1（$\beta\text{-}MnO_2$）、2×1（斜方

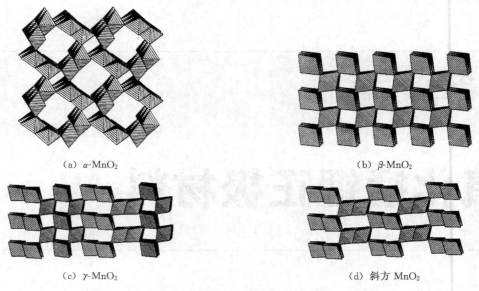

（a）α-MnO$_2$　　　　　　　　　　　　　（b）β-MnO$_2$

（c）γ-MnO$_2$　　　　　　　　　　　　　（d）斜方 MnO$_2$

图 7-2　不同隧道结构的 MnO$_2$（影线区表示 MnO$_6$ 八面体）

MnO$_2$）、2×2 和 1×1（α-MnO$_2$）；而 γ-MnO$_2$ 则可认为是 β-MnO$_2$ 和斜方 MnO$_2$ 的共生结构。它们主要用于 3V 一次锂电池（锂原电池）。纯粹的 α-MnO$_2$ 结构在可逆嵌入锂的过程中不稳定。将 α-MnO$_2$ 在 $270\sim400℃$ 与 LiOH 反应，得到锂稳定化的 α-MnO$_2$ 电极材料，可逆容量能达 150mA·h/g 以上。β-MnO$_2$ 是 MnO$_2$ 家族中最稳定的，具有金红石型结构，为四方对称。氧离子以扭变的六方密堆形式分布，隙间由狭小的（1×1）隧道组成。据文献报道，已经合成一种稳定有序的介孔 β-MnO$_2$ 材料，嵌锂含量提升到 Li$_{0.92}$MnO$_2$，可逆容量达到 284mA·h/g。γ-MnO$_2$ 主要用于碱性电池和锂原电池中，它由 β-MnO$_2$ 和斜方 MnO$_2$ 共生结构组成。在放电过程中，锂嵌入斜方 MnO$_2$ 区中，晶胞参数发生明显变化，可逆性不理想。同 α-MnO$_2$ 一样，部分与 LiOH 等锂化合物反应，得到复合二元锰氧化物，由于它由两种相结构组成：锂化 γ-MnO$_2$ 和尖晶石结构。其中尖晶石结构中氧原子分布为四方密堆型，能够有效地稳定该复合结构，因此循环稳定性大大得到提高。现已制得的纳米孔隙 γ-MnO$_2$，其首次充放电容量分别为 1071mA·h/g 和 1042mA·h/g。斜方 MnO$_2$ 发生锂化后，密堆氧离子平面从扭变的六方密堆分布转变为四方密堆分布，同时伴随晶胞参数发生明显的各向异性变化，晶胞体积膨胀达 21.4%，因此经不了几次深充电-放电循环，结构就瓦解了。锂化后，氧原子的分布接近于四方密堆分布，不易发生切变，所以比单纯的斜方 MnO$_2$ 或 γ-MnO$_2$ 要稳定，锂能够进行可逆嵌入和脱嵌。总体而言，隧道结构的氧化物作为锂离子电池的正极材料循环性能不理想，主要用于锂原电池。

当然，这些隧道结构的锰的氧化物也可以通过掺杂进行改性，如 Mg 的掺杂可以生成 todorokite Mg$_x$MnO$_2$·H$_2$O，形成 3×3 的大隧道结构。加热到 $300℃$ 时，除去水分，锂嵌入的循环性能得到明显提高。α-[0.143Li$_2$O·0.007NH$_3$]·MnO$_2$ 在 $3.8\sim2.0V$ 之间的可逆容量可以超过 200mA·h/g。Co 掺杂得到的 Co$_{0.15}$Mn$_{0.85}$O$_{1.84}$·0.6H$_2$O 尽管可逆容量（170mA·h/g）比为掺杂的 birnessite MnO$_{1.84}$·0.6H$_2$O（270mA·h/g）要低，但是循环性能要优越得多，50 次循环后容量还基本上变化不大。锂和钠掺杂的 romanechite 具有 2×3 的隧道结构，然而放电到 2.5V 时发生晶型转变，导致循环性能差，尽管初次放电容量达 200mA·h/g。Ti^{4+} 的掺杂使得 MnO$_2$ 在水系电解液 LiOH 中的循环性能得到提高。此外包覆 TiS$_2$、TiB、CeO$_2$ 等化合物的 MnO$_2$ 的电化学性能均有所提升。

除了上述晶型二氧化锰外，无定形二氧化锰也可以发生锂的可逆嵌入和脱嵌。它没有理论嵌锂容量的限制，比容量比较大。例如与锂片构成的电池在 $1.5\sim3.5V$ 之间进行充放电，当电流密度为 $0.02mA/cm^2$ 时，比容量达 $436mA\cdot h/g$。同时，由于是无定形结构，在充放电过程中，锂的嵌入脱嵌不会破坏二氧化锰的结构，稳定性比较好，从而具有较好的循环性能。但是如无定形炭一样，无定形二氧化锰没有放电平台，而且平均电压也比较低，只有 $2.5V$ 左右。Li^+ 的扩散系统小，比容量随电流密度的增加而下降很快。如当电流密度增大到 $0.2mA/cm^2$ 后，比容量下降为 $278mA\cdot h/g$。

无定形二氧化锰的制备多采用还原 $KMnO_4$ 的方法。采用的还原剂主要有反丁烯二酸、草酸、碘盐，得到的无定形二氧化锰中通常含有一定量的杂质离子，如 Na^+、K^+、I^- 等。

7.2 层状结构的氧化锰锂

层状结构的氧化锰锂随合成方法和组分的不同，结构存在差异，主要有正交 $LiMnO_2$、Li_2MnO_3 及其锂化衍生物。

7.2.1 正交 $LiMnO_2$

正交 $LiMnO_2$ 为岩盐结构，与层状的 $LiCoO_2$ 等有点不同，氧原子分布为扭变四方密堆结构，交替的锂离子层和锰离子层发生折皱，所以尽管为层状结构，阳离子层并不与密堆氧平面平行，结构对称性与三元对称的正交 $LiCoO_2$（$R\bar{3}m$）相比要差一些。其空间点群为 $Pmnm$，结构示意如图 7-3 所示。理论容量为 $285mA\cdot h/g$，大约是下述尖晶石 $LiMn_2O_4$ 的 2 倍。也许，氧离子也参与了脱嵌过程。

正交 $LiMnO_2$ 的制备方法比较多，合成温度范围宽，正交 $LiMnO_2$ 的制备方法主要有以下四种方法。

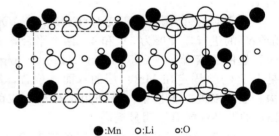

●:Mn ○:Li ○:O

图 7-3 正交 $LiMnO_2$ 的结构示意

（1）水热法

现已有多种水热方法成功得到了正交 $LiMnO_2$。
a. 将 Mn_2O_3 置于 $LiOH$ 或 $LiCl$ 的碱性水溶液中，在 $220℃$、$2.5\sim3.0MPa$ 的高温高压下反应 8h 左右，将沉淀物洗涤、过滤、干燥即可得到正交 $LiMnO_2$。b. 将 $KMnO_4$ 和 $MnCl_2$ 按照摩尔比 1∶4 的比例混合，将混合液按照摩尔比 $Li∶Mn=30$ 配成 $4mol/L$ 的 $LiOH$ 溶液，置于水热反应釜中，$220℃$ 水热反应 10h 得到纯度很高的 $o\text{-}LiMnO_2$。

（2）离子交换法

首先将 Na_2CO_3 和 Mn_2O_3 在 $700\sim730℃$ 的氩气条件下反应生成层状 $NaMnO_2$，然后将层状 $NaMnO_2$ 和 $LiCl$ 或 $LiBr$ 在正己醇或甲醇中加热回流，发生钠离子与锂离子的交换，反应后分别用己醇和乙醇洗涤不溶物，干燥后得正交 $LiMnO_2$。尽管所有的锂均可以从 $LiMnO_2$ 中发生脱嵌，可逆容量高达 $270mA\cdot h/g$，但在充放电过程中发生层状结构与尖晶石结构之间的相转变，导致锰离子迁移到锂离子层中去，结果在锂化 $LiMnO_2$ 尖晶石结构中，交替层中含锰的层数与不含锰离子的层数达到 3∶1。与 $LiCoO_2$ 和 $LiNiO_2$ 相似，当锂层中有 9% 的锰离子时，锂的脱嵌和嵌入基本上受到了锰离子的抑制。

（3）固相反应

在惰性气氛下用传统的固相反应在 $800\sim1000℃$ 下进行制备，也可以在稍低温度下制备，如在 $600℃$ 和 $LiOH$ 存在下用碳还原 MnO_2，或在 $300\sim450℃$ 氮气气氛下将 $\gamma\text{-}MnOOH$ 与 $LiOH$ 反应，甚至可在低于 $100℃$ 下合成。经过掺杂的 $MnOOH$ 可以直接和锂盐反应生成正交

$LiMnO_2$。如将 $MnOOH$、$Al(OH)_3$ 和 $LiOH$ 在 0.1Pa 的氧压和 945℃ 的条件下灼烧即可直接得到正交 $LiAl_xMn_{1-x}O_2$。但是温度必须高于 900℃、低于 1050℃，而且必须进行快速冷却。如果冷却过慢，会发生如式(7-1) 的反应，从而会引入杂相，不利于锂的嵌入和脱嵌行为。

$$3LiMnO_2 + \frac{1}{2}O_2 \longrightarrow LiMn_2O_4 + Li_2Mn_2O_3 \tag{7-1}$$

（4）溶胶-凝胶法

溶胶-凝胶法制备的正交 $LiMnO_2$ 的原理与前述的一样，主要采用含氧基团的有机化合物作为载体。有机物与金属离子的摩尔比 R 对于产物的性能具有明显的影响。以柠檬酸为例，当 R 小于 1 时，容量高，例如当 $R=0.5$ 时，容量高达 190mA·h/g，而且粒子小，分布均匀，提高锂离子的扩散系数。

当然，其他方法也可以制备正交 $LiMnO_2$，例如乳液干燥法。

在 3.0～4.5V 范围内，正交 $LiMnO_2$ 的脱锂容量高，可达 200mA·h/g 以上，但是脱锂后结构不稳定，慢慢向尖晶石型结构转变。晶体结构的反复变化引起体积的反复膨胀和收缩，导致循环性能不好。也有人认为由充放电过程中得到的尖晶石结构无序程度较高，这种尖晶石结构属于短程有序、长程无序，杨-泰勒效应对其影响不大，即使在 2.5～4.3V 之间进行充放电，循环性能也比较好，这可能与制备条件有关。

目前而言，掺杂是提高正交 $LiMnO_2$ 循环性能的有效方法之一，例如掺杂 Al、Cr、Co、Ni。以锂片为参比电极，在 2.5～4.3V 之间循环，正交 $LiAl_{0.05}Mn_{1.95}O_2$ 的可逆容量可以达到 188mA·h/g。

对于 Cr 掺杂制备的正交 $Li(Cr_xMn_{1-x})O_2$，首先只表现出 4V 附近的一个电压平台，但是随循环的进行，发展为 3V 和 4V 两个平台，表明在循环过程中转化为尖晶石结构。但是，可逆容量依然较高（在 C/5 时大于 160mA·h/g），而且容量衰减随 Cr 量的增加而减少。这主要是由于 Cr^{3+} 固定在 MnO_2 层的八面体位置，减少了 Mn—O 键的键长，稳定了层状的晶体结构。也可以进一步掺杂，例如用水热法生成的 $LiMn_{0.95-x}M_xCr_{0.05}O_2$（M = Al、Ga、Yb 和 In）的循环性能有了明显提高。

将溶液与离子交换相结合制备掺杂有 10% Co^{3+} 的 $Li_{0.9}(Mn_{0.9}Co_{0.1})O_2$ 的可逆容量达 200mA·h/g，而且没有发生杨-泰勒效应，电化学反应与掺杂原子和制备方法有关，报道的有 3.1V、3.8V 和 4.05V（见图 7-4）。当 Co 的量为 10% 时，循环性能有明显的改善（见图 7-5），而且可逆容量最高，原因在于层状结构有了明显提高，循环时不发生杨-泰勒效应。但是，当锂的量为 2/3 时，其可逆容量只有 140～150mA·h/g，具体原因有待于进一步研究。

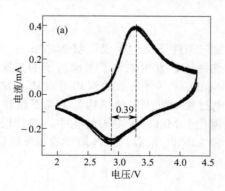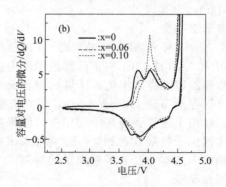

图 7-4 （a）Al 掺杂后得到的正交 $Li_{0.06}Al_{0.1}Mn_{0.85}O_2$ 在前 3 次循环的伏安曲线（扫描速率 0.05mV/s）和（b）Al 和 Ni 掺杂后得到的正交 $Li_{1.15}Ni_{(0.275-x/2)}Al_xMn_{(0.575-x/2)}O_2$ 在 2.5～4.6V 之间以 C/4 循环时得到的容量微分与电压的关系曲线

对于 $Li_{10/9}Ni_{3/9}Mn_{5/9}O_2$，通过原位 X 射线衍射，表明晶格参数 c 在充电末期只是稍有增加，它含有类似下述层状 Li_2MnO_3 和层状 $LiNiO_2$ 的区域结构，Li 不仅存在于锂层中，而且在 Ni^{2+}/Mn^{4+} 层中也存在。所有位于过渡金属层中的锂在充电时全部发生脱嵌，留下锂层中的锂。

Li、Ni 共同掺杂得到的 $Li[Li_{0.2}Ni_{0.2}Mn_{0.6}]O_2$ 的初始容量不高，只有 155mA·h/g，但是，在 2.0～4.6V 之间循环到 10 次时，可逆容量达到 205mA·h/g。如果在 2.0～4.8V 之间循环，可逆容量达 288mA·h/g，而且可以大电流放电。处于充电状态的 $\square_{0.89}Li_{0.11}Ni_{1/2}Mn_{1/2}O_2$ 的放热反应要低于 $\square NiO_2$ 或 $\square Mn_2O_4$。

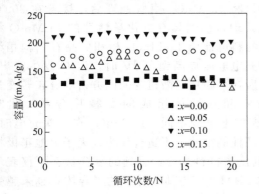

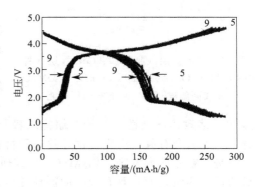

图 7-5　正交 $Li(Mn_{1-x}Co_x)O_2$ 的循环性能（电流密度为 $100\mu A/cm^2$，电压为 2.6～4.8V）

图 7-6　$0.05Li_2TiO_3 \cdot 0.95LiMn_{0.5}Ni_{0.5}O_2$ 复合氧化物电极在 50℃、4.6～1.25V 之间循环的电压曲线（图中的数字为循环次数）

Co、Ni 共同掺杂得到的三元材料 $LiCo_{1/3}Ni_{1/3}Mn_{1/3}O_2$ 也具有同样的效果，在 2.5～4.6V 之间没有明显的容量衰减，在充放电过程中晶胞单元的体积变化要小于 $LiCoO_2$、$LiNiO_2$ 和 $LiMn_2O_4$。更深入的了解见第 7.3 节。

对于 Ti、Ni 等共同掺杂得到的层状 $(1-x)Li_2TiO_3 \cdot xLiMn_{0.5}Ni_{0.5}O_2$ 复合氧化物电极，具有明显不同的电化学性能，在 4.3V 或 4.6～1.25V 之间循环时，可逆容量大于 250mA·h/g，这是由于该层状结构能够发生 2 电子的氧化还原：Ni^{4+}/Ni^{2+} 和 Mn^{4+}/Mn^{2+}，分别位于 4.6V 和 2.0V 之间以及 2.0V 和 1.0V 之间（见图 7-6）。$LiMn_{0.5}Ni_{0.5}O_2$ 层状结构可以与锂可逆发生化学反应或电化学反应，生成稳定的但是对空气敏感的化合物 $Li_2Mn_{0.5}Ni_{0.5}O_2$（Li_2MO_2；M 为金属离子），该化合物属于空间群 $P\text{-}3m1$。

也可以采用复合的方法来提高其电化学性能，例如与聚苯胺、聚(2,5-二巯基-1,3,4-噻二唑)。采用过硫酸铵进行化学脱锂后，初始电化学活性有了明显提高，但是最终可逆容量要少于没有进行化学脱锂的。

对于在高温（1000℃）下合成的正交 $LiMnO_2$，其初始容量比较低，仅约为 34mA·h/g。但是通过研磨，初始容量为 201mA·h/g，50 次循环后在室温下的可逆容量还为 200mA·h/g。这主要与表面积大小有关，通过研磨，可以活化锂嵌入和脱嵌。

另外，如同下面所述的尖晶石 $LiMn_2O_4$ 在较高温度下的溶解，正交 $LiMnO_2$ 在较高温度下同样也可以发生溶解而导致电化学行为劣化。通过在表面上涂布金属氧化物如 Al_2O_3、CoO，也可以明显提高在较高温度下的循环性能（见图 7-7）。当然，涂布层的热处理温度对电化学性能影响明显。例如 Al_2O_3 的涂布，当热处理温度为 400℃时，电化学性能最佳。

7.2.2　层状 Li_2MnO_3

Li_2MnO_3 为层状单斜系，依 $LiMnO_2$ 的定义，可表示为 $Li(Li_{1/3}Mn_{2/3})O_2$，即阳离子交

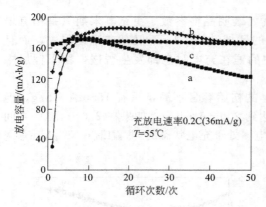

图 7-7 没有涂层（曲线 a）、CoO 涂层（曲线 b）和 Al_2O_3 涂层（曲线 c）的正交 $LiMnO_2$ 在较高温度（55℃）下的循环性能

换层由单纯的锂离子层和 Li/Mn 比为 1∶2 的混合层组成。其结构示意及 XRD 如图 7-8 所示，因为 Li 出现在过渡金属层中，与 Mn（按照 Li∶Mn＝ 1∶2）形成了超点阵的结构，影响了单斜系的对称性，所以在正常的充放电范围内（2.0～4.4V），Li_2MnO_3 在电化学性能方面呈现出非活性，因为所有八面体的位置均被占据，锂不能嵌入，同时锰离子全部被氧化为＋4 价，锂离子亦不易发生脱嵌。如果将 Li_2MnO_3 用酸处理后，接着在 300℃进行热处理，得到具有电化学活性的 Li-Mn-O 材料，该材料可能由 Li_2MnO_3 相和尖晶石结构相组成。将充电电压提高到 4.8V 时，Li_2O 发生浸出，氧原子所在平面从轻微扭变的四方密堆分布转变为由三棱锥和八面体组成的交替片分布，此时 Li_2MnO_3 表现出电活性。与传统储锂正极材料的充放电机制不同，Li_2MnO_3 在首次充电时，随着 Li^+ 脱出会有氧气产生，这导致这种材料的循环性能很差，不适合作为锂离子电池正极材料。但是，初步研究发现，Li_2MnO_3 与其他层状氧化物材料复合，得到的复合材料不仅表现出高的可逆容量，而且具有较好的循环性能，因此 Li_2MnO_3 与其他材料的复合体系越来越受到青睐，成为正极材料关注的新宠。

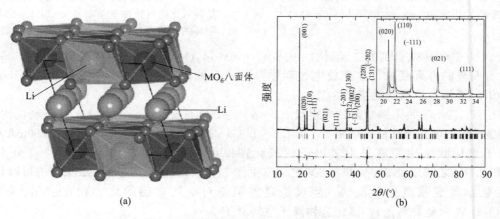

(a)　　　　　　　　　　　　(b)

图 7-8 Li_2MnO_3 层状结构示意（a）和 XRD 衍射曲线（b）

与 Li_2MnO_3 复合的体系包括层状 $LiMO_2$ 或尖晶石 LiM_2O_4，其中 $LiMO_2$ 为层状 $LiMO_2$（M 为 Ni、Co 或 Mn）、$LiCo_xNi_yMn_zO_2$（$x+y+z=1$）、$Li[Ni_{1/3}Co_{1/3}Mn_{1/3}]O_2$、$Li[Ni_{1/3}Co_{1/3}Mn_{1/3}]O_2$-$LiNiO_2$ 等，LiM_2O_4 为尖晶石 $LiMn_2O_4$、$Li_4Mn_5O_9$、$Li_4Mn_5O_{12}$。两种材料的复合可以优势互补，以 Li_2MnO_3 和层状 $LiMO_2$ 的复合体系——xLi_2MnO_3·$(1-x)LiMO_2$ 为例：Li_2MnO_3 理论比容量高，但由于其独特的充放电机理，使得其第一次的充放电的库仑效率不高（一般在 75%左右），循环性能很差，另一方面，由于它是绝缘体，导致其倍率性能很差。层状 $LiCo_xNi_yMn_zO_2$ 尤其是 $LiNi_{0.5}Mn_{0.5}O_2$ 和 $LiCo_{1/3}Ni_{1/3}Mn_{1/3}O_2$，因其出色的电化学性能而被广泛研究。这类层状氧化物相对于 Li_2MnO_3 比容量较低（实际上一般在 200mA·h/g 左右），但其倍率性能好，循环性能较好。而 Li_2MnO_3 和结构稳定的层状氧化物复合后可逆比容量可达 250mA·h/g 以上，倍率性能和循环性能得到一定程度的改善，但仍不理想。将 Li_2MnO_3 与 $LiMn_{0.4}Ni_{0.4}Co_{0.2}O_2$ 以 6∶4 组合，通过 900℃的高温处理得到层状的 $Li[Li_{0.2}Mn_{0.56}Ni_{0.16}Co_{0.08}]O_2$，粒子大小为 100～300nm，该材料具有良好的倍率性能，在

0.2C 时的容量为 220mA·h/g，20C 时还有 110mA·h/g，并具有良好的循环性能（见图 7-9）。

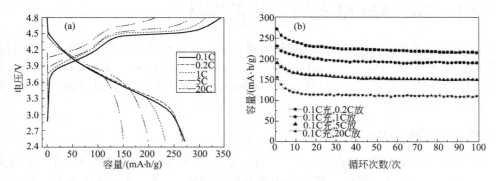

图 7-9　$Li[Li_{0.2}Mn_{0.56}Ni_{0.16}Co_{0.08}]O_2$ 在不同倍率下的充放电曲线（a）和循环性能（b）

在合成方法上，由传统的固相法转向共沉淀法和溶胶-凝胶法，因为固相法很难得到纯度高、平均直径小、粒度分布范围窄的理想材料。一般文献报道中多采用共沉淀法制备，溶胶-凝胶法则是采用单一的螯合剂，如 p-甲基苯磺酸、乙酸、琥珀酸、马来酸、柠檬酸、EDTA 等。掺杂金属和非金属离子是改善锂离子正极材料的传统方法之一，因复合材料 $xLi_2MnO_3·(1-x)LiMO_2$ 研究起步较晚，对复合体系的掺杂研究并不多，现阶段只有少数文献报道了掺杂金属离子，如 Cr、Fe、Ni、Zr 和 Ru。Fe 掺杂 Li_2MnO_3 得到 $Li_{1+x}(Fe_yMn_{1-y})_{1-x}O_2$（$0<x<1/3$，$0.1\leqslant y\leqslant 0.5$）。当 $y\geqslant 0.3$ 时，得到单斜相（$C2/m$）和立方相（$Fm\overline{3}m$）组成的两相结构；当 $y\leqslant 0.2$ 时，主要是单斜相。在单斜相 Li_2MnO_3 中，Fe 离子趋向于取代 $2b$ 位的 Li，对应于 Mn-Li 层中 Mn^{4+} 六面体网络的中心位置。当 Fe 的量较佳（$0.2<y<0.4$）时，在 1.5～4.8V 范围内、40mA/g 的电流密度下，可逆容量为 240～300mA·h/g，能量密度为 700～950W·h/k。Ru 的掺杂得到 $Li_2Mn_{1-x}Ru_xO_3$（$0\leqslant x\leqslant 0.2$），当 $x=0.6$ 时在 4.3V 和 3.4V 附近有明显的充放电平台，首次放电容量高达 192mA·h/g，10 次循环后为 169mA·h/g。

将等物质的量的 Fe 和 Ni 掺杂 Mn，得到 $Li_{1+x}[(Fe_{1/2}Ni_{1/2})_yMn_{1-y}]_{1-x}O_2$（$0<x<1/3$，$0.2\leqslant y\leqslant 0.8$）。当 y 少于 0.5 时，只有单斜结构的 Li_2MnO_3（$C2/m$）。当 y 大于 0.6 时，为单斜相和立方 $LiFeO_2$ 相（$Fm\overline{3}m$）组成的两相结构，在充电时 Li_2O 的脱出发生消失，可逆容量明显随 y 的增加而下降。最佳组分为 $y=0.4$ 或 0.5，此时平均放电电压随 y 的增加而增加，并具有最高的首次充放电效率，属于 3.5V 级的正极材料。热处理气氛为氮气或空气，对材料的电化学性能基本上没有影响。

为了减少首次不可逆容量，将 Li_2MnO_3、$LiMO_2$（M＝Mn、Ni 和 Co）与 V_2O_5 形成层状复合物 $Li[Li_{0.2}Mn_{0.54}Ni_{0.13}Co_{0.13}]O_2/V_2O_5$，不可逆容量从 $Li[Li_{0.2}Mn_{0.54}Ni_{0.13}Co_{0.13}]O_2$ 的 68mA·h/g 减少到 89% $Li[Li_{0.2}Mn_{0.54}Ni_{0.13}Co_{0.13}]O_2/11\%$ V_2O_5 的 0mA·h/g。复合物 $Li[Li_{0.2}Mn_{0.54}Ni_{0.13}Co_{0.13}]O_2/V_2O_5$ 中 V_2O_5 的含量为 10%～12%（质量分数，上同），可逆容量约为 300mA·h/g，并具有良好的循环。

为了进一步提高循环性能，也可以在上述基础上进行包覆其他无机材料或进行浸渍、热处理。但是，该方面的报道目前还比较少。

7.2.3　其他层状氧化锰锂化合物

对于非计量层状化合物例如 $Li_{0.45}MnO_{2.1}$、$Li_{0.45}Mn_{0.85}Co_{0.15}O_{2.3}$ 等也可以可逆储量，在 4.2～2V 之间的可逆容量大于 165mA·h/g。

将 $NaMnO_4$ 与 NaI 反应制备 $Na_{0.25}MnO_{2+d}$，然后通过离子交换亦可得到层状结构的 $Na_{0.06}Li_{0.46}MnO_{3.16}$，在 3.8～1.8V 范围的初始容量达 225mA·h/g。

7.3 Ni、Co、Mn 组成的三元正极材料

三元材料从组成来看应该归入氧化镍锂，可该类正极材料是从层状氧化锰锂出发的，因此在此进行说明，主要有 $LiNi_{1/3}Co_{1/3}Mn_{1/3}O_2$、$LiNi_{0.4}Co_{0.4}Mn_{0.2}O_2$、$LiNi_{0.5}Co_{0.2}Mn_{0.3}O_2$ 和 $LiNi_{0.8}Co_{0.1}Mn_{0.1}O_2$。后者均是在 $LiNi_{1/3}Co_{1/3}Mn_{1/3}O_2$ 的基础上发展而来的，因此，重点讲述 $LiNi_{1/3}Co_{1/3}Mn_{1/3}O_2$。

7.3.1 $LiNi_{1/3}Co_{1/3}Mn_{1/3}O_2$ 的结构

$LiNi_{1/3}Co_{1/3}Mn_{1/3}O_2$ 具有单一的 α-$NaFeO_2$ 型层状岩盐结构（见图 7-10），空间点群为 $R\overline{3}m$。$a=4.904$Å，$c=13.884$Å。锂离子占据岩盐结构的 $3a$ 位，过渡金属离子占据 $3b$ 位，氧离子占据 $6c$ 位，其中镍、钴、锰的化合价分别为 +2、+3、+4 价，在 $LiNi_{1/3}Co_{1/3}Mn_{1/3}O_2$ 中 Co 的电子结构与 $LiCoO_2$ 中的 Co 一致，而 Ni 和 Mn 的电子结构却不同于 $LiNiO_2$ 和 $LiMnO_2$ 中 Ni 和 Mn 的电子结构，这说明 $LiNi_{1/3}Co_{1/3}Mn_{1/3}O_2$ 的结构稳定，是 $LiCoO_2$ 的异结构。在 $Li_{1-x}Ni_{1/3}Co_{1/3}Mn_{1/3}O_2$ 中，在 $0 \leqslant x \leqslant 1/3$ 范围内主要是 Ni^{2+}/Ni^{3+} 的氧化还原反应，在 $1/3 \leqslant x \leqslant 2/3$ 范围内是 Ni^{3+}/Ni^{4+} 的氧化还原反应，在 $2/3 \leqslant x \leqslant 1$ 范围内是 Co^{3+}/Co^{4+} 的氧化还原反应，锰在整个过程中不参与氧化还原反应，电荷的平衡通过氧上的电子得失来实现。因此，在充放电过程中，没有杨-泰勒效应，Mn^{4+} 提供稳定的母体，能解决循环和储存稳定性问题，不会出现层状结构向尖晶石结构的转变。它既具有层状结构较高容量的特点，又保持层状结构的稳定性。

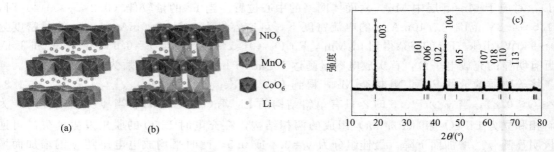

图 7-10 $LiNi_{1/3}Co_{1/3}Mn_{1/3}O_2$ 理想的晶体结构（a）和有部分 Li/Ni 无序的结构示意（b）以及 X 射线衍射曲线（c）

7.3.2 $LiNi_{1/3}Co_{1/3}Mn_{1/3}O_2$ 的电化学反应特征

$LiNi_{1/3}Co_{1/3}Mn_{1/3}O_2$ 作为锂离子电池正极材料在充电过程中的反应有以下特征：在 3.75～4.54V 之间有 2 个平台且容量可以充到 250mA·h/g，为理论容量的 91%。3.9V 左右为 Ni^{2+}/Ni^{3+}，在 3.9～4.1V 之间为 Ni^{3+}/Ni^{4+}。当高于 4.1V 时，Ni^{4+} 不再参与反应。Co^{3+}/Co^{4+} 与上述两个平台都有关。充到 4.7V 时 Mn^{4+} 没有变化，因此 Mn^{4+} 只是作为一种结构物质而不参与反应。$LiNiO_2$ 在 4.3～3.0V 有三对可逆的氧化还原峰，而 $LiNi_{1/3}Co_{1/3}Mn_{1/3}O_2$ 只有一对，说明 $LiNiO_2$ 充放电过程中的多次相变得到了很好的抑制。$LiNi_{1/3}Co_{1/3}Mn_{1/3}O_2$ 在充电过程中活性呈现出 α-$NaFeO_2$ 衍射峰，随着锂离子的脱出，003 和 006 峰向低角度方向移动，101 和 110 峰向高角度方向偏移，锂离子的脱出导致晶体沿着 ab 方向收缩，同时沿着 c 方向晶体拉长，当充至 211mA·h/g 时，107 和 108 峰值有所升高，而 110 峰值有所降低。在 $LiNi_{1/3}Co_{1/3}Mn_{1/3}O_2$ 充电过程中，当 $x \leqslant 0.6$ 时，a 值呈单调递减趋势；当 $0.6 \leqslant x \leqslant 0.78$ 时，a 值保持恒定，为 2.82Å，同时 c 值随着 x 的增加而增加，直到 x 大约为 0.6 时为止，这种晶胞参数的变化在层状氧化物中很普遍，可以用镍钴锰被氧化后离子半径减少来解释，也可用相

邻两层氧原子间静电斥力的增加来解释，更多的锂的脱出导致 c 值减少，但一个晶胞单元的体积 V 从 $x=0$ 时的 101Å^3 到 $x=0.78$ 时的 99Å^3，体积大概减小 2%，这主要是由于 a 的变短造成的。由于这个变化很小，表明材料具有良好的电化学性能。在 $50℃$ 的比容量和循环性能比室温下更好。

锂离子的扩散系数与测定方法有关。恒电流间歇滴定法测得在 $3.8\sim4.4\text{V}$ 范围内，扩散系数恒定为约 $3\times10^{-10}\ \text{cm}^2/\text{s}$，比化学阻抗法测得的扩散系数少一个数量级。在循环过程中表面膜和电极电阻基本上不随循环而发生变化。

当温度增加时，放电容量增加，例如在 $2.5\sim4.6\text{V}$ 范围内 $30℃$ 为 $205\text{mA}\cdot\text{h/g}$，在 $55℃$ 时为 $210\text{mA}\cdot\text{h/g}$，而 $75℃$ 为 $225\text{mA}\cdot\text{h/g}$。并且具有良好的倍率性能，例如在 $55℃$，即使在 4000mA/g 的倍率下，还可以放出 $160\text{mA}\cdot\text{h/g}$ 的容量。

7.3.3　合成方法对电化学性能的影响

$\text{LiNi}_{1/3}\text{Co}_{1/3}\text{Mn}_{1/3}\text{O}_2$ 的制备方法主要有固相法、共沉淀法、溶胶-凝胶法、简单燃烧法和喷雾热解法。

固相法是将计量比例的锂盐、镍和钴及锰的氧化物或盐混合，在高温下处理。由于固相法中 Ni、Co、Mn 的均匀混合需要相当长的时间，因此一般要在 $1000℃$ 以上处理才能得到性能良好的 $\text{LiNi}_{1/3}\text{Co}_{1/3}\text{Mn}_{1/3}\text{O}_2$ 正极材料。

以 NaOH 和适量 $\text{NH}_3\cdot\text{H}_2\text{O}$ 作为沉淀剂，镍、钴和锰的硫酸盐作为原料合成球形 $(\text{Ni}_{1/3}\text{Co}_{1/3}\text{Mn}_{1/3})(\text{OH})_2$，随着 pH、搅拌速率的增加，粒度下降；$\text{NH}_3\cdot\text{H}_2\text{O}$ 浓度增加，粒度增大。制备的 $\text{Li}[\text{Ni}_{1/3}\text{Co}_{1/3}\text{Mn}_{1/3}]\text{O}_2$ 也为球形，平均粒径为 $10\mu\text{m}$，分布窄。由于是球形，振实密度高，约为 2.39g/cm^3，可与商品的 LiCoO_2 相比。在 $2.8\sim4.3\text{V}$、$2.8\sim4.4\text{V}$ 和 $2.8\sim4.5\text{V}$ 范围内，放电容量分布为 $159\text{mA}\cdot\text{h/g}$、$168\text{mA}\cdot\text{h/g}$ 和 $177\text{mA}\cdot\text{h/g}$。即使在较高的温度（$55℃$）下，也具有良好的循环性能（见图 7-11）。

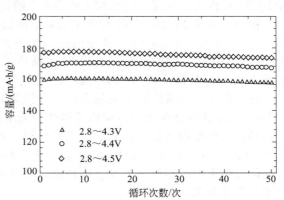

图 7-11　采用共沉积法在 $1000℃$ 热处理 10h 制备的 $\text{Li}[\text{Ni}_{1/3}\text{Co}_{1/3}\text{Mn}_{1/3}]\text{O}_2$ 在不同电压范围内充放电的循环性能

在共沉积法中，将氢氧化物改为在二氧化碳气氛下形成碳酸盐，然后分解为氧化物，再与锂盐发生熔融反应，得到 $\text{LiNi}_{1/3}\text{Co}_{1/3}\text{Mn}_{1/3}\text{O}_2$。由于长期循环后，晶胞参数基本上不发生变化，结构非常稳定，因此大电流下的充放电性能非常理想。

喷雾干燥法是将锂盐、镍和钴以及锰的盐溶解在一起，然后采用喷雾干燥的方法得到混合均匀的固体，然后将该固体在高温下处理，得到理想的 $\text{Li}[\text{Ni}_{1/3}\text{Co}_{1/3}\text{Mn}_{1/3}]\text{O}_2$。电化学性能比简单的固相法制备的材料要好。例如在 $3\sim4.5\text{V}$ 电压区间，以 0.2mA/cm^2 放电，容量达到 $195\text{mA}\cdot\text{h/g}$，并且具有良好的大电流充放电性能。

采用超声波干燥法制备层状 $\text{Li}[\text{Ni}_{1/3}\text{Co}_{1/3}\text{Mn}_{1/3}]\text{O}_2$ 时，加入柠檬酸作为载体。制备的材料为多晶结构。在循环过程中，只有少量的表面区转化为尖晶石相，其他的结构保持不变，因此在 $30℃$ 和 $55℃$ 具有良好的循环性能。

将 $1:1:1$ 比例的三种硝酸盐混合，然后将水挥发、干燥，接着进行高温处理。也可以在水溶液中加入甘氨酸。在 $600\sim1000℃$ 范围内均可以得到没有杂相的层状结构。当温度达到或高于 $900℃$ 时，几乎没有阳离子的无序化，并且具有容量高、循环性能好的特点。

7.3.4 $LiNi_{1/3}Co_{1/3}Mn_{1/3}O_2$ 的掺杂改性

$LiNi_{1/3}Co_{1/3}Mn_{1/3}O_2$ 的电化学性能同样也可以通过掺杂改性，进行进一步的提高。研究的掺杂元素包括 Li、F、Al、Si 和 Fe 等。

锂掺杂后，得到 $Li_{1+x}(Ni_{1/3}Co_{1/3}Mn_{1/3})_{1-x}O_2$，在充放电过程中晶胞参数 a、c 随着 Li 含量的升高而降低，体积变化小，为 1.5%，抑制了晶格变化产生的应变和阻抗的增加，可逆容量和循环性能得到了提高。Li/M（金属离子）比在 $1\sim1.15$ 的范围内，随着 Li 增加，循环性能提高，最佳比例约为 1.10。锂的掺杂还可以改变原子之间的距离，在 $Ni/(Mn+Co)$ 一定的情况下，$Li[Li_{1/10}Ni_{2/10}Co_{3/10}Mn_{4/10}]O_2$ 的循环性能最佳。另外，锂的掺杂也可以得到层状 $Li[Co_xLi_{(1/3-x/3)}Mn_{(2/3-2x/3)}]O_2$（$x=0.1$、0.17、0.20、0.25、0.33 和 0.5）。Mn 和 Co 离子分别处于 +4 和 +3 价。随钴含量的增加，晶胞参数 a 和 c 减少，但 c/a 比增加。当 x 从 $0.1\sim0.5$ 时，放电容量从 $150mA\cdot h/g$ 增加到 $265mA\cdot h/g$，抑制了相转变，循环性能比较理想。循环时，平稳的放电曲线转化为 2 个电压平台。

锂和锰共同掺杂，取代钴，得到层状 $Li[Ni_xLi_{1/3-2x/3}Mn_{2/3-x/3}]O_2$。首先脱锂时，$Ni^{2+}$ 氧化为 Ni^{4+}，并可进一步发生脱锂。能耐过充，主要是由于可以发生失氧。如果采用 NO_2BF_4 进行化学脱锂，过充时主要是 H^+ 的极化，而不是释氧。

锂和锰或锂和钴的共同取代也可以采用溶胶-凝胶法制备层状的 $Li[Li_{1/5}Ni_{1/10}Co_{1/5}Mn_{1/2}]O_2$ 和 $Li[Ni_{1/4}Co_{1/2}Mn_{1/4}]O_2$。其中的锰均为 +4 价，放电过程不存在相变，首次放电容量分别为 $190mA\cdot h/g$ 和 $184mA\cdot h/g$，40 次循环后分别为 $229mA\cdot h/g$ 和 $169mA\cdot h/g$，容量衰减率为 0.032%/循环和 0.19%/循环。

通过共沉淀法再经高温固相合成的 F 掺杂 $Li[Ni_{1/3}Co_{1/3}Mn_{1/3}]O_{2-z}F_z$（$x=0\sim0.15$），晶胞参数 a、c 和晶胞单元的体积均随掺杂量的增加而增加。尽管初始容量有所下降，但是循环性能和安全性能明显提高，充电电压提高到 4.6V 也不产生危险性。进一步掺杂 Mg，得到层状 $Li[Ni_{1/3}Co_{1/3}Mn_{(1/3-x)}Mg_x]O_{2-y}F_y$ 化合物。Mg 和 F 的共同作用使结晶性、形貌和振实密度都有很大的改善。由于 Mg 和 F 的共同掺杂效果，容量、循环性能有明显的提高，而且热性能有明显改善。

铝原子取代 Mn 后，得到 $Li[Ni_{1/3}Co_{1/3}Al_{1/3}]O_2$，为层状 α-$NaFeO_2$ 结构。充放电过程中起作用的主要为 Co^{3+}。至于具体的掺杂效果，目前还没有报道，有待于进一步研究。

用硅原子取代得到 $Li[Ni_{1/3}Co_{1/3}Mn_{1/3}]_{0.96}Si_{0.04}O_2$。硅掺杂后，$a$ 和 c 增加，阻抗减少，可逆容量增加，当终止电压为 4.5V 时达 $175mA\cdot h/g$，而且循环性能也要高于未掺杂的。

采用溶胶-凝胶法将其中一半的 Co 用 Fe 来代替，在充电末期电压低，因此电解质不易在充电末期发生氧化。在充电时，Ni 和 Fe 同时会发生氧化，Co 只在充电末期发生氧化。掺杂后得到的 $LiNi_{1/3}Fe_{1/6}Co_{1/6}Mn_{1/3}O_2$ 的可逆容量为 $150mA\cdot h/g$，循环性能还不错。

7.3.5 $LiNi_{1/3}Co_{1/3}Mn_{1/3}O_2$ 的同系物

$LiNi_{1/3}Co_{1/3}Mn_{1/3}O_2$ 中的 Ni、Co 和 Mn 并不是有序分布的，因此在一定的比例范围内可以相互取代，得到一系列的层状化合物。在这里我们引用有机化学中的术语，称之为同系物。该同系物主要有 $Li[Ni_{0.5}Mn_{0.5}]_{1-x}Co_xO_2$、$Li_xCo_{2/3}Mn_{1/3}O_2$、$LiNi_xCo_{1-2x}Mn_xO_2$ 和如图 7-12 所示的三种层状化合物组成的任意固熔体。其中 Mn 的价态为 +4，在循环过程中均不转变为尖晶石结构。放电容量随钴、镍含量的增加而增加。Co 含量增加有利于层状结构的形成，减少电池极化，提高 Ni、Mn、Co 和 O 的氧化价态，减少了表面吸附的氧量。因此，具有良好的电化学性能和大电流充放电性能。例如 $LiNi_{0.425}Mn_{0.425}Co_{0.15}O_2$ 在 50 次循环后，在 $3\sim4.6V$ 范围内室温下以 $100mA/g$ 充放电时可逆容量为 $110mA\cdot h/g$；在 55℃ 以 $100mA/g$ 充放电时可逆容量为 $140mA\cdot h/g$。但是，镍的含量不能过高，过高时易产生阳离子无序。

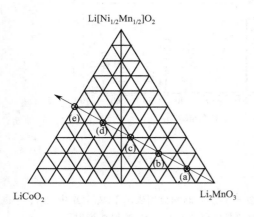

图 7-12　层状化合物 $LiCoO_2$、Li_2MnO_3 和 $Li[Ni_{1/2}Mn_{1/2}]O_2$ 的三元相图

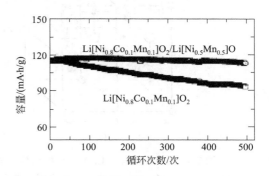

图 7-13　$Li[Ni_{0.8}Co_{0.1}Mn_{0.1}]O_2/Li[Ni_{0.5}Mn_{0.5}]O_2$ 核/壳结构复合物和 $Li[Ni_{0.8}Co_{0.1}Mn_{0.1}]O_2$ 在 $3.0\sim4.3V$（1C）循环性能曲线

$LiNi_{1/3}Co_{1/3}Mn_{1/3}O_2$ 的同系物也可以进一步进行掺杂，例如锂等，形成 $Li[Li_{1/5}Ni_{1/10}Co_{1/5}Mn_{1/2}]O_2$，其中 Ni 和 Co 的价态为 $+2$，Mn 为 $+4$。Mg 掺杂也可以提高结构稳定性和循环性能，尽管初始容量有所下降。还可以进一步掺杂其他元素，例如 F 等。随 F 掺杂量的增加，初始容量有所下降，但是循环性能得到了明显改善。当然，F 的掺杂量有一较佳的范围。

当然，也可以进行包覆，包覆的材料有 LiF、SrF_2、$Li[Ni_{0.5}Mn_{0.5}]O_2$、$LiFePO_4$ 等。例如用共沉淀法在表面包覆一层热稳定和电化学稳定性非常好的 $Li[Ni_{0.5}Mn_{0.5}]O_2$，得到 $Li[Ni_{0.8}Co_{0.1}Mn_{0.1}]O_2/Li[Ni_{0.5}Mn_{0.5}]O_2$ 核/壳结构复合物，其首次容量可以达到 $188mA\cdot h/g$，复合物的充电电压较 $Li[Ni_{0.8}Co_{0.1}Mn_{0.1}]O_2$ 高约 0.1V，主要是因为 $Li[Ni_{0.5}Mn_{0.5}]O_2$ 的电阻比较大。核/壳结构的化合物有着很好的循环性能，经过 500 次循环后，容量可以保持 98%，但是 $Li[Ni_{0.8}Co_{0.1}Mn_{0.1}]O_2$ 在 500 次循环后仅能保持 85%（见图 7-13）。$LiFePO_4$ 包覆得到的 $Li[Ni_{0.5}Co_{0.2}Mn_{0.3}]O_2$ 在高温下也具有良好的循环性能。

7.4　尖晶石结构氧化锰锂

尖晶石结构在 Li-Mn-O 三元相图中主要位于 $Li[Mn_2]O_4$-$Li_4Mn_5O_{12}$-$Li_2[Mn_4]O_9$ 的连接三角形中［见图 7-1(b)］，包括 $Li[Mn_2]O_4$、$Li_2Mn_5O_9$、$Li_4Mn_5O_9$ 和 $Li_4Mn_5O_{12}$。由于后面几种尖晶石结构不稳定，难合成，研究得比较少，同时能量密度不高，吸引力不大。对于尖晶石结构 $Li[Mn_2]O_4$ 而言，不仅可以发生锂脱嵌和嵌入，同时可以掺杂阴离子、阳离子及改变掺杂离子的种类和数量而改变电压、容量和循环性能，因此它备受青睐。

7.4.1　尖晶石 $LiMn_2O_4$ 的结构和电化学性能

当计量尖晶石 $Li_{1+x}Mn_{2-x}O_4$ 中 $x=0$ 时得到 $Li[Mn_2]O_4$ 化合物，具有四方对称性（$Fd\bar{3}m$），结构示意如图 7-14(a) 所示，其 X 射线衍射图如图 7-14(b) 所示。一个晶胞中含有 56 个原子：8 个锂原子，16 个锰原子，32 个氧原子，其中三价锰原子和四价锰原子各占 50%。Li^+ 和 $Mn^{3+/4+}$ 分别占据立方密堆氧分布中的四面体 $8a$ 位置和八面体 $16d$ 位置。在该尖晶石 $[Mn_2]O_4$ 框架中立方密堆氧平面间的交替层中，Mn^{3+} 阳离子层与不含 Mn^{3+} 阳离子层的分布比例为 3:1。因此，每一层中均有足够的 Mn^{3+}，锂发生脱嵌时，可稳定立方密堆氧分布，从而能发生锂的可逆脱嵌和嵌入。在充电过程中，由于 Li^+ 的脱嵌导致部分 Mn^{3+} 转变成 Mn^{4+}，

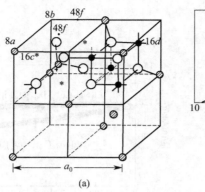

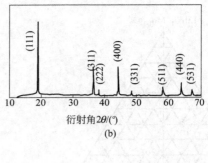

图 7-14 (a) 尖晶石 $LiMn_2O_4$ 的结构（影线、实心和空心圆圈分别表示 $LiMn_2O_4$ 中的
Li^+、$Mn^{3+/4+}$ 和 O^{2-}，数字指尖晶石结构中的晶体位置）和（b）X 射线衍射图

完全脱嵌时使四价锰的比例由 50% 上升到 75%。

$Li[Mn_2]O_4$ 的典型充电和放电曲线如图 7-15 所示。充电过程中主要有两个电压平台：4V

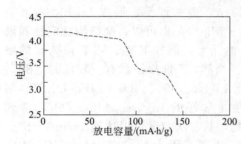

图 7-15 $LiMn_2O_4$ 的典型充电和放电曲线

和 3V。前者对应于锂从四面体 $8a$ 位置发生脱嵌，后者对应于锂嵌入到空的八面体 $16c$ 位置。锂在 4V 附近的嵌入和脱嵌保持尖晶石结构的立方对称性。而在 3V 区的嵌入和脱嵌则存在着立方体 $LiMn_2O_4$ 和四面体 $Li_2Mn_2O_4$ 之间的相转变，锰从 3.5 价还原为 3.0 价。该转变由于 Mn 氧化态的变化导致杨-泰勒效应（见图 7-16），在 $Li_2Mn_2O_4$ 中的 MnO_6 八面体中，沿 c 轴方向 Mn—O 键变长，而沿 a 轴和 b 轴则变短。由于杨-泰勒效应比较严重，c/a 比例变化达到 16%，晶胞单元体积增加 6.5%，足以导致表面的尖晶石粒子发生破裂。由于粒子与粒子间的接触发生

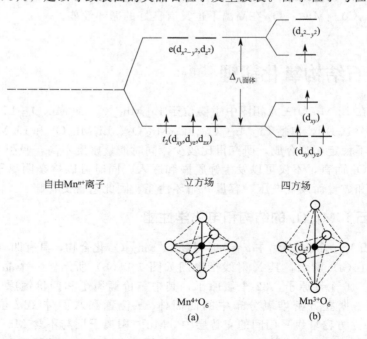

图 7-16 锰的氧化物发生杨-泰勒效应示意：(a) Mn^{4+}：立方对称性 $3d^3$（没有杨-泰勒效应）；
(b) Mn^{3+}：四方对称性 $3d^4$（杨-泰勒效应）

松弛，因此在 $1 \leqslant x \leqslant 2$ 范围内不能作为理想的 3V 锂离子电池正极材料。

尽管由于分子极子收缩（molecular polaron condensation）作用，尖晶石 $LiMn_2O_4$ 在低温（$-173℃$）发生无序/有序相变，但是它基本上并不影响锂的嵌入和脱嵌。

当锂从 $LiMn_2O_4$ 的四面体位置发生脱嵌时，电压位于 4V 附近的平台，尖晶石结构得到保持。在有机溶剂中，如果不使高度脱锂的 $Li_xMn_2O_4$ 电极发生分解，锂是很难全部发生电化学脱嵌的。脱嵌过程中，$LiMn_2O_4$ 晶胞单元体积发生各向同性收缩 7%，生成 $Li_{0.27}[Mn_2]O_4$。在 $Li_{0.5}[Mn_2]O_4$ 处发生细微相转变。这与一半位于四面体 $8a$ 位置的锂发生有序化有关。由于该转变产生的体积变化小，在随后的循环中并不破坏结构的完整性。

7.4.2　尖晶石 $LiMn_2O_4$ 的常规制备

尖晶石 $LiMn_2O_4$ 通常采用固相反应法制备。将锂的氢氧化物（或碳酸盐、硝酸盐）和锰的氧化物（或氢氧化物、碳酸盐）混合，在高温如 $700 \sim 900℃$ 下煅烧数小时，即可得到尖晶石氧化锰锂。以碳酸锂为例，其具体反应示于式（7-2）和式（7-3）：

$$Li_2CO_3 + 2Mn_2O_3 + \frac{1}{2}O_2 \longrightarrow LiMn_2O_4 + CO_2 \tag{7-2}$$

$$Li_2CO_3 + 2MnO_2 \longrightarrow LiMn_2O_4 + \frac{1}{2}O_2 \tag{7-3}$$

此法制备的产物存在以下缺点：物相不均匀，晶粒无规则形状，晶界尺寸较大，粒度分布范围宽，且煅烧时间较长。通常而言，固相反应法制备的尖晶石 $LiMn_2O_4$ 的电化学性能很差，这是由于锂盐和锰盐未充分接触，导致了产物局部结构不均匀。如果在烧结的预备过程中，让原料充分研磨，并且在烧结结束后的降温过程严格控制淬火速度，则其初始比容量可以达到 $110 \sim 120mA \cdot h/g$，循环 200 次后的放电比容量仍能保持在 $100mA \cdot h/g$ 以上。尽管此法的生产周期长，但工艺十分简单，制备条件容易控制。

采用熔点低的锂盐作为前驱体，例如 LiOH 或 LiF 和锰的氧化物反应，加热至锂盐的熔点，锂盐会充分渗入到锰氧化物的微孔中，然后在更高的温度如 $600 \sim 750℃$ 下加热一段时间。由于锂盐在该反应过程中经历了熔融状态，因此也有人称之为熔融浸渍法。由于锂盐能够渗入到锰的氧化物的微孔中，使原料间的接触面积大大提高，克服了原料混合的不均匀性，加速了固相反应。制备的尖晶石氧化锰锂的初始可逆容量达 $120 \sim 130mA \cdot h/g$。

另外，在较高的温度下长时间加热，形成的尖晶石 $LiMn_2O_4$ 会发生如式（7-4）和式（7-5）的分解，生成杂相，导致容量随循环的进行而衰减。

$$LiMn_2O_4 \Longleftrightarrow LiMn_2O_{4-y} + \frac{y}{2}O_2 \uparrow \quad (820 \sim 920℃) \tag{7-4}$$

$$3LiMn_2O_{4-y} \Longleftrightarrow 3LiMn_2O_4 + Mn_3O_4 + \left(1 - \frac{3}{2}y\right)O_2 \uparrow \quad (>920℃) \tag{7-5}$$

7.4.3　尖晶石 $LiMn_2O_4$ 的容量衰减原因

尽管 $Li_xMn_2O_4$ 可作为 4V 锂离子电池的理想材料，但是容量发生缓慢衰减。一般认为衰减的原因主要有以下三个方面。

（1）锰的溶解

放电末期 Mn^{3+} 的浓度最高，在粒子表面的 Mn^{3+} 发生如下歧化反应：

$$2Mn^{3+}（固）\longrightarrow Mn^{4+}（固）+ Mn^{2+}（溶液） \tag{7-6}$$

歧化反应产生的 Mn^{2+} 溶于电解液中。

（2）杨-泰勒效应

在放电末期先在几个粒子表面发生的杨-泰勒效应扩散到整个组分 $Li_{1+\delta}Mn_2O_4$。因为在动力学条件下，该体系不是真正的热力学平衡。由于从立方到四方对称性的相转变为一级转变，即使该形变很小，亦足以导致结构的破坏，生成对称性低、无序性增加的四方相结构。

（3）锰的高氧化性

在有机溶剂中，高度脱锂的尖晶石粒子在充电尽头不稳定，即 Mn^{4+} 的高氧化性。有可能上述三个方面均能同时导致 4V 平台容量的衰减。

另外，在较高温度下（55~65℃），$LiMn_2O_4$ 的初始容量下降，循环性能变差，原因主要除了上述三个因素外，最主要的原因在于 Mn^{2+} 的溶解，该溶解机理与上述的溶解机理不一样。由于电解液中会不可避免地含有少量 H_2O，而 H_2O 会和电解质锂盐 $LiPF_6$ 反应生成 HF，HF 和 $LiMn_2O_4$ 发生如式（7-7）的反应生成 Mn^{4+} 和 Mn^{2+}，Mn^{2+} 会溶解到电解质溶液中，同时生成 H_2O 又会进一步发生反应，从而导致锰的大量损失，产生尖晶石结构的破坏。

$$4HF + 2LiMn_2O_4 \longrightarrow 3\gamma\text{-}MnO_2 + MnF_2 + 2LiF + 2H_2O \tag{7-7}$$

另外，该推理亦从下面的例子得到说明。将 1000×10^{-6} 水添加到 $1mol/L$ $LiPF_6$ 的 EC+DMC（体积比为 1:2）电解液后，80℃ 下将 $LiMn_2O_4$ 储藏 24h 后容量损失达 41%，而 $LiMn_2O_4$ 在无添加水的电解液中却只有 5% 的容量损失。将尖晶石在不含 $LiPF_6$ 的 EC+DMC（体积为 1:2）的电解液中储藏后，Mn 几乎未溶解，没有发现容量损失。这表明容量损失是锂盐和水协同作用的结果。而 $LiMn_2O_4$ 在 $LiClO_4$ 或 $LiBF_4$ 的 PC+EC 电解液中在高温下仍具有良好的循环性能。一般认为，$LiClO_4$、$LiBF_4$、$LiAsF_6$ 的高温热稳定性比 $LiPF_6$ 的要好。而 $LiPF_6$ 在高温下热分解为 PF_5，PF_5 再水解产生 HF，即：

$$LiPF_6 + H_2O \longrightarrow POF_3 + 2HF + LiF \tag{7-8}$$

另外，电解液在高压下的氧化也可以产生酸，并且随电压的升高而增多。电解液的分解还会受到尖晶石催化作用的影响，尖晶石的比表面积越大，这种作用越强。由于电解液中 HF 对正极产生侵蚀作用，在高温下这种作用势必得到强化。

当然，尖晶石 $LiMn_2O_4$ 的电化学性能在较高温度下的劣化也可以从其结构的变化得到反映。温度越高，循环次数越多，除 111、311、400 面三个主峰外，其他小峰的峰形都发生了从整齐尖锐变得越来越宽大或发生分裂。这表明阳离子在尖晶石晶格中的无序度增大，意味着部分锂离子进入八面体 $16c$ 位置，导致其脱嵌变得困难；另外一部分 Mn 离子占据四面体 $8a$ 位置，不仅阻碍 Li 的嵌脱，也使 Mn 的溶解变得容易。

7.4.4 尖晶石 $LiMn_2O_4$ 的改性

如上所述，由于尖晶石 $LiMn_2O_4$ 的容量发生衰减，因此必须进行改性，部分或全部克服上述现象的发生。另外，尖晶石的电导率较低，也有待于提高。改进的方法主要是减少尖晶石的比表面积、在电解液中加入添加剂、掺杂阳离子和阴离子、表面处理、采用溶胶-凝胶法及其他方法。下面对这几种方法进行说明。

7.4.4.1 减小尖晶石的比表面积

如上所述，尖晶石 $LiMn_2O_4$ 表面积的大小对电解液、催化分解和 Mn 的溶解速率影响很大。而比表面积与制备工艺和反应的原料有关，选用合适的原料和制备工艺可以达到降低比表面积的目的。一般来说，采用高温固相反应法制得的尖晶石的比表面积要比用溶胶-凝胶法制得的小得多。用 $LiNO_3$ 为原料所得的尖晶石的比表面积比用 Li_2CO_3 的要大。研磨会增加尖晶石的比表面积，研磨时间越长，比表面积越大。因此，应在保证原料混合均匀的同时尽可能地减少研磨时间。采用两次退火也可以减少尖晶石的比表面积，减小室温和高温下的容量损失。通过增加尖晶石的平均粒径可以降低尖晶石的比表面积，但是这种方法是有限度的，因为太大的粒径而使锂离子的扩散变得困难，限制了尖晶石的电化学性能。

7.4.4.2 在电解液中加入添加剂

在电解液中加入一些添加剂如沸石，可以减少 H^+ 的含量，从而抑制反应式（7-7）和式（7-8）的发生。通过离子交换反应，采用 LiCl 对沸石进行预处理，之后直接用电解质溶液（含有沸石粉末的电解液）来活化电池得到了较好的效果。在电解液中添加 $(CH_3)_3SiNHSi(CH_3)_3$ 能大大降低 Mn 的溶解量和尖晶石的容量衰减，这是由于 $(CH_3)_3SiNHSi(CH_3)_3$ 与水发生如式 (7-9) 的反应：

$$(CH_3)_3SiNHSi(CH_3)_3 + H_2O \longrightarrow (CH_3)_3SiOSi(CH_3)_3 + NH_3 \tag{7-9}$$

电解液中的 H_2O 被除去并且生成 NH_3 可中和电解液中的酸，电解液的 pH 值可达 5。

另外，将 $LiPF_6$ 采用 LiF 与 3-(五氟苯基)硼烷代替，由于稳定性有了明显增加，不会产生 HF，因此在较高温度下的电化学性能也得到明显提高。碳酸锂可以与产生的酸发生反应，这样就避免了产生的酸与尖晶石 $LiMn_2O_4$ 的反应，因此加入碳酸锂也可以明显提高循环性能。

7.4.4.3　掺杂阳离子

掺杂阳离子的种类比较多，如锂、硼、镁、铝、钛、铬、铁、钴、镍、铜、锌、镓、钇等，下面对它们的掺杂效果进行说明。

锂的引入有两种方法，一种为在合成尖晶石 $Li[Mn_2]O_4$ 的过程中加入过量锂盐，形成 $Li_{1+x}[Mn_2]O_4$ ($x > 0$)；另一种为将合成的 $Li[Mn_2]O_4$ 与正丁基锂反应，按式 (7-10) 生成 $Li_{1+x}[Mn_2]O_4$：

$$Li[Mn_2]O_4 + x LiC_4H_9 \longrightarrow Li_{1+x}[Mn_2]O_4 + 0.5x C_8H_{18} \tag{7-10}$$

前者合成的 $Li_{1+x}[Mn_2]O_4$ 随合成温度及 x 值的不同而表现为不同的结构。当 $x < 0.14$，合成温度为 700℃ 时，为单一的尖晶石结构；当温度大于 750℃ 时，四方尖晶石结构转化为菱形尖晶石结构，并发生分解，形成 $LiMn_2O_4$ 和 Mn_3O_4 [见式 (7-11)]：

$$3LiMn_2O_4 \longrightarrow 3LiMn_2O_4 + Mn_3O_4 \tag{7-11}$$

生成的 $LiMn_2O_4$ 不稳定，会发生歧化反应 [见式 (7-12)]：

$$3LiMn_2O_4 + 0.5O_2 \longrightarrow LiMn_2O_4 + Li_2MnO_3 \tag{7-12}$$

从而生成 Li_2MnO_3 盐岩结构。同样，在低温下，$x > 0.14$ 时，也会形成 Li_2MnO_3。在 750℃ 合成 $Li_{1+x}[Mn_2]O_4$ 的初始可逆容量比 $LiMn_2O_4$ 要低，但是循环性能好，50 次循环的平均可逆容量在 120mA·h/g 以上。

后者合成的 $Li_{1+x}[Mn_2]O_4$ 为 $LiMn_2O_4$ 和 Mn_3O_4 的混合物。在充电到约 3V 的电压平台时，该化学反应引入的锂能 100% 得到利用，与炭材料组装成锂离子电池时，可以补偿负极因初次不可逆容量而产生的容量损失，使整个电池的实际容量提高；同时也降低衰减速率。

硼三价离子的半径为 0.027nm，比三价锰离子的半径（0.065nm）要小得多，引入到 $LiMn_2O_4$ 中后，优先形成三配体或四配体，导致尖晶石点阵结构的破坏；同时，加入 B_2O_3 以后，颗粒之间的空隙率及嵌锂能力大幅度降低，结果电化学性能下降，初始容量低（<50mA·h/g），容量衰减速率快。

镁引入到 $LiMn_2O_4$ 中的作用原理与加入过量锂相似，即提高锰的平均价态，抑制杨-泰勒效应。以金属锂为参比，20 次循环后容量没有衰减，保持在 100mA·h/g 以上。而在 4.3~1.6V 之间的研究表明可逆容量可达 180mA·h/g，只是可逆容量随循环的进行而衰减。

铝三价离子的半径为 0.0535nm，比三价锰离子要小，引入到尖晶石 $LiMn_2O_4$ 后，铝离子位于四面体位置，晶胞参数 a 随 Al 的增加而变小（见图 7-17），晶格发生收缩，形成 $(Al_2^{3+})_{四面体}[LiAl^{3+}]_{八面体}O_8$ 结构。因此在得到的尖晶石结构 $LiAl_{0.02}Mn_{1.94}O_4$ 中，Al^{3+} 可取代位于四面体 8a 位置的锂离子，导致原来的锂离子迁移到八面体位置，而八面体位置的锂离子在 4V 时不能发生脱嵌。这样，阳离子的无序程度增

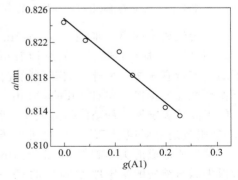

图 7-17　晶胞参数 a 与 Al 占据 16d 位置数量多少 $g(Al)$ 的关系

加，电化学性能下降。这与 $LiCoO_2$、$LiNiO_2$ 掺杂 Al 的效果不一样。可是另外的研究结果表明，在形成的 $LiAl_xMn_2O_4$ 中，只要 $x \leqslant 0.05$，可逆容量只是稍有降低，而循环性能有明显提高，30 次循环基本上没有发现容量衰减。最新的研究结果表明，Al 的掺杂量 x 可达 0.3，并且具有良好的循环性能和较高的可逆容量，而且铝的掺杂可以促进尖晶石结构的形成，减少 Mn^{3+} 周围的阳离子无序。这可能还与制备方法和原材料有关，不同的制备方法制备的掺杂尖晶石 $LiMn_2O_4$ 的结构不一样，从而得到不同的效果。同样，粒子大小、形态也对循环性能有影响。另外，在水溶液（9.0mol/L $LiNO_3$）中也能发生锂的嵌入和脱嵌。

从三价钛离子的半径（0.067nm）来看，它很容易并入到 $LiMn_2O_4$ 的点阵结构中，可是很容易氧化为 Ti^{4+}，导致锰的平均价态在 3.5 以下，因此反而会加剧杨-泰勒效应，产生结构形变，导致物理化学性能蜕化，容量衰减快。

Cr^{3+} 的离子半径为 0.0615nm，与三价锰离子很相近，能形成稳定的 d^3 构型，优先位于八面体位置。因此在形成的复合氧化物 $LiCr_xMn_{2-x}O_4$ 中，即使 x 高达 1/3，它还是单一的尖晶石结构。在充电过程中，该尖晶石结构的立方对称性没有受到破坏，循环性能有明显提高。随铬掺杂量的增加，容量会下降，甚至会下降得比较多。其最佳组分为 0.6％ 的 Mn^{3+} 被 Cr^{3+} 取代，此时初始容量只下降 5～10mA·h/g，而循环性能有明显提高，100 次循环后，容量还可达 110mA·h/g（见图 7-18）。循环性能的提高主要是由于尖晶石结构的稳定性得到了提高，从 MO_2 的结合能亦可以间接得到说明：MnO_2（α-型）和 CrO_2 的 M—O 结合能分别为 946kJ/mol 和 1029kJ/mol。当然，不同的方法得到的改进效果会稍有差异。同时，稳定性好的尖晶石结构降低了锰发生如式（7-7）的溶解反应，而且随 Cr 量的增加 Mn 的溶解量减少。

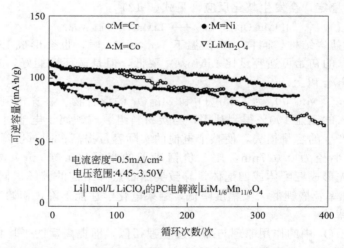

图 7-18　尖晶石 $LiMn_2O_4$ 和掺杂的尖晶石 $Li_xM_{1/6}Mn_{11/6}O_4$（M＝Cr、Co 和 Ni）的循环性能

三价铁离子的离子半径为 0.0645nm，虽然与三价锰离子相近，但是它为高自旋的 d^5 构型，同 Al^{3+} 一样，以反尖晶石结构 $LiFe_5O_8$ 存在，易导致阳离子的无序化，结果充放电效率不高，容量衰减快。另外，铁有可能催化电解质的分解。但是，有研究结果表明铁的掺杂有利于循环性能的提高，例如 $LiFe_{1/6}Mn_{11/6}O_4$ 每循环仅损失 0.3％ 的容量，并认为铁离子的掺杂能够提高热稳定性。最新的研究表明，除了在 3.9V 外对应于 Mn^{3+}/Mn^{4+} 的电压平台外，在 4.9V 附近还有对应于 Fe^{3+}/Fe^{4+} 的电压平台，具体见第 9 章。

钴在所形成的尖晶石结构 $LiCo_yMn_{2-y}O_4$ 中以三价形式存在，同铬的掺杂一样，提高了所得尖晶石结构的稳定性（CoO_2 的 Co—O 结合能为 1142kJ/mol）；在充放电过程中，体积变化小（$\leqslant 5％$），这样尖晶石结构不易受到破坏。另外 $LiCo_yMn_{2-y}O_4$ 的导电性较 $LiMn_2O_4$ 有明显提高，锂的扩散系数从 $9.2 \times 10^{-14} \sim 2.6 \times 10^{-12}$ m²/s 提高到 $2.4 \times 10^{-12} \sim 1.4 \times 10^{-11}$

m^2/s（在充电状态时进行测量）。这些均有利于锂的可逆嵌入和脱嵌，使循环性能得到明显提高（见图 7-18）。再加之掺杂钴后，材料的粒子变大，比表面积减少，使活性物质与电解液之间的接触机会减少，降低电解质与电极的分解反应速率和自放电速率。从容量及循环性能来看，钴掺杂后得到的尖晶石结构不仅可以作为 4V 锂离子电池的正极材料（4.2～3.7V），而且也可以作为 3V 锂离子电池的正极材料（3.3～2.3V）。

　　镍在 $LiMn_2O_4$ 中以二价形式存在，虽然锂的嵌入导致锰的平均价态低于 3.5，即可达到 3.3，但是并没有发现四方扭变相的存在。但它同钴、铬一样，能够稳定尖晶石结构的八面体位置（NiO_2 的 Ni—O 结合能为 1029kJ/mol），使循环性能得到提高（见图 7-18）。当充电电压从 4.3V 提高到 4.9V 时，发现在 4.7V 附近有一新的电压平台，对应于镍从 +3 价变化到 +4 价，可作为 5V 锂二次电池的正极材料（在后面 7.6 节进行说明）。将 Ni^{2+} 引入到尖晶石结构中得到 $Li[Mn_{1.5}Ni_{0.5}]O_4$ 亦可以发生锂的嵌入，在 3V 平台时锂的嵌入为两相反应，锂化的最终产物为岩盐结构计量化合物 $Li_2[Mn_{1.5}Ni_{0.5}]O_4$。

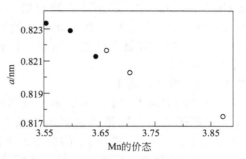

图 7-19　Mn 的价态与晶格参数 a 的关系

掺杂有镍的尖晶石氧化锰锂的合成温度不能过高，超过 650℃时，会出现 Li_xNi_xO 相，导致性能劣化。在 600℃ 合成的 $LiNi_{0.5}Mn_{1.5}O_4$ 于 4.9～3.0V 之间进行循环，容量能稳定在 100mA·h/g 以上。图 7-19 表明，随 Ni^{3+} 的掺杂，晶格参数 a 稍有降低，但是提高了 Mn 的价态，有利于循环。

　　铜引入到尖晶石 $LiMn_2O_4$ 后，分别以二价和三价形式存在，其化学式可写为 $LiCu_x^{II}Cu_y^{III}Mn_{2-x-y}^{III·IV}O_4$。在 4.9V 附近亦有新的充放电平台，对应于 Cu^{2+} 与 Cu^{3+} 之间的氧化还原电压平台。可作为 5V 锂二次电池的正极材料，亦在后面 8.6.2 节进行说明。同别的元素一样，掺杂后容量有下降，但是循环性能得到改善。

　　锌引入到尖晶石结构后，由于 Zn^{2+} 为 $3d^{10}$ 结构，不存在杨-泰勒效应，与引入锂、镁一样，抑制了杨-泰勒效应，从而提高循环性能。$LiZn_{0.05}Mn_{1.95}O_4$ 的容量在 20 次后还保持在 102mA·h/g。

　　对于镓的掺杂，目前有两种不同的结果。从离子半径（0.062nm）来看，同锰离子相近，但是同 Al^{3+} 一样，易形成反尖晶石结构的 $LiGa_5O_8$，因此会导致点阵结构的无序化，使容量下降，衰减快。另一种研究结果表明，镓掺杂后所得的结构为单一的尖晶石相，并且保持立方对称性，因为 Ga^{3+} 同 Zn^{2+} 一样为 $3d^{10}$ 构型，没有杨-泰勒效应，晶格参数 a 也相近（0.8227nm），这样使 $Mn^{3+}/Mn^{4+}<1$，减少了充放电过程中杨-泰勒效应产生的形变，从而改善循环性能；与其他元素一样，容量有所降低。当 $LiGa_xMn_{2-x}O_4$ 中 $x=0.05$ 时，行为最佳，容量基本上没有降低，而且循环性能良好。

　　三价钇引入到 $LiMn_2O_4$ 后，X 射线衍射结构表明所得的材料为两相结构，因此电化学性能不理想。可是，最近通过燃烧法制备的掺杂有钇的尖晶石 $LiMn_{1.95}Y_{0.05}O_4$ 却具有良好的循环性能。也许与 Al 的掺杂一样，也与制备方法有关。

　　综上所述，掺杂阳离子的结果有两种：有利和不利于电化学性能的提高。有利的掺杂在形成的尖晶石 $LiMn_2O_4$ 中主要产生如下作用：①提高 Mn 的价态，从而抑制杨-泰勒效应，例如锂、镁、锌；②提高尖晶石 $Li[Mn_2]O_4$ 框架结构的稳定性，减少充放电过程中结构的变化，降低了锰发生如式（7-6）的溶解反应，例如铬、钴、镍，它们形成的二氧化物 CrO_2、CoO_2、NiO_2 的 M—O 结合能分别为 1029kJ/mol、1142kJ/mol 和 1029kJ/mol，比 MnO_2（α-型）中的 M—O 结合能（946kJ/mol）要高；③提高导电性，有利于锂的可逆嵌入和脱嵌；④减少比表面积，相应地减少活性物质与电解液之间的接触，降低电解质与电极的分解反应速率和自放电速率，如钴；⑤提高尖晶石结构的晶格参数，促进锂离子扩散系数的提高，如铬的掺杂。不利的掺杂在于如下几个原因：①降低锰的价态，反而加剧杨-泰勒效应，例如钛；②生成杂相，破坏尖晶石 $Li[Mn_2]O_4$ 框架结构的统一性，不利于锂的嵌入和脱嵌，如硼、铝、铁、钇；③导致尖晶石 $Li[Mn_2]O_4$ 的晶胞单元体积减小，抑制锂的迁移，如铝。对于有利的掺杂，也并不是多多益善，过多亦会导致杂相的生成和电化学性能下降。另外掺杂对提高尖晶石 $LiMn_2O_4$ 结构稳定性的同时，一般而言容量会有所下降。例如在形成的复合氧化物 $LiCr_xMn_{2-x}O_4$ 中，随铬掺杂量的增加，容量会下降，甚至会下降得比较多。最佳组分为 0.6% 的 Mn^{3+} 被 Cr^{3+} 取代，此时初始容量只下降 $5 \sim 10 mA \cdot h/g$，而循环性能有明显提高，100 次循环后，容量还可达 $110 mA \cdot h/g$。当然，也可以采用理论计算的方法，对掺杂离子的可能影响进行推测。

7.4.4.4 掺杂阴离子

掺杂的阴离子有氧、氟、碘、硫和硒等。

氧原子的掺杂则得到富氧的尖晶石缺陷结构 $LiMn_2O_{4+\delta}$，阳离子分布为 $(Li_{0.89}\square_{0.11})[Mn_{1.78}\square_{0.22}]O_4$，Mn 离子的价态为 +4。锂初始嵌入时的电压为 3V，在随后的循环中表现出 3V 和 4V 两个电压平台。氟取代部分氧形成 $Li_{1-x}Mn_{2-y}O_{4-y}F_y$（$0 < y < 0.5$），由于氟的电负性比氧大，吸电子能力强，降低了锰在有机溶剂中的溶解度，明显提高在较高温度下（约 50℃）的储存稳定性。另外，掺氟还可以消除因掺杂阳离子而形成的不完全固溶，改善了尖晶石相的均匀性和内部结构的稳定性，抑制了尖晶石在高温下分解而造成的容量损失。但是氟取代氧后，增加了 Mn^{3+} 的含量，降低了锰的价态，为了补偿该影响，在该结构中锂的量必须减少，即 x 必须稍微大一点，从而保证锰的价态在放电末期还在 3.5V 以上，使脱锂时发生 $Mn^{3+} \longrightarrow Mn^{4+}$ 变化所需的 Mn^{3+} 增多，比容量增加，弥补了由于掺杂阳离子导致的初始容量下降，改善尖晶石的高温性能。在此基础上可引入阳离子如 Al 等进行进一步的掺杂，提高在高温下的稳定性。

掺杂碘和硫的氧化锰锂更确切地说应属于无定形结构，为了说明的方便，在这里进行说明。碘和硫的原子半径比氧大，锂嵌入时形变小，在循环过程中可保持结构的稳定性，克服尖晶石结构在 3V 区域发生的杨-泰勒效应，明显提高循环性能。在此基础上亦可以进一步引入掺杂阳离子，如 $LiAl_{0.24}Mn_{1.76}O_{3.98}S_{0.02}$ 在整个电压 3V 和 4V 区（$3.4 \sim 4.3V$）均不发生杨-泰勒形变，无论是室温循环性能，还是在较高温度下的循环性能，都比较理想（见图 7-20）。

硒的掺杂效果可能与硫一样，通过溶胶-凝胶法制备 $LiSe_xMn_{1.6}O_4$ 在 3V 平台的循环性能均比较好（见图 7-21），其容量可达 $105 mA \cdot h/g$。但是具体原因还有待于深入的研究，因为其组成较尖晶石 $LiMn_2O_4$ 而言相差较大。

7.4.4.5 两种以上离子的掺杂

以上主要是单种离子的掺杂效果。如果在尖晶石结构中引入两种或两种以上的有效离子进行掺杂，则总的效果会明显优于单一离子的掺杂，主要有 Li 和 Co、Co 和 Al、Co 和 Cr、Cr 和 Al、硒和铝、Al 和 F、Li、Co 和 Ni 等的共同掺杂。以 Li 和 Co 的共同掺杂来说，它们取代位于 $16d$ 位置的锰离子，生成新的尖晶石结构，即 $Li[Mn_{1-3x/2}^{3+}Mn_{1+x/2}^{4+}Li_{x/4}Co_{3x/4}^{3+}]O_4$。当

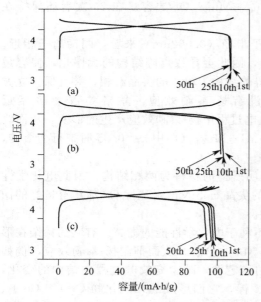

图 7-20　$LiAl_{0.24}Mn_{1.76}O_{3.98}S_{0.02}$ 在不同温度下的循环性能（电压范围为 $3 \sim 4V$）：(a) 室温；(b) 50℃ 和 (c) 80℃

然随掺杂量的增加，容量会减少，但是循环性能基本上比较优良 [见图7-22(a)]。通过溶胶-凝胶法制备的 $LiAl_{0.18}Se_{0.02}Mn_{1.8}O_4$ 在 4V 和 3V 之间存在两个电压平台 [见图7-22(b)]。4V 和 3V 平台的循环性能均比较好，对于 3V 平台，其容量随循环的进行而增加，25 次循环后，总容量可达 $204mA \cdot h/g$。

Al 和 F 的共同掺杂不仅提高了尖晶石结构在室温下的稳定性，而且在较高温度下的稳定性也得到了提高。而锂和镍的共同掺杂则不仅在室温和高温（60℃）下具有良好的循环性能，而且在 4C 下也具有良好的循环性能，从 0.1C 到 4C，容量还有 98%。

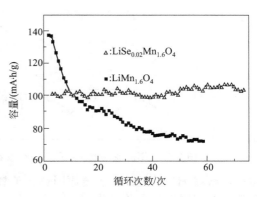

图 7-21　溶胶-凝胶法制备
$LiSe_xMn_{1.6}O_4$ 在 3V 平台的循环性能

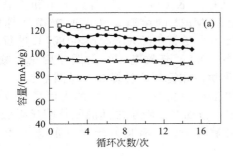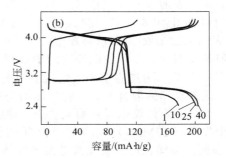

图 7-22　(a) 锂和钴共同掺杂后 $Li[Mn_{2-x}Li_{x/4}Co_{3x/4}]O_4$ 的循环性能和 (b) $LiAl_{0.18}Se_{0.02}Mn_{1.8}O_4$
在 2.4～4.4V 之间的充放电曲线（图中的数字指循环次数）
（● $x=0$；□ $x=0.064$；◆ $x=0.125$；△ $x=0.182$；▽ $x=0.235$）

除此以外，在尖晶石中引入结构相类似的 $MgAl_2O_4$ 尖晶石作为掺杂相，由于该结构均匀分散在整个尖晶石结构中，因此，在充放电过程中有利于循环性能的提高。当然，随着掺杂相量的增加，循环性能提高，但是容量有所下降。

7.4.4.6　表面处理

要抑制锰的溶解和电解液在电极上的分解，提高 $LiMn_2O_4$ 在较高温度下的电化学性能，表面处理是有效的方法之一。表面处理包括两种方法：用有机物进行表面处理和用无机氧化物进行表面包覆。

用来处理 $LiMn_2O_4$ 表面的有机物有乙酰丙酮和聚合物。乙酰丙酮与 $LiMn_2O_4$ 表面的锰空轨道成键发生配位反应，中和表面的活性中心，提高高温性能，使锰空轨道不再对电解质溶液的分解起催化作用，如图 7-23 所示，从而有效地抑制了电解质的分解。其操作过程如下：在室温下将尖晶石粉末和乙酰丙酮混合后放置几个小时，之后在 100℃ 下干燥，最后再在 800℃ 下退火一段时间，这样乙酰丙酮与锰离子发生配位反应后将尖晶石表面的锰离子的活性中心去除了。另外在发生配位反应的同时，乙酰丙酮还溶解了一些尖晶石表面的锰离子而形成 Li_2MnO_3。由于其中的锰离子全部以 4 价的形式存在，也提高了抗酸的侵蚀，阻止了锰的进一步溶解。至于在 $LiMn_2O_4$ 尖晶石表面涂上一层导电性聚吡咯、聚噻吩等，亦可提高其在高温下的循环性能。另外，利用硝酸银对 $LiMn_2O_4$ 材料进行热处理镀膜，也可以改善其电化学性能。

表面包覆的氧化物有氧化硼锂（$LiBO_2$）玻璃物、Li_2CO_3 膜、MgO、Al_2O_3、SiO_2、ZnO、氧化钴锂、$LiNi_{0.2}Co_{0.8}O_2$ 和 $KMnF_3$ 等。氧化硼锂玻璃将尖晶石进行包覆，减小比表

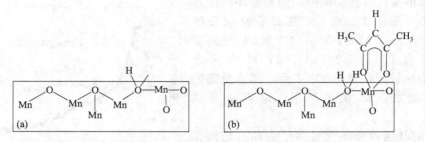

图 7-23 用乙酰丙酮对尖晶石氧化锰锂粒子表面进行处理前（a）后（b）的作用示意

面积，减缓 HF 的侵蚀，主要原因还在于氧化硼锂玻璃具有以下优点：氧化硼锂玻璃对尖晶石有良好的润湿性能，并且作为锂离子传导体，具有较好的离子电导率；另外它能抵抗高压下的氧化，具有优良的稳定性。同时，对于 $LiMn_2O_4$ 表面包覆的 Li_2CO_3 膜而言，锂离子可以自由出入这层膜，而 H^+ 和电解质溶液则不能通过这层膜，从而有效地抑制锰的溶解和电解质的分解。在尖晶石表面包覆碳酸盐（Li_2CO_3、Na_2CO_3、K_2CO_3）可以有效地中和尖晶石正极上的酸，从而可防止如式（7-6）和式（7-7）发生的 Mn^{2+} 的溶解，从而改善循环性能。如在 $LiMn_2O_4$ 表面通过溶胶-凝胶法再覆盖一层 $LiCoO_2$，尽管 $LiCoO_2$ 涂层在 800℃ 进行热处理时消失了，但是高温（55℃）的循环性能明显提高，0.2C 充放电 100 次循环后只衰减 9%，而未涂层的衰减 50%。可逆容量和大电流下的电化学性能得到明显提高（见图 7-24）。

当然，改进炭黑的混合方式，将炭黑均匀包覆在尖晶石 $LiMn_2O_4$ 的表面，不仅可以提高可逆容量，而且循环性能也得到明显改进。原因一方面在于粒子之间的阻抗明显降低，同时也可能与减少尖晶石 $LiMn_2O_4$ 与电解液之间的接触有关。具有良好导电性的金沉积在尖晶石 $LiMn_2O_4$ 表面上同样也可以明显改进循环性能。

7.4.4.7 溶胶-凝胶法

与氧化钴锂、氧化镍锂一样，也可以采用溶胶-凝胶法制备氧化锰锂，这样不仅可以降低

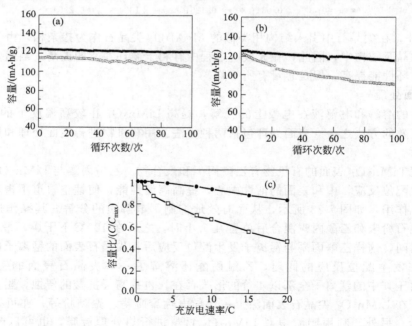

图 7-24 未涂层和用 $LiCoO_2$ 涂层的 $LiMn_2O_4$ 在室温（a）和较高温度（b）
（65℃）下的循环性能及在大电流下的容量变化（c）
□ $LiCoO_2$-涂层的 $LiMn_2O_4$；○ 未涂层的 $LiMn_2O_4$

合成温度、缩短反应时间、得到纯度高的相结构，同时化学计量关系能得到很好的控制、粒子大小在纳米级范围内、粒径分布窄、比表面积大等，因此不仅容量得到提高，循环性能也有明显改善。

所用的载体有柠檬酸与乙二醇的缩聚物、聚丙烯酸 PAA、柠檬酸、己二酸、羟基醋酸、丁二酸、酒石酸等。将柠檬酸与乙二醇的缩聚物作为载体的过程如下：①先将硝酸盐加入到柠檬酸与乙二醇的溶液中，发生部分中和反应，形成柠檬酸与金属离子的络合物；②然后酯化，形成低聚物，随反应的进行，黏度增加，保证阳离子在络合物中分布均匀；③接着进行缩聚反应，除去体系中多余的乙二醇，形成泡沫玻璃体，该聚合前驱体很稳定，没有沉淀物的析出，锂离子和锰离子以原子级水平均匀地分散在聚合物基体上，从其结构示意（见图 7-25）也可以看出这一点；④最后的热处理。在该过程中，不需要像在固相反应中的远程扩散作用，可以在低到 $300^\circ C$ 时得到单一尖晶石 $LiMn_2O_4$，可逆容量高达 $135 mA \cdot h/g$（理论容量的 91%），并且容量衰减很慢。以金属锂为电极，10 次循环后还可达到 $127 mA \cdot h/g$。使用聚丙烯酸 PAA、柠檬酸、己二酸、羟基醋酸、丁二酸等有机物为载体，只是不需要缩聚过程，原理基本上相似。如以聚丙烯酸为例，在 $800^\circ C$ 时所得 $LiMn_2O_4$ 的可逆容量为 $135 mA \cdot h/g$，10 次循环后为 $134 mA \cdot h/g$，168 次循环后仅仅衰减 9.5%（见图 7-26）。

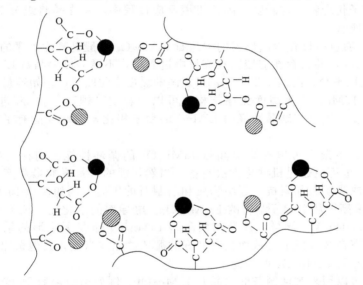

图 7-25　将柠檬酸与乙二醇的缩聚物作为载体得到的聚合前驱体的结构示意

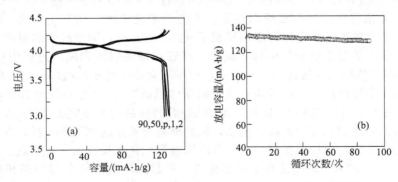

图 7-26　以聚丙烯酸为载体合成的尖晶石 $LiMn_2O_4$ 的电化学性能

当然，在热处理过程中，热处理温度对合成尖晶石 $LiMn_2O_4$ 的结构具有明显的影响，从而影响电化学性能。例如柠檬酸与乙二醇的缩聚物作为载体，如图 7-27 所示，随热处理温度的增加，结晶性得到明显的提高，而且初始容量和循环性能也随热处理温度的增加而提高。

7.4.5 尖晶石 $LiMn_2O_4$ 的机械化学法制备

将锰化合物例如 MnO_2 与锂的化合物如 $LiOH$、$LiOH \cdot H_2O$ 或 Li_2CO_3 等进行机械研磨，可以合成尖晶石 $LiMn_2O_4$。原料锰的价态影响机械化学法制备尖晶石 $LiMn_2O_4$ 的动力学。例如 MnO_2 与 Li_2CO_3 反应几乎全部生成 $LiMn_2O_4$，而对于 Mn_2O_3 或 MnO 与 Li_2CO_3 的反应则基本上没有观察到。与此同时，不同的锂化合物也产生不同的反应机理。$LiOH$ 为

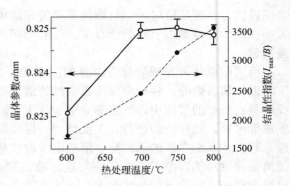

图 7-27 采用柠檬酸与乙二醇的缩聚物作为载体的溶胶-凝胶法合成的尖晶石 $LiMn_2O_4$ 的晶体结构与热处理温度的关系

层状结构，具有较好的塑性，对于 MnO_2 与 $LiOH$ 的反应，则是首先在黏合力的作用下，形成分子富集的聚集体或机械复合物，无定形 $LiOH$ 覆盖在该复合物的表面。而对于 Li_2CO_3，它是一种典型的离子化合物，比较脆，因此机械反应过程中，首先是将组分 MnO_2 和 Li_2CO_3 通过脆性分裂而形成。

Li_2O 与 MnO_2 通过机械化学法形成的尖晶石 $LiMn_2O_4$ 一般是高度无序的纳米晶体，晶体大小一般不大于 25nm，并且存在应变。在充放电过程中，不像晶体尖晶石 $LiMn_2O_4$ 一样表现为 4V 和 3V 两个电压平台，而是在 $2.5 \sim 4.3V$ 之间的缓慢变化曲线，初始容量为 $167mA \cdot h/g$。由于形成的尖晶石 $LiMn_2O_4$ 为高度无序结构，可以"容纳"锂离子在 3V 脱嵌、嵌入时杨-泰勒效应产生的应变。因此与结晶性好的 $LiMn_2O_4$ 粉末相比，循环性能有了明显提高，并大大减少了极化。

如前所述，锂的掺杂也可以提高尖晶石 $LiMn_2O_4$ 的循环性能。同样，过量锂的尖晶石 $Li_xMn_2O_4$（$x>1$）也可以通过机械化学法制备。当然，锂的含量影响最后产物的组分和晶格参数。电导率主要取决于粒间阻抗、起始物质和磨制时的压力。例如，从 Li_2CO_3 制备的掺杂 $Li_xMn_2O_4$ 的电导率高于从 $LiOH$ 制备的 $Li_xMn_2O_4$。电导率的活化能（E_a）基本上不受 x 的影响，为 $(0.36 \pm 0.04)eV$。同样，掺杂的尖晶石 $LiMn_2O_4$ 也是无定形的纳米晶体。由于掺杂了锂，使锰的价态在 3.5 以上，从而具有良好的循环性能。当然，其他杂原子也可以通过机械化学法引入到尖晶石 $LiMn_2O_4$ 的结构中。

机械化学法也可以用来改性制备的尖晶石 $LiMn_2O_4$。例如通过溶胶-凝胶法或固相反应法制备的 $LiMn_2O_4$ 再进行球磨，形成纳米 $LiMn_2O_4$，在 3V 区室温下的循环性能有了明显提高。在球磨过程中，尖晶石粒子被磨成纳米粒子，这些纳米粒子再"粘"在一起，形成硬的聚集体，这样，在一个大的粒子中存在许多纳米粒子（$20 \sim 40nm$），纳米粒子的界面之间存在位错和应变。锰离子也在此过程中会发生部分氧化。尽管在锂的嵌入和脱嵌过程中仍然存在杨-泰勒效应，但是小粒子的净形变远远小于大粒子，所以不会产生粒子的破坏。另外如上所述，杨-泰勒效应产生的应变可以被粒子间的应变或缺陷所"吸收"，因此循环性能有所提高。如图 7-28 所示，在 $0.5mA/cm^2$ 下循环 50 次后，球磨 1h 后的样品的容量还是 $122mA \cdot h/g$，同时，在较高温度下的循环性能也有所提高。显然，该种提高与前述的原因不一样，有待于进一步的研究。将机械化学反应与固相反应相结合，可以弥补机械化学反应的一些缺点。例如两者相结合制备的尖晶石 $LiMn_2O_4$，结晶性有了明显提高，而且循环性能较单纯的固相反应法有了明显改进。

7.4.6 尖晶石 $LiMn_2O_4$ 的其他制备方法

其他的改性方法包括改性的共沉淀方法、配体交换法、微波法加热、燃烧法以及一些非经

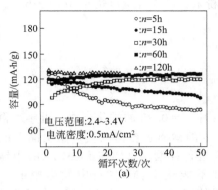
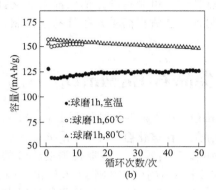

图 7-28　采用机械化学法制备的尖晶石 $LiMn_2O_4$ 的电化学性能

典方法如脉冲激光沉积（pulsed-laser deposition）法、等离子提升（plasma-enhanced）化学气相沉淀法、射频磁旋喷射法（radio-frequency magnetron sputtering）、软化学法和乳胶干燥法等，其中有关薄膜尖晶石 $LiMn_2O_4$ 的制备如脉冲激光沉积法、火化等离子体烧结（spark-plasma sintering）、等离子提升化学气相沉淀法、射频磁旋喷射法等。

采用改性共沉淀方法，如将硬脂酸加入到羟氧化四甲基铵溶液中，可明显改进 $LiMn_2O_4$ 的大电流性能。配体交换法为将异丙氧基锂和乙氧基锰与 2-乙氧基乙醇进行配体交换，得到均匀的 Li-Mn-O 前驱体溶液，然后在氧气气氛下低到 200℃ 热处理就可以得到 $LiMn_2O_4$ 粉末，在 700℃ 热处理得到循环性能很好的纳米 $LiMn_2O_4$。

微波法是将原料例如电解 MnO_2 和 Li_2CO_3 混合，在微波合成反应腔中空气气氛下 700～800℃ 下进行反应，合成产物的尖晶石氧化锰锂的初始容量为 140mA·h/g。该法的特点是，合成体系的材料与微波场的相互作用，从材料内部开始对其整体进行加热。使微波能被材料吸收并耗散成热能，实现快速升温，大大缩短合成反应时间，显著降低了合成活化能，使反应更彻底。

燃烧法亦可以在较低的温度下得到 $LiMn_2O_4$ 晶体，如使用尿素为燃烧载体，在低表面张力情况下，将液态凝胶干燥，得到比表面积大的无定形材料，并可以对母体凝胶进行简单的处理而调节微孔结构。该方法简单，成本不高。

软化学法制备尖晶石 $LiMn_2O_4$ 的过程主要如下：将锰和锂的醋酸盐溶解，然后加入蒸馏水 3 倍的甲醇溶液中；再加入等体积的 1mol/L 丁二酸，在此加入过程中应严格控制丁二酸的浓度。原因在于丁二酸锰和丁二酸锂互不相溶，在丁二酸复合剂的作用下可以得到均质的混合物。丁二酸中的羧酸基能与金属阳离子形成稳定的化学键，甲醇和醋酸相当慢的挥发性使混合物变成均匀的浆状物，保证了锰、锂金属离子的原子级混合，克服了尖晶石氧化锰锂合成过程中的远程扩散问题。在空气气氛中 250℃ 下加热前驱物，由于有机物的燃烧放热反应加速了前驱物的分解反应，所以在较低的温度下制备出了尖晶石 $LiMn_2O_4$ 粉末。该法的主要优点是：大幅度降低了煅烧温度，缩短了反应时间，并且制得的产物相基本上没有杂相存在。其初始可逆容量为 118mA·h/g，第 2 次循环与第 50 次循环和第 100 次循环的放电平台基本相似，具有较好的循环性能。

乳胶干燥法也可制备性能良好的尖晶石型尖晶石氧化锰锂粉末。该法的具体过程示例如下：先将 Li_2CO_3 和 $Mn(NO_3)_2 \cdot 6H_2O$ 以 1∶2 的摩尔比溶解于稀释的硝酸中。将配制好的溶液在室温下逐滴加入乳化剂和煤油的混合物中，并且不停地搅拌，直到生成乳胶状物。以煤油和吐温-85 作为油相和乳化剂，煤油\配好的溶液\乳化剂的体积比为 55∶30∶15，形成溶质均匀分散于油相中的混合型乳胶。静置 6h 后的乳胶在超声波下振荡一段时间，减少混合相的粒度。用甲苯清洗乳胶前驱体，除去剩余的煤油相，然后在 100℃ 下干燥，最后在 450～950℃

温度下加热乳胶，可制备纯净的尖晶石氧化锰锂粉末，可逆容量可达 115mA·h/g。该法的主要优点是制备工艺流程简单，条件易于控制。

7.5 尖晶石 $Li_4Mn_5O_{12}$

$Li_4Mn_5O_{12}$ 为计量尖晶石体系 $Li_{1+x}Mn_{2-x}O_4$ 中 $x=0.33$ 的端化合物，近年来得到了广泛的关注和研究。在该化合物中，$Li[Mn_2]O_4$ 中 1/6 的锰离子被锂取代，用尖晶石的概念可表示为 $Li[Mn_{1.67}Li_{0.33}]O_4$。该取代需要将锰的电荷进行补偿，这样在 $Li_4Mn_5O_{12}$ 中锰的价态为 +4，而在 $Li[Mn_2]O_4$ 中则为 3.5 价。因此锂不能从 $Li_4Mn_5O_{12}$ 中发生脱嵌。但是，同 $Li_{1+\delta}[Mn_2]O_4$ 一样，在 3V 电压平台可以发生锂的嵌入。由于 $Li_4Mn_5O_{12}$ 中锰为 +4 价，扭变为四方对称的杨-泰勒效应要到放电末期才进行，即当锰的价态为 3.5 时的 $Li_{6.5}Mn_5O_{12}$ 组分。放电末期达到岩盐组合物 $Li_7Mn_5O_{12}$。另外，杨-泰勒效应（$c/a=1.106$）并没有在 $Li_2[Mn_2]O_4$ 那样严重。同 $Li[Mn_2]O_4$ 相比，$Li_4Mn_5O_{12}$ 作为 3V 电极材料的性能更加稳定。$Li_4Mn_5O_{12}$ 的理论容量为 163mA·h/g，实际上可达 130~140mA·h/g。当然，由于锰为 +4 价，氧化性较强，所以不易合成锰 100% 为 +4 价的 $Li_4Mn_5O_{12}$ 产品。一般而言，氧会稍缺一点，使锰的价态稍低于 +4。在合成时，当原材料中锰的价态为 +3 时，易形成 $LiMn_2O_4$；为 +4 价时，能够形成稳定的 $Li_4Mn_5O_{12}$。为了保证原材料中锰的价态 +4，先将 $Mn(Ac)_2$ 的 Mn^{2+} 与 Li_2O_2 反应，形成 $Li_xMn_yO_z·nH_2O$，然后过滤、洗涤、干燥。如果不进行热处理，没有明显的晶相存在；而热处理温度过高，又易发生歧化分解。在 500℃ 时热处理制备的材料性能最佳，可逆容量达 153mA·h/g，只比理论容量（163mA·h/g）略小一点，40 次循环后，仅仅衰减 2%。采用喷雾干燥可制得纳米 $Li_4Mn_5O_{12}$。

如同尖晶石 $LiMn_2O_4$ 一样，也可以通过掺杂来提高其电化学性能。例如当 Co 在尖晶石 $Li_{4-x}Mn_{5-2x}Co_{3x}O_{12}$（$0 \leqslant x \leqslant 1$）的掺杂量 x 为 0.25 时，具有最佳的效果。在 25mA/g 的电流密度下的可逆容量为 150mA·h/g，而且没有明显的容量衰减。掺杂的 Co 位于四面体 $8a$ 位置上，对应于将 Li 置换到 $16d$ 位置，从而防止充放电过程中离子无序度的增加。

7.6 其他氧化锰锂正极材料

其他氧化锰锂正极材料包括尖晶石 $Li_2Mn_5O_9$、尖晶石 $Li_4Mn_5O_9$、层状结构的 $Li_xCr_yMn_{2-y}O_{4+z}$（$2.2<x<4$，$0<y<2$，$z \geqslant 0$）等。

对于尖晶石 $Li_2Mn_5O_9$ 的研究进行得很少，可能是由于它不稳定、难合成，同时能量密度不高，吸引力不大。

在前述 $LiMn_2O_4$ 的掺杂过程中，通过引入过量的锂，改变锰的平均价态，可抑制杨-泰勒效应。当 $Li_{1+x}Mn_2O_4$ 中 $x=0.33$ 时，得到组成为 $Li_4Mn_5O_9$ 的尖晶石化合物。在该结构中，位于约 4V 的平台容量下降，但位于约 3V 的容量则增加，并且随循环的进行，容量的衰减速率减缓。主要是由于掺杂锂后，更多的锂离子位于 $16c$ 位置，导致立方尖晶石结构更加稳定。在 $Li_yMn_5O_9$ 中，y 达到 1.5 时还具有很好的循环性能。因此可以作为 3V 锂二次电池的正极材料。在较高温度下合成 $Li_4Mn_5O_9$ 时，由于很不稳定，易分解为 $LiMn_2O_4$ 和 Li_2MnO_3，一般采用低温方法。

在氧气气氛下，通过将 NaI 和 Li_2MnO_3 进行反应性脉冲激光沉积，得到含碘的锰化物薄膜，其可逆容量在 1.5~4.5V 之间可达 240mA·h/g，且 40 次循环后容量仅衰减 10%。

通过溶胶-凝胶法与离子交换法相结合，制备由尖晶石相与层状相组成的氧化锰锂

$Li_xMnO_{2+\delta}$，其充放电性能良好，在 $4.2 \sim 2V$ 之间循环，20 次循环后容量基本稳定，为 $155mA \cdot h/g$。

7.7 部分氧化锰锂工业产品的性能

作为新型锂离子电池的正极材料，氧化锰锂材料以其各方面优势得到了电池生产厂家和科研工作者的关注。国内也有众多 $LiMn_2O_4$（工业界称为锰酸锂）的生产企业，下面就一些具有代表性的氧化锰锂工业产品作简要介绍。

7.7.1 $LiMn_2O_4$ 工业产品

北京当升科技材料科技股份有限公司生产 MSL-15T、MSL-15T2、MSL-15T4、MSL-15R 四种型号的氧化锰锂（锰酸锂）产品。其部分性能示于表 7-1。以 MSL-15T 为例，其具有致密的颗粒形貌以及低的比表面积、良好的循环性能和高温存储性能，适合 HEV、EV 及电动自行车等电池正极材料。图 7-29 为 MSL-15T 型氧化锰锂的 SEM。

表 7-1　北京当升锰酸锂产品的部分性能

型 号	振实密度 /(g/cm³)	平均粒度 /μm	比表面积 /(m²/g)	压实密度 /(g/cm³)	比容量 /(mA·h/g)	循环寿命 /次
MSL-15T	>2.2	12~21	<0.8	>3.0	>100	500
MSL-15T2	>2.2	12~21	<0.8	>3.0	>95	800
MSL-15T4	>2.2	12~21	<0.8	>3.0	>90	1000
MSL-15R	>2.2	10~18	<1.0	>3.0	>105	300

湖南杉杉新材料有限公司主要生产 LM001、LM011、LM021、LM021-HB 四种型号的锰酸锂产品，部分性能示于表 7-2。

7.7.2 三元正极材料工业产品

国内最早从事三元正极材料生产的企业为深圳市天骄科技开发有限公司，也是目前国内三元材料产量最大的企业，其他生产三元材料的企业还有宁波金和、湖南杉杉、北京当升、河南科隆、湖南瑞翔等。深圳天骄公司的三元材料产品主要有 PLB-H1、PLB-H5、PLB-F、PLB-F5、PLB-H，下面简单介绍一下 PLB-H5，其典型的性能见表 7-3，主要适合高容量型锂离子电池。

图 7-29　北京当升科技材料科技股份有限公司生产的 MSL-15T 型氧化锰锂的 SEM

表 7-2　湖南杉杉新材料有限公司锰酸锂产品的部分性能

型号	平均粒度 D_{50}/μm	振实密度 /(g/cm³)	比表面积/(m²/g)	可逆容量/(mA·h/g)
LM001	20~25	≥2.0	0.4~1.0	≥115
LM011	15~20	≥2.0	0.5~1.1	≥115
LM021	10~15	≥1.9	0.6~1.2	≥115
LM021-HB	10~15	≥1.5	0.3~0.9	≥100

表 7-3 深圳市天骄科技开发有限公司 PLB-H5 的典型性能

项 目	指 标	项 目	指 标
Ni＋Mn＋Co/%	≥57.17	pH 值	≤11.0
Li/%	7.00～8.00	振实密度/(g/cm³)	≥2.2
H₂O/%	≤0.1	比表面积/(m²/g)	0.3～0.8
粒径/μm		压实密度/(g/cm³)	3.3～3.6
D_{10}	≥5.0	首次可逆容量/(mA·h/g)	155～158①
D_{50}	8～12	首次充放电效率/%	83%～85%
D_{90}	≤25		

① 以金属锂为对电极、1C，4.3～2.7V 之间的测试结果。

参 考 文 献

[1] 吴宇平，戴晓兵，马军旗，程预江. 锂离子电池——应用与实践. 北京：化学工业出版社，2004.
[2] Devaraj S, Munichandraiah N. J. Phys. Chem., 2008, 112: 4406.
[3] Feng J, Bruce PG. Adv. Mater, 2007, 19: 657.
[4] Zhao JZ, Tao ZL, Liang J, Chen J. Cryst. Growth Des., 2008, 8 (8): 2799.
[5] Minakshi M, Singh P, Mitchell DRG, Issa TB, Prince K. Electrochim Acta., 2007, 52: 7007.
[6] Minakshi M, Mitchell D, Singh P, Thurgate S. Australian Institute of Physics 17th National Congress 2006 Brisbane. 2006: 3.
[7] Minakshi M, Mitchell DRG, Prince K. Solid State Ion., 2008, 179: 355.
[8] Minakshi M, Mitchell DRG, Carter ML, Appadoo D, Nallathamby K. Electrochim Acta., 2009, 54: 3244.
[9] Minakshi M, Nallathamby K, Mitchell DRG. J. Alloys Compds., 2009, 479: 87.
[10] Zhao LZ, Chen G and Zhang LJ. Chem. J. Chin. Univ., 2006, 27: 1815.
[11] Molenda J, Ziemnicki M, Marzec J, Zajac W, Molenda M, Bucko M. J. Power Sources, 2007, 173: 707.
[12] Zhou F, Zhao XM, Liu YQ, Li L, Yuan CG. J. Phys. Chem. Solids, 2008, 69: 2061.
[13] Liua Q, Li YX, Hua ZL, Mao DL, Chang CK, Huang FQ. Electrochim Acta., 2008, 53: 7298.
[14] Li C, Zhang HP, Fu LJ, Liu H, Wu YP, Rahm E, Holze R, Wu HQ. Electrochim Acta., 2006, 51: 3872.
[15] Wu MQ, Zhang QY, Lu HP, Chen A. Solid State Ionics, 2004, 169: 47.
[16] Xie JL, Huang X, Zhu ZB, Dai JH. Ceram. Int., 2011, 37: 419.
[17] J Guo, Jiao L, Yuan H, Li H, Zhang M, Y Wang. Electrochim Acta., 2006, 51: 3731.
[18] Santhanam R, Rambabu B. J. Power Sources., 2010, 195: 4313.
[19] Daisuke M, Hikari S, Masahiro S, Hiroshi K, Kuniaki T, Yoshiyuki I. J. Power Sources, 2011, doi: 10.1016/j.jpowsour.2010.11.150.
[20] Boulineau A, Croguennec L, Delmas C, Weill F. Chem. Mater, 2009, 21: 4216.
[21] Armstrong AR, Holzapfel M, Novak P, Johnson CS, Kang SH, Thackeray MM, Bruce PG. J. Ame. Chem. Soc., 2006, 128: 8694.
[22] Bareno J, Lei CH, Wen JG, Kang SH, Petrov I, Abraham DP. Adv. Mater, 2010, 22: 1122.
[23] Kang SH, Kempgens P, Greenbaum S, Kropf AJ, Amine K, Thackeray MM. J. Mater Chem, 2007, 17: 2069.
[24] Johnson CS, Li NC, Lefief C, Thackeray MM. Electrochem Commun, 2007, 9: 787.
[25] Johnson CS, Li NC, Lefief C, Vaughey JT, Thackeray MM. Chem. Mater, 2008, 20: 6095.
[26] Lim JH, Bang HJ, Lee KS, Amine K, Sun YK. J. Power Sources, 2009, 189: 571.
[27] Kikkawa J, Akita T, Hosono E, Zhou HS, Kohyama M. J. Phys. Chem. C., 2010, 114: 18358.
[28] Tabuchi M, Nabeshima Y, Takeuchi T, Tatsumi K, Imaizumi J, Nitta Y. J. Power Sources, 2010, 195: 834.
[29] Johnson CS. J. Power Sources, 2007, 165: 559.
[30] Li J, Klöpsch R, Stan MC, Nowak S, Kunze M, Winter M, Passerini S. J. Power Sources, 2011, 196: 4821.
[31] Tabuchi M, Nabeshima Y, Takeuchi T, Tatsumi K, Imaizumi J, Nitta Y. J. Power Sources, 2010, 195: 834.
[32] Lu ZH, Chen ZH, Dahn JR. Chem. Mater, 2003, 15: 3214.
[33] Sivaprakash S. J. Electrochem Soc., 2009, 156: A328.
[34] Tabuchi M, Nabeshima Y, Takeuchi T, Kageyama H, Tatsumi K, Akimoto J, Shibuya H, Imaizumi J. J. Power Sources, 2011, 196: 3611.
[35] Gao J, Kim J, Manthiram A. Electrochem Commun, 2009, 11: 84.
[36] Kang YJ, Kim JH, Lee SW, Sun YK. Electrochim Acta., 2005, 50: 4784.
[37] Kang SH, Thackeray MM. Electrochem Commun, 2009, 11: 748.
[38] 吴宇平，张汉平，吴锋等. 绿色电源材料. 北京：化学工业出版社，2008.
[39] Xia H, Wang HL, Xiao W, Lu L, Lai MO. J. Alloy Comp., 2009, 480: 696.
[40] Liao PY, Duh JG, Sheu HS. J. Power Sources., 2008, 183: 766.
[41] Menetrier M, Bains J, Croguennec L, Flambard A, Bekaert E, Jordy C, Biensan P, Delmas C. J. Solid State

Chem. , 2008, 181: 3303 .

[42]　Li JG, Wang L, Zhang Q, He XM. J. Power Sources, 2009, 190: 149 .

[43]　Kim SB, Lee KJ, Choi WJ, Kim WS, Jang IC, Lim HH, Lee YS. J. Solid State Electrochem, 2010, 14: 919.

[44]　Jiang CH, Dou SX, Liu HK, Ichihara M, Zhou HS. J. Power Sources, 2007, 172: 410.

[45]　Doi T, Yahiro T, Okada S, Yamaki J. Electrochim Acta. , 2008, 53: 8064.

[46]　Pasquier AD, Huang CC, Spitler T. J. Power Sources, 2009, 186: 508.

[47]　Belharouak I, Sun YK, Lu W, Amine K. J. Electrochem Soc. , 2007, 154 (12): A1083.

[48]　Stewart SG, Srinivasan V, Newman J. J. Electrochem Soc. , 2008, 155 (9): A664.

[49]　Takami N, Inagaki H, Kishi T, Harada Y, Fujita Y, Hoshina K. J. Electrochem Soc. , 2009, 156 (2): A128.

[50]　Liu Q, Mao D, Chang C, Huang F. J. Power Sources, 2007, 173: 538.

[51]　Molenda J, M Ziemnick, Marzec J, Zajac W, Molenda M, Bucko M. J. Power Sources, 2007, 173: 707.

[52]　Deng B, Nakamura H, Yoshio M. J. Power Sources, 2008, 180: 864.

[53]　Liu Y, Li X, Guo H, Wang Z, Hu Q, Peng W, Yang Y. J. Power Sources, 2009, 189: 721.

[54]　Doi T, Inaba M, Tsuchiya H, Jeong S—K, Iriyama Y, Abe T, Ogumi Z. J. Power Sources, 2008, 180: 539.

[55]　Mateyshina YG, Lafont U, Uvarov NF, Kelder EM. J. Electrochem, 2009, 45 (5): 602.

[56]　Amarilla JM, Petrov K, Pico F, Avdeev G, Rojo JM, Rojas RM. J. Power Sources, 2009, 191: 591.

[57]　Zhao SL, Chen HY, Wen JB, Li DX. J. Alloys Compds. , 2009, 474: 473.

[58]　Fang TT, Chung HY. J. Am. Ceram Soc. , 2008, 91: 342.

[59]　Shaju KM, Bruce PG. Dalton Trans. , 2008, 40: 5471.

[60]　Liu J, Manthiram A. Chem. Mater, 2009, 21: 1695.

[61]　Choi W, Manthiram A. Solid State Ionics, 2007, 178: 1541.

[62]　Kopec A, Dygas JR, Krok F, Mauger A, Gendron F, Jaszczak-Figiel B, Gagor A, Zaghib K, Julien CM. Chem. Mater, 2009, 21: 2525.

[63]　Kotobuki M, Suzuki Y, Munakata H, Kanamura K, Sato Y, Yamamoto K, Yoshida T. J. Electrochem Soc. , 2010, 157: A493.

[64]　Jiang YP, Xie J, Cao GS, Zhao XB. Electrochim Acta. , 2010, 56: 412.

第8章

磷酸亚铁锂正极材料

磷酸亚铁锂（LiFePO$_4$）为近年来新开发的锂离子电池电极材料，主要用于动力锂离子电池，作为正极活性物质使用，人们习惯称其为磷酸铁锂。自 1996 年日本的 NTT 首次披露橄榄石结构 A$_y$MPO$_4$（A 为碱金属，M 为 Co、Fe 两者之组合）作为锂离子电池正极材料之后，1997 年美国德克萨斯州立大学 John. B. Goodenough 等报道了 LiFePO$_4$ 可逆嵌入/脱出锂的特性。但是，前期并未引起太大的关注，因为该材料的电子、离子电导率差，不适宜大电流充放电。自 2002 年发现该材料经过掺杂后，导电性有了显著提高，大电流充放电性能有了大幅度的改善；同时，由于其原料来源广泛、价格更低廉且无环境污染，该材料受到了极大的重视，并引起广泛的研究和迅速的发展。

目前磷酸铁锂正极材料具有以下的优点：

① 优良的安全性，无论是高温性能，还是热稳定性，均是目前最安全的锂离子电池正极材料；

② 对环境友好，不含任何对人体有害的重金属元素，为真正的绿色材料；

③ 耐过充性能优良；

④ 高的可逆容量，其理论值为 170mA·h/g，实际值已超过 150mA·h/g（0.2C、25℃）；

⑤ 工作电压适中，相对于金属锂而言为 3.45V；

⑥ 电压平台特性好，非常平稳；

⑦ 与大多数电解液系统兼容性好，储存性能好；

⑧ 无记忆效应；

⑨ 结构稳定，循环寿命长，在 100%DOD 条件下，可以充放电 3000 次以上；

⑩ 可以大电流充电，最快可在 30min 内将电池充满；

⑪ 充电时体积略有减小，与碳基负极材料配合时的体积效应好。

因此，LiFePO$_4$ 正极材料可望成为目前中大容量、中高功率锂离子电池首选的正极材料，将使锂离子电池在中大容量 UPS、中大型储能电池、电动工具、电动汽车中的应用成为现实。

当然，该材料也存在一些缺点：

① 堆积密度和压实密度低，钴酸锂的理论密度为 5.1g/cm^3，商品钴酸锂的振实密度一般为 2.2～2.4g/cm^3，压实密度可达 4.8g/cm^3；而磷酸铁锂的理论密度仅为 3.6g/cm^3，本身就

比钴酸锂要低得多，商品磷酸铁锂的振实密度一般为 $1.0 \sim 1.3 \text{g/cm}^3$ 左右，压实密度只可达 2.0g/cm^3；

② 低温性能较 $LiCoO_2$、$LiMn_2O_4$ 等组成的锂离子电池差；

③ 由于一次粒子均为纳米级，因此产品的一致性难控制；

④ 在电池应用时加工要求高：因为一般的磷酸铁锂均为纳米材料，这对锂离子电池的生产工艺条件要求高；

⑤ 磷酸亚铁锂的体积比容量低，制成的电池体积大；

⑥ 每 $1W \cdot h$ 成本目前相对较高，影响了实际推广。

8.1 LiFePO₄ 的结构

$LiMPO_4$（$M=Mn$、Co、Ni 或 Fe）为有序的橄榄石结构，M 离子位于八面体的 Z 字链上，锂离子位于交替平面八面体位置的直线链上。所有的锂均可发生脱嵌，得到层状 MPO_4-型结构，为 *Pbnm* 正交空间群。

在上述 $LiMPO_4$ 中研究较多的为 $LiFePO_4$，主要原因在于其便宜、对环境无毒（毒性明显低于氧化钴锂、氧化镍锂、氧化锰锂正极材料）、可逆性好，并且其中大阴离子可稳定其结构，防止铁离子的溶解。$LiFePO_4$ 的橄榄石晶体结构示意如图 8-1(a) 所示，空间点群为 *Pbnm*，晶体参数 $a=0.6008\text{nm}$，$b=1.0334\text{nm}$，$c=0.4693\text{nm}$，晶胞体积为 0.2914nm^3。依据第一定律，$LiFePO_4$ 为半金属，电子有效质量（electron effective mass）大，空穴的有效质量小，但具有高度的各向异性。锂脱嵌后，生成相似结构的 $FePO_4$ ［见图 8-1(b)］，它的空间点群也为 *Pbnm*，晶体参数 $a=0.5792\text{nm}$，$b=0.9821\text{nm}$，$c=0.4788\text{nm}$，晶胞体积为 0.2724nm^3，脱锂后，晶胞体积减小，这一点与尖晶石氧化锰锂相似。但是，氧原子的分布近乎密堆六方形，锂离子移动的自由体积小，室温下电流密度不能大。电流密度一大，容量降低，一旦减少电流密度，容量又恢复到以前的水平。锂脱嵌时，产生 $Li_xFePO_4/Li_{1-x}FePO_4$ 两相界面。随锂的不断脱嵌，界面面积减小。当达到一临界表面积时，锂通过该界面的迁移就不能再支持该电流，电化学行为受到扩散控制。脱锂后，生成的 $FePO_4$ 的电子和离子电导率均低，成为两相结构，因此中心的 $LiFePO_4$ 得不到充分利用，特别是在大电流下实际利用效率明显降低。全脱锂后，$FePO_4$ 与有机溶剂及其电解液的差热分析表明，明显的放热峰在 $250 \sim 360 \text{℃}$ 范围，放热量为 147J/g，明显低于处于充电状态的 $LiNiO_2$、$LiCoO_2$ 和 $LiMn_2O_4$，具有良好的热稳定性。

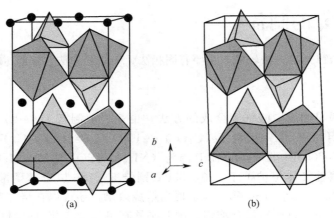

图 8-1　LiFePO₄(a) 和 FePO₄(b) 的晶体结构

8.2 LiFePO₄ 的电化学性能

LiFePO₄ 的理论容量为 170mA·h/g，放电电压相对于锂金属来说其理论值为 3.5V，但试验值一般在 3.45V 左右。其充放电过程可以表示如式(8-1) 和式(8-2)：

充电 $$LiFePO_4 - xLi^+ - xe^- \longrightarrow xFePO_4 + (1-x)LiFePO_4 \tag{8-1}$$

放电 $$FePO_4 + xLi^+ + xe^- \longrightarrow xLiFePO_4 + (1-x)LiFePO_4 \tag{8-2}$$

如果不考虑电子导电性的限制，锂离子在橄榄石结构中的迁移是通过一维通道进行的，锂离子的扩散系数低，且通道之间互穿的能量壁垒很高。在充放电过程中，铁离子位于八面体位置，均处于高自旋状态，其电子轨道分布如图 8-2 所示。

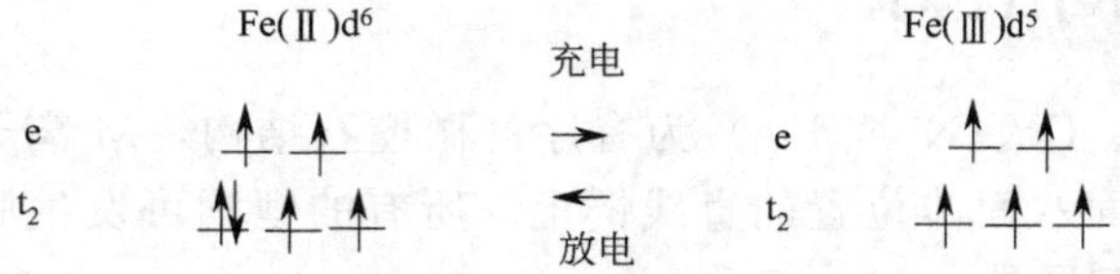

图 8-2 处于放电和充电状态铁的电子轨道情况

LiFePO₄ 具有良好循环性能的主要原因在于 LiFePO₄ 和 FePO₄ 具有相似的结构，它们有相同的空间群，只是体积和晶格参数有一点变化。Li⁺ 脱出时，体积减小了 6.81%，而密度增加了 2.59%。经过多次充放电后，橄榄石结构依然稳定，铁粒子仍处于八面体位置。容量随电流增加而减少主要是 Li⁺ 的扩散限制引起的。用固相合成法制得的 LiFePO₄ 中，在低温下制得的 LiFePO₄ 容量较高，因为温度高时制得的粒子半径大，在充放电过程中，Li⁺ 需要穿过较长的距离。因此，越是粒子中心的 LiFePO₄，其 Li⁺ 遇到的阻力越大，其利用率较低。低温下制得的粒子半径较小，可以有较多的部分容量被利用。Li⁺ 扩散过程比电子迁移更容易受温度的影响。当温度升高时，由于 Li⁺ 扩散速率的增加，导致 LiFePO₄ 容量的增加。尽管当温度增加时，电池的容量增加了，但会引起了另一个问题，温度较高时，容量的衰减率大。

对于 LiFePO₄ 的容量与充放电电流密度的关系，有两种模型可以进行解释：一种是半径模型，另一种是马赛克模型。从这两种模型中都可以得出容量限制过程主要是 LiFePO₄ 和 FePO₄ 两相中 Li⁺ 扩散速率和电子电导率均低，这阻止了 LiFePO₄ 及时转变为 FePO₄，或者相反的过程。

8.3 LiFePO₄ 的制备

目前，制备 LiFePO₄ 的方法较多，主要有固相法、碳热还原法、溶胶-凝胶法、模板法等。

8.3.1 固相法

固相合成法是最早用于磷酸铁锂合成的方法，也是目前制备 LiFePO₄ 最常用、最成熟的方法。固相合成所用的 Fe 源一般为 $Fe(C_2O_4)\cdot 2H_2O$ 或 $Fe(OOCCH_3)_2$，Li 源为 Li_2CO_3、$LiOH\cdot H_2O$ 或 $CH_3COOLi\cdot 2H_2O$，而 P 源为 $(NH_4)_2HPO_4$ 或 $NH_4H_2PO_4$。将原料按一定比例均匀混合，在惰性气体保护下于 300~350℃ 预烧 5~12h 以分解磷酸盐、草酸盐或乙酸盐，然后在 550~700℃ 焙烧 10~20h。为了提高焙烧效果，还可以在焙烧前后再碾磨、压片。

该方法的关键之一是将原料混合均匀。因此必须在热处理之前对原材料进行机械研磨，使之尽可能达到分子级的均匀混合，合成纯度较高、结晶良好、粒径小的产物。另外，焙烧温度也是影响产物性能的主要因素之一。在 675℃时可以制得粒度较小、表面粗糙的颗粒。如果原料混合足够充分，在 300℃下焙烧，就可得到橄榄石结构的单相 $LiFePO_4$，但在 550℃焙烧的样品电化学性能最好，在低电流密度下（0.1mA/cm^2）的可逆容量接近理论比容量，高达 162mA·h/g；并且其循环容量衰减很少，20 周循环后比容量几乎无变化，仍维持在 160mA·h/g 左右。

固相合成法设备和工艺简单，制备条件容易控制，适合于工业化生产，但是也存在着缺点：物相不均匀、产物颗粒较大、粒度分布范围宽等。

8.3.2　碳热还原法

在固相合成法中，使用的铁源主要是二价的草酸亚铁或者醋酸亚铁，价格较为昂贵，因此，研究者使用廉价的三价铁作为铁源，通过高温还原的方法成功制备了覆碳的 $LiFePO_4$ 复合材料。用 Fe_2O_3 或其他三价铁取代 $FeC_2O_4·2H_2O$ 作为铁源，反应物中混合过量的碳，利用碳在高温下将 Fe^{3+} 还原为 Fe^{2+}，合理地解决了在原料混合加工过程中可能引发的氧化反应，使制备过程更为合理，同时也改善了材料的导电性。在高于 650℃的温度下成功合成了纯相的 $LiFePO_4$，放电比容量可以达到 156mA·h/g。该方法的主要缺点是合成条件苛刻，合成时间较长，目前碳热还原技术基本上被美国 Valence 公司和日本索尼公司的专利覆盖。

8.3.3　溶胶-凝胶法

溶胶-凝胶法具有：前驱体溶液化学均匀性好（可达分子级水平），凝胶热处理温度低，粉体颗粒粒径小而且分布均匀，粉体焙烧性能好，反应过程易于控制，设备简单等优点。但干燥收缩大，工业化生产难度较大，合成周期较长，同时合成时用到大量的有机试剂，造成了成本的提高及原料的浪费。

溶胶-凝胶法制备 $LiFePO_4$ 的典型流程为：先在 $LiOH$ 和 $Fe(NO_3)_3$ 中加入还原剂（例如抗坏血酸），然后加入磷酸。通过氨水调节 pH 值，将 60℃下获得的凝胶进行热处理，即得到了纯净的 $LiFePO_4$。主要是利用了还原剂的还原能力，将 Fe^{3+} 还原成 Fe^{2+}，既避免了使用昂贵的 Fe^{2+} 盐为原料，降低了成本，又解决了前驱物对气氛的要求。

8.3.4　模板法

模板基本上有两种：一种为有机高分子，另一种为无机物。利用 PMMA 作为模板，可以合成出多层多孔的 $LiFePO_4$。多孔二氧化硅可以作为无机模板。先合成 SBA-15 介孔二氧化硅模板，继而合成 CMK-3 介孔碳模板，最后分步把 $LiFePO_4$ 植入介孔炭材料孔道内，得到 $LiFePO_4$/C，0.1C 倍率下 100 次后放电容量为 162mA·h/g，10C 倍率下 1000 次能达到 115mA·h/g。利用 SBA-15 和 KIT-6 模板，还可以得到纳米线状的 $LiFePO_4$ 和空心的 $LiFePO_4$（见图 8-3），也具有良好的倍率性能。

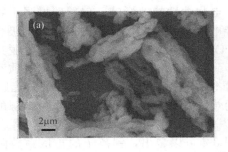
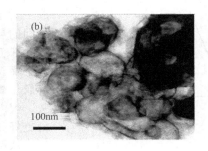

图 8-3　采用模板法合成的纳米线状（a）和空心（b）的 $LiFePO_4$

8.3.5 其他制备方法

目前，合成 LiFePO₄ 的研究方法很多，如液相共沉淀法、微波加热法、水热法、溶剂热法、乳化干燥法、机械化学法、液相氧化还原法、脉冲激光沉积法等。

乳液干燥法再加高温热处理可以得到晶型良好的 LiFePO₄。该法是先将煤油与乳化剂混合，然后与锂盐、铁盐的水溶液混合，得到油/水混合物。该法可以控制炭粒子大小在纳米范围，并进行均匀的分布，有利于控制 LiFePO₄ 的粒径。

水热法是在高压釜里，采取水溶液作为反应介质，通过对反应容器加热，创造一个高温、高压反应环境，使得通常难溶或不溶的物质溶解并且重结晶，经过滤、真空干燥得到 LiFePO₄。最早以 $FeSO_4$、$LiOH$ 和 H_3PO_4 为原料，得到了 LiFePO₄。利用水热法可以得到晶型好的 LiFePO₄，但是为了加入导电性碳，在水溶液中加入聚乙二醇，在接着的热处理过程中可以转变为碳，在 35mA/g 下充放电可以达到 143mA·h/g。加入蔗糖作为碳前驱体，在 0.1C 下容量为 164mA·h/g，1C 下为 137mA·h/g。

脉冲激光沉积法可以用来制备薄膜 LiFePO₄ 正极。由于电极薄，在微米级以下，因此导电性并不重要，即使没有加入导电剂，其电化学性能尤其是大电流下的充放电性能可以与加入导电剂的传统正极材料相比。

将多种方法结合，最有可能制备出性能良好的 LiFePO₄ 材料，该方面的探索目前已经成为研究的热点之一，因为合成工艺是材料制备和研究的关键，这直接关系材料的性能、制备成本和发展前景。

8.4 LiFePO₄ 的改性

LiFePO₄ 虽然具有结构稳定、安全、无污染且价格便宜等优点，但它也有其自身不能克服的缺点：材料振实密度低，锂离子的扩散系数小，电子电导率低（室温下仅为 $10^{-8}\,S/cm$），导致其室温下的循环性能以及高倍充放电性能不是很好。为了解决这些问题，当前该类材料合成和改性研究的重点集中在提高材料的电子导电性、离子扩散速率和振实密度三个方面，由此可以通过以下方法对其进行改性：碳包覆、掺杂、纳米化和其他表面改性等。

8.4.1 LiFePO₄ 的碳包覆

采用碳包覆能有效地提高材料的导电性。在颗粒表面包覆导电碳是目前改善 LiFePO₄ 电化学性能的重要方法之一，其中碳的作用主要有：有机物在高温惰性气氛的条件下分解成碳，可以从表面上增加它的导电性；产生的碳微粒达到纳米级粒度，可以细化产物晶粒，扩大导电面积，这对锂离子的扩散有利；碳起到还原剂的作用，避免了 Fe^{3+} 的生成。对于电化学性能的影响，包覆碳增强了粒子与粒子之间的导电性，减少电极充放电过程中的极化，同时还为 LiFePO₄ 提供电子隧道，以补偿 Li^+ 嵌脱过程中的电荷平衡。到目前为止，主要添加的含碳物质有炭黑、碳凝胶、葡萄糖、蔗糖、甲醛-间苯二酚树脂、聚丙烯酰胺、聚丙烯等，其中聚芳环化合物作为碳源的效果比蔗糖更好。

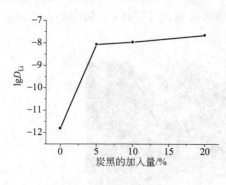

图 8-4 锂离子扩散系数与
炭黑加入量的关系

从图 8-4 可以看出，锂离子的扩散系数随炭黑的加入量的增加而发生数量级的提高，同时循环伏安图也表明锂离子嵌入和脱嵌的可逆性有明显提高。另外，碳含量增加，电荷传递阻抗也减少。因此得到的 $LiFePO_4$ 的利用效率高，可逆容量能达理论值的 95%，快速充放电能力得到明显提高，可在 5C 下进行充放电，而且循环性能好，800 次循环后容量基本上没有衰减。图 8-5 为 $LiFePO_4$ 及其与炭黑形成复合物的容量和循环性能对比。

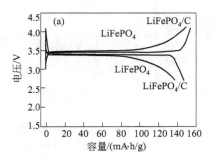
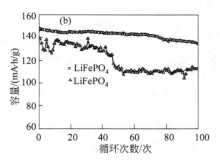

图 8-5　$LiFePO_4$ 和 $LiFePO_4/C$ 复合材料在室温、$2.7\sim4.1V$ 之间 0.1C
速率下的首次充放电曲线（a）和循环性能（b）的比较

　　碳包覆后的复合材料除了常见的粒子、球形粒子、棒状以外，还可以是其他形状。例如利用溶剂热合成，再经过高温处理，得到花状和核桃状的 $LiFePO_4/C$ 的复合材料（见图 8-6）。与常见的 $LiFePO_4/C$ 材料相比，提高了振实密度和相应的体积比能量密度，而且很好地改善了倍率性能。

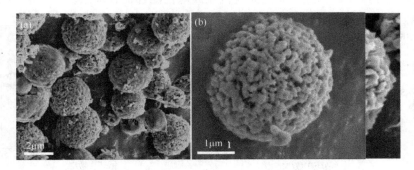

图 8-6　核桃状（a）和花状（b）的 $LiFePO_4/C$ 复合材料的 SEM

　　在制备 $LiFePO_4$ 时可以进行碳包覆，在制备前驱体 $FePO_4$ 时同样也可以进行碳包覆。首先合成碳包覆的 $FePO_4$，再用 Li_2CO_3 和碳源进行二次包覆。在 10C、20C 倍率下，通过双层碳包覆的 $LiFePO_4$ 能达到理论容量的 68% 和 47%。

　　另外，把 $LiFePO_4$ 纳米粒子嵌入纳米多孔碳骨架中，使含 $LiPF_6$ 电解液易渗入孔隙中，这种碳包覆的 $LiFePO_4/C$ 复合材料也具有良好的电化学性能。图 8-7 为三维多孔碳骨架结构和 $LiFePO_4$ 粒子的复合材料的结构示意。该材料在 0.1C 的倍率下可逆容量为 $155mA\cdot h/g$，20C 下为 $69.5mA\cdot h/g$，而且在不填加导电碳的情况下，复合材料在 0.1C 的倍率下还有 $127.8mA\cdot h/g$ 的放电容量。如果先形成导电的核芯（如气相碳纤维：VGCF），然后在此基础上制备以无定形炭为外壳的三轴 $LiFePO_4$ 纳米线复合材料（见图 8-8），则该材料的电化学性能非常优良，例如在 $0.01A/g$ 的电流密度下，可逆容量为 $160mA\cdot h/g$，而在 $1A/g$ 的电流密度下，仍具有 $80mA\cdot h/g$ 的可逆容量。

8.4.2　$LiFePO_4$ 的掺杂

　　掺杂包括掺杂金属粒子和金属离子。掺杂金属粒子是为了提高材料的导电性，例如在

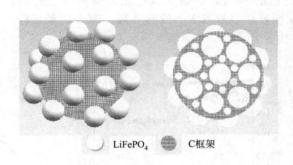

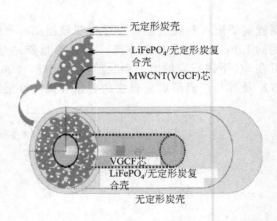

无定形炭壳

LiFePO₄/无定形炭复合壳

MWCNT(VGCF)芯

VGCF芯
LiFePO₄/无定形炭复合壳

无定形炭壳

图 8-7　三维多孔碳骨架结构和 LiFePO₄ 粒子的
复合材料的结构示意

图 8-8　以 VGCF 为芯、无定形炭为外壳的三轴
LiFePO₄ 纳米线复合材料示意

LiFePO₄ 中加入少量的导电金属颗粒是提高 LiFePO₄ 电子电导率和容量的另一途径。金属离子的掺杂是通过制造材料晶格缺陷从而有效地调节材料导电性能的一种很好的途径。

由于加入导电性碳能够提高 LiFePO₄ 的利用效率，因此，掺杂其他具有导电性能的金属粒子如 100nm 的铜和银粒子也应该达到同样的效果。其循环伏安图中的氧化峰和还原峰之间的差别只有 0.25V，这表明 LiFePO₄ 与金属的复合物具有良好的动力学，因为氧化还原过程涉及固相中的锂离子迁移和电子跃迁。LiFePO₄ 的利用效率高，如图 8-9 所示，仅加入 1% 金属，可逆容量可达 140mA·h/g，而且大电流充放电性能都比较理想。

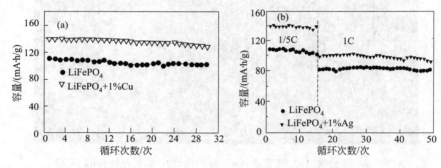

图 8-9　加入质量分数为 1%Cu(a) 和 Ag(b) 后 LiFePO₄ 的循环性能

同样导电性能良好的碳纳米管和石墨烯也可以进行掺杂。例如通过对多壁碳纳米管和柠檬酸铁先超声混合，再加入磷酸二氢铵，700℃烧结 10h，合成出多孔的 LiFePO₄ 和碳纳米管复合材料。10mA/g 放电容量能够达到 159mA·h/g，1000mA/g 放电容量也能达到 110mA·h/g，较不掺杂碳纳米管的 LiFePO₄，性能有了很大的提升。在共沉淀合成 LiFePO₄ 的过程中，仅仅质量分数为 1.5% 的掺杂量就可使容量提高到 160mA·h/g（0.2C）和 110mA·h/g（10C）。

掺杂金属离子是因为利用碳和金属粒子等导电物质分散或包覆的方法，只是改变了粒子与粒子之间的导电性，而对 LiFePO₄ 颗粒内部的导电性却影响甚微。当 LiFePO₄ 颗粒的尺寸不是足够小时（<200nm），要得到大电流、高容量的充放电性能仍比较困难。因此，为了提高 LiFePO₄ 颗粒内部的导电性，也可以进行掺杂改性。研究的掺杂元素包括 Mg、Al、Cr、Co、Mn、Mo、Nd、Ti、Zr、Nb、Zn 和其他一些高价金属离子。

采用喷雾裂解法、溶胶-凝胶法等可以将镁掺杂到 LiFePO₄ 中。掺杂 1% 的镁可以把电子电导率提高 4 个数量级。在低倍率下充放电，电化学性能没有明显的提高。至于在高倍率下充电的电化学行为有待于研究。

铝的掺杂是利用 Li_2CO_3、$FeC_2O_4 \cdot 2H_2O$、$(NH_4)_2HPO_4$、$Al(OH)(C_{18}H_{35}O_2)_2$ 进行固相反应，合成出 $Li_{0.98}Al_{0.02}FePO_4/C$ 的复合材料，在 0.2C 的倍率下有 $158mA \cdot h/g$ 的放电容量，5C 倍率下也有 $120mA \cdot h/g$，而且多次循环后容量衰减很小。这是晶格内 Al 掺杂和晶格外碳包覆共同作用的结果。

铬的掺杂是通过加入质量分数为 3% 的炭黑和一定量的 $(CH_3CO_2)_7Cr_3(OH)_2$，混入锂源、磷源和碳源中进行固相反应，得到 $LiFe_{0.97}Cr_{0.03}PO_4/C$，Cr 的掺杂有利于充放电过程中晶型的转换，并且对倍率性能的提升有很大帮助。

钴的掺杂是通过将 $FeC_2O_4 \cdot 2H_2O$、$Co(Ac)_2 \cdot 4H_2O$、$NH_4H_2PO_4$、LiF 混合球磨，通过固相反应而实现的，得到的 $LiFe_{0.2}Co_{0.8}PO_4$ 改善了 $LiCoPO_4$ 和 $LiFePO_4$ 都存在的循环问题。

钛的掺杂可以采用溶胶-凝胶法。掺杂的性能可能与具体的工艺有关，残留碳含量少（<2%）的基本上没有改善效果。但是，含有约 7.5% 残留碳的在高倍率下充放电，显示出明显的改善效果（见图 8-10）。

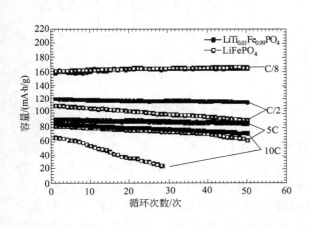

图 8-10　掺杂钛前后 $LiFePO_4$ 在不同充放电速率下的循环性能

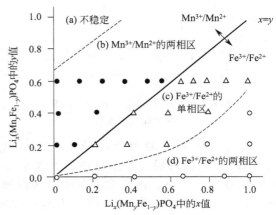

图 8-11　$Li_x(Mn_yFe_{1-y})PO_4$ 的 (x, y) 二元相图：(a) 接近 $(x, y) = (1, 0)$ 点的不稳定区；(b) Mn^{3+}/Mn^{2+} 的两相区（实心圈，$y \geq x$）；(c) 连接 (b) 和 (d) 的单相区 Fe^{3+}/Fe^{2+}（空心三角形）；(d) Fe^{3+}/Fe^{2+} 的两相区（空心圈，$y \leq x$）

锰的掺杂形成 $Li_x(Mn_yFe_{1-y})PO_4$（$0 \leq x$，$y \leq 1$）。由于 $LiMnPO_4$ 的结构与 $LiFePO_4$ 相似，也可以可逆发生锂的脱嵌和嵌入。前者在充放电过程中的电压平台为 4.1V，且锰从二价变为三价，存在杨-泰勒效应，而后者的电压平台为 3.45V，不存在杨-泰勒效应。因此充放电行为与锰、铁的含量有关。图 8-11 为其二元相图，主要由四部分组成。在 (a) 部分为富锰区，结构不稳定；在 (b) 部分为锰的两相区，体现 Mn^{3+}/Mn^{2+} 的氧化还原；在 (d) 部分为铁的两相区，体现 Fe^{3+}/Fe^{2+} 的氧化还原；(c) 部分为锰和铁的两相区，体现 Mn^{3+}/Mn^{2+} 和 Fe^{3+}/Fe^{2+} 两者的氧化还原。通过制备方法的优化，在 (b)、(c) 和 (d) 区的 $Li_x(Mn_yFe_{1-y})PO_4$ 均具有良好的循环性能。

钼的掺杂是通过球磨、煅烧而实现，同样由于晶格内 Mo 的掺杂和晶格外碳的包覆使 $Li_{0.99}Mo_{0.01}FePO_4/C$ 的容量和可逆性有了一定的提升。

锆的掺杂效果与镁的掺杂差不多，还有待于进一步的研究。但是，对正极材料在大倍率下的循环性能可能会像钛一样有明显的改善。

利用四探针进行电子电导率的测量，1% 的钕掺杂后，电导率提高 6 个数量级。因此，对电化学性能的提高有明显的作用。

然而，以上研究均只是简单的研究，没有进行系统的分析。复旦大学对锌的掺杂进行了深入的研究。Zn^{2+} 的离子半径与 Fe^{2+} 差不多。掺杂锌后，$LiFePO_4$ 的结晶性有了一定的提高。从循环伏安曲线（见图 8-12）中可以看出，锂离子嵌入和脱嵌的可逆性也得到了提高，这是因为 Fe^{2+} 在锂脱嵌变为 Fe^{3+} 时，离子变小，晶格相应变小；然而由于 Zn^{2+} 在晶格中的存在，起着"柱子"的作用，抑制了该种趋势。当然，掺杂元素的量有一最佳值，过多反而不利于电化学性能的提高。

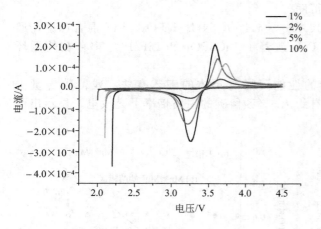

图 8-12　Zn^{2+} 掺杂量不同时 $LiFePO_4$ 的循环伏安曲线

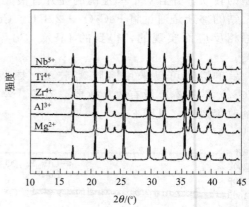

图 8-13　掺杂不同金属所得 $Li_{1-x}M_xFePO_4$ 材料的 XRD 图

高价金属离子的掺杂造成 $LiFePO_4$ 晶格中 Li 和 Fe 的缺陷，从而 FeO_6 次层形成 Fe^{2+}/Fe^{3+} 共存的混合价态结构，有效地提高了 $LiFePO_4$ 的导电性能，提高了 $LiFePO_4$ 的实际比容量。同时，由于数量很少，所以掺杂离子基本不影响 $LiFePO_4$ 的晶体结构（见图 8-13）和其他物理特征。进一步的研究发现掺杂的少量金属离子取代 Li^+ 位置构成 P 型半导体，可以增加材料的导电性。这些少量金属离子若取代 Fe^{2+} 的位置，对磷酸铁锂的结构没有影响，对电导率提高也无益。这些少量高价金属离子取代 Li^+ 位，可使 Fe^{2+}/Fe^{3+} 的纳米能级升高到导带位置，有利于锂离子的脱嵌。通过掺杂少量高价金属离子，把 $LiFePO_4$ 的电子电导率提高了 8 个数量级，室温下的电导率可达到 $4.1 \times 10^{-2} S/cm$，超过传统的 $LiCoO_2$、$LiMn_2O_4$ 的电子电导率。此外，由于材料导电度的改善，使其电池放电性能明显改善，于 4.2V/2.8V 充放电电压与 1.1C 的充放电速率下，仍有 120mA·h/g 的容量。

一般而言，掺杂的金属半径若较 Fe 小，则容易取代 Li 的位置。在 $Li_{1-x}M_xFePO_4$ 中，由于 Li 的价态较低，所以 Mn^{2+} 掺杂往往属于异价掺杂，需克服电中性的问题。根据缺陷方程式，其电中性可借由电子或离子的缺陷（如空穴）加以中和。在 $LiFePO_4$ 中，缺陷有可能来自 Li、Fe 或 O 等原子来维持电中性，由 ICP 鉴定结果可知，阳离子空穴的形成能量较阴离子低，所以 O 原子若要造成缺陷需要较高的形成能，故缺陷一般不可能来自于 O 原子，因此掺杂后电中性的维持主要是借由 Li 或 Fe 的晶格缺陷。$LiFePO_4$ 充电后以 $FePO_4$ 相存在，放电后以 $LiFePO_4$ 相存在，未掺杂的 $LiFePO_4$ 相中，Fe 为正二价，PO_4 为负三价，在稳定的 $[FePO_4]$ 结构中，共为负一价，因电子较多，偏向 N 型半导体，但若掺杂多价金属后，会趋于 P 型半导体。以取代 Li 位的掺杂与 Li 位空穴为例，一开始为 $Li_{1-a-x}M_xFePO_4$ 结构，a 代表 Li 的空穴量，x 为金属掺杂量，为了维持电中性，会有 Fe^{3+} 的形成，达到 Fe^{2+}/Fe^{3+} 共存形式，类似于固熔体，如以下结构：$Li_{1-a-x}^{+}M_x^{3+}(Fe_{1-a+2x}^{2+}Fe_{a-2x}^{3+})(PO_4)^{3-}$，由于 Fe^{3+} 的形成，整个 $FePO_4$ 结构中正价数变多，使材料趋向 P 型半导体。同理，充电后的 $LiFePO_4$ 就 $FePO_4$ 相的形式存在，此时 Fe 离子全以正三价存在，所以掺杂后的电中性会以 Fe^{2+} 的形成来克服，如以下结构：$M_x^{3+}(Fe_{3x}^{2+}-Fe_{1-3x}^{3+})PO_4$，因 Fe^{2+} 的增多，使其又趋向于 N 型半导体，故掺杂后的 $LiFePO_4$ 充放电时，其实就是 N 型与 P 型间的相转换。

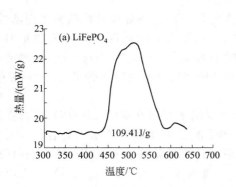
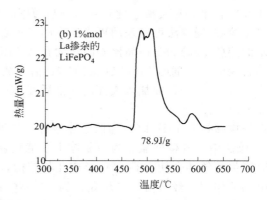

图 8-14　充电到 4.5V 后 $LiFePO_4$（a）与 $LiFe_{0.9}La_{0.1}PO_4/C$（b）的 DSC 图

尽管掺杂可以提高 $LiFePO_4$ 的本体电子电导率，但是 $LiFePO_4$ 粒子之间电导率的提高还得靠碳包覆。因此，在 $LiFePO_4$ 材料中，一般是两种方法结合在一起。例如在 $LiFe_{0.9}La_{0.1}PO_4/C$ 的制备过程中，碳源为水杨酸，以 La 进行掺杂，这样可有效提升 $LiFePO_4$ 的电化学性能。图 8-14 为 $LiFePO_4$ 与 $LiFe_{0.9}La_{0.1}PO_4/C$ 的 DSC 测试结果：$LiFePO_4$ 放热量为 109.4J/g，$LiFe_{0.9}La_{0.1}PO_4/C$ 放热量为 78.9J/g，$LiFe_{0.9}La_{0.1}PO_4/C$ 具有较佳的热稳定性。经过 La 掺杂与碳包覆的 $LiFePO_4$ 皆有较好的放电电容量。其中以添加质量分数为 50% 的水杨酸与掺杂摩尔分数为 1.0% 的 La 具有最佳电化学性能，在 0.2C 放电速率下，可逆容量为 156mA·h/g，经过 497 次充放电循环后，仍有 125mA·h/g。当然，过多的 La（如摩尔分数为 2.0%）会取代 Fe 的位置，反而会阻碍 Li^+ 的运动，造成电池性能下降。

8.4.3　$LiFePO_4$ 的纳米化

由于锂离子的扩散系数小，非纳米 $LiFePO_4$ 的粒子大，限制了其大电流性能，因此，还必须进行纳米化。制备纳米 $LiFePO_4$ 的方法比较多，主要如下。

最先采用的是固相法。将 $LiOH·H_2O$、Fe_2O_3、$(NH_4)_2HPO_4$ 和不同量的乙炔炭黑放入球磨机里先球磨，然后在管式真空炉内以不同的时间加热，发生的反应如下：

$$LiOH·H_2O+0.5(Fe_2O_3)+(NH_4)_2HPO_4+0.5C \longrightarrow LiFePO_4+3H_2O+2(NH_3)+0.5CO \qquad (8-3)$$

所得的 $LiFePO_4$ 颗粒大小为 40~50nm，烧结时间 30min 最佳。如果时间过长所得的粒子就会发生团聚。反应物中过量的乙炔炭黑可以与 Fe_2O_3 反应，生成 Fe_2P，其对于提高电导率起很大的作用。电化学测试表明，在 C/20 倍率放电时的容量为 162mA·h/g。当 Fe_2P 在 $LiFePO_4$ 中的含量为 8% 时，大电流放电时的容量最大，循环性能最好。采用改进的机械活化法，将 Li_2CO_3、$FeC_2O_4·2H_2O$、$NH_4H_2PO_4$ 和乙炔炭黑（7.8%）的混合物在室温下溶于蒸馏水中，用磁力搅拌器搅拌 7h，并在 70℃ 下用旋转式液化器将其干燥得到固体粉末，在氩气保护下球磨 15h（球粉比为 10:3），压成块后用氮气作保护气体，在 600℃ 烧结 10h，所得的纳米粒子的平均粒径为 80nm，比表面积为 18.3m^2/g。此法与传统的机械活化法相比反应物混合更加紧密，使所得的粒子分布更为均匀，而且碳的均匀分布能有效地阻止粒子的团聚。在 0.1C 倍率放电时容量达 166mA·h/g，接近理论容量，循环性能非常好，循环 100 次后容量仍能保持。

将 $FeSO_4 \cdot 7H_2O$ 与 H_3PO_4 混合，缓慢地加入 LiOH 调节溶液的 pH 值接近中性，经磁力搅拌器搅拌后，在 500℃ 的还原气氛下加热 3h。所得的 $LiFePO_4$ 粒子的平均粒径为 $100\sim200nm$，且粒子的分布范围很窄。由于 $LiFePO_4$ 晶体成核和长大的速度非常快，并且成核速度大于晶体长大的速度，使得纳米级的 $LiFePO_4$ 出现。在 5C 倍率放电时的容量为 $147mA \cdot h/g$，循环 400 次容量未见衰减。此容量可与包覆碳时的容量相媲美。

采用溶胶-凝胶法可以采用更为便宜的 Fe(Ⅲ) 替代 Fe(Ⅱ)。例如以月桂酸为表面活性剂，用无水的溶胶-凝胶法获得高比表面积的孔状 $LiFePO_4$，与不含表面活性剂的 $LiFePO_4$ 对比发现：不含表面活性剂的 $LiFePO_4$ 在 C/10 倍率放电时的容量为 $146mA \cdot h/g$，5C 倍率放电时容量为 $90mA \cdot h/g$；而加入表面活性剂后在 5C 和 10C 倍率放电时的容量分别为 $142mA \cdot h/g$ 和 $125mA \cdot h/g$。

以柠檬酸铁和 LiH_2PO_4 为前驱体通过一步加热合成纳米级多孔状的 $LiFePO_4/C$。在这种溶胶-凝胶法中，柠檬酸盐作为前驱体不仅能使获得的干凝胶完全在分子水平混合，而且自身分解时产生的气体会使 $LiFePO_4$ 形成孔状结构，剩余的柠檬酸盐还会在 $LiFePO_4$ 的表面分解起导电剂的作用。经测量，平均孔径为 $60\sim90nm$，比表面积为 $20\sim25m^2/g$。在 $LiFePO_4$ 粒子的边缘有 $1\sim2nm$ 的碳纳米层，这一结构对提高导电性有很大的作用，在 C/20 倍率放电时的容量达 $160mA \cdot h/g$，接近理论容量。该材料良好的电化学性能得益于高的比表面积、相连的孔状结构以及表面的碳包覆。

用葡萄糖为碳源，采用一步加热法，相对于前述溶胶-凝胶法而言，操作更为简单、成本更低。所得的 $LiFePO_4$ 为 65nm 的球状颗粒，而且分布均匀，具有高达 $82.7m^2/g$ 的比表面积。在 $LiFePO_4$ 的表面覆盖有网状结构的碳，这样不但会使电子的传导更为容易，而且有效地阻碍了 $LiFePO_4$ 粒子的团聚。电化学测试表明在 0.1C 倍率放电时容量达到 $155mA \cdot h/g$，10C 高倍率放电时容量达 $103mA \cdot h/g$。

将 $Fe(CH_3COO)_2$、$LiCH_3COO$、$NH_4H_2PO_4$ 加到四乙二醇溶液中放入带有回流冷凝器的长颈瓶经回流加热后得到片状和杆状的纳米级 $LiFePO_4$ 粒子，其平均大小分别为 100nm、300nm。在 0.1C 倍率放电时容量为 $168mA \cdot h/g$，其中分布均匀的纳米杆和纳米片能解决振实密度这一问题。通过改变加热条件，得到的 $LiFePO_4$ 为长 40nm、宽 20nm 的纳米颗粒，而且结晶度非常高，无杂质相。$LiFePO_4$ 晶体 [010] 晶面成相性好，而 Li^+ 恰好在 [010] 晶面方向扩散，为大电流放电时提供了很好的通道。电流密度为 $0.1mA/cm^2$ 时的容量达到 $166mA \cdot h/g$，循环 50 次后还能保持在 $163mA \cdot h/g$，更为难得的是在 30C、50C 大电流放电时，仍能保持初始容量的 58% 和 47%。

在超临界条件下以 Li_3PO_4、H_3PO_4、$FeSO_4 \cdot 7H_2O$ 为原料合成 $LiFePO_4$，得到大小为 100nm 的 $LiFePO_4$ 粒子。通过对不同温度和 pH 值条件下所得的 $LiFePO_4$ 进行对比发现：pH 值对产物的纯度有很大的影响；而温度对晶体的晶型和颗粒的大小影响很大，在大于溶液临界温度的条件下合成能有效地抑制晶体的团聚。最佳的测试结果是在 0.1C 倍率放电时的容量达到 $140mA \cdot h/g$。

采用改进的微波炉也可以制备纳米 $LiFePO_4$：先通过低温加热形成 $LiFePO_4$ 前驱体，然后微波加热形成纳米级的 $LiFePO_4$。在以化学计量比的 $NH_4H_2PO_4$、CH_3COOLi、$FeC_2O_4 \cdot 2H_2O$ 原料中加入柠檬酸与不加柠檬酸进行对比，发现加入柠檬酸时所得的颗粒要比不加的小，而且酸的量越多，颗粒越小。这里的微波加热对纳米粒子的形成起到一定作用，其中柠檬酸的作用是降低前驱体的表面张力，抑制粒子的团聚。在 0.5C 倍率放电时 50 次循环后的容量为 $123mA \cdot h/g$。

用流变相化学反应（RPR），以 $LiOH \cdot H_2O$、$FePO_4 \cdot 4H_2O$ 和聚乙二醇为原料，加入去离子水形成流变体，在 700℃ 下用保护气体加热 12h 形成 $LiFePO_4/C$，该反应如下：

$$2n\text{LiOH} \cdot \text{H}_2\text{O} + 2n\text{FePO}_4 \cdot 4\text{H}_2\text{O} + \text{HO}(\text{C}_2\text{H}_4\text{O})_n\text{H} \longrightarrow 2n\text{LiFePO}_4 + 2n\text{C} + (13n+1)\text{H}_2\text{O} \qquad (8\text{-}4)$$

聚乙二醇在此既作还原剂又作碳源。与传统的固相合成法相比，晶相更完整，粒子的分布主要在两个区域：几十到几百纳米区域和几微米到几十微米区域，前者占主要部分。颗粒间通过网状的碳连接，使其电化学性能明显提高，0.1C 倍率放电时的容量达 157mA·h/g，而且在室温下大电流放电时容量的衰减率很低。

通过聚合-裂解的方法得到纳米 LiFePO$_4$。先以 LiOH、Fe(NO$_3$)$_3$·9H$_2$O、NH$_4$H$_2$PO$_4$（1∶1∶1 的摩尔比）为原料，用 (NH$_4$)$_2$S$_2$O$_8$ 为引发剂，在 80℃下加热 2h 得到 Li$^+$、Fe^{3+} 和 PO$_4^{3-}$ 分布十分均匀的聚合物；在 600℃高温下裂解 5h 后，将其放入充满氩气的管式炉中，在 800℃下加热 5h 得到纳米的 LiFePO$_4$，同时外面包裹一层几纳米厚的无定形炭。实验表明 10.4% 的含碳量并且裂解温度在 800℃时的电化学性能最佳，在 0.15C 倍率放电时的容量为 157mA·h/g。

将 LiOH·H$_2$O、Fe(NO$_3$)$_3$·9H$_2$O 和 1-羟基亚乙基-1,1-二膦酸 ［CH$_3$C(OH)(H$_2$PO$_3$)$_2$：HEDP］以摩尔比为 2∶2∶1 的比例混合，乙二醇为碳源，加热获得前驱体后，在 700℃下煅烧 5h 即可获得纳米 LiFePO$_4$，粒子大小为 50～300nm，由于制得前驱体时 Li、Fe、P 达到原子水平的混合，LiFePO$_4$ 的晶度很高。虽然在 0.1C 倍率放电时的容量仅为 144mA·h/g，但首次充放电效率达 97%，表明在充放电时的可逆性很好；在 10C 充放电时的电压差仅为 0.3V，表明 Li$^+$ 嵌入和脱嵌时的极化很小，动力学性能很好。

将 Fe(NH$_4$)$_2$(SO$_4$)$_2$·6H$_2$O 和 NH$_4$H$_2$PO$_4$ 混合，以过氧化氢为氧化剂，室温下不断搅拌得到白色沉淀，用溶有 LiI 的乙腈为还原剂，所得纳米 LiFePO$_4$ 在 0.1C 倍率放电时容量达到 155mA·h/g。经过 200 次深度放电后，再循环 500 次能保持容量基本不变化。

纳米粒子特有的一些性质使纳米 LiFePO$_4$ 材料的性能显著提高：①因纳米粒子的小尺寸效应，减小了锂离子嵌入脱出深度和行程，保证大电流放电时容量不衰减；②表面吸附作用可以提高材料的理论容量及库仑效率，因为表面吸附锂的量与颗粒大小成反比，颗粒越小这种表面吸附越明显，这样就可以提高理论容量；③纳米粒子高的比表面积，增大了反应界面；④纳米粒子更多的晶粒边界，提供了快速的离子扩散通道；⑤大的比表面积和孔隙的形成能够提供更多的扩散通道，保证电解液的充分浸泡和足够的锂离子；⑥聚集的纳米粒子的间隙，缓解锂离子在嵌入和脱嵌时的应力，提高循环寿命。另外，随着 LiFePO$_4$ 颗粒的减小，LiFePO$_4$/FePO$_4$ 两相的不相混溶区也会变小，当颗粒减小到一定程度时不相混溶区会消失，同时会使放电容量增大。纳米结构的 LiFePO$_4$ 材料无论从热力学还是动力学方面都对 Li$^+$ 的嵌入和脱嵌是有利的，本身也具有提高导电性的作用。

当然，LiFePO$_4$/C 纳米结构的材料比单纯的纳米 LiFePO$_4$ 性能要好，因为碳的纳米管或网状结构能有效地把电子传递到发生电化学反应的位置，而在 LiFePO$_4$ 周围的几纳米碳并不会引起振实密度的降低。

上述众多的研究表明，纳米尺寸的 LiFePO$_4$ 克服了非纳米尺寸时扩散系数小和电导率低两个主要的缺点，同时具有大电流、放电容量高、循环性能好、寿命长等优点。但是目前对纳米 LiFePO$_4$ 的生成机理和离子在纳米 LiFePO$_4$ 表面的反应机理研究不够深入。该领域亟待解决的关键问题有：①纳米材料在电化学过程中会产生的团聚，当锂离子嵌入电极材料时，电极材料的晶格膨胀，原子间距减小，使得纳米粒子间的接触面积变大，相邻的纳米粒子发生团聚；②对于纳米 LiFePO$_4$ 是否存在像 LiCoO$_2$、LiNiO$_2$、LiMn$_2$O$_4$ 那样与电解液不可预料的反应而引起的安全问题；③对于孔状纳米电极材料在提高扩散系数的同时，如何克服比能量的降低及孔塌陷对电池性能的影响；④如何开发能批量生产、低成本而且产品质量稳定的合成工艺和设备来提高所合成材料的稳定性，以满足动力电池对于 LiFePO₄ 材料一致性的要求。随着纳米技术的不断发展、新的制备方法不断开发、机理的进一步探明，纳米设计及纳米制作技术在锂离子电池中的应用必将推进动力锂离子电池的发展。

8.4.4　LiFePO₄ 的其他表面改性

为了提高 LiFePO₄ 的导电性，除了上述的碳包覆外，还可以采用其他方法进行改性，例如包覆导电聚合物和离子导电化合物。

利用导电聚合物（聚吡咯：PPy）对 LiFePO₄ 进行表面改性，如图 8-15 所示，在提高 LiFePO₄ 导电性能和放电容量方面取得了很好的进展。

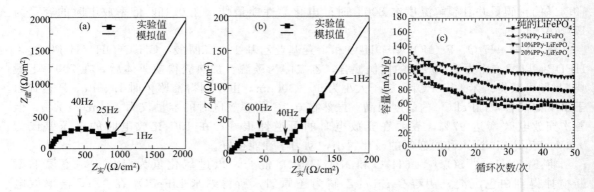

图 8-15　PPy 包覆后（a）与前（b）LiFePO₄ 导电性能和放电容量（c）的对比

对于离子导电化合物如 $Li_4P_2O_7$ 对 LiFePO₄ 的表面改性，在高倍率的充放电电流密度下仍能保持高的容量，20C 的放电容量达到 140mA·h/g；如果加入质量分数为 65% 的炭材料，可以在 200C 的放电下达到 100mA·h/g。但是对于该结果和理论解释存在怀疑，主要如下：①过多的碳含量在实际电池中会降低其能量密度；②负极材料有限的性能和基于安全性、电池内阻、锂枝晶以及产生热量方面的考虑，不可能进行如此大倍率的充电；③导电性物质的包覆不可能是绝缘性质的 $Li_4P_2O_7$，而更可能是碳的包覆。有关这方面的争论仍在持续，深入研究还是非常必要的。

8.5　部分工业化产品的性能

国内目前选择的是美国的磷酸铁锂路线，其技术难度比锰酸锂高一个层次，而且研究起步较晚，没有掌握其基本核心专利。磷酸铁锂（LiFePO₄）的正极材料的基本（母）专利属于美国德州大学 Goodenough 团队，他们是在 1996 年申请的。加拿大 HydroQuebec 的 Phostech 则取得德州大学的独家专利和商业授权。日本电信大厂 NTT DoCoMo，在 1996 年在日本就磷酸锂铁相关专利提出申请，后通过支付 Phostech 3000 万美元的和解金，才解决了磷酸铁锂材料的专利纠纷。

磷酸铁锂最上游的化合物专利被四家专业材料公司所掌握，分别是 A123 的 $Li_{1-x}MFePO_4$、Phostech 的 $LiMPO_4$、Aleees 的 $LiFePO_4 \cdot zMO$ 和 Changs-Ascending 的 $Li_{1-x/2}M_xFe_{1-x}P_{1-x}O_{2(2-x)}$，同时这四家公司也已经发展出较为成熟的量产技术。

LiFePO₄ 的优点很多，但其导电性不佳，目前陆续发展出了覆碳、金属氧化物包覆、纳米化等改性和制备技术，借此提高磷酸锂铁材料的电子导电性，也衍生出了更多的专利。国内目前 LiFePO₄ 的整体水平落后于美国、日本，基本上均存在 LiFePO₄ 材料和覆碳/碳热还原技术的原始专利问题。除非能发展出全新的技术以绕开专利，或者像 Valence 在欧洲一样证明原专利无效，否则未来也需像日本企业一样，向 Phostech 等公司支付专利使用费。

在 LiFePO$_4$ 市场上有如下几种主流材料，部分性能对比如表 8-1 所示。

表 8-1　部分公司 LiFePO$_4$ 的产品的一些性能

公司及产品		粒径发布 /μm				振实密度 /(g/cm³)		比表面积 /(m²/g)	pH	C%	半电池测试			
		D_{10}	D_{50}	D_{90}	D_{100}						容量 /(mA·h/g)	效率 /%	中值电压/V	倍率
Phostech	Peak1	0.71	1.79	3.45	5.48	1.11	1.42	12.76	8.4	1.32	158			
	Peak2	0.15	0.38	3.53	9.7	0.55	0.98	16.46	9.62	2.2				
Valence	E	1.8	5.4	11.2	25.7 (D$_{97}$)	1.25	1.53	15.3	9.18	6.23	134			
A123systems		1.06	2.38	5.64		0.6		29.19		2.04				
PBCT		0.72	1.93	9.74	37.1	0.85	1.22	9.6	10.01	5.96	131			
Aleees		0.67	2.9	9.26	32.42	0.83	1.15	11.04	9.75	1.12	160	95.1	3.38	91.5
Datung		0.51	2.83	16.31	22.77	0.85	1.23	38.03		3.1	151	95.6	3.38	89.1
Pulead	F020	0.9	2.8	8.3	28.5	0.89	1.35	18.5	10.5	1.95	155	96.2	3.38	88.9
STL	PD60	0.99	3.43	9.82	21.1	0.79	1.01	15.67	10.77	1.96	156	97.2	3.39	92.3
BYD		0.7	2.1	5.5		0.75		16.55		1.45				
NanoChem	DM-P	1.35	4.91	16.77				25			142			
BTR	198C	0.79	3.93	14.67	27.19	1.31	1.53	41.83	9.05	4.14	147.4	97.7	3.4	89.1
ZH-Energy		0.75	2.83	5.62	13.18	0.53	0.76	24.17	8.01	3.31				
TopMaterial	ZN15	0.98	4.16	9.59	24.57	0.83	1.18	12.93		1.51				
Gelon	GL-A	0.57	2.71	11.27	28.71		1.15	18.16		1.92				
WXEV		0.41	1.27	7.67	24.58		1.35	16.1	10.89	1.89	155	97.6	3.4	91.8
Green		1.03	8.49	25.46	52.87									
Gxtech	GX015	0.73	2.56	6.92	25.3	0.95	1.25	14.28	10.48	1.95	156	97.1	3.37	89.9
	GX08018	0.75	3.13	8.93	18.66	1.25	1.41	9.54		2.18	149	96.8	3.38	90.5
	GX08019	0.81	3.5	9.97	29.5		1.35	16.38		1.23	158	96.5	3.36	89.5
	GX045	0.44	1.98	9.49	27.45	1.14	1.34	14.69	10.49	4.95	145	97.5	3.38	90.2
平均值		0.80	3.11	9.96	25.24	0.91	1.25	18.81	9.76	2.65	149.81	96.73	3.38	90.28

参 考 文 献

[1] 吴宇平，戴晓兵，马军旗，程预江．锂离子电池——应用与实践．北京：化学工业出版社，2004.
[2] Kim HS, Cho BW, ChoWI. J. Power Sources, 2004, 132：235.
[3] 朱广燕，陈效华，翟丽娟，秦兆东，刘志远．电源技术，2010, 34：1201.
[4] Liu H, Zhang P, Li GC, Wu Q, Wu YP. J. Solid-State Electrochem, 2008, 12：1011.
[5] Doherty CM, Caruso RA, Smarsly BM, Drummond CJ. Chem. Mater, 2009, 21：2895.
[6] Doherty CM, Caruso RA, Smarsly BM., Adelhelm P, Drummond CJ. Chem. Mater, 2009, 21：5300.
[7] Wang GX, Liu H, Liu J, Qiao SZ, Max Lu GQ, Munroe P, Ahn H. Adv. Mater, 2010, 22：4944.
[8] Sunhye Lim, Chong S Yoon, Jaephil Cho. Chem. Mater, 2008, 20：4560.
[9] Cho T H, Chung H T K. J. Power Sources, 2004, 133：272.
[10] Myung S T, Komaba S, Hirosaki N, Yashiro H, Kumagai N. Electrochim Acta. , 2004, 49：4213.
[11] Tajimi S, Ikeda Y, Uematsu K, Toda K, Sato M. Solid State Ionics, 2004, 175：287.
[12] Liao XZ, Ma ZF, Wang L, Zhang XM, Jiang Y, He YS. Electrochem Solid-State Lett. , 2004, 7：A522.
[13] Sauvage F, Baudrin E, Morcrette M, Tarascon JM. Electrochem Solid-State Lett, 2004, 7：A15.
[14] Iriyama Y, Yokoyama M, Yada C, Jeong SK, Yamada I, Abe T, Inaba M, Ogumi Z. Electrochem Solid-State Lett. , 2004, 7：A340.
[15] 吴宇平，张汉平，吴锋，李朝晖．聚合物锂离子电池．北京：化学工业出版社，2007.
[16] Sun CW, Rajasekhara S, Goodenough JB, Zhou F. J. Am. Chem. Soc. , 2011, 133：2132.
[17] Wu XL, Jiang LY, Cao FF, Guo YG, Wan LJ. Adv. Mater, 2009, 21：2710.
[18] Zhao JQ, He JP, Zhou JH, Guo YX, Wang T, Wu SC, Ding XC, Huang RM, Xue HR. J. Phys. Chem. C., 2011, 115：2888.
[19] Hosono E, Wang YG, Kida N, Enomoto M, Kojima N, Okubo M, Matsuda H, Saito Y, Kudo T, Honma I, Zhou HS. Appl. Mater Interf. , 2010, 2：212.
[20] Park KS, Son JT, Chung HT, Kim SJ, Lee CH, Kang KT, Kim HG. Solid State Comm. , 2004, 129：311.
[21] Zhou YK, Wang J, Hu YY, O'Hayre R, Shao ZP. Chem. Comm. , 2010, 46：7151.
[22] Ding Y, Jiang Y, Xu F, Yin J, Ren H, Zhuo Q, Long Z, Zhang P. Electrochem Commun, 2010, 12：10.
[23] Wang D, Li H, Shi S, Huang X, Chen L. Electrochim Acta. , 2005, 50：2955.
[24] Yao J, Konstantinov K, Wang GX, Liu HK. J. Solid State Electrochem. , 2007, 11：177.
[25] Hong J, Wang C, Kasavajjul U. J. Power Sources, 2006, 162：1289.
[26] Lemos V, Guerini S, Filho JM, Lala SM, Montoro LA, Rosolen JM. Solid State Ionics, 2006, 177：1021.
[27] Xie H, Zhou Z. Electrochem Acta. , 2006, 51：2063.
[28] Ouyang CY, Shi SQ, Wang ZX, Li H, Huang XJ, Chen LQ. J. Phys Condens Matter, 2004, 16：2265.
[29] Shin HC, Park SB, Jiang H, Chung KY, Cho WI, Kim CS, Cho BW. Electrochim Acta. , 2008, 53：7946.
[30] Penazzi N, Arrabito M, Piana M, Bodoardo S, Panero S, Amadei I. J. Eur. Ceram Soc. , 2004, 24：1381.
[31] Nyten A, Thomas JO. Solid State Ionics, 2006, 177：1327.
[32] Wang D, Wang Z, Huang X, Chen L. J. Power Sources, 2005, 146：580.
[33] Marzec J, Ojczyk W, Molenda J. Mater Sci. Poland, 2006, 24：69.
[34] Nakamura T, Miwa Y, Tabuchi M. J. Electrochem Soc. , 2006, 153：A1108.
[35] Molenda J, Ojczyk W, Swierczek K, Zajac W, Krok F, Dygas J, Liu RS. Solid State Ionics, 2006, 177：2617.
[36] Ojczyk W, Marzec J, Dygas J, Krok F, Liu RS, Molenda J. Mater Sci. Poland, 2006, 24：103.
[37] Zhang M, Jiao LF, Yuan HT, Wang YM, Guo J, Zhao M, Wang W, Zhou XD. Solid State Ionics, 2006, 177：3309.
[38] Yang ST, Li TJ. J. Inorg. Mater, 2006, 21：880.
[39] Sun YH, Liu XQ. Chin. Chem. Lett. , 2006, 17：1093.
[40] Wang G, Cheng Y, Yan M, Jiang Z. J. Solid State Electrochem. , 2007, 11：457.
[41] Ruan YL, Tang ZY. Electrochem. , 2006, 12：315.
[42] Zhuang DG, Zhao XB, Xie JT, Tu J, Zhu TJ, Cao GS. Acta. Phys. Chem. Sin. , 2006, 22：840.
[43] Mi CH, Zhang XG, Li HL. J. Electroanal Chem. , 2007, 602：245.
[44] Liu H, Cao Q, Fu LJ, Li C, Wu YP, Wu HQ. Electrochem Commun, 2006, 8：1553.
[45] Liu H, Li C, Cao Q, Wu YP, Holze R, Wu HQ. J. Solid State Electrochem. , 2008, 12：1017.
[46] Oh SW, Myung ST, Oh SM, Oh KH, Amine K, Scrosati B, Sun YK. Adv. Mater, 2010, 22：4842.
[47] Cho YD, Fey GYK, Kao HM. J. Solid State Electrochem. , 2008, 12：815.
[48] 梁风，戴永年，易惠华，熊学．化学进展，2008, 20：1606.
[49] Kim CW, Park JS, Lee KS. J. Power Sources, 2006, 163：144.
[50] Kim CW, Lee MH, Jeong WT. J. Power Sources, 2005, 146：534.
[51] Kim JK, Choi JW, Cheruvally G, Kim JU, Ahn JH, Cho GB, Kim KW, Ahn HJ. Mater Lett. , 2007, 61：3822.
[52] Delacourt C, Poizot P, Le vasseur S, Masquelier C. Electrochem Solid-State Lett. , 2006, 9：A352.
[53] Liu H, Xie JY, Wang K. Alloys Compd. , 2008, 456：461.
[54] Choi D, Kumta PN. J. Power Sources, 2007, 163：1064.
[55] Dominko R, Bele M, Gaberscek M, Remskar M. J. Power Sources, 2006, 153：274.

[56] Kim DH, Kim J. Phys. Chem. Solids, 2007, 68: 734.

[57] Kim DH, Kim J. Electrochem. Solid-State Lett., 2006, 9: A439.

[58] Lee J, Teja AS. Mater Lett., 2006, 60: 2105.

[59] Wang L, Huang YD, Jiang RR, Jia DZ. Electrochem Acta., 2007, 52: 6678.

[60] Ganesh I, Johnson R, Rao GVN, Mahajan, Madavendra SS, Reddy BM. Ceram Int., 2005, 31: 67.

[61] Wang LN, Zhang ZG, Zhang KL. J. Power Sources, 2007, 167: 200.

[62] Cao YL, Yu LH, Li T, Ai XP, Yang HX. J. Power Sources, 2007, 172: 913.

[63] Wang BF, Qiu Y L, Yang L. Electrochem. Commun, 2006, 8: 1801.

[64] Jamnik J, Maier J. Phys. Chem. Chem. Phys., 2003, 5: 5215.

[65] Aricò, Bruce P, Scrosati B, Tarascon JM, Schalkwijk WV. Nat. Mater, 2005, 4: 366.

[66] Meethong N, Huang HYS, Carter WC, Chiang YM. Electrochem. Solid-State Lett., 2007, 10: A134.

[67] Wagemaker M, Borghols WJH, Mulder FM. J. Am. Chem. Soc., 2007, 129: 4323.

[68] Dominko R, Bele M, Gaberscek M, Remskar M. J. Power Sources, 2006, 153: 27.

[69] Wang GX, Yang L, Chen Y, Wang JZ, Bewlay S, Liu HK. Electrochem Acta., 2005, 50: 4649.

[70] Kang B, Ceder G. Nature, 2009, 458: 190.

[71] Zaghib K, Goodenough JB. J. Power Sources, 2009, 194: 1021.

[72] Kang B, Ceder G. J. Power Sources, 2009, 194: 1024.

第9章

钒的氧化物及其他正极材料

前面第 5 章～第 8 章分别讲述了氧化钴锂、氧化镍锂、氧化锰锂和磷酸亚铁锂正极材料，本章讲述钒的氧化物、多原子阴离子正极材料和其他正极材料。

9.1 钒的氧化物

在过渡金属元素中，钒的价格较钴、锰等低，为多价（如 V^{+2}、V^{+3}、V^{+4} 和 V^{+5} 等）金属元素，可形成多种氧化物，如 VO_2、V_2O_5、V_6O_{13}、V_4O_9 及 V_3O_7 等。由于钒有三种稳定的氧化态（V^{5+}、V^{4+} 和 V^{3+}），形成氧密堆分布，因此钒的氧化物为锂二次电池嵌入电极材料中很有潜力的候选者。

另外，与锂还能形成多种复合氧化物 Li—V—O。Li—V—O 化合物与 Li—Co—O 化合物一样，存在着两种结构：层状结构和尖晶石结构。层状化合物有 $LiVO_2$、$Li_xV_2O_4$（包括 $Li_{0.6}V_{2-\delta}O_{4-\delta}$ 和 $Li_{0.6}V_{2-\delta}O_{4-\delta} \cdot H_2O$）和 $Li_{1+x}V_3O_8$（包括 $Li_{1.2}V_3O_8$）。尖晶石有两种结构：正常尖晶石 $Li[V_2]O_4$ 和反尖晶石 $V[LiM]O_4$（M＝Ni、Co），后者在 9.5.2 节中予以说明。

9.1.1 α-V₂O₅ 及其锂化衍生物

$\alpha\text{-}V_2O_5$ 为层状结构，在钒的氧化物体系中，理论容量最高，为 $442mA \cdot h/g$，可以嵌入 3mol 锂离子，达到组分为 $Li_3V_2O_5$ 的岩盐计量化合物。在该反应中，钒的氧化态从 V_2O_5 中的 +5 价变化到 $Li_3V_2O_5$ 中的 +3.5 价。在层状 $\alpha\text{-}V_2O_5$ 结构中，氧为扭变密堆分布，钒离子与五个氧原子的键合较强，形成四方棱锥络合 [见图 9-1(a)]。锂嵌入到 V_2O_5 中随 x 的增加形成几种 $Li_xV_2O_5$ 相（α、β、δ、γ 和 ω 相），电压变化如图 9-2 所示。其中 α、ε、δ 与母体 V_2O_5 层状结构紧密相关，随 x 的增加而变化。当 $x=1$ 时，得到 $\delta\text{-}Li_xV_2O_5$ [见图 9-1(b)]。在 $0 \leqslant x \leqslant 1$ 范围内，嵌入、脱嵌反应是可逆的，表面的 V/O 值能保持在 0.35～0.30（理论值为 0.4）。在嵌锂过程中，V_2O_5 的结构发生变形。当 $x=2$ 时，得到 $\gamma\text{-}Li_xV_2O_5$。这时 V_2O_5 的框架结构发生折皱 [见图 9-1(c)]。尽管锂从 $\gamma\text{-}Li_xV_2O_5$ 中发生脱嵌并不能再生成起始的 α-V_2O_5 结构，但是当充到较高电压时，所有的锂均能发生脱嵌。当 $Li_xV_2O_5$ 中 $x > 2$ 时，结构发生明显变化，钒离子从原来的位置迁移到邻近的空八面体位置，得到盐岩结构的 ω-

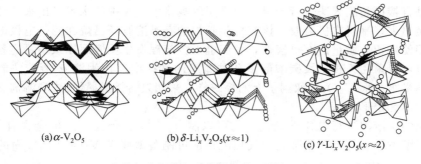

(a) α-V$_2$O$_5$ 　　　　(b) δ-Li$_x$V$_2$O$_5(x \approx 1)$ 　　　　(c) γ-Li$_x$V$_2$O$_5(x \approx 2)$

图 9-1　α-V$_2$O$_5$ 及其部分锂化衍生物的结构（影线区表示 VO$_5$ 方棱锥）

Li$_x$V$_2$O$_5$，钒离子在八面体位置发生无规分布，并发现有 Li$_2$O 生成。锂从岩盐结构发生脱嵌，同样不能再生成 α-V$_2$O$_5$ 层状结构。由于锂离子没有较好的迁移通道，因此锂的脱嵌为单相反应，而且比较困难，需要较高的电压（高达 4V）才能把大部分锂从该结构中脱嵌出来。但是，ω-Li$_{3-x}$-V$_2$O$_5$ 缺陷岩盐结构比较牢固，x 在较大范围内变化均稳定，多次循环没有发现容量衰减。在 $2 \leqslant x \leqslant 2.5$ 时，表面的 V/O 值降为 0.1。

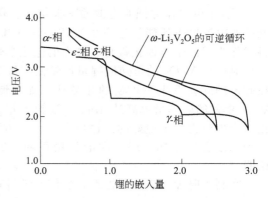

图 9-2　α-V$_2$O$_5$ 放电过程中形成 ε-相、δ-相和 ω-相及 ω-相的循环

V$_2$O$_5$ 对过充很敏感，随着嵌入的锂量的增加，极化和欧姆阻抗增加，电荷转移变得不可逆。当 $x > 1$ 时，V—O 键发生断裂。如图 9-2 所示，V$_2$O$_5$ 的放电曲线上有多个平台。在锂嵌入过程中，本来就低的电导率会进一步降低（当 $n > 1$ 时，小于 10^{-3} S/cm）；在有机溶剂中能发生一定程度的溶解，具有很强的氧化能力。在锂发生脱嵌的过程中，可导致有机溶剂的分解。

9.1.1.1　五氧化二钒的制备

V$_2$O$_5$ 的制备方法比较多，传统的为固相反应法。固相反应法一般是将钒酸铵进行热分解。在分解过程中往往会生成缺氧的非计量化合物 V$_2$O$_{5-\delta}$。

由于钒的价态高，极易形成凝胶，如图 9-3 所示，改变溶胶-凝胶法的工艺，得到不同的凝胶。因此其凝胶品种也比较多，如水凝胶、气凝胶、干凝胶等。

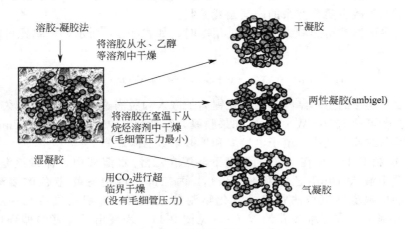

图 9-3　从湿凝胶制备多种凝胶的方法示意

除了上述溶胶-凝胶法外，还可以对溶胶-凝胶法进行改性。例如先将偏钒酸钠制备成水凝胶，接着不是直接用超临界法进行干燥，而是用丙酮将水凝胶中的水置换出来，然后再用环己烷将丙酮置换出来，制得有机凝胶，该有机凝胶中的有机溶胶环己烷在制备电极的过程中因干燥而除去。即使残留有微量的有机溶剂，它们也不会与锂发生反应而导致不可逆容量。

另外，也可以采用模板（聚碳酸酯多孔过滤膜的微孔中）作为溶胶-凝胶法制备 V_2O_5 的载体，得到纳米级菱形 V_2O_5，像刷子上的棕一样。采用复合溶胶-凝胶法和溶剂交换过程，得到相互连接的薄无定形 V_2O_5。

将硫酸钒的水溶液进行电化学氧化，也可以制备 V_2O_5。但是，一般会含有一些 $V(Ⅳ)$。另外，采用新型方法如等离子增强化学气相沉积法可制备薄膜型 V_2O_5。该方面的内容在这里不多说。

9.1.1.2 五氧化二钒的电化学性能

V_2O_5 可以作为锂原电池的正极材料。例如以晶体 V_2O_5 为正极，从 3.5V 开始放电，在低的放电速度下比能量达到 $250mW \cdot h/g$ 和 $650W \cdot h/L$。该方面的性能在这儿不多说，主要讲述作为锂离子电池正极材料方面的电化学性能。

晶体型 V_2O_5 的可逆嵌锂量比较低，每 1mol 单元中可以嵌入一般不到 2mol 的 Li^+，而且在此范围外会发生不可逆的相变化。如果制备成凝胶，其嵌锂容量大大得到提高，每 1mol V_2O_5 单元的嵌锂量可高达 4mol。嵌锂容量大大提高的原因一方面可能是嵌锂的位置发生变化，产生热力学上更好的嵌锂位置；另一方面可能是 V_2O_5 层间距增加，结果导致 V_2O_5 凝胶近乎二维有序结构，层之间的作用很弱，因此锂更容易嵌入。下面就部分凝胶的性能进行说明。

在制备时加入表面活性剂，促使水解过程中凝胶化速率减慢，得到凝胶后再将表面活性剂除去，大大增加 V_2O_5 的孔隙率，每单元 V_2O_5 可储 2.5 单元锂（3.5～1.9V），锂离子的扩散系数比传统的气凝胶高 100 倍以上。

在干凝胶 $V_2O_5 \cdot nH_2O$ 中存在结合水分子，水分子的数目可以低至 0.5。微观上它为敞开的，因此离子很容易通过凝胶中的孔进行扩散。带层（ribbon）扁平，均在同一个方向进行堆积，表现出各向异性。由于可以与水溶液中的离子进行交换，将结合水在 250℃ 以上除去后，可以得到多种交换过的干凝胶。同样，也容易制备干凝胶的薄膜电极。例如将黏稠的凝胶涂布在氧化锡铟载体表面，薄膜电极在 130℃ 干燥后，循环伏安谱图上呈现 3 对氧化还原峰，分别对应于三种明显不同的嵌锂位置。当它在 270℃ 干燥后，干凝胶进一步脱水，嵌锂位置减少，只出现 1 对氧化还原峰。原因在于干凝胶中的水分子可以改变氧化物凝胶的晶格，使其成为敞开结构，更多的锂离子可以发生嵌入。当电压低于 2.4V 时，锂离子的扩散系数明显降低，表明锂离子的扩散主要受空余的嵌锂位置控制。

薄膜电极的厚度当然也影响锂的嵌入。很薄时，如式（9-1）所示，每单元可以嵌入 4 单元锂离子：

$$4Li^+ + 4e^- + V_2O_5 \cdot 0.5H_2O \Longleftrightarrow Li_4V_2O_5 \cdot 0.5H_2O \tag{9-1}$$

由于本身为高度无定形的主体结构，因此在锂离子嵌入和脱嵌过程中，没有永久形变或机械破坏存在，能量密度可达 $1300mW \cdot h/g$。如果膜厚，容量为每单元 V_2O_5 低于 2mol 锂离子，主要原因可能与形态或粒子大小、电子电导率和扩散系数的限制有关。

将 NH_4VO_3 和 $C_2H_2O_4$ 在 75℃ 的温度下溶解在乙醇/水溶液中，保持该温度 3h 使其充分溶解，在室温下滴入 10mL 乙醇和 80mL 1,2-丙二醇，得到亮黄-蓝色的溶液并转移至注射器中，利用静电喷雾共沉积法将钒的氧化物制备成薄膜，沉积完成后在一定的温度进行热处理。最后得到了一种三维多孔的 V_2O_5（见图 9-4），表现出了良好的循环性能和超高的倍率性能。

如上所述，气凝胶 V_2O_5 可以通过传统的超临界干燥制备。该步骤可以防止网络结构由于表面张力的原因而导致结构坍塌。它由连续的固相结构和空隙结构组成。孔隙结构周围的固相结构厚度为 $10\sim30nm$，也是锂嵌入固相的扩散距离。与大多数多孔电极相比（扩散距离一般为 $1\sim100\mu m$），扩散距离要小得多。同时，表面积高达 $450m^2/g$，比干凝胶（每克几平方米）要高得多。另外，多孔结构允许电解质深深地穿入到气凝胶粒子中，因此气凝胶的快速充放电能力好。循环伏安谱图上只在 3V 附近出现一组氧化还原峰。如图 9-5（a）所示，每单元基本上可以嵌入 4mol 锂离子，而且电压非常稳定。因此，与其他 V_2O_5 例如气凝胶和无定形 V_2O_5 相比，容量明显要高［见图 9-5（b）］，主要原因可以与超临界干燥有关，该干燥过程基本上改变了锂嵌入位置的本质，产生更好的嵌锂位置。

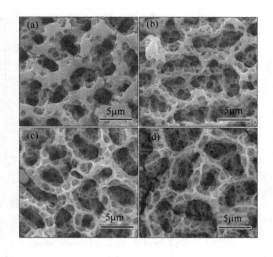

图 9-4　不同共沉淀温度得到多孔 V_2O_5 的形貌：(a) 230℃、(b) 245℃、(c) 260℃ 和（d）275℃

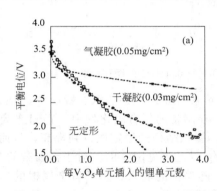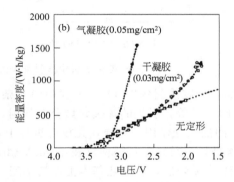

图 9-5　气凝胶、干凝胶和无定形 V_2O_5 的 (a) 平衡电位与组成曲线以及 (b) 比能量-平衡电压关系对比

一般而言，上述溶胶-凝胶法制备的 V_2O_5 凝胶的循环性能也并不理想，容量衰减得比较快。目前改进的方法之一为将溶胶-凝胶法进行改性。制备的 V_2O_5 容量可达 $410mA\cdot h/g$，对应于每 1mol V_2O_5 单元能可逆脱嵌约 2.9mol 锂，每一次循环的容量衰减率低至 0.19%。采用复合溶胶-凝胶法和溶剂交换过程，得到相互连接薄的无定形 V_2O_5，可逆容量达 $410mA\cdot h/g$，每次循环容量衰减在 0.5% 以下。上述模板法制备的纳米级菱形 V_2O_5 在低电流（20/C）下，其行为与薄膜 V_2O_5 一样，但在大电流如 200C、500C，其容量较薄膜要高好几倍（见图 9-6）。采用复合溶胶-凝胶法和溶剂交换过程得到的无定形 V_2O_5，可逆容量达 $410mA\cdot h/g$，每次循环容量衰减在 0.5% 以下。

用电化学氧化法制备 V_2O_5 的电化学性能与 V(Ⅳ) 的含量有很大的关系，V(Ⅳ) 的含量越少，可逆容量越高，循环性能较好。图 9-7 为用该法制备 $V_2O_{4.86}\cdot0.4H_2O$ 的充放电曲线和循环性能。

9.1.1.3　五氧化二钒的改性

如同前述的负极材料和正极材料一样，五氧化二钒的性能也可以进行改进。目前而言，改进的方法主要有：掺杂、包覆和复合。

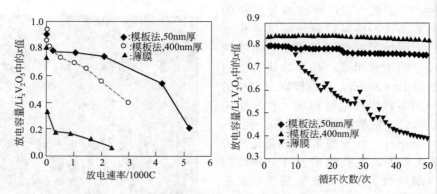

图 9-6　模板法得到的纳米 V_2O_5 凝胶与射频磁控法制备的薄膜 V_2O_5 性能的对比

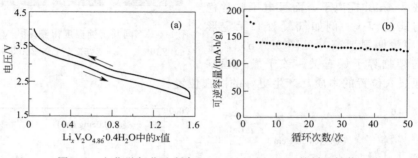

图 9-7　电化学氧化法制备 $V_2O_{4.86} \cdot 0.4H_2O$ 的循环性能

在用溶胶-凝胶法制备 V_2O_5 的过程中引入杂元素，如钾、铝、铁、镍、铜、铯、锌、镁、钼、铽（Tb）、钴等，引入的掺杂元素分布均匀，在制备的复合氧化物中，它们连接 V_2O_5 带，增加各层之间的相互作用。这样在充放电过程中，层状结构的稳定性得到提高，从而提高循环性能，40 次循环以后，容量还保持在 410mA · h/g 以上（见图 9-8）。对于铜掺杂的 V_2O_5 干凝胶而言，450 次循环后，容量还基本上保持不变。随着锂的嵌入，发现有金属铜的出现；但是随着锂的脱嵌，原有的结构又可以得到再生。在形成的 $Tb_{0.11}V_2O_5$ 中，Tb^{3+} 不参与氧化还原过程。无定形 CoV_2O_5 的可逆容量为 275mA · h/g，且 10 次循环后容量没有衰减。

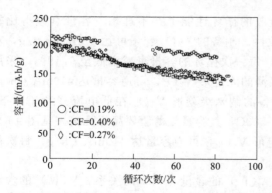

图 9-8　溶胶-凝胶法制备的 $Cr_{0.1}V_2O_5$ 的循环曲线
［CF（容量衰减速率）=100×损失容量
（循环次数×初始容量）］

在电化学沉积 V_2O_5 时，在溶液中加入 Na^+。Na^+ 的掺入有利于与基体的黏结，不需要惰性添加剂来制备薄膜电极，容量在终止电压 2.0V 时可达 320mA · h/g。以钴掺杂的 V_2O_5 有 α、β 两种，其中 α-$Co(VO_3)_2$ 的性能较佳，能可逆嵌入 9.5 单元锂。第五次循环后可逆容量达 600mA · h/g。掺杂银的 V_2O_5 气凝胶的电导率提高到 2～3 个数量级，因此，每单元 $Ag_xV_2O_5$ 可维持到 4 单元锂。在银掺杂的基础上再引入 $Sr(II)$ 得到 d-$Sr_yAg_{(0.75-2y)}V_2O_5$，可逆嵌入/脱嵌的循环性能得到改善。掺杂 Cu、Ag 例如 $Cu_{0.5}Ag_{0.5}$-$V_2O_{5.75}$，在 3.8～1.5V 为 332mA · h/g。

在 V_2O_5 凝胶中加入金属原子后，还可以进一步提高它们的性能。掺杂铜制成的溅射正极层就是其中的一个例子，溅射层 $Cu_{0.1}V_2O_5$

正极的比能量达到 750mW·h/g。能够快速放电，在 17min 内，可释放能量 150mA·h/g，对应的比能量为 400mW·h/g。它还有非常好的循环性能，450 次循环后容量损失很少。

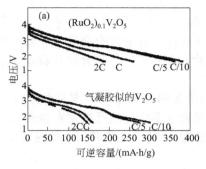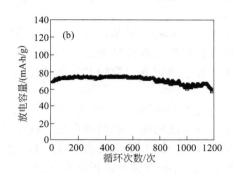

图 9-9 $(RuO_2)_{0.1}V_2O_5$ 的电化学行为：（a）干凝胶似的 V_2O_5 与 $(RuO_2)_{0.1}V_2O_5$
在不同充放电速率下；（b）$(RuO_2)_{0.1}V_2O_5$ 在 5C 下的循环性能

氧化物如 RuO_2、Na_2O 等也可以掺杂到 V_2O_5 中。掺杂 RuO_2 的过程主要有三步：①将钒酸钠的溶液进行质子化，然后通过离子交换得到均匀的 V_2O_5 水凝胶；②将水溶胶中的水与丙酮进行交换，然后用表面张力低的有机溶剂例如己烷与丙酮进行交换，得到有机溶胶；③将 RuO_2 与己烷的溶液加入到预冷的有机溶胶中，将混合物浸渍在干冰浴中 3h，转到另一个冷却浴中（−22℃），放置过夜。最后在 160℃的空气中干燥 24h，得到 $(RuO_2)_{0.1}V_2O_5$。掺杂后，电导率比纯的气凝胶要提高 10000 倍。该方法能够保持气凝胶的自由体积，并支持大电流放电 [见图 9-9(a)]，可逆容量在 0.1C 时高达 400mA·h/g，循环次数可达 1200 次 [见图 9-9(b)]。$(Na_2O)_{0.23}V_2O_5$ 的合成与上述金属元素的掺杂不同，通过将溶胶进行沉析，然后将水分除去，容量在 3.8~1.8V 之间大于 220mA·h/g。与其他钒的氧化物相比，容量和循环性能算一般，而且其合成容易。溶胶沉析物 $(Na_2O)_{0.23}V_2O_5·xH_2O$ 在 200℃时易失水。在 250℃下热处理，得到近似的四面体晶体。$(Na_2O)_{0.23}V_2O_5$ 晶体以板状形式存在，尺寸小于 $2\mu m$。

当然，别的氧化物也可以对 V_2O_5 进行掺杂，改善电化学性能。V_2O_5 与 P_2O_5 等其他氧化物反应，能形成非晶态物质，它们与晶态的 V_2O_5 相比，具有更好的循环性能。在这些物质中，V—O 的键长和键角会发生更大的变化，P_2O_5 的加入使结构更适合锂的嵌入和脱嵌，防止 V—O 键的断裂。当 n 从 0 增加到 2 时，Li 的扩散系数也从 $2×10^{-9}$ cm^2/s 增加到 10^{-8} cm^2/s。然而，放电曲线的坡度太陡可能会限制其在 Li 电池中的应用。

对于通过溶胶-凝胶法制备层状 V_2O_5 的纳米管，也可以进行掺杂。例如与 Mn^{2+} 进行离子交换，制备 $Mn_{0.1}VO_{2.5+\delta}·nH_2O$ 纳米管。该纳米管也是层状结构，$a=0.6157nm$，层间距 $c=1.052nm$。其可逆容量为 140mA·h/g。

在 V_2O_5 正极材料表面包覆一层锂离子导电化合物 $LiAlF_4$，在同样的条件下进行测试，包覆后 V_2O_5 具有良好的循环性能，800 次均没有明显的衰减。而没有包覆的则在前 250 次就衰减到初始容量的 30% 以下，主要原因在于该离子导电化合物起着保护膜的作用，有利于长期稳定性。

聚吡咯与 V_2O_5 气凝胶的复合物机械强度比较好，可以进行切割而不发生断裂，只是 V_2O_5 的纤维较短而已。当聚吡咯含量达到一定值后，增加聚吡咯的含量反而导致电导率降低。用过硫酸铵进行氧化，可以提高导电性，但并不影响该复合材料的电化学性能，较 V_2O_5 相比，锂的插入量同样有明显提高。将聚吡咯改变为聚（烷基吡咯），同样是与 V_2O_5 组成的复合物，但是改变后容量从 50mA·h/g 增加到 115mA·h/g。

聚苯胺与 V_2O_5 复合体的电化学行为与合成条件及随后的处理有很大关系，最佳材料的可逆容量达 302mA·h/g（C/48），在 C/12 时亦可达 200mA·h/g。该复合材料之所以能提高电化学性能的主要原因一方面与 MnO_2 相似，表面能吸附一些阴离子，另一方面 V_2O_5 能起着氧化剂的作用，从而部分 V_2O_5 表面发生还原，出现部分负电荷，这样起着掺杂剂的作用，对聚苯胺进行掺杂。

纳米 V_2O_5 亦可以与聚苯胺、聚吡咯、聚噻吩发生复合。聚合物链与 V_2O_5 片夹杂在一起，由于聚合物的导电性及黏合性，提高 V_2O_5 的可逆性，容量比聚合物与气凝胶 V_2O_5 的复合物而言还要好。当然复合物的电化学性能与聚合物的制备方法、聚合物种类以及结构有很大的关系。

另外，通过溶胶-凝胶法，将气凝胶 V_2O_5 与单壁碳纳米管复合形成复合电极。由于碳纳米管提供电子导电的网络，孔隙率高的 V_2O_5 带状结构则发生锂的可逆嵌入和脱嵌。由于两者之间的接触非常紧密，因此具有良好的电化学性能，在 $4\sim1.5V$ 之间的可逆容量超过 $400mA \cdot h/g$，而且具有良好的循环稳定性。

2,5-二巯基-1,3,4-噻二唑的二聚体氧化嵌入到 V_2O_5 干凝胶的层状结构中后，形成新的有机-无机复合物。在该复合物中，V_2O_5 的层间距从 $1.155nm$ 增加到 $1.35nm$，在氧化嵌入过程中，二聚体形成聚合物。聚合物主链以 S—S 键相连。在充电（氧化）和放电（还原）中，氧化还原反应在较宽的范围内进行，对饱和甘汞电极（SCE）而言为 $0.5\sim-0.6V$，对应于锂电极的电压为 $4.2\sim3.1V$。但是，在还原过程中及还原以后，单体 2,5-二巯基-1,3,4-噻二唑的锂盐溶于电解质中而从 V_2O_5 的层间排出来，从而又回到以前的 V_2O_5 材料的电化学行为。但是该材料的结果表明，当聚（2,5-二巯基-1,3,4-噻二唑）位于 V_2O_5 的层间时，有利于硫醇/二硫化物氧化还原电对的氧化还原反应。

9.1.2 五氧化二钒的锂化产物及其电化学性能

目前研究的 V_2O_5 的锂化产物有 $Li_xV_2O_5$（$0.9 \leqslant x \leqslant 1.6$）、正交 $\gamma\text{-}LiV_2O_5$ 和层状 $Li_xV_2O_5 \cdot nH_2O$。将 $1g$ V_2O_5 粉末分散于 $20mL$ 刚蒸馏过的己烷中，然后按化学计量比加入正丁基锂溶液；在氩气环境下，V_2O_5 被还原，该过程如下：

$$V_2O_5 + xC_4H_9Li \longrightarrow Li_xV_2O_5 + x/2C_8H_{18} \tag{9-2}$$

将混合物搅拌，当 $x<1$ 时，在氩气环境下保持 $48h$；当 $x>1$ 时，再保持一周；再将得到的粉末用己烷清洗。在室温下，置于真空容器中干燥，除去残余的溶剂，得到 $Li_xV_2O_5$（$0.9 \leqslant x \leqslant 1.6$）。该法合成的 $Li_xV_2O_5$ 在空气中放置几天后，其容量反而略有升高，20 次循环后，在 $1.8\sim3.8V$ 之间，比容量仍能达到 $300mA \cdot h/g$。

正交 $\gamma\text{-}LiV_2O_5$ 也可以可逆储锂。但是以 $\alpha\text{-}V_2O_5$ 为前驱体，结合湿化学法制备的 $\gamma\text{-}LiV_2O_5$ 通常含有 Li_2O。如果采用碳热还原法在 $600℃$ 制备［见反应式（9-3）和式（9-4）］，则具有良好的电化学性能，容量达 $130mA \cdot h/g$，接近理论容量（$142mA \cdot h/g$）。

$$0.5Li_2CO_3 + V_2O_5 + 0.25C \longrightarrow \gamma\text{-}LiV_2O_5 + 0.75CO_2 \tag{9-3}$$

$$0.5Li_2CO_3 + V_2O_5 + 0.5C \longrightarrow \gamma\text{-}LiV_2O_5 + 0.5CO + 0.5CO_2 \tag{9-4}$$

层状 $Li_xV_2O_5 \cdot nH_2O$ 中含有水分子和有机溶剂分子，容量比 $\gamma\text{-}V_2O_5$ 要少，但是电压要高至少 $1V$。具体的结构影响还待进一步的研究。

9.1.3 $Li_{1+x}V_3O_8$

1957 年 Wadsley 提出用 $Li_{1+x}V_3O_8$ 作为锂离子电池正极材料。后来发现，层状化合物 $Li_{1+x}V_3O_8$ 具有优良的嵌锂能力，作为电池正极材料具有比容量高、循环寿命长等优点，并且锂离子在 $Li_{1+x}V_3O_8$ 中的扩散要比在 V_2O_5 和 V_6O_{13} 中要快。再加上在高达 $2.63V$ 的平均电压时，每摩尔钒氧化物 $Li_{1+x}V_3O_8$ 的可逆脱嵌锂量可达 $3mol$ 以上的锂离子，比容量高，一般在 $300mA \cdot h/g$ 以上。

9.1.3.1　$Li_{1+x}V_3O_8$ 的结构

$Li_{1+x}V_3O_8$ 的结构是由八面体和三角双锥组成的层状结构，如图 9-10 所示。先存在的锂离子位于八面体位置，将相邻层牢固地连接起来。过量的锂离子占据层之间四面体的位置，八面体位置的锂离子与层之间以离子键紧密相连，这种固定效应使其在充放电循环过程中有一个稳定的晶体结构。由于结构稳定以及层间存在可被 Li^+ 占据的空位，可以允许三个以上锂离子可逆地在 $Li_{1+x}V_3O_8$ 层间嵌入/脱嵌。另外，八面体位置上的锂离子从四面体位置向另一个四面体位置跃迁时不存在障碍。锂的扩散系数在 $10^{-12} \sim 10^{-14} \, m^2/s$ 之间。锂离子在其中较高的扩散速率使锂在嵌入和脱嵌时具有良好的结构稳定性，从而具有较长的循环寿命。

9.1.3.2　$Li_{1+x}V_3O_8$ 的合成方法

$Li_{1+x}V_3O_8$ 的合成方法主要有固相反应法和液相反应法。一般的制备方法是固相合成法，即将 Li_2CO_3 和 V_2O_5 按原子计量比混合，在一定的温度如 680℃ 下灼烧一定的时间，然后缓慢冷却即可得到 $Li_{1+x}V_3O_8$。高温制备 $Li_{1+x}V_3O_8$ 存在着高温反应时间长、能耗大，且在高温条件下，锂与钒的挥发程度不同及钒对器皿的腐蚀等损耗，使锂和钒的比例难以控制在所期望的计量值；高温反应产物必须经过一定的后处理才能使用。LiV_3O_8 的液相方法合成为将 $3mol \, V_2O_5$ 慢慢加入到含 $2mol \, LiOH$ 溶液中，温度保持在 50℃，不断搅拌，反应方程式为：

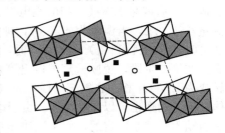

图 9-10　$Li_{1+x}V_3O_8$ 的结构
示意（沿 010 方向）
○ 八面体 Li；■ 四面体 Li；
虚线内为一晶胞单元

$$2LiOH + \frac{1}{3}V_2O_5 \longrightarrow \frac{2}{3}Li_3VO_4 + H_2O \tag{9-5}$$

$$\frac{2}{3}Li_3VO_4 + \frac{2}{3}V_2O_5 \longrightarrow 2LiVO_3 \tag{9-6}$$

$$2LiVO_3 + 2V_2O_5 \longrightarrow 2LiV_3O_8 \tag{9-7}$$

在反应的最后阶段，V_2O_5 溶解得很慢，大约需要 $24 \sim 30h$，反应进行完全的标志是黄色 V_2O_5 转变为红棕色。反应完后，将产物过滤，用 H_2O 和甲醇清洗，再进行真空干燥、研磨，200℃ 下加热一段时间，除去其中的水分，得到非晶 LiV_3O_8。这种制备方法简单，烧结温度低。

另外，将液相和固相反应相结合也可以制备 $Li_{1+x}V_3O_8$。按化学计量比称好的 Li_2CO_3 和 NH_4VO_3（$Li/V = 1/3$）混合，溶解在水中，搅拌、加热，待 Li_2CO_3 和 NH_4VO_3 完全溶解在沸腾的水中，再将水蒸发掉，得到预反应产物。将预反应产物在 $300 \sim 400℃$、N_2 环境下加热 10h，得到粉末状的 LiV_3O_8 产物。该反应可以用反应方程式（9-8）表示：

$$Li_2CO_3 + 6NH_4VO_3 \longrightarrow Li_2CO_3 + 2NH_4V_3O_8 \cdot xH_2O + 4NH_3 + 2(1-x)H_2O \tag{9-8}$$

在方程式（9-8）中 Li_2CO_3 看来没有进行反应，但它代表了反应中 Li_2CO_3 和 NH_4VO_3 的一种比例关系，并由此能方便地计算出反应的失重。实际上，Li_2CO_3 的存在使固体更容易溶解，预反应产物更均匀。具体的反应方程式如下：

$$Li_2CO_3 + 2NH_4V_3O_8 \cdot xH_2O \longrightarrow CO_2 + 2NH_3 + (1-y+x)H_2O + 2LiV_3O_8 \cdot yH_2O \tag{9-9}$$

$$LiV_3O_8 \cdot yH_2O \longrightarrow yH_2O + LiV_3O_8 \tag{9-10}$$

该法比高温反应条件优越。在低温下，锂和钒计量比易控制、能耗低、不需繁杂的后处理就可直接使用。

至于其他方法，例如高效球磨、水热法等也可以制备 $Li_{1+x}V_3O_8$。

9.1.3.3　$Li_{1+x}V_3O_8$ 的电化学性能

锂嵌入时，$Li_{1+x}V_3O_8$ 的放电容量受电流密度和温度的影响很大，电流密度比较小、温度比较高时，容量最大。当电流密度从 $0.1mA/cm^2$ 升高到 $1.0mA/cm^2$ 时，容量最大损失为 40%；当温度从 45℃ 变化到 5℃ 时，容量要降低 35%［见图 9-11（a）］，这表明锂嵌

$Li_{1+x}V_3O_8$ 的反应受动力学因素影响。但是，当 $x<1.5$ 时，容量与温度无关，基本保持不变，受动力学影响不大；只有当 $x>1.5$ 时，锂的嵌入才受动力学因素影响，容量随温度的增加而增加。原因是当 $x<1.5$ 时，Li^+ 在原始相 LiV_3O_8 中的扩散很快；当 $x>1.5$ 时，出现新相 $Li_4V_3O_8$，减小了锂的扩散。如图 9-11（b）所示，Li^+ 在 LiV_3O_8 相中的扩散系数是 10^{-8} cm^2/s，但在 $Li_4V_3O_8$ 相中，扩散系数受温度的影响很大，当温度从 5℃升高到 45℃时，扩散系数从 $10^{-11}cm^2/s$ 升高到 $10^{-9}cm^2/s$。脱嵌锂时，$Li_{1+x}V_3O_8$ 的充电容量与放电容量情形相似，受电流密度和温度的影响很大。在电流密度比较小、温度比较高时，容量最大。$Li_{1+x}V_3O_8$ 的充电曲线分成三个阶段，在充电的早期阶段，$Li_4V_3O_8$ 相消失，同时 LiV_3O_8 相形成，以后就是 LiV_3O_8 相的充电过程。在充电的第一阶段，当温度为 5℃和 25℃时，锂的脱嵌量小于 0.2，当温度为 45℃时，锂的脱嵌量增加到 0.4，说明锂是从 $Li_4V_3O_8$ 相脱嵌的。当放电时嵌入的锂量（x）超过 3.0 时，多余的锂可能在 $Li_4V_3O_8$ 相中，然后在放电的早期阶段脱嵌。在第二阶段，脱嵌量随温度升高而增加但不超过 1.5，在这个阶段，$Li_4V_3O_8$ 相已不存在，转变为 LiV_3O_8 相。在第三阶段，脱嵌量随温度升高而线性地增加，这是因为位于更稳定的四面体位置上的锂也可以发生脱嵌。由于锂在 LiV_3O_8 相中扩散很快，所以，脱嵌量随温度而变化不是由动力学因素决定的，而是取决于反应平衡。温度升高，LiV_3O_8 变形大，处于更加不稳定的状态。另外，因为 $Li_{1+x}V_3O_8$ 的脱锂反应放热，平衡将向脱锂方向进行。$Li_4V_3O_8$ 相与 LiV_3O_8 相之间的不可逆转变将引起充电容量的降低，导致循环过程中容量的衰减。

$Li_{1+x}V_3O_8$ 的电化学性能如容量和循环寿命与制备方法密切相关。液相方法合成的 LiV_3O_8 得到的是非晶态物质，每摩尔这种物质可以嵌入 9 个 Li^+，而每摩尔晶态 LiV_3O_8 只能嵌入 6 个 Li^+。另外，Li^+ 在非晶态 LiV_3O_8 中的扩散路径短，能够快速嵌入和脱嵌，并在快速充放电情况下具有良好的循环性能。用熔融法制备的 $Li_{1+x}V_3O_8$，放电容量也受热处理温度和时间的影响。通过液相法制备的 LiV_3O_8 可以进行快速充放电，例如，在电流密度为 $3.7mA/cm^2$ 条件下充放电 15 次循环后，容量仍能达到 210mA·h/g。将液相和固相反应相结合，制备的 LiV_3O_8 在电流密度为 $0.1mA/cm^2$、电压为 1.7～3.9V 之间时，放电容量最高可达 300mA·h/g，15 次循环后，放电容量仍能达到 275mA·h/g。

$Li_{1+x}V_3O_8$ 材料具有容量高、制作方法简单、寿命长、充放电速度快以及在空气中稳定等优点，这是由它的晶体结构决定的。缺点是电导率低、氧化能力强，导致有机电解液分解，在 3.7～2V 之间放电时，放电曲线呈台阶形状等。

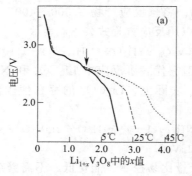 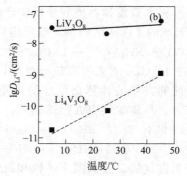

图 9-11 LiV_3O_8 在 $0.1mA/cm^2$、不同温度下的放电曲线（a）和 LiV_3O_8（$x=0.2$）与 $Li_4V_3O_8$（$x=3.6$）相中扩散系数与温度的变化（b）

当然，$Li_{1+x}V_3O_8$ 的电化学性能也可以进一步改善。改进方法包括超声波处理，在 LiV_3O_8 的层状结构间嵌入无机分子如 NH_3、H_2O 和 CO_2，掺杂杂原子，采用溶胶-凝胶法等。例如通过嵌入 NH_3，LiV_3O_8 的容量可以达到 270mA·h/g。具体制备方法为：先将 NH_4VO_3 在 200℃下加热分解，得到 $NH_4V_3O_8$：

$$3NH_4VO_3 \longrightarrow NH_4V_3O_8 + 2NH_3 + H_2O \tag{9-11}$$

再与 LiOH 的水溶液进行离子交换反应：

$$NH_4V_3O_8 + LiOH \longrightarrow LiV_3O_8 + NH_3 + H_2O \tag{9-12}$$

再将产物在 200℃下加热 12h，得到晶体 LiV_3O_8。

以 LiNO_3 和 NH_4VO_3 为原料，通过溶胶-凝胶法在低温条件下得到了粉状 $Li_{1+x}V_3O_8$，开路电压在 3.6 V 以上，在 3.6～1.5 V 之间放电容量达 330mA·h/g 以上。在 3.5～1.5 V 之间以 500mV/s 的速率进行循环伏安时，寿命达 1200 次以上。由此可以看出，层状化合物 $Li_{1+x}V_3O_8$ 作为锂离子电池正极材料，只要制备方法得当，电化学性能完全有可能得到提高和改进。例如结合冷冻干燥法以及在氩气气氛合适的后处理，可以得到大容量的 LiV_3O_8。在 50mA/g 的电流密度下，该材料有非常高的嵌入容量，可以达到 347mA·h/g；更为重要的是，该材料的循环性能良好，60 次循环后，放电容量可以达到 351mA·h/g。显然，近距结晶的有序性对材料性能的影响要大于表面积、粒子大小和结晶度对材料性能的影响。利用低温热共沉淀法，不加任何模板，在 350℃得到了一种特殊的、直径在 30～150nm，长度为几微米的 LiV_3O_8 纳米棒，具有良好的倍率性能和循环性能。在 100mA/g 的倍率下有 320mA·h/g 的容量，每次循环仅仅有 0.23% 的衰减，在 1A/g 的倍率下经过 100 次循环后仍然有 158mA·h/g 的放电容量。

9.1.3.4 $Li_{1.2}V_3O_8$

$Li_{1.2}V_3O_8$ 为 $Li_{1+x}V_3O_8$ 中 $x=0.2$ 的一种产物。由于另有专门研究，在此选出来进行简单的说明。其层状结构也在 1956 年就确定了［见图 9-12(a)］，具有单斜对称性，空间群为 $P2_1/m$，可认为是稳定的锂化 V_2O_5，即 $0.4Li_2O \cdot V_2O_{5-\delta}$（$\delta = 0.067$）。钒的价态为 4.93，其中 1 单元锂离子位于八面体位置，剩下的 0.2 单元锂离子位于四面体位置。将 $Li_{1.2}V_3O_8$ 与过量的正丁基锂反应，得到缺陷岩盐结构的 $Li_4V_3O_8$［见图 9-12(b)］。在该锂化过程中，V_3O_8 框架结构不发生变化，所有的锂离子均在八面体位置。该种嵌入电极材料具有一个很好的特征：在锂嵌入过程中尽管单斜晶胞的各参数发生各向异性变化，但是晶胞单元体积不发生变化。结晶程度不同的 $Li_{1.2}V_3O_8$ 的电化学研究结果表明，锂化时发生几种相转变，但是这些相转变均是可逆的。在 150℃喷雾干燥法制备的气溶胶 $Li_{1.2}V_3O_8$ 可以在有机液体电解质中进行电化学嵌锂，达到 $Li_5V_3O_8$ 的岩盐结构。$Li_{1.2+x}V_3O_8$ 中发生的相转变比较小，主要与锂离子在稳定的 V_3O_8 亚晶格四面体和八面体隙间位置有关。由于 $Li_{1.2}V_3O_8$ 在锂嵌入和脱嵌时结构比较稳定，同时存在锂离子发生迁移的二维隙间，因此成为锂离子电池中很有吸引力的一种正极材料。

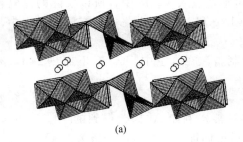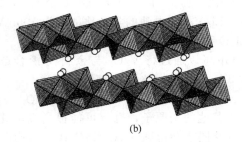

图 9-12 (a) $Li_{1.2}V_3O_8$ 和 (b) $Li_4V_3O_8$ 的层状结构示意［(a) 中影线区表示 VO_6 八面体和 VO_5 方棱锥；(b) 中影线区表示 VO_6 八面体；圆圈表示锂离子所在的位置］

利用 V_2O_5 晶体和 H_2O_2（质量分数为 30%）作为原材料，经过式(9-13)～式(9-15)的反应，首先得到 V_2O_5 凝胶，再将 LiOH·H_2O 粉末直接加入 V_2O_5 凝胶中进行搅拌，经过一定温度的热处理得到 $Li_{1.2}V_3O_8$。这种 V_2O_5 的水溶胶前驱体有效地降低了合成的温度。300℃煅烧 10h 的材料在 0.2C 的倍率下首次放电达到 286mA·h/g，而且在循环过程中，材料的结构保持稳定。

$$V_2O_5 + 2H_2O_2 \longrightarrow 2HVO_4 + H_2O \qquad (9\text{-}13)$$

$$2HVO_4 + (y-1)H_2O \longrightarrow V_2O_5 \cdot yH_2O + O_2 \qquad (9\text{-}14)$$

$$5V_2O_5 \cdot H_2O + 4LiOH \cdot H_2O \longrightarrow \frac{10}{3}Li_{1.2}V_3O_8 \cdot nH_2O \qquad (9\text{-}15)$$

利用溶胶凝胶法很容易合成 Cu 掺杂的 $Li_{1.2}V_3O_8$。掺杂 Cu 后得到的 $Li_{1.2}V_3O_8$ 较未掺杂的 $Li_{1.2}V_3O_8$ 有着更好的循环稳定性。在 30mA/g 的倍率下，首次放电容量为 276mA·h/g，30 次循环后仍能稳定保持 264mA·h/g 的放电容量。

以 Li_2CO_3 和 NH_4VO_3 为原料，用超声波在无水乙醇中将前驱体进行分散，然后在 570℃下煅烧，所得产物 $Li_{1+x}V_3O_8$ 结晶度低、粒径小、形貌均匀。该材料在充放电过程中极化低、嵌脱锂位置多、循环稳定性好。在 0.2C 的放电倍率下，第二次的放电容量可达到 270mA·h/g，100 次循环后还可保持 220mA·h/g，320 次循环后仍有 160mA·h/g。

9.1.4　其他钒的氧化物

其他方法制备钒的氧化物主要有层状 $Na_{1+x}V_3O_8$、V_6O_{13}、$Li_6V_5O_{15}$、层状 $LiVO_2$、$Li_{0.6}V_{2-\delta}O_{4-\delta}$ 和尖晶石 $Li_xV_2O_4$。

(1) 层状 $Na_{1+x}V_3O_8$

$Na_{1+x}V_3O_8$ 主要是 NaV_3O_8，它与 LiV_3O_8 一样，具有单斜结构，可以认为是 LiV_3O_8 的衍生物。钠离子位于近似层之间，将 $[V_3O_8]^-$ 束（strands）通过静电作用进行固定。束之间的弹性大，可以在隙间的八面体和四面体位置容纳其他客体原子。可以采用溶胶-凝胶法和沉析法制备。锂离子可以发生化学或电化学嵌入。通过化学法，锂离子的嵌入量可以达到每单元 3mol 锂离子，在 1.5~4.0V 范围内约 2.5mol 锂离子可以发生脱嵌，相当于约 250mA·h/g。对于电化学嵌入，每单元可以嵌入 3.5mol 锂离子，电流密度高达 50mA/g 情况下，100 次循环后可逆容量还高于 200mA·h/g，具有良好的快速充放电能力。

在 $Na_{1+x}V_3O_8$ 和 $Li_xNa_{1.2}V_3O_8$ 中，当 $0<x<2.8$ 时，主要是单一相结构；当 $2.8<x<3.0$ 时，则为连续的多相结构。虽然 $Na_{1+x}V_3O_8$ 比 $Li_{1+x}V_3O_8$ 层间距大，但是它并没有提高锂离子的扩散系数，只是有利于松弛锂嵌入时产生的作用力。

(2) V_6O_{13}

自从 1979 年首次报道以 V_6O_{13} 作为正极材料以来，人们对其在锂离子电池中的电化学性能进行了较多研究。实验发现，每个 V_6O_{13} 中可以嵌入 8 个 Li^+，这样，V_6O_{13} 的理论充电容量为 420mA·h/g。但实际上只有 6 个 Li^+ 可以可逆地嵌入 V_6O_{13} 中，所以实际的充电容量要低一些。Li/V_6O_{13} 电池的实际比能量为 100mW·h/g 和 180W·h/L。在充放电过程中，没有发现 Li_2O 和 Li-V-O 化合物产生。

V_6O_{13} 可以通过将 V_2O_5 与金属 V 混合进行制备。在真空中、600℃下加热 24h，然后升温至 680℃，保持 1~3 天。该反应式为：

$$13V_2O_5 + 4V \longrightarrow 5V_6O_{13} \qquad (9\text{-}16)$$

引入其他的杂原子，也有可能提高其电化学性能。例如 Al 掺杂得到的 $Al_xV_6O_{13+y}$ 以及 Al 和 Co 共同掺杂得到的 $Al_xCo_3V_6O_{13+y}$ 均可以可逆储锂，平均电压一般为 2.4V。

从目前的研究结果来看，V_6O_{13} 适合用于低压可充 Li 电池的正极材料，与 V_2O_5 比，V_6O_{13} 不溶于溶剂，并且只在低电位下放电，这样它的自放电速率低，使用寿命长。

利用 V_2O_5 凝胶为基本原料，通过 $Cr(NO_3)_3 \cdot 6H_2O$ 引入 Cr，从而得到 Cr 修饰的 V_6O_{13}，忽略首次的容量衰减，该方法合成的材料在 35 个循环后，约有 320mA·h/g 的容量，较之前报道过的该材料有很大的提高。

(3) $Li_6V_5O_{15}$

将 V_2O_5 和 Li_2CO_3 的混合物（3：4）在 680℃ 下加热 24h，再将得到的产物溶入热水中，过滤该溶液，去掉不溶物质，蒸发，再将得到的黏稠浓缩物在 120℃ 下加热 2～3h，于是就得到淡黄色的反应物 $Li_6V_5O_{15}$。

这种材料对于锂的嵌入/脱嵌反应有很好的可逆性，电流密度为 $0.2mA/cm^2$、电压为 3.0～1.0V 之间时，有很高的比容量 $340mA \cdot h/g$。电流密度为 $1.0mA/cm^2$ 时，放电平台大约 1.6V，比容量为 $270mA \cdot h/g$，在开始的 10 次循环中，容量会降低一些，以后趋于稳定。

（4）层状 $LiVO_2$

$LiVO_2$ 的结构与层状 $LiCoO_2$ 相同，为 α-$NaFeO_2$ 型扭曲的岩盐层状结构，c/a 比为 5.20，空间群为 $R\bar{3}m$。但是与 $LiCoO_2$ 和 $LiNiO_2$ 不一样，脱锂时 $LiVO_2$ 不稳定。当 $Li_{1-x}VO_2$ 中 $x=0.3$ 时，钒离子就可以发生迁移，从钒层的八面体位置（$3b$）扩散到锂脱嵌后留下的空八面体 $3a$ 位置，形成电化学活性很小、有缺陷的岩盐结构。该扩散通过交替层中与八面体共面的四面体进行；一般而言，是通过占据该四面体位置的 V^{4+} 发生歧化反应而进行：

$$2V^{4+}_{3b,八面体} + \square_{6c,四面体} \longrightarrow V^{5+}_{6c,四面体} + V^{3+}_{3b,八面体} + V^{4+}_{3b,八面体} \tag{9-17}$$

$$V^{5+}_{6c,四面体} + V^{3+}_{3b,八面体} + V^{3+}_{3b,八面体} \longrightarrow \square_{6c,四面体} + V^{3+}_{3b,八面体} + V^{4+}_{3a,八面体} \tag{9-18}$$

总的反应为：

$$2V^{4+}_{3b,八面体} \longrightarrow V^{4+}_{3b,八面体} + V^{4+}_{3a,八面体} \tag{9-19}$$

该歧化反应破坏层状结构和锂离子扩散的二维通道。当 $x>0.3$ 时，脱锂的 $Li_{1-x}VO_2$ 为缺陷岩盐结构，基本没有完好的锂离子扩散通道。所以，当 $Li_{1-x}VO_2$ 从层状结构转化为缺陷岩盐结构后，锂离子的扩散系数发生明显降低。该种转化亦可以从转化前后层状结构和缺陷岩盐结构的 X 射线衍射图中各峰相对强度的变化看出。将部分脱锂化合物 $Li_{0.5}VO_2$ 在 300℃ 热处理转变为尖晶石 LiV_2O_4 [见本小节（6）]。

层状 Li_xVO_2 一般是以 V_2O_5 或 V_2O_3 与 Li_2CO_3 按一定比例在真空或还原性气氛下加热，通过固相反应制备，但固相反应制备的产物电化学性能较差。

（5）$Li_{0.6}V_{2-\delta}O_{4-\delta}$

利用水热法，将 V_2O_5 溶于氢氧化四甲基铵和 $LiOH$，然后用 HNO_3 酸化，加热到 200℃，得到 $Li_{0.6}V_{2-\delta}O_{4-\delta} \cdot H_2O$。该水合物为层状结构，$VO_5$ 四棱锥片夹于水分子之间 [见图 9-13（a）]。一半棱锥片的一方指向水化层，另一半的一方指向相反方向的邻近层。中子衍射表明锂离子的分布存在三种位置：①水分子之间；②VO_5 方棱锥的基部；③一些钒原子所在的位置。$Li_{0.6}V_{2-\delta}O_{4-\delta} \cdot H_2O$ 脱水，将水分子移走后，VO_5 方棱锥发生迁移，结果使四方棱锥顶部的氧原子占据水分子中氧原子曾占据的位置 [见图 9-13（b）]。在首次充电时锂可

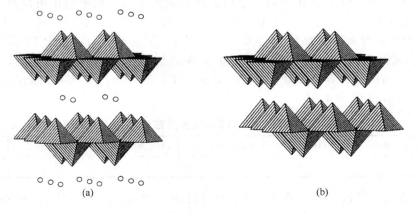

(a)　(b)

图 9-13 （a）$Li_{0.6}V_{2-\delta}O_{4-\delta} \cdot H_2O$ 和 （b）$Li_{0.6}V_{2-\delta}O_{4-\delta}$ 的结构
[影线区表示 VO_5 方棱锥，（a）中的圆圈表示水中氧所在的位置]

以从 $Li_{0.6}V_{2-\delta}O_{4-\delta}$ 全部发生脱嵌；在随后的放电和充电过程中，1.4 单元锂可以发生可逆嵌入和脱嵌。

（6）尖晶石 $Li_xV_2O_4$

尖晶石有两种结构：正常的尖晶石 $Li[V_2]O_4$ 和反尖晶石 $V[LiM]O_4$（M＝Ni、Co），后者将在 5V 电池材料 9.2 节中予以阐述。

尖晶石结构 $Li[V_2]O_4$ 中锂和钒的分布比较理想，分别位于四面体（$8a$）和八面体（$16d$）位置。虽然在锂嵌入过程中，形成岩盐计量化合物 $Li[V_2]O_4$ 的 $[V_2]O_4$ 尖晶石结构保持完整，但是脱锂时不稳定。当约 1/3 的锂从 $Li_{1-x}[V_2]O_4$ 中脱嵌后（即 $x＝0.3$），钒离子从富钒层迁移到邻近层中，破坏 $[V_2]O_4$ 尖晶石结构和锂离子迁移的三维有序通道，得到缺陷岩盐结构，这与锂从层状结构 $LiVO_2$ 中发生脱嵌相似。

尖晶石型 $Li_xV_2O_4$ 化合物一般也是以 V_2O_5 或 V_2O_3 与 Li_2CO_3 按一定比例于真空或还原性气氛下加热，通过固相反应制备，但固相反应制备的产物电化学性能也较差。

钒的氧化物与其他正极材料相比，具有比容量高，可以大电流充放电等优点，这些特点使它更适合作为电动汽车的高能电池材料。但是由于 V^{4+} 在本质上能歧化生成 V^{5+} 和 V^{3+}，结构具有不稳定性，显然钒系化合物性能还有待于进一步提高。

9.2 **5V 正极材料**

5V 正极材料是区别前面说的放电平台为 3V 及 4V 附近的电极材料而说的，它是指放电平台在 5V 附近。目前发现的主要有两种：尖晶石结构 $LiMn_{2-x}M_xO_4$ 和反尖晶石 $V[LiM]O_4$（M＝Ni、Co）。在反尖晶石氧化物 $LiNiVO_4$ 中，V^{5+} 占据四面体位置，而 Li^+、Ni^{2+} 和 Co^{2+} 占据 $16d$ 八面体位置，因此锂的脱嵌不像正常尖晶石结构一样从四面体 $8a$ 和八面体 $16c$ 位置发生脱嵌，而是从八面体 $16d$ 位置发生脱嵌，电压高达 4.8V。当然，也不是 Mn^{4+} 氧化为 Mn^{5+} 或 Mn^{6+} 的结果。对于同样的 Ni^{2+}/Ni^{3+} 电对，锂从尖晶石 $LiMn_{2-x}Ni_xO_4$ 四面体 $8a$ 位置发生脱嵌，电压亦达 4.8V。因此该高压有可能是由于稳定的共棱八面体 $[LiNi]_{16d}O_4$ 结构产生的。

9.2.1 尖晶石结构 $LiMn_{2-x}M_xO_4$（M＝Cr、Co、Ni 和 Cu）

表 9-1 为尖晶石 $LiMn_2O_4$ 掺杂部分元素后，在 5V 区的氧化还原电位情况。阳离子如 Cr、Co、Ni、Cu、Fe、Mo 和 V 取代尖晶石结构的部分锰离子后，放电电压可高达 5V 左右。它们产生两个放电平台，一个为 4V 放电平台，另一个为 5V 平台。随 x 增加，4V 平台容量降低，而 5V 平台容量增加。例如 $LiMn_{1.5}Co_{0.5}O_4$ 在 4V 左右平台的容量为 62mA・h/g，而在 5.2V 的平台容量为 77mA・h/g。而 $LiMnCoO_4$ 在 3.9V 左右的容量几乎为零，仅为 8mA・h/g，而在 5V 左右的平台容量则为 102mA・h/g。对于 M＝Cr、Ni 和 Cu 而言，5V 左右的平台电压分别为 4.8、4.7 和 4.9V。

表 9-1　尖晶石 $LiMn_2O_4$ 掺杂部分元素后在 5V 区的氧化还原电位

组　成	$LiNi_xMn_{2-x}O_4$	$LiVMnO_4$	$LiCr_xMn_{2-x}O_4$	$LiCu_xMn_{2-x}O_4$	$LiCoMnO_4$	$LiFe_xMn_{2-x}O_4$
电位/V	4.7	4.8	4.8	4.9	5.0	4.9

改进合成方法，可以明显提高 5V 区的循环性能。例如先通过溶胶-凝胶法在 850℃ 合成 $LiNi_{0.5}Mn_{1.5}O_4$，然后再在 600℃ 进行淬火后处理。经过这样处理后的材料在 4.66V 平台的容量达 114mA・h/g，而且具有优良的循环性能。在氧分压较高的条件下制备的 $LiNi_{0.5}Mn_{1.5}O_4$

只在 4.7～5.0 V 之间表现出容量，对应于尖晶石 $LiMn_2O_4$ 的容量的 4.1V 平台基本上没有出现，这是因为氧分压的提高增加了立方相中氧和镍的含量，减少了 $MnNi(12d)$—O 八面体位置发生的扭变。与 $Li_4Ti_5O_{12}$ 组成新型锂离子电池后，放电电压平台为 3.2V，具有优良的循环性能（见图 9-14），1100 次循环后，还残留有 83％的容量。但是，在充放电过程中极化较大（见图 9-15 中的实线），引入杂元素如 Mg 等可以减小极化（见图 9-15 中的虚线），改善大电流下锂的嵌入和脱嵌行为，然而，容量会有所降低。

　　Cr 的掺杂也可以提高尖晶石结构的稳定性。对于 $LiCr_xNi_{0.5-x}Mn_{1.5}O_4$，当 $x=0.1$ 时，在 3.5～5.2V 之间进行循环时，容量高达 152mA·h/g，且具有良好的循环性能（见图9-16）。

　　对于这些尖晶石 $LiMn_{2-x}M_xO_4$（M＝Cr、Co、Ni 和 Cu）而言，4V 左右的电压平台对应于 Mn^{3+} 氧化到 Mn^{4+}，与在 $LiMn_2O_4$ 尖晶石中相似。而 5V 放电平台当 M 为 Cr 和 Co 时，对应于 M^{3+} 氧化为 M^{4+}；当 M 为 Ni 和 Cu 时，对应于 M^{2+} 氧化为 M^{3+}。对于钴而言，同样是 Co^{3+} 氧化为 Co^{4+}，在尖晶石结构中和在层状结构中相差 1V 左右的电位。但是，从尖晶石 $LiMn_2O_4$ 的四面体位置与八面体位置发生锂脱嵌的电压亦相差 1V 左右。这表明除了电子转移所需的能量外，不同的位置和结构对电极材料的电势能产生明显的影响。

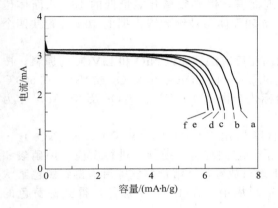

图 9-14　$LiNi_{0.5}Mn_{1.5}O_4$ 与 $Li_4Ti_5O_{12}$ 组成新型锂离子电池后不同循环下的放电曲线（曲线 a、b、c、d、e 和 f 分别为第 3 次、第 50 次、第 200 次、第 500 次、第 700 次和第 1100 次循环）

图 9-15　Mg 掺杂前后 $LiMg_\delta Ni_{0.5-\delta}Mn_{1.5}O_4$ 的循环伏安曲线［扫描速率为 $20\mu V/s$，电解液为 EC/EMC/DMC（体积比 1∶2∶2）的 1mol/L $LiPF_6$ 溶液，实线为 $\delta=0$，虚线为 $\delta=0.10$］

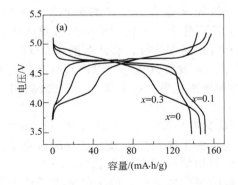
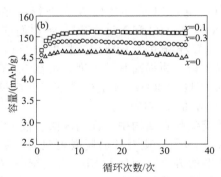

图 9-16　$LiCr_xNi_{0.5-x}Mn_{1.5}O_4$ 的充放电曲线（a）和循环性能（b）

　　除了上述方法外，也可以将 $LiNi_{0.5}Mn_{1.5}O_4$ 制成纳米材料。例如采用模板法，将 PEG 400 作为一种牺牲模板，在 400℃ 可以得到一种纳米棒状结构的 $LiNi_{0.5}Mn_{1.5}O_4$，煅烧到 800℃时，破坏了晶粒的这种排列，从而使粒子大小增加到 70～80nm，粒子形貌为棱角分明的多面体。在 3.5～5V 的电压区间内，以 C/4～15C 区间的不同倍率进行充放电，表现了很好的充放电效率和快充慢放能力。采用间苯二酚-甲醛辅助溶液法，通过 $LiCH_3COO \cdot 2H_2O$、$Ni(CH_3COO)_2 \cdot 4H_2O$ 和 $Mn(CH_3COO)_2 \cdot 4H_2O$ 经过一系列的反应，700～800℃进行 12h 的煅烧得到纳米 $Li[Ni_{0.5}Mn_{1.5}]O_4$，具有很高的功率和很好的循环稳定性，20C 的倍率下仍能放出在 0.2C 倍率下容量的 88%，1C 的倍率下每次循环仍有 99.97% 的保留容量。

9.2.2 反尖晶石 V[LiM]O₄（M＝Ni 和 Co）

在尖晶石型化合物 $LiMn_2O_4$ 和 $LiTi_2O_4$ 中，氧原子形成一个立方密堆积序列，位于其空隙之间的过渡金属原子与最近的 6 个氧原子形成一个八面体，位于空隙之间的锂原子与其最近的 4 个氧原子形成四面体，它具有三维网络隧道结构，为锂离子的脱嵌提供了条件，可作为锂离子电池正极材料。对于反尖晶石型化合物 $V[LiM]O_4$ 而言，Li 原子和 M 原子同等地自由处在配位八面体的空隙，而 V 原子处在配位四面体的空隙，与 $LiMn_2O_4$ 结构相比，在化合物 $V[LiM]O_4$ 中，Li 和 M 原子取代了 2 个 Mn 原子，V 原子取代了 Li 原子。锂从反尖晶石 $V[LiM]O_4$ 中在较高的电压下可发生脱嵌，一般是在 4～5V。当锂从八面体 $16d$ 位置发生脱嵌时，与此同时二价镍和钴发生氧化。从结构的角度而言，锂必须离开能量低的 $16d$ 八面体位置，进入到能量高且与之相邻的 $8b$ 四面体位置。$8b$ 四面体与被锂和镍占据的 $16d$ 位置共四个面。下面主要讲述 $V[LiNi]O_4$。

反尖晶石型化合物 $LiNiVO_4$ 的合成一般采用固相反应法，如以 NiO 和 $LiVO_3$ 为原料，按一定比例混合，在 1000℃ 固相反应 4 天得到 $V[LiNi]O_4$；以 $LiNO_3$ 和 V_2O_3 或 V_2O_5 在 500℃ 预烧结 4h，然后升温至 800℃，再烧结 8h 得到目标化合物；以 LiOH、V_2O_5 及 $Ni(Ac)_2$ 作为前驱体，在 700℃ 烧结 2h 得到目标产物。

采用沉淀法也可以制备 $V[LiNi]O_4$。例如将摩尔比 1:1:1 的 $LiNO_3$、$Ni(NO_3)_2 \cdot 6H_2O$ 和 $V(C_5H_7O_2)_3$ 溶于 60℃ 的正丁醇中，然后将它们混合、搅拌，进行反应。用硝酸和氨水调整 pH 值，将溶液置于通风橱中，在室温下敞口放置，待溶剂蒸发掉后，得到黑色浆状物质；在 80℃ 下干燥 2h，将得到的反应物移至铝坩埚中，在 450℃ 下加热，得到棕黄色的 $V[LiNi]O_4$ 或 $LiNiVO_4$。反应方程式为：

$$LiNO_3 + Ni(NO_3)_2 \cdot 6H_2O + V(C_5H_7O_2)_3 \longrightarrow LiNiVO_4 + 2NO + NH_3 + 15H_2 + 15CO \qquad (9-20)$$

$V[LiNi]O_4$ 的性质与粉末粒度有关，而粉末粒度可由 pH 值来控制。当 pH 值为 3 时，得到粉末的平均粒度为 344nm，这时的性能最好，充放电曲线在 4.6～4.8V 处有一个平台。不过，其充放电容量很低，只有 40mA·h/g 左右。

$LiNiVO_4$ 也可以通过其他方法进行制备，例如水热合成法。准确称量 $LiOH \cdot H_2O$、$Ni(CH_3COO)_2 \cdot 4HO$ 和 NH_4VO_3，将它们溶于异丙醇中，再将得到的溶液倒入不锈钢反应容器中，以 4℃/min 的速度升温，同时以 200r/min 的速度搅拌。将此溶液在 200℃ 下加热 2h，得到粉末状产物。为提高其结晶度，可在 500℃ 以上温度将其烧结。以酒石酸作络合剂，利用 Li_2CO_3、$Ni(CH_3COO)_2 \cdot 4H_2O$ 和 NH_4VO_3 溶解形成羟酸盐前驱体，450℃ 煅烧 6h，得到直径为 10～30nm 的 $LiNiVO_4$。

在上述反尖晶石结构中，锂的脱嵌、嵌入反应只有当 $V[Li_{1-x}Co]O_4$ 中 x 较小时才能可逆发生，而 $V[LiNi]O_4$ 则对锂的脱嵌表现为不稳定。为了提高反尖晶石结构的电化学性能，也可以采用掺杂的方法。例如 $LiNi_{0.4}Fe_{0.1}Mn_{1.5}O_4$ 的初始可逆容量达 117mA·h/g，60 次循环后还保留有初始容量的 78%；$LiCoVO_4$ 掺杂适量的氧化镧以后，掺杂的镧原子位于靠近钒原子的隙间位置，导致四面体发生形变，电导率从 8.44×10^{-9} S/cm 提高到 7.17×10^{-8} S/cm。

除了上述 5V 正极材料外，最近发现通过喷雾干燥法制备的 $(1-x)LiNiO_2 \cdot xLi_2TiO_3$ 也显示特有的 4.5～4.7V 电压平台，而且容量和循环性能都还不错。但是具体的机理有待于深入研究。不过这也表明，愈来愈多的其他结构的材料也可以作为 5V 正极材料。

上述 5V 正极材料从能量密度而言很有吸引力，但是它们会带来严重的稳定性问题。在这样高的电压下易导致电解质发生氧化和电池体系的破坏，更严重的是，金属 3d 价带与氧的 2p 价带在 Mn 的较高氧化态下发生重叠，从而易发生失氧反应，产生安全问题。因此，在 5V 正极材料作为商品化以前化学稳定性和安全问题必须得到解决。此外，5V 高压电解质、锂离子的扩散和迁移机理、极化和容量衰减、锂的缺乏、粒子大小、表面积和制备方法的关系等方面还有待于深入研究。

9.3　多原子阴离子正极材料

　　上述正极材料基本上是氧化物，但是尖晶石 $Li_x[Ti_2]S_2$ 的研究结果表明，由于 S^{2-} 的离子半径大，锂离子电导率可与层状结构 $LiCoO_2$ 相比拟，在整个组分 $0 \leqslant x \leqslant 2$ 的范围内均能发生可逆嵌入和脱嵌，而尖晶石 $LiMn_2O_4$ 的锂离子电导率则要低好几个数量级。尽管硫化物不能应用于电压高的锂离子电池，但是它提供了一条新的途径：即采用大的阴离子可以替代锂离子电池正极材料中的氧离子，除了得到与氧化物一致的高电压外，亦提供较大的自由体积，可望提高锂离子的电导率和大电流下的电化学行为。稳定的大阴离子主要有 PO_4^{3-}、SO_4^{2-}、VO_4^{3-}、TiO_4^{4-}、SiO_3^{2-} 和 BO_3^{3-}。对于 VO_4^{3-} 组成的正极材料，主要是反尖晶石 $LiMVO_4$（M＝Ni、Co），在第 9.2.2 节进行了说明，而以 PO_4^{3-} 组成的正极材料 $LiFePO_4$ 在第 8 章进行了说明，在此不再重复。

9.3.1　层状结构的 VOPO₄

　　$VOPO_4$ 属于 $VOXO_4$（X＝S、P 和 As）型多原子阴离子正极材料，它们具有良好的二维或三维结构，有利于锂的嵌入和脱嵌。它有多种结构，例如 α_{II}、β、γ、ε、δ 等，图 9-17 为部分 $VOPO_4$ 的结构示意。其中 α_{II}-$VOPO_4$、γ-$VOPO_4$、δ-$VOPO_4$ 为平面结构，该平面由扭曲的 VO_5 四棱锥组成，该四棱锥通过 PO_4 连接。V＝O 键沿 c 轴进行排列，但是取向有所不同。例如 α_{II}-$VOPO_4$ 中 V＝O 键全部指向平面之间的空间区，而在 γ-$VOPO_4$ 则一半在平面内，另一半指向平面之间的空间区，对于 δ-$VOPO_4$ 中的 V＝O 键则轮流指向平面间的空间区和平面的上面和下面。

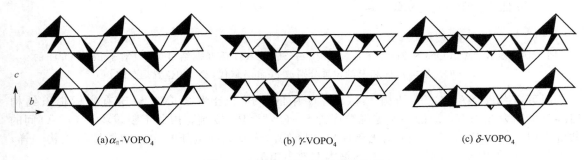

　　(a) α_{II}-VOPO₄　　　　　　(b) γ-VOPO₄　　　　　　(c) δ-VOPO₄

图 9-17　部分 VOPO₄ 的结构示意

　　不同的结构，表现出不同的电化学性能。例如 α_{II}-$VOPO_4$ 充放电过程中存在两组电化学氧化还原峰，且两组电化学氧化还原峰在初次循环时与随后的循环不一样。对于 β-$VOPO_4$ 和 ε-$VOPO_4$ 型表现为 3.9V 和 3.8V 区平稳的放电平台，而其他类型的 $VOPO_4$ 则表现为 3.7V 区平稳的放电平台。容量大小和循环性能也不一样（见图 9-18）。对于 α_{II}-$VOPO_4$ 而言，大电流性能一般不理想，在 C/50 放电时容量为 140mA·h/g，而在 C/10 放电时容量则只有 15mA·h/g，在 C/5 放电时则只有 10mA·h/g。当然，通过研磨可以提高大电流下的可逆容量。

将多壁碳纳米管置于69%的硝酸中，130℃回流24h，使其进行酸官能团化，然后与$VOPO_4 \cdot 2H_2O$的微晶混合，超声分散均匀，得到$VOPO_4 \cdot 2H_2O$/MWCNT的复合结构。这样的复合结构相对于微米级的$VOPO_4 \cdot 2H_2O$，具有较高的容量（是理论容量的93.4%）和较好的循环性能（50次后的放电容量是第一次放电容量的95.1%）。

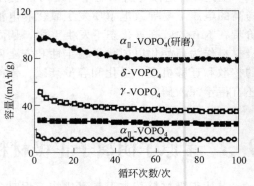

图9-18   部分$VOPO_4$在C/5下的循环性能

9.3.2   NASICON 结构

NASICON框架的多原子阴离子正极材料主要是$Fe_2(SO_4)_3$。$Fe_2(SO_4)_3$一般有两种结构：菱形NASICON结构和单斜结构（见图9-19）。NASICON结构源于$NaZr_2(PO_4)_3$。每一种结构含有两个FeO_6八面体单元，该两个八面体通过三个共角SO_4四面体进行桥接，并通过单元中一共角SO_4四面体与邻近块/块结构的FeO_6八面体发生桥接，形成三维框架结构，这样每一个四面体只与一个八面体共角，而每一个八面体亦只与一个四面体共角。在菱形结构中，形成的块/块结构相互平行；在单斜相中，互相彼此垂直。因此单斜结构如果发生折皱，锂离子移动的自由体积就会受到限制。

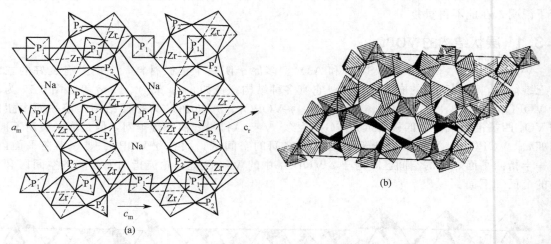

图9-19   菱形NASICON[$NaZr_2(PO_4)_3$]结构$Fe_2(SO_4)_3$（a）和单斜结构（b）[对于$Fe_2(SO_4)_3$的NASION结构，Zr和P的位置分别被Fe和S取代，Na的位置是空的]

锂可逆嵌入NASICON结构$Fe_2(SO_4)_3$中的电压平台为3.6V，对于有序橄榄石结构$LiFePO_4$则为3.45V，原因在于键强顺序为S—O键>P—O键，因此不断减弱了Fe—O间的共价作用，导致Fe^{2+}/Fe^{3+}的氧化还原电位降低，从而提高电压平台。同橄榄石结构一样，嵌入/脱嵌过程均发生相转变，且制约最大充放电电流。

在这些结构中由于FeO_6单元并不直接接触，电子电导率低，Fe^{2+}/Fe^{3+}之间的转化存在极化，须激发。因此，以下两者谁居主要地位有待于实验结果来解决：锂离子在框架中移动发生还原并引入电子的活化能和确定极限电流的两相界面。如果将该问题解决，可望为提高其电化学行为提供指导。

9.3.3   硅酸盐正极材料

随着以$LiFePO_4$为代表的多原子阴离子磷酸盐正极材料的成功应用，作为安全廉价正极材料的重要选择，多原子阴离子的硅酸盐正极材料如 Li_2FeSiO_4 和 Li_2MnSiO_4 也引起了科研工作者的重点关注，特别是在此类材料的通式（Li_2MSiO_4）中由于含有的活性锂较 $LiFePO_4$ 材料多 1 倍，同时硅元素在地壳中的丰度高、环境友好和结构稳定，使得硅酸盐成为一种潜在的锂离子电池正极材料。

正硅酸盐 Li_2MSiO_4（M＝Mn、Fe、Mn/Fe、Co、Ni）属于正交晶系，空间群为 $Pmn2_1$，具有与 β-Li_3PO_4 或 γ-Li_3PO_4 类似的结构，所有阳离子都以四面体配位形式存在。其结构可以看成是［$SiMO_4$］层沿着 ac 面展开，每一个 SiO_4 与四个相邻的 MO_4 共点。锂离子位于两个［$SiMO_4$］层之间的四面体位置，且每一个 LiO_4 四面体中有三个氧原子处于同一［$SiMO_4$］层中，第四个氧原子属于相邻的［$SiMO_4$］层，LiO_4 四面体沿着 a 轴共点相连，锂离子在其中完成嵌入-脱嵌反应（见图 9-20）。

Li_2MSiO_4 与 $LiMPO_4$ 相比，在形式上可以允许 2 个 Li^+ 的交换，理论比容量高，例如 Li_2MnSiO_4 为 333mA·h/g，Li_2CoSiO_4 为 325 mA·h/g，Li_2NiSiO_4 为 325.5mA·h/g。2000 年公开了硅酸盐正极材料的第一个专利，Li_2FeSiO_4 的首次合成是采用固相法。与磷酸盐相比，Si 比 P 的电负性要弱一些，减小了多原子阴离子的诱导效应，一方面使硅酸盐材料的嵌/脱锂电位比磷酸盐的嵌/脱锂电位低；另一方面使硅酸盐材料的电子能带间隙也比磷酸盐小，因此，理论上而言应该具有更好的电子电导率。

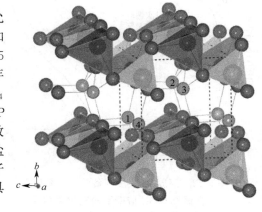

图 9-20　Li_2MSiO_4 的晶体结构示意

（1）Li_2FeSiO_4

Li_2FeSiO_4 在此类材料中性能比较好，因此先进行阐述。该材料的原材料价格低廉、环境友好、易合成及安全性能高，是很有潜力的动力锂离子电池正极材料，也是目前研究较多的一种多原子阴离子硅酸盐正极材料。Li_2FeSiO_4 的理论比容量为 166mA·h/g，对应的电极反应为：

$$Li_2FeSiO_4 \longrightarrow LiFeSiO_4 + Li^+ + e^- \tag{9-21}$$

以 Li_2SiO_3 和 $FeC_2O_4·H_2O$ 为原料，通过传统的高温固相法和原位包碳法，制备碳包覆的 Li_2FeSiO_4 材料。在 0.0625C、60℃下充放电，其首次可逆容量为 130mA·h/g；首次循环后其充电平台由 3.10V 降为 2.80V，原因可能是首次充放电过程中发生了离子的重排（占据 $4b$ 位的锂离子与占据 $2a$ 位的铁离子发生部分互换），材料形成更稳定的相。利用光电扫描（PES）/光电子能谱（XPS）技术进行研究，结果表明 Li_2FeSiO_4 材料在电化学循环过程中，表面未检测到 LiF 和碳酸盐复合物等表面膜成分，说明该材料在该电解液体系中没有表面副反应发生。

通过密度泛函理论（DFT）研究发现：Li_2FeSiO_4 材料具有半导体属性，其带隙宽度为 0.15eV，而其脱锂态化合物 $LiFeSiO_4$ 的密度数据说明材料为绝缘体（带隙宽度为 1.10eV），这也直接解释了材料在室温下首次循环后性能变差的原因。Li_2FeSiO_4 材料的电化学活性受颗粒大小的影响很大，颗粒越小，电化学活性越高。采用水热辅助溶胶-凝胶法合成的碳包覆 Li_2FeSiO_4 材料，材料颗粒的粒度为 40～80nm。该材料的循环稳定性较好，循环 50 次后其放电

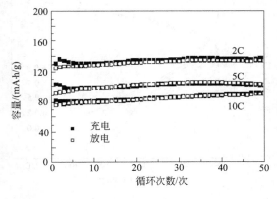

图 9-21　水热辅助溶胶-凝胶法合成的 Li_2FeSiO_4/C 复合材料在不同倍率下的循环性能

比容量未衰减；此外该材料还表现出优异的倍率性能，10C 倍率下放电比容量达到 $80mA \cdot h/g$（见图 9-21），展示该材料具有可实用化的前景。

但到目前为止，还没有见到 Li_2FeSiO_4 材料可逆脱嵌锂离子数目超过 1 的有关报道，这可能是由于 Fe^{3+} 很难被氧化为 Fe^{4+}，限制了锂离子的进一步脱出。

（2）Li_2MnSiO_4

Li_2MnSiO_4 材料可进行两电子交换，理论上能实现制备高比容量正极材料。但采用溶胶-凝胶法制备的 Li_2MnSiO_4 材料，仅显示出有限的电化学活性，在 0.033C 倍率下首次可逆容量约为理论容量的 30%，且容量在后续循环中衰减较快（见图 9-22）。

利用高温固相反应法制备了 Li_2MnSiO_4 材料，在 0.02C 倍率下，可以"偶发地"出现高放电比容量（$285mA \cdot h/g$），但随后容量也会很快衰减到 $100mA \cdot h/g$ 左右。容量衰减的原因可能在于 Li_2MnSiO_4 脱锂后发生了结构非晶化，并且可能发生 Li_2MnSiO_4 和 $MnSiO_4$ 的相分离。同时，Mn^{3+} 的杨-泰勒效应引起体积变化也会导致材料结构的破坏。此外，材料在制备和放置过程中的杂质污染和氧化、锂离子扩散系数低以及材料本身电导率较低（如 60℃时仅为 $3 \times 10^{-14} S/cm$）等因素也在一定程度上影响该材料的电化学性能。

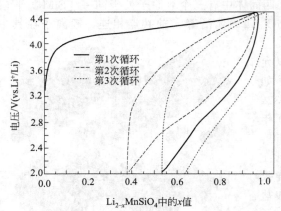

图 9-22　溶胶-凝胶法制备的 Li_2MnSiO_4 在室温 0.033C 倍率下的充放电曲线

Li_2MnSiO_4 材料电化学性能较差，在制备时可以借鉴 $LiFePO_4$ 材料成功的经验，即在材料表面包覆碳来提高其导电性能，而且碳源在热处理过程中还可以抑制活性颗粒的生长，从而获得纳微级、均匀粒径的正极材料。厦门大学杨勇课题组以蔗糖为碳源，结合液相过程，采用高温固相反应法制备 Li_2MnSiO_4/C 纳米复合材料。该材料在 $5mA/g$ 的电流密度下在 $1.50 \sim 4.80V$ 电位区间进行充放电，首次可逆容量为 $209mA \cdot h/g$（相当于可逆脱嵌 1.25 个锂）。但该材料循环性能较差，其可逆容量在 10 次循环后衰减到 $140mA \cdot h/g$。

为提高材料的循环性能，尝试采用溶胶-凝胶法制备 Li_2MnSiO_4/C 复合材料，通过控制烧结温度、调节溶胶-凝胶反应的速率，来控制溶胶-凝胶产物的比表面积、Li_2MnSiO_4/C 复合材料的颗粒度和形貌。该材料在 $20mA/g$ 的电流密度下于 $2.00 \sim 4.50V$ 电位区间进行充放电，首次可逆容量为 $124mA \cdot h/g$，循环 30 次后可逆容量衰减为 $71.5mA \cdot h/g$。与以前的报道相比，在循环性能上有了一定的改善。

另外，采用掺杂也是改善 Li_2MnSiO_4 材料循环性能的有效手段之一。前述的 Li_2FeSiO_4 材料具备优异的循环性能和倍率性能，并与 Li_2MnSiO_4 具有相同的结构，易形成固熔体，因此将 Fe 掺入到 Li_2MnSiO_4 材料中，可形成 $Li_2Mn_{1-x}Fe_xSiO_4$。用溶胶-凝胶法合成的 $Li_2Mn_{0.5}Fe_{0.5}SiO_4$ 材料在 $10mA/g$ 的电流密度下在 $1.50 \sim 4.80V$ 电位区间充放电，首次可逆容量为 $214mA \cdot h/g$（见图 9-23）。与前面介绍过的 Li_2MnSiO_4 材料相比，Mn 的电子交换数目大大提高，改善了 Li_2MnSiO_4 材料的结构可

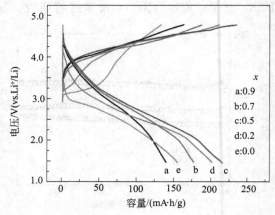

图 9-23　溶胶-凝胶法制备的 $Li_2Mn_xFe_{1-x}SiO_4$ 在 0.0625C 倍率下的首次充放电曲线

逆性，防止脱锂过程中相分离的发生，同时改善材料的电化学活性，但尚无证据表明此方法可以根本性改善材料的循环性能。

（3）Li_2CoSiO_4

借助于水热辅助溶胶-凝胶法制备前驱体，然后于 N_2 气氛、873K 条件下烧结 10h，可制得 Li_2CoSiO_4 材料。Li_2CoSiO_4 材料的锂离子脱/嵌电位为 4.10V。通过改变合成条件，可得到四种不同结构的 Li_2CoSiO_4（γ_{II}、γ_0、β_{II} 和 β_I）材料。采用机械球磨法对该材料进行碳包覆处理，在 16mA/g 的电流密度下 $3.00\sim4.60V$ 区间进行充放电，首次可逆容量为 $93mA\cdot h/g$，仅为理论容量的 28.6%，比容量偏低且可逆性较差。后来采用 Na 取代 Li 得到 $Li_{2-x}Na_xCoSiO_4$，DFT 研究分析表明，钠离子取代锂离子，一方面使得锂离子的扩散路径变宽，提高了锂离子扩散系数；另一方面使得该材料的导带能级降低，能带间隙变窄，从而提高了材料的电子电导率。虽然 Li_2CoSiO_4 材料具有较高的放电电压平台，理论上可以获得较高的比能量，但是其实际放电比容量较低。另外，该材料使用钴，而钴的毒性较大、资源有限、价格高，限制了该材料今后的推广应用。

（4）Li_2NiSiO_4

Li_2NiSiO_4 的脱/嵌锂电位最高，理论研究表明，第一个脱锂电位为 4.67V，第二个脱锂电位为 5.12V，易导致电解液分解，但目前还没有相关实验报道。基于 DFT 及广义近似梯度（GGA）等技术测算出脱锂态化合物 $Li_{1.5}NiSiO_4$ 的稳定性要低于 Li_2NiSiO_4 及 $LiNiSiO_4$；而 $Li_{0.5}MSiO_4$（M=Mn、Ni）形成能虽然为负值，但因绝对值太小、在室温下有相分离倾向，这一点已在 Li_2MnSiO_4 材料中得到证实。Li_2NiSiO_4 在该系材料中虽具有最低的能隙，理论上具有较高的电子电导率，但其脱锂态化合物结构稳定性较差。显然，深入的研究还有待于进行。

9.3.4　钛酸盐正极材料

从第 4.5.1 节可以看出，钛酸锂（$Li_4Ti_5O_{12}$）作为新型储能电池的电极材料日益受到重视，这是因为 $Li_4Ti_5O_{12}$ 在锂离子嵌入-脱嵌过程中晶体结构能够保持高度的稳定性，锂离子嵌入前后晶格常数变化很小，体积变化很小（<1%），被称为"零应变"材料。因此，人们开展以钛酸根为多原子阴离子正极材料的研究。

研究者用 Ti 元素替换 Li_2MSiO_4 中的 Si 元素，可以得到一系列分子式为 Li_2MTiO_4（M=Fe、Mn、Ni）的化合物。2004 年，通过软化学法首先制备出了 Li_2NiTiO_4，这种材料具备电化学活性（见图 9-24）。目前看来，如果可以控制合适的颗粒大小和形貌，Li_2FeTiO_4 和 Li_2MnTiO_4 也会有相当大的容量。具有 $10\sim20nm$ 粒径的 Li_2FeTiO_4 和 Li_2MnTiO_4 经过导电性碳的包覆，取得了一定的进展，在容量和循环性方面得到了一定的突破。但对于这种材料的研究还处于起步阶段，还有待于进一步的研究和发展。

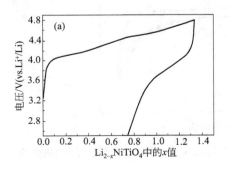
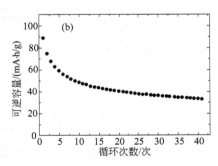

图 9-24　Li_2NiTiO_4 的（a）脱/嵌锂曲线和（b）0.5C 倍率下 $2.5\sim4.8V$ 的循环曲线

9.3.5 硫酸盐正极材料

为了得到一种成本低、能量密度高的正极材料，理论上，我们可以通过引入氟元素和比磷酸根更强的吸电子集团——硫酸根来达到这一目的。以 EMI-TFSI 为反映媒介，利用 $FeSO_4 \cdot H_2O$ 和 LiF 经过一系列复杂的过程制得 $LiFeSO_4F$，该种材料的电压较 $LiFePO_4$ 略高，相对于金属锂为 3.6V，在具有成本优势的同时，不需要像 $LiFePO_4$ 那样进行纳米化以及碳包覆的处理，是一种与 $LiFePO_4$ 一样有竞争力的材料。多孔 $LiFeSO_4F$ 的制备如图 9-25 所示。

图 9-25　多孔 $LiFeSO_4F$ 的制备示意

通过 XRD 得到的结果，对 $LiFeSO_4F$ 的结构进行推断，如图 9-26（b）所示。Li_xFeSO_4F 在 2.5～4.2V 之间以 0.1C 倍率充放电时锂的可逆脱嵌如图 9-27 所示。

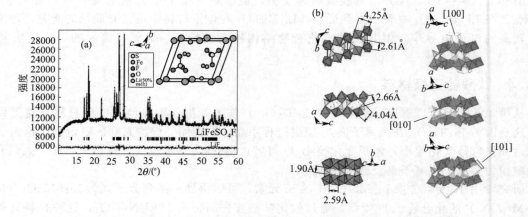

图 9-26　$LiFeSO_4F$ 的（a）XRD 以及（b）根据 XRD 推断的晶体结构

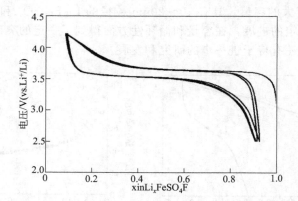

图 9-27　Li_xFeSO_4F 在 2.5～4.2V 区间分别以 0.1C 充放电时锂的可逆脱嵌曲线

$LiFeSO_4F$ 作为一种新材料，表现出了不错的循环性能，0.1C 倍率下充放电 50 次还能保持 120mA·h/g 以上的容量，并表现了不错的倍率性能（见图 9-28）。

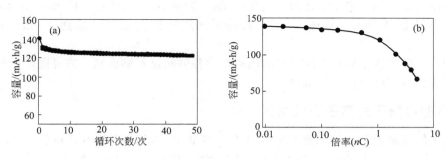

图 9-28　$LiFeSO_4F$ 在 2.5～4.2V 区间 （a） 以
0.1C 倍率的充放电曲线和 （b） 倍率性能

9.3.6　硼酸盐正极材料

将硅酸盐正极材料中的 Si 取代为 B，可以得到 $LiMBO_3$（M＝Fe、Co、Mn、Ni）结构的正极材料。目前该方面的研究刚刚开始，主要是 $LiFeBO_3$ 和 $LiMnBO_3$。

利用 Li_2CO_3、$FeC_2O_4 \cdot 2H_2O$、B_2O_3、KB(ketchen black 作为碳源) 以及 VGCF （气相生长碳纤）为原材料制备出 $LiFeBO_3$（见图 9-29），具有良好的电化学性能。根据原位计算得到该材料的理论容量可以达到 $220mA \cdot h/g$，实际可逆容量很高，达到近 $200mA \cdot h/g$（见图 9-29），是一种非常有潜力的正极材料。

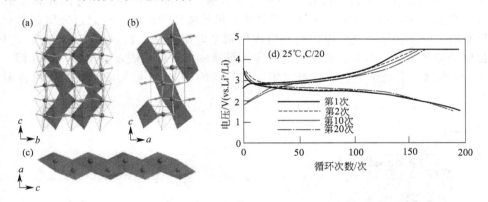

图 9-29　$LiFeBO_3$ 的结构示意和充放电曲线：（a） 100 晶面方向 （b） 010 晶面方向
（c） 001 晶面方向和 （d） 在 C/20 倍率下的充放电曲线

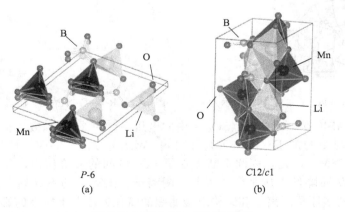

图 9-30　$LiMnBO_3$ 的结构示意

通过固相法可以把一定化学计量比的 Li_2CO_3、$MnC_2O_4 \cdot 2H_2O$、H_3BO_3 分散在丙酮中，球磨，制备得到 $LiMnBO_3$（见图 9-30）。该材料通过碳包覆也可以达到 $100mA \cdot h/g$ 的可逆容量。

总体而言，硼酸盐正极材料的研究刚刚起步，各方面还不够成熟，需要进一步的研究和发展，有可能成为新一代绿色正极材料。

9.3.7　其他多原子阴离子正极材料

其他结构的多原子阴离子正极材料比较多，例如 $R-Li_3Fe_2(PO_4)_3$、单斜 $Li_3FeV(PO_4)_3$、菱形 $TiNb(PO_4)_3$、$LiFeNb(PO_4)_3$、$Li_2FeNb(PO_4)_3$、$Al_2(MoO_4)_3$、掺杂 Zr 的 $Li_3V_2(PO_4)_3$ 和准层状结构 $Brannerite$ $LiVWO_6$ 等，由于它们的结构、电化学行为基本上相似，下面先就 $R-Li_3Fe_2(PO_4)_3$ 进行简单说明，然后从费米能级上对一些多原子阴离子正极材料进行阐述。

$R-Li_3Fe_2(PO_4)_3$ 从单斜 $Na_3Fe_2(PO_4)_3$ 通过离子交换法制备，其空间群为为 $R\bar{3}m$，如图 9-31 所示，晶胞参数 $a = 0.83162(4)nm$，$c = 2.2459(1)nm$。与 $Li_3In_2(PO_4)_3$ 结构相同，由 PO_4 四面体和 FeO_6 八面体组成，相互之间通过它们之间的顶点连接，形成 $[Fe_2(PO_4)_3]$ 单元，沿着 001 方向堆积。穆斯堡尔谱的研究表明，$R-Li_3Fe_2(PO_4)_3$ 中的 Fe 处于高度对称状态，只有一个很窄的双峰，四极分裂很小，且两种晶体位置不一样的 Fe 不能得到明显的区分。但是，随锂的嵌入，双峰出现了，平均强度为 1.5:1，对应于两种晶体位置不同的 Fe^{2+}，并表明多余的锂主要位于离铁原子较近的区域。改变制备方法，可以提高锂的可逆嵌入量。例如将 $Li_3Fe_2(PO_4)_3$（NASICON-型结构）进行激烈的研磨，与通过轻微研磨对比，锂的嵌入量增加。前者在第一次放电曲线上表现出两个电压平台，其一位于 2.80V，比较明显，另一平台位于约 2.65V，不太明显，总量对应于每摩尔单元可逆嵌入 1.5~1.6mol 锂。而后者只在 2.8V 处出现一个电压平台，且每摩尔单元只有约 1.1mol 单元的锂能发生可逆嵌入（见图 9-32）。

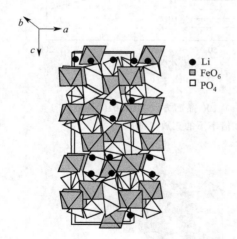

图 9-31　$R-Li_3Fe_2(PO_4)_3$ 的晶体结构示意　　　图 9-32　$R-Li_3Fe_2(PO_4)_3$ 在第一次循环的锂插入曲线

锂可逆嵌入 NASICON 结构 $Fe_2(SO_4)_3$ 中的电压平台为 3.6V，嵌入橄榄石结构 $LiFePO_4$ 为 3.45V，嵌入相同结构的 $Fe_2(MoO_4)_3$ 和 $Fe_2(WO_4)_3$ 则为 3.0V，原因在于键强顺序为 S—O 键 > P—O 键 > M—O 键，因此不断加强了 Fe—O 间的共价作用，导致 Fe^{2+}/Fe^{3+} 的氧化还原电位升高，从而降低电压平台。因此，阴离子、阳离子的不同均会产生不同的放电平台，表 9-2 为不同的多原子阴离子和结构对金属锂的氧化还原费米能级的影响。利用该表中所示结果，可以在正极材料 $Fe_2(SO_4)_3$ 引入缓冲电对，防止过放电而将 Fe^{2+} 还原为 Fe。另外桥接的多原子阴离子酸性越强，氧化还原电对的费米能级越低，开路电压越高。阴离子和结构发生变化时，费米能级亦发生变化，但是氧化/还原电对间的差值基本不变。表 9-3 给出了相同磷酸盐结构中不同氧化/还原电对的开路电压。

表 9-2　不同的多原子阴离子和结构对金属锂的氧化还原费米能级　　　单位：eV

项　目	NASICON 结构				P_2O_7	$II\text{-}AsO_4$	密堆结构	
	SO_4	MoO_4	PO_4	AsO_4			$V[Li_{1-x}M]O_4$	$Li_{1-x}MPO_4$
Ti^{4+}/Ti^{3+}	3.4		2.5~2.7					
V^{4+}/V^{3+}			3.7~3.8					
V^{3+}/V^{2+}	2.5		1.7					
Mn^{3+}/Mn^{2+}							3.8	4.1
Fe^{3+}/Fe^{2+}	3.6	3.0	2.7~3.0	2.6~2.9	2.9~3.1	3.1Fe(1) 2.4Fe(2)		3.4
Co^{3+}/Co^{2+}							4.2	>4.3
Ni^{3+}/Ni^{2+}							4.8	>4.3
Nb^{5+}/Nb^{4+}			2.2~2.5					
Nb^{4+}/Nb			1.7~1.8					

表 9-3　在磷酸盐 $Li_xMM'(PO_4)_3$ 中不同氧化/还原电对在 0.05mA/cm² 下的开路电压

x	MM′	电压平台/V
0	TiNb	Ti^{4+}/Ti^{3+}=2.5；Nb^{5+}/Nb^{4+}=2.2；Nb^{4+}/Nb^{3+}=1.7
1	Ti_2	Ti^{4+}/Ti^{3+}=2.5
	FeNb	Fe^{3+}/Fe^{2+}=2.8；Nb^{5+}/Nb^{4+}=2.2；Nb^{4+}/Nb^{3+}=1.7
2①	FeTi	Fe^{3+}/Fe^{2+}=2.8；Ti^{4+}/Ti^{3+}=2.5
3	Fe_2	Fe^{3+}/Fe^{2+}=2.8
Li_2Na	V_2	V^{4+}/V^{3+}=3.8；V^{3+}/V^{2+}=1.8

① 固态溶液中各电压平台没有确定。

9.4　其他正极材料

其他正极材料比较多，主要有铁的化合物、钼的氧化物等。

9.4.1　铁的化合物

在 20 世纪 70 年代发生石油危机的时候，过渡金属氧化物作为高温锂电池的正极材料受到了关注，其中以价廉且丰富、毒性低的铁的氧化物最受人关注，如磁铁矿（尖晶石结构）、赤铁矿（$\alpha\text{-}Fe_2O_3$，刚玉型结构）和 $LiFeO_2$（岩盐型结构），在 420℃时，组成为 LiAl/LiCl＋KCl/铁的氧化物电池的充放电性能比较好，可发生下述可逆反应：

$$Li+2Fe_3O_4 \Longleftrightarrow LiFe_5O_8+Fe \tag{9-22}$$

$$3Li+LiFe_5O_8 \Longleftrightarrow 4LiFeO_2+Fe \tag{9-23}$$

$$3Li+2LiFeO_2 \Longleftrightarrow Li_5FeO_4+Fe \tag{9-24}$$

$$3Li+Li_5FeO_4 \Longleftrightarrow 4Li_2O+Fe \tag{9-25}$$

但是，由于 Li_2O 逐渐溶解在熔融盐电解质（LiCl/KCl）中，容量发生衰减。后来人们的注意力转向了常温锂二次电池，研究得比较多的为 Fe_3O_4 和 $LiFeO_2$。

（1）Fe_3O_4

磁铁矿 Fe_3O_4 为尖晶石结构，比较稳定。从原理上而言，计量式尖晶石 $A[B_2]O_4$ 是不利于锂的嵌入，因为所有隙间八面体（16c）和四面体（8b 和 48f）位置至少与已占据的 A 四面体（$8a$）或 B 八面体（$16d$）共两个面。但是 Fe_3O_4 在室温下却能嵌入锂。这种异常现象可从电化学嵌入过程中锂化产物的结构变化得到说明。锂嵌入尖晶石结构时，马上伴随着 $8a$ 位置阳离子迁移到邻近的 $16c$ 八面体位置，嵌入的锂离子占据剩下的八面体位置，产生岩盐相 $LiFe_3O_4$，该过程可表示为：

$$Li + Fe_{8a}[Fe_2]_{16d}O_4 \longrightarrow (LiFe)_{16c}[Fe_2]_{16d}O_4 \tag{9-26}$$

在锂嵌入过程中，$[Fe_2]O_4$ 尖晶石结构的完整性得到保持，隙间 $8a$ 四面体和 $16c$ 八面体位置为嵌入的锂离子提供一种三维渗透通道，因此锂能够发生可逆嵌入和脱嵌。

当 Fe_3O_4 与过量的正丁基锂反应时，氧化物粒子进一步发生锂化，同时有微小的金属从岩盐结构中析出来。高度锂化后与空气接触时能起火。

但是 Fe_3O_4 作为嵌入电极材料的吸引力不大，原因在于大的铁离子亦位于 $[B_2]O_4$ 的隙间，阻碍锂离子的扩散，不可能大电流充放电。

（2）$LiFeO_2$

用传统的固相反应法得到的 $LiFeO_2$ 并不是层状结构，因此要得到如层状 $LiCoO_2$ 结构的 $LiFeO_2$，必须采用软化学法，例如：①将层状 $NaFeO_2$ 与熔融盐 $LiCl$、$LiBr$、LiI 和 $LiNO_3$ 等进行离子交换法；②将 α-$FeOOH$ 或 $FeCl_3 \cdot 6H_2O$ 与 $LiOH$-$NaOH$ 或 $LiOH$-KOH 的混合碱溶液进行水热反应；③将 Fe^{2+} 与过氧化锂的水溶液反应，然后在低于 400℃ 下进行热处理，可得到纳米级材料，纳米 $LiFeO_2$ 的可逆容量在 1.5～4.3V 达 140mA·h/g。在 $LiFeO_2$ 层状结构中，由于铁离子迁移到锂离子平面，电化学性能差。用镍取代部分铁，可逆容量亦随循环的进行而衰减。

正交 $LiFeO_2$ 的研究主要是希望发现一种便宜的正极材料，它与正交 $LiMnO_2$ 的结构（见图 7-3）相似。在中等温度通过 $FeOOH$ 与 $LiOH$ 反应而合成。像正交 $LiMnO_2$ 一样，脱锂后结构不稳定；但是又不像正交 $LiMnO_2$，并不转化为尖晶石结构，而是转化为目前还不清楚的无定形结构，可在 3.5～1.5V 之间进行循环。可是最近有人认为转换为 $LiFe_5O_8$ 尖晶石。但是与正交 $LiMnO_2$ 相比，容量较低，为 80～100mA·h/g。当采用的粒子为纳米级时，可逆容量能达 150mA·h/g，并具有良好的循环性能。

（3）其他铁化合物

普鲁士蓝（$[Fe_4(Fe(CN)_6)]_3 \cdot xH_2O$）在非质子性溶剂中可在 3V 发生锂的可逆嵌入和脱嵌。在该结构中存在两种水分子：一种为沸石（zeolitic）水，其含量对电化学行为没有影响；另一种为络合水，环绕着 Fe^{3+}，如果除去了，就会导致容量明显降低。

β-$FeOOH$ 的结构与 γ-MnO_2 相似，锂嵌入后，Fe^{3+} 还原为 Fe^{2+}，嵌入的锂位于隧道中，为离子态，因此可逆性很好，电压约高于 2V，可逆容量为 275mA·h/g。当结晶性较低时，可逆容量为 230mA·h/g，循环性能较好。当然，也可以进行掺杂，提高可逆容量和循环性能。

含钾的 β-铁酸盐为层状结构，层状结构由尖晶石块隔开，锂嵌入后，层状结构并未发生改变，而尖晶石则变为无定形结构。对于 $Fe_{11}O_{17}$ 而言，碱金属层只能嵌入 1.5 单元 Li^+，而实际可达 11 单元 Li^+，因此 Li^+ 还可嵌入到尖晶石块中，容量可达 200mA·h/g，且 10 次循环未观察到容量衰减。

将 α-$FeOOH$ 脱水制备 α-Fe_2O_3，得到的纳米材料与传统的微米材料不一样，在充放电过程中不发生六面体向立方体结构的转变，在 1.5～3.1V 之间的可逆容量达 200mA·h/g 以上，且容量没有明显衰减。

对于无定形复合氧化物 $3Fe_2O_3 \cdot 2P_2O_5 \cdot 10H_2O$ 而言，存在两种铁的价态：+3 和 +2，它由 $FePO_4$ 和 Fe_2O_3 组成。由于 $FePO_4$ 的存在，因此也可以发生锂的可逆嵌入和脱嵌，可逆容量达 140mA·h/g，但是在 2～4V 之间没有像 $LiFePO_4$ 一样的电压平台。具有良好的大电流性能，1000 次循环后，容量保持率还在 50% 以上（见图 9-33）。

Fe(Ⅳ) 的化合物如 K_2FeO_4、$BaFeO_4$ 等不溶于水，不仅在有机溶剂中容量可达 394 mA·h/g，还能在水溶液中进行充放电。

9.4.2　钼的氧化物

MoO_3 是一种引起广泛研究兴趣的过渡金属氧化物。由于它具有电致变色、光致变色、光催化降解以及气体敏感等特性，主要以正交相、单斜相和六方相这三种物相存在，其中，正交相 MoO_3（α-MoO_3）在常温下处于热力学稳定态，而后两者处于热力学介稳态。

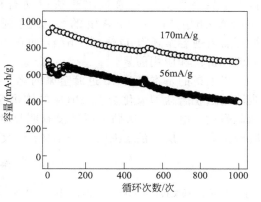

图 9-33　无定形复合氧化物
$3Fe_2O_3 \cdot 2P_2O_5 \cdot 10H_2O$ 的循环性能

α-MoO_3 的晶体结构如图 9-34 所示，它由畸变的 [MoO_6] 八面体基本单元组成。[MoO_6] 八面体沿 [001] 方向通过共用边相连，[001] 和 [100] 方向上通过共用顶点的氧原子相连，在二维空间无限扩展形成层状结构，层与层之间靠范德华力结合。

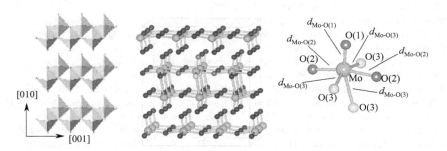

(a) α-MoO_3结构整体示意　　(b) 沿[010]方向层状结构示意　　(c) 畸变[MoO_6]八面体化学键示意

图 9-34　α-MoO_3 的晶体结构示意

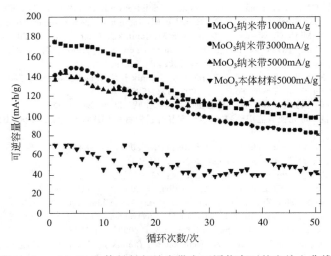

图 9-35　α-MoO_3 本体材料与纳米带在不同倍率下的充放电曲线

α-MoO_3 的层状结构允许客体分子或离子在其层间嵌入，在 1.5V 以上最多可容纳 1.5 个单元的 Li^+，且锂化后的 MoO_3（Li_xMoO_3）在室温下具有一些电子传导能力和较高的 Li^+ 迁移速率。近年来，对锂离子电池的火热关注和纳米材料的兴起为 MoO_3 注入了新的活力。复旦大学吴宇平实验室通过水热法成功合成了 MoO_3 纳米带。在 30mA/g 的放电容量达到 $264mA \cdot h/g$；在 5000mA/g 的大电流下还有 $176mA \cdot h/g$，具有优良的倍率性能，经过 50 次循环后可逆容量还有 $114mA \cdot h/g$（见图 9-35），性能明显优于微米的 MoO_3 材料，显示良好的研究价值和应用前景。

以上讲的基本上为 4d 过渡金属的化合物，5d 过渡金属的氧化物亦能发生锂的可逆嵌入和脱嵌。层状岩盐型氧化物 Li_2PtO_3 的体积容量可与 $LiCoO_2$ 相比，同时体积变化比 $LiCoO_2$ 少，因此耐过充电。100 次循环后都没有明显变化。Li_2IrO_3 菱形结构亦可以发生锂的可逆嵌入和脱嵌。另外，层状的 $LiRhO_2$、Li_2RuO_3 及其掺杂化合物均可以可逆储锂。

参 考 文 献

[1] 吴宇平，戴晓兵，马军旗，程预江. 锂离子电池——应用与实践. 北京：化学工业出版社，2004.
[2] Wang SQ, Li SR, Sun Y, Feng XY, Chen CH. Energy Environ. Sci. , 2011. Accepted.
[3] Liu HM, Wang YG, Yang WS, Zhou HS. Electrochimica Acta. , 2011, 56：1392.
[4] Pan AQ, Liu J, Zhang JG, Cao GZ, Xu W, Nie ZM, Jie X, Choi DW, Arey BW, Wang CM, Liang SQ. J. Mater Chem. , 2011, 21：1153.
[5] Cao XY, Xie LL, Zhan H, Zhou YH. Mater Res. Bull. , 2009, 44：472.
[6] Cao XY, Yuan C, Xie LL, Zhan H, Zhou YH. Ionics, 2010, 16：39.
[7] Liu YM, Zhou XC, Guo YL. J. Power Sources, 2008, 184：303.
[8] Leger C, Bach S, Pereira-Ramos JP. J. Solid State Electrochem. , 2007, 11：71.
[9] Arrebola JC, Caballero A, Cruz M, Hernan L, Morales J, Castellon ER. Adv. Funct. Mater, 2006, 16：1904.
[10] Shaju KM, Bruce PG. Dalton Trans. , 2008, 40：5471.
[11] Thongtem T, Kaowphong S, Thongtem S. Ceramics International, 2007, 33：1449.
[12] Sun YF, Wu CZ, Xie Y. J. Nanopart Res. , 2010, 12：417.
[13] 张秋美，施志聪，李益孝，高丹，陈国华，杨勇. Acta. Phys. Chem. Sin. , 2011, 27：267.
[14] Nytén A, Abouimrane A, Armand M, Gustafsson T, Thomas JO. Electrochem. Commun, 2005, 7：156.
[15] Keffer C, Mighell A, Mauer F, Swanson H, Block S. Inorg. Chem. , 1967, 6：119.
[16] Armand M. Lithium Insertion Electrode Materials Based on Orthosilicate Derivatives. US Patent 6085015, 2000-07-04.
[17] Nytén A, Kamali S, Häggström L, Gustafsson T, Thomas JO. J. Mater Chem. , 2006, 16：2266.
[18] Nytén A, Stjerndahl M, Rensmo H, Siegbahn H, Armand M, Gustafsson T, Edström K, Thomas, JO. J. Mater Chem. , 2006, 16：3483.
[19] Larsson P, Ahuja R, Nytén A, Thomas JO. Electrochem. Commun, 2006, 8：797.
[20] Dominko R, Conte D E, Hanzel D, Gaberscek M, Jamnik J. J. Power Sources, 2008, 178：842.
[21] Gong ZL, Li YX, He GN, Li J, Yang Y. Electrochem. Solid-State Lett. , 2008, 11：A60.
[22] Dominko R, Bele M, Gaberscek M, Meden A, Remskar M, Jamnik J. Electrochem. Commun, 2006, 8：217.
[23] Kokalj, A Dominko, R Mali, G. Meden A, Gaberscek M, Jamnik J. Chem. Mater, 2007, 19：3633.
[24] Padhi AK, Nanjundaswamy KS, Goodenough JB. J. Electrochem Soc. , 1997, 144：1188.
[25] Chung SY, Bloking JT, Chiang YM. Nat. Mater, 2002, 1：123.
[26] Moskon J, Dominko R, Gaberscek M, Cerc-Korosec R, Jamnik J. J. Power Sources, 2007, 174：683.
[27] Li YX, Gong ZL, Yang Y. J. Power Sources, 2007, 174：528.
[28] 杨勇，方海升，李莉萍，闫国丰，李广社. 稀有金属材料与工程，2008, 37：1085.
[29] 杨勇，李益孝，龚正良. 可充锂电池用硅酸锰铁锂/碳复合正极材料及其制备方法. 中国，CN 1803608［专利］. 2006-07-19.
[30] Gong ZL, Li YX, Yang Y. Electrochem. Solid-State Lett. , 2006, 9：A542.
[31] Gong ZL, Li YX, Yang Y. J. Power Sources, 2007, 174：524.
[32] West AR, Glasser FP. J. Solid State Chem. , 1972, 4：20.
[33] Wu SQ, Zhang JH, Zhu ZZ, Yang Y. Curr. Appl. Phys. , 2007, 7：611.
[34] Wu SQ, Zhu ZZ, Yang Y, Hou ZF. Trans Nonferrous Met. Soc. China. 2009, 19：182.
[35] Dompablo MEA, Armand M, Tarascon JM, Amador U. Electrochem. Commun, 2006, 8：1292.
[36] Wu SQ, Zhu ZZ, Yang Y, Hou ZF. Comput. Mater. Sci. , 2009, 44：1243.
[37] Dominko R, Bele M, Gaberscek M, Meden A, Remskar M, Jamnik J. Electrochem. Commun, 2006, 8：217.
[38] Moskon J, Dominko R, Gaberscek M, Cerc-Korosec R, Jamnik J. J. Power Sources, 2007, 174：683.
[39] Kuezma M, Dominko R, Hanžel D, Kodre A, Ar čon I, Meden A, Gaberšček M. J. Electrochem. Soc. , 2009, 156：A809.
[40] Prabaharana SRS, Michaela MS, Ikutab H, Uchimotob Y, Wakihara M. Solid State Ionics, 2004, 172：39.
[41] Küzmaa M, Dominkoa R, Medenb A, Makovecc D, Marjan B, Jamnika J, Gaberscека M. J. Power Sources, 2009,

189：81.

[42] Recham N，Chotard JN，Dupont L，Delacourt C，Walker W，Armand M，Tarascon JM. Nat. Mater，2010，9：68.

[43] Tripathi R，Ramesh TN，Ellis BL，Nazar LF. Angew Chem. Int. Ed.，2010，49：8738.

[44] Yamada A，Iwane N，Harada Y，Nishimura S，Koyama Y，Tanaka I. Adv. Mater，2010，22：3583.

[45] Kim JC，Moore CJ，Kang B，Hautier G，Jain A，Ceder G. J. Electrochem. Soc.，2011，158：A309.

[46] Scanlon DO，Watson GW，Payne DJ，Atkinson GR，Egdell RG，Law DSL. J. Phys. Chem. C.，2010，114：4636.

[47] Tsumura T，Inagaki M. Solid State Ionics，1997，104：183.

[48] Julien C，Nazri GA. Solid State Ionics，1994，68：111.

[49] Zhou L，Yang LC，Yuan P，Zou J，Wu YP，Yu CZ. J. Phys. Chem. C.，2010，114：21868.

[50] 杨黎春. 锂离子电池纳米电极材料的研究. 复旦大学博士学位论文. 2010.

第10章

非水液体电解质

由于锂离子电池负极的电位与锂接近，比较活泼，在水溶液体系中不稳定，必须使用非水、非质子性有机溶剂作为锂离子的载体。该类有机溶剂和锂盐组成非水液体电解质（non-aqueous liquid electrolyte），也称为有机液体电解质（organic liquid electrolyte），是液体锂离子电池中不可缺少的成分，也是凝胶聚合物电解质的重要组分。在不同的电解质体系中同样的材料得到的结果有可能完全不一样。本章对液体电解质进行比较系统的说明。

10.1 一些有机溶剂的物理性能和影响电导率的因素

能溶解锂盐的有机溶剂比较多，表10-1给出了部分溶剂的物理性能，包括熔点（m. p.）、沸点（b. p.）、介电常数、黏度、偶极矩、给体性 D. N. 和受体数 A. N. 等，部分溶剂的结构示于图10-1。在锂离子电池体系中，有机溶剂在相当低的电位下稳定或不与金属锂发生反应，因此必须为非质子溶剂；同时极性必须高，以溶解足够的锂盐，得到高电导率。溶剂的熔点和沸点与电池体系的工作温度密切相关，它反映溶剂的一些物理性能，如分子结构、分子间作用力。熔点低、沸点高，工作温度范围宽。希望单一溶剂能在-30~60℃范围内均能保持液体。当然，溶解电解质锂盐后，熔点会下降，沸点会升高。

表 10-1　部分有机溶剂的物理性能（除非指明，一般为25℃）

溶 剂	熔点 /℃	沸点 /℃	相对介电常数	黏度 /cP	偶极矩 / 德拜	D. N.[①]	A. N.[①]	密度(20℃) /(g/cm³)	闪点 /℃
乙腈	-44.7	81.8	38	0.345	3.94	14.1	18.9	0.78	2
EC	39	248	89.6[③]	1.86[③]	4.80	16.4		1.41	150
PC	-49.2	241.7	64.4	2.530	4.21	14.1	18.3	1.21	135
BC	-53	240	53	3.2				1.21	
1,2-BC	-53	240	55.9					1.15	80
BEC		167		1.3		7.7	2.3	0.94	
BMC		151		1.1		8.4	2.5	0.96	
DBC		207		2.0			3.8	0.92	
DEC	-43	127	2.8	0.75				0.97	33
DMC	3	90	3.1	0.59				1.07	15
ClEC		121		8.81					>110

续表

溶 剂	熔点/℃	沸点/℃	相对介电常数	黏度/cP	偶极矩/德拜	D. N.①	A. N.①	密度(20℃)/(g/cm³)	闪点/℃
CF₃—EC	−3	101		5.01					134
DPC		168		1.4		7.0		0.94	
DIPC		146		1.3		7.6	2.1	0.91	
EMC	−55	108	2.9	0.65				1.0	23
EPC		145		1.1		6.4	2.4	0.95	
EIPC		90		1.0		8.2	4.8	0.93	
MPC	−43	130	2.8	0.78				0.98	36
MIPC	−55	118	2.9	0.7		7.4	5.3	1.01	
γ-丁内酯	−42	206	39.1	1.751	4.12	18.0	18.2	1.13	104
甲酸甲酯	−99	32	8.5	0.33				0.97	−32
甲酸乙酯	−80	54	9.1					0.92	34
乙酸甲酯	−98	58	6.7	0.37		16.5			
乙酸乙酯	−83	77	6.0					0.90	−4
丙酸甲酯	−88	80	6.2					0.91	6.2
丙酸乙酯	−74	99						0.89	5
丁酸甲酯	−84	103	5.5					0.90	14
丁酸乙酯	−93	121	5.2					0.88	25
DME	−58	84.7	4.2 (7)	0.455	1.07	24	10.2	0.87	−6
DEE		124							
THF	−108.5	65	4.25②(8)	0.46②	1.71	20	8	0.89	−21
MeTHF		80	6.24	0.457					
DGM		162	4.40	0.975		19.5	9.9		
TGM		216	4.53	1.89		14.2	10.5		
TEGM			4.71	3.25		16.7	11.7		
1,3-DOL	−95	78	6.79②	0.58		18.0		1.07	−4
4-甲基-1,3-DOL	−125	85	6.8	0.6					
环丁砜	28.9	284.3	42.5②	9.87②	4.7	14.8	19.3	1.26	
DMSO	18.4	189	46.5	1.991	3.96	29.8	19.3	1.1	

①D. N. 为给体性；A. N. 为受体数；②30℃；③40℃。

注：EC 为乙烯碳酸酯；PC 为丙烯碳酸酯；BC 为丁烯碳酸酯；1,2-BC 为 1,2-二甲基乙烯碳酸酯；BEC 为碳酸乙丁酯；BMC 为碳酸甲丁酯；DBC 为碳酸二丁酯；DEC 为碳酸二乙酯；DMC 为碳酸二甲酯；ClEC 为氯代乙烯碳酸酯；CF₃—EC 为三氟甲基碳酸乙烯酯；DPC 为碳酸二正丙酯；DIPC 为碳酸二异丙酯；EMC 为碳酸甲乙酯；EPC 为碳酸乙丙酯；EIPC 为碳酸乙异丙酯；MPC 为碳酸甲丙酯；MIPC 为碳酸甲异丙酯；DME 为二甲氧基乙烷；DEE 为二乙氧基乙烷；THF 为四氢呋喃；MeTHF 为 2-甲基四氢呋喃；DGM 为缩二乙二醇二甲醚；TGM 为缩三乙二醇二甲醚；TEGM 为缩四乙二醇二甲醚；1,3-DOL 为 1,3-二氧戊烷；DMSO 为二甲基亚砜。

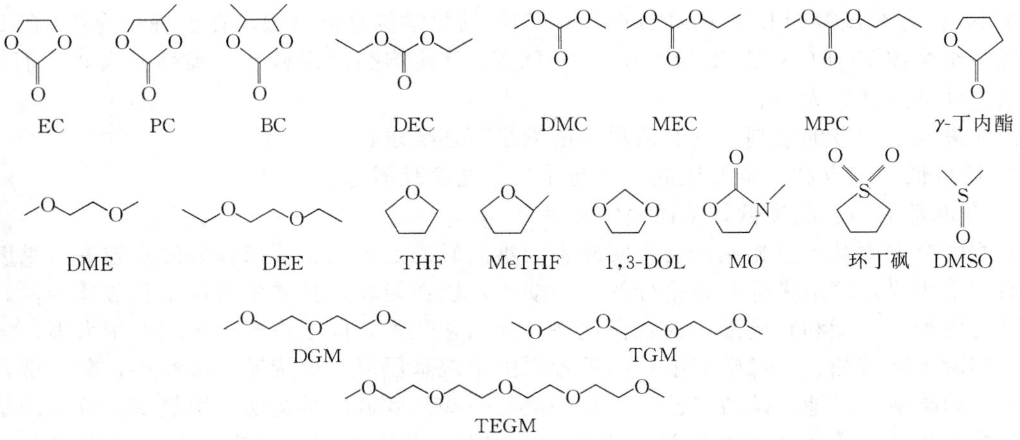

EC　　PC　　BC　　DEC　　DMC　　MEC　　MPC　　γ-丁内酯

DME　　DEE　　THF　　MeTHF　　1,3-DOL　　MO　　环丁砜　DMSO

DGM　　　　TGM

TEGM

图 10-1　锂离子电池电解液体系中研究的主要有机溶剂结构

有机电解液的电导率一般可表示为：

$$\sigma = \sum_i (z_i e)^2 FC_i / 6\pi\eta\gamma_i \tag{10-1}$$

式中，$z_i e$、C_i 分别为参加电荷传输的 i 离子的电荷数和物质的量浓度；F 为法拉第常数；η 为电解液的黏度；γ_i 为 i 离子的溶剂化半径。电导率 σ 的决定因素为有机溶剂的介电常数和黏度以及锂盐的种类和浓度。

有机溶剂的介电常数和黏度是决定电解液电导率高低的重要因素，离子的溶剂化自由能 $\Delta G_s^\ominus$ 可用式(10-2)计算，该式表明介电常数的大小对选择电解液溶剂的重要性。对于有机体系而言，介电常数越大，$\Delta G_s^\ominus$ 越负，有利于锂盐的溶解。

$$\Delta G_s^\ominus = -\frac{N_0 (z_i e)^2}{8\pi\varepsilon_0 r_i}\left(1 - \frac{1}{\varepsilon_r}\right) \tag{10-2}$$

式中，N_0 为阿伏伽德罗常数；ε_0 和 ε_r 为在真空中的介电常数及溶剂的相对介电常数。在相对介电常数为 ε_r 的溶剂中带有电荷 z_i 和 z_j 的离子形成离子对的临界距离 r_c，可从式(10-3)计算出来：

$$r_c = |z_i z_j| e^2 / 8\pi\varepsilon_0 \varepsilon_r kT \tag{10-3}$$

式中，k 为玻尔兹曼常数；T 为热力学温度。假定离子间最靠近的距离为 a，离子解离度 α 可由式(10-4)计算出来：

$$\alpha = 1 - 4\pi n_i \int_a^{r_c} \exp\left(\frac{|z_i z_j| e^2}{4\pi\varepsilon_0 \varepsilon_r kTr}\right) r^2 \mathrm{d}r \tag{10-4}$$

式中，n_i 为单位体积中离子 i 的数目；r 为离子 i 距离离子 j 中心的距离。溶剂的介电常数明显影响离子的解离与结合，介电常数越大，解离度增加。

偶极矩是表示溶剂极性大小的参数，可从分子的摩尔体积与介电常数求出来。

溶剂的黏度直接影响离子的移动程度。假定离子在稀薄溶液中为刚性球，离子的传导率与溶剂黏度 η_0 的关系可用斯托克斯（Stokes）[见式(10-5)]表示：

$$r_s = |z_i| F^2 / 6\pi\lambda_i \eta_0 L_a \tag{10-5}$$

式中，r_s 为离子的斯托克斯半径；λ_i 为无限稀释下离子 i 的传导率。溶剂的黏度与相对分子质量、密度有关，同时也是提供溶液细微结构有关的参数。

给体性 D. N. 和受体数 A. N. 则为考虑离子溶剂化的重要指标。

D. N.：溶剂在 1,2-二氯乙烷中按式(10-6)反应所对应的焓变值（$-\Delta H$：kcal/mol）。

$$D + SbCl_5 \longrightarrow D \cdot SbCl_5 \tag{10-6}$$

A. N.：为在该溶剂 D 中 Et_3PO 中 ^{31}P NMR 的化学位移值（假定在己烷中为 0，在 1,2-二氯乙烷中结合体 $Et_3PO \cdot SbCl_5$ 为 100），即 D. N. 反映溶剂的亲核性（碱性）大小，而 A. N. 表示亲电性（酸性）大小。

作为最佳电解液的溶剂，它必须尽可能满足下述要求：

① 熔点低、沸点高、蒸气压低，从而使工作温度范围宽；

② 介电常数高、黏度低，从而使电导率高。

但是上述两个方面基本上相互冲突，实际上很难同时满足这两个要求。如沸点越高，黏度就越大。通常采用混合溶剂来弥补各组分的一些缺点，以性能较好且常用的烷基碳酸酯为例。烷基碳酸酯有两种：环酯和直链酯。前者极性高，介电常数大，但是由于分子间作用力强，结果黏度高，如丙烯碳酸酯、乙烯碳酸酯；而后者则由于烷基可以自由旋转，极性小，黏度低，介电常数小，如碳酸二甲酯、碳酸二乙酯。这些酯与一些黏度低的醚类如二甲氧基乙烷和四氢呋喃相比，在氧化性高的条件下电化学稳定性好，因此，将两者混合起来，在一定程度上取长补短，这也是商品电池中常采用的方法。腈类有机溶剂为既具有高介电常数，又具有黏度低的非质子溶剂，可是很容易在负极发生还原反应，或者说易与金属锂发生反应，因此不适宜用于电压高的锂离子电池体系。

10.2 部分有机溶剂的制备和纯化

环状碳酸酯化合物，常用的为 EC 及 PC。合成方法一般有以下几种：

（1）光气法

利用乙二醇和光气反应，例如：

$$HOCH_2CH_2OH + COCl_2 \longrightarrow \underset{\text{（结构式）}}{} + 2HCl \tag{10-7}$$

光气法虽能实现工业化生产，但存在工艺复杂、原料剧毒、副产物盐酸腐蚀性强、环境污染严重等问题，生产成本较高，目前该方法已被禁止使用。

（2）酯交换法

$$HOCH_2CH_2OH + \underset{\text{（结构式）}}{} \xrightarrow[\text{回流}]{NaOCH_3} \underset{\text{（结构式）}}{} + 2CH_3OH \tag{10-8}$$

该种方法原料价格昂贵，生产成本很高，发展面临严重制约。

（3）二氧化碳合成法

$$\underset{\text{（结构式）}}{} + CO_2 \xrightarrow[\text{吡啶}]{240℃/140atm} \underset{\text{（结构式）}}{} \tag{10-9}$$

该方法是目前最常用的制备方法。此种方法为放热、体积缩小的反应，高压、低温有利于反应的进行。在合适的催化剂条件下，转化率可达 99%。

（4）尿素法

$$HO\text{—}OH + H_2N\text{—}\underset{\text{（结构式）}}{}\text{—}NH_2 \longrightarrow \underset{\text{（结构式）}}{} + 2NH_3 \tag{10-10}$$

尿素法是近几年发展起来的新的制备方法。此方法的优点：原料易得且价格低廉；反应条件较为温和，不涉及易燃、易爆气体和有毒有害物质；产物易于分离，产率较高，可达 90% 以上；未反应的乙二醇可循环使用；副产物氨气可用于生产含氮化学肥料；基本实现"零排放"，符合可持续发展的要求，有良好的发展前景。

常用的链状碳酸酯有 DMC 和 DEC，其合成方法主要有以下几种：

（1）一氧化碳合成法

$$2CH_3OH + CO + \frac{1}{2}O_2 \longrightarrow \underset{\text{（结构式）}}{} + H_2O \tag{10-11}$$

该方法原材料便宜，比较容易得到，有利于环境保护，但是生产成本较高。

（2）酯交换法

$$C_2H_5OH + \quad \text{(结构式)} \quad \xrightarrow[\text{室温}]{\text{NaOCH}_3} \quad \text{(结构式)} + CH_3OH \qquad (10\text{-}12)$$

$$2C_3H_7OH + \quad \text{(结构式)} \quad \xrightarrow[\text{回流}]{\text{TBAB}} \quad \text{(结构式)} + 2CH_3OH \qquad (10\text{-}13)$$

该方法工艺安全，收率高，但精制比较困难。

（3）尿素甲醇解反应法

$$\text{(结构式)} H_2N\text{—}C\text{—}NH_2 + \text{—OH} \xrightarrow{\text{催化剂}} \text{(结构式)} + 2NH_3 \qquad (10\text{-}14)$$

该方法实际上分为两步进行，首先由脲进行醇解，得到氨基碳酸酯，然后再醇解得到目标产物，对于该合成过程，由于脲和甲醇均为普通化工原料，价格便宜，而且生成的副产物氨气可以作为合成脲的原料，因此该方法比较"绿色"，是一种环保经济的合成方法。

至于其他有机溶剂的制备，在此不多说。

有机溶剂的纯度对电解液的性能影响很大，对其纯化除杂是很有必要的。对于常温下为液体和熔点在150℃以下的有机溶剂，可以采用蒸馏或减压蒸馏的方法进行纯化。在蒸馏时，必须注意原料的pH值，以防止在蒸馏时发生分解。一般而言，蒸馏后，水分的含量可以降到50×10^{-6}甚至20×10^{-6}。但是，要将水分进一步降低，必须采用分子筛除水。可以除水的分子筛有4A、5A和13X型分子筛。为了防止钠离子等杂离子的引入，一般采用锂型分子筛进行除水处理。锂型分子筛可通过1mol/L LiClO$_4$/乙醇或1mol/L LiF/乙醇与普通的4A、5A分子筛离子交换而成。

10.3　电解质锂盐

电解质锂盐是提供锂离子的源泉，合适的电解质锂盐必须具有以下条件：

① 热稳定性好，不易发生分解；
② 溶液的离子电导率高；
③ 化学稳定性好，即不与溶剂、电极材料发生反应；
④ 电化学稳定性好，阴离子的氧化电位高而还原电位低，具有较宽的化学窗口；
⑤ 相对分子质量低，在适当的溶剂中具有较好的溶解性；
⑥ 使锂在正负极材料中的嵌入量高和可逆性好；
⑦ 成本低。

显然，单一的锂盐不可能全部满足上述条件。目前研究过的锂盐有 LiClO$_4$、LiBF$_4$、LiPF$_6$、LiAsF$_6$ 和一些有机锂盐如 LiBOB（双草酸硼酸锂）、LiBMB（双丙二酸硼酸锂）、Li-MOB（丙二酸草酸硼酸锂）、LBPB（双吡啶硼酸锂）、LiDFBO（二氟草酸硼酸锂）、LBBB[双（邻苯二酚）硼酸锂]、3-FLBBB[双（3-氟邻苯二酚）硼酸锂]、TFLBBB [双（3,4,5,6-四氟邻苯二酚）硼酸锂]、LBNB[双（2,3-萘二酚）硼酸锂]、LBBPB[双（2,2′-联苯二氧基）硼酸锂]、LBSB（双水杨酸硼酸锂）、3-MLBSB[双（3-甲基水杨酸）硼酸锂]、DCLBSB[双（3,5-二氯水杨酸）硼酸锂]、TCLBSB[双（3,5,6-三氯水杨酸）硼酸锂]、LBPFPB{双-全氟丁烯-[1,1,2,2-四（三氟甲基）乙烯二氧桥基（2-)-O-O']硼酸锂｝、$LiCF_3SO_3$、$LiN(CF_3SO_2)_2$、$LiN(RfOSO_2)_2$、$LiC(SO_2CF_3)_3$、$LiN(SO_2PhNO_2)_2$ 等。

$LiAsF_6$ 可以制的很纯，热稳定性好，不易分解，尽管其本身的毒性（半致死量：D_{50}）与 $LiClO_4$ 相差不大，但由于砷的毒性问题而噤若寒蝉，另外它也能引起环醚的聚合反应；$LiClO_4$ 是很强的氧化剂，会引起电池安全问题，主要适合用量少的研究工作和一次锂电池中，而不能用于商品锂离子电池中；$LiBF_4$ 的电导率一般不高、不稳定，会引发环醚的聚合反应生成 BF_3，所以目前的商品电池中大部分采用 $LiPF_6$ 作为电解质锂盐，因此本节主要讲述 $LiPF_6$ 和一些有机锂盐。

10.3.1　六氟磷酸锂（$LiPF_6$）

$LiPF_6$ 的热分解温度低（30℃），很容易分解为 PF_5 和 LiF，以前常用 $LiBF_4$ 和 $LiCF_3SO_3$ 为电解质锂盐。但是 $LiPF_6$ 的电导率最高，通过提纯，溶于有机溶剂中后，分解温度可提高到 80～130℃ 的范围内，常温下能够避免分解及引起电解质聚合，所以目前锂离子电池基本上使用 $LiPF_6$ 为电解质盐。制备方法主要有三种：传统方法、络合法和溶液法。

$LiPF_6$ 通常用如式（10-15）的传统方法制备：

$$PF_5 + LiF \longrightarrow LiPF_6 \tag{10-15}$$

将 LiF 溶于 HF 溶液中，然后通入 PF_5 气体，进行反应，生成 $LiPF_6$。

PF_5 的制备一般为先将 CaF_2 与无水亚硫酸反应生成 $CaF(SO_3F)$，然后将 $CaF(SO_3F)$ 再与 H_3PO_4 反应生成 POF_3，接着与无水 HF 反应制备 PF_5。该方法成本高，导致 $LiPF_6$ 的成本大大增加。如果在氟化氢的存在下将卤化锂 LiX 和 HF 与 PCl_5 反应制备 $LiPF_6$，可大大降低 $LiPF_6$ 的成本。上述方法中，虽然使用原料易得的 PCl_5 固体取代 PF_5 气体，但在生产过程不可避免混有杂质如 ppm（$1ppm = 1 \times 10^{-6}$）级的 SO_4^{2-}、Fe、Pb 等，特别是金属不纯物的存在，当作为电解质使用时易产生一些问题。因此不易制得高纯 $LiPF_6$。如果采用如下方法：

$$PCl_5 + 5HF \longrightarrow PF_5 + 5HCl \tag{10-16}$$

进行卤素交换，先制备 PF_5，然后与 LiF 反应生成 $LiPF_6$，制备纯度高的 $LiPF_6$。但是通常情况下，该反应易发生爆炸，并且较难控制；而且反应结束并除去 HF 后，浓缩溶液析出 $LiPF_6$ 结晶时不能控制晶核的生成；另外，较难完全除去白色粉状的 LiF 以及防止细小晶体的混入。如果先将磷化物与无水 HF 在 -20℃ 以下反应生成 PF_5，然后将生成的 PF_5 与 HF 形成白色结晶 HPF_6。将 HPF_6 结晶从溶液中分离出来，然后升温到 -10～20℃，HPF_6 发生分解：

$$HPF_6(固) \longrightarrow PF_5(气) + HF(液) \tag{10-17}$$

然后将产生的 PF_5 气体导入到 LiF 的 HF 溶液中，可以控制生成晶体 $LiPF_6$ 的大小，克服上述问题。

在上述方法中，由于采用工业上大量生产的磷化物为原料制备中间产物 PF_5，并通过该过程的实现除去金属等不纯物，制得 $LiPF_6$ 的纯度高；另外，还可控制反应产品的粒子大小，因此效果较好。在制备的 $LiPF_6$ 产品中，Fe、Na、Pb 及 Cl^-、SO_4^{2-} 等均在 1×10^{-6} 以下；水分含量也低于 10^{-5}。

在上述方法的基础上，还可以进一步改进。例如以 PCl_3 为原料，先与 HF 发生反应生成 PF_3，然后再与 Cl_2 反应，生成 PF_3Cl_2，接着将生成的 PF_3Cl_2 与 HF 反应，很容易控制反应，得到高效率的 PF_5，然后再与 LiF 反应得到 $LiPF_6$。该方法更为经济。

当然，LiF 的制备也可以加以改进。一般是将 PF_5 与 LiF 直接反应，而该反应为固相-气相反应，反应效率低。如果采用多孔性 LiF，则可以很好地提高反应效率。多孔性氟化锂的制备过程如下：先将 LiF 与 HF 在 50～200℃ 反应，生成 $LiHF_2$，然后将生成的 $LiHF_2$ 在 60～700℃ 下减压，除去 HF，生成多孔性 LiF，然后再与 PF_5 反应。

即使 LiPF$_6$ 以高纯形式存在也不稳定，在 20℃会发生分解。储备、处置不当均会加速其分解，搁置寿命有限，因此制备条件要求严格。在上述传统方法中使用 HF，而 HF 有很强的危险性，从商业角度而言，不易接受。如果采用络合法，如加入络合剂，生成 LiPF$_6$ 的稳定络合剂，这样就较容易进行纯化等操作，得到纯度高的 LiPF$_6$。常用的络合剂有乙腈、醚、吡啶等。以醚为例，如采用乙二醇醚作为络合剂，与 LiPF$_6$ 形成稳定的络合物后，将结晶分离出来，并可进行重结晶以进一步除去 LiPF$_6$ 中的不纯物，最后在真空下分解除去络合剂，得到高纯度的 LiPF$_6$。

在制备 LiPF$_6$ 的过程中，如果能够直接制备用于锂电池的 LiPF$_6$ 溶液，则可以减少一些操作流程，提高效率，采用溶液法能够有效地解决该问题。溶液法主要是基于上述传统方法。先将 LiF 悬浮于 EC、DEC、DME 等锂电池有机电解质中，然后通入 PF$_5$。该反应虽然也是固相-气相反应，但是产物 LiPF$_6$ 能及时溶解在 EC、DEC、DME 等有机溶剂中，使界面不断更新，提高效率。同时，所得的电解液可直接用于锂电池。该反应易于控制，产率也高，同时溶剂的稳定性高。

溶于有机溶剂中后，在加热或较高的温度（60℃）下，LiPF$_6$ 会分解为 LiF 和 PF$_5$；而 PF$_5$ 与二烷基碳酸酯形成多种分解产物，例如二氧化碳、醚、氟化烷烃、OPF$_3$、PO$_2$F 以及含氟磷酸酯等，部分反应示于图 10-2。

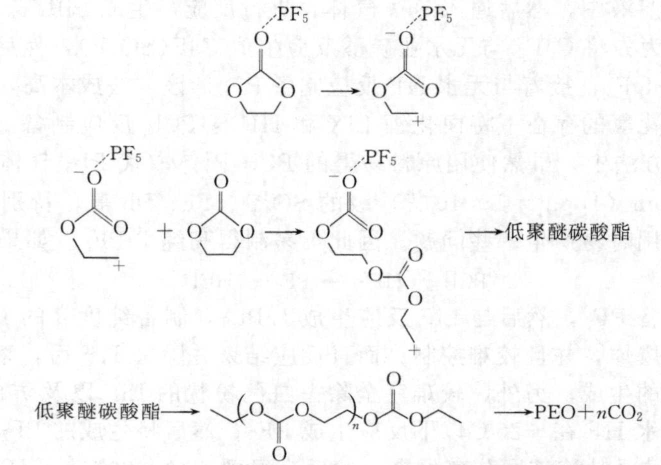

$$(10\text{-}18)$$

$$(10\text{-}19)$$

$$低聚醚碳酸酯 \longrightarrow PEO + nCO_2 \quad (10\text{-}20)$$

PEO 继续和 PF$_5$、CO$_2$ 反应生成甲酸、草酸、碳酸酯和一氧化碳。

$$PF_5 + RO^- \longrightarrow ROPF_4 + F^- \longrightarrow OPF_3 + RF \quad (10\text{-}21)$$

图 10-2　PF$_5$ 与 EC 进行的部分反应

另外，PF$_5$ 也会与微量水发生反应，部分反应如下：

$$PF_5 + H_2O \longrightarrow POF_3 + 2HF \quad (10\text{-}22)$$

$$POF_3 + H_2O \longrightarrow PO_2F + 2HF \quad (10\text{-}23)$$

$$PO_2F + 2H_2O \longrightarrow H_3PO_4 + HF \quad (10\text{-}24)$$

10.3.2　双草酸硼酸锂（LiBOB）

双草酸硼酸锂（LiBOB）的化学结构如图 10-3 所示，其阴离子 BOB$^-$ 以硼原子为中心，呈独特的四面体结构，键长数据如下：B—O5 为 1.478Å，C2—O4 为 1.200Å，C2—O3 为 1.330Å，C2—C3 为 1.550Å。硼同具有强吸电子能力的草酸根中的氧原子相连，电荷比较分散，使得 LiBOB 中阴阳离子间的相互作用较弱，为该盐的高溶解度、高电导率和热稳定性提供保证。锂与阴离子中草酸官能团的两个氧原子配位，键长大约为 1.9～2.1Å，O—Li—O 键角接近 90°。同时，锂还与分属于三个不同阴离子的三个氧原子相互作用（键长大约是 2.1～3.0nm），形成层状的晶体结构。这种五重配位的形式使得锂很容易再结合其他分子，形成更稳定的正八面体配合结构。因此，LiBOB 具有很强的吸湿性，与空气接触后常以更稳定的六重配位 $Li[B(C_2O_4)_2]\cdot H_2O$ 结晶水合物的形式存在。

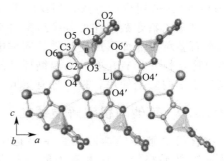

图 10-3　双草酸硼酸锂（LiBOB）的化学结构

LiBOB 的制备方法主要有三种。

① 1999 年公布的德国专利中，其选用原料为锂的化合物（如 LiOH 或 Li_2CO_3）、草酸或草酸盐、硼酸或硼的氧化物。以 LiOH、$H_2C_2O_4$ 及 H_3BO_3 为例，其反应式如下：

$$LiOH\cdot H_2O+2[H_2C_2O_4\cdot 2H_2O]+H_3BO_3 \xrightarrow{H_2O} LiB[(OCO)_2]_2+9H_2O \qquad (10\text{-}25)$$

这种制备方法简单易行，且原料价廉易得。但由于整个反应过程都伴随着大量水的存在，而水对 LiBOB 用作锂离子电池电解质时负面影响大。

② 为克服上述方法①的缺点，用乙腈作为溶剂合成了 LiBOB。这种方法在反应过程中不会产生水，且所得产品纯度较高，缺点是合成路线相对比较复杂，成本较高。其反应式如下：

$$Li[B(OCH_3)_4]+2(CH_3)_3SiOOCCOOSi(CH_3)_3 \xrightarrow{CH_3CN} LiB[(OCO)_2]_2+4CH_3OSi(CH_3)_3 \qquad (10\text{-}26)$$

③ 鉴于方法①在原料选择及合成路线上所表现出来的极大优越性，目前对 LiBOB 制备方面的研究多集中于对这种方法的改进。后来提出了用固相反应制备 LiBOB，其反应式如下：

$$LiOH\cdot H_2O+2[H_2C_2O_4\cdot 2H_2O]+H_3BO_3 \xrightarrow{240\sim280℃} LiB[(OCO)_2]_2+9H_2O \qquad (10\text{-}27)$$

其生产成本比较低，但较难提纯。

双草酸硼酸锂的稳定性比较高，不像想象中的草酸盐一样很容易分解产生 CO_2，其分解温度为 302℃，在乙烯碳酸酯等溶剂中的溶解性比较好，可大于 1.0mol/L，室温电导率可达 $(8\sim9)\times10^{-3}S/cm$，分解产物为 CO_2 和 B_2O_3，不像 $LiPF_6$ 等含氟锂盐一样会产生环境问题。初步结果表明，它对正极和负极都稳定，与 $LiPF_6$ 的同类电解质相比，第一次充放电过程中不可逆容量降低，高温下（50℃和 70℃）的循环性能要优越得多，形成的钝化膜更加有利于抑制石墨的剥离，适用于 $LiMn_2O_4$ 和 $LiFePO_4$ 类正极材料，不适用于 $LiCoO_2$ 正极材料。在低温下，电阻要比使用 $LiPF_6$ 的要低。与锂化石墨炭材料的热反应尽管在 70℃就出现，但一直到 170℃均不明显。

10.3.3　草酸二氟硼酸锂（LiDFBO）

草酸二氟硼酸锂（LiDFBO）的化学结构可看成双草酸硼酸锂（LiBOB）和 $LiBF_4$ 结构的组合。Li^+ 为五重配位结构，极易结合其他分子，形成正八面体配合结构，在空气中可吸潮，形成 $LiDFBO\cdot H_2O$。LiDFBO 的偶极矩为 8.68D（$1D=3.336\times10^{-30}cm$），电化学稳定窗口 ≥4.2V（vs. Li^+/Li），热分解起始温度为 240℃，分解产物为 B_2O_3、$Li_2C_2O_4$、BF_3、CO 和 CO_2；在 460℃时分解完全，分解产生的玻璃态 B_2O_3 进一步与 $Li_2C_2O_4$ 反应，生成 LiB_3O_5。

草酸二氟硼酸锂的制备最初是以 $LiBF_4$、$CH(CF_3)_2OLi$ 和草酸为原料，以碳酸酯或乙腈等极性非质子溶剂为反应介质，所得产物纯度较低。[11]B 核磁显示未反应的 $LiBF_4$ 达 15%。此方法经过改进：在低温下以碳酸酯或乙腈为溶剂，在 $AlCl_3$ 或 $SnCl_4$ 催化下，使草酸与 $LiBF_4$ 直接反应生成产物。改进后产物纯度有大幅提高，未反应的 $LiBF_4$ 降至 0.5%。由于该反应要在 -50℃下进行，导致设备成本较高。为了克服这些缺点，采用 $BF_3O(CH_2CH_3)_2$ 与草酸锂在 DMC 中反应，制得纯度较高的 LiDFBO，所得粗产品经一次重结晶后水含量低于 2×10^{-5}，达到电池用电解质锂盐的要求，该方法在原料选取和制备条件上表现出极大的优越性，已成为

LiDFBO 的通用合成方法，但反应进行时易发生副反应，混入难以分离的 LiBF$_4$。

草酸二氟硼酸锂在烷基碳酸酯溶剂中具有更高的溶解度、良好的充放电性能和循环性能；能在石墨负极表面形成更有效的固体电解质相界面（SEI）膜。对锰基和铁基正极材料有很好的热稳定性，具有较好的高温循环性能。LiDFBO 还可提高锂离子电池的耐滥用性，在很宽的温度范围内安全使用，是一种有望取代 LiPF$_6$ 的锂盐。

10.3.4 其他有机电解质锂盐

有机电解质锂盐的研究主要是希望增加阴离子的大小，将阴离子的电荷进行离域化，从而降低晶格能，减少离子间的相互作用力，提高溶解性和电导率。目前研究的包括含

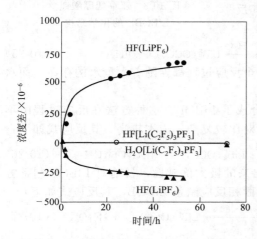

图 10-4　水解研究对比：在 EC/DMC（质量比 50∶50）的 1mol/L 锂盐中加入 $500×10^{-6}$ 水后 HF 和 H$_2$O 的含量随时间的变化（实心曲线为 LiPF$_6$，空心曲线为 Li[(C$_2$F$_5$)$_3$PF$_3$]）

氟有机锂盐和有机硼酸酯锂盐等。前者有 LiPF$_6$ 的含氟烷基取代物、三氟甲基磺酸锂、二（三氟甲基磺酰）亚胺锂 [LiN（CF$_3$SO$_2$）$_2$] 及其类似物、二（多氟烷氧基磺酰）亚胺锂 [LiN（RfO-SO$_2$）$_2$]、三(三氟甲基磺酰)甲基锂[LiC(SO$_2$CF$_3$)$_3$] 等，后者有二（苯邻二酚）硼酸酯锂和双-[1,2-四（三氟甲基）乙烯二氧桥基（2-)-O-O'] 硼酸酯锂等。

将上述无机锂盐如 LiPF$_6$ 中的部分氟原子用稳定性好的有机基团如 C$_2$F$_5$—取代，制备如 Li[（C$_2$F$_5$）$_3$PF$_3$]。由于全氟烷基的吸电子性强，提高了 P—F 键的稳定性，同时由于大的憎水基团的立体位阻，降低了水解性能（见图 10-4），提高了相应锂盐的热稳定性，而且电导率可与 LiPF$_6$ 相比，耐氧化性也有了提高。在电解液中基本上不产生 HF，从而可减少尖晶石氧化锰锂中锰的溶解，提高结构稳定性及其循环性能。部分阴离子的热稳定性为 PF$_4$（CF$_3$）$_2^-$＞PF$_5$（CF$_3$）$^-$＞PF$_3$（CF$_3$）$_3^-$＞PF$_6^-$；锂盐的离子解离能力为 LiPF$_3$（CF$_3$）$_3$＞LiPF$_4$（CF$_3$）$_2$＞LiPF$_5$（CF$_3$）＞LiPF$_6$，其耐氧化电位高于 LiPF$_6$。

三氟甲基磺酸锂同六氟磷酸锂相比，热稳定性好，制备一般如下：先将甲基磺酰化合物如 MeSO$_2$X（X=Cl 或 F）在无水 HF 气体中电解氟化生成三氟甲基磺酸锂；然后将生成的三氟甲基磺酸锂用水洗涤，除去酸性气体，与 LiOH、Li$_2$CO$_3$ 等的水溶液或淤浆反应，制备三氟甲基磺酸锂。通常三氟甲基磺酸锂含有较多的杂质，不适合于锂离子电池，必须进行纯化。纯化方法一般有以下两步：①在 50℃将三氟甲基磺酸锂溶于 1,4-二噁烷，然后在室温下放置一天，再结晶两次；②将重结晶三氟甲基磺酸锂用乙醇溶解、过滤，在 50～80℃浓缩后于 150℃干燥。①和②亦可以反过来实施。该方法的回收率达 60%，SO$_4^{2-}$ 含量低于 $1×10^{-5}$，Na$^+$ 和 K$^+$ 含量低于 $1×10^{-6}$，Ca^{2+} 和 Mg^{2+} 的含量低于 $1×10^{-6}$。同其他锂盐一样，较易吸水，为了除去吸附的水，除采用其他干燥方法外，亦可以将其与惰性氟烷如 C$_8$F$_{18}$ 一样蒸发，从而将水分含量降到所需程度。

二（三氟甲基磺酰）亚胺锂的熔点为 236～237℃，热稳定性较好，一般是将 CF$_3$SO$_2$Cl 与锂盐如 LiN（SiMe$_3$）$_2$、氢氧化锂或碳酸锂等反应得到。其衍生物如二（多氟烷基磺酰）亚胺锂 [LiN（RfSO$_2$）$_2$] 以及环状全氟烷基双（磺酰）亚胺锂的制备亦与此类似。同样因为杂质含量比较高，必须进行纯化才能作为锂电池的支持电解质盐。将不纯的 LiN（CF$_3$SO$_2$）$_2$ 溶于含有机络合溶剂（如乙醚）的溶液中，然后结晶析出锂盐和有机络合溶剂的固体溶剂络合物。将

固体溶剂络合物分离出来，分解得到固体锂盐和包括有机络合溶剂的挥发性组分，将挥发性组分除去后得到纯化的锂盐。

二（三氟甲基磺酰）亚胺锂及其衍生物 $(C_4F_9SO_2)(CF_3SO_2)NLi$ 具有高的电化学稳定性和电导率，在电压达 4.8V 下对铝集流体没有腐蚀作用。通式为 $(C_nF_{2n+1}SO_2)(C_mF_{2m+1}SO_2)NLi$（其中 m、n 为 1～4 的整数）的一类化合物与适当的有机溶剂组成电解液，可使电解液具有较好的电化学性能。

二（多氟烷氧基磺酰）亚胺锂的结构同二（多氟烷基磺酰）亚胺锂相似，只是取代基不是多氟烷基 R_f，而是多氟烷氧基 R_fO。制备比较容易，先将二卤磺酰胺与多氟烷基醇（R_fOH）反应，生成强酸性的二（多氟烷氧基）磺酰亚胺 $[HN(SO_2OR_f)_2]$，然后与碳酸锂或氢氧化锂的水溶液反应，即可得到二（多氟烷氧基磺酰）亚胺锂。聚合物电解质锂盐 $[-CH_2(CF_2)_4CH_2OSO_2N(Li)SO_2O-_{9\sim10}]$，相对分子质量约 4300 左右，在 PC∶EC（体积比 1∶2）混合溶剂中，甚至在浓度为 0.01mol/L 左右时，该电解液仍具约 1.7mS/cm 的电导率。化学稳定性和热稳定性均很好。同别的锂盐一样，很易受潮。表 10-2 为部分化合物及 $LiCF_3SO_3$、$LiN(SO_2CF_3)_2$ 的性能。

表 10-2　部分二（多氟烷氧基）磺酰亚胺锂及 $LiCF_3SO_3$、$LiN(SO_2CF_3)_2$ 的性能

锂　盐	电导率[①]/mS/cm	相对分子质量	抗氧化电位[①]/V	相应阴离子 HOMO 能级[②]/(kJ/mol)
$LiOSO_2CF_3$	2.3	156	4.8	−669.5
$LiN(SO_2CF_3)_2$	4.0	287	4.2	−790.2
$LiN(SO_2OCH_2CF_3)_2$	3.0	347	4.4	−798.9
$LiN(SO_2OCH_2CF_2CF_3)_2$	3.0	447	4.6	−808.6
$LiN(SO_2OCH_2CF_2CF_2H)_2$	2.9	411	4.5	−792.2
$LiN[SO_2OCH(CF_3)_2]_2$	3.1	483	4.8	−859.7

①PC∶DME=1∶2（体积比）；0.1mol/L 锂盐；25℃；②用 MNDO 半经验法计算出来。

$LiC(SO_2CF_3)_3$ 熔点为 271～273℃，热分解温度高达 340℃以上，为目前有机电解质锂盐中稳定性最好的锂盐。电导率比其他有机阴离子锂盐均要高，在 1mol/L 电解质溶液中可达 1.0×10^{-2} S/cm。EC/DMC 电解质在 −30℃都不发生凝固，且在这样的低温下电导率还在 10^{-3} S/cm 以上，这对于军事应用而言非常重要，因为一般军事应用要求使用温度为 −30～50℃；即使是 $LiN(CF_3SO_2)_2$ 的 EC/DMC 电解液，其冻结温度在 −29℃以上。这主要归结于它的离子半径较大，从表 10-3 可以看出其阴离子半径在目前所见的电解质锂盐中最大，因此较易电离。电化学窗口在 4.0V 以上。

表 10-3　锂离子电池中使用的支持电解质锂盐的阴离子半径

阴离子种类	阴离子半径/nm	阴离子种类	阴离子半径/nm
$(CF_3SO_2)_3C^-$	0.375	AsF_6^-	0.260
$(CF_3SO_2)_2N^-$	0.325	$CF_3SO_3^-$	0.270
ClO_4^-	0.237	$C_4H_9SO_3^-$	0.339
BF_4^-	0.229	$(C_4F_9SO_2)_2N^{-}$[①]	0.463
PF_6^-	0.254	$(C_4F_9SO_2)(CF_3SO_2)_2C^{-}$[①]	0.444

① 推测结果，目前还没有制备出来。

$LiCH(SO_2CF_3)_2$ 用作锂离子电池的电解质锂盐时表现出较好的性能。对其衍生物进一步研究，有可能获得性能较好的电解质锂盐。

$LiC(SO_2CF_3)_3$ 的制备过程如下：在 −78℃将 0℃的 CF_3SO_2F 鼓泡加入到 CH_3MgCl 的四氢呋喃溶液中。当加完 2/3 的 CF_3SO_2F 后，将温度提高到 35～50℃。全部加完后，在室温搅拌 12h，除去溶剂，加入 3mol/L HCl。用醚萃取除去中间产物 $CH_2(SO_2CF_3)_2$，将所得残留

物升华，溶于水，过滤，得到 $HC(SO_2CF_3)_3$。其酸性介于 HNO_3 和 $HOSO_2F$ 之间。然后用碳酸锂或氢氧化锂将 $HC(SO_2CF_3)_3$ 中和，得到 $LiC(SO_2CF_3)_3$。

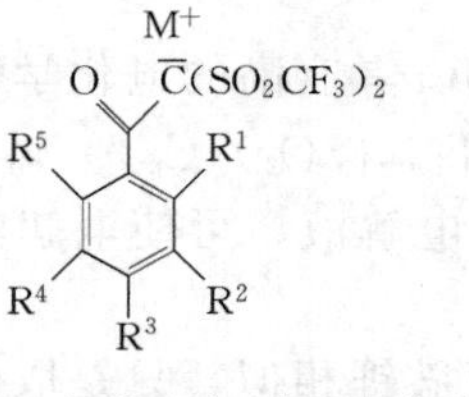

具有如图 10-5 结构的有机酸阴离子锂盐（其中 m 为 Li，R^1、R^2、R^3、R^4、R^5、R^6 可为 $-N^+(CH_3)_4$、$-NO_2$、$-CF_3$、$-SO_3H$、$-F$、$-CN$ 等吸电子基团），由于分子中的负电荷得到了最大程度的分散，用它作为锂离子电池电解质具有良好的热稳定性、高电导率和对水与空气稳定等优点。

图 10-5 部分电解质锂盐的结构

有机硼酸酯的锂盐除了上述的 LiBOB 和 LiDFBO 外，还有二（苯邻二酚）硼酸酯锂及其类似物。尽管该类锂盐在非水有机液体电解质中室温电导率均在 10^{-3} S/cm 以上，热分解温度亦在 250℃ 以上，但是到目前为止，在二（苯邻二酚）硼酸酯锂类衍生物仅发现如图 10-6(a) 所示的锂盐，其对金属锂的电化学窗口能达 4.5V，可应用于锂离子电池。一般可以采用式 (10-26) 进行制备：

$$LiOH + B(OH)_3 + 2C_6H_4(OH)_2 \longrightarrow Li[B(C_6H_4O_2)_2] + 4H_2O \tag{10-28}$$

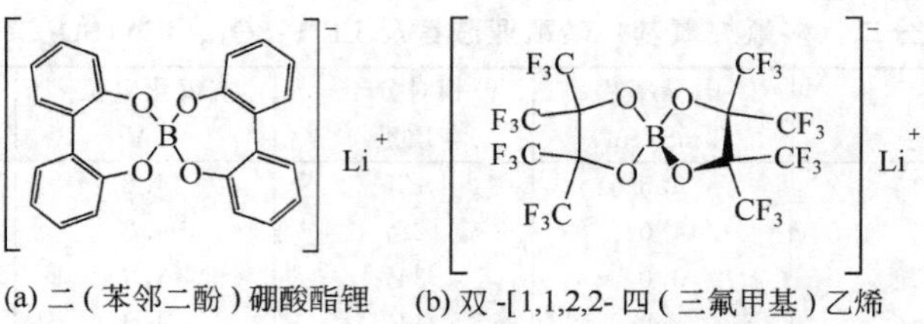

(a) 二（苯邻二酚）硼酸酯锂　(b) 双-[1,1,2,2- 四（三氟甲基）乙烯二氧桥基 (2-)O-O'] 硼酸酯锂

图 10-6 可用于锂离子电池硼酸酯锂的结构示意

双-[1,1,2,2-四（三氟甲基）乙烯二氧桥基(2-)-O-O'] 硼酸酯锂的结构如图 10-6(b) 所示，熔点较低（为 120℃），热稳定温度为 280℃，估计的玻璃化转变温度为（-11℃），比 $LiBF_4$（-3℃）要低。尽管它本身在 120℃ 熔融体的电导率较低（为 7.1×10^{-6} S/cm），但在 DME 和 PC 中的电导率比较高。在 0.6mol/L DME 中 25℃ 的电导率高达 11.1×10^{-3} S/cm，在 1mol/L PC 中也高达 2.1×10^{-3} S/cm。只是它在这些溶剂中的溶解性较上述锂盐要低些，如在 DME 中最高只能达 0.62mol/L。电化学稳定性高，以锂为参比电极，均在 4.5V 以上。

四卤代烷酰硼酸锂 $[LiB(OCORX)_4]$（X 为 Cl、F）的制备非常简单，如式(10-29) 所示：

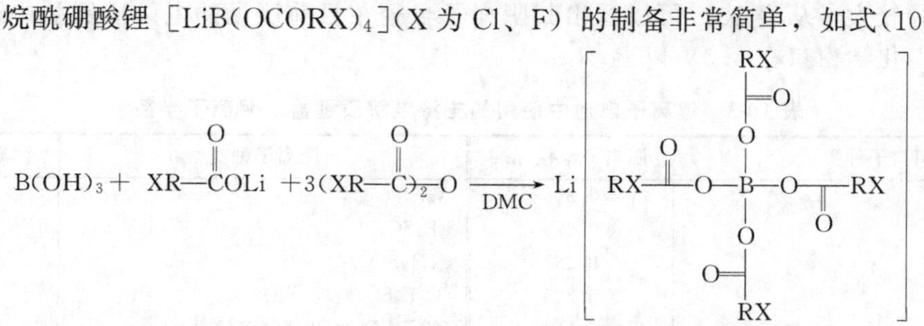

$$B(OH)_3 + XR\!-\!\overset{O}{\overset{\|}{C}}OLi + 3(XR\!-\!\overset{O}{\overset{\|}{C}})_2\!-\!O \xrightarrow{DMC} Li \tag{10-29}$$

由于取代的卤素为吸电子基团，再加上吸电子性酰基的存在，因此电化学稳定性好，高达 4.5V 以上，在环状碳酸酯和线型碳酸酯中的溶解性好，大于 1mol/L，电导率高。例如 $LiB(OCOCF_3)_4$ 在室温下的电导率可达 8×10^{-3} S/cm。热稳定性也比较好，均在 100℃ 以上。对于石墨负极材料而言，首次充放电效率也比较高，大于 88%。

具有如下结构（见图 10-7）的硼酸酯的电化学氧化电位可达 5V，而且由于分子量较上述硼酸酯要低，因此电导率不低于上述硼酸酯化合物。

结构式如图 10-8(a) 所示的有机磷酸锂盐（式中 R^1~R^{12} 可为 H、卤素或含有 1~3 个碳

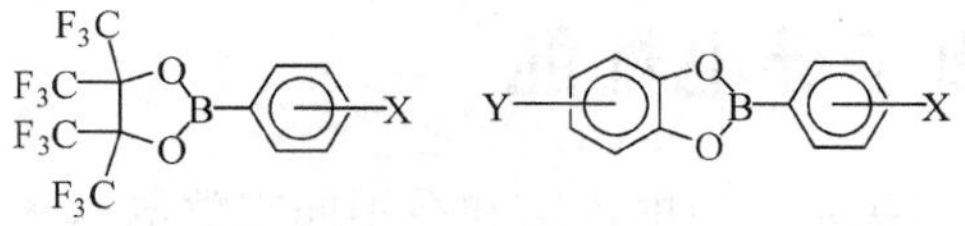

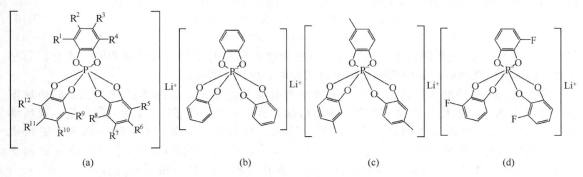

图 10-7 部分二元有机硼酸酯的结构

原子的烷基）具有较好的抗氧化与分解能力。当全为氟原子时，氧化峰达到 4.3V，0.6mol/L 的 EC/DEC （2∶1）电解液的电导率高达 2.09×10^{-3} S/cm；当全为氢原子时［结构见图 10-8 (b)］，0.5mol/L 的 EC/DEC （1∶1）电解液的电导率高达 2.62×10^{-3} S/cm；结构为图 10-8 (c) 的有机磷酸锂盐 0.5mol/L 的 EC/DEC （1∶1）电解液的电导率高达 2.25×10^{-3} S/cm；结构为图 10-8(d) 的有机磷酸锂盐 0.5mol/L 的 EC/DEC （1∶1）电解液的电导率高达 3.16×10^{-3} S/cm。

（a）　　　　　　（b）　　　　　　（c）　　　　　　（d）

图 10-8 有机磷酸锂盐的结构示意

具有如下结构（见图 10-9）的咪唑锂盐的氧化稳定性在 4.8V 以上，1mol/L 的 EC/EMC （1∶3）电解液的室温电导率在 5×10^{-3} S/cm 以上，而且与 $LiPF_6$ 相比，由于不产生 HF 等酸性物质，电极的容量衰减更慢。

$$\left[(F_3B)N \bigcirc N(BF_3) \right]^{-} Li^{+}$$

图 10-9 咪唑锂盐的结构

如前所述，作为锂离子电池的支持电解质盐，首先要考虑的是电导率大小。同样的锂盐，在不同的电解质中电导率不一样；锂盐之间的电导率大小顺序亦会发生变化。例如在 PC 电解质中，摩尔电导率大小为 $LiCF_3SO_3 > LiBF_4 > LiClO_4 > LiPF_6 > LiN(CF_3SO_2)_2$；而在 PC∶DME （1∶1）中 1mol/L 电解质盐电导率大小为 $LiPF_6 \approx LiAsF_6 > LiClO_4 \approx Li(CF_3SO_2)_2N \approx LiSO_2\text{-}(CF_2)_4\text{-}SO_2\text{-}N > LiBF_4 > LiCF_3SO_3$；在 EC∶PC （1∶1）中电导率大小为 $LiPF_6 > LiAsF_6 \gg LiN(CF_3SO_2)_2 > LiBF_4 > LiClO_4$。一般而言，在所选定的电解液中，电导率越大，越能快速充放电。

其次是化学稳定性，主要指支持电解质盐本身的热稳定性如热分解温度和熔点。部分锂盐的热稳定性大小为 $LiBOB > LiDFBO > LiC(SO_2CF_3)_3 > Li(CF_3SO_2)_2N \approx LiAsF_6 > LiPF_6$。但是，在电解液中的稳定性则稍为复杂，与溶剂有关，在 EC 基电解液中，化学稳定性为 $LiN(SO_2CF_2CF_3)_2 > LiPF_3(CF_2CF_3)_3 > LiPF_6 > LiClO_4$，而在 PC 基电解液中，化学稳定性为 $LiN(SO_2CF_3)(SO_2C_4F_9) > LiSO_2CF_3 > Li(CF_3SO_2)_2N > LiBF_4 > LiClO_4 > LiPF_6$。

另外是电化学稳定性，例如电解质与正极、负极等电极材料之间的电化学反应稳定性及其电化学窗口。特别是对于负极材料，不同的电解质盐、不同的电解液，所形成的钝化膜不一样，可逆容量的大小及循环性能也表现得不尽相同。

10.4　电解液的离子导电性能

由于电解液的离子电导率决定电池的内阻和在不同充放电速率下的电化学行为，对实际应用而言比较重要。一般而言，溶有锂盐的非质子有机溶剂电导率最高可达 $2 \times 10^{-2}\,S/cm$，但是比起水溶液电解质而言要低得多。而离子电导率的高低与体系中离子结构密切相关。要想提高电导率，得先了解其关系。

如上所述，许多锂电池中使用混合溶剂体系的电解液，这样可克服单一溶剂体系的一些弊端。当电解质浓度较高时，导电行为可用离子对模型进行说明。离子对分为紧密离子对和溶剂分离离子对等。在混合溶剂中，随溶剂组成的变化，介电常数发生变化，离子对的结构亦会发生变化；同时溶剂的给体性/受体数、离子的电荷密度等对离子对的形成亦会产生很大的影响。例如紧密离子对和溶剂分离离子对的形成可用式(10-30)和式(10-31)的平衡表示。

$$(Li^+)S_n + X^- \rightleftharpoons (Li^+ X^-)S_{n-m} + mS \tag{10-30}$$

$$(Li^+)S_n + X^- \rightleftharpoons (Li^+)S_n X^- \tag{10-31}$$

其中 S 为溶剂；X^- 表示阴离子。随阴离子电荷密度和形状的变化，离子对亦发生变化。当平衡向式(10-31)移动时，即溶剂分离离子对增加时，电导率提高。

有机溶剂中离子的传导行为与在水溶液中有着明显的不同。以醚体系中 $LiBF_4$ 的传导率变化情况为例。摩尔传导率 Λ_0 随盐浓度的增加，在 $0.05\,mol/L$ 附近出现一最小值，随后增加，在 $1.0\,mol/L$ 处附近达到最大值，随后又降低，行为极为复杂，不易用一般理论进行说明。盐浓度低时，形成溶剂化锂离子［见式(10-32)］；而当浓度高时，离子对形成三合离子［见式(10-33a)和式(10-33b)，其中式(10-31a)和式(10-31b)中省略了溶剂］：

$$(Li^+)S_{n-m} + mS \rightleftharpoons (Li^+)S_n \tag{10-32}$$

$$LiX + Li^+ \rightleftharpoons [Li_2 X]^+ \tag{10-33a}$$

$$LiX + X^- \rightleftharpoons [LiX_2]^- \tag{10-33b}$$

在介电常数低且给体性高的混合醚溶剂中，随电解质浓度的变化，溶剂化离子 Li^+ 的配位数发生变化，移动离子的大小发生相应变化。当盐浓度很低时，尽管形成溶剂化离子配位数多，离子半径大，但是溶剂交换快，因此摩尔电导率高；当盐浓度较低时，溶剂交换变慢，摩尔电导率降低；当盐浓度增加时，溶剂化离子配位数减少，此时离子移动加快，摩尔电导率增加；随盐浓度进一步增加，形成溶剂化离子对，自由移动的离子比例减少，摩尔电导率增加的趋势减缓；进一步增加盐的浓度时，形成三合离子，溶液的黏度增加，降低自由离子对的离子，传导率再度降低。

由于电导率 σ 与摩尔电导率 Λ、离子电导率 λ_i 以及离子迁移性 μ_i 有关：

$$\sigma = \Lambda n_e C \tag{10-34}$$

$$\Lambda = \lambda_+ + \lambda_- = F(\mu_+ + \mu_-) \tag{10-35}$$

式中，F 为法拉第常数；n_e 为电化学价态；C 为浓度。

$$n_e = \nu_+ z_+ = |\nu_- z_-| \tag{10-36}$$

因此电导率最大值取决于如下两个相互竞争的方面：①随锂盐浓度的增加，离子迁移性下降；②锂盐浓度增加，可迁移的离子密度增加。这两个方面又取决于电解液体系的一些内在性能，例如动力学黏度、离子半径、阴阳离子的溶剂化性能、盐的结合常数以及溶剂化与结合之间的竞争。目前有部分经验公式考虑了上述一项或几项作为参数，以推导电导率。然而，上述因素之间是相互依存的，例如二元溶剂体系的组成发生变化，相应地黏度、离子间的结合、离子的溶剂化等都会发生变化。因此它们还是只适应一定的体系，从目前的角度而言还没有普适规律可循。

对于结构相类似的两种溶剂体系，一般而言，在相同的温度下摩尔极限电导率与黏度成反比［见式(10-34)］。对于同一种物质在不同温度下的摩尔极限电导率亦与黏度成反比［见式(10-35)］。因此知道一种物质或在某一温度下的摩尔极限电导率及黏度，就可以大概知道另一种物质的摩尔极限电导率或在另一温度下的摩尔极限电导率：

$$\Lambda_0^a / \Lambda_0^b = \eta^b / \eta^a \quad (10\text{-}37)$$

$$\Lambda_0^{T_1} / \Lambda_0^{T_2} = \eta^{T_2} / \eta^{T_1} \quad (10\text{-}38)$$

摩尔电导率与溶剂组分及各组分的比例有关（见图10-10）。当醚与丙烯碳酸酯的比例发生变化时，电导率发生变化。通常当两者达到一定比例时，电导率有一最大值。丙烯碳酸酯的高介电常数促进锂盐的溶解，而醚的低黏度则有利于锂离子的移动。摩尔电导率的大小随醚种类的不同而不同。例如图10-10所示，二甲氧基乙烷与丙烯碳酸酯混合体系的电导率比四氢呋喃与丙烯碳酸酯混合体系的要高。原因在于它们形成的溶剂化锂离子大小有关。前者形成1∶2的溶剂化锂离子［$Li^+\text{-}(DME)_2$］，而后者则形成1∶4的溶剂化锂离子［$Li^+\text{-}(THF)_4$］。前者比后者小，有利于锂离子的移动，故电导率较高。

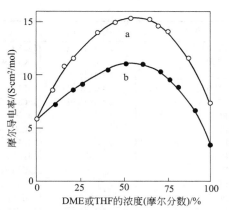

图 10-10　30℃丙烯碳酸酯与醚的混合体系 1mol/L $LiClO_4$ 溶液的摩尔电导率与溶剂组分的变化
a—PC+DME；b—PC+THF

在实际电池中，锂盐的浓度较高，因此电导率的大小还与离子对、三合离子等的形成有关。另外，如上所述，阴离子的大小和形状可影响离子对的形成而导致电导率发生变化。例如六氟磷酸锂与高氯酸锂在丙烯碳酸酯与二甲氧基乙烷组成的混合体系中的电导率的情况：当二甲氧基乙烷含量高时，六氟磷酸锂易形成溶剂分离离子对；而对高氯酸锂而言，则易形成紧密离子对，不利于锂离子的移动，电导率较低。表10-4为部分电解液体系的电导率。

另外，电解质组分常常影响电极反应，所以在设计电解质体系时，离子行为和溶液的结构亦是非常重要的方面。

表 10-4　部分有机电解液体系的电导率

溶　剂	组　成	电解质锂盐	浓　度	温度/℃	电导率/(mS/cm)
DEC	—	$LiAsF_6$	1.5mol/L	25	5
DMC	—	$LiAsF_6$	1.9mol/L	25	11
EC/DMC	1∶1(体积)	$LiAsF_6$	1mol/L	25	11
EC/DMC	1∶1(体积)	$LiAsF_6$	1mol/L	55	18
EC/DMC	1∶1(体积)	$LiAsF_6$	1mol/L	−30	0.26
EC/DMC	1∶1(体积)	$LiPF_6$	1mol/L	25	11.2
EC/DMC	1∶1(质量)	$LiPF_6$	1mol/L	−20	3.7
EC/DMC	1∶1(质量)	$LiPF_6$	1mol/L	25	10.7
EC/DMC	1∶1(质量)	$LiPF_6$	1mol/L	60	19.5
EC/DMC	1∶1(质量)	$Li[(C_2F_5)_3PF_3]$	1mol/L	−20	2.0
EC/DMC	1∶1(质量)	$Li[(C_2F_5)_3PF_3]$	1mol/L	25	8.2
EC/DMC	1∶1(质量)	$Li[(C_2F_5)_3PF_3]$	1mol/L	60	19.5
EC/DMC	1∶1(体积)	$LiCF_3SO_3$	1mol/L	25	3.1
EC/DMC	1∶1(体积)	$LiN(CF_3SO_2)_2$	1mol/L	25	9.2
EC/DMC	1∶1(体积)	$LiN(CF_3SO_2)_2$	1mol/L	55	14
EC/DMC	1∶1(体积)	$LiCF_3SO_3$	1mol/L	−30	0.34
EC/DMC	1∶1(体积)	$LiC(SO_2CF_3)_3$	1mol/L	25	7.1
EC/DMC	1∶1(体积)	$LiC(SO_2CF_3)_3$	1mol/L	55	11
EC/DMC	1∶1(体积)	$LiC(SO_2CF_3)_3$	1mol/L	−30	1.1
EC/DME	1∶1(体积)	$LiPF_6$	1mol/L	25	16.6
EC/DME	1∶1(体积)	$LiCF_3SO_3$	1mol/L	25	8.3

溶　剂	组　成	电解质锂盐	浓　度	温度/℃	电导率/(mS/cm)
EC/DME	1:1(体积)	LiN(CF$_3$SO$_2$)$_2$	1mol/L	25	13.3
THF	—	LiCF$_3$SO$_3$	1.5mol/L	25	9.4
EC/DEC	1:1(体积)	Li N(CF$_3$SO$_2$)$_2$	1mol/L	25	6.5
EC/DEC	1:1(体积)	LiPF$_6$	1mol/L	25	7.8
EC/DEC	1:1(体积)	LiCF$_3$SO$_3$	1mol/L	25	2.1
PC	—	LiBF$_4$	1mol/L	25	3.4
PC	—	LiClO$_4$	1mol/L	25	5.6
PC	—	LiPF$_6$	1mol/L	25	5.8
PC	—	LiAsF$_6$	1mol/L	25	5.7
PC	—	LiCF$_3$SO$_3$	1mol/L	25	1.7
PC	—	Li N(CF$_3$SO$_2$)$_2$	1mol/L	25	5.1
PC	—	LiC$_4$F$_9$SO$_3$	1mol/L	25	1.1
PC/DEC	1:1(体积)	Li N(CF$_3$SO$_2$)$_2$	1mol/L	25	1.8
PC/DEC	1:1(体积)	LiPF$_6$	1mol/L	25	7.2
PC/DMC	1:1(体积)	LiN(CF$_3$SO$_2$)$_2$	1mol/L	25	2.5
PC/DMC	1:1(体积)	LiPF$_6$	1mol/L	25	11.0
PC/EMC	1:1(摩尔)	LiBF$_4$	1mol/L	25	3.3
PC/EMC	1:1(摩尔)	LiClO$_4$	1mol/L	25	5.7
PC/EMC	1:1(摩尔)	LiPF$_6$	1mol/L	25	8.8
PC/EMC	1:1(摩尔)	LiAsF$_6$	1mol/L	25	9.2
PC/EMC	1:1(摩尔)	LiCF$_3$SO$_3$	1mol/L	25	1.7
PC/EMC	1:1(摩尔)	LiN(CF$_3$SO$_2$)$_2$	1mol/L	25	7.1
PC/EMC	1:1(摩尔)	LiC$_4$F$_9$SO$_3$	1mol/L	25	1.3
EC/DMC	1:1(质量)	LiPF$_6$	12.0%	25	12
EC/DMC	2:1(质量)	LiPF$_6$	11.3%	25	11
EC/DMC	1:2(质量)	LiPF$_6$	12.1%	25	12
EC/DEC	1:1(质量)	LiPF$_6$	12.4%	25	8.2
EC/EMC	1:1(质量)	LiPF$_6$	12.0%	25	9.5
EC/DEC/DMC	2:1:2(质量)	LiPF$_6$	12.5%	25	11
EC/DEC/DMC	1:1:1(质量)	LiPF$_6$	12.4%	25	9.8
EC/DEC/DMC	1:1:3(质量)	LiPF$_6$	12.6%	25	9.7
EC/DEC/DMC	1:1:1(质量)	LiPF$_6$	12.4%	−30	2.2
EC/DEC/DMC	1:1:1(质量)	LiPF$_6$	12.4%	55	14.5
GBL	—	LiBOB	1.5mol/L	30	7.45
EC/DMC/GBL/EA	1:1:3:5(质量)	LiBOB	0.7mol/L	25	11
EC/DMC	1:1(质量)	LiBOB	0.5~1.0mol/L	25	7.5
PC	—	LiBOB	0.7mol/L	20	2.4
PC/DEC	3:2(体积)	LiBOB	0.6mol/L	20	2.8
PC/DEC	1:1(体积)	LiBOB	0.7mol/L	20	3.2
PC/DEC	2:3(体积)	LiBOB	0.7mol/L	20	2.9
PC/DEC	3:7(体积)	LiBOB	0.5mol/L	20	3.0
DME	—	LiBOB	1.0mol/L	25	14.9
AN	—	LiBOB	1.0mol/L	25	25.2

10.5 影响电池性能的几个因素

目前而言，影响电池性能的因素主要有电导率、电化学窗口、与电极的反应，而电导率在前面已经进行了部分说明，下面主要讲述另外两个因素。

10.5.1 电化学窗口

电化学窗口为发生氧化的电位 E_{Ox} 与发生还原反应 E_{Red} 的电位之间的差。作为电池电解液的必要条件，首先是不与负极和正极材料发生反应，因此 E_{Red} 应低于金属锂的氧化电位，E_{Ox}

必须高于正极材料的锂嵌入电位，即必须在宽的电位范围内不发生还原反应（负极）和氧化反应（正极）。通常而言，醚的氧化电位比碳酸酯低。DME 一般多用于一次电池，因为氧化电位较低。常见的 4V 锂离子电池在充电时必须补偿过电位，因此电解液的电化学窗口要求能达到 5V 左右。另外，测量的电化学窗口与测量的工作电极和电流密度有关。电化学窗口与有机溶剂和锂盐（主要是阴离子）有关。部分溶剂发生氧化反应电位的高低顺序为：DME(5.1V)＜THF(5.2V)＜EC(6.2V)＜AN(6.3V)＜MA(6.4V)＜PC(6.6V)＜DMC、DEC、EMC(6.7)。对于有机阴离子而言，氧化稳定性与取代基有关。吸电子基如 F 和 CF_3 等的引入有利于负电荷的分散，提高稳定性。以玻璃碳为工作电极，得到阴离子的氧化稳定性大小顺序为：$BPh_4^- ＜ ClO_4^- ＜ CF_3SO_3^- ＜ [N(SO_2CF_3)_2]^- ＜ C(SO_2CF_3)_3^- ＜ SO_3C_4F_9^- ＜ BF_4^- ＜ AsF_6^- ＜ SbF_6^-$。

10.5.2　与电极的反应

对于与电极的反应，主要研究的是负极，如石墨化炭等。从热力学角度而言，负极材料应该与电解液发生反应，因为有机溶剂含有极性基团如 C—O 和 C—N 等。例如以贵金属为工作电极，PC 在低于 1.5V（以金属锂为参比）时发生还原，产生烷基碳酸酯锂。但是由于负极材料表面生成一层锂离子可以通过的保护膜，防止负极材料与电解液进一步还原，因而在动力学上是稳定的。对于单一溶剂而言，EMC 生成的表面优于 DMC。如果使用 EMC 与 EC 的混合溶剂，保护膜的性能会进一步得到提高。对于炭材料而言，结构不同，同样的电解液组分所表现出来的电化学行为不一样；同样对于同一种炭材料，在不同的电解液组分中所表现的电化学行为也不一样。例如对于合成石墨，在 PC/EC 的 1mol/L $Li[N(SO_2CF_3)_2]$ 溶液中第一次循环的不可逆容量为 $1087mA \cdot h/g$，而在 EC/DEC 的 1mol/L $Li[N(SO_2CF_3)_2]$ 溶液中第一次循环的不可逆容量仅为 $108mA \cdot h/g$。该表面钝化保护膜形成以后，也可能与其他物质发生反应而改变，例如水、二氧化碳。与水反应产生 LiOH 等，从而有可能丧失保护膜的性能而引起电解液的继续还原。因此在有机电解液中，水分的含量一般控制在 20×10^{-6} 以下。

溶剂与杂质在碳负极发生的部分反应如下：

$$C_3O_3H_4 + e^- \longrightarrow (C_3O_3H_4)^- + e^- + 2Li^+ \longrightarrow Li_2CO_3(s) + CH_2=CH_2(g) \tag{10-39}$$

$$2(C_3O_3H_4)^- + 2Li^+ \longrightarrow LiOCO_2CH_2CH_2CH_2CH_2OCO_2Li \tag{10-40}$$

$$CH_2=CH_2 + H_2 \longrightarrow CH_3CH_3(g) \tag{10-41}$$

$$PC + 2e^- + 2Li^+ \longrightarrow Li_2CO_3(s) + CH_3CH=CH_2(g) \tag{10-42}$$

$$DMC + Li^+ + e^- \longrightarrow CH_3OCO_2Li(s) + CH_3 \cdot \tag{10-43}$$

$$DEC + Li^+ + e^- \longrightarrow CH_3CH_2OCO_2Li(s) + CH_3CH_2 \cdot \tag{10-44}$$

$$2EMC + 2Li^+ + 2e^- \longrightarrow CH_3CH_2OCO_2Li(s) + CH_3OCO_2Li(s) + CH_3 \cdot + CH_3CH_2 \cdot \tag{10-45}$$

$$R \cdot + Li^+ + e^- \longrightarrow RLi \tag{10-46}$$

$$ROCO_2Li \cdot + Li^+ + e^- \longrightarrow R \cdot + Li_2CO_3(s) \tag{10-47}$$

$$2ROCO_2Li \cdot + H_2O \longrightarrow CO_2 + 2ROH + Li_2CO_3(s) \tag{10-48}$$

$$1/2O_2 + 2Li^+ + 2e^- \longrightarrow Li_2O \tag{10-49}$$

$$H_2O + 2Li^+ + 2e^- \longrightarrow LiOH + \frac{1}{2}H_2 \tag{10-50}$$

$$Li + HF \longrightarrow LiF + \frac{1}{2}H_2 \tag{10-51}$$

$$Li_2CO_3 + 2HF \longrightarrow LiF + H_2O + CO_2 \tag{10-52}$$

$$LiOH + HF \longrightarrow LiF + H_2O \tag{10-53}$$

$$Li_2O + 2HF \longrightarrow 2LiF + H_2O \tag{10-54}$$

至于正极材料的反应，主要是研究电解液的氧化性。表 10-5 给出了丙烯碳酸酯基电解液的氧化分解电位随盐的种类、电极材料的改变而不同，这对于设计电池的电解液体系而言，提供了一些重要的数据。

表 10-5　丙烯碳酸酯基电解液的氧化分解电位随盐的种类、电极材料的变化

电极	电解液的氧化分解电位/V(vs. Li⁺/Li)				
	$LiClO_4$	$LiPF_6$	$LiAsF_6$	$LiBF_4$	$LiCF_3SO_3$
Pt	4.25	—	4.25	4.25	4.25
Au	4.20	—	—	—	—
Ni	4.20	—	4.45	4.10	4.50
Al	4.00	6.20	—	4.60	—
$LiCoO_2$	4.20	4.20	4.20	4.20	4.20

当电解质锂盐比较活泼时，优先发生还原反应，作为界面保护膜的主要成分。发生的部分反应如下：

$$Li[N(SO_2CF_3)_2] + ne^- + nLi^+ \longrightarrow Li_3N + Li_2S_2O_4 + LiF + Li_yC_2F_x \tag{10-55}$$

$$Li[N(SO_2CF_3)_2] + 2e^- + 2Li^+ \longrightarrow Li_2NSO_2CF_3 + LiSO_2CF_3 \tag{10-56}$$

$$Li_2S_2O_4 + 4e^- + 4Li \longrightarrow Li_2SO_3 + Li_2S + Li_2O \tag{10-57}$$

$$PF_6^- + 2e^- + 3Li^+ \longrightarrow 3LiF + PF_3 \tag{10-58}$$

$$BF_4^- + xe^- + xLi \longrightarrow yLiF + Li_{x-y}BF_{4-y} \tag{10-59}$$

$$AsF_6^- + 3Li^+ + 2e^- \longrightarrow 3LiF + AsF_3 \tag{10-60}$$

$$AsF_3 + 2xe^- + 2xLi \longrightarrow xLiF + Li_xAsF_{3-x} \tag{10-61}$$

$$\tag{10-62}$$

$$\tag{10-63}$$

10.6　部分电解液体系对电极材料性能的影响

目前电解液体系基本上分两类：醚类和酯类。醚类有机溶剂主要包括环状醚和链状醚两类，酯类有机电解液主要包括丙烯碳酸酯和乙烯碳酸酯，然后在它们的基础上加入不同的添加剂如醚、线型碳酸酯等。

环状醚主要包括四氢呋喃、2-甲基四氢呋喃、1,3-二氧环戊烷和 4-甲基-1,3-二氧环戊烷等，THF 与 DOL 同 DME 一样与 PC 等组成混合溶剂用在一次锂电池，但它的电化学稳定性不好，易开环聚合而限制了其在锂离子电池中的应用。链状醚主要包括二甲氧甲烷（DMM）、1,2-二甲氧乙烷（DME）、1,2-二甲氧丙烷（DMP）等，随着碳链的增长，溶剂的耐氧化性能增加，但同时也导致了溶剂的黏度增加，对提高有机电解液的电导率不利，常用的链状醚是 DME。DME 具有较强的对阳离子的螯合能力，$LiPF_6$ 能与 DME 生成稳定的 $LiPF_6$-DME 复合物，使锂盐在含有它的溶剂中具有较高的溶解度，从而能提高电池的电导率，在有机电解液中添加适量的 DME 均可使其电导率得到提高，但 DME 具有较强的化学反应活性，它与锂接触很难形成稳定的 SEI 膜。因此，醚类电解液主要用于一次锂电池中，也就不多说。

对于酯类电解液而言，主要包括羧酸一元酯和碳酸二元酯。两者均包括环状和链状两种结构的酯类。

环状羧酸酯中最主要的有机溶剂是 γ-丁内酯，它的同系物随着相对分子质量的增大，性能降低而失去研究应用的价值，γ-丁内酯的介电常数小于 PC，溶液电导率比 PC 低，曾在一次锂电池中得到应用，但该类化合物遇水易分解。链状羧酸酯主要有甲酸甲酯、乙酸甲酯、丙酸甲酯等，链状羧酸酯的熔点较低。加入适量的链状羧酸酯，可以改善锂离子电池的低温性能。尽管链状羧酸酯例如 MF 易于纯化、具有较高的介电常数，用它配制的电解液具有很高的电导率并且能在非常低的温度下工作，但是由于它们的极性强，较易与 Li 发生反应（在 Li 表面发生还原反应的产物主要为 $RCOO_2Li$），因此当以 MF 及其他烷基碳酸酯作为电解液时，锂离子电池的循环效率较差。就目前而言，应用较少，主要还是碳酸二元酯类电解液。该类碳酸酯溶剂具有较好的电化学稳定性、较高的闪点和较低的熔点而在锂离子电池中得到广泛的应用，在已商业化的锂离子电池中基本上都采用碳酸酯作为电解液的溶剂。如上所述，碳酸二元酯包括环状碳酸酯和链状碳酸酯。锂离子电池中常用的环状碳酸酯主要包括丙烯碳酸酯（PC）和乙烯碳酸酯（EC）。对于链状碳酸酯例如碳酸二甲酯（DMC）、碳酸甲乙酯（EMC）、碳酸二乙酯（DEC）而言，此类溶剂具有较低的黏度和较低的介电常数，但是 Li 在 DEC、DMC 中发生还原反应生成的产物具有一定的溶解度，不能在 Li 表面形成稳定的 SEI 膜，所以 DEC、DMC 等链状碳酸酯一般不能单独作为有机溶剂，通常是与环状碳酸酯组成混合溶剂用于锂离子电池。下面以环状碳酸酯进行较详细的说明。

10.6.1　丙烯碳酸酯电解液体系

PC 的研究比较早，它与 DME 等量混合组成的溶剂仍是目前一次锂电池的代表性溶剂。

但是，随着锂离子电池的诞生，发现以丙烯碳酸酯为溶剂主要组分的电解液在锂插入石墨过程中，在高度石墨化炭材料表面发生分解 ［见图 10-11(a)］，不仅充放电效率低，而且明显影响锂离子的可逆插入。主要原因在于丙烯碳酸酯在石墨表面发生分解，不能形成有效的钝化膜，其发生分解机理可示意如图 10-12。充放电过程生成的主要产物为烷基碳酸锂（$ROCO_2Li$）。在放电曲线上表现出 0.8V 左右的放电平台。0.8V 左右的平台越长，分解的溶剂越多，产生的气体量亦相应增加，如图 10-11(a) 所示有时甚至根本不能发生锂的插入。另外，溶剂化锂离子也能插入到石墨材料中，导致石墨结构的破坏，如"发泡"（blister）、成拱、墨片分子发生剥离等现象，循环性能下降。当体系存在少量水时，烷基碳酸锂与水发生反应，生成 LiOH 等，更不利于钝化膜的有效生成。因此在锂离子电池体系中，一般不采用丙烯

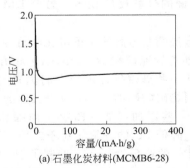

(a) 石墨化炭材料(MCMB6-28)

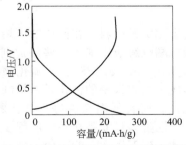

(b) 无定形炭材料(PVC在1000℃热处理得到的)

图 10-11　碳基负极材料在 1mol/L LiPF$_6$ 丙烯碳酸酯
电解液体系中的电化学行为（第 1 次循环）

碳酸酯作为电解液组分。具体原因可能有两方面：①石墨端面结构比较活泼；②丙烯碳酸酯中较"尖"的甲基的存在，由于该尖的存在，很容易将石墨的墨片分子"撬开"。因此改进的方法也有两种，后者是将丙烯碳酸酯的"尖"进行钝化，如将甲基上的氢原子用较大的卤素原子如氟、氯取代，则溶剂化锂离子不能发生插入，从而具有良好的循环性能；或采用没有该尖的有机溶剂。前者的改进方法是将石墨化炭材料端面比较活泼的位置进行掩盖或除去。从图 10-11(b) 可以看出，丙烯碳酸酯体系的电解液在低温无定形炭材料表面不发生分解，因此将该类无定形炭材料包覆在石墨表面，避免石墨的活性位置与石墨的接触，可以发生锂的可逆插入和脱插。

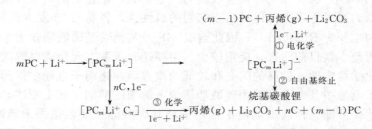

图 10-12　丙烯碳酸酯在石墨负极表面发生分解的可能反应

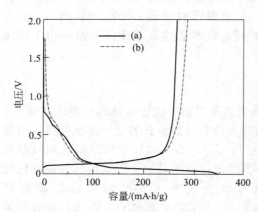

图 10-13　碳基负极材料在 1mol/L LiPF$_6$/PC/EC/DEC（3：2：5）电解液体系中的电化学行为（第 1 次循环）(a) 石墨化炭材料（MCMB6-28）；(b) 用在 1000℃热处理 PVC 得到的无定形炭材料将 MCMB6-28 进行包覆后得到的复合材料分解反应。

另外，在研究过程中发现，在含有丙烯碳酸酯的电解液中，石墨化炭材料还是能发生锂的可逆插入和脱插，但是其含量不能超过 30%（见图 10-13）。当然，从上面的机理可以看出，如果先将石墨化炭材料置于其他电解液中，在其表面形成有效的钝化膜，然后再放入丙烯碳酸酯体系的电解液中。同样由于丙烯碳酸酯与石墨化炭的活性位置不能发生直接接触，因此也避免电解液的分解，能发生锂的可逆插入和脱插。

在丙烯碳酸酯基溶液中，沥青基碳纤维的可逆容量随循环的进行而衰减，这亦可以从循环伏安法的结果得到证实，衰减程度与共溶剂的种类也有关系。在充放电过程中，第一次放电曲线上 1.0～0.8V（参比 Li$^+$/Li）之间可以观察到明显的平台，尤以 DME 作为共溶剂的平台最长，亦即表明石墨材料表面的分解反应较多。另外 DME 亦可能参与

对于不同的石墨化负极材料，在同样的丙烯碳酸酯基电解液中的电化学行为当然不一样。

如果在丙烯碳酸酯电解液中加入一些添加剂如乙烯亚硫酸酯（ethylene sulfite：ES）、丙烯亚硫酸酯（propylene sulfite：PS）、多硫化物和一些硅烷等，由于它们优先与锂发生反应，在石墨负极表面形成一层较致密的钝化膜，抑制丙烯碳酸酯的分解，防止 PC 的共插入，也能够大大改善循环性能，而且低温性能好。其他的一些添加剂如 α-Br-γ-丁内酯和氯甲酸甲酯、1,3-苯并二氧-2-酮、冠醚等只能是在一定的程度上降低 PC 的分解。对于二甲基亚砜而言，它本身可以与锂一起插入到石墨中。然而由于它与 PC 的竞争性插入，抑制了 PC 的共插入，反而有利于石墨的循环性能。对于其他一些也能发生共插入的溶剂如二甲氧基甲烷、二乙氧基乙烷、二乙氧基甲烷，加入以后在一定条件下也能抑制 PC 的共插入，可望提高锂离子电池的低温性能。

然而，在 PC 的浓溶液中（2.72mol/L），由于没有自由的 PC 分子存在，则锂可以发生可逆插入和脱插，并且具有良好的循环性能。这表明石墨结构的破坏与溶剂分子存在密切的关系。根据该原理，也可以加入与锂离子络合能力强的溶剂或在 PC 发生嵌入前就发生嵌入，从而避免 PC 的分解，形成有效的 SEI 膜。这样的溶剂有 DMSO、DMM、DEM 和 DEE。

在 PC 中加入能在 PC 分解形成 SEI 膜以前就还原的添加剂，将有可能有效改善 PC 在石墨表面的分解。例如 2-乙酰氧-4,4-二甲基-丁内酯，它可以优先与锂离子发生络合，减少与锂离子发生络合的 PC 分子。当乙酰氧基或碳酸酯基位于丁内酯的 5 位，抑制 PC 在石墨表面分解的效果更佳。

由于丙烯碳酸酯的熔点远远低于乙烯碳酸酯，因此用于低温场合下的电化学性能应比较优越，通过改性，如前所述，在石墨化炭材料表面包覆一层无定形炭材料，这样避免石墨端面的高活性位置与电解液接触，从而能发生锂的可逆插入和脱插，大大改善循环性能。

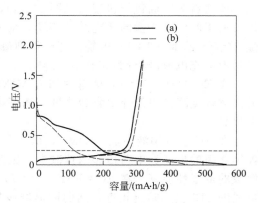

图 10-14 人造石墨 KS-44（Lonza）（a）和焦炭包覆（1000℃热处理）的人造石墨（b）在 1.0mol/L LiClO$_4$/EC/DEC（体积比为 1：1）电解液中第 1 次循环的充放电曲线

10.6.2 乙烯碳酸酯电解液体系

一般而言，乙烯碳酸酯在高度石墨化炭材料表面不发生明显分解，因此绝大部分液体电解质均以其为主要组分，然后加入一些线性碳酸酯如碳酸二甲酯、碳酸二乙酯和碳酸甲乙酯来降低电解质体系的黏度。EC 形成钝化膜的电位为 0.9V 左右（见图 10-14），当然也与支持电解质盐有关。在初次循环时，在 0.8～1.4V 之间同样也发现石墨发生轻微膨胀，因为也存在少量溶剂化 EC 的共嵌入和分解，但是这不会破坏整个石墨的结构。钝化膜的形成过程与 PC 相似，必须通过乙烯碳酸酯与锂发生反应。在碳负极表面的反应产物主要是 ROCO$_2$Li、（CH$_2$OCO$_2$）$_2$Li、CH$_2$CH$_2$OLi、Li$_2$CO$_3$ 等，其反应过程示意如图 10-15 所示。由于该钝化膜较丙烯碳酸酯生成的膜，要致密些，可有效防止 EC 的进一步分解及其共插入。

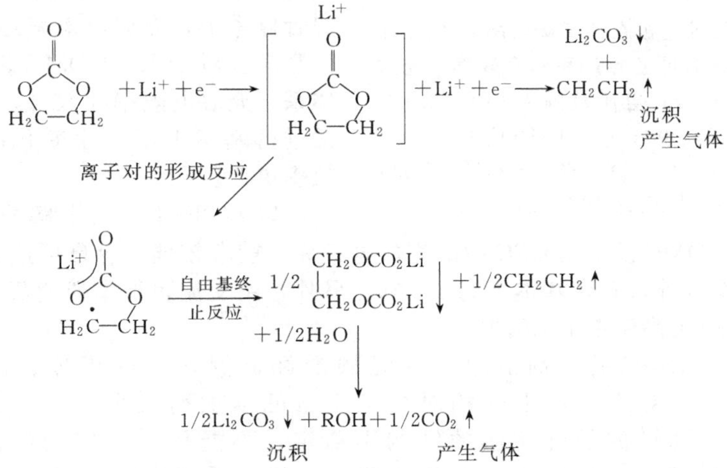

图 10-15 乙烯碳酸酯与锂反应形成 ROCO$_2$Li、（CH$_2$OCO$_2$）$_2$Li、CH$_2$CH$_2$OLi、Li$_2$CO$_3$ 等的过程

同样，共溶剂组分量的多少和电解质盐对电导率及电极材料的电化学行为有明显的影响。图 10-14 表明，在 LiClO₄ 电解质盐中，0.25V 以上有一较长的缓慢平台，显然，它对应于钝化膜的形成以及 EC 的部分分解。与在丙烯碳酸酯中一样，也可以通过加入其他共溶剂进行改性，或将石墨表面进行包覆（见图 10-14），从而改善石墨化炭材料的循环性能。交流阻抗谱以及傅里叶红外光谱的研究结果表明，对石墨基电极而言，采用 1mol/L LiAsF₆ 的乙烯碳酸酯/碳酸二乙酯（3∶1）电解液能够得到最佳的电化学行为。同样，电解液组分的变化对其他炭材料的充电/放电行为亦有明显影响。

在 EC/DEC（1∶1）体系中加入 MEC 和 2-MeTHF，摩尔电导率降低，这归结于电解质的离解程度降低以及介电常数降低，而不是由于黏度的原因。但是以金属锂进行循环，循环效率提高。

在 EC 基电解液中加入 DMC，低温下耐用性提高，而加入 DEC，低温电化学行为改善，如钝化膜的形成、电荷传递阻抗减少，因此以 EC-DMC-DEC 三元体系的电解液较二元体系电解液的低温性能好。在 EC∶EMC（3∶7）的 1mol/L LiPF₆ 溶液中加入 PC，尽管在负极表面形成的 SEI 膜的阻抗相近，然而明显减少了对温度的依赖性，在低温下的电化学性能得到明显的提高。在充放电过程中酯类电解液存在酯交换反应，如以 EMC 为电解液，可检测到 DMC 和 DEC 的存在。

在 EC/DEC 的 LiPF₆ 电解液中加入少量二甲基焦碳酸酯（pyrocarbonate），碳负极的初次充放电效率提高。

对于沥青基碳纤维而言，在乙烯碳酸酯基 LiCF₃SO₃ 电解液中的充放电行为与在丙烯碳酸酯基电解液中明显不同，在 0.8V 附近的放电平台基本上消失，而且循环性能有明显好转。改变电解质盐如采用 LiPF₆，结果发生明显变化，在第 1 次循环的放电过程中，电压在 1.0～0.0V 之间发生缓慢下降，而且随后循环的容量衰减快。这表明对于沥青基碳纤维而言，LiCF₃SO₃ 比 LiPF₆ 的匹配性能更佳。图 10-16 比较了乙烯碳酸酯基电解液体系中共溶剂对充放电效率及循环性能的影响。在 EC、DMC 的混合体系中，充放电效率达 98%，随后亦不发生衰减。对于 EC＋DME 以及 EC＋DEC 混合体系，充放电效率比较低，约 80%，且随循环的进行基本上不发生变化；对于 LiPF₆ 而言，效率更低。

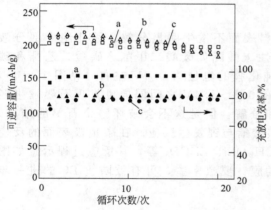

图 10-16　碳纤维电极在乙烯碳酸酯基 1mol/L LiCF₃SO₃ 溶液的可逆容量和库仑效率［充放电电流为 20mA/g；电压范围为 0.0～2.0V；a—EC/DMC（50/50）；b—EC/DEC（50/50）；c—EC/DME（50/50），空心符号表示可逆容量，实心符号表示库仑效率］

以 LiCF₃SO₃ 为电解质盐，研究石墨化中间相微珠在 EC/DMC 及 EC/DEC 中的充放电行为。前者较佳，容量可达 282mA·h/g，除第一次充放电效率以外，其余基本上为 100%。另外，用交流阻抗谱研究界面性能的结果表明，在 DEC 中界面电阻高于在 DMC 中。

在 EC/DEC/DMC 的溶剂中加入一元碳酸酯，例如乙酸甲酯、乙酸乙酯、丙酸乙酯、丁酸乙酯，电导率基本上随相对分子质量的增加而减少。但是相对分子质量太小时，在正负极表面形成的钝化膜的结构不稳定，不能作为良好的保护层；当相对分子质量大时，效果较好。尽管高温性能不理想，因为沸点低，但是可以用于提高电解液的低温性能。

在碳酸烷基甲酯中，碳酸甲丁酯（BMC）作为共溶剂的性能最佳，即使加入一定量的

PC，石墨电极也能发生循环。原因可能在于 BMC 在较高的电位下就发生还原反应，形成 SEI 膜。

10.6.3 其他溶剂

反式-2,3-丁烯碳酸酯的结构与 PC 相似，但是由于其对称性，插入到石墨中的行为受到了抑制，循环效率及低温性能都比较理想，而顺式-2,3-丁烯碳酸酯则能导致石墨的剥离。在 3-烷基斯德酮［结构示意如图 10-17（a）］的电解液体系中，以 3-异丙基斯德酮/DMC 的性能较佳，电导率高。

亚乙烯碳酸酯［vilylene carbonate，见图 10-17（b）］的结构与乙烯碳酸酯基本上相似，饱和单键换为不饱和双键，也可以作为电解液中的添加剂。在石墨化炭材料（人造石墨 KS-25）表面与锂发生反应，形成碳酸酯的聚合物，更有利于钝化膜的形成，因此在 EC/DEC 电解液中不可逆容量降低，循环性能提高，而且在高温下特为明显。在正极材料表面也发生反应，减少了界面电阻，然而对正极的循环性能却影响不明显。

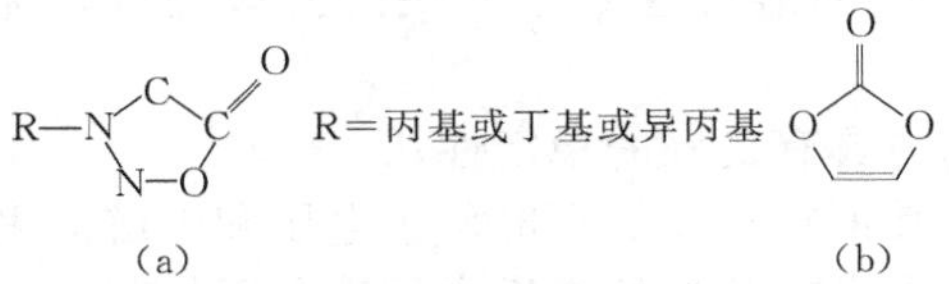

图 10-17　（a）3-烷基斯德酮和亚乙烯碳酸酯（b）的结构示意

线性的烷基亚硫酸酯的结构与线性的烷基碳酸酯相似，但是单独作为溶剂的电化学性能还是不理想。可以作为添加剂加入到 EC 基电解液中，提高电导率，改善低温性能。

碳酸酯的同系物和衍生物进行了很多研究工作，如在 EC 分子中引入不同的基团对其性能的影响。在 EC 分子中引入单卤代、二卤代或三卤代甲基后，得到的化合物具有非常好的物理和化学稳定性，而且还具有较高的介电常数，可显著改善电池的性能。例如三氟甲基乙烯碳酸酯与氯代乙烯碳酸酯的混合物相对于其他电解液而言，如图 10-18 所示，在石墨负极和 $Li_{1+x}Mn_2O_4$ 正极具有较高的可逆容量和较低的不可逆容量。

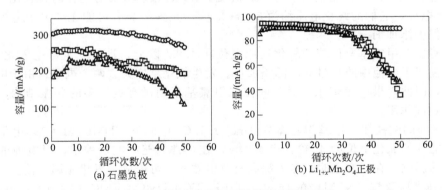

图 10-18　采用氯代乙烯碳酸酯与三氟甲基乙烯碳酸酯（1∶1）的
1mol/L LiPF₆ 作为电解液与其他电解液的循环性能对比
○ ClEC/TFPC；△ PC/TFPC；□ EC/TFPC

10.7　**有机电解液体系的其他研究**

有机电解液体系其他方面的研究主要包括防止过充电、阻燃性电解液、改善 SEI 膜、减少酸含量、增加电导率和改善低温性能。

10.7.1　防止过充电

在锂离子电池体系中，发生过充电时，较多的锂进入正极中，过多的锂造成结构的破坏，另外，这些过多的锂来源于电解质，造成电解质中载流子减少，电导率下降。因此必须控制充电电压。目前过充电的防止主要是通过电子集成回路控制充电电压而实现的。当充电电压达到4.1V或4.2V时，电压不再上升。如果能在电解液中加入某些添加剂：在电池充满电时或略高于该值时，添加剂在正极发生氧化反应，然后扩散到负极，发生还原反应，如式（10-64）和式（10-65）所示。

$$\text{正极：} \qquad\qquad R \longrightarrow O + ne^- \qquad\qquad\qquad (10\text{-}64)$$

$$\text{负极：} \qquad\qquad O + ne^- \longrightarrow R \qquad\qquad\qquad (10\text{-}65)$$

这样在充满电以后，氧化还原电对在正极和负极之间穿梭，吸收过量的电荷，形成内部防过充电机理，从而大大改善电池的安全性能和循环性能。因此该种添加剂被形象地称为"氧化还原飞梭（Redox shuttle）"。过充电保护添加剂一般具有以下特点：

① 在有机电解液中有良好的溶解性和足够快的扩散速度，能在大电流范围内提供保护作用；

② 在电池使用温度范围内具有良好的稳定性；

③ 有合适的氧化电势，其值在电池的充电截止电压和电解液氧化的电压之间；

④ 氧化产物在还原过程中没有其他的副反应，以免添加剂在过充电过程中被消耗；

⑤ 添加剂对电池的性能没有副作用。

LiI可作为3V锂离子电池中的过充电添加剂，但是对金属锂二次电池而言，锂可与I_2发生反应生成LiI而降低锂表面钝化膜的稳定性并加快锂的溶解速度，在充电过程中氧化生成的I_2在$LiAsF_6$/THF电解液中引发THF发生聚合反应。为了避免上述反应的发生，有机电解液中必须加入过量的LiI以便与碘形成稳定的LiI_3，而且$LiI\text{-}I_2$添加剂还会降低Li电极表面钝化膜的稳定性，因此效果并不理想。

二茂铁及其衍生物的氧化电势大部分都在3.0～3.5V之间，这样会导致电池充电尚未完成电池充电过程就被截止。亚铁离子与2,2-吡啶和1,10-邻菲咯啉的配合物具有比二茂铁高约0.7V的氧化电位，它们的终止电压约为3.8～3.9V，是另一类有可能在锂离子电池中得到应用的过充电保护添加剂。

邻位和对位二甲氧基取代苯的氧化还原电位在4.2V以上，且能发生可逆氧化还原反应，因此可作为锂离子电池中防止过充电的添加剂。发生氧化反应失去两个电子，由于电子在苯环上发生共振，因此效果比较理想。对于间位二甲氧基苯则没有这样多的共振结构，稳定性不够，不能起到该作用。

1,2,4-三唑的钠盐和二甲基溴化苯在1mol/L $LiClO_4$的PC/DME（1∶1）电解液中，氧化还原飞梭的开始氧化电位为4.32V和4.24V，在正常的充放电过程中，对电池的电化学行为没有明显的影响，在过充电时，显著提高充放电效率，可望成为氧化还原飞梭。

N-苯基马来酰亚胺（NPM）在1mol/L $LiPF_6$-EC∶DMC∶EMC（1∶1∶1，体积比）电解液中，以Pt为工作电极，在正极材料的电势区间扫描，仅有一个约4.4V的氧化峰出现，具有良好的耐过充性能。在Li//$LiFePO_4$的测试中，则在两个不可逆的氧化峰（约3.9V和4.15V），比以Pt为工作电极要低，这表明实际电池体系中比较复杂些。过充测试（见图10-19）表明，NPM完全可以用于$LiFePO_4$，作为耐过充剂，进一步提高锂离子的安全性能。

10.7.2　阻燃性电解液

由于液体电解质锂离子电池的最大问题在于安全。为了延长电子器件的工作时间，必须提高电池的容量，容量一大，电解液的量增加，更容易产生安全性问题，特别是滥用或误用时。

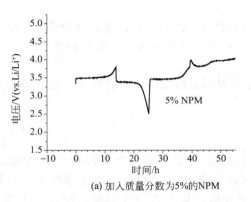
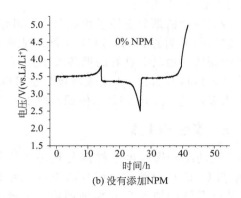

(a) 加入质量分数为5%的NPM　　　　　(b) 没有添加NPM

图 10-19　Li//LiFePO$_4$ 电池在 LiPF$_6$/EC＋DMC＋EMC（1∶1∶1，体积比）
电解液中正常充放电和过充时的电压-时间曲线

因此提高电解质的着火点或阻燃性是一个重要的方面。目前的主要方向为加入一些高沸点、高闪点和不易燃的溶剂可改善电池的安全性，当然也可以选择热稳定性高的有机溶剂。氟代有机溶剂具有较高的闪点，不易燃，将这种有机溶剂添加到有机电解液中，有助于改善电池在受热、过充电等状态下的安全性能。一些氟代链状醚如 C$_4$F$_9$OCH$_3$ 曾被推荐用于锂离子电池中，能够改善电池的安全性能。但氟代链状醚往往具有较低的介电常数，因此电解质锂盐在其中的溶解性差，同时很难与其他介电常数高的有机溶剂相溶。

对于含氟的碳酸酯，由于氟的取代，碳酸酯的熔点低、氧化稳定性提高，有利于在碳基负极材料表面形成有效的钝化膜。研究的一些含氟线型碳酸酯有：甲基-2,2,2-三氟乙基碳酸酯、乙基-2,2,2-三氟乙基碳酸酯、丙基-2,2,2-三氟乙基碳酸酯、甲基-2,2,2-2′,2′,2′-六氟异丙基碳酸酯、乙基-2,2,2-2′,2′,2′-六氟异丙基碳酸酯和二-2,2,2-三氟乙基碳酸酯。研究的含氟环状碳酸酯类化合物有一氟代甲基碳酸乙烯酯（CH$_2$F-EC）、二氟代甲基碳酸乙烯酯（CHF$_2$-EC）和三氟代甲基碳酸乙烯酯（CF$_3$-EC），它们能与乙烯碳酸酯、丙烯碳酸酯等有机溶剂混溶。氟代环状碳酸酯类化合物具有较好的化学和物理稳定性，较高的闪点和较高的介电常数，能够很好地溶解电解质锂盐，电池中添加了这类有机溶剂电池可表现出较好的充放电性能、循环性能和阻燃性。

其他的一些添加剂如有机磷酸酯、硅烷、硼酸酯也可以作为阻燃剂，改善电池的安全性。含磷的阻燃剂包括六甲氧基环三膦嗪 [NP(OCH$_3$)$_2$]$_3$、磷酸酯 O∶P (OR^1) (OR^2) (OR^3) (R^1、R^2、R^3 为 C$_1$～C$_4$ 的烷基、C$_6$～C$_8$ 芳香基或芳烷基）和环磷酸酯（见图 10-20）等。其中磷酸三甲酯有较好的阻燃作用，但易嵌入负极，与负极发生反应；磷酸三乙酯等含碳较多的磷酸酯阻燃效果差。

图 10-20　可作为阻燃添加剂的环磷酸酯（R^4 为 C$_2$～C$_8$ 亚烷基，R^5 为 C$_1$～C$_4$ 的烷基）

将烷基磷酸酯中的部分氢原子用氟原子取代，尽管电导率有所下降，但是抗阻燃性有明显提高。由于氟原子的引入，碳负极的电化学稳定性有明显改善；在组成的锂离子电池中，表现为稳定的循环性能。可是，快速充放电性能和低温性能有所下降。

具有以下结构式的链状碳酸酯不易燃烧，也可作为不燃溶剂用于锂离子电池中。

R^{1}CH$_2$—O—CO—OCH$_2$R^2（Ⅰ）　　　R^3—O—CO—OR^4（Ⅱ）

其中 R^1、R^2 可为氢或烷基、卤代烷基，但 R^1 和 R^2 不相同；同样 R^3、R^4 可为烷基或卤代烷基，但 R^3 和 R^4 不相同。

将羧酸酯中的部分氢原子用氟取代后可作为阻燃剂，能明显提高电解液的热稳定性。例如采用二氟乙酸甲酯的 $LiPF_6$ 溶液与金属锂或 $Li_{0.5}CoO_2$ 的放热峰可以提高到约 300℃。当然，对金属锂而言，也具有良好的循环效率。

另外，1,1,2,2,3,3,4-七氟环戊烷也可以作为阻燃的添加剂。一般而言，这些添加剂的含量不需太多，基本上在 15%（体积）以下。

10.7.3 改善 SEI 膜

SEI 膜的结构影响电极材料尤其是负极材料的电化学性能。向电解液中添加用以生成 Li_2SO_3 和 Li_2CO_3 等钝化膜组分的原料 SO_2 和 CO_2，能改善碳负极的电化学性能。石墨电极在 PC 基电解液中加入 SO_2 添加剂后，负极的充放电性能可大幅度提高；加入 CO_2 添加剂，负极充放电性能的提高虽不如 SO_2 的作用大，但也十分明显。主要原因在于 SO_2 和 CO_2 在碳负极表面的反应产物 Li_2S、Li_2SO_3、Li_2SO_4 和 Li_2CO_3、Li_2O 等是组成性能优良的 SEI 膜的重要成分，它们的化学稳定性好、不溶于有机溶剂、具有良好的锂离子导电性能、抑制溶剂分子的共插入和还原分解对电极的破坏。直接将碳酸锂加入到 EC/DMC 的 1mol/L $LiPF_6$ 中，在炭表面进行还原时就已经形成了钝化膜，也可以有效抑制溶剂的共插入和石墨负极的剥离。

卤化锂的锂离子导电性能虽不如 Li_2SO_3 和 Li_2CO_3，但它们为热力学稳定的 SEI 组分，对稳定 Li_2SO_3 和 Li_2CO_3 等其他 SEI 膜组分有重要意义。

上述添加剂主要是参与 SEI 的形成，改善 SEI 膜的稳定性。为了进一步改善 SEI 膜的性能，必须探索新的添加剂。目前的理论研究认为该类添加剂应该满足如下条件：

① 具有比主体溶剂高的还原电位，便于在溶剂发生分解前先在负极表面还原成膜；

② 具有低于主体溶剂的 LUMO（the lowest unoccupied molecular orbital）值，或者相对高于主体溶剂的电子亲和势（electron affinity，EA）；

③ 较好的反应活性，容易在负极上形成致密的 SEI 膜。

因此，在有机电解液中加入一定量的有机溶剂，可以在碳电极表面形成稳定的 SEI 膜，降低成膜过程中电解液的消耗，从而可以改善锂离子电池的性能和寿命。在 PC 电解液中加入适量的氯代乙烯碳酸酯、溴代丁内酯或氯代甲酸甲酯，可提高锂离子电池的循环性能，增加可逆容量约 10%。加入卤化物如 LiI、LiBr 或 NH_4I，亦可以有效改善钝化膜，同时也可以防止 Mni(Ⅱ) 的溶解。

对于碳酸甲丁酯而言，它可以在比 PC 高的电位进行还原，生成钝化膜，从而可以有效抑制 PC 的分解和共插入。因此在 EC/PC 溶液中加入碳酸甲丁酯的电解液对于石墨负极材料而言，具有良好的循环性能。

在电解液中加入含硫化合物例如亚硫酸二甲基酯（dimethyl sulfite）、乙烯亚硫酸酯（ethylene sulfite）时，由于其黏度低，低温性能有了明显提高。但是在丙烯碳酸酯中并不能防止 PC 的共插入，只是在乙烯碳酸酯中才有良好的稳定性。

丙烯腈加入后，由于发生电聚合，可以形成聚合物，因而可以形成很好的表面膜。对于其他具有吸电子功能的乙烯类化合物也将具有同样的功能，原因在于其容易还原，发生聚合，形成聚合物（见图 10-21）。该类聚合物可以成为 SEI 膜的重要组成部分。加入 0.3mol/L 2-乙氧基-4,4-二甲基-丁内酯时，亦可以形成良好的钝化膜，抑制 PC 的分解和共插入。

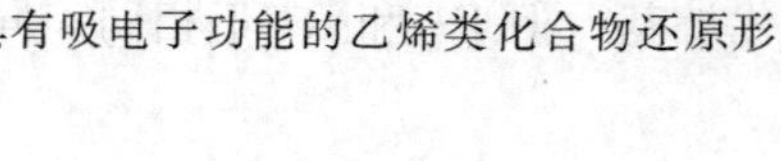

图 10-21　具有吸电子功能的乙烯类化合物还原形成聚合物示意

在有机电解液中加入聚合物例如聚氧化乙烯、聚丙烯腈和聚乙烯吡咯酮，也可以改善金属锂的钝化膜性能，提高循环效率。加入三-（五氟苯基）硼烷对提高钝化膜的稳定性也具有良好的作用。

在电解液中加入醋酸锰，可以得到良好的 SEI 膜，从而可以提高碳纳米管的电化学性能。加入 LiI 或 LiBr，亦可以有效抑制石墨电化学性能的衰减。

加入氟代碳酸酯后，界面膜的电阻明显降低，锂离子传递时产生的极化小，而且在低温下也具有良好的锂离子传递能力。图 10-22 所示为部分氟代碳酸酯的结构。

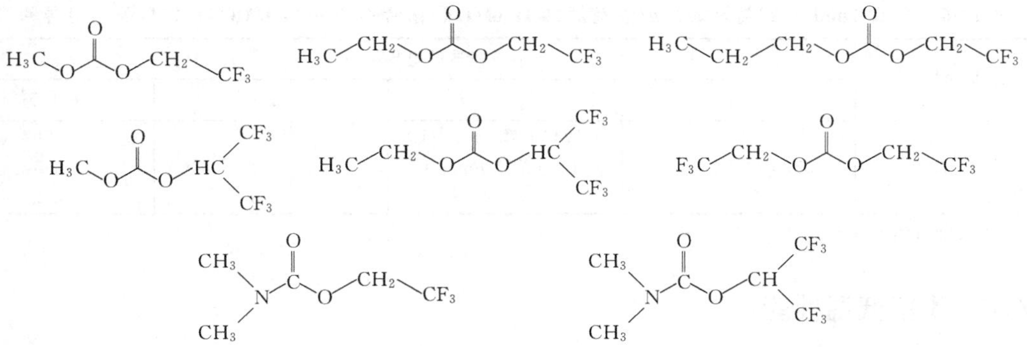

图 10-22　部分氟代碳酸酯的结构

10.7.4　减少酸含量

有机电解液中存在痕量的水和 HF，对性能优良的 SEI 膜的形成具有一定的作用，这些都可以从 EC、PC 等溶剂在电极界面的反应中看出。但水和酸（HF）的含量过高，不仅导致 LiPF$_6$ 的分解，而且会破坏 SEI 膜。Al$_2$O$_3$、MgO、BaO 和锂或钙的碳酸盐等作为添加剂加入到电解液中，与电解液中微量的 HF 发生反应，降低电解液中 HF 的含量，阻止其对电极的破坏和对 LiPF$_6$ 分解的催化作用，提高电解液的稳定性，从而改善锂离子电池的性能。但是这些物质除去 HF 的速度较慢，因此很难做到阻止 HF 对电池性能的破坏。一些酸酐类化合物虽然能较快地除去 HF，但同时又产生了破坏电池性能的其他酸性物质。烷烃二亚胺类化合物能通过分子中的氢原子与水分子形成较弱的氢键，从而能够阻止水与 LiPF$_6$ 反应产生 HF。

当然，如果完全采用 LiBOB 作为支持盐，显然减少酸的含量的意义就不太大了。

10.7.5　增加电导率

锂离子电导率的增加主要是提高支持锂盐的溶解和电离。按其类型来分，主要有两类：与锂离子发生作用和与阴离子发生作用。

与锂离子发生作用的有胺类、冠醚和穴状化合物。NH$_3$、一些低分子量胺类化合物和乙酰胺或其衍生物乙酰甲胺、乙酰乙胺等能够与 Li$^+$ 发生强烈的配位作用，减小了溶剂化半径，从而能够显著提高电解液的电导率，改善电池的比能量密度和循环效率。冠醚和穴状化合物与锂离子形成包覆式螯合物，从而能够提高锂盐在有机溶剂中的溶解度，实现阴、阳离子对的有效分离和锂离子与溶剂分子的分离，这些冠醚和穴状化合物不仅能提高电解液的电导率，而且有可能降低充电过程中溶剂的共插入和分解，12-冠-4-醚还能显著改善碳负极在 PC、MF、THF 等溶剂基电解液中的电化学性能。

与阴离子发生作用的主要是一些受体化合物。例如具有如下结构（见图 10-23）的硼化物也可以作为提高电导率的添加剂，能够与锂盐阴离子例如 F$^-$、PF$_6^-$ 等形成配合物，提高锂盐在有机溶剂中的溶解度和电导率。主要电导率示于表10-6，电化学窗口一般在5.0V以上。

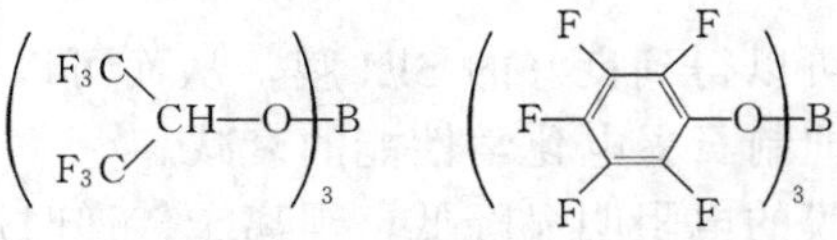

图 10-23 部分含硼化合物添加剂

表 10-6 含有 1mol/L 锂盐及添加或没有添加 1mol/L 硼化合物的 EC∶DMC 在 25℃ 下的电导率

添加剂	不同锂盐的电导率/(mS/cm)			
	LiF	LiCl	LiBr	CF₃CO₂Li
	—	0.124[①]（<0.1mol/L）	2.23	0.702
[(CF₃)₂CHO]₃B	1.35[①]（约 0.2mol/L）	3.46[①]（约 0.6mol/L）	5.14	5.44
(C₆F₅O)₃B	3.58	3.79	3.66	3.83

① 最大浓度时的电导率。

10.7.6 改善低温性能

低温性能为拓宽锂离子电池使用范围的重要因素之一，也是目前航天技术中必须具备的。N,N-二甲基三氟乙酰胺的黏度低（1.09cP，25℃）、沸点（135℃）和闪点（72℃）高，可以替代低黏度的线型碳酸酯如二甲基碳酸酯、二乙基碳酸酯等。由于两者的凝固点均在−40℃附近以下，且 N,N-二甲基三氟乙酰胺在石墨表面有较好的成膜能力，对正极也有较好的氧化稳定性，因此以其与 PC 的混合物作为溶剂，组装的锂离子电池在低温下具有优良的循环性能。当然，加入有机硼化合物也有利于锂离子电池低温性能的提高；加入如图 10-23 所示的含氟碳酸酯亦能提高低温性能。

就锂离子电池的整体性能而言，不仅仅取决于电极材料，而且也取决于相关材料。但是目前而言，电解液常用 LiPF₆ 为支持电解盐，有机溶剂主要是以乙烯碳酸酯为溶剂基体，然后加入一些共溶剂如 DMC、DEC、EMC 等。由于碳负极在该类电解质体系中比较稳定，放电容量高，电导率高，内阻小，充放电速率快，所以该类电解质市场上比较常见。其他电解质锂盐的研究大有可为，在这方面的研究将有可能彻底解决锂离子电池的安全或毒性问题，特别是将来的回收和环保问题。另外，如果将石墨的剥离问题彻底解决后，如在石墨表面进行结实的包覆或将丙烯碳酸酯进行改性，那么电解质体系的选择性将大大增加，丙烯碳酸酯也可以作为基体溶剂，同时也将大大拓展锂离子电池的低温范围。如果能够建立有效的数据库和模型，指导锂离子电池电解液的配制，这将大大推动锂离子电池的发展。

10.8 离子液体

离子液体（Ionic Liquid，IL）是指由有机阳离子和无机/有机阴离子构成的、在室温或室温附近呈液体状态的盐类，通常也称室温离子液体（room temperature ionic liquid，RTIL；ambient-temperature ionic liquid，ARTIL）、室温熔融盐（room temperature molten salt，RTMS；room temperature fused salt，RTFSs）、离子流体（ionic fluid）或有机离子液体（liquid organic salt），简称离子液体（ionic liquid，IL）。早在 1914 年 Paul Walden 就制得了一种熔点为 12℃ 的有机盐——硝酸乙基铵（EtNH₃⁺NO₃⁻），这是最早的离子液体。1948 年，F. H. Hurley 和 T. P. Wier 将三氯化铝和卤化乙基吡啶混合加热得到无色透明液体。该类离子

液体标志着第一代离子液体——氯铝酸盐离子液体的诞生。1963 年 John Yoke 研发出了基于氯化亚铜阴离子（$CuCl_2^-$）的离子液体。1967 年，Swain 等报道了离子液体苯甲酸四正己基铵。直到 20 世纪 70 年代后期，在 R. A. Osteryoung 等合成了 N-烷基吡啶氯铝酸盐之后，以四烷基铵阳离子和以氯化铝为阴离子的离子液体才被广泛研究。1982 年，J. S. Wilkes 等首次报道了含氯化铝的离子液体 1-乙基-3-甲基咪唑盐，其比 N-烷基吡啶氯铝酸盐性能更稳定，还原电位更负，被大量应用于电化学等领域中。由于此类离子液体对水极其敏感，需要在完全真空中或惰性气氛下进行处理和研究，因此阻碍了其广泛应用。直到 1992 年，J. S. Wilkes 领导的研究小组合成出抗水性强、稳定性好的 1-乙基-3-甲基咪唑硼酸盐（EMIM[BF_4]）类离子液体，该类离子液体对水和空气都稳定。从此离子液体的研究才迅速发展起来。

离子液体是由传统的高温熔融盐演变而来的，但其性质与常规的离子化合物有很大不同。常规的离子化合物只有在高温下才能变成液态，而离子液体在室温附近很宽的范围内均为液态，有些离子液体的凝固点甚至可达到 -96℃。与传统有机溶剂相比，离子液体具有许多独特的性质：

① 在较宽的温度范围内为液体，通过调节阴、阳离子的大小及结构可实现在 $-90\sim400$℃范围内呈液体状态；

② 无色无嗅，蒸气压低，不易挥发，消除了有机溶剂挥发而导致的环境污染和着火安全问题，有利于微型电池的制备；

③ 高温下不易挥发，热稳定性好，熔点低，例如 1-正丁基-3-4-甲基咪唑四氟硼酸盐在低至 -82℃时仍为液体；

④ 各离子不带有电子；

⑤ 不含有溶剂，尽管黏度高，有利于离子迁移；

⑥ 对大量的无机和有机物质具有良好的溶解能力，可以作为溶解其他盐的优良溶剂；

⑦ 比热容大；

⑧ 分解电压低，但大多数具有较宽的电化学窗口（4~6V）；

⑨ 载流子数目多，离子电导率高；

⑩ 不具有可燃性，无着火点，具有良好的安全性；

⑪ 除 $AlCl_3$ 类熔融盐外，大部分与正极、负极之间的相容性好；

⑫ 具有可设计性，离子液体性质可以通过调节阴阳离子的种类进行组合，从理论上讲，离子液体有上万亿种。

目前锂离子电池用的电解质通常由有机溶剂与无机盐组成。有机溶剂在高温时易挥发、易燃烧，故安全可靠性差。为了推动锂离子电池的发展，解决电池的安全性问题，必须开发新型的安全电解质体系。如上所述，离子液体具有普通有机溶剂不具备的一些优良性能，因此成为了研究方向之一。

10.8.1　离子液体的种类

离子液体的种类繁多，如果以阳离子的不同对离子液体进行分类，最为常见的一般有以下几种类型：脂肪族季铵盐离子液体（tetraalkylammonium）、季镤盐离子液体（phosphonium）、锍盐离子液体（sulfonium）、吡咯盐离子液体（pyrrolidium）、哌啶盐离子液体（piperidinium）、吗啉盐离子液体（morpholinium）、咪唑盐离子液体（imidazolium）、吡啶盐离子液体（pyridinium）、吡唑盐离子液体（pyrazolium）、吡咯啉盐离子液体（pyrrolinium）和胍盐离子液体（guanidinium）等，其中最常见的为咪唑盐离子液体和季铵盐离子液体。如果以阴离子的不同对离子液体进行分类，大致可以分为以下两种类型：一类是"阳离子卤化盐＋$AlCl_3$"型的离子液体，如［BMIM]$^+$ $AlCl_4^-$，该体系的酸碱性随 $AlCl_3$ 的摩尔分数的不同而改变，此类离子液体对水和空气都相当敏感；另一类可称为"新型"离子液体，体系中与阳离子匹配的阴离子有多种选择，如 BF_4^-、PF_6^-、$TfN^-[(CF_3SO_2^-)_2N^-]$、Cl^- 等，这类离子液体与 $AlCl_3$ 类不同，其具有固定的组成，对水和空气是相对稳定的。常见阳离子和阴离子的结构式如图 10-24 所示。阳离子中的烷基取代基也可以被其他不同官能团如—NH_2、—O—、—CN、—COOR、—SH、—OH 等取代，形成含功能基团的离子液体。

阳离子：

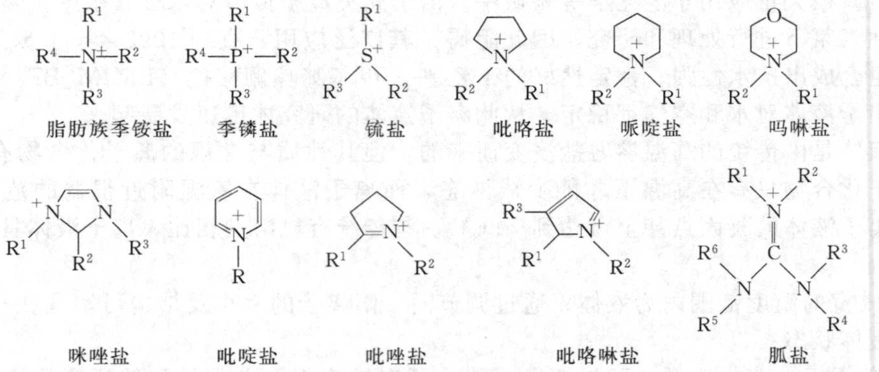

脂肪族季铵盐　季锑盐　锍盐　吡咯盐　哌啶盐　吗啉盐

咪唑盐　吡啶盐　吡唑盐　吡咯啉盐　胍盐

阴离子：

F^-、Cl^-、Br^-、I^-、BF_4^-、PF_6^-、AsF_6^-、SCN^-、$CF_3CO_2^-$、$CF_3SO_3^-$、$C_4F_9SO_3^-$、$N(CN)_2^-$、$C(CN)_3^-$、$B(CN)_4^-$、$(CF_3SO_2)_2N^-$、$(C_2F_5SO_2)_2N^-$、$(C_2F_5SO_2)(CF_3SO_2)N^-$、$(C_nF_{2n+1})_3PF_3^-$、$(CF_3CO)(CF_3SO_2)N^-$、$(FSO_2)_2N^-$、$(CF_3SO_2)_3C^-$、$C_nF_{2n+1}BF_3^-$、$(HF)_nF^-$、$BOB^-$

图 10-24　离子液体中部分阳离子和阴离子结构示意

一般的离子液体（单阳离子型离子液体）是由独立的含单电荷的阳离子和阴离子构成，也有一些离子液体具有多电荷中心结构，如双（多）中心阳离子型离子液体和阴阳离子（zwitterionic）型盐（见图 10-25）等。双中心或多中心阳离子型离子液体是由含两个或两个以上的含单电荷中心的阳离子和不同阴离子所构成的离子液体，与单中心阳离子型离子液体相比，具有更大的密度、更高的热稳定性及更宽的液态温度范围。阴阳离子型盐离子液体中的阳、阴离子间通过共价键连接，使离子自由度降低，熔点较高，一般在 $100\sim300℃$ 范围以内。增加阳离子烷基链的长度会降低熔点，但同时会增加黏度，降低离子密度，因此 N-乙基咪唑阳离子结构是目前可以认可的最佳结构；对于阴离子结构，引入酰亚胺结构，可以降低纯阴阳离子型盐的熔点或增加阴阳离子型盐/LiTFSI 混合物中 Li^+ 的迁移数。这种盐在电场中只能取向不能移动，其用作锂离子电池电解质既能保证锂离子的顺利移动，又可以阻止电解质阳离子沿着电极间的电位梯度自身发生泳动。

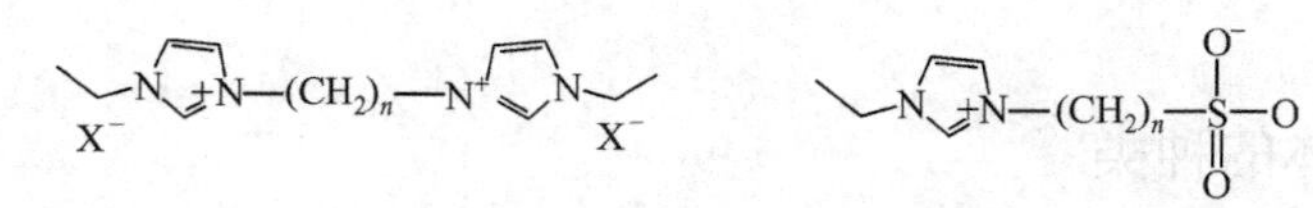

X＝Br，TFSI　　　　　$n=3$：EIm-3S，$n=4$：EIm-4S
(a)　　　　　　　　　　(b)

图 10-25　(a) 双中心咪唑阳离子型离子液体和 (b) 阴阳离子型的结构示例

10.8.2　离子液体的制备

离子液体制备大体上有两种基本方法：直接合成法和两步合成法。直接合成法是通过酸碱中和反应或季铵化反应一步合成离子液体，该方法经济简单，没有副产物。如硝基乙胺离子液体就是由乙胺的水溶液与硝酸中和反应制备的；通过季铵化反应也可以一步制备出多种离子液体，如 $[C_4MIM]Cl$ 的制备。虽然一步法合成简单，但用此法制备的离子液体种类有限，大多数离子液体必须使用二步法合成：第一步先由叔胺类或膦类与卤代烷反应合成出含目标阳离子的卤盐，第二步再将卤阴离子交换为所要的目标阴离子。需要特别注意的是，在第二步反应时不可能使目标阴离子完全置换卤阴离子，有少量副产物会溶在离子液体中。副产物易溶于水，对于憎水型离子液体，提纯方法很简单，可用去离子水洗涤产物得到高纯度离子液体；但对于亲水型离子液体，有时需要特殊的提纯方法。咪唑系离子液体的典型两步合成步骤如图 10-26 所示。

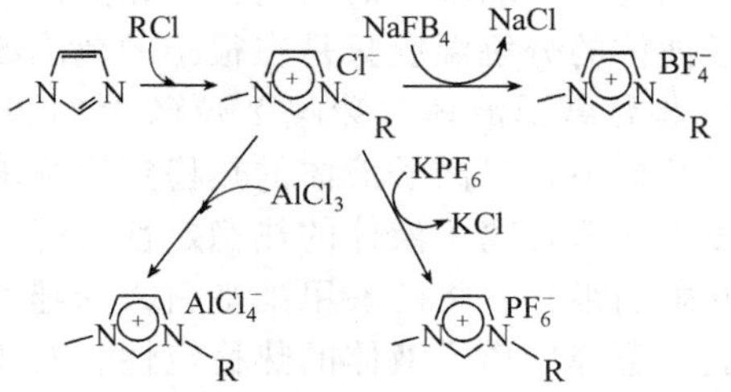

图 10-26 合成咪唑系离子液体的典型反应步骤

除了上述两种基本合成方法外，微热技术、超声辐射技术和溶剂热技术等新的绿色化学合成方法也被用于离子液体的制备，以缩短反应时间，提高反应转化效率。

离子液体的纯度对于其应用和物理化学特性的表征至关重要。首先在用目标阴离子交换含目标阳离子的卤盐时，应确保反应进行完全，以降低纯化难度。离子液体纯化一般采用真空干燥的方法，但是这种纯化方法很难做到绝对无水，而且配位能力较强的卤素离子更难从离子液体中彻底除掉。

10.8.3 离子液体的性质

离子液体能否作为电解质使用有几个重要的评价指标，即熔点、热分解温度、黏度、电导率、电化学窗口。希望得到低熔点、低黏度、高离子电导率以及宽电化学窗口的离子液体，以解决目前锂离子电池的安全隐患问题。

（1）熔点

熔点是离子液体重要的物理化学性质之一。有些离子液体没有熔融转变，但存在玻璃化转变温度。离子液体的熔点与其化学结构之间的关系目前还未找到明确的规律，但可以看到离子液体阳离子和阴离子的结构对熔点都有明显的影响。

含不对称阳离子如 [EtMeIm]$^+$、[BuMeIm]$^+$ 的离子液体比含对称阳离子如 [EtEtIm]$^+$ 的离子液体有相对较低的熔点；阳离子结构上烷基链的支化往往使熔点升高，比如 [PrMeIm]PF$_6$ 的熔点为 40℃，而当咪唑结构上的正丙基被换成异丙基时，即 [iPrMeIm]PF$_6$，熔点升高至 102℃；另外，在咪唑环的 2 位碳上的质子被甲基取代也会导致熔点上升。可见，低熔点离子液体的阳离子具备以下特点：低对称性、弱的分子间作用力以及阳离子电荷的均匀分布。

阴离子种类对熔点也有影响。在大多数情况下，随着阴离子体积增加，离子液体熔点相应下降；含某些阴离子如二-(三氟甲基磺酰) 亚胺 $[N(CF_3SO_2)_2^-]$ 的离子液体，由于阴离子上氟取代基对负电荷强离域作用使它与阳离子间的相互作用力减弱，导致离子液体熔点相对较低；低对称性阴离子，如 $(CF_3SO_2)(CF_3CO)N^-$ 组成的离子液体，当阳离子为对称结构时，在室温下也可能是液体，比如 $[Et_4N](CF_3SO_2)(CF_3CO)N$ 的熔点为 20℃。另外，离子液体纯度对熔点也有很大的影响，比如 $[EtMeIm]N(CF_3SO_2)_2$ 熔点范围在 $-3 \sim -21℃$ 之间，这种波动是由于离子液体中杂质含有水分造成的。

同时，很多离子液体电解液存在超冷现象，造成它们的熔点与凝固点不相同。液体在熔点以下结晶，首先必须形成晶核。可液体冷却时黏度上升，阻止晶核的生成。在没有晶核的环境下，到一定温度时液相转变为无定形固相，这个温度通常被看做凝固点。超冷液体处于亚稳态，可自发结晶。离子液体熔点与凝固点有时差别很大，比如 [PrMeIm]Cl，其熔点为 60℃，而凝固点低至 −140℃，说明它在室温下也可以是液体。由此可见，一些离子液体在室温下既可以是固体也可以是液体。

（2）热稳定性

离子液体的热稳定性也与阳离子和阴离子的结构密切相关。对于阳离子来说，结构相近或只是烷基上碳数的改变，离子液体的分解温度只是在很小的范围改变；咪唑类离子液体热稳定性优于季铵盐类、吡啶类和吗啉类离子液体。咪唑 2 位碳上的质子被烷基取代会提高热稳定性。将功能基团引入到阳离子结构中，对离子液体的热稳定性影响各不相同：对于季铵类离子液体来说，甲基乙基醚功能团引入后，离子液体的热稳定性会降低，而季磷类离子液体来引入甲基乙基醚功能团对热稳定的影响很小。将乙酸甲酯基引入咪唑类、吡咯类、吗啉类和哌啶类离子液体的阳离子结构中，能显著降低离子液体的热稳定性。对于常见的几种常见阴离子来说相对热稳定性有如下趋势：$PF_6^- > N(C_2F_5SO_2)_2^- > N(CF_3SO_2)_2^- \approx BF_4^- > C(CF_3SO_2)_3^- \gg X^-$（$Cl^-$、$Br^-$、$I^-$）。

（3）密度

常见离子液体在室温（25℃）时的密度见表 10-7，其数值通常在 1.1～1.6g/cm³ 之间，但以某些阴离子，如 $N(CN)^{2-}$ 组成的离子液体密度小于 1g/cm³。人们探讨了离子液体阳离子和阴离子的结构对密度的影响，发现阳离子上烷基碳链增长会导致密度降低；阴离子为配位能力弱且体积较大的离子时，如 $N(CF_3SO_2)^{2-}$ 和 $C_4F_9SO_3^-$ 阴离子，离子液体具有相对较高的密度。对于咪唑阳离子系列离子液体，离子液体的密度随温度的变化关系有一定的规律，即在一定的温度范围内（5～45℃）符合线性方程：$\rho = b - aT$，其中 ρ 为在温度 T 时的密度，a 为密度系数，b 为一具有密度单位的常数。

（4）黏度

黏度影响离子液体的扩散性质。常见离子液体黏度数据见表 10-7。由于离子液体阴、阳离子间作用力比小分子溶剂中分子间作用力强，使得离子液体的黏度较大，一般是水的黏度（1cP，20℃）的几十倍至几百倍，甚至可以达到 1000cP 以上。

黏度与离子液体的阴、阳离子结构密切相关。一般认为，阴阳离子之间的库仑引力、范德华力以及氢键作用，会对离子液体的黏度产生影响，这三种作用力变大，都会引起黏度增加。当阳离子尺寸变大（或是烷基链增长），使得阴阳离子之间范德华力增强，而氢键作用减弱，使得离子液体的黏度常出现增加或先降低后增加的变化现象。

在各种结构的阳离子中，1-乙基-3-甲基咪唑阳离子和三乙基锍阳离子型离子液体具有较低的黏度，这主要是由于这两类阳离子具有平面结构，此外，1-乙基-3-甲基咪唑阳离子中不饱和键对正电荷的强离域作用，降低了库仑引力，从而有助于降低黏度。阳离子结构中引入不同的官能团，也会对黏度产生很大影响。如将醚基官能团引入到季铵类、吡咯类、哌啶类和季磷类离子液体中，能降低离子液体的黏度，两个原因被用来解释这一现象：①醚基团为供电子基团，能降低阳离子中心正电荷密度，从而降低阴阳离子之间的静电引力；②醚基团具有一定的挠性，能够改善离子的移动能力，从而降低黏度。将吸电子功能团引入阳离子中，如 —COOR、—CN 等，增加阳离子中心的正电荷密度，从而增强阴阳离子之间的静电引力，最终使黏度升高。

一般来说，对于相同阳离子，阴离子尺寸越大离子液体黏度越高，如 $CF_3SO_3^-$ 到 $C_4F_9SO_3^-$ 或从 $CF_3CO_2^-$ 到 $C_3F_7CO_2^-$ 同阳离子离子液体黏度逐渐增大，由于范德华力的增强强度超过了氢键的减弱程度，使得离子液体的黏度明显增大。虽然 $N(CF_3SO_2)_2^-$ 阴离子尺寸大于 BF_4^- 或 PF_6^-，但 $N(CF_3SO_2)_2^-$ 离子液体的黏度常低于 BF_4^- 或 PF_6^- 阴离子型离子液体的黏度，这是因为含 BF_4^- 或 PF_6^- 阴离子的离子液体有强的氢键作用，含 $N(CF_3SO_2)_2^-$ 的离子液体虽然有强的范德华力，但阴离子上氟取代基对负电荷的强离域作用大大减弱了它与阳离子的相互作用，从而降低了黏度。

　　离子液体黏度受温度影响很大，黏度随温度升高而减小。黏度与温度的关系在一定的温度范围内变化，符合阿伦尼乌斯方程：$\eta = A\exp(E_a/RT)$，其中 η 为在温度 T 时的黏度，E_a 为活化能，A 为常数。有的离子液体的黏度与温度的关系更符合 Vogel-Tamman-Fulcher (VTF) 方程：$\eta = \eta_0 \exp[B/(T-T_0)]$，其中 η 为在温度 T 时的黏度，η_0、B 和 T_0 为常数。

　　(5) 电导率

　　离子液体作为电解质应用于锂离子电池中，离子导电性能至关重要。常见离子液体电解质电导率 (σ) 列于表 10-7 中。离子液体在室温下的离子电导率通常在 $0.1\sim10$ mS/cm 之间。$[EtMeIm]F_{2.3}$ HF 的室温离子电导率高达 100 mS/cm，在目前已报道的离子液体中电导率最高。1-乙基-3-甲基咪唑阳离子系列离子液体室温离子电导率在 10 mS/cm 左右，而吡咯阳离子、吡啶阳离子、哌啶阳离子、脂肪族季铵阳离子类离子液体室温离子电导率在 $0.1\sim5$ mS/cm 之间。

表 10-7　部分离子液体在 25℃ 测得的一些物理常数

离子液体	浓度/(g/mol)	密度/(g/cm³)	σ/(mS/cm)	η/cP
咪唑类				
$[MeMeIm]^+[N(CF_3SO_2)_2]^-$	391.0	1.559(22)	8.40(20)	44(20)
$[EtMeIm]^+[BF_4]^-$	197.8	1.24	14	25.7(25)
	197.8	1.279	14	32
	197.8	1.28	14	37
	197.8		13(26)	43(26)
$[EtMeIm]^+[C(CF_3SO_2)_3]^-$	522.0		1.3(22)	
$[EtMeIm]^+[CH_3CO_2]^-$	170.0		2.8(20)	162(20)
$[EtMeIm]^+[CF_3SO_3]^-$	260.0	1.39(22)	8.6(20)	45(20)
	260.0		11(22)	
$[EtMeIm]^+[CF_3CO_2]^-$	224.0	1.39	9.6(20)	35
	224.0	1.285(22)	9.6(20)	35(20)
$[EtMeIm]^+[N(CF_3SO_2)_2]^-$	391.0	1.52(22)	8.8(20)	34
	391.0	1.518	5.7	
	391.0		8.6(22)	
	391.0		9.2	
	391.0		8.4(26)	28(26)
	391.0			
$[EtMeIm]^+[N(C_2F_5SO_2)_2]^-$	491.0		3.4(26)	61(26)
$[EtMeIm]^+[N(CN)_2]^-$	175.0	1.06		21
$[EtEtIm]^+[CF_3SO_3]^-$	274.0	1.33(22)	7.5(20)	53(20)
$[EtEtIm]^+[N(CF_3SO_2)_2]^-$	405.0	1.45(21)	8.5(20)	35
$[EtEtIm]^+[CF_3CO_2]^-$	238.0	1.25(22)	7.4(20)	43(20)
$[1\text{-}Et\text{-}2,3\text{-}Me_2Im]^+[N(CF_3SO_2)_2]^-$	405.0	1.495(21)	3.2(20)	88(20)
$[1\text{-}Et\text{-}3,5\text{-}Me_2Im]^+[N(CF_3SO_2)_2]^-$	405.0	1.47(22)	6.6(20)	37(20)
$[1\text{-}Et\text{-}3,5\text{-}Me_2Im]^+[CF_3SO_3]^-$	274.0	1.33(20)	6.4(20)	51(20)
$[1,3\text{-}Et_2\text{-}5\text{-}MeIm]^+[N(CF_3SO_2)_2]^-$	419.0	1.43(23)	6.2(20)	36(20)
$[BuMeIm]^+[BF_4]^-$	225.8	1.21	3.5(25)	180
	225.8	1.17(20)	1.73(20)	233(20)
$[BuMeIm]^+[PF_6]^-$	284.0		1.8(22)	
	284.0	1.36(20)	1.4(20)	312(20)
	284.0	1.33		
$[BuMeIm]^+[N(CF_3SO_2)_2]^-$	419.0	1.429(19)	3.9(20)	52(20)

续表

离子液体	浓度/(g/mol)	密度/(g/cm³)	σ/(mS/cm)	η/cP
$[BuMeIm]^+[CF_3SO_3]^-$	288.0	1.290(20)	3.7(20)	90(20)
$[BuMeIm]^+[CF_3CO_2]^-$	252.0	1.209(21)	3.2(20)	73(20)
$[BuMeIm]^+[N(CF_3SO_2)_2]^-$	419.0	1.429(19)	3.9(20)	52(20)
$[iBuMeIm]^+[N(CF_3SO_2)_2]^-$	419.0	1.428(20)	2.6(20)	83(20)
$[BuEtIm]^+[N(CF_3SO_2)_2]^-$	433.0	1.4(19)	4.1(20)	48(20)
$[BuEtIm]^+[CF_3CO_2]^-$	266.0	1.18(23)	2.5(20)	89(20)
$[BuMeIm]^+[C_4F_9SO_2]^-$	422.0	1.473(18)	0.45(20)	373(20)
$[BuMeIm]^+[C_3F_7CO_2]^-$	352.0	1.333(22)	1.0(20)	182(20)
$[BuMeMeIm]^+[BF_4]^-$	267.8		0.23	
$[BuMeMeIm]^+[PF_6]^-$	326.0		0.77	
$[PrMeIm]^+[BF_4]^-$	211.8	1.24	5.9	103
$[PrMeMeIm]^+[N(CF_3SO_2)_2]^-$	447.0		3.0(26)	60(26)
吡咯盐类				
$[nPrMePy]^+[N(CF_3SO_2)_2]^-$	408.0	1.45(20)	1.4	63
$[PrMePy]^+[N(CN)_2]^-$	194.0	0.92		45
$[nBuMePy]^+[N(CF_3SO_2)_2]^-$	422.0	1.41(20)	2.2	85
$[BuMePy]^+[N(CN)_2]^-$	208.0	0.95		50
$[HexMePy]^+[N(CN)_2]^-$	236.0	0.92		45
季铵盐类				
$[Me_2Et(CH_3OC_2H_4)N]^+[BF_4]^-$	204.8		1.7	
$[Me_3BuN]^+[N(CF_3SO_2)_2]^-$	386.0	1.41(20)	1.4	116
$[nPrMe_3N]^+[N(CF_3SO_2)_2]^-$	382.0		3.3	
$[Bu_3HexN]^+[N(CF_3SO_2)_2]^-$	550.0	1.15(20)	0.16	595
$[nHexEt_3N]^+[N(CF_3SO_2)_2]^-$	466.0	1.27(20)	0.67	167
$[nOctEt_3N]^+[N(CF_3SO_2)_2]^-$	494.0	1.25(20)	0.33	202
$[nOctBu_3N]^+[N(CF_3SO_2)_2]^-$	578.0	1.12(20)	0.13	574
$[Me_3(CH_3OCH_2)N]^+[N(CF_3SO)_2]^-$	384.0		4.7	
$[Me_2EtPrN]^+[N(CF_3SO_2)_2]^-$	396.0	1.41(20)	1.2	83
$[Me_2EtBuN]^+[N(CF_3SO_2)_2]^-$	410.0	1.37(20)	1.2	110
$[Me_2PrBuN]^+[N(CF_3SO_2)_2]^-$	424.0	1.34(20)	0.82	170
吡啶盐类				
$[BuPi]^+[BF_4]^-$	223.0	1.220	1.9	
	223.0		3.0(30)	
$[BuPi]^+[N(CF_3SO_2)_2]^-$	416.0	1.449	2.2	
哌啶盐类				
$[MPrPp]^+[N(CF_3SO_2)_2]^-$	422.0		1.51	117
硫鎓类				
$[Et_3S]^+[N(CF_3SO_2)_2]^-$	399.0		7.1	
$[nBu_3S]^+[N(CF_3SO_2)_2]^-$	483.0		1.4	

　　注：Me 表示甲基、Et 表示乙基、Pr 表示丙基、Bu 表示丁基、Im 表示咪唑、Py 表示吡咯、Pi 表示吡啶、Pp 表示哌啶。

　　和传统溶剂一样，离子液体电导率的大小也取决于电荷载流子数和离子迁移率。从定义上来说，离子液体是完全由阳离子、阴离子组成的液体，它有充足的电荷载流子数，但实际上离子液体中部分离子之间会发生相互作用，生成离子的缔合聚集体，因此很难知道离子液体中电荷载流子的数目。比较 D_{NMR} 和 D_σ 的大小（$H_R = D_{NMR}/D_\sigma$）来初步判断离子液体 $[EtMeIm]$ $N(CF_3SO_2)_2$ 和 $[EtMeIm]CF_3SO_3$ 中离子的结合情况，其中 D_{NMR} 是采用脉冲场核磁（fringe field NMR）技术测定的离子扩散系数。由于脉冲场核磁技术不能区分带电与不带电的粒子，所测的 D 是所有粒子的平均值；D_σ 是根据能斯特-爱因斯坦方程由摩尔电导率计算出来的。当

$H_R=1$，表明电解质是完全电离的，所有粒子都参与导电；$H_R>1$ 时，电解质有离子发生缔合。[EtMeIm]N(CF$_3$SO$_2$)$_2$ 和 [EtMeIm]CF$_3$SO$_3$ 的 H_R 分别为 1.6 和 1.0，可知在 [EtMeIm]CF$_3$SO$_3$ 中离子间有较强的相互作用形成离子缔合聚集体，而在 [EtMeIm]N(CF$_3$SO$_2$)$_2$ 中离子间的相互作用很弱。离子液体的离子扩散系数在 $10^{-10}\sim10^{-11}$ m^2/s 范围，相对较低的扩散系数是由于离子液体具有较高的黏度。

由于离子液体黏度与离子迁移率密切相关，因此离子液体电导率在一定程度上取决于黏度的大小。在较为宽广的温度范围内很多离子液体电导率与黏度成反比。其摩尔电导率（Λ_m）和黏度的乘积 $\Lambda_m\eta[=(500\pm200)$ms·cm^2·cP/mol$]$ 却在相对较窄的范围变化，这也说明了离子液体的黏度对电导率有很大的影响。

除了黏度以外，离子液体的密度、相对分子质量、离子的体积以及阳离子的结构对电导率均有影响。比如 [EtMeIm]N(CF$_3$SO$_2$)$_2$ 和 [EtMeIm]CF$_3$SO$_3$ 尽管黏度和密度都几乎相同，但 [EtMeIm]CF$_3$SO$_3$ 在 20℃的电导率（8.6mS/cm）是 [EtMeIm]N(CF$_3$SO$_2$)$_2$ 的（4.1mS/cm）2 倍多，这是因为 [EtMeIm]CF$_3$SO$_3$ 分子量和离子体积小的缘故。通过对咪唑、吡咯、吡啶、哌啶、吡咯啉和季铵阳离子型离子液体电导率比较可知，阳离子的平面结构对电导率有一定的影响，阳离子结构越趋于平面化，电导率越高。

离子液体的电导率同样也受温度的影响。电导率随温度升高而增大。电导率与温度的关系在一定的温度范围内符合阿仑尼乌斯方程：$\sigma=A\exp(E_a/RT)$，其中 σ 为在温度 T 时的电导率，E_a 为活化能，A 为常数。在更宽广的温度范围内不遵从阿仑尼乌斯方程，但能够很好地符合 Vogel-Tamman-Fulcher(VTF) 方程：$\sigma=\sigma_0\exp[-B/(T-T_0)]$，其中 σ 为在温度 T 时的电导率，B 为常数，T_0 为理想转变温度，它与玻璃化转变温度（T_g）有关，一般 $T_0=T_g-50$ 或 $T_0=T_g$。上述的 VTF 方程表达式的改进主要是基于 $\sigma_0=f(T)$，通常取 $\sigma_0=AT^{-1/2}$ 或 $\sigma_0=A/T$。添加锂盐或其他无机盐后，离子液体中离子间相互作用增强，黏度显著增大，从而导致电导率下降，这一结果与传统有机溶剂的电导率变化不同。

（6）电化学窗口

离子液体的电化学稳定性由阳离子和阴离子的电化学稳定性决定。一般认为，离子液体的氧化电位是由阴离子的氧化反应电位决定，还原电位是由阳离子的还原反应电位决定，氧化电位和还原电位共同决定着离子液体的电化学窗口。当然也有特殊情况，当阳离子的氧化稳定性比阴离子差时，离子液体的氧化电位和还原电位都是由阳离子决定，如咪唑类离子液体 [EtMeIm]N(CF$_3$SO$_2$)$_2$，EtMeIm$^+$ 的氧化稳定性比 N(CF$_3$SO$_2$)$_2^-$ 差，其电化学窗口是由阳离子的电化学稳定性决定的；当阴离子的还原稳定性比阳离子差时，离子液体的氧化电位和还原电位都是由阴离子决定，如哌啶类离子液体 PP$_{13}$TSAC，TSAC$^-$ 的还原稳定性比 PP$_{13}^+$ 差，其电化学窗口是由阴离子的电化学稳定性决定的。部分离子液体在使用不同工作电极和参比电极时得到的电化学窗口以及阳、阴极极限电位见表 10-8。大部分离子液体的电化学窗口大于 4V，这与一般有机溶剂相比是比较宽的，这也是离子液体电解质的优点之一。

表 10-8　部分离子液体电解质的电化学窗口（25℃）

离子液体	还原极限电位/V	氧化极限电位/V	电化学窗口/V	工作电极	参比电极
咪唑类					
[EtMeIm]$^+$[F]$^-$	0.7	2.4	3.1	Pt	Pt
[EtMeIm]$^+$[BF$_4$]$^-$	−1.6	1	2.6	Pt	Ag|Ag$^+$，溶剂 DMSO
	−2.1	2.2	4.3	Pt	Ag|AgCl 线
			4.5	Pt	
	1	5	4.0	GC	Li$^+$|Li
[EtMeIm]$^+$[CF$_3$SO$_3$]$^-$	−1.8	2.3	4.1	Pt	I$^-$|I$_3^-$
[EtMeIm]$^+$[N(CF$_3$SO$_2$)$_2$]$^-$	−1.8	2.5	4.3	Pt	I$^-$|I$_3^-$
			4.5	GC	

续表

离子液体	还原极限电位/V	氧化极限电位/V	电化学窗口/V	工作电极	参比电极
	-2	2.1	4.1	Pt	Ag 线
	-2	2	4.0	Pt	Ag 线
	-2	-2.5	4.5	Pt	$Ag\|Ag^+$,溶剂 DMSO
$[EtMeIm]^+[N(C_2F_5SO_2)_2]^-$	-2	2.1	4.1	GC	Ag 线
$[EtMeIm]^+[(CN)_2N]^-$	-1.6	1.4	3.0	Pt	Ag 线
$[BuMeIm]^+[Br]^-$	-2	0.2	2.2	Pt	$Ag\|Ag^+$,溶剂 DMSO
$[BuMeIm]^+[BF_4]^-$	1.2	5	4.2	GC	$Li^+\|Li$
			4.1	Pt	
	-1.6	4.5	6.1	W	Pt
	-1.6	3	4.6	Pt	Pt
	-1.8	2.4	4.2	Pt	$Ag\|Ag^+$,溶剂 DMSO
$[BuMeIm]^+[PF_6]^-$	-1.1	2.1	3.2	Pt	Ag 线
			4.2	CNT	
	-2.1	>5		W	Pt
	-2.3	3.4	5.7	Pt	Pt
	-1.9	2.5	4.4	Pt	$Ag\|Ag^+$,溶剂 DMSO
$[BuMeIm]^+[N(CF_3SO_2)_2]^-$	-2	2.6	4.6	Pt	$Ag\|Ag^+$,溶剂 DMSO
$[EtMeMeIm]^+[N(CF_3SO_2)_2]^-$	-2	2.4	4.4	Pt	$I^-\|I_3^-$
$[PrMeIm]^+[N(CF_3SO_2)_2]^-$	1	5.3	4.3	GC	$Li\|Li^+$
$[PrMeMeIm]^+[N(CF_3SO_2)_2]^-$	-1.9	2.3	4.2	GC	Ag 线
		5.0	5.2	GC	$Li^+\|Li$
$[PrMeMeIm]^+[C(CF_3SO_2)_3]^-$		5.4	5.4	GC	$Li^+\|Li$
$[PrMeMeIm]^+[PF_6]^-$		5.0	4.3	GC	$Li^+\|Li$
$[PrMeMeIm]^+[AsF_6]^-$		5.0	4.4	GC	$Li^+\|Li$
吡咯盐类					
$[nPrMePy]^+[N(CF_3SO_2)_2]^-$	-2.5	2.8	5.3	Pt	Ag 线
	-1.5	2.2	3.7	Pt	$Ag\|Ag^+$,溶剂 DMSO
$[nBuMePy]^+[N(CF_3SO_2)_2]^-$	-3.0	2.5	5.5	GC	$Ag\|Ag^+$
	-3.0	3.0	6.0	石墨	$Ag\|Ag^+$
	-1.8	2.0	3.8	Pt	$Ag\|Ag^+$,溶剂 DMSO
季铵盐类					
$[nMe_3BuN]^+[N(CF_3SO_2)_2]^-$	-2.0	2.0	4.0	碳	
$[nPrMe_3N]^+[N(CF_3SO_2)_2]^-$			5.7	GC	
	-3.2	2.5	5.7	GC	$Fc\|Fc^+$
$[nHexEt_3N]^+[N(CF_3SO_2)_2]^-$			4.5	GC	
$[nOctEt_3N]^+[N(CF_3SO_2)_2]^-$			5.0	GC	
$[nOctBu_3N]^+[N(CF_3SO_2)_2]^-$			5.0	GC	
$[Me_3(CH_3OCH_2)N]^+[N(CF_3SO_2)_2]^-$			5.2	GC	
吡啶盐类					
$[BP]^+[BF_4]^-$	-1	2.4	3.4	Pt	$Ag\|AgCl^-$ 线
哌啶盐类					
$[MePrPp]^+[N(CF_3SO_2)_2]^-$	-3.3	2.3	5.6	GC	$Fc\|Fc^+$
硫鎓类					
$[Et_3S]^+[N(CF_3SO_2)_2]^-$			4.7	GC	
$[nBu_3S]^+[N(CF_3SO_2)_2]^-$			4.8	GC	
氯化铝酸盐					
$[EtMeImCl]/AlCl_3$			4.4	W	Al 线
$[EtMeImCl]/AlCl_3/LiCl$			4.3	W	Al 线
$[EtMeImCl]/AlCl_3/NaCl$	-2.2	2.3	4.5	W	Al 线
$[PrMeMeImCl]/AlCl_3/NaCl$			4.6	W	Al 线

注：Me 表示甲基、Et 表示乙基、Pr 表示丙基、Bu 表示丁基、Im 表示咪唑、Py 表示吡咯、Pp 表示哌啶，GC 表示玻璃碳。

直接比较不同离子液体的电化学窗口是困难的，这是因为：第一，测量电化学窗口时人们使用的参比电极通常不一样，而且有些参比电极，比如 Pt 和 Ag，严格来说只是准参比电极，在这种情况下，决定电位大小的氧化还原对是很难定义的；第二，使用的工作电极也不一样，在不同的工作电极表面离子液体分解电位也不完全相同；第三，即使所用的工作电极和参比电极都一样，离子液体中杂质的含量是不确定的，电活性杂质，比如卤素离子或水的存在会明显降低离子液体的电化学稳定性。

尽管不容易比较不同离子液体的电化学稳定性，但可以看到离子液体阳离子和阴离子种类对电化学窗口都有影响，阳离子种类影响还原极限电位。1-烷基-3-甲基咪唑阳离子由于其 2 位碳上存在质子容易被还原，当 2 位碳上的质子被烷基取代时会增加其抗还原稳定性；脂肪族季铵阳离子和吡咯阳离子的抗还原稳定性一般优于 1-烷基-3-甲基咪唑阳离子。阴离子种类则对氧化极限电位有影响。一些阴离子，比如 $F_{2,3}HF^-$、$N(CN)_2^-$、$C(CN)_3^-$ 等容易被氧化；相对而言，BF_4^-、PF_6^- 和 $N(CF_3SO_2)_2^-$ 等阴离子抗氧化稳定性较好，在相对高电位时才发生阳极氧化反应。

此外，离子液体的电化学窗口随温度的升高而缩小，即电化学稳定性随温度升高而下降，这是因为随温度升高阴离子的氧化极限电位下降、阳离子的还原电位上升的缘故。

10.8.4 离子液体的电化学行为

在离子液体中溶入适当的锂盐后，可用作锂离子电池电解质。其作为电解质组分有以下几种应用方式：①离子液体＋锂盐；②离子液体＋锂盐＋有机添加剂；③有机溶剂＋锂盐＋离子液体（离子液体含量少，作为添加剂）；④有机溶剂＋锂盐＋离子液体（离子液体含量较多，作为阻燃剂）。由于锂离子电池是由正极材料、负极材料、隔膜和电解质等部分所组成的复杂体系，而离子液体以何种方式应用在锂离子电池中，是由离子液体本身性质和电池的其他部分材料性质等因素共同决定的。离子液体用作锂离子电池电解质的突出问题是其与电池正、负极电极材料相容性较差，因此，研究离子液体电解质与电极材料相容性的微观机制、寻求离子液体与电极材料的最优化匹配是离子液体电解质用于锂离子电池的关键。目前应用于锂离子电池中的离子液体主要是单阳离子型和双阳离子型。

（1）单阳离子型离子液体

目前研究的单阳离子型离子液体主要有咪唑类、季铵盐类、吡咯类和哌啶类、季鏻盐类、季锍盐类等。

咪唑类离子液体包括 EtMeImCl-AlCl$_3$、EtMeImBF$_4$、EtMeImTFSI 等。咪唑环上有 3 个酸性质子，特别是 2 位碳上的质子具有较强的还原性，阳离子还原电位较高 [约 1V（vs. Li$^+$/Li）]，金属锂或碳不宜直接作为电池的负极。为了解决这一问题，可选用钛酸锂（Li$_4$Ti$_5$O$_{12}$）作为负极材料，因为该材料的嵌锂电位为 1.55V（vs. Li$^+$/Li），可以避免 Et-MeIm$^+$ 电化学分解。将 1mol/L LiBF$_4$/EtMeImBF$_4$（25℃时黏度为 111cP，20℃时电导率为 3.65mS/cm）电解质应用在 Li$_4$Ti$_5$O$_{12}$/LiCoO$_2$ 电池中，在 0.2C 充电倍率下，首次放电容量约为 120mA·h/g，库仑效率为 74%，50 次充放电循环，其容量保持率为 94.4%；在 0.4C 放电倍率时，放电容量为 112.8mA·h/g。为了降低电解质体系黏度，提高电导率，可以加入 γ-丁内酯（GBL）和 LiBF$_4$、LiPF$_6$、BMIBF$_4$、BMIPF$_6$ 等。

咪唑阳离子类离子液体电解质用在以石墨为负极的锂离子电池中时，锂离子可以在正极材料中进行有效的嵌、脱循环；而在石墨负极材料中，由于其插、脱锂电位要低于咪唑阳离子的还原分解电位，在负极还未达插锂电位时，咪唑阳离子已在石墨表面还原分解。要解决这一问题，一般需在电解质中加入少量成膜添加剂。使咪唑阳离子还原分解之前成膜添加剂可以在石墨表面形成性能稳定的保护膜，阻止了咪唑阳离子的分解，保证锂离子可以顺利在石墨电极中进行有效的插、脱循环。碳酸乙烯酯（EC）、丙烯腈、亚硫酸乙烯酯（ES）和碳酸亚乙烯酯

（VC）等都是锂离子电池有机电解质常用的成膜添加剂。在 1mol/L LiTFSI/EtMeImTFSI 电解质中分别添加 25％EC、2％丙烯腈、5％ES 和 10％VC，结果表明 VC 有很好的成膜作用，形成的 SEI 膜可以保护石墨电极，石墨电极的容量为 350mA·h/g，相比之下，丙烯腈和 ES 的成膜效果不如 VC，而 EC 则不起成膜作用。当 VC 含量为 5％时，石墨电极具有最好的循环性能，可逆容量高达 350mA·h/g（见图 10-27），而 VC 含量为 1％时，锂离子不能在石墨电极进行插入、脱插循环。将 TFSI⁻ 换成 （FSO₂）₂N⁻（FSI⁻）得到 EtMeImFSI 离子液体，不加入添加剂配成 0.8mol/L LiTFSI/EtMeImFSI 电解质，以锂作对电极，锂离子可以在石墨电极中进行有效的插、脱循环。

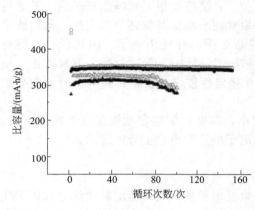

图 10-27　石墨在加有 2％（△）和 5％VC（●）的 LiTFSI/EtMeImTFSI 电解质中的循环性能（空心为充电，实心为放电）

如果通过对咪唑类离子液体中阳离子或阴离子的结构进行改造，使得离子液体电解质可以通过反应在锂负极表面生成稳定 SEI 膜，来阻止电解质的不断反应，金属锂就可作为电池的负极，例如选择含氰基官能团咪唑阳离子型离子液体、将咪唑环上的 2 位碳的活性氢用烷基取代。

除上述常见的研究外，咪唑类离子液体也可用于高电压的正极材料例如 LiNi₀.₅Mn₁.₅O₄ 和 Li//S 电池的研究中。

同咪唑类离子液体相比，季铵类离子液体的电化学稳定性更好，其还原电位常低于 0V（vs. Li⁺/Li），这使其有希望可以承受锂的电化学沉积和溶解而自身不易发生还原分解；同时其氧化电位常高于 5V，这使其在正极材料表面不易发生氧化分解。

虽然锂可以在季铵类离子液体中稳定存在，但石墨不能直接作为负极材料，因为在首次充电过程中季铵阳离子会先于锂离子嵌入石墨层间，阻碍了锂离子嵌层反应的发生，锂离子不能在石墨负极中进行有效的可逆插、脱锂反应。选择合适的成膜添加剂例如 EC，在季铵阳离子嵌层之前已在电极/电解质界面形成优良的 SEI 膜，有效阻止阳离子的嵌层反应，石墨电极在其中可以表现出良好的电化学循环性能。LiMn₂O₄ 和 LiCoO₂ 电极都可以在该离子液体电解质中进行有效的循环，但是循环性能和倍率性能较差。

由于季铵类离子液体常具有较高的黏度，为了降低电解质体系的黏度，也可以将季铵类离子液体与低黏度的有机溶剂混合来构成锂离子电池用的电解质。

吡咯和哌啶类离子液体就是阳离子含有五元环和六元环结构的季铵类离子液体，它们的物理化学性质与链状季铵类离子液体相似，用作锂离子电池电解质时具有与链状季铵类离子液体类似的性能。采用 LiTFSI/PEO＋P₁₃TFSI 聚合物电解质，应用在 Li/LiFePO₄ 电池中，充放电温度为 40℃、电压范围为 4～2V 时，以 0.05C 倍率（电流密度 0.038mA/cm²）充放电，首次放电容量 148mA·h/g，240 次充放电循环后放电容量 127mA·h/g，容量保持率 85.7％；充电倍率 0.05C，放电增加到 2C，放电容量显著降低，只有理论容量的 24％和 15％。

与咪唑类和季铵类离子液体电解质一样，要将吡咯类和哌啶类的离子液体电解质应用在石墨为负极的锂二次电池中，需要克服电解质中的有机阳离子在石墨中的嵌入问题。将 PP₁₃TFSI 离子液体作为阻燃剂与 EC＋DMC＋EMC（1∶1∶1，体积比）共混，溶解 1mol/L LiPF₆ 构成混合电解质，当 PP₁₃TFSI 的质量分数超过 40％时有明显的阻燃效果。

当然，吡咯和哌啶类离子液体也可用于 Li//S 电池、硅负极、V₂O₅、LiNi₀.₅Mn₁.₅O₄ 等电池体系和材料的研究中。

季鏻类离子液体的阳离子与季铵类离子液体的阳离子结构的唯一不同点就是中心原子由 N 变成 P，季鏻类离子液体具有和季铵类离子液体一样好的电化学稳定性，但高的黏度大大限制了其在电化学器件中的应用。将 1mol/L LiTFSI/P$_{222}$TFSI 电解质应用在 Li/LiCoO$_2$ 电池中，0.05C 充放电倍率（0.07mA/cm^2），电压 3.4～4.2V，恒流恒压充电，恒流放电，初始容量为 141mA·h/g，50 次充放电循环时容量为 119mA·h/g；在 Li/LiNi$_{0.8}$Co$_{0.1}$Mn$_{0.1}$O$_2$ 电池中，充放电倍率 0.05C（0.079mA/cm^2），电压 3.4～4.2V，初始容量达到 147mA·h/g，30 次充放电循环容量保持率为 96%。

与咪唑类、季铵类和吡咯类等离子液体电解质相比，吡唑类离子液体用作锂离子电池电解液的报道较少。

三烷基锍类离子液体具有黏度较低、电导率高的特点，但电化学稳定性与咪唑类离子液体相似，阳离子的还原稳定性不理想。根据锍类离子液体的特性，在 0.4mol/L LiTFSI/S$_{114}$TFSI 锍离子液体电解质中加入质量分数 10% 的 VC 作为添加剂，应用在 Li/LiMn$_2$O$_4$ 电池中，充放电倍率 0.1C、电压范围为 2.5～4.2V，在 25℃时，50 次充放电的容量和容量保持率与 1mol/L LiPF$_6$/EC+DMC（1:1）有机电解质相接近，但当充放电温度上升到 60℃时，电池容量衰减较快，15 次充放电循环后容量损失 35%。

（2）双阳离子型离子液体

双阳离子型离子液体最显著的性质体现在极好的热稳定性能，另外还具有高密度、高黏度和更宽的液程等优良性能。双阳离子型离子液体作为电解质在锂离子电池中的应用研究比较少。基于脂肪族链状季铵类双阳离子和 TFSI 阴离子的双阳离子型离子液体的电化学窗口可大于 4.3V，并具有较好的热力学稳定性，室温下离子电导率为 0.1mS/cm。

对于阴阳离子型盐离子液体，在电场中只能取向不能迁移，缺点是其熔点一般高于 100℃，一般无法直接作为电解质的溶剂使用。目前已有多种阴阳离子型盐（见图 10-28）被作为添加剂应用在锂离子电池。例如，对于三种含酯基功能团的咪唑类阴阳离子型盐：A17-3a、A17-3b 和 A17-3c，以质量分数 2.25% 的含量加入到 1mol/L LiPF$_6$/EC+DMC+EMC（1:1:1）有机电解质中，应用在 C//LiCoO$_2$ 电池中，充放电倍率为 0.5C，电压范围 4.2～3.0V，100 次充放电循环，电池性能与未加入阴阳离子型盐有机电解质相接近。

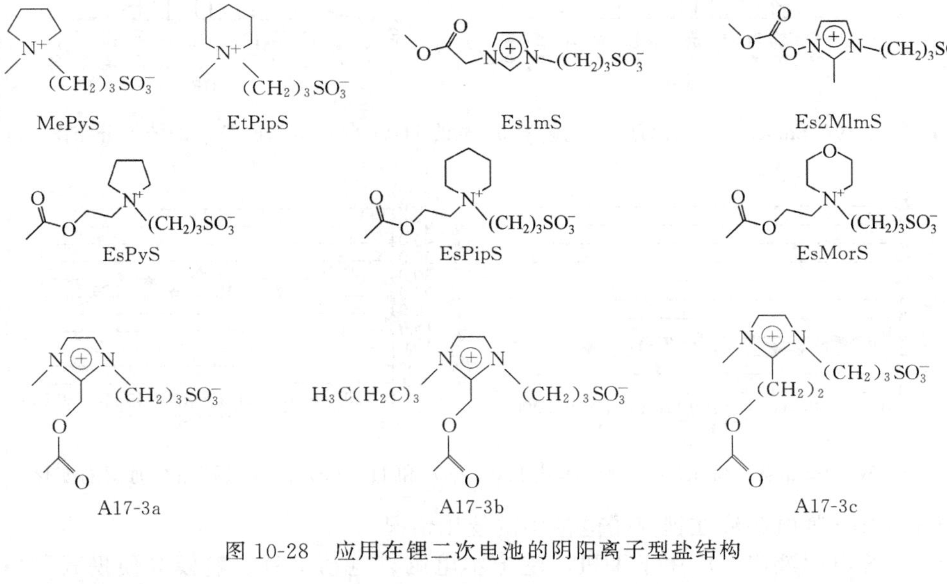

图 10-28　应用在锂二次电池的阴阳离子型盐结构

离子液体电解质在锂离子电池中的应用目前仍处于研究阶段，在电池中的应用性能与有机电解质相比还有很大差距，还没达到商品化的要求，但在解决锂离子电池安全性能方面显示良好的应用前景。

10.9 部分电解液工业产品的性能

张家港国泰华荣化工新材料有限公司是国内生产锂离子电池电解液最早的公司，目前拥有年产 1 万吨电解液生产线，其产品主要面向国内外的中高端电解液市场，包括一次锂电池电解液、二次锂离子电池电解液和超级电容器电解液。下面以其生产的 Shinestar 牌产品为例，进行简单的介绍。

（1）电解液的水分和 HF

在电解液中，随着储存时间的延长，水分会逐渐下降，HF 会逐渐上升，表 10-9 是 Shinestar 牌产品与国内外一些公司生产出来的产品在出厂一个月后的对比情况。这表明其性能比较理想。

表 10-9 Shinestar 牌产品与国内外一些公司生产出来的产品在出厂一个月后的对比情况

项　　目	Shinestar	国外 1♯	国外 2♯	国内 1♯
$H_2O/1\times10^{-6}$	4.3	4.7	3.8	4.9
$HF/1\times10^{-6}$	35.7	38.2	33.5	87.8

LB315 型电解液（EC：EMC：DMC＝1：1：1，1mol/L $LiPF_6$）是 Shinestar 牌产品中目前使用比较多的一种电解液。水分与 HF 的统计分布及其含量随时间的变化关系示意如图 10-29 和图 10-30 所示。

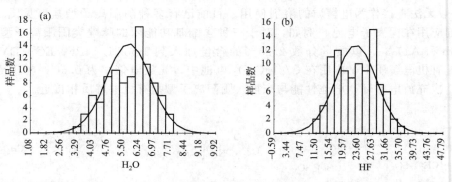

图 10-29 Shinestar 牌 LB315 型电解液 96 批的 H_2O（a）和 HF（b）的统计分布图

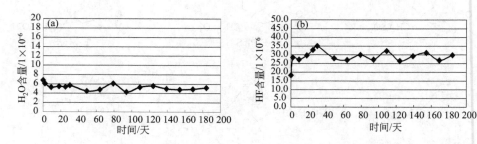

图 10-30 Shinestar 牌 LB315 型电解液 H_2O（a）和 HF（b）的含量随储存时间的变化

（2）Shinestar 牌电解液在锂离子电池中的使用情况

Shinestar 牌电解液广泛应用于手机、笔记本电脑、电动工具、航模等便携式用电子产品的锂离子电池中，产品出口日本、韩国、美国、欧洲、澳洲、中国台湾等国家和地区，与行业内的国际大公司建立了战略伙伴合作关系，是世界三大锂电池电解液供应商之一。从 2010 年开始，Shinestar 牌电解液逐步进入到动力锂离子电池电解液市场，主要有磷酸亚铁锂电池电解液市场、锰酸锂电池电解液市场和三元材料电池电解液市场，其中磷酸亚铁锂动力电池电解液成功应用于上海世博会和广州亚运会的电动大巴电池上，锰酸锂动力电池电解液和三元材料动力电池电解液也得到了国内外客户的认可，动力电池的主要性能指标如表 10-10～表 10-12 所示。

表 10-10　磷酸亚铁锂动力电池电解液在某厂磷酸铁锂电池中的测试结果

−20℃、1/3C 放电容量保持率	55℃、1C 充放电，80%容量保持率循环次数	常温、1C 充放电，80%容量保持率循环次数	过放电试验	过充电试验	短路试验	加热试验	挤压试验	针刺试验
＞75%	＞1800	＞4000	通过	通过	通过	通过	通过	通过

表 10-11　锰酸锂动力电池电解液在某厂锰酸锂动力电池中的测试结果

−20℃、0.5C 放电容量保持率	55℃、1C 充放电，80%容量保持率循环次数	常温、1C 充放电，80%容量保持率循环次数	过放电试验	过充电试验	短路试验	加热试验	挤压试验	针刺试验
＞80%	＞300	＞1200	通过	通过	通过	通过	通过	通过

表 10-12　三元材料动力电池电解液在某厂三元动力电池中的测试结果

−20℃、0.5C 放电容量保持率	55℃、1C 充放电，80%容量保持率循环次数	常温、1C 充放电，80%容量保持率循环次数	过放电试验	过充电试验	短路试验	加热试验	挤压试验	针刺试验
＞80%	＞500	＞1500	通过	通过	通过	通过	通过	通过

参 考 文 献

[1]　吴宇平，戴晓兵，马军旗，程预江. 锂离子电池——应用与实践. 北京：化学工业出版社，2004.
[2]　Zhang SS. Electrochem. Commun，2006，8：1423.
[3]　Xia Q，Wang B，Wu YP，Luo HJ，Zhao SY，van Ree T. J. Power Sources，2008，180：602.
[4]　Li LL，Li L，Wang B，Liu LL，Wu YP，van Ree T，Thavhiwa KA. Electrochem. Acta.，2011，56：4858.
[5]　Wang B，Xia Q，Zhang P，Li GC，Wu YP，Luo HJ，Zhao SY，van Ree T. Electrochem. Commun，2008，10：727.
[6]　Zhang HP，Xia Q，Wang B，Yang LC，Wu YP，Sun DL，Gan CL，Luo HJ，Bebeda AW，van Ree T. Electrochem. Commun，2009，11：526.
[7]　Halls MD，Tasaki Ken. J. Power Sources，2010，195：1472.
[8]　张星辰等. 离子液体——从理论基础到研究进展. 北京：化学工业出版社，2008.
[9]　邓友全等. 离子液体——性质、制备和应用. 北京：中国石化出版社，2006.
[10]　吴宇平，万春荣，姜长印，方世璧. 锂离子二次电池. 北京：化学工业出版社，2002.
[11]　张锁江，吕兴梅等. 离子液体——从基础研究到工业应用. 北京：科学出版社，2006.
[12]　Ohno H. Electrochemical Aspects of Ionic Liquids，John Wiley and Sons Inc.，New Jersey，2005.
[13]　Miao WS，Chan TH. Acc. Chem. Res.，2006，39：897.
[14]　Wang P，Wenger B，Baker RH，Moser J，Teuscher J，Kantlehner W，Mezger J，Stoyanov EV，Zakeeruddin SM，Grätzel M. J. Am. Chem. Soc.，2005，127：6850.
[15]　Endres F，Abedin SZE. Phys. Chem. Chem. Phys.，2006，8：2101.
[16]　Ritchie A，Howard W. J. Power Sources，2006，162：809.
[17]　Galiński M，Lewandowski A，Stepniak I. Electrochem. Acta.，2006，51：5567.
[18]　MacFarlane DR，Forsyth M，Howlett PC，Pringle JM，Sun JZ，Annat G，Neil W，Izgorodina EI. Acc. Chem. Res.，2007，40：1165.
[19]　房少华. 新型离子液体电解质的合成及在锂二次电池中的应用研究：[博士论文]. 上海：上海交通大学，2009.
[20]　王明慧，吴坚平，杨立荣. 有机化学，2005，25：364.
[21]　Fei ZF，Geldbach TJ，Zhao DB，Dyson PJ. Chem. Eur. J.，2006，12：2122.
[22]　Miao W，Chan TH. J. Org. Chem.，2005，70：3251.
[23]　Henderson WA，Young VG，Fox DM，De Long HC，Trulove PC. Chem. Commun，2006，35：3708.
[24]　Tsunashima K，Sugiya M. Electrochem Commun，2007，9：2353.
[25]　Han X，Armstrong DW. Org. Lett.，2005，7：4205.
[26]　Armstrong DW，Anderson J. US Pat 2006/0025598 A1，2006.
[27]　Xiao JC，Shreeve JM. J. Org. Chem.，2005，70：3072.
[28]　Jin CM，Twamley B，Shreeve JM. Organometallics，2005，24：3020.
[29]　Ohno H. Bull Chem. Soc. Jpn.，2006，79：1665.
[30]　Narita A，Shibayama W，Ohno H. J. Mater Chem.，2006，16：1475.
[31]　张磊，何玉财，仝新利，孟鑫，杨建明，徐鑫，咸膜. 生物加工过程，2009，7：8.
[32]　Martyn JE，Charles MG，Natalia VP，Kenneth RS，Thomas W. Anal. Chem.，2007，79：758.

[33] Anthony KB，Rico EDS，Sheila NB，McCleskey TM，Baker GA．Green．Chem．，2007，9：449.

[34] Lewandowski A，Świderska-Mocek A．J．Power Sources，2009，194：601.

[35] Hapiot P，Lagrost C．Chem．Rev．，2008，108：2238.

[36] Zhou ZB，Matsumoto H，Tatsumi K．Chem．Eur．J．，2005，11：752.

[37] Zhou ZB，Matsumoto H，Tatsumi K．Chem．Eur J．，2006，12：2196.

[38] Tsunashima K，Sugiya M．Electrochem．Commun，2007，9：2353.

[39] Lee JS，Quan ND，Hwang JM，Bae JY，Kim H，Cho BW，Kim HS，Lee H．Electrochem．Commun，2006，8：460.

[40] 章正熙．新型离子液体电解液的设计与开发及在锂二次电池中的应用研究：［博士论文］．上海：上海交通大学，2007.

[41] Tokuda H，Hayamizu K，Ishii K，Watanabe M．J．Phys．Chem．B．，2005，109：6103.

[42] Fernicola A，Scrosati B，Ohno H．Ionics，2006，12：95.

[43] Buzzeo MC，Hardacre C，Compton RG．Chem．Phys．Chem．，2006，7：176.

[44] Matsumoto H，Sakaebe H，Tatsumi K．J．Power Sources，2005，146：45.

[45] 郑洪河等．锂离子电池电解质．北京：化学工业出版社，2007.

[46] Diaw M，Chagnes A，Carré B，Willmann P，Lemordant D．J．Power Sources，2005，146：682.

[47] Chagnes A，Diaw M，Carré B，Willmann P，Lemordant D．J．Power Sources，2005，145：82.

[48] Zhang SS．J．Power Sources，2006，162：1379.

[49] Holzapfel M，Jost C，Schwab AP，Krumeich F，Würsig A，Buqa H，Novák P．Carbon，2005，43：1488.

[50] Ishikawa M，Sugimoto T，Kikuta M，Ishiko E，Kono M．J．Power Sources，2006，162：658.

[51] Matsumoto H，Sakaebe H，Tatsumi K，Kikuta K，Ishiko E，Kono M．J．Power Sources，2006，160：1308.

[52] Guerfi A，Duchesne S，Kobayashi Y，Vijh A，Zaghib K．J．Power Sources，2008，175：866.

[53] Seki S，Kobayashi Y，Miyashiro H，Ohno Y，Usami A，Mita Y，Kihira N，Watanabe M，Terada N．J．Phys．Chem．B．，2006，110：10228.

[54] Bazito FFC，Kawano Y，Torresi RM．Electrochim．Acta．，2007，52：6427.

[55] Seki S，Ohno Y，Kobayashi Y，Miyashiro H，Usami A，Mita Y，Tokuda H，Watanabe M，Hayamizu K，Tsuzuki S，Hattori M，Terada N．J．Electrochem Soc．，2007，154：A173.

[56] Hayashi K，Nemoto Y，Akuto K，Sakurai Y．J．Power Sources．，2005，146：689.

[57] Markevich E，Baranchugov V，Aurbach D．Electrochem．Commun，2006，8：1331.

[58] Wang J，Chew SY，Zhao ZW，Ashraf S，Wexler D，Chen J，Ng SH，Chou SL，Liu HK．Carbon，2008，46：229.

[59] Zheng H，Jiang K，Abe T，Ogumi Z．Carbon，2006，44：203.

[60] Zheng HH，Li B，Fu YB，Abe T，Ogumi Z．Electrochim．Acta．，2006，52：1556.

[61] Zheng HH，Zhang HC，Fu YB，Abe T，Ogumi Z．J．Phys．Chem．B．，2005，109：13676.

[62] Zheng HH，Qin JH，Zhao Y，Abe T，Ogumi Z．Solid State Ionics．，2005，176：2219.

[63] Taggougui M，Diaw M，Carré B，Willmann P，Lemordant D．Electrochim Acta．，2008，53：5496.

[64] Sakaebe H，Matsumoto H，Tatsumi K．J．Power Sources，2005，146：693.

[65] Sakaebe H，Matsumoto H，Tatsumi K．Electrochim Acta．，2007，53：1048.

[66] Shin J，Henderson WA，Scaccia S，Prosini PP，Passerini S．J．Power Sources，2006，156：560.

[67] Nakagawa H，Fujino Y，Kozono S，Katayama Y，Nukuda T，Sakaebe H，Matsumoto H，Tatsumi K．J．Power Sources，2007，174：1021.

[68] Yuan LX，Feng JK，Ai XP，Cao YL，Chen SL，Yang HX．Electrochem．Commun，2006，8：610.

[69] Baranchugov V，Markevich E，Pollak E，Aurbach D．Electrochem．Commun，2007，9：796.

[70] Chou SL，Wang JZ，Sun JZ，Wexler D，Forsyth M，Liu HK，MacFarlaneand DR，Dou SX．Chem．Mater，2008，20：7044.

[71] Borgel V，Markevich E，Aurbach D，Semrau G，Schmidt M．J．Power Sources，2009，189：331.

[72] Tsunashima K，Yonekawa F，Sugiya M．Chem．Lett．，2008，37：314.

[73] Tsunashima K，Yonekawa F，Sugiya M．Electrochem．Solid-State Lett．，2009，12：A54.

[74] Josip C，Thanthrimudalige DJD．US 6326104B1，2001.

[75] Lebdeh YA，Abouimrane A，Alarco PJ，Armand M．J．Power Sources，2006，154：255.

[76] Yang L，Zhang ZX，Gao XH，Zhang HQ，Mashita K．J．Power Sources，2006，162：614.

[77] Zhang ZX，Yang L，Luo SC，Tian M，Tachibana K，Kamijima K．J．Power Sources，2007，167：217.

[78] Nguyen DQ，Hwang J，Lee JS，Kim H，Lee H，Cheong M，Lee B，Kim HS．Electrochem．Commun，2007，9：109.

[79] Nguyen DQ，Bae HW，Jeon EH，Lee JS，Cheong M，Kim H，Kim HS，Lee H．J．Power Sources，2008，183：303.

第11章

固体电解质

固体电解质为离子导体（ionic conductor），一般要求具有较高的离子电导率、低的电子电导率、低的活化能。采用高离子电导率的固体电解质作隔膜，可制备全固态电池，将大大提高锂离子电池在电动汽车和大容量蓄能电站的安全性。目前研究的固体电解质主要分为两类：无机固体电解质和有机固体电解质。有机固体电解质也称为聚合物电解质。聚合物电解质的广泛定义为：含有聚合物材料且能发生离子迁移的电解质。对于凝胶聚合物电解质，它介于液体电解质和固体电解质之间，它也属于聚合物电解质，将在下一章进行说明。本章讲述的聚合物电解质部分是通常的全固态聚合物电解质或干型聚合物电解质（dry polymer electrolyte）。

11.1 无机固体电解质

早在 19 世纪末，E. Warburg 发现一些固态化合物为纯离子导体。在 20 世纪初发现了越来越多的离子导体，于是诞生了固态电化学这门学科。最近 30 年在该领域更是取得了长足进展，发现了许多在室温下电导率高和化学稳定性高的固体电解质，特别是在燃料电池和 Na/S 电池体系中。锂离子无机电解质源于晶体材料，如 LiX（X：卤素）、氮化锂（Li_3N）及其衍生物、含氧盐和硫化物。作为电解质，首先离子电导率必须高。锂离子导电无机电解质的离子电导率一般比有机电解液低 1~5 个数量级。离子电导率低，就不可能有大电流放电，因此限制了全固态锂离子电池的应用，目前只是用于电流密度要求不高的薄膜型电池或微型电池。

对于无机电解质的应用而言，除了电导率要高外，化学稳定性特别是对正极和负极材料的化学稳定性为相当重要的因素。负极材料的电势远低于氢产生的电位，电池必须置于无水环境中，因此，对固体电解质而言，对水分稳定也是一个不可缺少的条件。

另外一个重要的因素为电化学稳定性，即电化学窗口必须宽，而一般的无机电解质不适宜用于高电压锂离子电池体系中。例如 Li_3N 在垂直 c 轴方向的离子电导率虽然高达 $10^{-3}\,S/cm$，但是分解电位仅约为 0.45V。这样低的分解电位也就限制了电池的电压。

对于一些目前不能用于高电压的锂离子电池体系的无机电解质例如 LISICON、NASICON 结构的无机固体电解质、Li_3N 的衍生物等在此不多说，主要原因在于它们的电化学稳定性差，易分解或还原为金属。下面讲述无机电解质的导电理论和一些可能用于高压锂离子电池的无机电解质如晶体电解质、玻璃态电解质和熔融盐电解质。

11.2 无机电解质的导电理论

与理想的晶体点阵相比，实际晶体中存在着无序原子，这样产生两种比较重要的结构：

① 空隙，即本应该在该位置有一个原子 A^+ 的而却不存在该原子而产生空隙 V_A'；

② 隙间离子，即在理想的晶格点阵之间存在多余的离子 A_i'。

在一些化合物中，由于上述缺陷结构数量较多，大量的离子处于无序状态，成为所谓的"结构无序"，离子可以从一个位置跳跃到另一个位置，从而产生了离子导电。当跳跃所需的活化能较低时，离子电导率可与液体电解质相当。

在热力学平衡时总是存在点缺陷。由于同样的两个空隙或隙间离子发生交换并不产生新的构想，因此从由 N 个原子组成的晶体中产生 n 个缺陷的方式 C_N^n 为：

$$C_N^n = \frac{N!}{n!\,(N-n)!} \tag{11-1}$$

根据玻尔兹曼方程，增加的熵为：

$$\Delta S = k\ln\frac{N!}{n!\,(N-n)!} \tag{11-2}$$

假如形成一个空隙的焓为 U，在给定温度下的自由能变化为：

$$\Delta G = nU - T\Delta S \tag{11-3}$$

在热力学平衡时，自由能的变化最小，为 0。因此 G 并不随引入的空隙数目 n 而发生变化。将式(11-2)代入到式(11-3)，得到空隙的浓度 n：

$$n = N\exp(-U/kT) \tag{11-4}$$

这样得到阿伦尼乌斯方程，从斜率就可以得到缺陷的形成能 U。

在电场中，磁场和温度等的变化对离子缺陷和电子的迁移并不大，影响比较大的为在电场中的迁移和在化学势梯度下的扩散。该两种影响线性叠加在一起，得到电化学势梯度 η_i：

$$\eta_i = \mu_i + z_i q\varphi \tag{11-5}$$

式中，μ_i、z_i、q、φ 分别为化学势、电荷数、单位电荷和静电势。扩散用扩散系数 D_i 来表示，迁移则用电导率 σ_i 来表示。电导率与迁移性和迁移样品的浓度成正比。扩散性和迁移性可以用能斯特-爱因斯坦（Nernst-Einstein）方程联系在一起，物体的迁移 j_i 为：

$$j_i = -\frac{\sigma_i}{z_i^2 q^2}\Delta\eta_i \tag{11-6}$$

其中 σ_i 为：

$$\sigma_i = c_i b_i z_i^2 q^2 = c_i \mu_i |z_i| q = \frac{c_i D_i z_i^2 q^2}{kT} \tag{11-7}$$

j_i 与电流 i_i 有关：

$$j_i = \frac{i_i}{z_i q} \tag{11-8}$$

在无机电解质中，浓度大、易迁移的载流子通过电场，遵循欧姆定律进行运动，而浓度低的载流子则通过扩散，遵循费克定律进行迁移。前者与载流子的浓度有关，而后者只与浓度梯度有关，所以在实用的固体电解质中，离子的迁移性很小，而不是离子的浓度很小。

离子在固体电解质中的迁移也可以用统计过程进行处理，载流子在晶格中不同的位置通过连续的跳跃发生迁移。对于三维各向同性的晶体，载流子发生无规运动，扩散系数与跳跃距离 r 和跳跃频率 ν 有关：

$$D_i = \frac{1}{6}\nu r^2 \tag{11-9}$$

该关系可以计算固体电解质的最大电导率。假定载流子以热速率 v 发生迁移，而不在任何晶格位置发生停留和振动，跳跃频率 ν 为：

$$\nu = \frac{v}{r} = 3.4x10^{12}\,\text{s}^{-1} \tag{11-10}$$

假如 300℃时的跳跃距离为 0.1nm，根据式（11-9），最大扩散系数 D_{max} 为 $5.6 \times 10^{-5}\,\text{cm}^2/\text{s}$。利用式(11-7)，可以计算单价载流子的最大电导率 σ_{max} 为 2.8S/cm。AgI 的实验值达 1.97S/cm，这表明银离子基本上以热速率进行迁移。

11.3　晶体电解质

　　晶体电解质的设计从上面的理论来看，主要基于如下几点：①迁移离子大小应合适，便于在晶体的点阵结构中进行迁移；②迁移离子的亚晶格应该无序；③迁移离子应该易于极化，优选为阴离子易发生极化。从理论上以及目前其他类型电解质的比较来看，应该比下述无定形电解质的电导率要高。研究的晶体电解质种类比较多如 Li_3N、钙钛矿型和 NASION 结构的 $A(I)B(IV)_2(PO_4)_3$（A、B 为一种或几种金属元素）晶体电解质。但是它们不稳定，与锂发生反应，不能作为高压的锂离子电池电解质，而电化学稳定的晶体电解质如 $Li_{3.6}Si_{0.6}P_{0.4}O_4$ 的电导率比较低，约只有 10^{-6}S/cm。为了获得高电导率，可以将硫取代氧原子，因为硫的离子半径大，易发生极化，可提高离子的迁移性。目前得到的有 $Li_{4-x}M_{1-x}P_xS_4$（M＝Ge、Si）体系。将 Li_2S、GeS_2 或 SiS_2 和 P_2S_5 以适当比例混合，然后在一定的温度下进行热处理。得到化合物的结构与 LISION 相类似。随 x 的变化，晶格参数 a、b、c 和 β 发生变化（见图 11-1），该变化可分为三个区。导电行为基本上遵循阿伦尼乌斯方程，室温电导率可高达 2.17×10^{-3}S/cm（见图 11-2），比下述的玻璃态电解质要高至少一个数量级。其中存在的晶体 Li_4GeS_4 具有良好的结构（见图 11-3），有利于锂离子的迁移。不与金属锂发生电化学反应，在室温至 500℃的范围内非常稳定，不存在相转变。当然，热处理温度对电解质的晶体结构具有明显的影响。该类晶体电解质具有良好的应用前景。

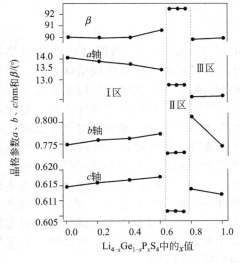

图 11-1　X 射线衍射测量 $Li_{4-x}Ge_{1-x}P_xS_4$ 的晶体参数随 x 的变化（图中的晶体参数是根据 LISION 的母体晶格 $a \times b \times c$ 点阵而计算出来的）

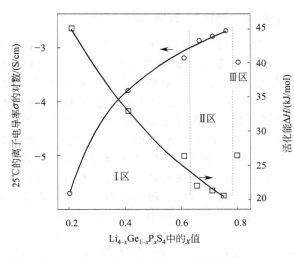

图 11-2　$Li_{4-x}Ge_{1-x}P_xS_4$ 体系的离子电导率（○）和离子迁移活化能（□）（活化能是在 25℃≤t≤300℃范围内计算出来的）

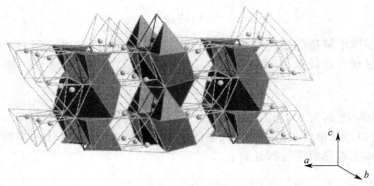

图 11-3　Li_4GeS_4 的晶体结构

11.4　玻璃态电解质

如上所述，在晶体材料中可用于高压锂离子电池的固体电解质寥寥无几，因此人们的注意力转向非晶玻璃态固体。玻璃是不规则的网络结构，各通道口径大小不一，对半径较大的阳离子，通道易发生阻塞。而锂离子半径较小，在玻璃网络中传导不会发生阻塞问题，因而锂玻璃态固体电解质电导率较高。但由于玻璃是一种介稳态，容易出现析晶并使强度减弱、电导率降低，尤其是在较高温度下工作更加不稳定。通过采用 T_c（玻璃的晶化温度）和 T_g（玻璃化转变温度），可以衡量导电玻璃的稳定性。$T_c - T_g$ 差值越大，玻璃的晶型化温度越高，材料稳定性越好，离子电导率越高。与晶态固体电解质相比具有如下优点：

① 组成变化宽；

② 玻璃态材料基本上各向同性，因此离子扩散的通道也是各自同性，粒子区间扩散通道的连接比晶态材料容易。例如 Li_3N 为各向异性传导的二维结构，必须通过烧结过程来连接粒子区间的扩散通道，从而提高总电导率。对于玻璃态材料而言，界面电阻很小，总电阻只受堆积密度和本体电阻的影响。因此使用玻璃态材料作固体电解质，粒子区间电阻小，仅需压实（compaction）就可以成为电解质。

锂离子导电玻璃体主要分为两类：氧化物和硫化物。

11.4.1　氧化物玻璃态电解质

氧化物玻璃固体电解质由网络形成氧化物如 SiO_2、B_2O_3、P_2O_5 和网络改性氧化物如 Li_2O 组成，氧离子固定在玻璃网络间并以共价键连接，只有锂离子可以在网络间迁移。氧化物玻璃电解质的离子室温电导率一般都不高，而且影响其离子室温电导率的因素有很多。首先，增加 Li_2O 的含量会导致氧化物玻璃电解质电导率的增加，但对锂离子导体来说，由于桥接氧原子的电子密度比非桥接氧原子的小，所以与非桥接氧原子相比，桥接氧原子是锂离子的弱陷阱，而 Li_2O 含量增加到一定程度，则会导致非桥接氧原子数增加，非桥接氧原子可以捕获锂离子，从而降低氧化物玻璃的电导率。其次，锂离子的导电性能与材料的缺陷结构也有很大关系，氧化物玻璃电解质的传导通道中存在最小的孔道（亦称为瓶颈），它决定着锂离子的传导速率。由于氧化物玻璃电解质一般具有较好的物理化学和电化学稳定性，对它的研究主要是如何提高其离子电导率。高价离子对氧化物玻璃电解质材料的掺杂作用是目前该领域研究的热点之一，通过 V^{5+}、Se^{4+}、Ti^{4+}、Ge^{4+}、Al^{3+} 等高价离子的掺杂可以改变网络结构以及锂离子的传输环境，从而十分明显地提高了氧化物玻璃电解质的电导率。

Li_2O-B_2O_3 氧化物玻璃体系是最早研究的，但离子电导率偏低。往体系中加入一些卤化锂、硫酸锂、磷酸锂合成 B_2O_3-Li_2O-Li_nX（$n = 1$，$X = F$、Cl、Br、I；$n = 2$，$X = SO_4$、

MO_4、WO_3；$n＝3$，$X＝PO_4$）可提高氧化物玻璃的电导率。

Li_2O-B_2O_3 氧化物玻璃体由形成网络的氧化物如 SiO_2、B_2O_3、P_2O_5 等和网络改性氧化物如 Li_2O 组成。氧离子固定在玻璃体网络并以共价键连接，只有锂离子可以迁移，因此增加 Li_2O 的含量，一般提高电导率，同时也必须注意到 Li_2O 含量的增加亦会导致非桥合（nonbridging）氧原子增加，这样它可以捕获锂离子，降低电导率。因此，氧化物玻璃体的离子电导率一般为 10^{-6} S/cm 左右。

研究较多的为 Li_2O-P_2O_5-B_2O_3 三元体系。当锂的摩尔分数高达 40% 时，掺杂有锂的 BPO_4 的晶体还能存在。玻璃态组分的玻璃化转变温度 T_g 与组成有关，T_g 最大值位于 BPO_4 的连接线上，结构最稳定，由 BPO_4 四面体网络组成。图 11-4 为玻璃体形成区组合物的 T_g 和锂离子电导率结果。锂离子的导电同样与缺陷结构相关。在传导通道上存在最小的孔道（亦称为瓶颈），决定锂离子的传导速率。当锂离子为 5%（摩尔分数，P_2O_5）时，计算结果表明瓶颈最大，为 0.0552nm。由于在该体系中锂离子不是与 4 个氧原子发生络合，而是 3 个，因此实际大小小于 4 个配体的 0.059nm。这样锂离子能够通过瓶颈，得到较高的体积离子电导率。但是在实际过程中，总离子电导率除了包括体积电导率外，还包括界面电导率，而后者与

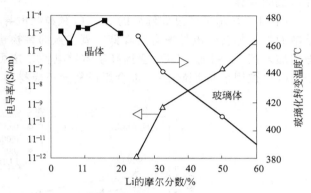

图 11-4　掺杂锂的 BPO_4 晶体和 Li_2O-B_2O_3-P_2O_5 玻璃体组合物 $Li_xB_{1-x/3}PO_4$ 的 T_g 和锂离子电导率与锂含量的关系

合成条件及粒子大小有关。粒子大小与锂的加入量有关，因此最大总电导率处的锂加入量要比 5%（摩尔分数，P_2O_5）要高一些，总电导率可达 9×10^{-5} S/cm。

在 Li_2O-B_2O_3-SiO_2 体系中，最佳组分为 $40Li_2O$-$40B_2O_3$-$20SiO_2$。如果在该体系中加入 LiCl，由于 Cl^- 的离子半径大，进入到玻璃网络结构的隙间位置，扩展了晶格的大小，拓宽了离子迁移的窗口或通道，有利于离子传导。当然，LiCl 的加入量并不是越多越好，在摩尔分数为 15% 时，最佳。过多，产生瓶颈效应，又会抑制锂离子的迁移。

钙钛矿型（La、Li）TiO_3（LLTO）是近年来较有前景的氧化物导电体系，图 11-5 显示了其

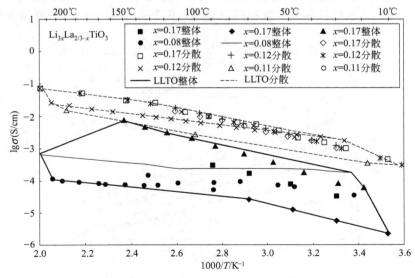

图 11-5　LLTO 的离子电导率与温度的关系

La/Li 比例不同时的导电性。提高 La/Li 比例到超过 1 后发现该物质出现一种 A 位空位形貌，该形貌能使物质保持电中性。一般把此化合物表示为 $Li_{3x}La_{2/3-x}TiO_3$，当 $x=0.125$（La/Li$=$1.4）时，导电性能达到最大值。动力学分子模拟计算得到的最大导电性和最小导电性分别为 $x=0.105$ 和 $x=0.045$，这与实验结果相吻合。在 Li 粒子含量较低的情况下（x 值约为 0.08 时），四方晶型转变为正交晶型，这种转变能增大该体系的导电性。图 11-5 的结果把 LLTO 体系分为整体和散点颗粒状两种情况。散点颗粒状的导电性与整体相比较高，说明颗粒的边界阻碍了锂离子的传输。整体电导率的结果在很多文献中都不尽相同，这可能是由于颗粒大小和边界组成的差异。

图 11-6 显示了经过处理后的 LLTO 颗粒状电导率。少量的铝替代钛能使电导率提高，但是钠的加入却会使电导率有所降低，氧和氟的替换也不能显著改善导电性能。其他研究显示，把硅加入到 $Li_{0.5}La_{0.5}TiO_3$ 会提高整体导电性，这可能是因为硅影响了颗粒边界的离子传输。LLTO 也被用来与 $LiMn_2O_4$ 混合组成复合正极材料。

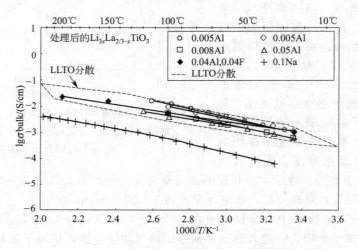

图 11-6　LLTO 添加铝、钠、氟后粒子的离子电导率与温度的关系

一些氧化物组成了石榴石的结构，这些氧化物也显示了优良的锂离子传导性能。图 11-7 显示了一些以 $Li_5La_3Ta_2O_{12}$ 为基础的石榴石氧化物。这些石榴石氧化物的电导率和 LLTO 相类似。用钡或（和）锶来取代镧元素能提高电导率，但钙并不能达到同样增强电导率的效果。

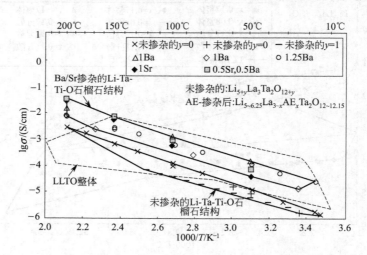

图 11-7　Li-Ta-Ti-O 类型石榴石氧化物的离子电导率与温度的关系

图 11-8 显示了 $Li_6La_2CaTa_2O_{12}$ 的电导率比采用钡和锶的石榴石氧化物要来的低。图 11-8 也显示了铌酸盐（比如 $Li_6La_2ANb_2O_{12}$，其中 A 为 Ca 或 Sr）的电导率比钽酸盐要低，并且在这两种体系中，锶的加入比钙的加入更为有效。$Li_2Nd_3TeSbO_{12}$ 这种石榴石氧化物也有文献报道，但它们的电导率比图 11-8 中的氧化物要低。

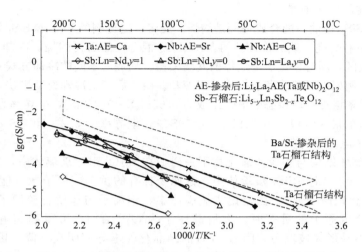

图 11-8　一些石榴石氧化物的离子电导率与温度的关系

图 11-9 显示了其他一些具有应用潜力的氧化物体系。其中，$Li_3BO_{2.5}N_{0.5}$ 玻璃薄膜和从 Li_4SiO_4 演化出来的 Li_9SiAlO_8 的电导率接近 LLTO 的范围。其他的氧化物的电导率较 LLTO 要低得多。这些材料在室温电池的应用很有限，但是它们有可能用于薄膜和高温电池。例如，虽然 $Li_3BO_{2.5}N_{0.5}$ 的电导率在室温下要低于 LLTO，但是它已经被用于薄膜电池中。一些硅和钛的化合物，比如 $Li_{2-2x}Mg_{2x}TiO_{3+x}$ 和 $Li_{2x}Zn_{2-3x}Ti_{1+x}O_4$，虽然在室温下电导率不高，但是有高温应用的潜力。

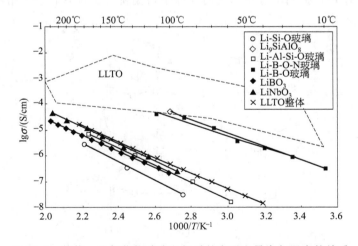

图 11-9　其他一些氧化物玻璃电解质的离子电导率与温度的关系

11.4.2　硫化物玻璃态电解质

硫化物玻璃比氧化物玻璃具有更高的离子电导率，这是由于硫的电负性较小，对离子的束缚力较小，而半径较大，离子通道较大，有利于离子的迁移。但是硫化物的电化学窗口不大，易与锂发生反应，结果以金属锂组成的电池搁置一段时间，界面变黑，阻抗增加；热稳定性能仍较差，容易吸潮。在该类玻璃态硫化物电解质中，Li_2S-SiS_2 的热稳定性较高，玻璃化转变温度在 300℃ 以上，且 SiS_2 的蒸气压低，有利于大工业生产，下面主要讲述其性能。

在硫化物玻璃 Li_2S-SiS_2 中掺入少量的氧化物掺杂剂 LiMO（M＝Si、P、Ge、B、Al、Ga、In）可提高材料的热稳定性和离子电导率。对于 Li_3PO_4 的掺杂，还不破坏化学和电化学稳定性，具有潜在的应用前景。

Li_3PO_4-Li_2S-SiS_2 玻璃体的合成一般是灼烧。先将一定比例的 Li_2S 和 SiS_2 混合，置于惰性气氛炉中在 1100℃ 左右灼烧，然后冷却。再与 Li_3PO_4 混合，然后再灼烧、冷却。Li_3PO_4 加入后，扩展了玻璃态形成区，同时稳定了玻璃体的网络结构。灼烧后不同的冷却方式对所得玻璃体材料的性能影响很大，例如液氮淬冷和双螺旋挤出冷却。由于后者的冷却速度更快，因此玻璃态形成区扩大，离子电导率增加；玻璃态的最大组成为 $0.65Li_2S \cdot 0.35SiS_2$，电导率为 7.6×10^{-4} S/cm。而对于前者，Li_2S 的最大组成为 $0.61Li_2S \cdot 0.39SiS_2$，电导率为 6.2×10^{-4} S/cm；超过该组分，Li_2S 为晶体，离子电导率降低。

Li_2S-SiS_2 玻璃体结构与相应的氧化物不一样。在 Li_2O-SiO_2 玻璃体中，硅原子可以有 $0 \sim 4$ 个桥合氧原子。而在 Li_2S-SiS_2 玻璃体中，硅原子拥有的桥合硫原子数只能是 0、2 或 4〔以 $Q^{(n)}$ 表示：n 为桥合硫原子数〕。在硫化物玻璃体中，锂离子与非桥合硫原子以离子键形式发生作用。当非桥合硫原子的量多时，大量硅原子为 $Q^{(0)}$ 结构，可得到高电导率。然而，当 Li_2S 含量高时，不易形成玻璃态，因为 Li_2S 的结晶化使电导率明显下降。因此，在高电导率的玻璃体中，除了有尽可能多的 $Q^{(0)}$ 结构外，还必须有足够量的 $Q^{(2)}$ 硅原子以形成玻璃体结构。

对于 Li_3PO_4-Li_2S-SiS_2 而言，结构与 Li_2S-SiS_2 不同，硅原子不仅与硫原子键合，还与氧原子键合；同时磷原子既与氧原子键合，也与硫原子键合。这表明掺杂 Li_3PO_4 后，在玻璃体形成 Li_2S-SiS_2 结构中部分氧取代硫。由于 Si—O 键形成后，产生 $Q^{(1)}$ 结构的硅原子，使玻璃体形成网络中的锂离子浓度增加；另外，如图 11-10 所示，氧原子选择性地占据玻璃体形成网络的桥合位置，使更多硫原子位于非桥合位置。而硫的极化性比氧大，降低锂离子与玻璃体形成网络之间的相互作用，提高电导率；同时氧原子占据桥合位置有利于网络结构的稳定。

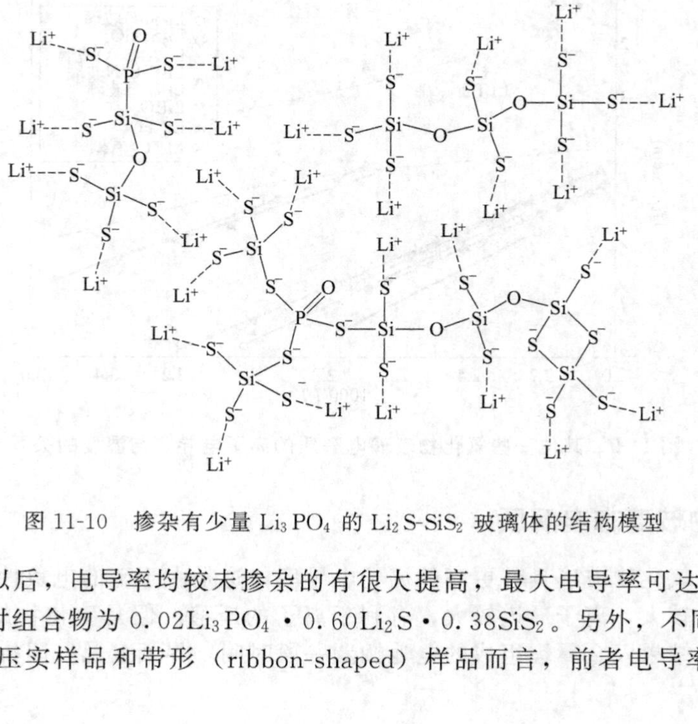

图 11-10　掺杂有少量 Li_3PO_4 的 Li_2S-SiS_2 玻璃体的结构模型

掺杂 Li_3PO_4 以后，电导率均较未掺杂的有很大提高，最大电导率可达 7.6×10^{-4} S/cm（见图 11-11），此时组合物为 $0.02Li_3PO_4 \cdot 0.60Li_2S \cdot 0.38SiS_2$。另外，不同形式的样品，电导率亦不一样。拿压实样品和带形（ribbon-shaped）样品而言，前者电导率低于后者。原因在于粒子区间的接触不一样。因此粒子大小不一样，电导率亦不一样。粒子小，粒子之间接触充分，电导率高；压实时的压力不一样，电导率亦发生变化，一般而言，压力高，粒子之间的接触也更充分些，电导率高。但是它们的活化能基本上不变，这表明本体电阻还是占主要地位，而界面电阻小有利于用压实法制备锂离子电池用无机电解质。

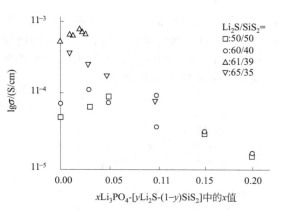

图 11-11 液氮淬火得到 Li_3PO_4-Li_2S-SiS_2 玻璃体的电导率与 Li_3PO_4 量的关系

Li_3PO_4-Li_2S-SiS_2 的电化学窗口宽，以 $0.01Li_3PO_4 \cdot 0.63Li_2S \cdot 0.36SiS_2$ 为例，其循环伏安曲线表明，Li^+ 的还原峰和金属锂的氧化峰均位于 0V 左右，即使电压高达 11V 时，亦未观察到别的氧化、还原峰。也可以从 Li/玻璃体/不锈钢板电池在 110V 极化电压下的电流衰减行为得到说明，最终电流衰减到仅为 $10^{-7}A/cm^2$，这样低的残留电流表明该玻璃体的分解电压很高。另外，也还可以通过组装成电池的循环伏安法来考察电化学稳定性，如以金属锂为负极，另一极为铂电极。对于 $0.02Li_3PO_4 \cdot 0.60Li_2S \cdot 0.38SiS_2$ 而言，循环伏安效率（氧化峰与还原峰面积之比）约为 1，这同样表明电化学性能稳定。

掺杂有 LiI 的 LiI-Li_2S-SiS_2 玻璃体与金属锂接触时易分解。而将 Li/Li_3PO_4-Li_2S-$0.29SiS_2$/Li 电池在 60℃时进行搁置，发现离子电导率随时间基本上没发生变化。通过热分析，表明在整个差热扫描过程中只发生锂在 180℃的溶解和固化峰，而且这些峰可逆再生，没有与锂发生反应。这表明该玻璃体对金属锂具有良好的化学稳定性。

综上所述，Li_3PO_4-Li_2S-SiS_2 玻璃体具有良好的电化学稳定性、化学稳定性和较高的电导率，另外从以 Li_3PO_4-Li_2S-SiS_2 玻璃体为固体电解质组成的 In-Li_x/$Li_{1-x}CoO_2$ 电池的循环性能（见图 11-12）来看，110 次循环后充放电行为基本上没有发生变化，显示全固态电池特有的优良性能，可以作为高压锂离子电池的电解质。

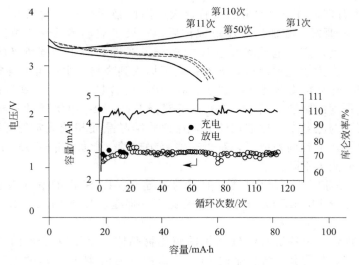

图 11-12 以 Li_3PO_4-Li_2S-SiS_2 玻璃体为固体电解质组成的 In-Li_x/$Li_{1-x}CoO_2$ 电池的循环性能

另外，在 Li_2-SiS_2 体系中加入少量的 Li_3MO_3（M＝B、Al）后，可以有效抑制硫化物体系的结晶，提高室温，离子电导率可达 10^{-3} S/cm，而且电化学窗口宽，可达 11V。但是当 M 为 Ga 或 In 时，离子电导率随其加入量的增加而线性下降，主要原因在于 SiO_2S_2 和 SiO_3S 四面体含量的增加，而它们是不利于电导率的提高。图 11-13 为该类体系的离子电导率和 T_c-T_g 与 Li_3MO_3 加入量的关系。

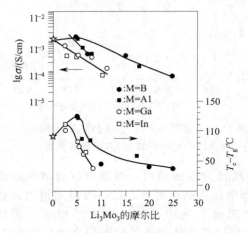

图 11-13　Li_2-SiS_2-Li_3MO_3 该类体系的室温离子电导率和 T_c-T_g 与 Li_3MO_3 加入量的关系

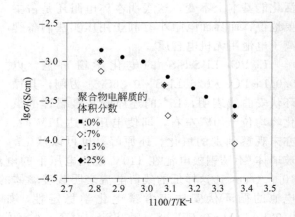

图 11-14　硫化物玻璃体($0.54Li_2S\cdot0.21B_2S_3\cdot0.25LiI$) 与聚合物 $[P(EO)_8\text{-}LiN(CF_3SO_2)_2]$ 形成复合电解质的电导率

但是硫化物电解质硬而脆，加工性能差。为了提高无机电解质的机械加工性能，也可以与聚合物例如聚氧化乙烯一起进行复合。图 11-14 表明，复合后电解质的电导率还在 10^{-4} S/cm 以上。

对于机械化学法制备的 Li_2S-P_2S_5 体系 [$xLi_2S\cdot(110-x)P_2S_5$，$x\leqslant87.5$]，其室温电导率高达 10^{-4} S/cm。但是将 $80Li_2S\cdot20P_2S_5$ 玻璃粉末在约 220℃ 下进行热处理，在玻璃体基体中生成 Li_7PS_6、Li_3PS_4 和一些未知的纳米晶体，并且减少了界面区，在室温下的电导率可以高达约 10^{-3} S/cm。

对于 SiS_2 基体而言，由于对水分的敏感性大，因此必须严格控制条件。对于 GeS_2 而言，其水分敏感性较 SiS_2 要好，在加入玻璃形成体后，扩展了玻璃体的形成范围，增加了离子电导率和玻璃化转变温度，室温电导率可达 10^{-4} S/cm。但是，对于与碳负极的相容性，目前还存在着疑问，SiS_2 基会发生还原反应，导致锂离子插入到炭材料中的可逆性差。

对于 Li_2S-P_2S_5 玻璃或玻璃陶瓷电解质，在 P_2S_5 的含量为 20%～30% 时，电导率最高，同时这也受结晶化程度的影响。图 11-15 显示了部分 Li_2S-P_2S_5 电解质的电导率。其中在相对较低温度下玻璃陶瓷的电导率要比玻璃要低，这说明结晶晶面相较无定形界面导电能力较高，活化能量较低。但是，也有例外情况，对于有些硫化玻璃（比如 Li_2S-P_2S_5-Li_4SiO_4），结晶度的提高反而会使导电能力下降。

图 11-16 显示了其他一些硫化玻璃电解质的电导率。Li_2SiS_2 的电导率和 Li_2S-P_2S_5 相类似，但是它可以通过添加 Li_4SiO_4 等锂硅盐来提高。但是，Li_2S-Sb_2S_3-GeS_2 相比 Li_2S-P_2S_5 的电导率较低。

现在还有文献报道了一些能传导锂离子的硫化物晶体，比如说硫化 LISICON，这些化合物的电导率在图 11-16 中显示。结晶化的 $Li_{3.25}Ge_{0.25}P_{0.75}S_4$ 具有较高的电导率，这和 Li_2S_5-P_2S_5 玻璃陶瓷的电导率范围类似，但是 $Li_{4.2}Ge_{0.8}Ga_{0.2}S_4$ 和 $Li_{2.2}Zn_{0.2}Zr_{1.9}S_3$ 的电导率较低。Li_2S-GeS_2-P_2S_5 的高电导率使极化降低，比起 Li_3PO_4-Li_2S-SiS_2，和 $LiCoO_2$ 正极组成电池后的容量也较高，但是 Li_2S-GeS_2-P_2S_5 和石墨负极不匹配。

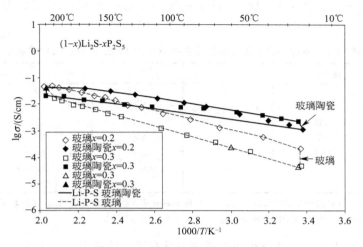

图 11-15 Li₂S-P₂S₅ 的离子电导率与温度的关系

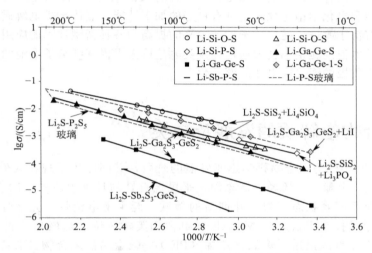

图 11-16 其他硫化物玻璃氧化物的离子电导率与温度的关系

11.4.3 玻璃体电解质的压实

一般而言，无机电解质的接触不紧密，粒子间存在接触电阻。通过烧结法增加粒子大小，可以提高界面电导率，但是烧结法会导致其他反应如界面反应、分解、熔融聚集等发生，降低无机电解质的体积电导率，导致总电导率下降。为了提高粒子间的接触，同时又防止副反应，优选采用压实方法。

压实一般采用高压，有静态和动态两种方式。前者为给样品施加一段时间的静压力，后者则是通过压力脉冲施加一脉冲时间，压力波通过样品而进行压实。上述两种方法施加的压力可以是单向、双向、轴向或均衡/等力的。动态压实法更为有效，基本原理是利用压力波的产生。产生的方法一般是爆炸，当然也可以利用磁脉冲。

动态压实法一般分三个阶段：第一阶段为压实的开始，粒子发生过渡性重新排列。由于粒子间相互摩擦，粒子表面达到极高的温度。当然温差及冷却速率亦非常快，扩散和聚集不能及时发生；第二阶段为塑性形变，当压力达到固定粒子大小时，粒子发生塑性形变，填补粉末中的空隙；最后阶段为冷作过程，将位错固定，增加材料硬度和/或粒子发生磨耗。

表 11-1 为不同的动态压实方法对掺杂有锂的 BPO_4 进行压实后的结果，总的离子电导率

可在 10^{-5} S/cm 以上。其他无机固体材料如正极、负极等均可以用压实方法增加粒子间的接触。

表 11-1　不同的动态压实方法对掺杂有锂的 BPO₄ 进行压实后的结果

压　实　方　法	压力/MPa	密度(TMD)/%	$\beta_m^{①}2\theta$/(°)	初级粒子大小[②]/nm	$\sigma_{Li^+}^{③}$/(μS/cm)
单向热压	500	94	0.17	89	0.7~2
单向冷压	375	56	0.29	43	2~20
磁脉冲压实	1100	65	0.48	25	2~50
爆炸压实	3500	70	0.45	27	80~200
起始粉末	—	—	0.47	26	
起始粉末(800℃)	—	—	0.19	75	
SiO₂ 参比	—	—	0.11	"∞"	

①β_m＝{213} X 射线衍射峰的积分面积与高度之比；②根据 Scherrer 方程，以 SiO₂ 为参比(无限粒子大小)计算出来的初级粒子大小；③室温下总的离子电导率；TMD 为理论密度。

　　无机固体电解质无论是制备方法还是成本均具有很大的吸引力，从理论上而言达到实用水平应该没有问题。目前存在的主要问题是找到一种有效的结构体系，不仅具有较高的电导率、良好的化学稳定性和电化学稳定性，还具有良好的加工性能。晶体无机电解质在前三者取得了突破，最后一项有待于改进。随着分子设计水平的提高和各种新型技术的应用，用无机固体电解质组装的锂离子电池的诞生不会太遥远，该类电池可大大提高锂离子电池的安全性，并有可能导致以金属锂为负极的锂二次电池的商品化。

11.5　聚合物电解质的发展及分类

　　20 世纪 20~70 年代为聚合物科学迅速发展的阶段，其间诞生了现在人们所熟悉的塑料、纤维和橡胶，尼龙、聚酯、聚烯烃等概念深入平民老百姓的日常生活中。70 年代时聚合物的经典领域研究已处于巅峰状态，为了开创新的领域，诞生了电活性、光活性等聚合物材料。2000 年诺贝尔化学奖授予 Heeger、MacAland 和白川英树三位就是该时代的一个说明。在这样的背景下，1973 年首次报道了聚氧化乙烯（PEO）-碱金属盐复合物具有高的离子导电性。此后，离子导电性聚合物得到了人们的重视。1978 年，法国的 Armand 博士预言这类材料可以用作储能电池的电解质，提出电池用固体电解质的设想。20 多年来，人们在固态聚合物电解质的理论研究及应用方面都取得了很大进展，制备、合成了多种不同基体的固体电解质。可是由于锂金属产生枝晶及由此带来的安全问题导致该技术未能商品化，然而在某些情况下，利用聚合物电解质可减少甚至抑制枝晶的生长，这大大鼓舞了研究者。在液体锂离子电池的商品化之后，聚合物电解质的发展得到了明显的推动。

　　采用聚合物电解质组装的锂离子电池可以避免液体电解质易发生电解液泄漏和漏电电流大的问题，且易于小型化，并且聚合物材料的可塑性强，可以制成大面积的超薄薄膜，保证与电极之间具有充分接触，可以根据不同场合的需要，做成圆柱形、方形等各种形状，在电池内部的聚合物电解质层可以多层并联，也可以做成"Z"形，同时还显示一些优越的性能，例如柔顺性也极大地改善了电极在充放电过程中对压力的承受力，降低与电极反应的活性，避免了高温熔盐电解质由于高温操作而引起的腐蚀及热能消耗，提高安全性能，因此锂离子电池采用聚合物电解质是不可避免的，尽管目前还存在一些问题。

　　聚合物电解质的种类繁多，随分类标准不同，所得到的类别也不一样。如按导电离子来分，可分为多离子聚合物电解质、双离子聚合物电解质和单离子聚合物电解质。按聚合物的形态来分，具体可分为凝胶聚合物电解质和全固态聚合物电解质。随聚合物基体材料的不一样可以再进一步进行分类，具体见图 11-17。也有将聚膦嗪（polyphosphazene）单独分为一类的，不过它的导电主要是通过侧链上的氧化乙烯单元而实现的，在此将它归入聚醚类。凝胶聚合物电解质和全固态聚合物电解质的主要区别在于前者含有液体增塑剂，如前所述，这将在第 12 章进行说明。

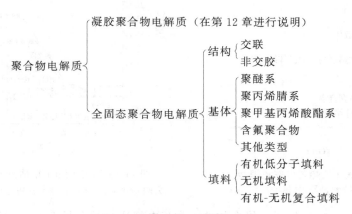

图 11-17　聚合物电解质的分类

至今研究的固态聚合物电解质按聚合物主体来分，主要有如下几种类型：聚醚系（主要为聚氧化乙烯：PEO）、聚丙烯腈（PAN）系、聚甲基丙烯酸酯（PMMA）系和其他类型。下面先就聚合物的相结构和离子导电机理进行说明，然后对这几类聚合物电解质进行单独说明。

11.6　聚合物电解质的相结构

在目前研究的聚合物电解质中，聚合物本身大都具有结晶性，这也是聚合物电解质的电导率不能与液体电解质相比的原因之一。聚合物形成的晶体大部分为球晶，球晶之间由无定形区组成。一般认为，导电主要发生在无定形区。因此对聚合物晶体结构的了解有利于对导电性能的解释，尽管决定电导率的因素较多。

由于聚合物为二元体系：晶区和无定形区。晶区的成长主要决定于动力学，因此时间和制备条件对晶区含量影响较大。从严格意义上而言，由于晶区的存在，聚合物导电性能的比较并不很科学。当然，在实际过程中，只要晶体的生长变得很慢，相互之间的比较并不会对结果产生严重的影响。这也就是我们常常能看到各种各样比较的结果。

聚氧化乙烯与电解质锂盐的混合体系的通用相图如图 11-18 所示。

对于 $LiBF_4$、$LiPF_6$、$LiAsF_6$ 和 $LiCF_3SO_3$ 等锂盐与 PEO 形成的聚合物电解质，所形成的络合物类型基本上与 $LiClO_4$ 相类似（见图 11-19）。络合物的生成与盐的晶格能有关，每一个阳离子都有一临界值，如锂盐为 880kJ/mol，高于此临界值就难以生成络合物。$LiBF_4$ 与 PEO 形成 $PEO_{2.5}\cdot LiBF_4$ 和 $PEO_4\cdot LiBF_4$ 两种络合物，$PEO_{2.5}\cdot LiBF_4$ 与 PEO 形成的共熔化合物在 O：Li 比为（20：1）～（16：1）之间。$LiPF_6$ 与 PEO 形成 $PEO_6\cdot LiPF_6$ 和 $PEO_3\cdot LiPF_6$ 两种络合物，$LiPF_6$ 与 PEO 形成的第一共熔化合物在 O：Li 比为（22：1）～（28：1）之间，熔点为 62.5℃，第二和第三共熔化合物的熔点为 117℃ 和 188℃。$LiAsF_6$ 与 PEO 形成 $PEO_6\cdot LiAsF_6$ 和 $PEO_3\cdot LiAsF_6$ 两种络合物，但是熔点比相应的 PEO-$LiClO_4$ 体系要高。例如 $PEO_6\cdot LiAsF_6$ 络合物的熔点为 136℃，比 $PEO_6\cdot LiClO_4$ 高 70℃。对于 $LiCF_3SO_3$ 而言，尽管阴离子较大，也可以形成 O：Li 为 4：1 和 6：1 的络合物，只是结晶的动力学过程比较慢。对于阴离子更大的锂盐例如 $LiN(CF_3SO_2)_2$、$LiN(R_fOSO_2)_2$、$LiC(SO_2CF_3)_3$ 等，也可以形成络合物和球晶，只是冷却过程要更慢。

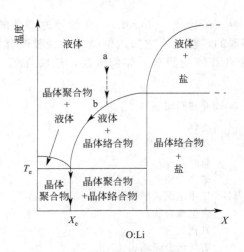

图 11-18 聚氧化乙烯与电解质锂盐
的混合体系的通用相图

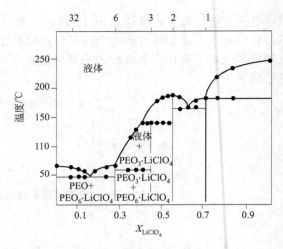

图 11-19 PEO-LiClO₄ 体系的相图（垂直区
为组成 6∶1、3∶1、2∶1 和 1∶1 的晶体络合物）

如图 11-18 和图 11-19 所示，络合物的种类与电解质盐的含量有关，同样也影响晶体的类型。电导率 $\sigma(T)$ 与盐的含量和离子的迁移有关 [见式(11-11)]：

$$\sigma(T) = \sum n_i q_i \mu_i \tag{11-11}$$

式中，n_i 为载流子 i 的数目；q_i 为载流子的电荷；μ_i 为其迁移速率。电导率与载流子、盐的种类和离子结合之间的关系将在 11.8 节进行更具体的说明。在这里简述一下，盐浓度低时，过渡态的交联密度低，离子的迁移性基本上不受盐浓度的影响，因此电导率主要由载流子数目决定。当盐浓度高时，形成离子对甚至三合离子等，它们的数目较多，但迁移性更低，甚至可作为过渡交联品种。当盐浓度更高时，即 O∶Li 少于 11∶1，该聚合物电解质体系可看成连续的"库仑流体"，长程间的相互作用比较重要，显示较复杂的关系。

压力大小能够影响晶体的形成。压力大，促使球晶的生成。球晶的生成自然减少无定形区的含量，增加过渡态的交联密度。从下面 11.8 节所述的导电规律如阿伦尼乌斯理论和自由体积模型而言，只是认为压力影响活化能和自由体积，不可能从形态上进行深入的认识。

11.7 聚合物电解质的离子导电模型

聚合物电解质的结构比较复杂，导电机理较难理解。另外聚合物为弱电解质，离子解离后形成离子对、三合离子及多合离子等。目前提出的模型主要有以下几种：阿伦尼乌斯（Arrhenius）理论、VTF（Vogel- Tamman-Fulcher）方程、WLF（Williams-Landel-Ferry）方程、自由体积模型、动态键渗透模型（dynamic bond percolation model，DBPM）、MN（Meyer-Nelded）法则和有效介质理论（effective medium theory，EMT）等。

在上述机理中，阿伦尼乌斯理论仍然是描述离子在聚合物电解质中运动的最好方法，所以在说明聚合物电导率的时候常采用典型的 $\lg\sigma$-$1/T$ 曲线。VTF 和 WLF 方程则是基于玻璃化转变温度 T_g，在此稍加说明。

VTF 方程 [见式(11-12)] 通常用来将电导率与温度的关系联系起来：

$$\sigma(T) = AT^{-0.5} e^{-(B/T - T_0)} \tag{11-12}$$

式中，$\sigma(T)$ 为温度 T 时的离子电导率；T_0 为基准温度（reference temperature），可认为近似为 T_g，B 为常数，与简单的活化过程无关，但是它具有能量的量纲。由于它是基于电解质在溶剂中发生全部解离而提出的，因此与扩散系数有关。高于 T_0 时，热运动导致离子发生松弛和迁移，因此 T_g 越低，离子的运动和松弛越快，电导率相对而言要更高。该过程认为离子的迁移是通过聚合物链段的半无规运动实现的，而聚合物链段则提供自由体积，允许离子发生扩散，可以简单地解析离子传导现象。

WLF 方程是 VTF 方程的一般展开，用来表征无定形体系中的松弛过程，任何与温度相关的机械松弛过程 R 均可以用一普适规律来表达：

$$\lg\left[\frac{R(T)}{R(T_{\text{ref}})}\right]=\lg(a_T)=-\frac{C_1(T-T_{\text{ref}})}{(C_2+T-T_{\text{ref}})} \tag{11-13}$$

式中，T_{ref} 为参考温度；a_T 为迁移因子；C_1 和 C_2 为实验常数。如果 $C_1C_2=B$ 且 $C_2=(T_{\text{ref}}-T_0)$，则 VTF 方程与 WLF 方程一样。尽管 T_{ref} 是任意的，但是通常比 T_g 要高 50℃。该方程可以较好描述一些聚合物体系的电导率与温度的关系。当然也有一些描述不好的例子，因为该方程没有考虑体系的自由体积行为。

自由体积模型认为离子的迁移需要自由体积，该体积与聚合物链段、离子类型等有关。但是它与微观结构无关，不能解释极化、离子对、溶剂化强度等对电导率的影响。动态键渗透模型则是考虑局部的动力学过程而提出的简单模型，它考虑了化学相互作用，认为离子在连续不断更新的位置发生跳跃迁移，跳跃的概率随聚合物链的迁移而调整，其优点在于可处理多个不同的粒子如阴离子、阳离子等。MN 法则将指前数因子 σ_0 和活化能 E_a 联系在一起：

$$\ln\sigma_0=\alpha E_a+\beta=E_a/KT_D+\ln K\omega_0 \tag{11-14}$$

式中，T_D 为特性温度；K 为浓度项；ω_0 为离子尝试频率。对于快离子导体而言，T_D 为有序/无序转变温度。它对于许多掺杂和混合相聚合物电解质有效。有效介质理论将一般的渗透概念与 EMT 方程结合在一起：

$$\frac{f(\sigma_1^{1/t}-\sigma_m^{1/t})}{\sigma_1^{1/t}+A\sigma_m^{-1/t}}+\frac{(1-f)(\sigma_2^{1/t}+\sigma_m^{1/t})}{\sigma_2^{1/t}+A\sigma_m^{1/t}}=0 \tag{11-15}$$

式中，σ_1、σ_2 和 σ_m 分别为两相和复合材料的电导率；常数 A 与组合物介质有关；t 为与填料体积份数 f 和粒子形状有关的指数。它阐明了电导率的增加是由于电解质/填料界面空间电荷层的存在，将复合电解质看做由离子导电的聚合物主体和分散的复合单元组成的准两相体系。

聚合物电解质的电导率与金属离子的浓度有十分密切的关系，通常可用 Nernst-Einstein 方程来表达：

$$\sigma=(Nq^2/kT)D \tag{11-16}$$

式中，N 为金属离子的浓度；q 为离子所带电荷；k 为玻尔兹曼常数；D 为金属离子的扩散系数。由式(11-16) 可知，电导率与金属离子的浓度及其运动有关。在一定范围内，通过增加电解质中金属离子的浓度可以提高体系的电导率。然而金属离子的浓度也不能太大，这是因为当金属盐浓度高于某一值时，会有离子对形成。当离子对形成后，增加盐的浓度并不能增加有效载流子的浓度。NMR 技术发现在 PEO 中，当 Li^+：O 大于 1：8 时有离子对产生。当锂盐浓度增加时，由于离子的运动及离子对的形成阻碍了聚合物链段的运动能力，导致电导率和锂离子迁移数下降。因此，仅靠增加锂盐浓度并不能大幅提高电解质体系的电导率。一般情况下，离子的迁移与聚合物基体局部链段的松弛运动是相适应的。所以，体系的介电常数和链段的松弛时间才是决定其导电能力的重要因素。例如，对于半晶聚合物而言，电导率大小与频率有关，在高频和低频处存在两个最小值。

11.8　聚环氧乙烯

聚环氧乙烯作为离子导体是在 1973 年发现的，后来人们发现以 PEO 为基体的电解质可用于固态电化学元件中，20 世纪 80 年代才开始大量的、较系统的合成和表征工作。PEO 能与许多锂盐形成络合物，如 LiBr、LiCl、LiI、LiSCN、LiBF$_4$、LiCF$_3$SO$_3$、LiClO$_4$、LiAsF$_6$ 等，这就使得它适合于用作聚合物电解质的基体材料。PEO 的溶解效应是由其独特的分子结构和空间结构决定的。它既能提供足够高的给电子基团密度，又具有柔性聚醚链段，因此能够以笼因效应有效地溶解阳离子。

MX 盐溶于聚合物中，与在液体电解质中一样，可发生电离，形成阳离子 M$^+$ 和阴离子 X$^-$；也可形成中性离子对 [MX]；中性离子对可进一步与阳离子和阴离子发生结合，形成三合离子 [M$_2$X]$^+$ 或 [MX$_2$]$^-$。中性离子对 [MX] 的形成导致载流子浓度降低，三合离子 [M$_2$X]$^+$ 或 [MX$_2$]$^-$ 则由于离子太大而不易发生迁移，因此它们的存在降低了电导率。由于链段上氧官能团有电子，而锂离子存在 2s 空轨道，锂离子可以与 PEO 链上的氧形成配位结构，因此，离子及链段上基团之间的相互作用可以利用 FT-IR 和拉曼等手段进行研究。

锂离子在 PEO 基聚合物电解质中迁移过程可以认为是锂离子与氧官能团的配位与解离过程。在电场作用下，随着高弹态中分子链段的热运动，迁移离子与氧基团不断发生配位-解离，通过局部松弛和 PEO 的链段运动进行快速迁移。该迁移有两种方式：链内部和链之间，迁移的离子有两种：离子和离子簇，示意如图 11-20 所示。该运动主要发生在无定形相中，电导率比在晶相中高 2～3 个数量级。离子电导率与温度的关系基本遵循 WLF 方程和 VTF 方程。

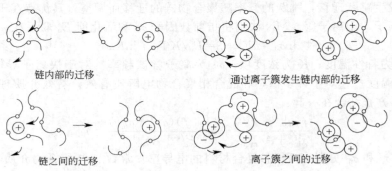

链内部的迁移　　　　　通过离子簇发生链内部的迁移

链之间的迁移　　　　　离子簇之间的迁移

图 11-20　阳离子在 PEO 中通过聚合物链段（左边）和
离子簇（右边）而发生的运动和示意模型

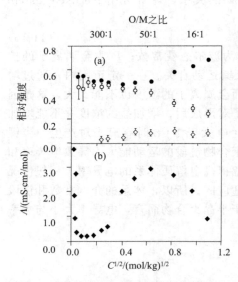

O/M之比

300:1　　50:1　　16:1

相对强度

$\Lambda/(\text{mS}\cdot\text{cm}^2/\text{mol})$

$C^{1/2}/(\text{mol/kg})^{1/2}$

图 11-21　在聚丙二醇-LiCF$_3$SO$_3$ 体系中
阴离子（A$_1$，SO$_3$）的对称伸缩拉曼
振动峰的强度（a）和在 30℃摩尔
电导率（b）随 O∶M 的变化
○溶剂化离子；●离子对；◆三合离子

离子电导率与盐有很大的关系，如图 11-21 所示（以聚丙二醇为例：在 PEO 体系中与此相类似），随盐的种类和浓度的不同而变化。盐浓度在 0.01～约 0.1mol/L（即 O/M 摩尔比高达约 50∶1），摩尔电导率增加，这时主要是形成能发生迁移的带电离子簇如三合离子等以及离子簇的进一步电离。低于此范围主要是形成电中性离子对。当 O/M 摩尔比高于 50∶1 时，离子及其他物种的浓度不发生变化，主要是离子的迁移性增加。因为此时电荷之间的距离小于 0.5nm，聚合物链段的运动受到离子络合的限制，可能是在阴离子的作用下发生迁移 [见方程(11-17) 和方程(11-18)]：

$$XM + X^- + X^- \rightleftharpoons X^- + MX \qquad (11\text{-}17)$$

$$OM + X^- \rightleftharpoons O + MX \qquad (11\text{-}18)$$

一般来说，阴离子半径大，有利于电荷分散，锂离子的扩散系数大。

温度也影响 PEO 的导电行为（见图 11-22）。当 P(EO)$_n$-LiX 中 $n \leqslant 3$ 时，在 110℃时 t^+ 可近乎 1，因为

$n \leqslant 3$ 时，锂盐与 PEO 形成低共熔混合物，这时离子的迁移与锂盐晶体有关。事实上，如果用 Sorensen-Jacobsen 方法来解析 $n \leqslant 3$ 时的电化学行为，结果并无太大的差异。$n \leqslant 3$ 时离子传导有两种方式：一是无定形聚合物相；二是锂盐 (LiI) 晶相。^{7}Li NMR 的结果证明了这一点。

锂离子的迁移性对电极嵌入和插入反应（快速充放电和深度放电）、能量密度和循环性能非常重要。当锂离子与聚合物链之间的作用力太强时不能发生迁移而固定在聚合物电解质中。判断锂离子在 PEO 中迁移的一个标准为配体交换速率域值约为 10^{-8}/s，小于该值表明锂离子为固定的。

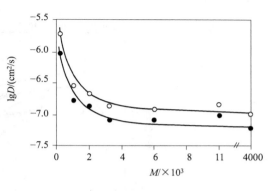

图 11-22　PEO-LiCF$_3$SO$_3$ 体系中 Li$^+$ 的扩散系数 D 与 PEO 相对分子质量 M 的关系（O/Li 为 20/1）
●70℃；○90℃

图 11-23 和图 11-24 显示了各种锂盐下 PEO 的离子电导率与温度的关系。其中图 11-23 为 LiCF$_3$SO$_3$（LiTf）、Li(CF$_3$SO$_2$)$_2$N（LiTFSI）和 Li(C$_2$F$_5$SO$_2$)$_2$N（LiBETI）的电导率，图 11-24 为 LiClO$_4$ 和 LiBOB 的电导率。结果发现，PEO 在各种锂盐溶液中的电导率范围都较为接近，其中最高电导率为 LiTFSI，最低为 LiBETI。其中只有一篇文献的电导率范围要远远高出其他文献，其具体增大原因还不清楚，所以此结果并没有归入 PEO 的电导率范围之中。随着温度的升高，锂离子的导电能力下降，这是由于温度升高到玻璃变转变温度之上。尽管 PEO 是锂离子的优良导体，但是室温下在锂离子电池中的应用还需要更高的导电性能。

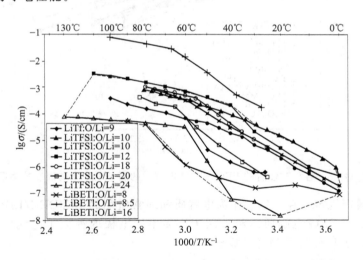

图 11-23　以 LiTf、LiTFSI 和 LIBETI 为锂盐的 PEO 聚合物
电解质的离子电导率与温度的关系

对于 PEO 聚合物电解质而言，由于锂离子的迁移主要是在聚合物的非晶区中进行，而 PEO 易结晶，锂盐在无定形相中的溶解度低，载流子数目少，锂离子的迁移数比较低，因此与液体电解质相比室温或低于室温时的电导率比较低，基本在 10^{-6} S/cm 数量级以下，限制了纯 PEO 聚合物电解质的应用。为了得到电导率高、以 PEO 为基体的聚合物电解质，即得到玻璃化转变温度 T_g 低、无定形相稳定且含量多、链段运动能力强的聚合物体系，通过改性的方法可以提高电导率。目前采取的方法主要有共混、形成共聚物（包括无规共聚物、接枝共聚物、嵌段共聚物和梳状聚合物）、交联、加入掺杂盐、加入增塑剂、加入无机填料和提高主链的柔性等。各种方法得到的一些改性结果如图 11-25 所示。

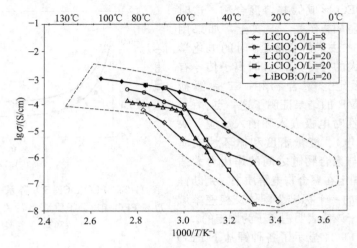

图 11-24　以 LiClO₄ 和 LiBOB 为锂盐的 PEO 聚合物
电解质的离子电导率与温度的关系

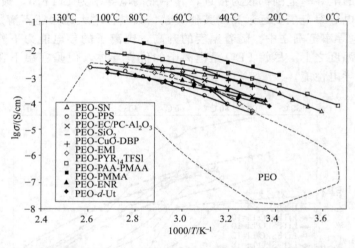

图 11-25　各种改性后的 PEO 聚合物电解质的离子电导率与温度的关系

　　PEO 能和金属锂稳定共存，以它作为电解质和通常所用的 EC/DEC/LIPF₆ 电解质的容量相类似（95％左右）。PEO 电解质已经被用于许多不同电极的锂离子电池中，比如 LiMn₂O₄ 和 LiFePO₄ 正极，还有石墨和 MoO$_x$ 负极。

11.8.1　与其他聚合物共混

　　共混是利用两种聚合物分子链之间的相互作用来破坏 PEO 分子链排列的规整性，降低聚合物的玻璃化温度 T_g，抑制 PEO 结晶的形成，获得非晶结构，提高离子电导率。通过共混制备聚合物电解质具有许多优点，如制备简单，可以提高结构、电化学和力学性能。一般是将 PEO、LiClO₄ 和聚合物溶解在溶液中进行，但也可以让聚合物在溶液中聚合而得到。

　　常见的与 PEO 发生共混的聚合物有 PMMA、聚苯乙烯、聚乙烯醇、聚醋酸乙烯酯、PPO、聚-2-乙烯吡啶、聚丙烯酰胺（PAAM）、苯乙烯-丁烯嵌段共聚物、聚丙烯酸酯等。它们的共混体系与 LiClO₄ 形成络合物，锂离子室温传导率可达 10^{-5} S/cm。日本的土田英俊教授将 PEO 与所谓的 Flemino 聚合物进行共混，锂离子的室温电导率达 10^{-5} S/cm，且具有较好的机械加工性能。天然橡胶的玻璃化转变温度低，将天然橡胶改性后与 PEO 共混，锂离

子电导率亦可达 $10^{-6} \sim 10^{-5}$ S/cm。在无定形阵列中将聚氨酯/硅氧烷混入 PEO 聚合物中，能大大提高聚合物的导电能力。共混体系在提高离子电导率的同时，通常会引起力学性能的劣化。

11.8.2　形成共聚物

共聚的目的也是降低 PEO 的结晶性，提高电导率。但是对能共聚且能提高电导率的聚合物必须满足下列条件：①共聚物与盐的相容性好；②为防止捕获阳离子，与锂离子的作用不能太强；③共聚物优选含有极性区。这样既可以保证力学性能，又能影响导电性，但是引入的共聚单元必须具有电化学稳定性。

形成的共聚物包括无规共聚物、嵌段共聚物、梳形共聚物或星形共聚物。

11.8.2.1　形成无规共聚物

首先研究的为与 PEO 具有相容结构的无规共聚物，因为引入的共聚单元与 PEO 相容，可抑制相分离。形成共聚物后，PEO 的规整螺旋结构受到破坏，结晶性也受到了破坏。其例之一为 $-\!\!\left(\mathrm{OCH_2CH_2}\right)_m\mathrm{OCH_2}\!\!\left.\right]_n$（$m = 5 \sim 11$），$\mathrm{OCH_2}$—基团将中等长度的 EO 单元均匀分散。整个体系在室温或室温以上为无定形。在环氧乙烷（EO）和环氧丙烷（PO）共聚物中，当 PO 单元的含量达 11%（摩尔分数）时，聚合物链的规整性就已受到严重破坏。DSC 和 X 射线衍射结果表明，共聚物与盐复合物中已没有结晶络合物存在，只有少量聚合物本身的结晶相。当在 O/Li 为 7.4 时，结晶相全部消失，体系呈非结晶态。将 $-\mathrm{CH(CH_3)CH_2O}-$（PO）单元引入到 PEO 中也可以得到准无规的聚合物体系。当然它们也可以形成梳形共聚物和嵌段共聚物，这些将在后面进行说明。在室温以上，该聚合物基体与锂盐形成的电解质基本处于无定形状态，具有较高的电导率，达到 10^{-4} S/cm。一般情况下 PEO 主链或侧链上的低聚氧化乙烯都可成为锂离子缔合位。通过优化侧链氧化乙烯的长度，可使其电导率比线型 PEO 提高 3 个数量级。

后来研究了一些与 PEO 结构不相同的共聚单元的影响，例如聚氨酯、聚对苯、聚苯乙烯或苯乙烯-丁二烯嵌段共聚物等。这些组分的一个共同特点是玻璃化转变温度 T_g 高，但它们对 PEO 的结晶性能并不产生很明显的影响。研究较多的共聚物主要是与聚（甲基）丙烯酸酯（PMMA）和聚丙烯酰胺（PAAM）的共聚。

聚甲基丙烯酸甲酯的 MMA 单元的引入方式不同，对导电性能的影响效果亦不一样，其中热聚合的效果比较好。室温下电导率可高达 $10^{-4} \sim 10^{-5}$ S/cm。高分子量 PEO 与 MMA 热聚合，可形成接枝共聚物。当接枝程度高时，可以称之为下述的梳形共聚物。这时 MMA 单元作为内增塑剂，提高链的柔性和聚醚无定形区中自由链段运动，增加 PEO 链间距，降低了锂离子的交联效果，有利于锂离子迁移。PMMA 的立体结构不同，对电导率的影响效果亦不一样。对于无规或间规 PMMA 而言，它们与 PEO 基本上可混溶，对 PEO 的结晶度几乎没有什么影响。而对等规 PMMA 而言，则不能完全混溶，从而能抑制 PEO 的结晶，室温电导率可达 9×10^{-5} S/cm。这与 DSC 的分析结果一致：存在两个玻璃化转变温度，一个在 PEO 的熔点范围内；另一个比均聚 PEO 的 T_g 要低，这是由于 PEO 无定形区含量增加。

聚丙烯酰胺与 PMMA 相比，链的柔性更高，离子传导更快，电导率更高。另外，极性氨基可增加聚合物电解质的介电常数，有利于盐的解离。由于相容性比 PMMA 差，因此存在两个玻璃化转变温度，分别对应 PEO 富集相和 PAAM 富集相。前者比未共混的 PEO 低。同等规 PMMA 一样，PAAM 较硬的话，PEO 的结晶程度降低。但是，必须意识到路易斯碱（醚氧及氨基氮）与阳离子之间的竞争，因此结果会不一样。在掺杂有 $\mathrm{LiClO_4}$ 的 PEO-PAAM 共混体系中，存在三种不同的络合物：

① 传统的醚氧络合物 $\mathrm{PEO\text{-}Li^+\text{-}PEO}$；

② 锂离子与醚氧及氨基氮结合，即 $\mathrm{PEO\text{-}Li^+\text{-}PAAM}$；

③ 锂离子与氨基氮的结合：PAAM-Li$^+$-PAAM（不导电）。

因此 PAAM 及掺杂离子的含量对形成络合物的种类产生明显影响。PAAM 在饱和点（体积分数 20% PAAM 和摩尔分数 11% LiClO$_4$）前，主要形成第二种化合物，增加 PEO 的无定形区，降低 T_g，提高电导率（可高达 4×10^{-5} S/cm）。进一步增加 PAAM，可形成第三种络合物，电导率反而下降。

氢键的作用在这里不能忽略，交流阻抗谱的结果表明，在中频区存在着电容为 $10^{-7} \sim 10^{-8}$ F/cm^2、相应于氨基和醚基间氢键作用的相界。它可以捕获阳离子，降低阳离子的迁移速度。将氢原子用甲基取代后，尽管形成的配合物与未取代的一样，但是取代后得到的电解质柔性和电导率均要高。加入体积分数 25% 取代 PAAM 和摩尔分数 11% 掺杂盐，形成的组合物在室温的电导率达 3.5×10^{-5} S/cm。在室温下 σ 与 $1/T$ 的关系偏离 VTF 方程，但可用模偶合理论（Mode coupling theory，MCT）进行解释。当温度为 $1.2 \times 1.3 T_g$ 时，离子转变为像在"液态似"的系统中传导。载流子在高于该区域时，通过聚合物链段的运动而扩散；低于该区时，则通过激发的跳跃位置而迁移。

与 PEO 形成共聚电解质的电导率大小顺序如下：

PAAM＞PAA（聚丙烯酸）/PMA＞PMMA（聚甲基丙烯酸酯）
与 PAAM 共聚的电解质电导率最高的主要原因是其络合性能和柔性较好。

此外，将具有羟酸基团的聚合物，比如聚丙烯酸（PAA）和聚甲基丙烯酸（PMAA），与 PEO 形成共聚电解质，能使 PEO 的导电能力大幅上升。其中，PAA 或其他聚羟酸锂能通过降低阴离子的传输来提高锂离子的传导数目。这些共聚物的电导率还能通过添加三氟化硼乙醚（BF$_3$OEt$_2$）来提高，它能够促进锂盐阳离子和羟酸盐阴离子的溶解。环氧化天然橡胶（ENR）同样能提高 PEO 的电导率。当加入聚甲苯环氧乙烯后，锂离子的分布受到明显影响，当原子量增加时电导率增加，这和典型的聚合物电解质性质相反。

其他类型的共聚物包括与聚偏氟乙烯（PVDF）、六氟乙烯（HFP）和聚乙二醇二甲醚（PEGDMF）等形成的共聚物。以 LiCF$_3$SO$_3$ 为锂盐，获得的聚合物电解质在室温下电导率达 10^{-4} S/cm。

11.8.2.2 形成嵌段共聚物

嵌段共聚物就是把简单的聚合物组分直接引入 PEO 链中以降低其规整性。在嵌段共聚物中，以聚苯乙烯-聚氧乙烯-聚氧化丙烯三嵌段聚合物为例，由于聚苯乙烯、聚氧化丙烯嵌段破坏了 PEO 的结晶性，并提高了其机械强度，所制备的电解质在导电性能和力学性能方面都比纯 PEO 基质有较大提高。与硅氧烷等形成的线型嵌段共聚物具有非晶态结构，其相应的锂离子电导率可以提高近两个数量级。例如图 11-26 所示的化合物（a）和（b）的玻璃化转变温度分别为 -60℃ 和 -123℃，与 LiClO$_4$ 组成的聚合物电解质体系，室温离子传导率分别达到 1.5×10^{-4} S/cm 和 2.0×10^{-4} S/cm。

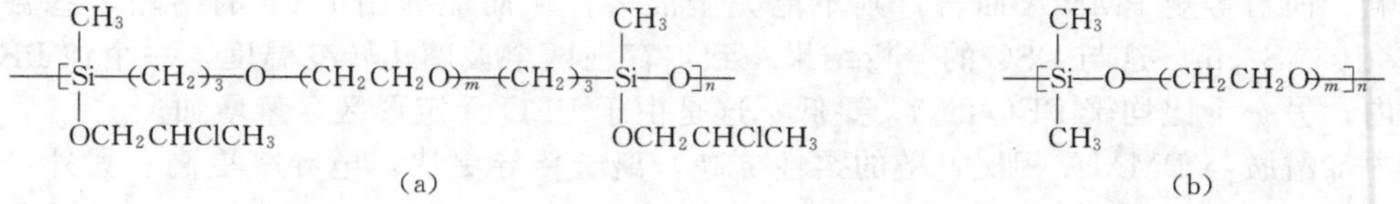

$$\begin{array}{ccc}
\text{CH}_3 & \text{CH}_3 & \text{CH}_3 \\
| & | & | \\
\text{-[Si-(CH}_2\text{)}_3\text{-O-(CH}_2\text{CH}_2\text{O)}_m\text{-CH}_2\text{-Si-O-]}_n & \text{-[Si-O-(CH}_2\text{CH}_2\text{O)}_m\text{-]}_n \\
| & | & | \\
\text{OCH}_2\text{CHClCH}_3 & \text{OCH}_2\text{CHClCH}_3 & \\
(a) & & (b)
\end{array}$$

图 11-26　含硅氧烷链段的嵌段共聚物

在嵌段共聚物中，如果中间部分为 PEO 链段，两头为烷基部分，如图 11-27 所示，通过自组装，将形成液晶结构的高分子。这种结构的高分子也具有良好的离子导电功能。

当然，不同的嵌段共聚物，有可能效果并不完全一样。例如，聚甲基丙烯酸酯与聚乙二醇丙烯酸酯形成嵌段共聚物，尽管本身为均一的相结构，但是，电解质锂盐的加入能产生微相分离。

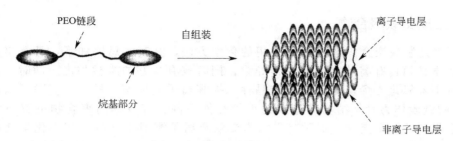

图 11-27　具有液晶结构的嵌段共聚物

11.8.2.3　形成梳形共聚物

通过接枝反应将低分子量的 PEO 引入到聚合物的骨架上形成"梳状"结构或星形结构的高分子是获得非晶态聚醚的一种有效途径，因为离子传导与分子的链段运动密切相关，人们既希望聚合物有非晶态结构，也要求它有较低的玻璃化转变温度 T_g 以满足常温下离子传导率高的需要。合成梳形聚醚的常用途径有两种方式：①低聚氧化乙烯基大单体的聚合或缩合；②低聚氧化乙烯的接枝反应。研究的部分梳形聚合物结构示于图 11-28。对于以柔性聚硅氧烷 $-(Si-O)_n-$ 和聚膦嗪为主链的梳形聚合物电解质，将在 11.8.7 节进行说明。由于形成的梳形共聚物低温下链段具有较强的运动能力，利于离子的解离和传导，与锂盐组成复合体系后，离子传导率可以提高大约两个数量级。例如图 11-28(b) 所示的高分子量的梳状聚醚，具有比较好的力学性能，随着聚醚侧链数目的增加，体系的离子传导率呈上升趋势。为了进一步提高梳状聚合物的力学性能，可以将苯乙烯和马来酸酐共聚制得梳状聚合物 [见图 11-28(d)]，离子传导率可以提高大约 2 个数量级。

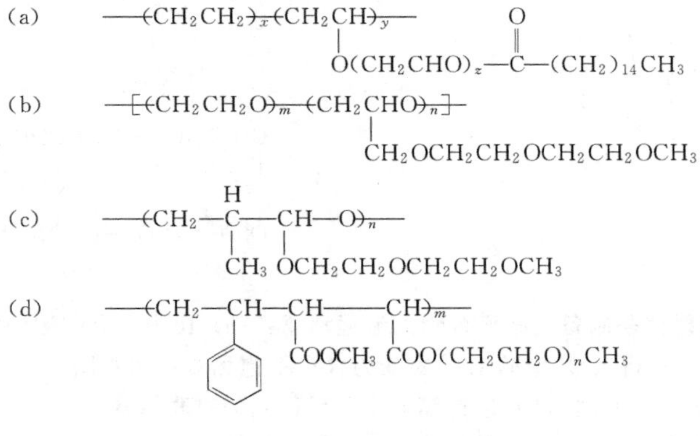

(a)　$-(CH_2CH_2)_x(CH_2CH)_y-$
　　　　　　　　　$O(CH_2CHO)_z-C-(CH_2)_{14}CH_3$
　　　　　　　　　　　　　　　　$\overset{O}{\|}$

(b)　$-[(CH_2CH_2O)_m CH_2CHO)_n]-$
　　　　　　　　　$CH_2OCH_2CH_2OCH_2CH_2OCH_3$

(c)　$-(CH_2-\overset{H}{\underset{}{C}}-O)_n-$
　　　　　　$CH_3\ OCH_2CH_2OCH_2CH_2OCH_3$

(d)　$-(CH_2-CH-CH-CH)_m-$
　　　　　　　　$\overset{|}{\underset{}{\bigcirc}}\quad COOCH_3\ COO(CH_2CH_2O)_n CH_3$

图 11-28　部分梳状聚合物的结构示意

梳状共聚物中，梳子"齿"的长度对结晶性存在明显的影响。过短，有可能依然存在结晶性，特别是球晶的生成。当然，梳状结构中的"齿"单元可以是两种或多种。

在梳形共聚物的基础上，也可以进一步进行改性。例如将如下结构的梳形聚氧化乙烯 [见图 11-29(a)] 与聚四氢呋喃 [见图 11-29(b)] 共混，20℃时的离子电导率能达 6×10^{-4} S/cm。只是对于该体系而言，离子电导率与时间及过程密切相关。

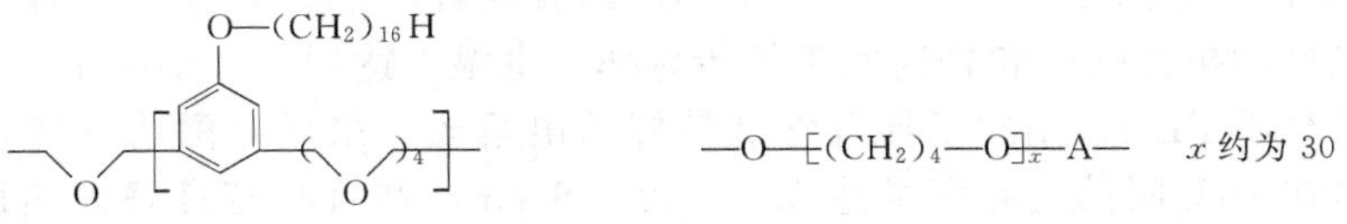

(a)　$O-(CH_2)_{16}H$

(b)　$-O-[(CH_2)_4-O]_x-A-$　　x 约为 30

图 11-29　(a) 梳形聚氧化乙烯和 (b) 聚四氢呋喃

11.8.3 生成交联聚合物

交联网络是制备聚合固体电解质常用的化学方法，其基本思路如下：具有实用价值的聚合物电解质必须具有高的室温离子传导率，同时兼有良好的机械强度。同时，采用交联可以有效减小聚氧化乙烯基聚合物的结晶性，提高离子电导率。另外，交联可以改善因为使用 T_g 低的链段作为骨架结构而造成的力学性能下降，有效提高聚合物电解质的力学性能。交联手段包括化学交联、辐射交联、热交联及离子溅射交联等，其中化学交联包括自由基聚合和缩合聚合两种方法。缩合聚合用的交联剂包括异氰酸酯、聚硅氧烷、POCl$_3$ 或二元羧酰氯等。化学交联常常会引入一些不需要的官能团，但制备交联网络结构比较简单，可用于基础研究。辐射交联的优点在于聚合物电解质膜可以加工成所需的厚度或形状，并且可以在加入到装置后进行交联。至于将 PEO 链作为侧链固定在聚膦嗪和聚硅氧烷上，也可以制备交联的聚合物电解质，具体将在 11.8.6 节进行说明。在交联度不太高或采用柔软交联剂时，聚合物的链段运动变化不大，因此电导率有了提高，并且力学性能好。以辐射交联为例，制备过程示意于图 11-30。

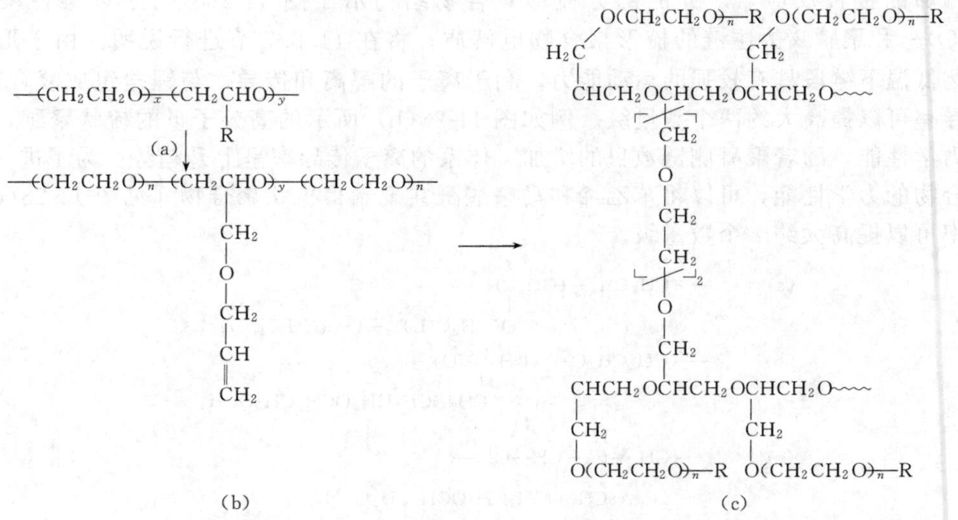

图 11-30　辐射交联制备交联聚合物的流程示意：(a) R 为含有醚键的官能团；
(b) 将 (a) 中的 R 基团变为含有不饱和双键的基团；
(c) 将 (b) 进行辐射交联后得到的交联结构

EO-PO 的嵌段共聚物交联后，室温电导率达 5×10^{-5} S/cm。将低分子量聚氧化乙烯二丙烯酸酯进行交联，电导率随丙烯酸酯含量的增加而增大；EO/Li$^+$ = 8：1 时，离子电导率可达到 1.7×10^{-5} S/cm。在聚氧化乙烯两端引入丙烯酸酯基，然后通过聚合反应，进行交联。制备的固体电解质在 30℃ 的离子电导率为 5.1×10^{-4} S/cm。含有低聚氧化乙烯侧链的甲基乙烯基醚/顺丁烯酸酐无定形共聚物，交联后热稳定性可达 140℃，室温电导率可达 1.38×10^{-4} S/cm。

侧链含 PEO 羟基聚硅氧烷接枝共聚物，与多异氰酸酯缩合后形成三维网络体系，加入 LiClO$_4$ 后，离子传导率达到 $10^{-5} \sim 10^{-6}$ S/cm，且具有良好的热稳定性。具有极性硅氧烷的聚氨酯网络兼有优良的机械强度和较高的离子传导率，室温下达到 10^{-4} S/cm。

用马来酸酐交联 PEO，制成了导电性能较好的电解质。采用硼酸将聚氧化乙烯交联，得到的交联聚合物在 30℃ 时的电导率可达 5.8×10^{-5} S/cm，并且具有良好的热稳定性和电化学稳定性。将 EO 与丙烯基甘油酯进行共聚，形成网络状聚合物；利用紫外光分别将聚丙烯醇二甲基酯和缩水甘油酯与 EO 进行交联聚合反应，得到交联聚合物，30℃ 时离子电导率分别为

$8.5 \times 10^{-4} \, \text{S/cm}$ 和 $7.2 \times 10^{-5} \, \text{S/cm}$。

PEO/LiX 络合物的缓慢结晶导致离子传导率因材料长期存放而降低。为了保持材料离子传导率的长期稳定性，有人利用 PEO、低聚环氧乙烯基苯乙烯大单体和丁腈橡胶混合物直接热聚合交联，有效地改善了材料的离子传导率的稳定性。

令人惊奇的是，有人报道，锂离子的迁移与（氧化乙烯-氧化丙烯）共聚物的交联程度关系不大，电导率主要受锂盐的浓度影响。

用 D_4H 或 $MeSi(OSiMe_2H)_3$ 与烯丙基封端的 PEO 大单体在铂催化剂的催化下，Si—H 键与 $-CH_2-CH\Longrightarrow CH$ 基团发生硅氢加成反应，形成含 PEO 链段的三维网络，网络结构如图 11-31 所示。

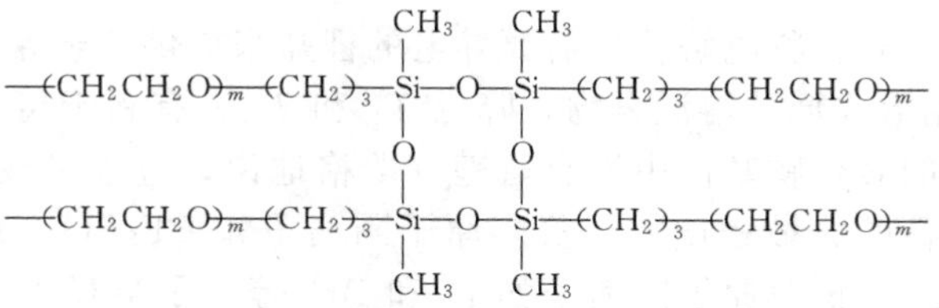

$$\text{—(CH}_2\text{CH}_2\text{O)}_m\text{—(CH}_2\text{)}_3\text{—Si—O—Si—(CH}_2\text{)}_3\text{—(CH}_2\text{CH}_2\text{O)}_m\text{—}$$

图 11-31　含 PEO 链段的三维网络结构示意

在简单的网络结构上，亦可以进一步形成发展，形成互穿网络聚合物（inter-penetrating networks；IPNs）。IPNs 是两种或以上聚合物形成的合金，其中至少有一种聚合物是在另一种聚合物的制备过程中形成的。IPNs 具有两相连续性结构，因此兼具不同高分子材料的优点。目前这种方法也被广泛地地应用于聚合物电解质的制备中。从 1987 年起，就开始采用该方法制备了具有互穿聚合物网络结构的聚合物电解质。例如以环氧树脂（EPO）作为支撑骨架，提供良好的力学性能；线型 PEO 与碱金属盐络合物在环氧树脂的形成过程中被包在网络内，作为离子传导通道。当 EPO/PEO-LiX（11%）二者的组成达 30/70 时，IPNs 型聚合物电解质具有最佳的离子传导性能，25℃时为 $10^{-4} \, \text{S/cm}$，但未对 σ-T 关系及盐浓度对离子传导性能的影响进行深入研究。

除了上述网络型聚合物电解质外，还有一些交联聚合物电解质，由于它们还有电子导电功能，不能应用于锂离子电池中，在此不多说。

11.8.4　形成枝状聚合物

枝状聚合物的形成亦有利于降低 PEO 的结晶性，目前研究的枝状聚合物结构多种多样。如图 11-32 所示，支化单元采用具有刚性的 3,5-二醇-苯甲酸，室温离子电导率提高不多，可达 $10^{-6} \, \text{S/cm}$。当然也与端基有关，醚基封端大于乙酰基封端。该聚合物也可以与聚环氧乙烯进行共混，提高 PEO 的离子导电性。如图 11-33 所示的交联枝状结构聚合物亦具有良好的离子导电能力，室温电导率可达 $10^{-4} \, \text{S/cm}$。

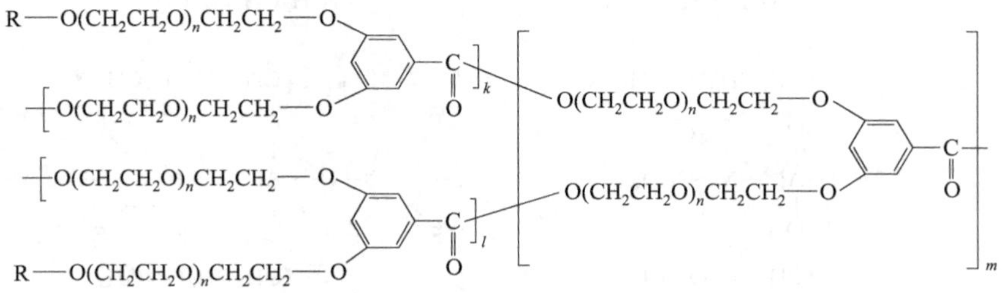

图 11-32　采用具有刚性的 3,5-二醇-苯甲酸为支化单元的
两种枝状聚合物的结构（R＝CH_3—或 CH_3CO—）

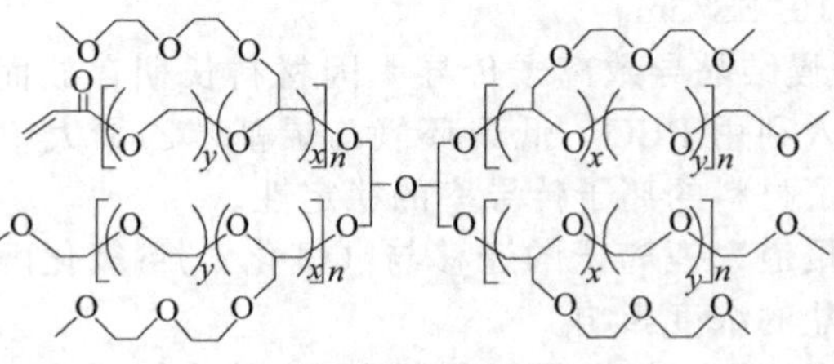

图 11-33 交联枝状结构聚合物

11.8.5 改变掺杂盐

与液体电解质一样，聚合物电解质也需要导电的锂盐来提供离子导电所需的载流子，加入的锂盐与初始的 PEO 相形成低共熔混合物，降低 T_g 和 T_m，有利于离子的迁移，提高离子电导率。用于锂离子电池的聚合物基体中没有氢键（严格地说，应该是没有强的氢键），所以阴离子的稳定性依赖于电荷的分散程度。一价多原子阴离子如 $CF_3SO_3^-$ 和 ClO_4^- 等溶于聚合物中，具有较低的晶格能。一价单原子阴离子如 I^- 和 Br^- 等离子半径大，易发生极化，也可溶于聚合物中。理论上适合于聚合物电解质的阴离子有：ClO_4^-、$CF_3SO_3^-$、BF_4^-、BPh_4^-、AsF_6^-、PF_6^-、SCN^-、I^-、$(C_5H_{11}-C\equiv C)_4B^-$、$(C_4H_9-C\equiv C)_4B^-$、$(C_6H_5-(CH_2)_3-C\equiv C)_4B^-$、$RCOOCH_2CH_2SO_3^-$（R 为非溶剂化聚合物链）、$^-Al(Si(CH_3)_2)$ 和含氟阴离子如全氟磺酰亚胺阴离子 $[^-N(CF_3SO_2)_n：n=2\sim5]$ 等。当与锂离子结合时，AsF_6^- 易产生路易斯酸，导致聚合物发生链断裂；而 ClO_4^- 由于强氧化性而限制了其商业应用；$CF_3SO_3^-$ 与聚合物形成络合物，易形成结晶，不利于增加聚合物的无定形区，导致电导率降低；SCN^- 和 I^- 具有还原性，不适宜于电压高的锂离子电池。从实用来看，阴离子的电荷离域化程度高且不具有络合性，可提高聚合物电解质的导电性能，减少聚合物的结晶性。因此，较有前景的为 $[N(CF_3SO_2)_2]^-$，大小和构型比较好，能与聚合物链发生分离，抑制聚合物形成规整结构，降低晶相的熔点，可使电导率提高好几倍。而 $[(CF_3SO_2)_2CH]^-$ 或 $[(CF_3SO_2)_3C]^-$ 由于合成困难限制了它的进一步研究。

加入两种锂盐显然增加了离子的传递通道和数目，能大大提高离子电导率。在铝酸酯锂盐的烷基取代基中引入吸电子性的官能团，该类锂盐的离子电导率高。与 PEO 复合后，PEO 的离子电导率得到明显提高。部分铝酸酯锂盐的结构示于图 11-34。

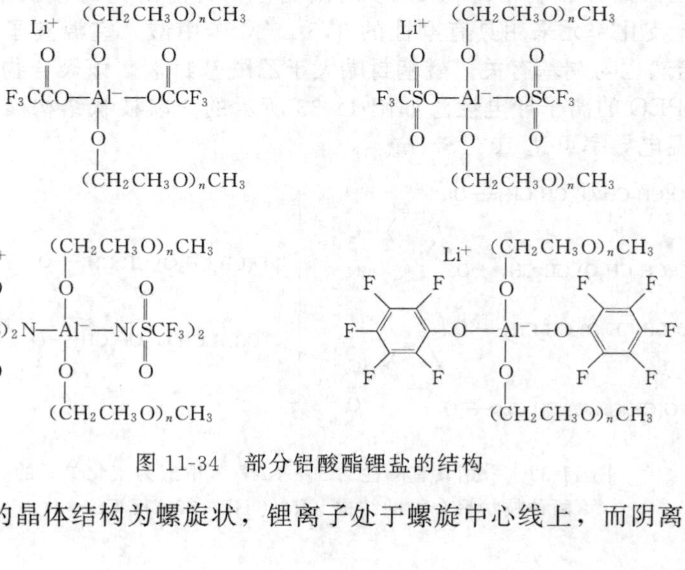

图 11-34 部分铝酸酯锂盐的结构

PEO-$LiCF_3SO_3$ 的晶体结构为螺旋状，锂离子处于螺旋中心线上，而阴离子则处于螺旋之外，因此阴离子可以在聚合物电解质中产生迁移，导致电池自放电。在第 10.3 节中我们对一些新型锂盐进行了说明，如采用这些新型的锂盐，可望降低聚合物结晶度和阴离子迁移数，提高离子电导率，减少自放电。

如果加入的锂盐还能同时充当增塑剂，显然，对进一步提高电导率是有益的。例如单甲氧基低聚氯化乙烯磺酸锂具有这样的性质。将其掺杂到甲基低聚环氧乙烷酯和丙烯酰胺的共聚物中，可以得到离子传导率高的复合物。

此外，加入室温离子液体（RTIL），比如 1-乙基-3-甲基咪唑盐（EMI）或 N-甲基-N-丁基吡咯二酰亚胺（PYTRA$_{14}$TFSI），它们能够降低锂离子和聚合物链之间的作用力来增加锂离子的移动能力。

11.8.6　加入无机填料

按照高分子材料增强理论，在高分子材料中加入某些无机填料，能增强高分子材料力学性能。除此以外，加入填料后，还可以降低聚醚主体的结晶能力，提高聚合物电解质的离子电导率。加入的填料包括 $BaTiO_3$、TiO_2、SiO_2、结晶和无定形态氧化铝、MgO、$LiAlO_2$、ZrO_2、$Li_{4-x}Mg_xSiO_4$、$Li_{4-x}Ca_xSiO_4$ 等。

加入无机填料的早期目的是希望提高 PEO 膜的力学性能。将 11%（体积比）α-Al_2O_3 加入到 (PEO)$_8$-$LiClO_4$ 中，电解质的力学性能明显提高，而电导率基本不发生变化。后来加入导电陶瓷如 MAg_4I_5（M＝Li、K 和 Rb），发现温室电导率可高达 2×10^{-3} S/cm。在该体系中，阳离子主要是在导电填料相中发生迁移。渗透限为 M/O＝0.2，低于 0.2 时，总电导率比起始的晶相电解质还要低。另外还可以使用其他填料如 SiO_2、离子态玻璃（ionic glass）、晶相或无定形铝土等。这些填料的加入既提高导电性能，又增加机械稳定性，室温电导率可超过 10^{-5} S/cm。当填料含量为 10%～20%（质量比）时，一般电导率最高。原因主要在于无定形含量增加和聚合物链与陶瓷粒子间发生相互作用。当填料含量过多时，相发生不连续以及产生稀释效应，电导率反而下降。除了填料含量影响外，粒子大小也有影响。只有粒子小于约 $10\mu m$ 时，电导率才增加，且阳离子迁移数 t^+ 比相应的 PEO$_8$-$LiClO_4$ 体系高。

随着对结构、陶瓷与聚合物粒子相之间的相互影响的深入研究，这方面的了解也比较深入。例如陶瓷粒子加入到聚合物电解质产生正负两方面的作用：前者增加无定形区的含量，提高了阳离子的迁移数，提高电导率，抑制电极-电解质表面反应，并促进电极反应；后者使 T_g 升高，抑制聚合物促进离子的迁移，降低电导率。因此加入适量的陶瓷，电导率存在一最大值。另外，电导率也可能通过粒子相形成导电通道而得到提高。当陶瓷为导电体时如 $Li_{1.3}Al_{0.3}Ti_{1.7}(PO_4)_3$，则可消除陶瓷对晶相的影响，室温电导率可达 10^{-5} S/cm。^{1}H 和 ^{7}Li 固态 NMR 的研究表明，阳离子的扩散比聚合物的重排取向要慢得多，因此电导率的提高主要取决于锂离子的迁移。最近结果表明，PEO 与 $BaTiO_3$ 复合后，离子电导率增加，主要原因有两点：一是降低结晶性；二是与聚合物相之间存在偶极-偶极作用。该类聚合物电解质可用于较高温度（例如 80℃）下锂离子电池的研究和制备。

当加入氧化铝、二氧化硅和氧化铜后，PEO 的离子电导率上升，这些陶瓷颗粒能使结晶度降低，但同时也增强了聚合物与陶瓷界面的导电能力。比如说，使用 γ-缩水甘油醚氧丙基三甲氧基硅烷（GPTMS）处理的介孔二氧化硅（SBA）颗粒就能降低结晶度，同时降低 PEO 聚合物链和改性界面之间的作用力。当这些陶瓷颗粒加入后，聚合物强度明显增加，这在聚合物电解质的设计上也是非常重要的，因为大多数能增加离子电导率的改性一般都会使力学性能下降。

填料不一样，产生的作用并不完全一样。例如加入 SiC 填料产生正反两方面的影响：一方面 T_g 降低，电导率提高；另一方面晶相含量增加，电导率降低。$LiAlO_2$ 则本身也参与离子导电。

当然在加入无机填料的基础上，也可以对聚合物进行改性。例如在聚氧化乙烯中引入封端为乙酰基的超支化聚合物，加入填料 $BaTiO_3$（粒子大小为 500nm），在 30℃时电导率可达 $2.6×10^{-4}$ S/cm，在空气中可稳定到 312℃，但是其氧化电位＜4.0V。

以上讲述的填料粒子大小一般大于纳米级范围。后来，发现纳米粒子具有与微米粒子不同的效果。图 11-35 为粒子大小不同的对比，当填料粒子为纳米大小时，电导率明显增加，比加入微米填料的要高一个数量级。于是开展了纳米填料组成的复合物电解质的高潮。

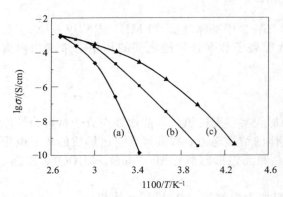

图 11-35 MgO 填料（质量分数 10%）粒子大小对 PEO 与 $LiBF_4$（8∶1）组成复合物的电导率对比：（a）没有加填料；（b）加有微米粒子；（c）加有纳米粒子

研究的纳米填料主要包括 TiO_2、SiO_2、Al_2O_3、MgO、$LiAlO_2$、ZrO_2 等。这些纳米填料加入到 PEO＋$LiClO_4$ 体系后，可明显提高离子电导率。主要原因在于纳米粒子的比表面积大，有利于降低 PEO 的熔点，抑制了 PEO 链段的结晶，增加了 PEO 链的无序化，提高电导率。亦有人认为，离子电导率的提高是由于减弱了锂离子与聚合物之间的相互作用，而不是增加了链段运动造成的。而 X 射线衍射和 Raman 光谱测试表明，纳米填料与聚合物基体中存在特定的作用。对于 PEO 的共聚物而言，同样也发现了该效应。例如将纳米 TiO_2（21nm）填料加入到无定形的 EO-PO 共聚物中，填料与聚合物之间存在相互作用，锂离子可以在聚合物-填料的界面进行迁移，加入的填料增加了聚合物的自由体积。纳米填料在 PEO 体系中的最佳加入量为 10%～20%（质量分数）。

对于 PEO 的共聚物而言，同样也可以进行改性。例如采用梳形 PEO，加入 SiO_2 填料，提高无定形聚合物体系的熔点，在 30℃时的离子电导率可达 $1.6×10^{-4}$ S/cm。

与没有加入纳米填料的电解质相比，随时间的变化，复合电解质的性能要比没有加入纳米填料的要好，这可以从图 11-36 看出。

以上结果表明纳米填料的加入主要可产生如下作用：①提高电解质的力学性能，一般而言同时也增加了 PEO 无定形相的含量，相应地电导率得到提高；②电极/电解质界面稳定性有了明显改进，同时，界面随时间的稳定性也得到了提高；③纳米填料粒子的表面可发生锂离子的迁移，但是对电导率的贡献与纳米填料的品种、主体聚合物及掺杂盐有关，可提高电导率，并具有良好的稳定性；④离子通过聚合物链段运动和粒子相发生迁移，导电行为可用有效介质理论进行阐述；⑤离子传导机理严格地说应该与温度有关，温度高于 T_g 与低于 T_g 不一样。在 T_g 以下，导电机理从正常偶合和聚合物链段运动，转变为离子去偶合和热激发离子跳跃，即离子跳跃机理和链助离子迁移机理。

由于界面稳定性比较重要，将无机/有机结

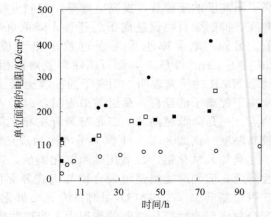

图 11-36 在 PEO_8-$LiBF_4$ 体系加入纳米 Al_2O_3 前后组成的 Li/聚合物电解质/Li 测试电池在 70℃时电阻随时间的变化（质量分数）

● PEO_8·$LiBF_4$；■ PEO_8·$LiBF_4$＋11% 纳米 Al_2O_3；○ PEO_8·$LiBF_4$＋20%纳米 Al_2O_3；□ PEO_8·$LiBF_4$＋20%微米 Al_2O_3

合在一起成了一种新趋势。通过溶胶-凝胶法制备无机三硼酸碱金属盐玻璃体，由于残留有一定量的甲基，使得玻璃体与聚合物的相容性大大提高，室温抗老化性能明显提高。同样，纳米填料的表面也可以进行改性，例如将陶瓷如纳米级 SiO_2 的表面通过加入表面活性剂（如十二烷基磺酸锂）进行改性，然后加入到 $PEO+LiCF_3SO_3$ 中，在表面活性剂刚好大到将 SiO_2 表面覆盖一层时，电导率最高达 $5\times10^{-5}S/cm$。将 7nm SiO_2 粒子表面覆盖三甲基硅醇，尽管对离子电导率没有影响，但是可以有效提高纳米填料的分散性，最佳加入量为 12%（质量分数）。在 SiO_2 粒子表面引入有机官能团，有利于降低结晶性和提高离子电导率。另外，最近兴起的有机改性电解质（organically modified electrolytes：ormolytes）实际上也属于这一类，可以进行有目的的控制有机基团的长度及量，如三乙氧基硅烷与二丙氨基聚乙二醇（PEG）的交联。PEG 为固体溶剂，而硅烷（silane）则使整个电解质的力学性能良好，室温电导率可达 $10^{-4}S/cm$。

填料的制备方法不一样，表面结构存在差异，对聚合物电解质的影响也不一样。这也是目前对同一种填料存在不同报道的主要原因，例如 Al_2O_3、SiO_2。

如上所述，无机填料也可以是本身具有离子导电功能的无机电解质，例如 $14Li_2O$-$9Al_2O_3$-$38TiO_2$-$39P_2O_5$［缩写为 $(LiAlTiP)_xO_y$，实际上与前述的 $Li_{1.3}Al_{0.3}Ti_{1.7}(PO_4)_3$ 结构相同］，复合电解质的离子电导率与加入量和温度有关（见图 11-37），电化学氧化稳定性可达 5.1V。

将 PEO 与锂蒙脱土进行复合时，形成嵌入的层状结构（见图 11-38）。组成为 1:1 时，室温下锂离子电导率达 $4.3\times10^{-3}S/cm$。

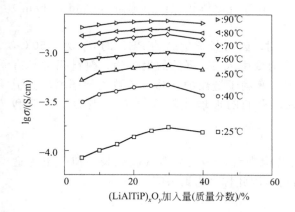

图 11-37　复合电解质的离子电导率与
$(LiAlTiP)_xO_y$ 加入量和温度的关系
［支持盐为 $LiN(SO_2CF_2CF_3)_2$］

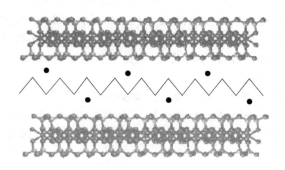

图 11-38　PEO 与锂蒙脱土形成嵌入的层状结构
（中间为 PEO 层，圆圈为可交换的锂离子）

将有机改性蒙脱土（MMMT）加入到交联的聚（醚-氨酯）（PUN）中，也能提高离子电导率。离子电导率提高的原因主要有两点：一是降低了聚合物体系的结晶性；二是蒙脱土层发生了分离，如图 11-39（a）所示，蒙脱土层作为负电荷的载体，促进锂盐的解离。当然，蒙脱土的添加量有一最佳比。超过该比例，易形成如图 11-39（b）和（c）所示的分散体，导致离子电导率随蒙脱土的增加而下降，主要原因与 MMMT-PUN 复合体中存在的络合物种类有关。

在剥离相（a）中，主要是络合物 MMMT----Li^+ $(ClO_4^-)_n$----PUN----PUN（$n\geqslant0$），该种作用比较弱，连接 PUN 基体和硅酸盐层，对锂离子传导有利。在嵌入相（b）中，主要是络合物 MMMT----Li^+ $(ClO_4^-)_n$----PUN----MMMT（$n\geqslant0$），该种作用比较强，连接 PUN 基体和硅酸盐

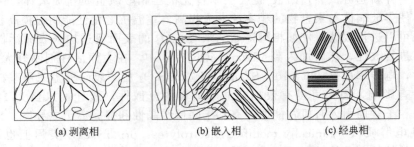

(a) 剥离相　　　　(b) 嵌入相　　　　(c) 经典相

图 11-39　有机改性蒙脱土与交联的聚（醚-氨酯）形成的几种相结构

层，不利于锂离子的迁移。在经典相（c）中，主要是络合物 MMMT····Li$^+$ (ClO$_4^-$)$_n$····MMMT （$n \geqslant 0$），该种作用出现在硅酸盐的表面附近，具体作用还不清楚，但是，该种作用是能够发生离子迁移的。当然，在聚合物中，主要是络合物 PUN····Li$^+$ (ClO$_4^-$)$_n$····PUN （$n \geqslant 0$），它为聚合物基体内部之间的络合作用，为聚合物中离子迁移的主要方式。

11.8.7　增加主链的柔性

对于聚合物基体而言，下述三个条件为比较理想的对象：

① 室温或室温以下处于无定形状态；

② 具有将阳离子进行络合和溶剂化的位置，有利于离子对的分离；

③ 室温下聚合物分子的迁移性大，有利于离子通过自由体积或经过逼近（hand-to-hand）方式将离子从一个络合位置迁移到另一个位置。

但是对于 PEO 而言特别是第一个条件很难达到，因为分子量高的 PEO 的 T_g 为 $-50℃$，促使人们开发新的聚合物。如果将 PEO 主链转换为或引入 T_g 更低的聚合物，侧链仍为具有离子导电性的 PEO 单元，则由于主链的柔性增加，有利于链段的迁移，导致电导率增加。引入的柔性聚合物骨架主要为聚膦嗪和聚硅氧烷，它们的玻璃化转变温度分别为 $-70℃$ 和 $-123℃$。

11.8.7.1　引入聚膦嗪骨架

聚膦嗪的骨架结构示意如图 11-40 所示。从结构来看，称之为聚（偶氮膦）似乎更为适宜。但是由于其制备是以六氯膦嗪为前驱体进行的，因此称之为聚膦嗪。

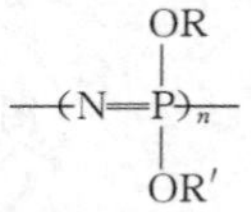

$$-(N = P)_n -$$

OR / OR′

图 11-40　聚膦嗪的结构示意

最先合成的聚合物 R、R′ 均为—CH$_2$CH$_2$OCH$_2$OCH$_3$（MEEP）。由于聚合物主链为柔性最大的聚合物之一，并且可结合一些柔性很大的侧基，这样该高分子各组成部分均发生构象运动，分子对称性很低，不能形成结晶，玻璃化转变温度低达 $-83℃$。另外每一聚合物单元含有 6 个氧原子，有利于锂离子的络合、溶剂化和锂盐溶解度的增加，电导率高，室温下比相应的 PEO 高 3 个数量级。

由于该聚合物不像 PEO、PAN 等一样常见，下面对其合成以及交联等结构的变化对电导率的影响进行说明。

聚膦嗪的合成主要分两步：第一步将六氯膦嗪加热得到聚（二氯膦嗪）；第二步将聚（二氯膦嗪）中的氯用相同或不同的烷氧基进行取代，该过程示意如图 11-41 所示。

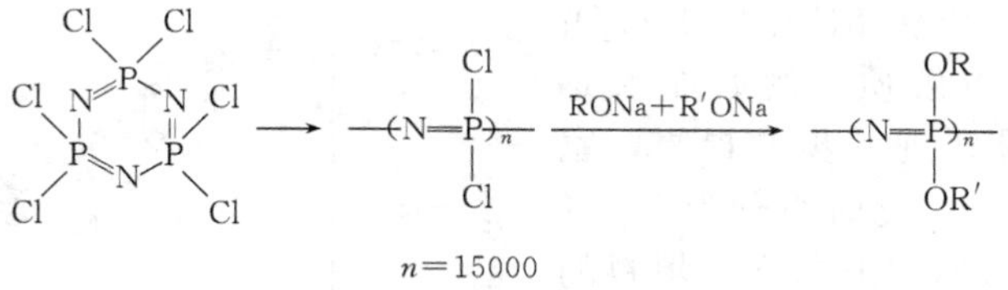

$$n=15000$$

图 11-41　聚膦嗪的合成

　　该方法的优点是不需改变合成路线，只需改变烷氧基就可得到不同性能的聚合物。另外，通过序列反应或同时反应，可引入不同的烷氧基如线性、支化烷氧基。

　　由于线性聚合物在应力的作用下易发生应变，且大部分应变为不可逆的，因此机械稳定性不强，在加工成锂离子电池隔膜时发生迁移，易导致短路。同 PEO 一样，可采用交联方法提高机械稳定性。对于上述 MEEP 而言，每一聚合物链节包括 22 个 C—H 键，在 γ 射线或紫外线的辐照下，导致 C—H 键或 C—C 的均裂，形成自由基，自由基再交互结合形成交联结构。该交联可在溶解有三氟磺酸锂盐的情况下进行。交联后对离子的迁移、电导率没有明显的影响，而机械稳定性有了大大的提高。除了辐射交联外，也可以采用聚醚进行交联。

　　当侧基—$O(CH_2CH_2O)_nCH_3$ 中 n 发生变化，从 1～16 时，聚合物的电导率并不随 n 的增加而增加。电导率先随 n 的增加而稍微增加，在 6、7 左右达到最大值，随后随 n 的增加而减少。原因在于侧链过长时，氧化乙烯单元开始发生有序化，易形成结晶。但是即使如此，它们的电导率仍比 PEO 高，结晶熔融温度比 PEO 低。

　　由于 PEO 的结晶性可以通过支化而降低，因此聚膦嗪的侧基亦可以采用支化结构来抑制线性侧基的结晶。尽管每一链节单元的 —(CH_2CH_2O)— 有所增加，但是电导率与非线性侧基的聚膦嗪相比，没有明显增加。由于侧基的相互渗透，机械稳定性有了明显提高。

　　将侧基 OR 固定为 $O(CH_2CH_2O)_2CH_3$，改变 OR′。当 OR′ 改变为 $O(CH_2)_nCH_3$（$n=2～9$）时，T_g 降低，锂离子迁移的自由体积增加，但是电导率却反而下降。这说明在聚膦嗪聚合物系列中，络合能力对电导率的贡献较自由体积而言处于优先地位。

　　对于同样多的取代基，分布不一样，产生的效果也不一样。如图 11-42 所示的两种聚合物，两边均为具有离子导电功能的酚氧/低聚氧化乙烯时，玻璃化转变温度低，离子电导率高；如果集中在一边，机械加工性好，但是离子电导率低。

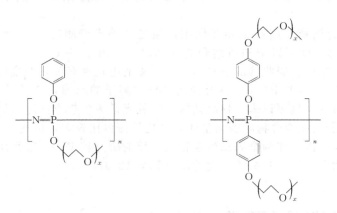

图 11-42　取代基位置不一样的两种聚膦嗪的结构示意

　　聚膦嗪系列聚合物电解质的室温电导率为 $10^{-5}～10^{-4}\,S/cm$（见图 11-43），还有待于进一步的提高。当然，也可以将 MEEP、LiClO₄ 与无机填料形成复合电解质。例如加入 α-Al₂O₃，电导率可以得到进一步的提高，室温时最高可达 10^{-4} S/cm，此时组分为 2.5% α-Al₂O₃ 与 0.2 LiClO₄/MEEP 单元。填料的作用与前述的一致。

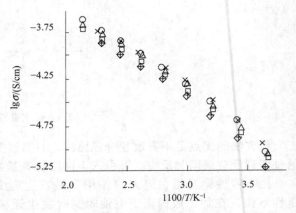

图 11-43 辐射交联聚膦嗪的电导率与温度的关系
△ 20 Mrad；□ 5Mrad；◇ 3Mrad；× 1.5 Mrad；
＋ 0.5 Mrad；○ 没有进行辐射交联

11.8.7.2 引入聚硅氧烷骨架

在 PEO 中引入二甲基硅氧烷单元，同样得到无定形体系。聚二甲基硅氧烷的玻璃化转变温度低，增加了聚合物链的柔性，有利于提高电导率。与聚膦嗪一样，侧链主要是聚氧化乙烯单元，因此也属于梳形聚合物。部分聚合物的结构示意如图 11-44 所示。这些梳状聚合物电解质的室温离子传导率一般在 10^{-5} S/cm 以上。对于双梳状聚硅氧烷 [见图 11-44(c)]，室温下离子电导率高达 3.9×10^{-4} S/cm。

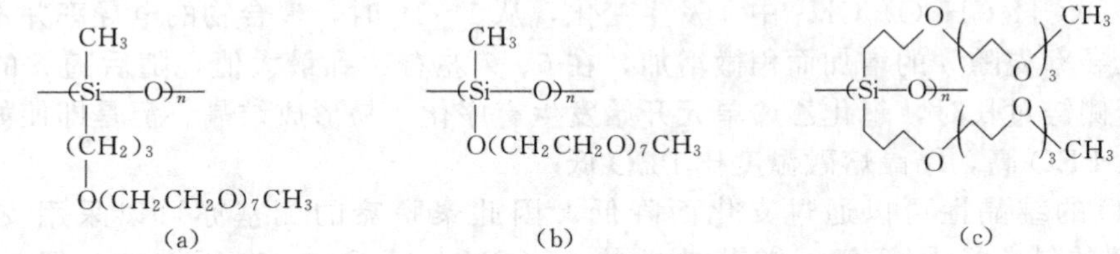

图 11-44 骨架中引入聚硅氧烷的部分聚合物

另外，在聚硅氧烷中引入极性的 —CN 基团，可以促进锂盐的溶解，降低玻璃化转变温度，提高锂离子电导率。将具有极性基团的聚硅氧烷作为预聚体，以两端采用三甲氧基硅烷为封端的 PEO 作交联剂，室温离子传导率可达 10^{-4} S/cm。

11.9 聚丙烯腈（PAN）系聚合物电解质

PAN 系电解质的研究源于 1975 年。由于合成简单、稳定性好、耐热性高、难燃等优点，因此备受关注。

PAN 的氰基与金属离子间产生相互作用，通过红外光谱测定 —C≡N 基的收缩振动峰 2240cm⁻¹ 的化学位移，就可以推知所结合的金属离子。由于 —C≡N$^{\delta+}$ 与阳离子发生作用，这样导致三键的键强减弱。吸收峰的位移与金属元素的电正性有关，碱金属中键强大小顺序一般为 K⁺＜Na⁺＜Li⁺，因此 PAN 基聚合物能传导锂离子的原因，就是基于 —C≡N 与锂离子存在相互作用。另外，也可以采用核磁共振、拉曼光谱等分析方法进行研究。

PAN 作为锂离子电池聚合物电解质基体，电化学窗口比较大，可达 4.5V。但是，它本身的锂离子电导率不高，因此作为全固态聚合物电解质的研究较少。一般采用有机电解液进行增塑，形成凝胶聚合物电解质，有关该方面的研究见第 12.3 节。

11.10 聚甲基丙烯酸酯（PMMA）

PMMA 为非晶高分子，透明性好，很早就应用于光学滤镜等光学仪器中。但是，作为电解质的研究比 PEO、PAN 体系要晚。1984 年作为 PEO 高分子固体电解质的接枝链，1985 年才作为聚合物主体应用于（CF$_x$）$_n$ 锂离子电池中，随后，由于其透明性以及电化学稳定，可应用于电子微显示器、超级电容器等领域。

在 PMMA 骨架的侧链上引入亲离子的 EO 链段和憎离子的烷烃链段，结果憎离子的烷烃链段具有结晶性，而 EO 链段则没有结晶性。但是具有结晶性的烷烃链段的存在并不影响引起离子迁移的链段运动。引入氧化乙烯侧链和具有络合功能的 N,N-二乙酰基，得到如图 11-45 的梳形聚合物。N,N-二乙酰基有利于促进锂盐的解离，可形成过渡交联结构。最佳电导率与各组分的比例有关，可达 $10^{-5}\,S/cm$。

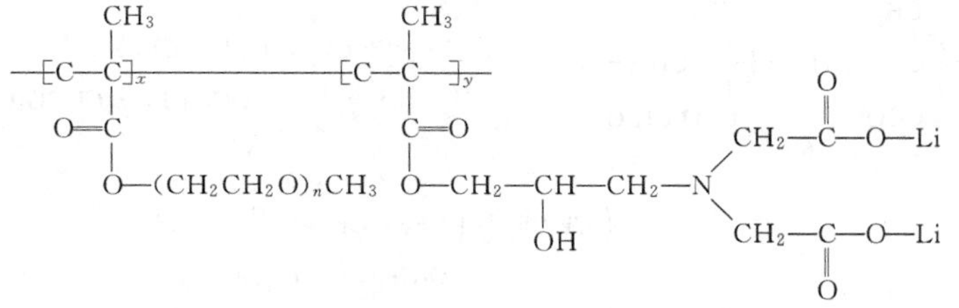

图 11-45　具有络合功能（N,N-二乙酰基）的梳形聚合物结构示意

总体而言，聚甲基丙烯酸甲酯的研究主要也是集中于凝胶聚合物电解质。

11.11　单离子聚合物电解质

在上述聚合物电解质中，一般是以聚合物为基体，掺入锂盐。锂盐发生离解，产生离子对，离子对可进一步电离形成锂离子和阴离子。如第 10 章所述，锂离子和阴离子与离子对之间存在着平衡。在充放电过程中，锂离子与阴离子向相反的方向迁移。由于锂离子的电荷密度大，迁移慢；而阴离子迁移快，这时会导致电解质盐出现浓度梯度，产生极化。为了防止这种极化的出现，有两种方法：提高聚合物链与阴离子间的作用力或将阴离子固定在聚合物主链上。前者可以在聚合物链上引入缺电子的硼酸酯或取代氮杂环，它们能与阴离子发生相互作用，提高锂离子的迁移系数，此部分将在第 11.12.2.2 节进行说明。后者则基本上只发生锂离子的迁移，这也就是单离子聚合物电解质（单离子导体这个名词，是针对双离子导体而言的；当然也可以将阳离子固定，只是阴离子发生迁移，本书主要指前者）。对于单离子聚合物电解质而言，离子迁移数 t_i 基本上为 1。

把阴离子以共价键方式固定到大分子主链上，获得只有阳离子可动的单离子导体的方法主要有以下几种：

① 具有载流离子源的大分子单体的聚合　例如聚甲基丙烯磺酸盐 [见图 11-46(a)]、聚苯乙烯磺酸盐 [见图 11-46(b)] 等。虽然它们都有固定不动的阴离子，但通常情况下都呈现玻璃态的硬固体，而且 T_g 都很高，离子传导率不高；

② 聚电解质和利于离子传导的基体高分子的共混　例如高分子量 PEO 和聚电解质成功地制备了共混体系的单离子导体聚（2-磺乙基甲基丙烯酸锂盐）和聚 [2-(4-羧基六氟丁酰基氧)乙基甲基丙烯酸锂盐] 的混合物，然而离子电导率低，30℃时仅为 $4\times10^{-9}\,S/cm$；

③ 分别起离子传导作用和作为载流子源的不同单体的共聚，甚至形成交联网络结构　例如甲基丙烯酸低聚氧化乙烯酯和甲基丙烯酸碱金属盐的共聚物在室温时的传导率大约为 $10^{-7}\,S/cm$，电化学窗口达 $5.0\,V$ 以上。在甲基丙烯酸己磺酸锂和丙烯腈共聚物中，由于共聚物中的—CN 具有高极性，有利于无机盐的解离，因此在室温下这样的共聚物的离子传导率达 $10^{-5.6}\,S/cm$；

④ 先合成聚合物,然后再将阴离子固定到聚合物上　例如在聚苯引入磺酸阴离子。

单离子聚合物电解质的骨架结构可以多种多样,固定的阴离子一般为羧酸盐或磺酸盐,部分结构示意如图 11-46 所示,电导率可达 7×10^{-6} S/cm。

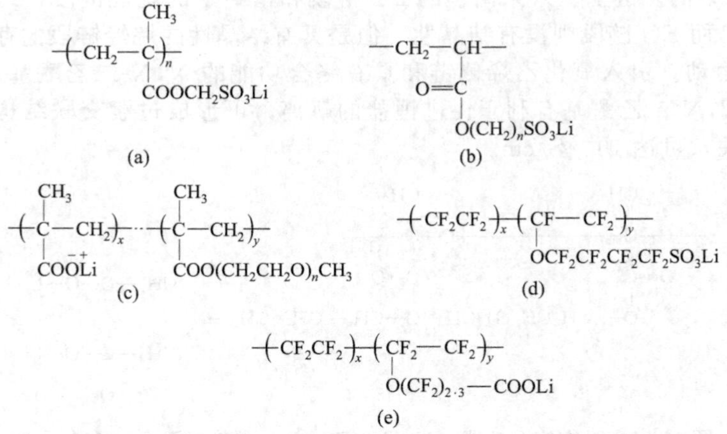

$$\left(CH_2-\underset{\underset{COOCH_2SO_3Li}{|}}{\overset{\overset{CH_3}{|}}{C}}\right)_n$$

(a)

$$-CH_2-CH- \atop \underset{O(CH_2)_nSO_3Li}{\overset{|}{\underset{O=C}{}}}$$

(b)

$$\left(\underset{\underset{COOLi}{|}}{\overset{\overset{CH_3}{|}}{C}}-CH_2\right)_x \cdots \left(\underset{\underset{COO(CH_2CH_2O)_nCH_3}{|}}{\overset{\overset{CH_3}{|}}{C}}-CH_2\right)_y$$

(c)

$$\left(CF_2CF_2\right)_x \left(\underset{\underset{OCF_2CF_2CF_2CF_2SO_3Li}{|}}{CF}-CF_2\right)_y$$

(d)

$$\left(CF_2CF_2\right)_x \left(\underset{\underset{O(CF_2)_{2.3}-COOLi}{|}}{CF_2}-CF_2\right)_y$$

(e)

图 11-46　部分单离子聚合物的简单结构示意

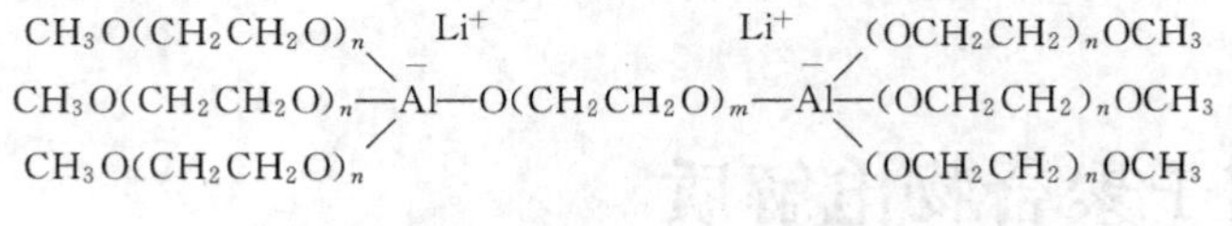

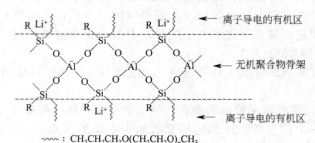

(a) 含铝酸酯单元的二聚体($n=1\sim12$；$m=1\sim4$)

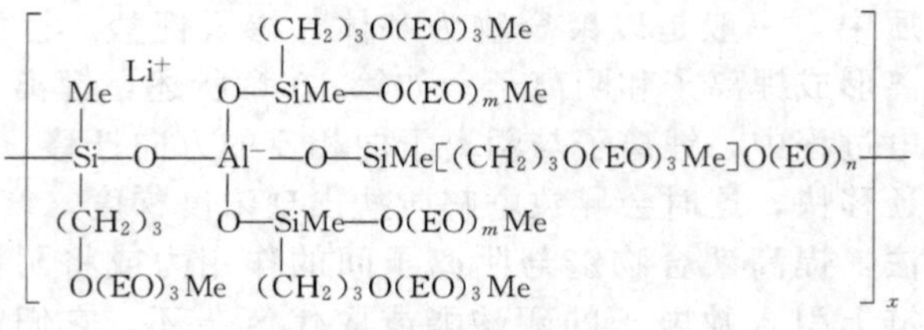

(b) 硅氧烷铝酸酯线型聚合物

←离子导电的有机区

←无机聚合物骨架

←离子导电的有机区

$\sim\sim\sim$：$CH_2CH_2CH_2O(CH_2CH_2O)_nCH_3$

(c) 硅氧烷铝酸酯交联聚合物

图 11-47　几种以铝酸酯为阴离子的单离子聚合物电解质结构示意

由于羧酸盐或磺酸盐与锂的作用力较强,因此电导率达不到较高的水平。为了降低阴离子与锂的相互作用,可采用铝酸盐为阴离子,采用简单的铝酸盐[见图 11-47(a)]电导率在 10^{-6} S/cm。也可以在铝的周围再引入硅氧烷[见图 11-47(b)],制备具有无机单元和氧化乙烯单元为主链的线型聚合物。另外,硅氧烷铝酸酯可以制成有机区和无机区相互交替的交联聚合物[见图 11-47(c)],在该聚合物中存在(p-d)π 键共轭作用,室温电导率可达 10^{-5} S/cm,同时具有良好的力学性能。导电行为并不符合上述规律,机理有待于进一步研究。

硼同铝一样为缺电子元素，硼酸同样能起到铝酸酯的作用，可作为单离子导电的聚合物电解质。

酚盐单元亦可以作为固定的阴离子，然后引入到聚合物结构中，得到单离子聚合物电解质。

由于电荷载流子数目减少，锂离子与聚合物上的阴离子形成离子对的能力较强，因此，单离子聚合物电解质的电导率比双离子要低。为了促进离子对的解离和电导率的提高，以后的主要改进方向如下：

①　在阴离子的邻近位置引入吸电子基团，以提高固定阴离子共轭酸的酸性，促进离子对解离；

②　促进负电荷在阴离子上的离域化；

③　采用大基团以提高阴离子的位阻，防止锂离子的靠近。

11.12　**其他聚合物电解质**

近年来，许多其他类型的固体聚合物电解质也得到了长足的发展。图 11-48 显示了与 PEO 电导率范围（用虚线表示）相近的电解质。这些电解质包括聚环氧乙烯甲乙醚甲基丙烯酸酯（PEOMA）、聚乙酰寡氧化乙烯丙烯酸（PAEOA）或聚乙二醇（PEG）类。其中聚乙二醇聚合物电解质有聚酯纤维二丙烯酸（PEDA）-PEG 的共聚物、聚乙二醇二甲基丙烯酯（PDE）、聚乙二醇甲基丙烯酸（PME）、聚乙二醇甲乙醚甲基丙烯酯（PEGMA）和三乙二醇二甲基丙烯酯（TEGDA）的离子电导率和 PEO 的范围类似，甚至较高。另外，为了提高聚合物电解质的综合性能，可以制备复合电解质。

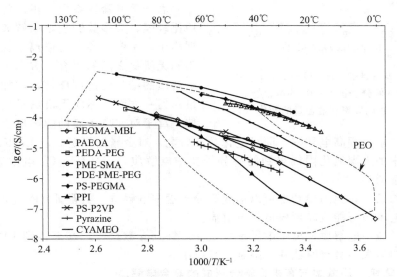

图 11-48　一些固体聚合物电解质的离子电导率与温度的关系

11.12.1　聚合物电解质之间的复合

由于一种聚合物电解质并不能达到液体电解质的电导率水平或者在某些方面存在不足，引入其他的聚合物基体，以期有所改善。至于导电行为基本上与基体类型一致，主要是形成共聚物，如丙烯腈-甲基丙烯酸甲酯-乙烯三元共聚物、丙烯腈-甲基丙烯酸甲酯-苯乙烯三元聚合物和以聚氧化乙烯为主链、以丙烯酸酯单元为侧链的交联聚合物等。其中效果明显改善的为嵌段共聚物（十二烷基甲基丙烯酸酯）-嵌段-聚（低聚氧乙烯甲基丙烯酸酯），常温下处于橡胶态，玻璃化转变温度明显低于玻璃态橡胶状嵌段共聚体系，力学性能稳定，电化学窗口扩大到 5V，低至－20℃时均可循环。由于部分内容基本上已在上面有所说明，在此不多说。

11.12.2 有机-无机复合电解质

有机-无机复合电解质随无机、有机基体材料不一样而千差万别。本节主要讲述高分子盐中电解质、无机基体如硅氧烷和硼氧烷等与有机物结合形成的复合电解质以及有机电解质与无机电解质形成的复合电解质。

11.12.2.1 高分子盐中电解质

高分子盐中电解质的命名来源于英文 polymer-in-salt，实际上是高分子在锂盐中的掺杂，即盐占主要成分，而不是像上述聚合物电解质（salt-in-polymer）中聚合物占主要成分。在该类电解质中盐通常为多种盐的组合或室温熔融盐，因此熔点低，不易发生相分离，我们称之为高分子盐中电解质。

该类体系的明显特征是随着无机盐含量的逐渐增加，体系的离子传导率由小变大在无机盐含量 11% 左右达到极大值（见图 11-49）；然后其离子传导率迅速下降，并在无机盐含量约为30% 时至最低值。随着无机盐含量的进一步增加，体系进入了高分子盐中电解质区域，离子传导率逐渐增加并在无机盐高含量区域远远超过了其他值。在该类体系中，金属离子和醚氧原子之间的络合受到限制，无机离子更多地和无机盐之间发生作用，降低离子解离能，提高离子传导率。

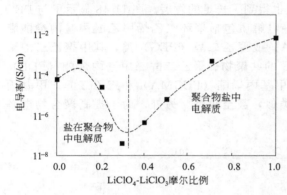

图 11-49 复合锂盐（LiClO$_4$-LiClO$_3$）与聚合物（低分子量 PPO）的组合物在 40℃时电导率随盐含量的变化

由于单一盐体系中，正、负离子之间的作用比较强，大多数锂盐难以解离为自由迁移的锂离子，主要以离子对或离子簇形式存在。而不同无机盐之间的复合一方面可使单一的无机电解质的结晶区遭到破坏，增加无定形区的含量；另一方面，不同无机离子之间的相互作用使得离子对或离子簇的解离度大大增加，增加自由锂离子的含量，提高电导率。同时电化学窗口宽，对金属锂稳定。以 LiClO$_4$ 与 LiOAc 的熔融盐混合物中加入聚氧化丙烯得到的高分子盐中电解质，Li/LiMn$_2$O$_4$ 电池 30 次循环后没有观察到容量衰减。

除聚氧化乙烯外，聚丙烯腈也可以形成高分子盐中电解质。随着研究的进一步拓展，其他类型的聚合物电解质可能也能形成该类电解质。

对于高分子盐中电解质，离子电导率可达 10^{-3}S/cm 数量级，甚至达到 10^{-2}S/cm，但由于体系中使用的盐大多具有腐蚀性，限制了其应用。

11.12.2.2 硅氧烷、硼氧烷与有机物结合形成的复合电解质

硅氧烷与有机物形成的复合电解质一般以硅氧烷 R′Si(OR)$_3$ 为前驱体，进行水解，然后与含醚的有机单元等缩聚形成有机与无机区均匀分布的复合物，如前所述，亦有人称之为有机改性陶瓷电解质。无机部分保证了无定形区的稳定，同时 EO 官能团能对电导率和力学性能产生直接的影响，涂布性能好，具有较好的加工性能。导电行为符合 VTF 方程，室温电导率达 10^{-4}S/cm 以上。根据需要，可以改变有机单元、缩聚程度以及反应后紫外线交联过程。

硼氧烷与有机物形成复合物的形式主要有两种：以低分子添加剂［见图 11-50(a)］的形式加入到聚合物电解质基体中和形成交联聚合物［见图 11-50(b)］。

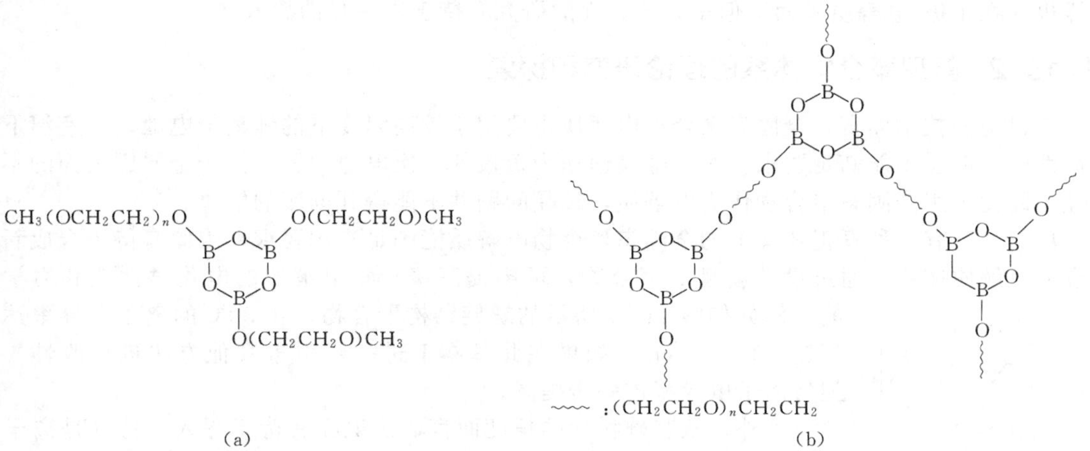

$$CH_3(OCH_2CH_2)_nO \qquad O(CH_2CH_2O)CH_3$$

$$O(CH_2CH_2O)CH_3$$

（a）

$$\sim\sim\sim:(CH_2CH_2O)_nCH_2CH_2$$

（b）

图 11-50　低分子硼氧烷（a）和含有硼氧烷单元的交联聚合物（b）

由于硼为缺电子元素，因此能与阴离子发生相互作用，减弱离子之间的作用或形成，导致阴离子的迁移数减少，锂离子的迁移数可达 0.7 以上。低分子硼氧烷与聚醚、聚丙烯腈和聚甲基丙烯酸甲酯等聚合物的相容性好，增加硼氧烷的含量，电导率升高，但是机械强度下降。

11.12.2.3　有机电解质与无机电解质的复合

如前所述，有机电解质与无机电解质各有优缺点，将两者进行复合，显然有利于提高综合性能。例如在聚合物电解质中加入无机电解质也可以制备成复合全固态电解质。但是这与无机电解质和聚合物基体有关。无机电解质的加入有利于力学性能的提高，聚合物电解质的加入则有利于改善机械加工性能。

11.13　聚合物电解质其他方面的研究

除了上述的研究，聚合物电解质的研究还包括与电极界面的研究以及新型聚合物电解质的理论研究和探索等。

11.13.1　聚合物电解质与电极界面的研究

电极有两种：负极和正极。对于负极而言，主要是针对于金属锂而言的。

电解质与锂电极接触时，会产生界面钝化或生成 SEI 膜现象。例如 $Li/PEO_8 + LiCF_3SO_3/Li$ 体系，随放置时间增加，电解质与电极界面钝化膜在不断增长。用交流阻抗谱研究界面表明，聚合物电解质中的不纯物如痕量水易与 Li 反应，形成 SEI 膜。但是 SEI 膜主要还是与聚合物电解质本身的化学和电化学反应所致。聚合物电解质中盐的离子种类、盐的化学位也起重要作用。例如对 $LiCF_3SO_3$ 而言，可能存在如下反应：

$$LiCF_3SO_3 + Li(s) \longrightarrow 2Li^+ + SO_3^{2-} + CF_3' \tag{11-19}$$

高氯酸阴离子可能氧化成自由基，导致降解产物，用循环伏安法可观察到 $PEO-LiClO_4$ 体系在 4.0~4.5V 有一氧化峰。

不同的聚合物基体导致的 SEI 膜及阻抗不同。有些基体形成的 SEI 膜是由于化学反应所致。大多数情况下，Li 与固态聚合物电解质的 SEI 膜比电解质本身电阻高 2~3 个数量级。

对于聚膦嗪而言，没有发现金属锂电极与聚膦嗪电解质界面有明显的破坏。以 Li/聚膦嗪电解质/Li 进行电化学测量时，循环寿命至少可达 600 次，说明对负极而言化学稳定性好。

对于正极材料而言，界面之间的研究较少，主要是针对钒的氧化物正极材料进行研究的。

同样也存在正极-电解质界面。但是，该方面的研究有待于进一步的深入。

11.13.2 新型聚合物体系的理论研究和探索

就目前的技术而言，全固态聚合物电解质主要用于较高温度下的锂离子电池，在室温下的电流性能一般还不能满足要求。对于金属锂作为负极的二次电池而言，由于金属锂表面的不均匀性，即使采用全固态聚合物作为电解质，枝晶问题并不能得到彻底的解决。

目前，没有一种真正意义上的全固态聚合物电解质能满足实用要求，因此有待于合成新的聚合物电解质体系。通过设计新型的聚合物，可望提高聚合物电解质的电化学性能和力学性能。例如如图 11-51 所示的螺旋结构聚合物，在 30℃ 的离子电导率达到 4.24×10^{-5} S/cm。如果在此基本上进一步引进其他方法进行改性，可望将离子电导率进一步提高。

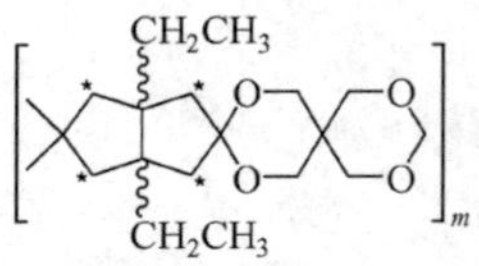

图 11-51　螺旋结构聚合物的示意

另外，从基础科学的角度而言，认识亦有待于深入，特别是离子的结合和迁移机理可望采用理论来指导实践，例如蒙特-卡洛（Monte Carlo）模型可以用来有效模拟锂离子和聚合物链段的运动。随着计算模型、超分子化学等研究的不断进步，可以使我们能够对这些理论问题有深入的了解，从而能指导实践，设计、合成新的且具有高电导率的有机-无机聚合物电解质、有机-有机聚合物电解质，并可以控制结构，调节性能。

参 考 文 献

[1] 吴宇平，戴晓兵，马军旗，程预江. 锂离子电池——应用与实践. 北京：化学工业出版社，2004.
[2] Goodenough JB，Kim Y. Chem. Mater，2010，22：587.
[3] Stramare S，Thangadurai V，Weppner W. Chem. Mater，2003，15：3974.
[4] Mei A，Wang XL，Feng YC，Zhao SJ，Li GJ，Geng HX，Lin YH，Nan CW. Solid State Ionics，2008，179：2255.
[5] Mei A，Jiang QH，Lin YH，Nan CW. J. Alloys Compd.，2009，486：871.
[6] Jimenez R，Rivera A，Várez A，Sanz J. Solid State Ionics，2009，180：1362.
[7] Shibkova AA，Surin AA，Martem'yanova ZS，Voronin VI，Stepanov AP，Korzun IV，Blaginina LA，Obrosov VP. Glass Ceram，2007，64：124.
[8] Zou Y，Inoue N. Ionics，2005，11：333.
[9] Thangadurai V. Weppner W. J. Electrochem Soc.，2004，151：H1.
[10] Inaguma Y，Chen L，Itoh M，Nakamura T. Solid State Ionics，1994，70-71：196.
[11] BohnkéO. Solid State Ionics，2008，179：9.
[12] Zhang Y，Chen Y. Ionics，2006，12：63.
[13] Zou Y，Inoue N，Ohara K，Thangaduri V，Weppner W. Ionics，2004，10：463.
[14] Ibarra J，Várez A，León C，Santamaría J，Torres-Martínez LM，Sanz J. Solid State Ionics，2000，134：219.
[15] Inaguma Y，Itoh M. Solid State Ionics，1996，86-88：257.
[16] Maruyama Y，Ogawa H，Kamimura M，Ono S，Kobayashi M. Ionics，2008，14：357.
[17] Zou Y，Inoue N. Ionics，2006，12：185.
[18] Fergus JW. J. Power Sources，2010，195：4554.
[19] Thangadurai V，Weppner W. Ionics，2000，6：70.
[20] Jimenez R，Várez A，Sanz J. Solid State Ionics，2008，179：495.
[21] Hara M，Nakano H，Dokko K，Okuda S，Kaeriyama A，Kanamura K. J. Power Sources，2009，189：485.
[22] Murugan R，Thangadurai V，Weppner W. Ionics，2007，13：195.
[23] Gao YX，Wang XP，Wang WG，Fang QF. Solid State Ionics，2010，181：33.
[24] Wang WG，Wang XP，Gao YX，Fang QF. Solid State Ionics，2009，180：1252.
[25] Murugan R，Thangadurai V，Weppner W. Appl. Phys. A.，2008，91：615.
[26] Awaka J，Kijima N，Takahashi Y，Hayakawa H，Akimoto J. Solid State Ionics，2009，180：602.
[27] Murugan R，Thangadurai V，Weppner W. J. Electrochem. Soc.，2008，155：A90.
[28] Percival J，Apperley D，Slater PR. Solid State Ionics，2008，179：1693.
[29] O'Callaghan MP，Powell AS，Titman JJ，Chen GZ，Cussen EJ. Chem. Mater，2008，20：2360.
[30] Percival J，Kendrick E，Slater PR. Solid State Ionics，2008，179：1666.
[31] Rogez J，Knauth P，Garnier A，Ghobarkar H，Schäf O. J. Non-Cryst Solids，2000，262：177.
[32] Neudecker BJ，Weppner W. J. Electrochem. Soc.，1996，143：2198.
[33] Kuhn A，Wilkening M，Heitjans P. Solid State Ionics，2009，180：302.

[34] Kim JM，Park GB，Lee KC，Park HY，Nam SC，Song SW. J. Power Sources，2009，189：211.

[35] Berkemeier F，Abouzari MRS，Schmitz G. Ionics，2009，15：241.

[36] Heitjans P，Tobschall E，Wilkening M. Eur Phys J. Special Top.，2008，161：97.

[37] Furusawa SI，Kamiyama A，Tsurui T. Solid State Ionics，2008，179：536.

[38] Ganesan M. Ionics，2007，13：379.

[39] Ahlawat N，Agarwal A，Sanghi S，Kishore N. Solid State Ionics，2009，180：1356.

[40] Ganesan M. J. Appl. Electrochem.，2009，39：947.

[41] Wu X，Wen Z，Xu X，Han J. Solid State Ionics，2008，179：1779.

[42] Leonidov IA，Leonidova ON，Samigullina RF，Patrakeev MV. J. Struct Chem.，2004，45：262.

[43] Trevey J，Jang JS，Jung YS，Stoldt CR，Lee SH. Electrochem. Commun，2009，11：1830.

[44] Hayashi A. Eur J. Glass Sci. Technol A. Glass Technol.，2008，49：213.

[45] Tatsumisago M，Mizuno F，Hayashi A. J. Power Sources，2006，159：193.

[46] Minami T，Hayashi A，Tatsumisago M. Solid State Ionics，2006，177：2715.

[47] Minami K，Hayashi A，Ujiie S，Tatsumisago M. J. Power Sources，2009，189：651.

[48] Okamoto H，Hikazudani S，Inazumi C，Takeuchi T，Tabuchi M，Tatsumi K. Electrochem Solid-State Lett.，2008，11：A97.

[49] Yao W，Martin SW. Solid State Ionics，2008，178：1777.

[50] Nagamedianova Z，Hernández A，Sánchez E. Ionics，2006，12：315.

[51] Kanno R，Murayama M. J Electrochem Soc. 2001，148：A742.

[52] Wang Y，Liu Z，Huang F，Yang J，Sun J. Eur. J. Inorg. Chem.，2008，36：5599.

[53] Kanno R，Hata T，Kawamoto Y，Irie M. Solid State Ionics，2000，130：97.

[54] Liu Z，Huang F，Yang J，Wang B，Sun J. Solid State Ionics，2008，179：1714.

[55] Cao Z，Liu Z，Sun J，Huang F，Yang J，Wang Y. Solid State Ionics，2008，179：1776.

[56] Takada K，Inada T，Kajiyama A，Sasaki H，Kondo S，Watanabe M，Murayama M，Kanno R. Solid State Ionics，2003，158：269.

[57] Zhang T，Imanishi N，Hasegawa S，Hirano A，Xie J，Takeda Y，Yamamoto O，Sammes N. J. Electrochem. Soc.，2008，155：A965.

[58] Pitawala HMJC，Dissanayake MAKL，Seneviratne VA，Mellander BE，Albinson I. J. Solid State Electrochem.，2008，12：783.

[59] Marzantowicz M，Dygas JR，Krok F，Tomaszewska A，Florjanczyk Z，Zygadto-Monikowska E，Lapienis G. J. Power Sources，2009，194：51.

[60] Hekselman A，Kalita M，Plewa-Marczewska A，Zukowska GZ，Sasim E，Wieczorek W，Siekierski M. Electrochim Acta.，2010，55：1298.

[61] Itoh T，Hirai K，Uno T，Kubo M. Ionics，2008，14：1.

[62] Zhu C，Cheng H，Yang Y. J. Electrochem Soc.，2008，155：A569.

[63] Itoh T，Mitsuda Y，Ebina T，Uno T，Kubo M. J. Power Sources，2009，189：531.

[64] Angulakshmi N，Kumar TP，Thomas S，Stephan AM. Electrochim Acta.，2010，55：1401.

[65] Kumara J，Rodrigues SJ，Kumar B. J. Power Sources，2010，195：327.

[66] Fan LZ，Wang XL，Long F，Wang X. Solid State Ionics，2008，179：1772.

[67] Li N，Wang L，He X，Wan C，Jiang C. Ionics，2008，14：463.

[68] An SY，Jeong IC，Won MS，Jeong ED，Shim YB. J. Appl. Electrochem.，2009，39：1573.

[69] Derrien G，Hassoun J，Sacchetti S，Panero S. Solid State Ionics，2009，180：1267.

[70] Shen C，Wang J，Tang Z，Wang H，Lian H，Zhang J，Cao CN. Electrochim Acta.，2009，54：3490.

[71] Sumathipala HH，Hassoun J，Panero S，Scrosati B. Ionics，2007，13：281.

[72] Ndeugueu JL，Ikeda M，Aniya M. Solid State Ionics，2010，181：16.

[73] Johan MR，Fen LB. Ionics，2010，16：335.

[74] Kim GT，Appetecchi GB，Carewska M，Joost M，Balducci A，Winter M，Passerini S. J. Power Sources，2010，195：6130.

[75] Ghosh A，Kofinas P. J. Electrochem Soc.，2008，155：A428.

[76] Noor SAM，Ahmad A，Talib IA，Rahman MYA. Ionics，2010，16：161.

[77] Gonçalves MC，de Zea Bermudez V，Silva MM，Smith MJ，Morales E，Sá Ferreira RA，Carlos LD. Ionics，2010，16：193.

[78] Itoh T，Yoshikawa M，Uno T，Kubo M. Ionics，2009，15：27.

[79] Noor SAM，Ahmad A，Rahman MYA，Talib A. J. Appl Polym Sci.，2009，113：855.

[80] Gomez ED，Panday A，Feng EH，Chen V，Stone GM，Minor AM，Kisielowski C，Downing KH，Borodin O，Smith GD，Balsara NP. Nano. Lett.，2009，9：1212.

[81] Chen YW，Wang YL，Chen YT，Li YK，Chen HC，Chiu HY. J. Power Sources，2008，182：340.

[82] Snyder JF，Carter RH，Wetzel ED. Chem. Mater.，2007，19：3793.

[83] Cheng H，Zhu C，Lu M，Yang Y. J. Power Sources，2007，173：531.

[84] Kobayashi Y，Seki S，Mita Y，Ohno Y，Miyashiro H，Charest P，Guerfi A，Zaghib K. J. Power Sources，2008，

185：542.

[85]　Xie J，Tanaka T，Imanishi N，Matsumura T，Hirano A，Takeda Y，Yamamoto O. J. Power Sources，2008，180：576.

[86]　Sumathipala HH，Hassoun J，Panero S，Scrosati B. J. Appl. Electrochem. ，2008，38：39.

[87]　Jin EM，Jin B，Jun DK，Park KH，Gu HB，Kim KW. J. Power Sources，2008，178：801.

[88]　Hanai K，Maruyama T，Imanishi N，Hirano A，Takeda Y，Yamamoto O. J. Power Sources，2008，178：789.

[89]　Imanishi N，Ono Y，Hanai K，Uchiyama R，Liu Y，Hirano A，Takeda Y，Yamamoto O. J. Power Sources，2008，178：744.

[90]　Dillon AC，Mahan AH，Deshpande R，Parilla PA，Jones KM，Lee SH. Thin Solid Films，2008，516：794.

[91]　Lee SH，Kim YH，Deshpande R，Parilla PA，Whitney E，Gillaspie DT，Jones KM，Mahan AH，Zhang S，Dillon AC. Adv. Mater，2008，20：3627.

[92]　Uno T，Kawaguchi S，Kubo M，Itoh T. J. Power Sources，2008，178：716.

[93]　Zhou S，Kim D. Polym. Adv. Technol. ，2010，21：797.

[94]　G. Ishmukhametova K，Yarmolenko OV，Bogdanova LM，Rozenberg BA，Efimov ON. Russ J. Electrochem. ，2009，45：558.

[95]　Yoshimoto N，Shimamura O，Nishimura T，Egashira M，Nishioka M，Morita M. Electrochem Commun，2009，11：481.

[96]　Bakenov Z，Nakayama M，Wakihara M，Taniguchi I. J. Solid State Electrochem. ，2008，12：295.

[97]　Niitani T，Amaike M，Nakano H，Dokko K，Kanamura K. J. Electrochem. Soc. ，2009，156：A577.

[98]　Hu L，Frech R，Glatzhofer DT，Mason R，York SS. Solid State Ionics，2008，179：401.

[99]　Kim B，Ahn H，Kim JH，Ryu DY，Kim J. Polymer，2009，50：3822.

[100]　Matsumi N，Kagata A，Aoi K. J. Power Sources，2009，11：50.

[101]　Shintani Y，Tsutsumi H. J. Power Sources，2010，195：2863.

第12章

凝胶聚合物电解质

从第11章的说明可以看出，全固态聚合物电解质的电导率到目前为止，还不能达到 10^{-3} S/cm的水平，因此在一般的锂离子电池以及大型锂离子电池方面还不能得到应用。在这样的背景下，作为液体电解质与全固态聚合物电解质的妥协产物，产生了凝胶聚合物电解质。由于它具有聚合物的良好加工性能，同时又具有液体电解质的高离子电导率，可连续生产，安全性高，不仅可充当隔膜，还能取代液体电解质，再加上聚合物的热塑性和成型技术，锂离子电池做成多种形状，如平板形、方形等，应用范围比较广泛。自从1994年Bellcore公司宣布将凝胶聚合物电解质应用于锂离子电池以来，凝胶聚合物电解质的发展非常迅速。

12.1　凝胶聚合物电解质的研究及其分类

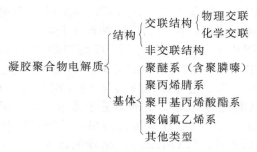

图 12-1　凝胶聚合物电解质的分类

凝胶聚合物电解质最早报道是在1975年，采用 PAN 和 VDF-HFP 交联共聚物与 PC 和电解质盐 NH_4ClO_4 制备的物理交联和化学交联凝胶。但是，一直到锂离子电池诞生以后，凝胶聚合物电解质的研究才得到迅速的发展。

在凝胶聚合物电解质中，离子导电主要发生在液相增塑剂中，尽管聚合物基体与锂离子之间存在相互作用，但是比较弱，对离子导电的贡献比例很小，主要是提供良好的力学性能。聚合物的种类繁多，因此凝胶聚合物电解质的种类也比较多（见图 12-1）。随分类标准不同而得到不同的体系。从结构来分，有交联和非交联两种。一般而言，非交联凝胶聚合物电解质（按照高分子术语定义，这种膜应该称为冻胶）机械稳定性差，基本上不能应用于锂离子电池。交联型凝胶聚合物电解质有两种形式：物理交联和化学交联。物理交联是由于分子间存在相互作用力而形成的，当温度升高或长时间放置后，作用力减弱而发生溶胀、溶解，导致增塑剂析出。化学交联则是通过化学键的形成而产生的交联，不受温度和时间的影响，热稳定性好。

按基体来分，主要分为聚醚系（含聚膦嗪）、聚丙烯腈系、聚甲基丙烯酸酯系、聚偏氟乙烯系和其他类型。聚氯乙烯也可以作为凝胶聚合物电解质的主体，但是该方面的研究较少，因此没有将其单独列为一类，在本书中也不多说。当然，也可以按增塑剂来分，但是该种分类基本上没有人采用。目前在凝胶电解质中使用的增塑体系基本上是第 10 章所述的液体电解质，这里不再说明。下面按基体类型进行说明。

12.2 PEO 基凝胶电解质

PEO 基凝胶聚合物电解质导电机理与前述固态聚合物电解质并不完全相同，由于凝胶聚合物电解质中固化了大量的增塑剂，而且增塑剂在离子传导中起着十分重要的作用。实验表明增塑剂的含量和种类对锂离子在 PEO 基中的迁移速度有较大的影响。加入增塑剂，降低体系的玻璃化转变温度，增强聚合物链段的运动能力，促进锂盐的解离，增加体系的构象熵，促进阳离子的移动，提高电导率。当增塑剂浓度较大时，凝胶聚合物电解质的导电行为接近纯液体有机电解质。从严格意义上而言，在 PEO 凝胶聚合物电解质中，既有聚合物链段运动对锂离子的传递，也有锂离子在增塑剂富积相中的迁移。

增塑剂的种类比较多，但是应用于锂离子电池的增塑剂应对电极材料及电化学反应有良好的稳定性，并具有较宽的电化学窗口；应具有较高的介电常数，以促进无机盐的解离；应与聚合物有良好的相容性；同时在应用的温度范围内，蒸气压低；在实际应用中能承受一定的压力。最先加入的增塑剂为低分子量聚乙二醇，后来采用有机溶剂分子如 EC、DEC 和 PC 进行增塑，形成凝胶聚合物电解质，25℃时电导率能达到 10^{-3} S/cm 数量级。这样，便开始了对 PEO 基凝胶聚合物电解质的广泛研究。

12.2.1 非交联 PEO 凝胶电解质

低分子量聚乙二醇（PEG）可以作为 PEO-LiCF$_3$SO$_3$ 的增塑剂，这是因为 PEG 的引入能降低体系结晶度，增加自由体积，提高非晶区的离子传导能力。增加 PEG 的含量、降低 PEG 分子量，均可以提高锂离子的电导率。用 PEG 增塑的 PEO-LiCF$_3$SO$_3$ 电解质，随 PEG 加入量的增加而增加，当单元比达 50％时，25℃时的离子电导率达 3×10^{-3} S/cm。PEG 所带羟基基团会与金属锂反应，为了避免该问题，将 PEG 两端进行封端。例如将相对分子质量为 400、两端羟基被甲基取代的 PEG 对高相对分子质量（5×10^6）PEO 进行增塑，室温下这类凝胶的离子传导率可达 10^{-3} S/cm 数量级。后来，采用冠醚作为增塑剂，例如当 12-冠醚-4 与锂离子摩尔比为 0.003 时，PEO-LiBF$_4$ 电解质的电导率为 10^{-4} S/cm，而且电解质与电极界面间的电阻也有所降低。目前而言，低相对分子质量聚酯和极性有机溶剂是最常用的两类增塑剂。

在高相对分子质量的 P(EO)$_n$-LiX 加入 EC 或 PC 形成凝胶聚合物电解质，比对应的全固态聚合物电解质的离子电导率大大提高，20℃时离子电导率提高近 3 个数量级，可达到 10^{-3} S/cm，但其力学性能差，主要是因为 PEO 部分溶于 EC 或 PC 导致的。

PC 的增塑能减少离子之间的结合，但是必须加入较多的量（至少 50％）才能达到该效果，这时总体系由于 PC 与 PEO 之间优先发生相互作用而为无定形。该类凝胶聚合物电解质的电导率主要取决于有机溶剂和盐的种类。将 PC 进行改性，得到如图 12-2 所示的碳酸酯，可明显降低离子之间的结合。例如在 PEO-LiCF$_3$SO$_3$ 体系中，加入 50％的改性碳酸酯，电导率比加入同样量 PC 的要高一个数量级。癸二酸二辛酯和邻苯酸二乙酯也具有与改性碳酸酯相类似的效果，它们可提供多个氧原子，与锂离子发生配位，主要效果是减少低温下的结晶性能。由于增塑剂的量太多，机械稳定性差，在一定程度上限制了工业应用。

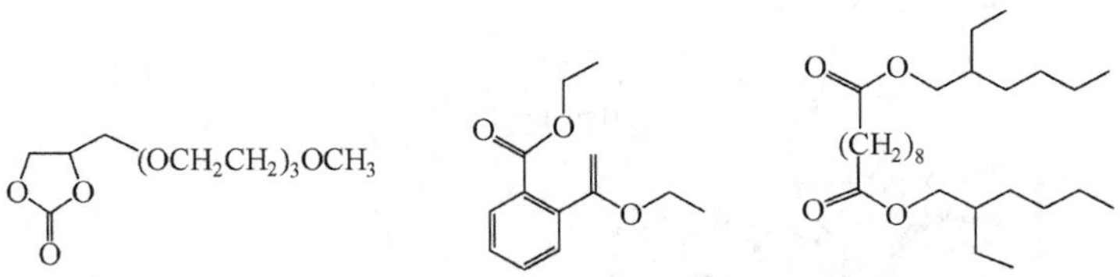

(a) 改性碳酸酯　　　(b) 邻苯酸二乙酯　　　(c) 癸二酸二辛酯

图 12-2　几种增塑剂的结构示意

　　以 EC 作为增塑剂，加入到含高氯酸锂的 PC 中形成的凝胶聚合物电解质能有效改善电解质溶液的漏液现象。当此凝胶聚合物含有 EC 的含量为 4.5％（质量分数）时，表现出的电导率最高，为 $6.47×10^{-3}$ S/cm，此时的黏度为 141mPa·s，在室温下肉眼可见区域的转化率也超过 80％。

　　不同的增塑剂，产生的效果会有差异。例如对于低相对分子质量的聚乙二醇（PEG）、EC和 PC，当其加入质量分数均为 10％时，电导率和盐的扩速系数大小依次为 PEG＞EC＞PC。但是，对于 EC 或 PC 而言，阳离子迁移数下降 22％和 46％，当然离子电导率还是要高于没有增塑的 PEO。

　　PEO 与其他聚合物的共混、共聚体系也可以进行增塑，如与 PVDF 共混后，采用 PC、EC 增塑，电导率比没有共混的高，可稳定到 4.4V。

　　从第 11.9 节的说明可以知道，聚丙烯腈的热稳定性比较好，因此也可以与聚丙烯腈进行共混，然后制成凝胶电解质。离子电导率基本上影响不大，分解温度可以高达 300℃。

　　将聚氧化乙烯与聚苯乙烯共混后，形成凝胶，该凝胶中聚苯乙烯提供良好的力学性能，而聚氧化乙烯则与增塑剂具有良好的相容性，利于增塑剂的吸附。

　　EO/PO 的无规共聚物中加入增塑剂如 EC/PC、EC/GBL 和 PC/GBL 后，该凝胶电解质体系具有较高的吸液性能和良好的力学性能。例如，吸液量为 80％时，拉抻 100％后拉抻强度还高达 0.4MPa，与 PVDF-HFP 基凝胶电解质的强度相当，离子电导率可达 $2.5×10^{-3}$ S/cm，与温度的关系基本符合 VTF 方程，并且电导率随 LiBF$_4$ 浓度的增加而提高。

　　将聚氧化乙烯或（氧化乙烯-氧化丙烯）共聚单位作为梳形聚合物的侧链，并将侧链用烷基进行封端，加入质量分数 70％的液体电解质，形成凝胶聚合物电解质，20℃时离子电导率为 $10^{-2.5}$ S/cm。在该凝胶聚合物电解质中，由于侧链的烷基封端之间亲和力强，相互结合，如图 12-3 所示，形成微相分离。随着液体电解质的增加，烷基相的熔融温度下降，但是熔融热基本上不变。采用 X 射线衍射表明，凝胶中衍射距离约为 60Å。

　　含有聚氧化乙烯单元的单离子导电锂盐也可以制备凝胶聚合物电解质。将如图 12-4 所示合成的锂盐采用 EC/PC 等液体溶剂进行增塑。锂离子的迁移数随浓度的减少而减小，但是当EO 单元数大于 3 时，基本上显示单离子导电行为，并遵循 VTF 方程。随盐中 EO 单元的变化，离子电导率基本上不变。

　　为了提高没有交联 PEO 的机械稳定性，也可以加入其他类型的添加剂，例如图 12-5 所示的烷基铝酸酯。由于它本身与 PEO 形成物理交联点，因此力学性能得到提高。

　　如第 11.8.6 节所述，陶瓷的加入可以提高离子电导率。因此，也可以在凝胶电解质中加入陶瓷。如在 PEO 中加入四乙基硅烷水解得到的硅胶，然后用有机溶剂（EC/DME、12％

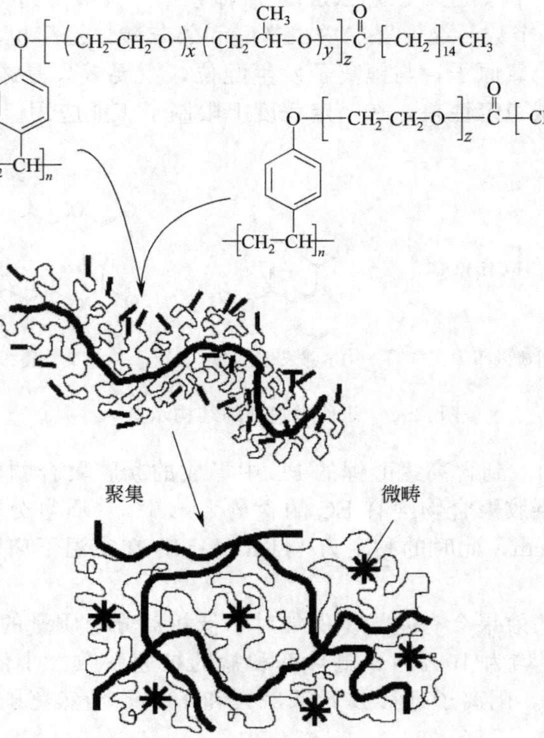

图 12-3　梳形聚醚化合物中的结构和相分离示意

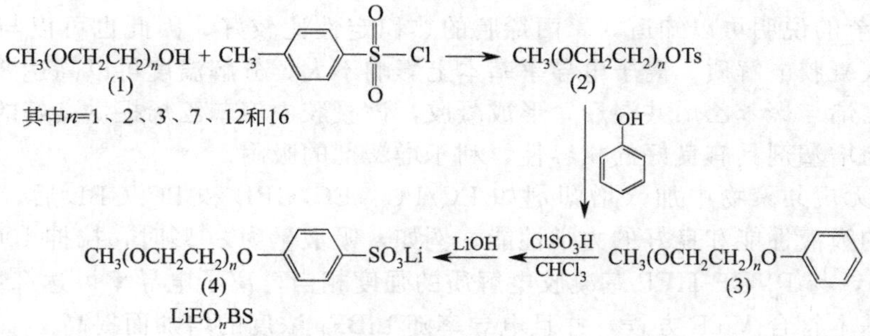

图 12-4　含磺酸锂单元的单离子锂盐

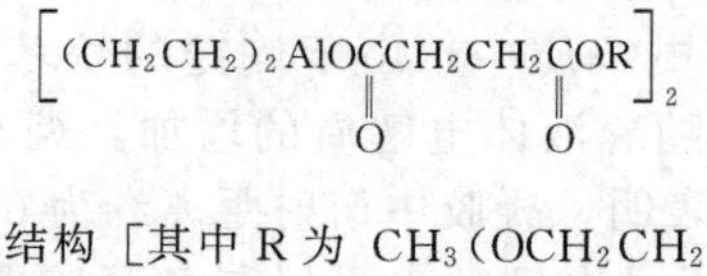

图 12-5　烷基铝酸酯的结构 [其中 R 为 $CH_3(OCH_2CH_2)_n$—　（n 为 1、3 或 7）]

LiCF$_3$SO$_3$）进行增塑，电导率与液体电解质相当，为 2×10^{-3} S/cm。将 LiAlO$_2$ 粉末加入到凝胶聚合物电解质中，制备的聚合物电解质膜的离子电导率在 10^{-3} S/cm 数量级，t_{Li^+} 在 0.2～0.4 之间，分解电压约为 5.0V，对 Li 电极稳定性好，且钝化行为与其他凝胶聚合物电解质不同，钝化膜的电阻很快就趋于稳定。

12.2.2　交联 PEO 凝胶电解质

由于线型 PEO 在有机溶剂中具有可溶性，如上所述，该种凝胶电解质的力学性能太差，难以得到独立支撑的电解质薄膜。为了提高力学性能，所采用的方法主要是交联。通过 UV、热、光、电子束等引发聚合使 PEO 形成交联结构，降低聚合物在溶剂中的溶解性，提高固化增塑剂的能力。

将 PEO 用 PEG-2000 进行交联，加入增塑剂 PEGDME-500，与 $LiCF_3SO_3$ 形成凝胶电解质，室温电导率可达 $10^{-4}\,S/cm$。用 PC 作增塑剂，对网状 PEO 进行改性，室温离子传导率接近 $10^{-3}\,S/cm$。用三乙二醇甲基丙烯酸二酯（TREGD）进行轻度交联，然后与 $LiClO_4$-PC 形成三组分凝胶电解质，室温离子电导率接近 $10^{-3}\,S/cm$。用 50% 的 PC 对交联的 PEO 进行增塑后，室温电导率达到 $10^{-4}\,S/cm$ 数量级，并且具有较好的力学性能。

从交联 PEO 凝胶电解质的力学性能、热性能和电化学性能来看，均比较理想。例如放热峰温度（340℃）高于液体电解质放热峰温度（266℃）；离子电导率在 20℃时可达 $2.4\times10^{-3}\,S/cm$。目前制备 PEO 网络形凝胶聚合物电解质常用的单体为含 $CH_2\!\!=\!\!CH\!-\!COO\!-$官能团端基的乙二醇低聚物。乙二醇低聚物的光聚合性能好，制备的电解质膜成膜性好，膜的力学性能好，具有很好的应用前景。将有两个甲基丙烯酸的双酚 A 单元引入到聚氧化乙烯中，然后交联，凝胶化以后也具有良好的力学稳定性。

采用聚硅氧烷-氧化乙烯作为聚合物基体，两端带有丙烯酸酯官能团，交联后，采用相对分子质量为 250 的聚乙二醇为增塑剂，在 30℃时的离子电导率亦可达 $8\times10^{-4}\,S/cm$。根据图 12-6 合成聚［硅氧烷-接枝-低聚氧化乙烯］四丙烯酸酯交联剂，然后加入液体电解质，并进行聚合、交联，得到的凝胶聚合物电解质 T_g 随液体电解质的增加而下降，相应的离子电导率提高。当 1mol/L $LiPF_6$ 的 EC/PC（1:1）含量为 70% 时，30℃离子电导率为 $3.92\times10^{-3}\,S/cm$，在 30～100℃范围内离子导电行为基本上遵循 VTF 方程。

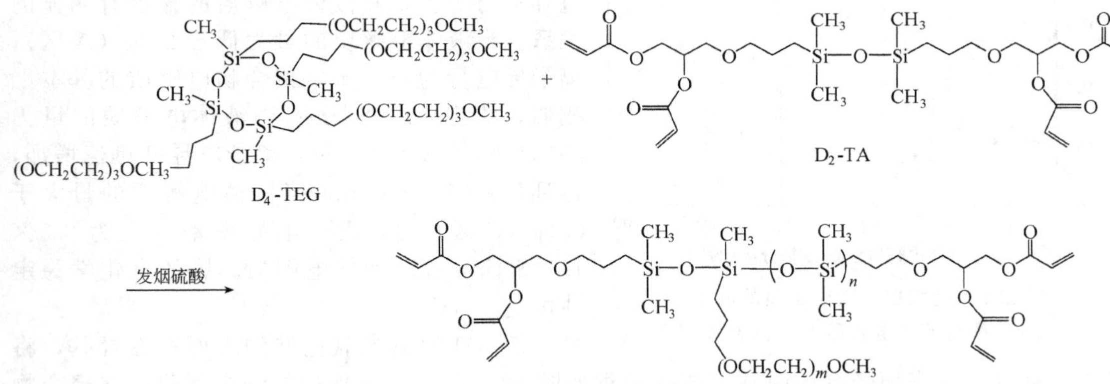

图 12-6　聚［硅氧烷-接枝-低聚氧化乙烯］四丙烯酸酯交联剂的合成过程

如图 12-7 所示，将含有 EO 单元的胺氰酸酯与也含有 EO 单元的多元醇热交联、聚合，形成凝胶聚合物电解质膜。该膜透明，具有一定的柔软性，机械强度高。但是离子电导率并不高，在 60℃含有 50%（质量分数）的 1.5mol/L 的 $LiClO_4$/PC 电解质溶液时，离子电导率仅为 $1.51\times10^{-3}\,S/cm$，比较低，可能与合成过程有关。

同样，交联 PEO 也可以为互穿网络结构。例如以 EO 链段为主体的聚合物，形成互穿网络后可加入大量的溶剂，形成的凝胶聚合物电解质具有稳定的结构，室温电导率能达 $1\times10^{-3}\,S/cm$。采用辐射 PVDF 和 PEO 的混合物，制备同步互穿聚合物网络，经 PC 增塑后，离子电导率大于 $10^{-4}\,S/cm$。当 PC 含量达到 60% 时，室温离子电导率为 $5\times10^{-4}\,S/cm$，该聚合物电解质的弹性模量仍高达 10MPa，当温度升高到 45℃时，离子电导率提高到 $10^{-3}\,S/cm$。但导电膜的机械加工性太差，无法组装成实际电池器件。在 IPNs 中引入刚性 PVDF 骨架，可以增强力学性能。

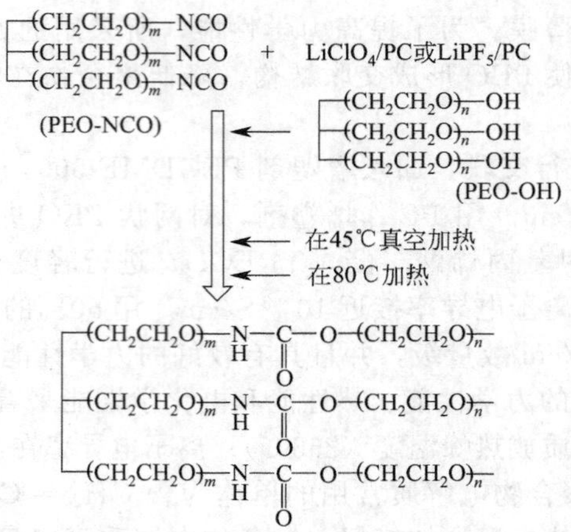

$$\begin{array}{l}
+\mathrm{(CH_2CH_2O)}_m\mathrm{-NCO} \\
+\mathrm{(CH_2CH_2O)}_m\mathrm{-NCO} \quad + \quad \mathrm{LiClO_4/PC}或\mathrm{LiPF_5/PC} \\
+\mathrm{(CH_2CH_2O)}_m\mathrm{-NCO}
\end{array}$$

(PEO-NCO)

$$\begin{array}{l}
+\mathrm{(CH_2CH_2O)}_n\mathrm{-OH} \\
+\mathrm{(CH_2CH_2O)}_n\mathrm{-OH} \\
+\mathrm{(CH_2CH_2O)}_n\mathrm{-OH}
\end{array}$$

(PEO-OH)

← 在45℃真空加热
← 在80℃加热

$$\begin{array}{l}
+\mathrm{(CH_2CH_2O)}_m\mathrm{-N-C-O-(CH_2CH_2O)}_n \\
+\mathrm{(CH_2CH_2O)}_m\mathrm{-N-C-O-(CH_2CH_2O)}_n \\
+\mathrm{(CH_2CH_2O)}_m\mathrm{-N-C-O-(CH_2CH_2O)}_n
\end{array}$$

图 12-7 含 EO 单元的胺氰酸酯与多元醇热交联形成凝胶聚合物电解质的过程

12.2.3 加入填料的凝胶聚合物电解质

有关微米填料粒子的情况可以参见参考文献 [1]。当然，也可以加入纳米填料。例如将液体电解质加入到聚氧化乙烯-LiClO$_4$ 与纳米二氧化硅复合聚合物电解质，形成新的凝胶聚合物

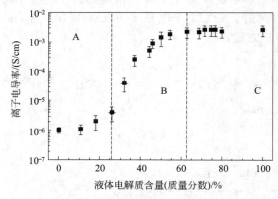

图 12-8 凝胶聚合物电解质的离子
电导率与液体电解质的含量关系

电解质。PEO 主链发生部分溶解，该溶解将复合聚合物电解质的溶胀率提高到 400％（质量分数）。如图 12-8 所示，凝胶电解质膜的离子电导率与溶胀率和液体电解质的含量有明显的关系。当液体电解质的量为低于 25％（A 区），离子导电行为与"干"聚合物电解质的基本上相似，约为 $10^{-6}\,\mathrm{S/cm}$；当液体电解质的量为 25％～60％（B 区）时，离子电导率迅速增加，达到 $2.5\times10^{-3}\,\mathrm{S/cm}$；当液体电解质的量大于 60％（C 区）时，离子电导率基本上为 $2.5\times10^{-3}\,\mathrm{S/cm}$，接近液体电解质。膜的电化学稳定性可达 4.5V。

亲水性的纳米氧化硅的表面存在羟基，将羟基进行处理，使表面带有烯丙基，结构示意如图 12-9 所示。处理过的纳米氧化硅在聚合物之间的分散性和与增塑剂的相容性非常好，在聚合时参与了聚合物结构的形成，非常稳定。与此同时，在同样增塑剂含量的条件下，离子电导率要高于不含纳米氧化硅的体系。尽管原因没有分析，有可能与纳米填料本身促进锂离子的迁移有关。

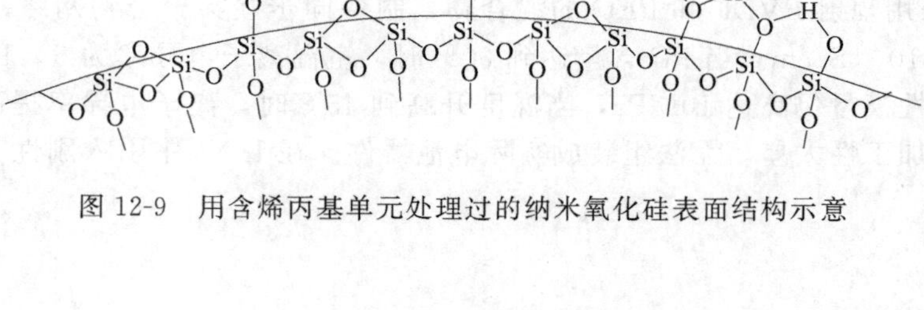

图 12-9 用含烯丙基单元处理过的纳米氧化硅表面结构示意

同样，交联 PEO 凝胶电解质中也可以加入填料。对于交联的聚（醚-氨酯）（PUN）而言，加入填料如 SiO₂、蒙脱土后，电导率达到 10^{-3} S/cm 时，增塑剂的含量可以减少，原因在于这些填料有利于锂离子的迁移。

在聚硅氧烷聚合物的主链中引入低聚氧化乙烯单元，并得到分子间交联的网络聚合物，加入纳米二氧化硅填料，然后进行凝胶化。该凝胶聚合物电解质具有良好的浸润性能、高的离子电导率和良好的电化学稳定性。

12.3　PAN 基凝胶电解质

PAN 体系是研究最早，也是研究得比较详尽的凝胶聚合物电解质。加入增塑剂后，在室温下，离子电导率高。

12.3.1　PAN 基凝胶电解质的作用机理和影响因素

PAN 凝胶聚合物电解质在 60℃ 和 110℃ 表现为两种热可逆的结构转变，该转变与锂盐的浓度无关，主要与聚合物基体有关，温度升高、降低时，完全可逆。60℃ 时的热转变为强-弱转变，解释了聚合物基体失去黏弹性的结果；110℃ 的转变为溶胶-凝胶转变，聚合物链之间的物理交联发生松弛，可以发生增塑剂的流动。如第 11.10 节所述，聚丙烯腈中的氰基与锂离子之间存在相互作用。在聚丙烯腈的凝胶中，尽管氰基与锂离子的作用比较弱，但是还是可以从拉曼光谱（2270cm⁻¹）中观察到。 —C≡N 基伸缩振动峰与 LiPF₆ 浓度存在一定的关系，当 LiPF₆ 的浓度达到 7% 以上时，峰的位置和半峰宽基本上不随 LiPF₆ 浓度的变化而变化，表明此时高分子主体与锂离子间的相互作用不再变化。

在 PAN 凝胶聚合物电解质中，因为 PAN 基体与锂离子发生相互作用，理论上而言导电机理比较复杂，除了在增塑剂中发生离子迁移外，在聚合物基体中也存在离子迁移。另外，在聚合物与有机溶剂形成的溶剂化相中，亦会发生锂离子的迁移。在这三种作用中，当增塑剂的含量较多时，主要贡献还是第一种。

PAN 凝胶电解质的 —C≡N 基伸缩振动峰与 LiPF₆ 的关系表明，当 LiPF₆ 的浓度达到 7% 以上时，峰的位置以及半峰宽基本上不随 LiPF₆ 浓度的变化而变化，表明此时高分子主体与锂离子间的相互作用不再变化。

在 PAN 凝胶电解质中，阳离子的溶剂化反应与在液体电解质中不一样。图 12-10 为 EC 分子的环喘息（ring breathing）峰与溶剂比例变化的关系。通过峰的分开（devonvolution），表明存在两种 EC 分子：一种参与溶剂化反应，另一种不参与溶剂化（自由 EC）。自由 EC 的含量随 LiPF₆ 量的增加而减少。

离子传导率与聚合物或增塑剂的含量有关。聚合物的含量越少，越接近液体电解质，离子传导率就越高。当然，凝胶聚合物电解质的电导率还与溶剂种类、支持电解质锂盐有关。PC 为较早就使用的有机溶剂，但是它较

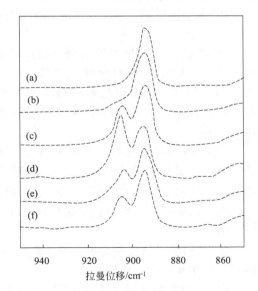

图 12-10　PAN 凝胶电解质中 EC 分子的环喘
息峰与凝胶组成的变化：
(a) PAN/EC/PC/LiPF₆＝13/57/29/0；
(b) 13/54/27/2；(c) 12/54/27/7；
(d) 13/55/23/10；(e) 7/57/29/7；
(f) 20/50/25/6（摩尔比）

易发生分解；EC的极性高、稳定性好，但是熔点高，低温下电导率低；DMC为直链状溶剂、黏度低、离子迁移快，但是极性低，因此一般使用混合溶剂进行增塑。由于聚丙烯腈与这些有机增塑剂具有良好的相容性，因此不必像下述的含氟聚合物一样制成多孔材料。因为即使先组成多孔材料，凝胶化以后也看不出孔隙结构。

凝胶电解质的电导率随组分的不同而不同，但与液态电解质稍有不同，图12-11为EC在

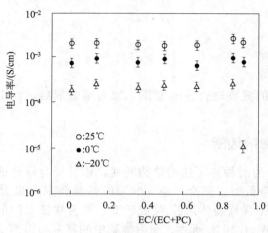

图 12-11　聚丙烯腈凝胶电解质的
电导率与EC含量的关系

混合溶剂中的含量发生变化时电导率的变化。常温下，电导率与EC含量的变化并不非常明显，最高达10^{-3}S/cm。但是，低温时与EC在组分中的含量有关，当EC含量超过0.86时，产生结晶，导致离子电导率急剧下降。选择适当的有机溶剂，电导率比较高（$>10^{-3}$S/cm）。采用三元混合型增塑剂，在-40℃时，体系的离子电导率高达1.14×10^{-4}S/cm。

PAN凝胶电解质常用的增塑剂为碳酸酯例如EC、PC、DEC、DMC。除了上述增塑剂外，其他类型的增塑剂也可以添加，例如添加具有阶梯结构的含氰基小分子，促进锂盐的溶解，利于锂离子与聚丙烯腈链的分离，提高电导率，减少极化。加入复合型增塑剂，室温离子传导率达4×10^{-3}S/cm，锂离子迁移数可提高到

0.6～0.7之间。

支持电解质盐不同时，电化学性能并不完全一样。采用$LiBF_4$时，液漏少、凝胶电解质稳定，但是低温时离子电导率低。采用$LiPF_6$时，低温离子电导率高，而且在高温时，PAN发生环化，形成交联结构，甚至发生炭化，较难燃，并与溶剂中的水分发生反应，生成HCN。为了得到热稳定性好、离子电导率高的凝胶聚合物电解质，可以加入如第9章所述的有机锂盐作为支持盐。

同PEO一样，聚丙烯腈凝胶电解质的机械强度随聚合物含量及其相对分子质量的增加而增加，同时亦能抑制金属锂电极表面枝晶的生成。可是，与此同时，离子传电率降低，界面阻抗增加，大电流放电时枝晶的生长加快。为了减少界面阻抗，将丙烯腈与醋酸乙烯酯、甲基丙烯酸酯等与溶剂亲和性好的单体发生共聚，这样凝胶电解质强度虽然低，但是保液性增加。

在PAN基凝胶电解质中也可以加入填料。例如在$PAN-LiAsF_6$聚合物体系中加入沸石，既可增加低温时的离子电导率，又能够提高电解质与电极界面的稳定性。加入Al_2O_3后进行增塑，25℃的电导率达8×10^{-3}S/cm，电化学氧化电位高达5.5V。

当加入α-Al_2O_3后，能显著提高电化学稳定性，在组成电池循环100次后，库仑效率仍然能达到75%。

如上所述，PAN受热后，发生环化反应，生成交联结构，可烧焦但不着火，因此PAN基凝胶电解质具有良好的阻燃性。

由于PAN分子链中不含氧原子，而所含的氮原子与Li^+作用较弱，因而其迁移数较PEO体系大，可达到0.5。PAN体系的分解电压一般在4.3～5.0V，可满足锂离子电池的电化学窗口要求。聚合物凝胶电解质组成电池后的性能与正、负极以及电解质形成界面层的化学结构有很大关系。特别是对于同样的金属锂负极和凝胶电解质，加工工艺不同，生成的界面不一样，界面阻抗的变化也很大。

表 12-1　部分以 PAN 为基体的凝胶电解质的室温电导率

电解质成分（质量分数）	室温电导率 /（$\times 10^{-3}$ S/cm）	电解质成分（质量分数）	室温电导率 /（$\times 10^{-3}$ S/cm）
14PAN-39EC-39PC- 8LiPF$_6$	2.4	13PAN-73EC-12LiAsF$_6$	3.6
13PAN-59.2EC -14.8PC-13LiPF$_6$	4.1	14PAN- 39.3EC- 39.3PC -7.2LiN(SO$_2$CF$_3$)$_2$	2.1
13PAN-77.5EC- 9.5LiPF$_6$	4.6	19PAN- 53.5EC- 23.4DEC- 4.5LiClO$_4$	4.0
13.5PAN- 37.5EC- 37.5PC-12.5LiAsF$_6$	2.0		

以上表明，对于凝胶电解质，必须与电池的用途相匹配，如凝胶聚合物构成组分的最佳化、支持盐的种类、浓度、溶剂的选择非常重要。不同的溶剂、不同的锂盐，按不同的配比制备的聚丙烯腈凝胶电解质，对其离子电导率、锂离子迁移数、电化学窗口、循环伏安行为和与电极相容性等方面有明显的影响。表 12-1 为部分以 PAN 为基体的凝胶电解质的室温电导率。由于 PAN 链上含有强极性基团—CN，与金属锂电极相容性差，凝胶电解质膜与锂电极界面钝化现象严重。同时，PAN 的结晶性强，当温度上升时，电解液发生析出，从而又成为液体电解质，因此必须进行改性。改性的方法一般为共聚和交联。

12.3.2　聚丙烯腈共聚物的凝胶聚合物电解质

为了减少聚丙烯腈的结晶性，一般也采用共聚方法，例如（丙烯腈-醋酸乙烯酯）共聚物 P（AN-VAc）用 EC/PC 的 LiPF$_6$ 电解液增塑以后，室温电导率可达 4×10^{-3} S/cm，即使在 -20℃亦可以达 0.7×10^{-3} S/cm，与温度的关系示于图 12-12，基本上遵循阿伦尼乌斯方程。在 AN-MMA（摩尔比 94∶6）共聚物中加入 80% 的增塑剂时，室温电导率达 10^{-3} S/cm，并具有良好的力学性能，与电极的相容性也得到明显提高。加入 PC 增塑剂，在 -30℃下离子电导率亦在 1×10^{-3} S/cm 以上。由于 PEO 单元的吸液性好，与大部分溶剂的亲和力强，因此也可引入 PEO 共聚单元。用丙烯腈-丁二烯-苯乙烯共聚物（ABS）代替 PAN 与 LiClO$_4$、EC、PC 制备凝胶电解质，离子电导率、电位窗口等指标较理想，但在改善与锂电极界面稳定性方面与 PAN 相比较，改进效果不显著。而采用（丙烯腈-甲基丙烯酸甲酯-苯乙烯）三元共聚物制备的凝胶电解质，与 PAN 均聚物的凝胶电解质相比，与电极界面相容性大大改善。组成 Li/凝胶电解质/Li 电池后，界面电阻在 10 天内增加约 1 倍，但从第 10 天到第 30 天，界面电阻变化很小。在聚丙烯腈中引入共聚单元例如亚甲基丁二酸酯

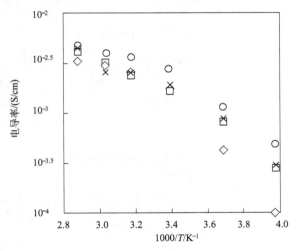

图 12-12　（丙烯腈-醋酸乙烯酯）共聚物（97/3，摩尔比）的电导率与温度的关系（溶剂 EC/PC＝2/1；聚合物质量分数为 10%；电解质盐浓度为 1mol/L）
○ LiPF$_6$；× LiClO$_4$；◇ LiBF$_4$；□ LiN(CF$_3$SO$_2$)$_2$

单元，化学和电化学稳定性得到提高，而且增加了聚合物与增塑剂之间的相容性。

用无纺布结构的 PC 支撑 P（AN-VAc）形成的凝胶聚合物膜表现出了良好的导电性能和热稳定性能。在室温下的电导率为（$1.4\sim 3.8$）$\times 10^{-3}$ S/cm，对锂离子电对的氧化分解电压达到了 $5.0\sim 5.6$V。当用此聚合物膜作为无定形炭和 LiMn$_2$O$_4$ 组成电池的电解液时，经过 100 次 0.5C 的充放电后，容量仍然能保持 94%，这显示了这种凝胶聚合物膜的稳定性。

12.3.3 PAN 交联凝胶电解质

交联通常采用化学交联。因此在这里只讲述化学交联方面的情况。

在 PAN 聚合物中引入含有两个丙烯酸酯单元的双官能团，就产生交联结构。由于聚合物交联后，一般很难溶解，这时候要改变聚合物的形状、结构就比较困难。因此一般将单体、交联的共聚单体先在有机电解质中溶解，然后进行聚合反应。为了得到薄膜状的凝胶膜，反应前就要用挡板控制厚度。

当然，也可以采用其他方法。例如将丙烯腈与甲基丙烯酸甲酯及其醇类聚合，然后采用二异氰酸酯交联。也可以用烯烃基无纺布在反应液中浸湿，然后紫外辐射交联，亦可制成凝胶薄膜。该方法制得的凝胶薄膜厚度为 $50\sim100\mu m$，室温离子传导率为 $(2\sim4)\times10^{-3}S/cm$。该方法比起以干燥聚丙烯腈为原料生产凝胶聚合物电解质而言，生产工艺大大简化，能耗亦降低10%。但是有一定的局限性，凝胶化以后未反应的单体和反应催化剂残渣不容易除去，而它们的存在一方面降低离子传导率，另一方面降低聚合物的稳定性。

为了克服该缺点，第一步先让 AN 在非水电解液中聚合，然后将未反应的单体减压除去，随后加入多官能团单体，将溶液加入到电池用的壳中，加热固化，得到凝胶化聚合物电解质。

图 12-13 为常见的三种凝胶聚合物电解质制备方法的流程示意。

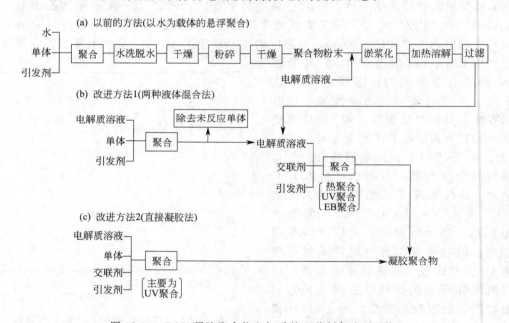

图 12-13　PAN 凝胶聚合物电解质的三种制备流程示意

直接凝胶法得到的三维交联凝胶聚合物电解质中既有物理交联，亦有化学交联，因此结构稳定性好。对于相对分子质量在 1 万以下的聚合物，即使加热到 120℃，也不会回到溶液状态，且耐热性好。而对于物理交联的凝胶，加热到 80℃ 以上时，即使相对分子质量为 10 万，亦会回到溶液状态，发生相分离。该法的优点在于：正极、负极或者隔膜等与溶液电解质接触后，减压脱气后可保持各材料接触界面的湿润性。此时凝胶化后，界面接触良好，阻抗小。用相对分子质量低的聚合物时，黏度低，容易注入到电池壳中，工业生产容易。缺点是含有—CN基，长时间与负极接触后，界面电阻大幅度增加，导致容量衰减快。

使用 P(AN-GMA) [聚(丙烯腈-甲基丙烯酸缩水甘油酯)] 作为母体，交联 α-氨基聚环氧丙烷形成的凝胶聚合物电解质在 25℃ 下具有 $8.23\times10^{-4}S/cm$ 的电导率，同时具有较好的机械强度。

12.4 PMMA 基凝胶电解质

PMMA 聚合物的 MMA 单元中有一羰基侧基,与碳酸酯类增塑剂中的氧有很强的作用,因此能够包容大量的液体电解质,具有很好的相容性;且 PMMA 系列凝胶电解质对锂电极有较好的界面稳定性,与金属锂电极的界面阻抗低,尤其是同 PAN 相比,例如组装成锂离子电池 100h 后,如果 PAN 系同金属锂电极的阻抗达 $400\Omega/cm^2$,PMMA 系仅为 $100\sim200\Omega/cm^2$。再加上 PMMA 原料丰富,制备简单,价格便宜,从而引起了研究者对 PMMA 基凝胶电解质的广泛兴趣。

12.4.1 PMMA 基凝胶电解质的电化学性能

在室温下将 PMMA 溶解于 $LiClO_4$-PC 体系中,获得均匀透明的胶体,在 25℃时电导率为 2.3×10^{-3} S/cm。随着聚合物含量的增加,室温离子电导率在 $(5\times10^{-3})\sim(5\times10^{-5})$ S/cm。PMMA 含量达到 20% 时,体系具有高的黏度,但对离子电导率影响不大。PMMA 在该凝胶电解质体系中主要起支撑骨架作用,对液体电解质是惰性的,离子传输主要发生在液体相,因为从 Raman 光谱的测试中没有发现 PMMA 中基团与电解质锂盐有明显的相互作用。

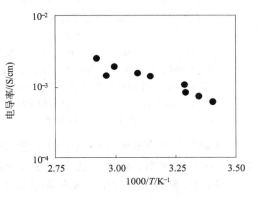

图 12-14　PMMA 凝胶电解质的电导率与温度的关系 [PMMA/PC/EC/$LiAsF_6$ = 16∶23∶56.5∶4.5(摩尔比)]

表 12-2 为部分以 PMMA 为基体的凝胶电解质的室温电导率。对于 PMMA-EC-PC-LiX 凝胶电解质,在 60℃时离子电导率为 10^{-3} S/cm 数量级;在低温(-20℃)也能达到 10^{-4} S/cm 数量级。锂离子迁移数 t_{Li}^{+} 比 PEO 或液体电解质高,与 PAN 系列凝胶电解质接近。PMMA 系列凝胶电解质的电化学窗口一般在 4.6V 以上。采用循环伏安法研究时,100 次循环后,循环效率能维持在 90% 附近,比 PAN 体系凝胶电解质的循环性能好。与温度的关系基本上遵循阿伦尼乌斯方程(见图 12-14)。

表 12-2　部分以 PMMA 为基体的凝胶电解质的室温电导率

电解质组分	摩尔比	电导率/($\times10^{-3}$S/cm)
$LiClO_4$-EC-PC-PMMA	4.5-46.5-19.0-30.0[①]	0.7
$LiAsF_6$-EC-PC-PMMA	4.5-46.5-19.0-30.0[①]	0.8
$LiN(SO_2CF_3)_2$-EC-PC-PMMA	4.5-46.5-19.0-30.0[①]	0.7
$LiN(SO_2CF_3)_2$-EC-DMC-PMMA	5.0-50.0-20.0-25.0[①]	1.1

① 指单体。

除了上述锂离子电池常用的电解液作为增塑剂外,还可以采用其他类型的增塑剂。例如具有图 12-15 所示结构的聚氧化乙烯硼酸酯,将其与聚甲基丙烯酸的酯类进行增塑后,室温离子电导率大于 10^{-4} S/cm,电化学氧化稳定性可达 4.5V,热稳定性高达 300℃。由于硼酸酯中的氧化乙烯单元可以改变,从而可以按照需要调控离子电导率。

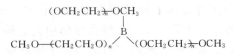

$$(OCH_2CH_2)_{\overline{n}}OCH_3$$
$$|$$
$$B$$
$$CH_3O-(CH_2CH_2O)_n \diagdown (OCH_2CH_2)_{\overline{n}}OCH_3$$

图 12-15　聚氧化乙烯硼酸酯的结构示意

在 PMMA 的凝胶聚合物电解质中，加入 LiN(CF₃SO₂)₂ 的 PC 液体增塑剂，通过红外光谱研究，结果表明，锂离子不仅以自由离子存在，还以紧密离子对的形式存在。当 PMMA 的含量达到 25%（质量分数），锂离子还与 PMMA 的酯基发生作用。如图 12-16 所示，当 LiN(CF₃SO₂)₂ 浓度大于 1.25mol/L 时，离子电导率下降，这与离子对的形成和浓度增加有关。从该类聚合物电解质的导电行为（见图 12-17）来看，基本上遵循 VTF 方程。

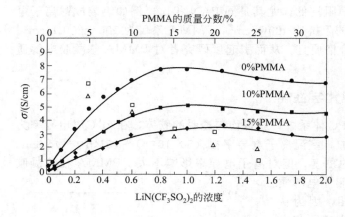

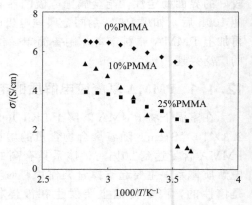

图 12-16 LiN(CF₃SO₂)₂ 的 PC 溶液在不同 PMMA 含量下的离子电导率与其浓度的关系以及在相同浓度的 LiN(CF₃SO₂)₂ 溶液（□ 1mol/L；△ 2mol/L）中不同 PMMA 含量下的离子电导率

图 12-17 1mol/L LiN(CF₃SO₂)₂ 的 PC 溶液在不同 PMMA 含量下的导电行为

当凝胶聚合物电解质中锂盐的浓度大于 1mol/L 时，离子之间存在"摩擦"，从而影响离子的迁移和电导率。但是，这方面的理论研究还不多，有待于进一步的深入。

PMMA 凝胶聚合物电解质的制备除了通常在聚合物中加入增塑剂外，也可以将单体、引发剂和增塑剂一起混合，然后聚合得到。

12.4.2 PMMA 基凝胶电解质的改性

PMMA 体系凝胶电解质的力学强度低，影响其应用。为解决这一问题，研究者采用了对聚合物母体 PMMA 进行改性的办法，例如共混、共聚、交联等，以提高其力学性能。

与之共混的聚合物主要是 PVC、ABS 等。例如将 PMMA 和 PVC 按不同比例混合，制成凝胶电解质，离子电导率随 PMMA 含量增加而增加。当 PMMA 含量为 100% 时，离子电导率最大，但难以制成自支撑膜。当 PMMA/PVC 为 50/50 和 70/30 时，有良好的机械强度，离子电导率也尚可。PVC 起着良好的机械支撑作用，而增塑剂在相互贯穿的网络中可形成离子传输通道。通过 IR 分析可知，在 PMMA/PVC 共混的凝胶电解质中，无论是 PVC 还是 PMMA/PVC 混合物，与增塑剂都有较强的作用，说明 PVC 与增塑剂相容性好，但是，PVC 与电极之间的界面稳定性问题有待深入研究。

在聚甲基丙烯酸甲酯的共聚物中，共聚单体形成链段的力学性能一般应优于 MMA 链段。例如在（甲基丙烯酸甲酯-乙烯）共聚物中，利于形成离子传输通道，室温离子电导率为 5.5×10^{-4} S/cm，与 PMMA 凝胶电解质相比，离子电导率下降不大。但是，乙烯链段与 EC、PC 等增塑剂相容性差，电解质表面有液体电解质渗出现象。对于（甲基丙烯酸甲酯-苯乙烯）共聚物，从电导率和力学性能的综合来看，MMA 在共聚体中的最佳摩尔分数为 33%。

在 PMMA 的侧链上引入碳酸酯基（见图 12-18），由于碳酸酯与常用的有机电解液具有相似的结构，因此形成的凝胶聚合物电解质吸液能力更优，形成均匀的凝胶体系。

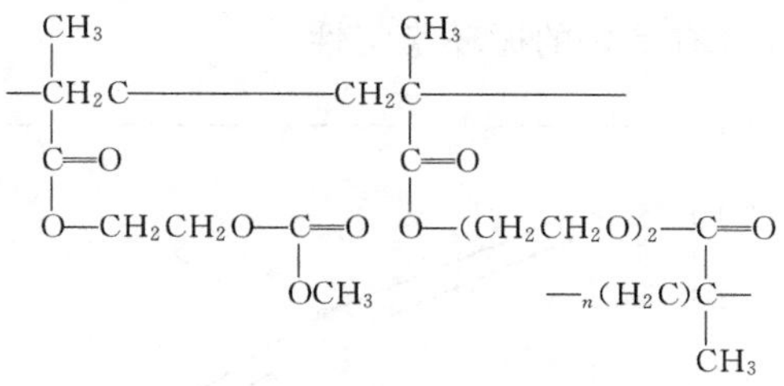

图 12-18　具有碳酸酯基的聚合物结构

　　与苯乙烯共聚，采用 1mol/L LiTFSI 的 EC/DMC（1∶1）作为增塑剂，制备的凝胶聚合物电解质的离子电导率与共聚单位中 MMA 的含量有关系。如图 12-19 所示，MMA 含量越多，离子电导率越高，原因不是 MMA 有利于自由离子的产生，而是由于 MMA 单元与锂离子之间存在一定的相互作用，有利于离子的迁移。

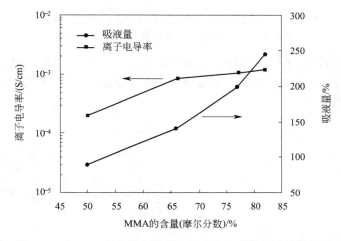

图 12-19　MMA 的含量与离子电导率和聚合物吸液量的关系

　　交联是通过化学反应或辐射进行。化学交联剂的品种比较多，部分情况可以参见参考文献[1]。将下述三种单体进行共聚（受体数目多的单体：乙氧基甲酰化乙二醇甲基丙烯酸酯；交联剂：TGDMA；含有与溶剂亲和力强基团的共聚单体：2-乙氧基乙基丙烯酸酯），得到凝胶电解质，组装成信用卡大小的电池 [(86×54×0.5)mm]，弯曲性能好，可达 90°。

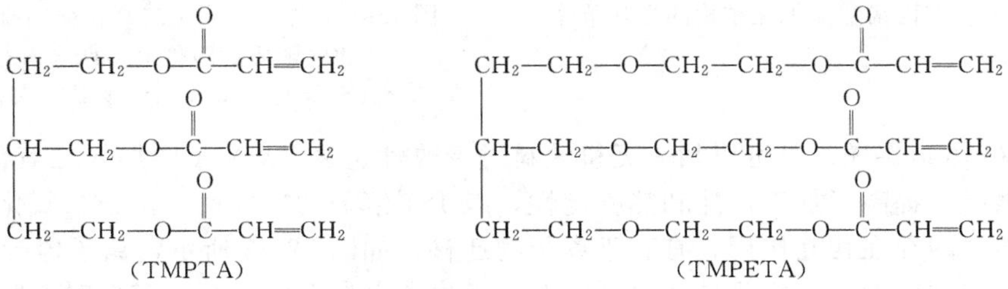

$$
\begin{array}{ll}
CH_2-CH_2-O-\overset{\overset{\displaystyle O}{\|}}{C}-CH=CH_2 & CH_2-CH_2-O-CH_2-O-\overset{\overset{\displaystyle O}{\|}}{C}-CH=CH_2\\[4pt]
CH-CH_2-O-\overset{\overset{\displaystyle O}{\|}}{C}-CH=CH_2 & CH-CH_2-O-CH_2-O-\overset{\overset{\displaystyle O}{\|}}{C}-CH=CH_2\\[4pt]
CH_2-CH_2-O-\overset{\overset{\displaystyle O}{\|}}{C}-CH=CH_2 & CH_2-CH_2-O-CH_2-O-\overset{\overset{\displaystyle O}{\|}}{C}-CH=CH_2\\[4pt]
\quad\quad(TMPTA) & \quad\quad\quad(TMPETA)
\end{array}
$$

图 12-20　两种丙烯酸单体的结构示意

　　将图 12-20 所示的两种单体进行聚合，形成交联的聚合物网络，然后采用 1.1mol/L LiPF$_6$ 的 EC∶PC∶EMC∶DEC（30∶20∶30∶20，质量比）电解质进行增塑，在 20℃的离子电导率可以达到 $(5\sim6)\times10^{-3}$ S/cm。从图 12-21 可以看出，离子导电行为并不完全符合阿伦尼乌斯方程。由于 TMPETA 形成的聚合物网络中交联点之间的相对分子质量较大，因此溶剂分子和锂离子的移动性大，比相应的 TMPTA 的凝胶聚合物电解质的电导率要高。两者的电化学窗口均大于 4.5V，均具有良好的循环稳定性。

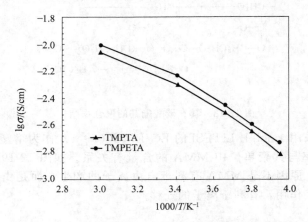

图 12-21　TMPTA 和 TMPETA 两种单体聚合后形成的
凝胶聚合物电解质的离子电导率与温度的关系

直接将图 12-22 所示的单体与电解质、热引发剂 [二（4-叔丁基环己基）过氧化二碳酸酯] 一起混合，加热交联，得到交联的凝胶聚合物电解质。室温离子电导率可达 6.2×10^{-3} S/cm，电化学窗口大于 4.5V。

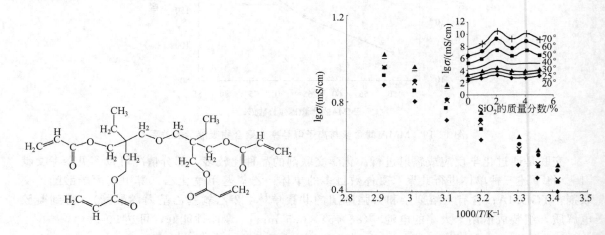

图 12-22　一种含有丙烯酸酯单元结构的交联单体

图 12-23　加入不同量二氧化硅的凝胶聚合物
的电解质的阿伦尼乌斯导电行为
◆ 0%；■ 1%；▲ 2%；× 3%；－ 4%；● 5%

如同 PEO 体系一样，也可以加入无机填料进行改性。在 PMMA 中加入二氧化硅填料后，降低了剪切强度，提高了加工性能和热稳定性，减少了溶剂的挥发性。由于二氧化硅表面存在羟基，与溶剂之间存在相互作用，有利于离子的迁移，如图 12-23 所示，离子电导率得到了提高。当然，在溶剂中加入二氧化硅，也同样有利于离子电导率的提高。25℃时凝胶聚合物电解质的离子电导率为 3.8×10^{-3} S/cm，黏度为 3700cP。不同的填料，可能显示不同的影响。对于亲水性二氧化硅，离子电导率先随二氧化硅的增加而减小，到 2% 左右，达到最低点，随后增加。但是，具体原因没有进行说明，有待于进一步的研究。

纳米二氧化硅的表面也可以进行改性。图 12-24 为采用锂盐改性的过程示意。改性以后的二氧化硅可以更好地与液体电解质相容，提高界面稳定性和离子电导率。例如将聚乙二醇二丙烯酸酯、改性二氧化硅以及溶剂（PC/DMSO，50/50，质量比）进行紫外交联、聚合，在

25℃的离子电导率可达 $2.2 \times 10^{-4} \text{S/cm}$。

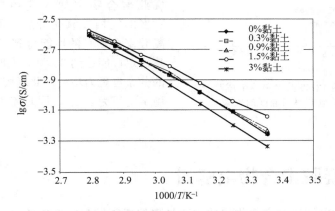

图 12-24 采用锂盐改性纳米二氧化硅表面的过程示意

高相对分子质量的 PMMA 与黏土复合以后，加入增塑剂（1mol/L LiClO$_4$ 的 EC/PC 电解质溶液），形成凝胶聚合物电解质，聚合物基体主要位于黏土层中，增加了玻璃化转变温度。在该凝胶聚合物电解质中，溶剂可以嵌入到黏土中，而不是黏土发生剥离。离子电导率随黏土含量的增加而增加，到 1.5%（质量分数，下同）时为最大值，为 $8 \times 10^{-4} \text{S/cm}$，随后下降，主要是由于活化能的变化引起的。如图 12-25 所示，离子导电行为符合 VTF 方程。与金属锂的界面非常稳定，可以用于聚合物锂离子电池中。

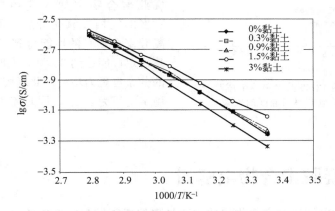

图 12-25 黏土量不同时凝胶聚合物电解质的离子电导率

以 P(MMA-AN) 为母体，通过加入 SnO$_2$ 纳米颗粒得到的多孔膜凝胶电解质也有良好的性能。它的电导率能达到 $1.54 \times 10^{-3} \text{S/cm}$，对 Li$^+$/Li 的电化学稳定电压可达 5.10V。

也有文献报道在 PMMA 凝胶层的表面沉积 TiO$_2$ 纳米颗粒，得到的复合凝胶电解质也表现出较好的电导率、电化学窗口和热稳定性，得到的电解质的电导率能达到 $1.02 \times 10^{-3} \text{S/cm}$。

使用乳化聚合和相转换法得到的 P(MMA-AN-VAc) ［聚（甲基丙烯酸甲酯-丙烯腈-醋酸乙烯酯）］ 聚合物凝胶膜，具有较低的结晶度和玻璃化转变温度。这种凝胶聚合物的电导率在常温下能达到 $3.48 \times 10^{-3} \text{S/cm}$，对 Li$^+$/Li 的电化学稳定电压达到 5.6V。

将气相二氧化硅（fumed silica）加入至上述的 P(MMA-AN-VAc) 凝胶聚合物膜中，能把原本的半晶体形态转变为无定形态的孔状结构。当加入了 10% 的气相二氧化硅后，聚合物膜的孔率随着孔分散更为均一而提高，同时这种内连接的孔状结构能有更高的电解液保持能力，使凝胶聚合物的电导能力从室温下的 $3.48 \times 10^{-3} \text{S/cm}$ 提高到 $5.13 \times 10^{-3} \text{S/cm}$。另一方面，膜的热力学稳定性、电化学稳定和组成电池后的循环性能也同样有所提高。

以 PMMA 为本体，用溶液渗入技术加入至层状 LiV$_3$O$_8$ 中，成功得到了 PMMA-LiV$_3$O$_8$

纳米凝胶聚合物。这种聚合物的电导率能达到 $1.8 \times 10^{-3}\,S/cm$，并且它的电化学界面稳定性能有较大的提高。

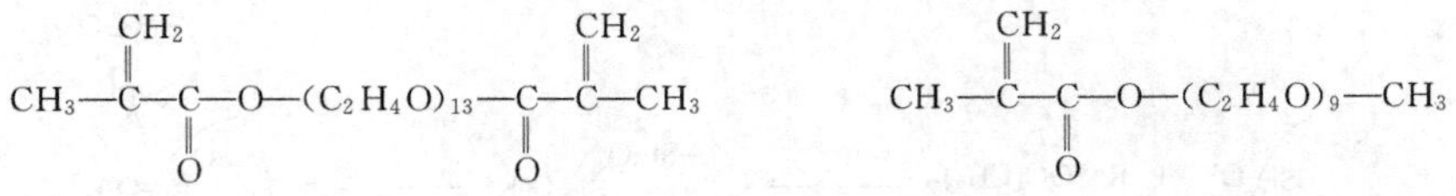

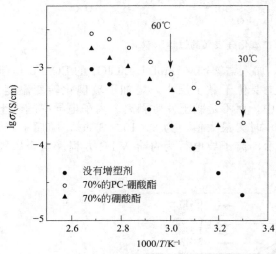

图 12-26　两种共聚单体的结构示意

除了常见的增塑剂外，也可以采用硼酸酯作为增塑剂。将图 12-26 中所示的两种聚合物单体形成的共聚物，加入该硼酸酯或其与 PC 的混合物，离子电导率有明显提高，且加入两种增塑剂时，离子电导率最高，导电行为基本符合阿伦尼乌斯方程（见图 12-27）。该凝胶聚合物电解质的热稳定性、力学性能和电化学稳定性均比较理想，在室温和 65℃ 时均表现良好的循环性能。

将 PMMA 中的聚合物单体改为甲基丙烯酸丁酯和苯乙烯的结合物 [P(BMA-St)]，并在此聚合物中加入气相二氧化硅，当加入 10% 的气相二氧化硅后，原本的 P(BMA-St) 凝胶聚合物膜的性能得到了极大的改善，它的热稳定性能达到 355℃，同时它的孔径更小，孔的分布也更为均一。此凝胶聚合物对 Li^+/Li 的稳定电压为 5.2V，同时离子电导率在常温下能

图 12-27　上述图 12-26 共聚单体形成凝胶电解质的离子电导率与温度的关系

达到 $2.15 \times 10^{-3}\,S/cm$。

12.5　含氟凝胶聚合物电解质

含氟凝胶聚合物电解质的聚合物基体主要是聚偏氟乙烯和偏氟乙烯-六氟丙烯共聚物。

PVDF 体系凝胶电解质最先是在 1975 年，与 PAN 一样。作为锂离子凝胶聚合物电解质基体的研究始于 20 世纪 80 年代初期，通过加入增塑剂（EC、PC 等）、锂盐（$LiClO_4$ 等），可以得到高的离子电导率。PVDF 被选作凝胶聚合物电解质的骨架，主要是因为：①PVDF 基聚合物电解质有极好的电化学稳定性；②PVDF 聚合物链上含有很强的斥电子基—CF_2，具有较高的介电常数（$\varepsilon = 8.4$），有利于锂盐的解离，因此可以提供较高的载流子浓度。部分增塑剂得到的电导率顺序如下：DMF＞γ-丁内酯＞EC＞PC＞PEG-400＞PEG-1000。

PVDF 聚合物结构对称、规整，容易形成结晶结构，这对离子导电是不利的，VDF 和 HFP 共聚物相对于 PVDF 而言，结晶度下降。在制备凝胶电解质时，VDF-HFP 共聚物显示了比 PVDF 更好的凝胶形成性；同时，VDF-HFP 共聚物比 PVDF 凝胶的离子电导率高，可达 $10^{-3}\,S/cm$，而且机械强度好。因此，目前对含氟凝胶聚合物电解质体系的研究主要集中在 VDF-HFP 共聚物上。

12.5.1　含氟聚合物的物理性能

市场上含氟聚合物比较多，如聚四氟乙烯、四氟乙烯-六氟乙烯共聚物（FEP）、四氟乙烯-

乙烯共聚物（ETFE）、聚偏氟乙烯、聚偏氟乙烯的共聚物、四氟乙烯-全氟烷氧基乙烯共聚物（PFA）、聚氯三氟乙烯（PCTFE）、聚氟化乙烯等。氟素系高分子中，C—F 键键长一般为0.1317nm，结合能大，为 126kcal/mol。氟素聚合物的耐药性、耐溶剂性、耐热性、耐候性等性能比较优良。但是，PTFE、FEP 等聚合物不熔、不溶，加工比较困难。PVDF 的含氟量为59.4％，比 PTFE、FEP 的 76％ 要低，并保留有上述含氟聚合物的特点，为耐溶剂性和加工性适度平衡的热塑性聚合物。室温下，在适当的溶剂中可发生溶解或适度膨润。

　　锂离子电池中使用的 PVDF 系聚合物有：PVDF 的均聚物和氟化乙烯-六氟丙烯（VF$_2$-HFP）的共聚物。以 Elf Atochem 公司为例，可用于锂离子电池五种产品的性能示意于表12-3。

表 12-3　Elf Atochem 公司可用于锂离子电池五种产品的性能

项　　目	方法/条件	KYNAR740 KYNAR741	KYNAR 301F	KYNAR2850 KYNAR2851	KYNAR2800 KYNAR2801	KYNAR2750 KYNAR2751
密度/(g/cm³)	ISO 1283/ 沉降法	1.77～1.79	1.75～1.77	1.78～1.80	1.78～1.80	1.78～1.80
熔点/℃	ISO 146 DSC	166～172	155～160	155～160	140～145	130～135
吸水率/%	ISO 62-1	0.01～0.03	0.04	0.03	0.03	0.03
熔融黏度/Pa·s	230℃，100/s	1700～2300	2900～3300	1700～2700	2300～2700	2000～2700
拉伸强度/MPa	ISO 527	42～56	35～50	32～39	20～27	18～21
弯曲强度/MPa	ISO 178	1300～2000	1200～1800	1200～1300	500～700	340～400
热形变温度/℃	ISO 75/0.45MPa	145	145	120	80	51
空气中的热分解温度/℃	ISO 75/5℃/min	375	370	375	375	370
燃烧性	UL 94	V-0	V-0	V-0	V-0	V-0
氧气指数/%	ISO 4589	43～44	43～44	42～43	42～44	43
体积电阻/10¹⁴Ω·cm	ISO 3915	1.5	1.5	1.6	1.6	2
耐电弧性/s	—	50～60	50～60	170	190	190
击穿电压/(kV/mm)	500V/s	63	—	70	52～74	51
诱导率	10⁵ Hz	8.2	—	9.4	8.5	9.2
化学结构		PVDF	PVDF	VDF-HFP	VDF-HFP	VDF-HFP

　　VDF 及其与其他单体混合物的共聚，一般采用乳液聚合或悬浮聚合，引发剂为过氧化物，得到直链聚合物。由于悬浮剂或乳化剂的加入，单体在水中发生分散。为了调节相对分子质量，加入链转移剂。表 12-4 为 PVDF 的乳液聚合和悬浮聚合之间的比较。由于锂离子电池对产品纯度要求高，一般使用高纯水为介质，而且分散稳定剂的加入量很少，聚合后得到的树脂用纯水洗涤后再进行干燥，这样得到的树脂中有机物、金属离子等杂质含量很低。中子活化分析结果表明，在 80℃ 热水处理 24h，金属离子的浓度仅为 ppb（1ppb＝10⁻⁹）数量级。另外，聚合时和聚合后均不需添加防氧化剂和增塑剂。

表 12-4　PVDF 的乳液聚合和悬浮聚合之间的对比

项　　目	乳 液 聚 合	悬 浮 聚 合
公司	Elf Atochem	其他公司
溶剂	高纯水	水（水质不清楚）
引发剂	有机过氧化物 过硫酸盐	有机过氧化物 过硫酸盐
链转移剂	有机化合物(酯、醇等)	有机化合物(酯、醇等)
分散稳定剂	氟素系乳化剂 (＜1000×10⁻⁶)	纤维素系悬浮剂 (1%～3%)
聚合产物	乳状液 一次粒子：0.2～0.3μm	颗粒状粒子 粒径：约 50μm
后处理	造粒后,用超纯水逆流洗净,喷雾干燥,粒径大于 5μm	冲洗干净 空气干燥

乳液聚合后一次粒子的粒径为 0.2～0.3μm，造粒后平均粒径为 5～10μm。

PVDF 的重复单元为—CH₂—CF₂—，为结晶聚合物，如 KYNAR 741 用 X 射线反射法测得的结晶度达 60%。该树脂的热性能、力学性能、溶解性、溶剂膨胀性、电性能等随结晶的不同而不同。结晶低时，溶剂的溶解性、膨胀性大。在 VDF-HFP 共聚体中，随 HFP 含量的增加，结晶性下降，熔点降低，溶剂的膨胀性增加，产品的柔软性亦增加。

由于氟原子和氢原子尺寸相当接近，PVDF 晶体结构出现多种变体，主要有四种晶体：α-、β-、γ-和 δ-型（见图 12-28）。熔融状态在通常气氛下结晶一般得到 α-型结晶，每个晶胞内 C—F 偶极矩相互抵消，不具备极性。将 α-型结晶在低温下拉伸得到 β-结晶，晶胞内氟原子指向同一方向，是典型的极性晶体；在高温下淬火得到同样具有极性的 γ-结晶。α-型结晶在高压下进行极化处理，得到 δ-型结晶。将 PVDF 溶液进行蒸发得到的薄膜结晶随所用溶剂不同得到 α-、β-或 γ-型结晶。在聚合物凝胶电解质中，随增塑剂不同亦发生变化。在环己酮的凝胶中，为 α-型结晶；在 γ-丁内酯的凝胶中，为 γ-型结晶；在乙烯碳酸酯/丙烯碳酸酯中为无序 γ-型，在 VDF-HFP 共聚物凝胶体系中，随增塑剂的增加，结晶粒子变大；而随锂盐的增加，结晶度降低。各种晶相间可以发生相互转变（见图 12-29）。

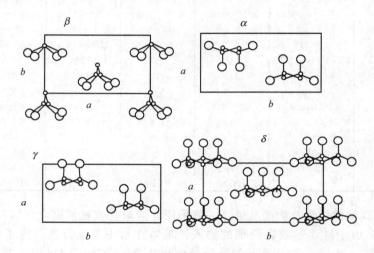

图 12-28 PVDF 晶相结构及构型图

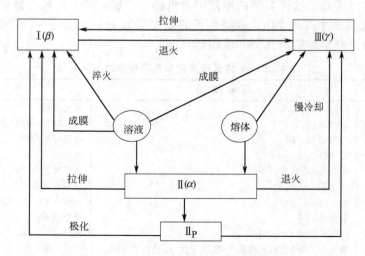

图 12-29 PVDF 各种晶相间转变条件

PVDF 系聚合物在室温下溶于一些极性溶剂中，如 N-甲基吡咯烷酮（NMP）、N,N'-二甲基甲酰胺。在含有羰基等极性基团的溶剂中亲和性高，而在碳氢化合物、卤素、醇等溶剂中较难膨润。在溶剂中的溶解性以及所得的溶液性能与聚合方法有关。悬浮聚合物得到的 PVDF 在 NMP 中溶解后，特别是在浓度高时，比乳液聚合得到产品（如 KYNAR）的黏度要高，浓度在 15％以上时一放置就易发生凝胶化。悬浮聚合物得到的 PVDF 溶液一般为浓紫色，而乳液聚合的近乎无色，具体原因目前尚不清楚。

　　表 12-5 为 Elf Atochem 公司部分产品在不同温度下于丙酮中的溶解性能。VDF-HFP 共聚物在丙酮中容易溶解。在较高温度溶解的溶液处于室温时亦以透明溶液存在。由于溶剂为丙酮，在制作电极过程中，极易挥发，易于缩短操作时间及去除杂质。

表 12-5　KYNAR 树脂在丙酮中的溶解性（聚合物浓度：15％）

KYNAR 树脂型号	溶　解　性					
	65℃	53℃	40℃	30℃	24℃	5℃
KYNAR 741	透明	浑浊	溶胶	溶胶	溶胶	溶胶
KYNAR 301F	透明	透明	透明	浑浊	溶胶	溶胶
KYNAR 2851	透明	透明	透明	透明	浑浊	溶胶
KYNAR 2801	透明	透明	透明	透明	透明	浑浊

　　以 KYNAR 系列部分树脂为例，在一些碳酸酯中的膨润性示意如图 12-30。与常用的基本上不膨润聚烯烃相比，PVDF 树脂的膨润性很大。PVDF 树脂对组装的锂离子电池性能有明显影响，特别是溶剂的膨润性决定凝胶的基本电化学性能，对电池的热稳定性、温度性能影响很大。

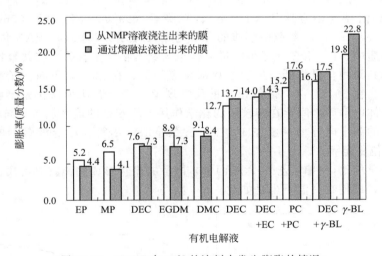

图 12-30　PVDF 在 60℃的溶剂中发生膨胀的情况

　　PVDF 系聚合物在氧化性及腐蚀性等环境下（如氟素、卤素、氢氟酸、硝酸）耐高温，当电极发生氧化还原反应时，亦非常稳定。作为黏合剂时，具有良好的热稳定性，为不可燃性物质。例如对于 PVDF，当质量减少 1％时，在空气中的温度为 375℃；在氯气中为 410℃。石墨的锂插入化合物与 PVDF 的反应在 300℃以上时才发生，表明 PVDF 在电池中非常稳定。VDF-HFP 共聚物的性能基本上与 PVDF 相同。

　　也有使用 Sn-C/1mol/L LiPF$_6$ 的 EC∶PC（1∶1）与 PVDF 组成的凝胶聚合物电解质（GPE）/LiNi$_{0.5}$Mn$_{1.5}$O$_4$ 组成聚合物锂离子电池，进行安全性能的测试。采用热重-差热-质谱分析，发现正极和负极以及电解液在 200℃的温度下没有分解的迹象，这说明了由此组成的电池安全性能良好。

12.5.2 含氟体系凝胶聚合物的制备及其电化学性能

制备凝胶电解质一般有两种方法：①相反转法（phase inversion），也有称之为萃取/吸附法；②传统溶剂浇注法。当增塑剂量少时，后者的电导率低，但是当增塑剂增加时，差别减少。当增塑剂超过 60%时，电导率均超过 10^{-3} S/cm。

采用相反转法制备凝胶电解质用的（偏氟乙烯-六氟丙烯）共聚物时，溶剂的不同可以导致孔隙率和孔的大小不一样，但是在一定的条件下，对离子电导率的影响不大。膜的微观形态与制备条件有关。有人将其归入所谓的多孔状聚合物电解质，事实上，它们就是凝胶电解质。加入一定量的增塑剂后，孔就被增塑剂填充了，不再存在所谓的孔。

在聚偏氟乙烯和（偏氟乙烯-六氟丙烯）共聚物中，用有机电解液例如低聚乙二醇二甲醚、碳酸酯等进行增塑后，存在两种相态的凝胶。一种位于孔隙中，与聚合物之间的作用力很小，基本上为自由溶液；另一种位于聚合物的无定形区，在增塑剂较多时占整个增塑剂的比例很小，但是，当增塑剂较少时例如 20%，这时该部分占的量比较多，电导率比较低，并与孔隙率和聚合物的形态有密切的关系。

由于聚偏氟乙烯的结晶性依然存在，加入增塑剂后，（偏氟乙烯-六氟丙烯）共聚物仍为半晶聚合物。通过控制共聚物中 HFP 的添加量，可以控制共聚物的结晶度，既保证电解质膜具有优异的力学性能，同时又保证凝胶电解质膜对溶剂的吸收。HFP 最佳添加量为共聚物的 8%~25%（质量分数，下同）。

Kynar-2801 为一种典型的 VDF-HFP 共聚物。与 EC、EMC 以及 $LiPF_6$ 或 $LiBF_4$ 形成的凝胶聚合物电解质中，随 Kynar-2801 含量增加性能有很大变化。Kynar-2801 含量为 20%时，室温离子电导率为 2.4×10^{-3} S/cm。Kynar-2801 含量增至 40%时，离子电导率降为 1.2×10^{-3} S/cm，玻璃化温度相应地从 (143 ± 18)℃ 降至 (99 ± 23)℃。以 100mV/s 速度扫描，$LiPF_6$-EC-EMC- Kynar-2801 凝胶电解质的分解电压大约为 5.25V，比 PAN 体系略高。

在凝胶电解质中，Li^+ 和阴离子的扩散系数也与共聚物含量有关。在共聚物含量为 60%~40%范围内，随共聚物含量降低，扩散系数都相应降低，在 40%以下时，扩散系数随共聚物含量降低而升高。在 60%~40%之间出现的反常现象，研究者认为这正是凝胶性的体现，即共聚物母体与液体电解质之间存在着较强的化学作用。增塑剂的最大加入量与共聚物的组成有关。凝胶电解质的离子电导率一般在 10^{-3} S/cm 数量级，尽管大小与增塑剂的量有关（见图 12-31），氧化电位稳定到 5V。

与液体电解质相比，（偏氟乙烯-六氟丙烯）嵌段共聚物形成的凝胶电解质的挥发性明显降低（见图 12-32），即使在高温下也是如此。

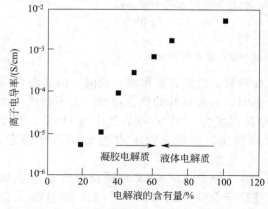

图 12-31　PVDF 凝胶聚合物电解质的电导率与电解液（1mol/L $LiPF_6$ 的 EC/PC 溶液）的含量关系

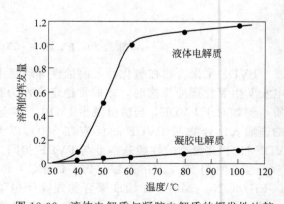

图 12-32　液体电解质与凝胶电解质的挥发性比较

除了上述常见的两种方法外，还可以采用电纺丝法。该法得到的聚合物膜由纤维组成。纤维的直径由 PVDF 溶液的浓度决定。在同等条件下，浓度高，黏度大，直径大。当然，纺丝时喷嘴的直径大小也是决定纤维大小的一个重要因素。图 12-33 为 12％的 PVDF 纺丝导电的纤维膜在溶剂中浸渍不同时间时的 SEM 图。随着浸渍时间的增加，由于电解质 [1mol/L LiPF$_6$ 的 EC/DMC/DEC（1∶1∶1）电解液] 发生浸入，纤维发生溶胀，半径增加，但是，与 P(VDF-HFP) 相比，变化要小得多。纤维的平均直径可以控制为 $1.1 \sim 4.3 \mu m$，孔隙率为 $80\% \sim 89\%$，电解质的吸收量达到 $320\% \sim 350\%$，室温离子电导率超过 $1 \times 10^{-3} S/cm$。如图 12-34 所示，纤维半径小，电解质的吸收量多，离子电导率高。尽管 PVDF 纤维具有一定的结晶性，但是，对离子电导率基本上没有影响。在室温和 60℃下，与金属锂的界面稳定性非常好，电化学窗口大于 5V。

（a）平均直径为 $0.45\mu m$

（b）在 20℃下浸渍 48h，$0.58\mu m$

（c）在 20℃下浸渍 4 星期，$0.63\mu m$

图 12-33　12％的 PVDF 纺丝导电的纤维膜在电解质中浸渍不同时间时的 SEM 图

聚偏氟乙烯同多孔聚丙烯隔膜一样，也具有电流遮断性（shut down），但是与孔隙率有关。在 EC/DEC 增塑的 P(VDF-HFP)、电场强度 30V 以下，锂离子的迁移速率为 $3.6 \times 10^{-5} cm^2/sV$。组装成的聚合物锂离子电池具有良好的脉冲充放电能力。有报道认为：浸渍的多孔性 PVDF 作为隔膜的锂离子电池快速充放电能力大于多孔性聚烯烃隔膜。

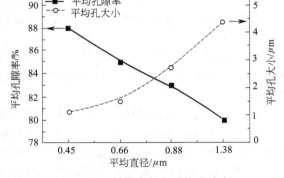

图 12-34　纤维直径与平均孔隙率和平均孔大小的关系

12.5.3　含氟聚合物凝胶电解质的改性

性能的改性主要包括以下几个方面：
① 与电极的黏结性；
② 在集流体上形成一层薄的导电层；
③ 改善聚合物的溶解性；
④ 提高吸附液体电解质的能力。
采用的方法与上面所说的基本一致，主要有三种：共混、共聚和加入无机填料，而交联则很少使用。

将（偏氟乙烯-六氟丙烯）共聚物与 PEO 共混，由于 PEO 与（偏氟乙烯-六氟丙烯）共聚物的相容性好，因此形成的凝胶体系比较均一。但是 PEO 的量存在一最佳值，如图 12-35 所示，量过少或过多，表现出不同的电化学行为。

与（甲基丙烯酸甲酯-甲基丙烯酸锂）共聚物进行共混，共混物的吸液性能、相容性、室温和低温电导率得到明显提高，而且充放电效率也有所提高。与聚氧化乙烯二甲基丙烯酸酯的

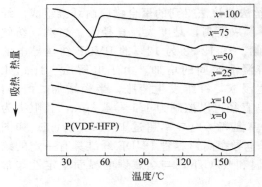

图 12-35　纯 P(VDF-HFP) 和 50P
(VDF-HFP)-xPEO-75(EC/PC/LiClO$_4$)
聚合物电解质的差热扫描曲线

交联物共混后，在较高温度下（80℃）的循环性能要优于（偏氟乙烯-六氟丙烯）共聚物。当然，也可以与其他所需要的聚合物进行共混，例如聚丙烯腈、苯乙烯。

Motorola 公司利用物理改性方法开发了一种多相凝胶电解质，一相为极性聚合物如 PVDF、PAN 等，能够吸附溶剂，提供离子电导通道；另一相为非极性聚合物如 PP、PTFE 等（含量为 15％～25％），不能吸收或少量吸收溶剂，仅提供力学支撑作用，并减少凝胶过程中的体积变化。当然，也可以像多孔聚丙烯隔膜（13.1.3 节）一样，形成多层聚合物电解质。

根据图 12-36 所示的流程，通过辐射，可以根据需要引入不同的基团，例如可以将 R 基团改变为丙烯酸、甲基丙烯酸甲酯等。

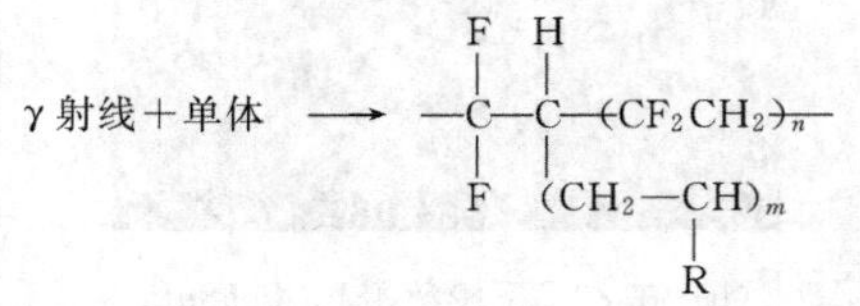

$$\gamma\text{ 射线}+\text{单体} \longrightarrow \begin{array}{c} \text{F} \quad \text{H} \\ | \quad | \\ -\text{C}-\text{C}-\!\!\!\!\!\!-(\text{CF}_2\text{CH}_2)_n \\ | \quad | \\ \text{F} \quad (\text{CH}_2-\text{CH})_m \\ | \\ \text{R} \end{array}$$

例如 CH$_2$ ═CHR
（其中 R 为官能团）

图 12-36　通过辐射引入其他功能性共聚单元的流程示意

如果在制备偏氟乙烯时引入聚乙烯，电流遮断性能将得到明显提高，特别是三层聚合物膜结构的设计。

有文献报道了三层分别为 PVDF、PMMA、PVDF 组成的三明治结构的聚合物膜，由于其对液体电解质和 GPE 都有良好的支持作用，其热力学稳定性和循环性能都有很大的提高。

共聚物较聚偏氟乙烯而言，结晶性下降，吸液量增加，但是熔点降低，因此机械稳定性有所下降。为了弥补该缺陷，可以引入三氟乙烯单元，这样，又提高了共聚物的熔点，增加了无定形区的含量。同样，制备的凝胶聚合物电解质具有良好的电化学性能。

在 P(VDF-HFP) 和聚苯乙烯共混物的基础上，可以再加入填料，例如二氧化硅，凝胶聚合物电解质的电导率从 2×10^{-3}S/cm 提高到 4×10^{-3}S/cm。

有文献报道了通过添加不同含量的 TiO$_2$ 纳米颗粒来增强 P(VDF-HFP) 聚合物电解质的性能。最多添加了 8.5％的 TiO$_2$ 纳米颗粒，得到多孔聚合物电解质的导电性最高为 2.40×10^{-3}S/cm。

通过单相法加入 DMF 和非溶剂（作为助孔剂）得到的 P(VDF-HFP) 多孔聚合物电解质，电导率达到 1.76×10^{-3}S/cm，电化学稳定电压达到 4.7V。

通过微波辅助发泡得到 P(VDF-HFP) 多孔聚合物电解质，电导率为 1.17×10^{-3}S/cm，也表现出了较宽的电化学稳定窗口。通过水杨酸发泡工艺得到的多孔聚合物电解质的平均孔径为 400nm，离子电导率可以达到 4.8×10^{-3}S/cm。

也有通过使用脲作为发泡剂，再通过挥发得到多孔的 P(VDF-HFP) 多孔聚合物电解质，最高能达到 70.2％的孔率，离子电导率可以达到 1.43×10^{-3}S/cm。

使用热力学引导相分离法，将邻苯二甲酸二丁酯（DBP）和二（2-乙基己基）邻苯二甲酸（DEHP）加入到 P(VDF-HFP) 中，得到的凝胶聚合物膜表现出较优异的性能。它的离子电

导率能达到 4.07×10^{-3} S/cm，同时对于锂离子电对的稳定电压区间达到了 4.5V。

将 PEO 和 P(VDF-HFP) 共混，同时掺杂以 PP 作为支撑的纳米 Al_2O_3，形成的凝胶聚合物电解质命名为 PEO-P(VDF-HFP)-Al_2O_3/PP，这种凝胶聚合物的机械强度能提高到 14.3MPa，膜的孔率能达到 49%，电解液的保持量达到 273%，同时热力学分解温度能达到 355℃，它的离子电导率为 3.8×10^{-3} S/cm。

12.6　其他类型的凝胶聚合物电解质

其他类型的凝胶聚合物电解质主要在于聚合物本体结构的变化和改变增塑剂（主要是采用离子液体）。

与上述不同的聚合物本体结构有聚乙烯基吡咯烷酮、聚砜和聚（三亚甲基碳酸酯）等。例如将多孔聚砜作为聚合物载体，加入增塑剂后可大大提高离子传导率及其力学性能，室温下离子传导率达到 3.93×10^{-3} S/cm。在聚（三亚甲基碳酸酯）加入液体电解质，由于聚合物具有与液体电解质相类似结构，吸液性能得到明显提高。

有人提出所谓的双相聚合物电解质（dual-phase polymer electrolyte）。在该体系中，聚合物基体相提供良好的力学性能，而另一相作为离子传导的通道。实际上，另一相传导离子的能力是通过增塑实现的，该相聚合物易吸收增塑剂，唯一的区别是聚合物基体的合成方法与前述的不同。例如，苯乙烯-丁二烯橡胶（SBR）、丙烯腈-丁二烯橡胶（NBR）乳液和聚丁二烯（PB）/聚乙烯吡咯烷酮（PVP）壳-核胶乳，它们的离子传导率也可达到 10^{-3} S/cm 数量级。由于胶乳中含表面活性剂、引发剂等杂质，影响材料的长期稳定性，必须改进制备方法，也可以采用纯净的 NBR/SBR 混合物来制备凝胶电解质。

增塑剂的改变有两种。一种是与上述增塑剂或聚合物具有相似的结构。例如图 12-37 所示的低聚物，它采用磷酸酯将氧化乙烯单元进行隔离。但是，该类聚合物的导电性能如何，还有待于进一步研究。另一种是采用离子液体（熔融盐）作为增塑剂。

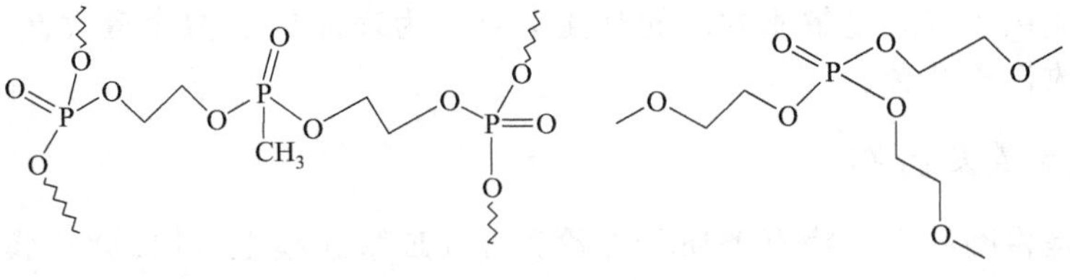

图 12-37　含磷酸酯单元的新型低聚物的结构

用离子液体取代凝胶电解质中的有机增塑剂而成为无机增塑电解质，如以 1-乙基-3-甲基咪唑·BF_4^- 和 1-乙基-3-甲基咪唑·$CF_3SO_3^-$ 作为离子液体对（四氟乙烯-六氟丙烯）共聚物进行增塑，室温电导率均在 10^{-3} S/cm 以上，100℃时电导率达 10^{-2} S/cm 以上（见图 12-38），而且这些离子液体可以用简单的方法制备。同样亦能对聚合物本身的骨架进行改造，能在 PEO（相对分子质量 150）的末端导入能形成离子液体的阴离子和阳离子或将聚合物侧基改为能形成离子液体的咪唑基。由于玻璃化转变温度明显降低，从 3.2℃ 降到 $-61.6℃$，加入 $LiCF_3SO_3$ 后，室温电导率达 10^{-3} S/cm。

将聚合物例如聚（乙二醇）-二丙烯酸酯与离子液体（1-乙基-3-甲基咪唑四氟硼酸盐与 $LiBF_4$ 的复合物）复合，所得凝胶电解质的电导率尽管比离子液体要低，但是室温电导率可达 10^{-3} S/cm，热稳定性高达 300℃ 以上。将聚（甲基丙烯酸羟乙酯）与离子液体 EtMeIm $(HF)_n$F(1-乙基-3-甲基咪唑，n 一般为 2.3）组成凝胶聚合物电解质，室温离子电导率可达

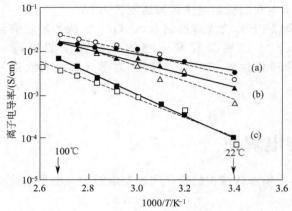

图 12-38 以 1-乙基-3-甲基咪唑·BF_4^-
（实心符号）和 1-乙基-3-甲基咪唑·$CF_3SO_3^-$
（空心符号）作为离子液体对（四氟乙烯-六氟丙烯）
共聚物进行增塑后电导率与温度的关系；离子液体
与共聚物质量之比为（a）2：1，（b）1：1，
（c）0.5：1(BF_4^-)和0.4：1($CF_3SO_3^-$)

10^{-2} S/cm，离子电导率随盐含量的增加而增加。当然，离子液体也可以进行优化。

将离子液体与聚（1-丁基-4-丁烯基化吡啶）之间复合，室温离子传导率高达 10^{-3} S/cm。在 0.5LiI-0.3LiOAc-0.2LiClO$_4$ 类离子液体中加入少量高分子，例如 PPO 或聚乙烯基磺酸锂，可以形成锂离子传导的离子橡胶，室温离子电导率可达 10^{-5} S/cm。

但是，由于目前制备的离子液体电化学窗口有限，大约为 3.5V，因此得到的复合凝胶电解质的电化学窗口也有限，还不能达到高电压锂离子电池的要求。

另外，将高分子盐和小分子增塑剂共混，例如将聚苯乙烯磺酸盐、聚甲基丙烯酸盐等加入极性有机液体进行增塑，可以使其呈现单（阳）离子导电的凝胶电解质，这对减少极化具有积极意义。

12.7 聚烯烃材料的改性

聚烯烃作为合成高分子材料的主体，产量大、力学性能和热性能好、应用面广。在锂离子电池中，聚烯烃材料主要是用于隔膜中，在凝胶电解质中的应用较少，这主要是由于聚烯烃材料不易吸收和保留用于锂离子电池的有机溶剂。现在，还有人通过将聚烯烃材料改性得到的聚合物作为凝胶电解质的本体结构，再添加合适的增塑剂，以期得到导电性能好、热力学性能稳定、使用温度区间广、吸液性良好的凝胶电解质自支撑膜。

聚烯烃材料应用于凝胶电解质方面的改性主要分为表面聚合物涂覆改性、表面接枝改性、凝胶电解质注入改性等几种。

12.7.1 表面涂覆聚合物

该方法主要是将凝胶聚合物电解质母体涂覆于 PE 微孔膜上。PE 微孔膜提供体系力学性能和化学稳定性，而涂覆于 PE 微孔膜上的凝胶聚合物电解质可以吸附液体有机溶剂于其内以获得较高的离子导电性能，其次凝胶电解质的涂覆有利于微孔膜和电极之间的紧密黏结，降低电化学反应内阻。该方法最先由日本索尼公司采用，研制成功聚合物锂离子电池（凝胶锂离子电池）。

将基于二丙二酸聚乙二醇酯（PEGDA）的凝胶聚合物电解质涂覆于聚烯烃微孔膜表面后直接固化形成固态凝胶聚合物电解质，其显示了较好的力学性能，组装后的电池在室温下显示较佳的循环行为。

将 P(VDF-HFP) 加热溶解于有机液体电解质（EC/DEC）后，涂覆于聚烯烃微孔膜上，冷却后，直接在微孔膜上物理固化成膜支撑凝胶聚合物电解质。其室温离子电导率在 $(1.5\sim2)\times10^{-3}$ S/cm 范围内，电化学稳定窗口达到 4.5V 以上，组装电池后，循环充放电性能优异。

通过乳液聚合方法和 AN/MMA/St 共聚物，PAMS 加热溶于液体电解质，然后凝胶聚合物电解质直接涂覆于 PE 微孔膜两边，冷却固化交联成膜。研究发现三元共聚物的比例对于体系能否有效吸附液体电解质的能力起到关键性作用。最佳比例制得的膜支撑凝胶聚合物电解质其室温离子电导率为 1.1×10^{-3} S/cm，电化学稳定窗口为 5.2V。室温下充放电循环效率达到 100%。在 -10℃下，其充放电效率依然达到 88%。

将 PEO 和二甲基丙烯酸聚乙二醇酯按照一定比例混合后涂覆于 PE 微孔膜上，加热固化。干燥后直接吸附液体电解质以形成膜支撑凝胶聚合物电解质。起支撑作用的 PE 微孔膜的结晶度保持不变，而 PEO 的结晶度下降，有利于液体电解质的吸附和离子传导通道的增加。膜表面的形态随着两者比例的不同而发生变化。随着交联组分的增加，表明孔隙增加。经电化学测试，得到此类膜支撑复合凝胶聚合物电解质的离子电导率达到 1.0×10^{-3} S/cm，电化学稳定窗口为 4.5V。组装电池后，在 1.0C 的放电速率下，充放电效率达到 100%，但在大电流速率下充放电，其充放电效率还需要提高。

将聚甲基丙烯酸甲酯（PMMA）与二丙烯酸聚乙二醇（PEGDA）共混，并加入纳米 TiO_2（5% 或 10%）填料，加入液体电解质后，制备凝胶聚合物电解质，涂覆于 PE 微孔膜，通过紫外光照射进行固化交联。该体系具有较好的力学性能和电化学性能，纳米 TiO_2 的掺入有利于提高体系的离子电导率，同时降低电解质和锂电极之间的界面电阻。此外，在体系加入填料后，充放电效率较未加填料的有所提高。

12.7.2　表面接枝

聚乙烯的表面为疏水性，吸液性能不理想。将具有亲水性能的单体与聚乙烯接枝，改善聚乙烯的表面结构，加入液体电解质，形成性能稳定的凝胶聚合物电解质。例如通过电子束辐射，将甲基丙烯酸缩水甘油醇酯接枝在聚乙烯表面，形成接枝共聚物。形成凝胶聚合物电解质后，组成聚合物锂离子电池，其循环性能要优于以聚乙烯为隔膜的锂离子电池。

通过将带有丙烯酸官能团的聚烯烃（PE-A）用聚乙二醇单甲醚（PEGM）酯化后得到了侧链—$O(CH_2CH_2O)CH_3$ 悬挂在珠链聚烯烃骨干上的聚合物（PEGM-g-EAA），具体的结构如图 12-39 所示。将含 9.0% 摩尔比侧链的聚合物进行了电性能测试，即使在 0℃时，凝胶聚合物电解质的离子电导率也能够达到 1.1×10^{-3} S/cm。

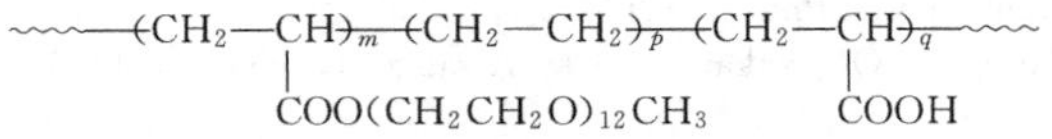

$$\sim\sim\sim \!-\!(CH_2\!-\!CH)_m \!-\! (CH_2\!-\!CH_2)_p \!-\! (CH_2\!-\!CH)_q \!-\! \sim\sim\sim$$
$$COO(CH_2CH_2O)_{12}CH_3 \qquad\qquad COOH$$

图 12-39　改性后聚合物的结构示意

12.7.3　注入凝胶电解质

把凝胶电解质注入到作为空间支撑的微孔聚烯烃微孔薄膜中，可以提高凝胶电解质的机械强度及各方面的性能。凝胶电解质的注入方式主要有浸渍和原位聚合两种。

浸渍主要通过升高温度使凝胶电解质的黏度下降，使之容易渗入到薄膜的微孔中。当原凝胶聚合物使用共聚合物时，由于各官能团的不同，共聚物的组分对电解液的保持以及粒子电导率有明显的影响。另外，通过使用易挥发的溶剂来稀释凝胶聚合物，使凝胶电解质的黏度下降，采用此法也可以使凝胶电解质注入到薄膜中，然后将易挥发的溶剂除去，得到凝胶注入后的薄膜。这种方法的可行性主要由于凝胶聚合物由 EC、PC 和 GBL 等高沸点的物质组成。得到的聚合物膜的厚度在 $2\sim19\mu m$ 范围内，厚度增加时，有利于减小电阻和提高快速充放电能力，最佳为 $14\mu m$。

PVDF 等可以溶解的聚合物也可以采用此法，注入到聚乙烯表面，得到凝胶聚合物电解质。该膜具有良好的孔隙结构。为了提高与电极的黏结性，将聚乙酸乙烯酯通过浸渍法，注入到 PVDF 或聚乙烯无纺布里面。形成凝胶聚合物电解质后，界面阻抗和离子电导率有明显提高。

对于原位聚合，是先将包含锂盐、寡聚环氧乙烷单体、非挥发性溶剂和光敏引发剂的溶液浸入到聚烯烃微孔膜中，然后通过紫外照射等方式进行聚合。

　　通过凝胶电解质与微孔聚烯烃膜的组合，得到的凝胶电解质具有良好的抗短路特性，同时与原先的凝胶电解质与聚烯烃隔膜分开使用相比，薄膜所组成的电池表现出更好的充放电性能和循环寿命。

参 考 文 献

[1]　吴宇平，戴晓兵，马军旗，程预江. 锂离子电池——应用与实践. 北京：化学工业出版社，2004.

[2]　Lin SY, Wang CM, Hsieh PT, Chen YC, Liu CC, Shih SC. Coll. Polym. Sci., 2009, 287: 1355.

[3]　Hwang JJ, Peng HH, Yeh JM. J. Appl. Polym. Sci., 2011, 120: 2041.

[4]　Li XP, Rao MM, Liao YH, Li WS, Xu MQ. J. Appl. Electrochem., 2010, 40: 2185.

[5]　Luo D, Li Y, Yang M. Mater Chem. Phys., 2011, 125: 231.

[6]　Zhang P, Zhang HP, Li GC, Li ZH, Wu YP. Electrochem. Commun, 2008, 10: 1052.

[7]　Zhang P, Zhang HP, Li ZH, Wu YP. Poly. Adv. Tech., 2009, 20: 571.

[8]　Liao, YH, Zhou DY, Rao MM, Li WS, Cai ZR, Liang Y, Tan CL. J. Power Sources, 2009, 189: 139.

[9]　Liao YH, Rao MM, Li WS, Tan CL, Yi J, Chen L. Electrochim. Acta., 2009, 54: 6396.

[10]　Deka M, Kumar A. J. Solid State Electrochem., 2010, 14: 1649.

[11]　Liao YH, Rao MM, Li WS, Yang LT, Zhu BK, Xu R, Fu CH. J. Membr. Sci., 2010, 352: 95.

[12]　Hassoun J, Reale P, Panero S, Scrosati B, Wachtler M, Fleischhammer M, Kasper M, Wohlfahrt-Mehrens M. Electrochim. Acta., 2010, 55: 4194.

[13]　Zhang HP, Zhang P, Li ZH, Sun M, Wu YP, Wu HQ. Electrochem. Commun, 2007, 9: 1700.

[14]　Li ZH, Zhang HP, Zhang P, Wu YP. J. Appl. Electrochem., 2008, 38: 109.

[15]　Li ZH, Zhang P, Zhang HP, Wu YP, Zhou XD. Electrochem. Commun, 2008, 10: 791.

[16]　Li ZH, Zhang HP, Zhang P, Wu YP, Zhou XD. J. Power Sources, 2008, 184: 562.

[17]　Li GC, Zhang P, Zhang HP, Yang LC, Wu YP. Electrochem. Commun, 2008, 10: 1883.

[18]　Zhang P, Li GC, Zhang HP, Yang LC, Wu YP. Electrochem. Commun, 2009, 11: 161.

[19]　Zhang HP, Zhang P, Li GC, Wu YP, Sun DL. J. Power Sources, 2009, 189: 594.

[20]　Li ZH, Cheng C, Zhan XY, Wu YP, Zhou XD. Electrochim. Acta., 2009, 54: 4403.

[21]　Ji GL, Xu YY, Zhu BK, Zhu LP. J. Macromole. Sci. Part B., 2011, 50: 275.

[22]　Liao YH, Li XP, Fu CH, Xu R, Zhou L, Tan CL, Hu SJ, Li WS. J. Power Sources, 2011, 196: 2115.

[23]　吴宇平，张汉平，吴锋，李朝晖. 聚合物锂离子电池. 北京：化学工业出版社，2007.

[24]　Ko JM, Lee YS, Joo CW, Lee SG, Park JK, Han KS. Electrochim. Acta., 2004, 50: 339.

[25]　Hallden A, Wesslen B. J. Appl. Polym. Phys., 2000, 75: 316.

[26]　Oyama N, Fujimoto Y, Hatozaki O, Nakano K, Maruyama K, Yamaguchi S, Nishijima K, Iwase Y, Kutsuwa Y. J. Power Sources, 2009, 189: 315.

[27]　Oh JS, Kang YK, Kim DW. Electrochim. Acta., 2006, 52: 1567.

[28]　Jeong YB, Kim DW. Solid State Ionics, 2005, 176: 47.

[29]　Jeong YB, Kim DW. Electrochim. Acta., 2004, 50: 323.

[30]　Jeong YB, Kim DW. J. Power Sources, 2004, 128: 256.

[31]　Lee YM, Kim JW, Choi NS, Lee JA, Seol WH, Park JK. J. Power Sources, 2005, 139: 235.

[32]　Lee YM, Choi NS, Lee JA, Seol WH, Cho KY, Jung HY, Kim JW, Park JK. J. Power Sources, 2005, 146: 431.

第13章

锂离子电池的生产和检测

13.1 锂离子电池的构成

锂离子电池的结构同镍氢电池等一样，如本书1.7节所述，一般包括以下部件：正极、负极、电解质、隔膜、正极引线、负极引线、中心端子、绝缘材料、安全阀、PTC（正温度控制端子）、电池壳等，形状主要有圆形、椭圆性、方形和扣式。其中安全阀、正温度控制端子和隔膜对锂离子电池的安全性能具有非常重要的作用。

13.1.1 安全阀

图13-1(a)为正常情况下安全阀的结构示意。当体系中因大电流、热等原因产生大量气体，此时体系的压力很大，将铝片向上挤压，发生弯曲形变，从而与正极引线发生分离，如图13-1(b)所示使电流回路发生断路，抑制电池体系热量的进一步产生。

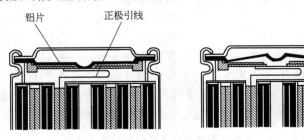

铝片　　　　　正极引线

(a) 正常情况下　　　　　　　　　(b) 压力增大时

图13-1　安全压力阀的作用原理图

但是通常状况下，如果使用纯$LiCoO_2$为正极，大电流或过充电时，电池体系的温度突然增加，产生的气体量如CO_2、CH_4、C_2H_6和C_3H_6等不够，安全阀起不到作用，而此时电池体系已经遭到了破坏。由于Li_2CO_3的分解电压在$4.8\sim5.0V$附近，索尼公司在$LiCoO_2$中加入Li_2CO_3，过充电时，碳酸锂发生分解，导致内压明显增加，此时安全压力阀发生作用，使体系断路，抑制温度的升高。一般而言，温度不应超过$50℃$。

13.1.2 正温度系数端子

在一般的蓄电池体系中，均采用正温度系数端子（又称为 polyswitch）以防止电流过大。因为电流过大，电池体系产生的热量多，内部温度高，容易对电池产生破坏作用。对于锂二次电池而言，安全问题非常重要，正温度系数端子更是不能缺少。

在正常温度下，正温度系数端子的电阻很小，但是当温度达到一定值时（跃变温度：trip temperature），电阻突然增大，导致电流迅速下降。当温度下降以后，PTC 端子的电阻又变小，又可以正常充放电。一般而言，跃变温度为 120℃左右。常见元件组分为导电性填料与聚合物的复合。当电流明显变大时，正温度系数端子元件因电阻的存在而产热，聚合物组分发生膨胀，导电性填料粒子之间的距离突然变大，电阻明显增加，形成"熔断"现象。当温度降低时，聚合物冷却，又回到低阻值。由于锂二次电池的耐热性温度不能超过 130℃，因此对于聚合物而言，一般选择聚乙烯。

13.1.3 隔膜

锂离子电池的安全对策之一为电流遮断性。该性能的实现是通过在较高的温度下多孔结构的基体聚合物发生熔化，从而导致微孔结构关闭、阻抗迅速增加而使电流不能通过。该温度为遮断（shut-down）温度。该温度过低，电池很容易失去性能；而过高，则增加电池迅速产热的危险。因此以什么样的材料作为隔膜、遮断温度为多少也是电池设计中的一个重要课题。通过聚合物组成和多孔结构的最佳化，可以得到在特定温度下闭孔的隔膜。对于聚合物电解质电池而言，由于其中存在有机溶剂，因此安全问题是必须考虑的一个重要方面。

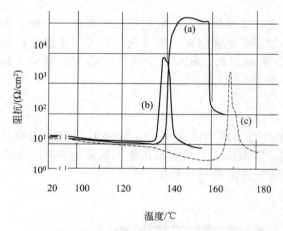

图 13-2 为聚乙烯和聚丙烯的阻抗与温度的关系。对于聚乙烯而言，一般在 130℃开始闭孔，到达 140℃完全隔断电流。聚丙烯则在 165℃开始闭孔，170℃完全隔断电流。氮气透过试验表明，当达到遮断温度时，氮气的透过量明显下降而不能透过。

如果隔膜的孔关闭后，由于其他原因电池温度继续升高，超过隔膜的耐热温度而发生完全熔化、破坏，导致正极、负极直接相通，这时的温度称为膜破坏（break-out）温度。因此隔膜的遮断温度应该有一较宽的过程（较长的高阻区），此时不会发生膜的破坏，从而大大提高了安全性。一般采用聚乙烯和聚丙烯的复合。图 13-2 中的聚乙烯 A 实际上就是 PP/PE/PP 的三层复合膜，因此安全性很好。隔膜的传统生产方法有两种：干法和湿法，两者均具有比较均匀的孔隙结构（见图 13-3）。表 13-1 为其部分技术参数。

图 13-2　隔膜的阻抗与温度的关系：
（a）聚乙烯 A；（b）聚乙烯 B；（c）聚丙烯

表 13-1　干法和湿法生产隔膜的部分技术参数

隔膜型号	Celgard 2325	Tonen-1	隔膜型号	Celgard 2325	Tonen-1
生产方法	干法	湿法	生产方法	干法	湿法
组成	PP/PE/PP	PE	组成	PP/PE/PP	PE
孔隙率/%	41	36	热收缩率[①]/%	2.5	6.0/4.5[②]
孔大小/$\mu m \times \mu m$	0.09×0.04	—	拉伸强度 MD/(kgf/cm²)	1900	1500
Gurley(空气透过性,每 100cm³)/s	575	650	拉伸强度 TD/(kgf/cm²)	135	1300
厚度/μm	25	25	熔点/℃	134/166	135

① 热收缩率：Celgard 隔膜是在 90℃，而 Tonen 隔膜是在 105℃测量。

② 分别指纵向和横向。

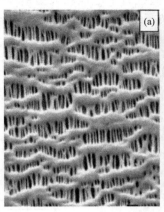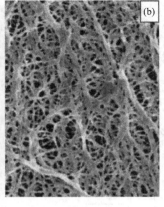

图 13-3 干法（a）和湿法（b）生产的隔膜形态

但是上述隔膜在出现热安全事故时，事实上 PE 的热融化温度无法有效防止温度的上升，在大容量锂离子电池中，难以确保良好的安全性能和可靠性。为此，可以在隔膜的表面涂布一层无机的纳米陶瓷粒子，当然也可以将无机的纳米陶瓷粒子加入到隔膜本体材料中，这样安全性能更好。但是，在生产锂离子电池过程中，对环境中的水分要求更高。如德国的 Degussa 公司制备出的有机底膜/无机涂层（如 Al_2O_3）复合的锂离子电池隔膜，在电池充放电过程中，即使有机底膜熔化，无机涂层仍能保持完整，防止大面积正/负极短路现象的出现。

另外，安全事故的发生关键在于热量无法得到及时的释放。复旦大学与日本学者共同研究发现，在聚合物材料中加入导热而不导电的纳米材料例如 BN 纳米线、纳米粒子，可以明显提高聚合物的散热性能，有效提高锂离子电池的安全性能。当然，也可以将隔膜材料换成聚酰亚胺来提高安全性能，但是成本将得到大幅度的提高。

13.2 锂离子电池的生产流程

在设计、生产锂离子电池，首先必须对于目前的锂离子电池各种材料的物质、体积在电池中所占的比例有所了解。图 13-4 为一般的锂离子电池的设计中各元件所占的质量和体积比例情况。

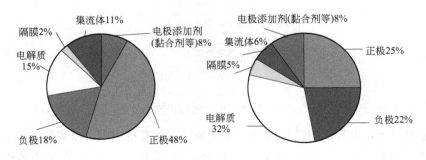

图 13-4 一般锂离子电池的设计中各元件所占的比例

锂离子电池的生产流程随类型不同而不同。目前主要有液体电解质锂离子电池、凝胶型锂离子电池（市场上称为聚合物锂离子电池）、微型锂离子电池和大型锂离子电池。其实，这种分类不科学，但是一般意义上的液体电解质锂离子电池和聚合物锂离子电池基本上指中等型号的锂离子电池，因此我们在这儿将微型锂离子电池和大型锂离子也与它们一起进行并列说明。

13.2.1 液体电解质锂离子电池的生产

锂离子电池的生产过程与常见的 Ni-Cd 电池、Ni-MH 电池等不一样，以有机液体为电解质的锂离子电池的生产流程如图 13-5 所示。

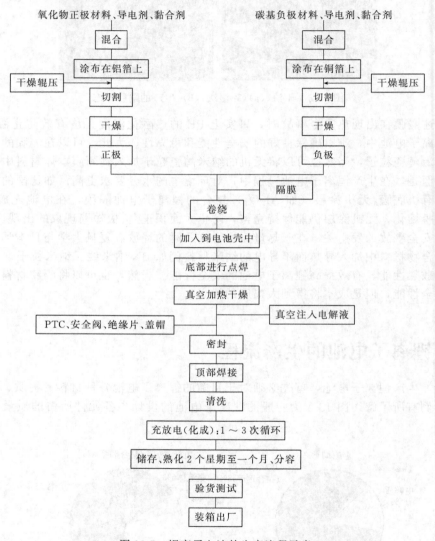

图 13-5 锂离子电池的生产流程示意

首先从电极说起，电极制成浆料的方式有两种：采用有机溶剂（常说的油性）或水。一般而言，正极材料如 $LiCoO_2$、$LiMn_2O_4$、三元材料、5V 正极材料均采用 N-甲基吡咯烷酮作为溶剂，用于黏合剂（如 PVDF）的溶解，并作为导电剂和正极材料的载体，搅拌成浆料；负极材料如改性天然石墨，采用水作为溶剂，黏合剂为 SBR，增稠剂为 CMC，也可以只采用丙烯酸类共聚合物作为黏合剂，搅拌后得到电极浆料。对于 $LiFePO_4$ 正极材料、人造石墨负极和 $Li_4Ti_5O_{12}$ 负极，既可以采用有机溶剂，也可以采用水制成浆料。在搅拌的时候，必须采用真空装置，防止在涂布时候里面的气体产生大量的气孔，影响极片的质量。浆料制好后用涂布机涂布在集流体两面，干燥。对于集流体，正极一般用铝箔，负极一般用铜箔，但是对于 $Li_4Ti_5O_{12}$ 负极材料，也采用铝箔作为集流体。由于锂离子电池对正极、负极材料的比例有严格的要求，因此浆料的制备和涂布工艺非常重要，必须严格控制精度和准确性。

（1）材料预处理与浆料搅拌工艺

电池原材料的预处理及电极浆料搅拌工艺是锂离子电池生产的第一个环节，其中重要的是正、负极浆料的搅拌。要求把电池活性材料和辅料在有机溶剂中进行高度分散，形成均匀的高黏度聚合物浆体，使正负极浆料各组分之间的表面张力降到最低，提高各组分的相容性，用于下一步电极膜的涂布。

由于正、负极浆料是由不同密度、不同粒度的原料组成，又是固-液相搅拌，形成的浆料属于非牛顿流体。锂离子电池电极浆料处理时必须考虑溶剂的挥发性。此外，不同的加料顺序对电池性能也有较大的影响，一般在进行正、负极浆料搅拌前，需对密度相差较大的固体材料进行预混合。

对于实验室或少量中试生产，采用小型剪切分散搅拌机基本可以满足要求。但对批量工业化生产，普通搅拌方式和搅拌设备不能满足电池浆料均匀搅拌的要求，至少要采用行星式高速搅拌。

（2）电极膜的制备

锂离子电池极片涂布时与一般的涂料涂布明显不同：浆料湿涂层较厚；浆料为非牛顿型高黏度流体；相对于一般涂布产品而言，虽然速度不快，但极片涂布精度要求高，厚度偏差要求约为 $\pm 3\mu m$，这对涂布设备提出较高要求。锂离子电池电极膜的一般制备过程示意如图 13-6 所示。通常使用的涂布方法包括挤出机、反辊涂布和刮刀涂布（doctor blade）。选择涂布方法时需要考虑涂布层数、湿涂层厚度、涂布液的流变特性、要求的涂布精度、涂布支持体或基材及涂布的速度等。图 13-7 和图 13-8 给出了缝模（slot die）和反辊涂布头的涂布过程。相对于刮刀涂布而言，一般倾向于选择缝模和反辊涂布过程，因为它们容易处理不同黏度的正负极浆料，并改变涂布速率，而且很容易控制网上涂层的厚度。例如，反辊涂布可以控制涂层厚度到 $40\mu m$。也可以采用喷涂的方式，这种方式尤其适合 $LiFePO_4$ 和 $Li_4Ti_5O_{12}$ 纳米电极材料。

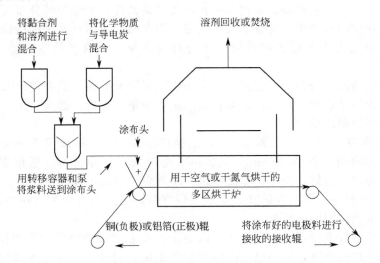

图 13-6　锂离子电池正极、负极涂膜的制备过程

在所有的涂布过程中，均使用溶剂，这些溶剂在干燥炉中挥发。在锂离子电池中，所用的有机溶剂主要是 *N*-4-甲基吡咯烷酮。为了节约成本和保护环境，这些有机溶剂应尽量回收。如果不能回收，应该焚烧，尽量减少对环境的污染。对于采用水作为溶剂的过程，水不用回收

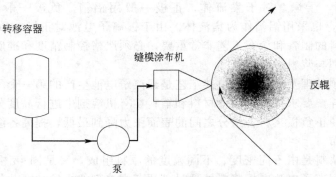

图 13-7 缝模的涂布过程（通过模和罐头接缝补涂
的运动得到间断的涂层）

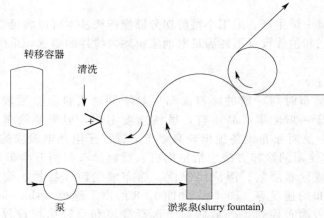

图 13-8 锂离子电池正极、负极反辊式涂膜操作
[将涂料辊离开网（web）产生间断的涂层]

或后处理，因为没有环境污染问题。

在涂布过程中，应尽量控制浆料的均匀性，尤其是活性粒子粒径的分布情况。混合后得到的浆料一般放置在密闭容器中，防止空气的拖带。涂布时，采用计量泵等精确控制涂布浆料的量；同时，在涂布过程中通过各种计量仪进行现场测量，对涂层的厚度进行及时的反馈和控制。

当然，也可以两面同时涂布。但是，如果采用双面同时涂布，就会使涂布后的干燥和极片传送设备变得极为复杂和难以操作，因此在实际过程中很少采用，通常采用两次单层涂布，这样可以更好地控制涂层的质量。

集流体箔的厚度一般为：铝箔 $20\mu m$，铜箔 $10\mu m$。活性物质涂布的厚度单层一般为 $100\mu m$ 左右，总的电极厚度为 $200\mu m$，与 Ni-Cd 电池相比，非常薄。根据多孔电极的原理，如果需要电池的功率性能好，极片的厚度将进一步减少。因此组装成电池时，集流体很长。这主要原因如第 10 章所述，非水电解液的离子电导率低，因此电极面积应尽可能大，以减少电流密度、内阻和电池内部的电压降。

涂布后的极片进行干燥后，必须辊压，以防止极片上的活性物质发生脱落，导致微短路；辊压后可以增加极片的密度，提高电池的体积容量密度。另外，辊压还可以增加电子电导率，提高电池的循环性能。当然，辊压的压力不能过大，否则压实密度太大，电解质无法对电极活性粒子进行有效浸润，导致容量发生损失。一般情况下，$LiCoO_2$ 的压实密度为 $3.8g/cm^3$ 左右，$LiMn_2O_4$ 为 $3.4g/cm^3$ 左右，$LiFePO_4$ 为 $2.3g/cm^3$ 左右，石墨负极为 $1.5g/cm^3$ 左右。

将辊压好的正极和负极一起，依电池大小所需的长度进行切割。由于对切割设备的控制精度要求高，刀的形状设计也很讲究。接着将电极与导线进行焊接，按正极/隔膜/负极/隔膜的顺序重合，卷绕成圆形，形成电极子。将该电极子插入到电池壳中，并将负极与壳底焊接。加入电解液，将正极导线与遮挡阀一起进行焊接，然后加盖封口。

在上述装配过程中，一般在无水环境中进行，因此必须严格控制水分的含量。除湿设备的选择很重要。锂离子电池生产环境温度通常为 22～25℃，不同的生产工段有不同的温度要求，有相对湿度 10%～40% 的常规除湿，局部甚至要求相对湿度 2% 或 1% 的深度除湿。除湿一般分为冷冻除湿、分子筛脱水（热再生）、氯化锂转轮式除湿、硅胶转轮式除湿等方式，其中以氯化锂转轮式为优。

在上述过程中，为了将电极子顺利插入到电池壳中，电极子的直径比电池壳要略小一点，一般小几十微米，因为在实际的充放电过程中，由于活性物质会发生膨胀、收缩和不可逆反应，沉积在活性物质表面，导致体积增加以及死体积（dead volume）和压力的变化。因此，在设计锂离子电池的装配时，应充分考虑到活性物质的不同而采用不同的结构。

在锂离子电池的生产过程中，以下一些因素必须予以注意。

① 对于负极而言，除了使用溶于有机溶剂的聚合物作为黏合剂外，也可以使用溶于水溶液的聚合物作为黏合剂。图 13-9 为一种可溶于水的黏合剂聚（丙烯酰胺-共-二烯丙基二甲基氯化铵）（AMAC）的结构示意。它与聚偏氟乙烯相比，具有一定的优越性，有利于在负极表面形成导电性更高的 SEI 膜，同时，有机电解液的渗透性更好。

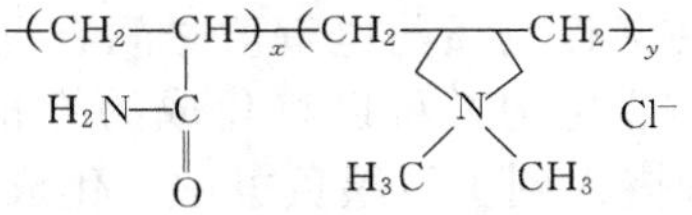

$$ \left(CH_2{-}CH \right)_x \left(CH_2 \qquad CH_2 \right)_y $$
（结构示意图中：$H_2N{-}\underset{\underset{O}{\parallel}}{C}$；环上 $\underset{H_3C\quad CH_3}{N^+}$，$Cl^-$）

图 13-9　使用水作为溶剂的负极黏合剂的结构

② 导电剂的分散尽管不是重要方面，但是却也不是等闲之事。第 3 章已经讲述了导电剂的分散情况对于负极材料的影响，对于正极材料而言也起着同样的作用，影响正极容量的发挥和电池的倍率性能。例如对于 $LiMn_2O_4$ 而言，采用新型的工艺比传统的工艺更能保证导电剂分散均匀，极化低，容量高，倍率性能好（见图 13-10）。

③ 正极和负极的比例对于不同的原材料而言也是不一样的。例如对于天然石墨//LiFePO₄ 而言，后者的容量应该等于天然石墨的容量与 SEI 膜形成所需要的电荷之和（见图 13-11）。另外，电极的厚度也根据不同的材料而言，有不同的要求。对于 $LiFePO_4$ 而言，其电子导电性和离子导电性均比 $LiCoO_2$ 要低，在同样功率密度要求的情况下，要涂布得薄一点。

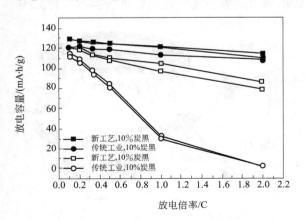

图 13-10　不同工艺制备的 $LiMn_2O_4$ 正极极片的容量与放电倍率的关系

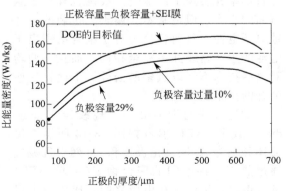

图 13-11　孔隙率控制为 0.27 时正极与负极之间的配比与比能量之间的关系

④ 目前商品用的聚合物锂离子电池基本上还是使用 LiPF$_6$ 的碳酸酯溶液作为增塑剂，在较高的温度下（80～100℃），在微量水分或醇的引发下发生分解，并产生一些有毒的烷基氟化磷酸酯。该热分解在路易斯酸或锂与金属的复合氧化物的作用下，受到抑制。为了减少酸的产生，一些电解液中加有不产生有毒 HF 的 LiBOB，同时也改善了安全和循环性能。

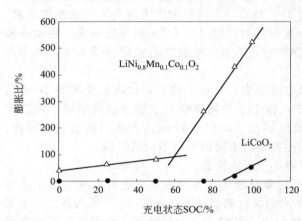

图 13-12 不同正极材料组装成的锂离子电池在
不同充电状态下在 90℃储存 4h 的膨胀情况

⑤ 在聚合物锂离子电池的化成和循环过程中，也会发生气胀等现象。对于以氧化钴锂为正极的情况，气胀的现象主要发生在 4V 以下，这是电解液被还原所致。当然，处于充电状态时，正极处于高价态，也会产生气体。氧化钴锂的气胀现象要明显低于 LiNi$_{0.8}$Mn$_{0.1}$Co$_{0.1}$O$_2$。如图 13-12 所示，后者在 3.2V 以上就开始发生气胀。因此，对于特定的用户而言，必须避免气胀的产生。在选择材料时这是一个主要指标。

生产出的锂离子电池经过包装后，然后进行化成。化成的条件比较关键，因为它涉及 SEI 膜的形成，以防止负极自发与电解液发生反应；同时，也可以使活性物质与电解质之间有良好的接触。一般而言，每一个生产厂家有自己的化成条件。为了节省电力，可以将化成的终止电压定为 3.7V，因为在此之前 SEI 膜的形成已经完成，且部分锂嵌入到了石墨负极中。化成过程中，电解液的组成对于电池的气胀具有明显的影响。例如，在 PVDF 基凝胶电解质中，采用 1mol/L LiClO$_4$ 的 EC/PC 电解液，约 60% 的电极表面存在气相，导致负极活性粒子之间的分离和结构的破坏；而 1mol/L LiBF$_4$ 的 EC/γ-丁内酯电解液，则只有少量气体增加（约 3%）。因此，化成以后的搁置时间与电解液的组分有关。有关化成的一些具体说明见 13.3.1 节。化成后，将短路的电池挑出来，然后储存一段时间，再进行测量，如果电压衰减快，说明电池本身也是短路的，必须作为废品处理，严防流入市场，产生安全问题。

经过这些步骤后，买家进行验货，然后装箱出厂。

13.2.2 聚合物锂离子电池的生产

聚合物锂离子电池（严格意义上来说，应该称为"凝胶锂离子电池"更恰当些）1999 年在日本率先实现了产业化。我国也开始了这方面的生产，但是基本上属于软包装的液体锂离子电池。目前各公司对于聚合物锂离子电池的生产路线并不完全相同，而且它们均对这些技术不予以过多的公开。下面就一些公开的技术进行说明。

最先公开的为 Bellcore（现改为 Telcordia），其生产流程示意如图 13-13 所示。集流体分别为 Al 网（正极）和 Cu 网（负极）。通过热辊，将增塑的聚合物 P（VDF-HFP）进行熔融，然后夹在电极之间，成为一个组件。然后将组件放在有机溶剂中，把增塑剂（例如邻苯二甲酸二丁酯）浸泡出来。再把

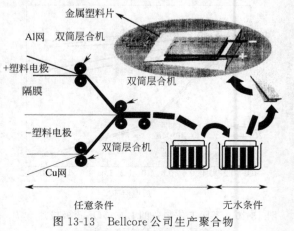

图 13-13 Bellcore 公司生产聚合物
锂离子电池的流程示意

组件包在有 Al 层的塑料袋中，减压加热，然后注入电解液，形成凝胶。其中最主要的工艺为：①电极材料的预处理与电极浆料搅拌工艺；②电极制膜及分切工艺；③单体电池（Bicell）的组装工艺；④电池的化成工艺。

由于聚合物锂离子电池与液体电解质锂离子相比，主要不同在于隔膜和电解质，因此电极材料的制备工艺基本上与上述的液体电解质相同（当然，也可以稍加改动），主要区别在于电解质膜和电池的组装工艺。

聚合物电解质膜的制备方法和条件对聚合物锂离子电池的性能具有明显的影响。目前采用的一些方法包括：丝网印刷法、流延法和浇铸法。丝网印刷法是将聚合物浆液置于密织丝网上，丝网下辅以平整光洁的金属板为膜载体，用刮板以一定的压力匀速刮动浆液，浆液通过丝网于载体上形成均匀薄膜，经烘干后从基体上取下。膜的厚度由浆液黏度、丝网孔径、刮板压力及速度决定。这一方法操作简便，成膜均匀，但膜的厚度难以准确调节。流延法则是将储有浆液的不锈钢加料罐与一充满惰性气体的钢瓶相连，通过调节浆料罐中的压力来控制浆的流出速度，并始终维持刮刀刀口处浆液的量恒定。以恒速运动的基体带动浆料，通过刀口与基体的狭缝形成厚度、宽度一定的薄膜，在烘道烘干后收成卷。调节刀口狭缝高度，可以获得不同厚度的膜。采用这种方法，膜的宽度、厚度可控，适用于工业化生产。浇铸法则是取一平整玻璃板作为载体，在其中设置面积大小不等、深浅各异的浅槽，根据欲制备膜的厚度，在相应深度浅槽中注入浆液，任其自由流动至铺满浅槽。然后严格水平地烘干，即可制备出不同面积、厚度的薄膜。这种方法简便可行。

在制备聚合物膜的过程中，作为增塑剂的残留量明显影响 SEI 膜的质量。因此，必须彻底去除。对于 Bellcore 公司的工艺而言，它比较复杂，而且残留有一定的溶剂，对产品的性能影响大，因此价格高，这是在实际生产过程中很少采用的主要原因。

如液体电解质锂离子电池一样，在组装过程中，环境除湿也是重要的质量保证条件，因为必须加入液体增塑剂。

对于 Bellcore 公司的工艺而言，它比较复杂，而且残留有一定的溶剂，对产品的性能影响大，因此价格高，在实际生产过程中很少采用。

索尼公司、三洋、Motorola、Polystor、Danionic 和 Philips 等国际性大公司也开展了这方面的研究。例如三洋公司则在多孔聚乙烯隔膜的基础上加入聚氧化乙烯前驱体和增塑剂，然后将聚氧化乙烯前驱体进行聚合。该法的缺点在于氧化乙烯前驱体的聚合不完全，残留有少量的单体，影响电化学性能。如果采用加热的方法，可以缩短聚合时间，但是对隔膜不利。电解液与聚氧化乙烯前驱体的质量比一般为 $(8:1)\sim(12:1)$。

索尼公司在 20 世纪 80 年代末就开始了聚合物锂离子电池的研究。当然，当时还没有聚合物锂离子电池这个术语。主要采用聚（偏氟乙烯-六氟丙烯）的嵌段共聚物作为凝胶载体，其量可以低至 $3\%\sim7.5\%$（质量分数）。有机电解液中加有 PC，负极为与 PC 具有较好相容性的改性石墨。

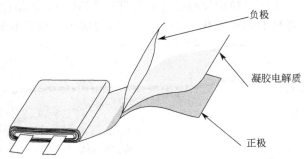

椭圆形转绕的电池

图 13-14　聚合物锂离子电池的构件图

图 13-14 为聚合物锂离子电池的构件图。后来，韩国三星公司在隔膜的表面涂布聚合物，以形成凝胶聚合物电解质。

13.2.3　微型锂离子电池的生产

为了将微电源与微电子设备联为一体，应将电池的各个部分：正极、电解质、负极，以多层薄膜的形式制备在电子设备上。微型锂离子电池的制备工艺主要包括正极膜、负极膜和电解质膜的制备。

13.2.3.1 正极膜的制备

正极薄膜的材料一般也是氧化物，例如 $LiCoO_2$、$LiNiO_2$、$LiMn_2O_4$、V_2O_5 及其掺杂改性物。一般而言，该类氧化物为无定形，且为非计量化合物。制备正极薄膜的方法主要有射频磁控喷射沉积法（radio-frequency magnetron sputtering deposition）或射频磁控喷射法、脉冲激光沉积法、电子束蒸发法（electron beam evaporation）、静电喷雾热解法（electron beam evaporation）、化学气相沉积法（chemical vapor deposition）和等离子提升化学气相沉积法（plasma-enhanced chemical vapor deposition）。下面就射频磁控喷射法、脉冲激光沉积法和等离子提升化学气相沉积法进行简单的说明。

射频磁控喷射法主要设备是磁控溅射仪。将欲沉积的膜材料的粉末相经过冷压和高温焙烧处理后作为靶源，工作气氛为氩气和氧气混合气。主要优点是可以在温度较低（<150℃）的基板上进行沉积，并能提高沉积薄膜材料的密度、结晶度和黏结性。由于基板的选择性大，有利于微型锂离子电池的生产。

制备的薄膜材料厚度在纳米级范围内，电化学性能比普通的材料有明显改进。例如用该法制备的纳米尖晶石 $LiMn_2O_4$，在 $4.5\sim2.3V$ 或 $4.5\sim1.5V$ 之间，可逆容量达 $145mA\cdot h/g$ 或 $270mA\cdot h/g$，几百次循环后，4V 附近平台的容量没有发生明显衰减。

采用射频喷射法在铂基表面沉积 $LiMn_2O_4$、$LiCoO_2$ 薄膜电极材料。对于 $LiCoO_2$ 薄膜电极而言，（110）平面与基体平行，与用脉冲激光沉积法制备的薄膜 $LiCoO_2$ 不一样，后者的（00l）平面与基板平行。在采用以硅为基板制备的薄膜 $LiCoO_2$ 正极材料中，当淬火温度达到 500℃时，其结晶性完全能与高温下制备的 $LiCoO_2$ 相比。但是，在 200℃下进行淬火的 $LiCoO_2$ 薄膜的电化学行为最佳。采用 Al 作为衬底，并在其上沉积 $200\sim300nm$ 厚的 Pt 集流体。待膜沉积完毕后，对膜进行高温退火处理，将无定形的膜转化为晶体膜。控制膜的沉积速率为 $0.7\sim1.8nm/min$，此时膜的性能优良，$LiCoO_2$ 膜容量可达到 $60\mu A\cdot h/(cm^2\cdot\mu m)$，循环次数在千次以上。改变衬底材料，$LiCoO_2$ 的取向发生改变。$LiCo_xNi_{1-x}O_2$ 也可以通过射频磁控喷射法制备，不经过淬火处理的一般均是无定形结构。结构淬火处理可以提高其结晶性。特别是快速热淬火，有利于将活性高的表面物除去，经过这样处理后的正极材料的电化学性能可以与高温处理方法相类似。

采用射频磁控溅射法制备薄膜 $LiMn_2O_4$，晶粒在纳米级范围，在循环过程中，400nm 厚的薄膜的体积变化大于 200nm 厚的薄膜，前者在循环过程中表面存在微裂（micro-cracks），产生应力，不利于循环。在此基础上再通过化学气相沉积法覆盖一层碳膜，明显改善了表面结构，有利于循环。如同尖晶石氧化锰锂的制备一样，也可以引入杂元素。掺杂后尽管初始可逆容量有所降低，但是循环有了明显改善（见图 13-15）。

射频磁控喷射法制备的 $LiFePO_4$ 薄膜在 Al_2O_3/Au 基板上呈现（020）取向，每小时喷射厚度为 $0.1\mu m$。射频磁控喷射法制备的 V_2O_5 薄膜的电化学性能与厚度有关。一般而言，厚度不宜超过 1000nm。过厚，由于界面的不稳定性增加以及电流密度等方面的限制，电化学性能发生明显劣化。

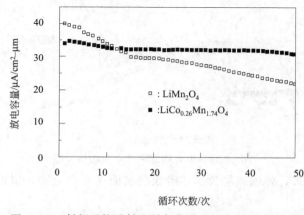

图 13-15　射频磁控溅射法制备薄膜 $LiMn_2O_4$ 和钴掺杂的薄膜 $LiCo_{0.26}Mn_{1.74}O_4$ 的循环性能（电压范围 $4.2\sim3.8V$、电流密度为 $0.1mA/cm^2$）

当然，在射频磁控喷射法的基础上亦可以进行改进。例如射频反应性磁控喷射法、平面磁控射频喷射法（planar magnetron of sputtering）。采用射频反应性磁控喷射法可以制备 Li_{1-x}NiO$_2$ 和 LiCoO$_2$ 薄膜。但是对于 LiCoO$_2$ 而言，结晶性不高，还必须经过后处理提高其结晶性能。采用射频等离子体处理后，发现其结晶性和电化学性能基本上可以与高温处理得到的 LiCoO$_2$ 差不多。另外采用平面磁控射频喷射法制备的 LiCoO$_2$ 薄膜可以通过低至 300℃ 的后处理，得到结晶性很好的正极材料。

脉冲激光沉积法是利用激光的巨大能量，将源物质迅速蒸发，并在衬底上沉积成膜。脉冲激光沉积法的优点为：沉积速度快、易控制膜的厚度、可以在空气中进行反应性沉积、基本上能将初始的目标物完全转移到沉积的基板上。制备的氧化物正极膜材料有 LiMn$_2$O$_4$、LiCoO$_2$ 薄膜和无定形 V$_2$O$_5$ 薄膜。由于沉积薄膜的厚度一般在纳米级范围内，因此它们的电化学性能与一般电极材料相比有明显提高，如薄膜型 LiMn$_2$O$_4$ 的结晶性很好，晶粒在 300nm 左右，循环性能优良。无定形 V$_2$O$_5$ 薄膜通过进一步热处理得到多晶结构，循环性能也很好。在放电电压 1.7V 附近，主要是锂嵌入到无定形区中，在 2.5V 附近的嵌入则对应于锂嵌入到近似有序的层状结构中。

以 Li$_2$MnO$_3$ 与 NaI 的混合物为目标物，通过脉冲激光沉积法可以得到氧碘化锰薄膜，在 4.5～1.5V 之间进行充放电，可逆容量达 240mA·h/g，40 次循环后容量衰减低于 10%。

激光的这一特点能使膜材料与源物质在组成上几乎一致。使用这一方法的另一优点是可以直接在不锈钢衬底上沉积，不需要在沉积后进行高温退火处理。

化学气相沉积法是传统的制备薄膜的技术，其原理是利用气态的先驱反应物，通过原子、分子间化学反应，使得气态前驱体中的某些成分分解，而在基体上形成薄膜。以 VO(OC$_3$H$_7$)$_3$ 和氧气为前驱体在不锈钢基板上可以沉积得到 V$_2$O$_5$ 薄膜。

等离子提升化学气相沉淀法是一种改进的化学气相沉积法，它利用等离子体的作用使源物质在等离子区进行充分的均匀反应，然后在加热的衬底上直接以晶体形态沉淀下来，得到金属氧化物膜。需要的真空度不高，可以使用较便宜的真空装置，沉积速度也快，便宜、利于大规模化生产。与激光沉积法一样，制备的薄膜材料厚度一般在纳米级范围内，因此电化学性能也较普通材料有明显提高。如等离子提升化学气相沉淀法制备的无定形 LiMn$_2$O$_4$ 薄膜，比容量为 $39\mu A·h/(cm^2·\mu m)$，循环次数达 700 次以上，容量衰减仅为 0.04%/循环。

以 VOCl$_3$ 为前驱体，优化等离子提升化学气相沉淀法的制备条件，得到厚达 500nm 的薄膜，组分近似 V$_6$O$_{13}$，放电容量在 4.0～1.5V 达 408mA·h/g（或 1265mA·h/cm^3），在 4.0～1.8V 之间循环可达 5800 次以上（见图

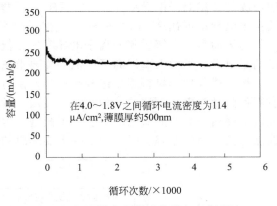

图 13-16　以等离子提升化学气相沉积法制备 V$_2$O$_5$ 的循环性能

13-16)。对于 LiV$_2$O$_5$ 膜，在 3.5～3.6V 之间的两个放电平台可提供 $30\mu A·h/(cm^2·\mu m)$ 的容量，循环寿命可达 2000 次。

13.2.3.2　负极膜的制备

目前使用的负极薄膜材料主要有四种：金属锂、复合氧化物、硅以及合金。金属是应用最多的一种负极薄膜，它的制备较为简单，可以通过直接蒸发金属来获得。当然，这时不应该叫做锂离子电池，而应该称为微型金属锂二次电池。但是，为了方便起见，在这里也顺便进行说明。

由于电子线路装配过程中使用的焊接回流技术（solder reflow）要求将电子设备的各个部分

加热到 250℃，此时金属锂已不适合作为负极了（Li 的熔点为 180℃）。从第 3 章和第 4 章可以知道碳基材料和非碳基材料可以作为负极，同样，采用适当的方法也可以作为微型锂离子电池的负极材料。例如碳纳米管可以通过炭棒电弧放电法制备，沉积在基体表面；无定形的锡硅氮氧化物通过射频磁控喷射或直流磁控喷射制备；锡基复合氧化物可以用脉冲激光沉积法和射频磁喷射法制备；硅可以通过气相化学沉积法制备；Si-Sn 合金可以用磁控喷射法制备；也可以采用共喷射法将硅进行掺杂。例如 Zr、Zr-Ag 掺杂制备的薄膜 Si-Zr、Si-Zr-Ag 合金负极材料，尽管容量有所下降，但是循环性能得到提高；无定形 Mg_2Si 合金可以采用脉冲激光沉积法制备，无定形度越高，循环性能越优越。

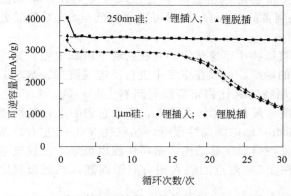

图 13-17　采用射频磁喷射法制备薄膜硅负极材料的循环性能（沉积在铜箔上，充放电速率约为 C/2.5）

以射频磁喷射法制备薄膜负极硅为例，如图 13-17 所示，厚度为 250nm 的硅经过 30 次循环后依然保持 3500mA·h/g 的可逆容量，而且大电流充放电行为也非常理想。但是，当厚度为 1μm 时，容量衰减明显。

13.2.3.3　电解质膜的制备

合适的锂离子电池的电解质应当是一种优良的锂离子导体，同时又是电子绝缘体，而且在 0～5V 电压范围内不与金属 Li 发生反应。用于微型锂离子电池的电解质基本上为无机电解质。如第 11 章所述，无机电解质主要有两种体系：氧化物和硫化物。

采用 Li_4SiO_4 和 Li_3PO_4 作为源物质，通过溅射法可以制备 $Li_2O\text{-}SiO_2\text{-}P_2O_5$ 电解质薄膜，25℃时的电导率约为 10^{-6} S/cm。采用 $6LiI\text{-}4Li_3PO_4\text{-}P_2S_5$ 为靶源物质，通过溅射法得到的电解质膜的室温离子电导率为 2×10^{-5} S/cm。橡树岭实验室通过采用磁控溅射法制备 Lipon 膜，其室温电导率可达 2×10^{-6} S/cm。当然，也可以通过其他方法进行制备，例如电子枪等。

总体而言，电解质膜的离子电导率比较低。但是，对于微型锂离子电池而言，这基本上可以满足要求，不像大型锂离子电池一样要求离子电导率高。

将上述各种膜材料逐步组合在一起，便可以制备微型锂离子电池。图 13-18 为橡树岭实验室制备微型锂离子电池的流程示意。当然，针对不同的材料，也可以使用其他流程。另外，三维微型锂离子电池的概念即将引入到微型电池的设计中，有望得到新的性能，但是在如何将高性能正极和固体电解质引入是下一步要解决的关键问题。

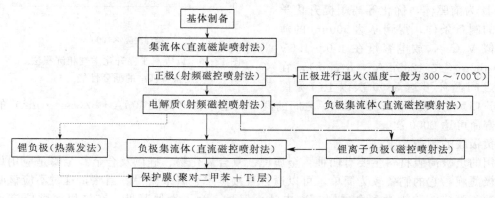

图 13-18　微型锂离子电池的生产流程示意

13.2.4　大型锂离子电池的生产

大型锂离子电池一般是由包（pack）构成，而包是由模块（module）通过并联或串联组装成，模块又是由小电池（cell）通过并联或串联组装成，该过程示意如图 13-19 所示。因此，其生产原理基本上与上述的液体电解质锂离子电池和聚合物锂离子电池相同。锂离子电池包括锂离子电池模块、充放电控制器、热量管理系统、模块平衡电子系统和与外界（例如汽车）进行通讯的电子系统。但是锂离子电池包在电极引出（tabbing）、散热和耐滥用性方面较普通的锂离子电池有更高的要求，因此，在组装和设计过程中这些方面应予以注意。在生产动力型聚合物锂离子电池时需要平衡电极厚度、压实密度与输出功率之间的关系，以免影响锂离子的扩散，在实际使用时与手机锂离子电池不同。另外，电池的热效应包括产热（可逆、不可逆产热）和散热（传导和对流），在充电时主要是负极产热，放电过程主要是正极产热。

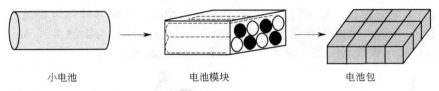

图 13-19　大型锂离子电池的组装过程

小电池通过串联或并联组装成大电池时，由于所有的小电池不可能在电阻、容量、散热速率等方面达到全部一致，其中一个或几个就可能存在过充或过放问题，而过充很容易产生安全问题。例如，小电池通过并联充电时，电阻小的电流大，因此会先受到过充。容量小的电池则会先过放。电池数目越多，该问题越难控制。因此，必须采用电子监控系统，对每个小电池进行监控，防止过充、过放；并同时采用电路，对这些小电池进行平衡，提高锂离子电池包的使用寿命。

将电池模块通过串联提高电压，通过并联增加容量。但是，在实用中电池包的电压一般低于 50V，因为高于 50V，对人体不安全，其使用就会受到严格的限制。组成电池模块后，在纯电动汽车中一般要求在 200V 以上，因此电绝缘性要求更高。

将小电池组装成电池模块时，圆柱形电池的组装密度没有方形电池高。如图 13-20 所示，圆柱形电池很容易安放在面板上；但是，方形电池由于大小限制，组装成模块时，与面板的终端匹配性不太好。

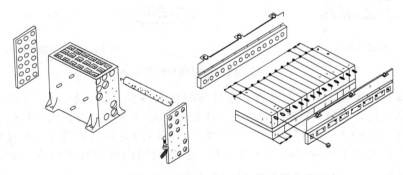

图 13-20　圆柱形电池和方形电池组装成模块的示意

为了提高锂离子电池的安全性能尤其是耐热性，除了在电池包、电池模块的设计中采用空气或液体冷却的方法外，也可以在小电池的设计中引入传热中心管。如图 13-21 所示，引入传热中心管后，最高温度明显下降。当然，这会降低能量密度。

另外，在小电池的设计方面也可以采用内部电路隔离装置。内部隔离装置目前主要有两种。一种如图 13-22(a) 所示，采用低熔点合金将内部电流母板（internal current bus）与外部

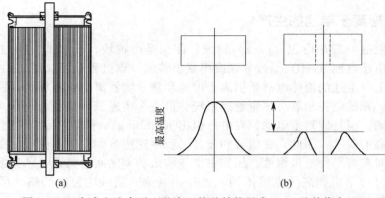

图 13-21　在小电池中引入的中心管的结构示意（a）及其优点（b）

接口（external post）连接。电流过大时，合金产热，熔化，从而与外部电路进行分离。另一种如图 13-22(b) 所示，将控制电流输入（electric feedthrough）与接触盘（contact disk）进行焊接。电流过大，焊接点熔化、脱落，也可以防止电流过大。

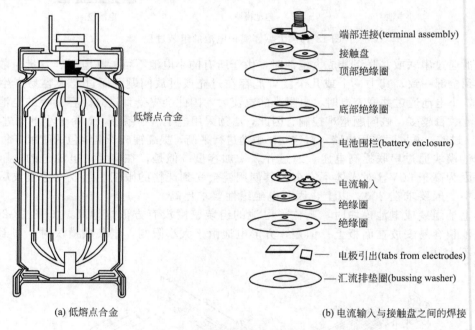

图 13-22　内部电路隔离装置示意

当然，也有直接做成大单体电池的。就目前的技术而言，以 $LiMn_2O_4$ 为正极、石墨为负极的锂离子单体电池，容量可以到 20A·h；以 $LiFePO_4$ 为正极、石墨为负极的锂离子单体电池，容量可以到 100A·h；以 $LiMn_2O_4$ 为正极、$Li_4Ti_5O_{12}$ 为负极的锂离子单体电池，容量可以到 200A·h。但是对于容量更高的单体电池，就目前国内外的技术而言，安全性有待于进一步的改进和提高。

13.3　锂离子电池的化成和分容、出厂检验和实验室锂离子电池的检测

在锂离子电池的生产过程中，不可避免会有质量波动。质量的波动会导致性能的不一致，

应用于同一种电子元件时，有时会产生明显不同的效果，因此有必要对锂离子电池进行分容、出厂检测。同时，锂离子电池存在一个非常主要的过程：化成。当然，实验室研究的锂离子电池及其材料也必须进行检测。

13.3.1　锂离子电池的化成和分容

锂离子电池的化成主要有两方面的作用：一是使电池中活性物质借第一次充电转成正常电化学作用；二是使电极主要是负极表面生成有效钝化膜或 SEI 膜。如第 3 章所述，负极表面的钝化膜在锂离子电池的电化学反应中，对于电池的稳定扮演着相当重要的角色。也因此，各电池制造商除将材料及制造过程列为机密外，化成条件也被列为公司电池制造的重要机密。电池化成期间，最初的几次充放电会因为电池的不可逆反应，使得电池的放电容量在初期有所减少。待电池电化学状态稳定后，电池容量即趋稳定。因此，有些化成程序亦包含了多次的充放电循环以达到稳定电池的目的。这就要求电池检测设备可提供多个工步设置和循环设置，以擎天公司 BS9088 设备为例，该设备可设置 64 个工步参数，可设置最多 256 个循环，循环个数不限，可以先做小电流充放循环，然后再做大电流充放循环，反之也可。

从节约成本而言，可以对化成条件进行优化。从图 13-23 可知，1.0～0.3V 基本上是 SEI 形成阶段。对于化成而言，也是 SEI 膜的形成过程。从聚合物锂离子电池化成过程中气体的变化，也可以看出化成的终止电压可以低于 4.0V。例如化成电压小于 2.5V 以下，产生的气体主要为 H_2 和 CO_2 等；化成电压为 2.5V 时，电解液中的 EC 开始分解；电压在 3.0～3.5V 的范围内，由于 EC 还原分解，产生的气体主要为 C_2H_4；而当电压大于 3.0V 时，由于电解液中 DMC 和 EMC 的分解，除了产生 C_2H_4 气体外，CH_4、C_2H_6 等烷烃类气体也开

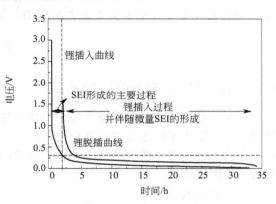

图 13-23　石墨的首次充放电过程（倍率为 C/30）

始出现；电压高于 3.8V 后，DMC 和 EMC 的还原分解成为主反应。当化成电压处于 3.0～3.5V 之间，化成过程中产生的气体量最多，电压大于 3.5V 后，由于电池负极表面的 SEI 层已基本形成，因此，电解液溶剂的还原分解反应受抑制，产生的气体的数量也随之迅速下降。对于聚合物锂离子电池而言，选择化成过程的终止电压为 3.7V，结果表明不会对其循环性能造成任何影响。因为采用终止电压为 3.7V 的化成工艺，一方面可以大大减少化成时间，提高生产效率；另一方面可以减少能耗，节约成本。

电池化成后需要测试电池的容量，并选取容量、内阻等性能不同的电池进行归类，划分电池等级。如第 14 章所述，不同速率下的充放电会影响到充放电容量大小。锂离子电池的充电通常以恒定电流进行，待电池充电电压达设置值时，再以恒压方式进行充电。当锂离子电池在不适宜的截止电压恒压充电时，极易影响到循环寿命，甚至使电解液分解而造成危险。因此不能使用镍镉、镍氢电池所通用的定电流充电法，以避免上述问题。由于锂离子电池充电通常要使用恒压充电法，因此充电的截止电压必须进行精确控制，否则仍会有充电不足或循环寿命降低的问题。锂离子电池的化成和检测特性要求电池的检测设备具有较高的精确度和稳定性，现在国内检测设备做得好的擎天公司电池化成和分容设备可达到电流精度±（0.2RD％＋0.1％FS）以上，电压精度±（0.2RD％＋0.1％FS）以上。

早期电池厂的分容方式是单纯地按电池放电容量进行分选，但是由于现在越来越多的锂离子电池串并联组成电池组使用，因此还必须进行放电曲线匹配分容。以擎天电工的分容柜 BS9083 为例，该设备提供四种分容方式：①按放电容量的上下限值分容；②按电池放电期间

到达某个电压点时间上下限值分容；③按放电曲线到达 5 个特征电压点时间上下限值和放电容量上下限值分容；④按放电曲线到达 5 个特征电压点时间上下限值和按电池放电期间到达某个电压点时间上下限值进行分容。

另外，在组装成大容量锂离子电池组时，分容时要考虑的因素更多，包括内阻及其变化、容量与倍率性能的关系、容量与温度的关系等。

在分容时，由于锂离子电池要进行放电，而放出来的电以前没有利用，这对于能源来说是一大损耗。深圳新威公司根据分容过程的特点，引入电循环利用装置，有效降低了能耗和成本。

13.3.2 锂离子电池的出厂检验

电池上架化成之前及下架后皆需测量电池阻抗值。待测试后，此数据合并电池容量值为电池分选用。一般状况下，电池阻抗愈低，电池性能愈好，整体表现也愈佳。电池的内阻测量有两种方式，一种是直流法测内阻，另一种是交流法测内阻。现电池厂多用交流法测电池内阻，以擎天公司的内阻测试仪 BS-VR 为例，该测试仪测量电池内阻的原理就是按照国际标准采用 $1000\text{Hz}\pm10\%$ 的交流电恒流加在电池两端，得到一个交流电压值，算出电池的内阻：

$$R=\frac{\widetilde{U}}{\widetilde{I}}$$

13.3.3 锂离子电池性能的检测

锂离子电池的性能检测主要包括电化学性能检测和安全性检测。

13.3.3.1 锂离子电池电化学性能检测

锂离子电池的电性能测试主要包括容量测试、放电性能测试、荷电保持/恢复性能测试以及循环性能检测等。

（1）容量测试

此处的容量测试主要为室温放电试验，用来测试锂离子电池的额定容量。具体步骤如下：

① 锂离子电池在恒定的室温（25℃）下，以一定的倍率（一般为 0.2C）恒流放电至规定的终止电压（一般为 3V），然后以一定的倍率（一般为 0.2C）充电至终止电压（一般为 4.2V）转入恒压充电；

② 锂离子电池在室温下搁置一定的时间；

③ 在室温下以一定的倍率放电（一般为 0.2C）至放电终止电压；

④ 步骤③中所放出容量为测试结果。

（2）放电测试

此处涉及的放电测试一般为特殊条件放电，不包括室温放电，主要有大电流放电测试以及低温放电测试。

① 大电流放电测试：这项指标对于未来将锂离子电池应用至电动汽车行业十分的重要。对于动力电池来说，电动车在爬坡或者刹车时需要较大的瞬时功率。具体步骤为：锂离子电池在一定的充电倍率（一般较小）下，依然采用先恒流再恒压的方式充满电，然后以较大的放电倍率（根据实际需要设定）进行放电试验，将放电容量作为实验结果。

② 低温放电试验：该项测试是为了检测锂离子电池在某些极端条件下使用的稳定性。具体步骤如下：锂离子电池首先按照容量测试中的步骤①充满电，然后在低温下搁置一段时间（温度以及时间根据具体的电池参数设定），进而在低温下以一定的放电倍率进行放电试验，将放电容量作为试验测试结果。

（3）荷电保持以及恢复性能测试

该项测试主要是检测锂离子电池的自放电情况。具体步骤为：电池的荷电保持能力测试为单体电池在常温下按照容量测试中的步骤①充满电，然后室温开路搁置一段时间（一般为一个月），之后将其以恒定的倍率放电，记录其放电容量，将其与额定容量比较，得出荷电保持能力数据。将经过荷电保持能力测试的电池在常温下继续以一定的倍率进行充放电，将其放电容量与额定容量比较，得出荷电恢复性能数据。

（4）循环性能检测

循环性能检测主要检验锂离子电池在可用容量下降至许可值时的循环次数。循环性能对于锂离子电池付诸实用具有很重要的参考意义。特别需要指出的是由于动力电池充放电频率高且放电后不能及时充电等原因，使得其对于电池的循环寿命提出了更高的要求。具体步骤如下：

① 锂离子电池在室温下（25℃），按照容量测试中的步骤①充满电；

② 紧接着将该电池在室温下，以相同的倍率放电至规定的放电终止电压；

③ 将该电池在室温下进行循环测试，充放电之间的搁置时间不超过 1h；

④ 电池按照步骤①以及②进行充放电，直至电池容量下降至额定容量的规定值（一般为 80%）。

表 13-2 列出了锂离子电池性能检测的最低要求。

表 13-2　锂离子电池性能检测的最低要求

检测项目	最低合格标准	检测项目	最低合格标准
室温放电容量(容量测试)	100%额定容量	荷电恢复能力	85%
低温放电测试	50%	储存后荷电恢复能力	50%
室温大电流放电测试	70%	循环寿命/次	300
荷电保持能力	70%		

13.3.3.2　锂离子电池安全性能检测

根据美国安全实验室标准（UL1642），锂离子电池的安全性能检测应该包括以下几个方面。

（1）电气测试

短路测试：在室温和 60℃ 两种环境下，分别以阻值小于 0.1Ω 的铜线对电池的正负极短路。观察电池的表观表现，一般要求不爆炸、不燃烧，同时记录电池各点温度。

非正常充电（过充）：以一定倍率（一般分为低倍率以及高倍率）过充电至 10V 以上，一般要求电池不爆炸、不燃烧。

（2）机械测试

挤压：挤压至壳体破裂，内部短路，电压为 0V，要求电池不爆炸、不燃烧。

撞击：将电池平放，把直径为 15.8mm 的钢棒放在电池中心，再让质量为 9.1kg 的重物从 0.61m 高度落到钢棒上，要求电池不起火、不爆炸。

加速度：最小平均加速度达到 75g(g 为重力加速度，下同)，峰值加速度介于 125～175g，对电池各方向进行加速度检测，一般要求电池不爆炸、不燃烧。

振动：以振幅为 0.8mm，频率为 10～55Hz，以 1Hz/min 的速率变化，对电池 3 个相互垂直方向振动，振动时间为 90～100min，一般要求电池不爆炸、不燃烧、不漏液。

（3）环境测试

加热测试：将电池至于烘箱中，以（5±2）℃/min 速率升温至 150℃ 并保持 10min 停止，一般要求电池爆炸、不燃烧。

热循环测试：电池在热循环室，30min 升温至 70℃（保持 4h），然后 30min 降至 20℃（保持 2h），再于 30min 降低至 -40℃（保持 4h），接着 30min 升至 20℃，循环 10 次后，一般要求电池放置一段时间不漏液、不爆炸、不燃烧。

低气压（模拟高度）：在 11.6kPa，（20±5）℃条件下，储存 6h，一般电池不爆炸、不燃烧、不漏液、不灌气。

参 考 文 献

[1] 吴宇平，戴晓兵，马军旗，程预江. 锂离子电池——应用与实践. 北京：化学工业出版社. 2004.
[2] Zhang SS. J. Power Sources, 2007, 164：351.
[3] 张鹏，杨黎春，李琳琳，吴宇平. 一种锂离子隔膜及其应用. 中国发明专利，200910052485.8，申请日期 2009 年 6 月 4 日.
[4] 张鹏，支春义，吴宇平，板东义雄，清水真. 一种高安全性聚合物电解质及其制备方法和应用. 中国发明专利：201010167531.1，申请日期 2010 年 5 月 6 日.
[5] Striebel KA，Sierra A，Shim J，Wang CW，Sastry AM. J. Power Sources, 2004, 134：241.
[6] Chen SC，Wan CC，Wang YY. J. Power Sources, 2005, 140：111.
[7] Lee HH，Wang YY，Wan CC，Yang MH，Wu HC，Shieh DT. J. Power Sources, 2004, 134：118.
[8] Xie J，Imanishi N，Zhang T，Hirano A，Takeda Y，Yamamoto O. Electrochim. Acta., 2009, 54：41031.
[9] Groult H，Le Van K，Mantoux A，Perrigaud L，Doppelt P. J. Power Sources, 2007, 174：312.
[10] Garcia R，Chiang Y M，Carter WC，Limthongkul P，Bishop CM. J Electrochem. Soc., 2005, 152：A255.
[11] 吴宇平，张汉平，吴锋，李朝晖. 聚合物锂离子电池. 北京：化学工业出版社，2007.
[12] 李国欣. 新型化学电源技术概论. 上海：上海科学技术出版社，2007.
[13] 王先友，易四勇，肖琼. 湘潭大学自然科学学报，2009，31：99.
[14] 刘丽华，莫梁君. 科技资讯，2009，17：9.
[15] 余国华，肖斌. 电池工业，2007，12：78.

第14章

锂离子电池的充放电行为

目前市场上有两种锂离子电池，分别基于液体电解质和凝胶聚合物电解质。另外，实验室中研究的全固态电池的充放电行为亦有报道，在本章也予以简述。至于锂离子电池的型号，则是多种多样，如表14-1所示，主要区别是形状大小以及由此导致的容量大小不一样。电池大小不一样，用途随之会发生变化（见表14-2）。

表 14-1　几种不同型号锂离子电池的部分性能

型　号		标称电压/V	标称容量/mA·h②	使用温度范围			外部尺寸		质量/g
				充电/℃	放电/℃	保存/℃	高/mm	直径/mm	
圆柱形	14500	3.6①	580	0~45	-20~60	-20~60	50.4	14.3	—
	14650	3.6	700				64.9	14.3	25
	17500	3.6	750				50.4	17.0	—
	17670	3.6	1200				66.8	17.0	36
	18650	3.6	1350				64.9	18.4	40
	20500	3.6	1350				50.8	20.9	40
	26650	3.6	2750				65.4	26.4	83
方形	083448	3.6	900	0~45	-20~60	-20~60	8×34×48		—
	093448	3.6	950				9×34×48		39
	143448	3.6	1650				14×34×48		55
	062248	3.6	470				6×22×48		—
	093048	3.6	850				9×30×48		—
扣式	2025	3.3③	45	0~45	-10~60	-20~45			2.5
	1620N	3.0④	17						1.2
方形聚合物	325385A4H	3.7⑤	1230	0~45	-20~60	-20~45	3.2×53×85		27.5
	503759A4H	3.7	1000				5.1×37×59		20.5
	383562A3	3.7	650				3.8×35×62		15.5

① 0.2C 放电，终止电压为 2.5V 的平均放电电压。

② 0.2C 放电，终止电压为 2.5V 的平均放电容量。

③ 5mA 充电，终止电压为 4.0V，放电终止电压为 2.0V。

④ 3mA 充电，终止电压为 3.5V，放电终止电压为 2.0V。

⑤ 0.2C 充电，终止电压为 4.2V，放电终止电压为 3.0V。

表 14-2 电池大小及应用

电池类型	储存的能量/W·h	应用
小型/扣式电池	0.1～5	手表、计算器和心脏起搏器等
便携通信型电池	2～100	移动电话、笔记本电脑等
家用型电池	2～100	便携收音机和电视机、手电筒、玩具、摄像机、电力工具等
机动车用型电池	10^2～10^3	小汽车、公共汽车、卡车、轮船等的启动电池，剪草机、高尔夫球场的运输车及残疾人轮椅等的牵引电池等
边远地区电力供应型电池	10^3～10^5	照明、抽水、通信等
牵引型电池	10^4～10^6	电动汽车、叉车、牵引车、鱼雷等
固定型电池	10^4～10^6	备用电池、不间断电源(UPS)等
潜艇型电池	10^6～10^7	水下动力推进
负荷调节型电池	10^7～10^8	分布式发电和智能电网中的电力调节

如前所述，锂离子电池不能进行过充或过放，原因汇于图 14-1，因此充放电过程特别是充电过程必须有适当的保护电路。

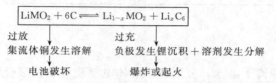

$LiMO_2 + 6C \rightleftharpoons Li_{1-x}MO_2 + Li_xC_6$
过放
集流体铜发生溶解
电池破坏
过充
负极发生锂沉积＋溶剂发生分解
爆炸或起火

图 14-1 过充和过放对锂离子电池性能的影响

14.1 锂离子电池的充放电方式

锂离子电池的充电方式目前采用的主要有两种：恒流充电和恒压充电，当然两者也可以交叉进行。前者主要用于实验室研究，后者则较少用。在恒流充电过程中，电压起始升高较快，容量一般随时间线性增加，内阻也不断增加。在商品锂离子电池则是先采用恒流充电，然后采用恒压充电。电压、电流和充电量随充电时间的变化如图 14-2 所示。

锂离子电池的放电方式在实际过程中主要是负荷固定的方式。尽管负荷的电阻不变，然而电池的电阻也会发生变化。随放电过程的进行，电压下降。当电压降低到一定值时，会发生过放，导致集流体的溶解。为了检测电池的性能，也可以采用恒流放电方式。电池的输出功率与放电电流有关。如图 14-3 所示，当电流位于一适中值，输出功率最大（P_{max}）。通常可接受的最大功率为 P_{adm}。

充电电流/A
充电电压/V
充电量/%
充电时间/h
4.2V
充电电压
充电量
充电4.2V,最大电流1A,
3h,23℃
充电电流

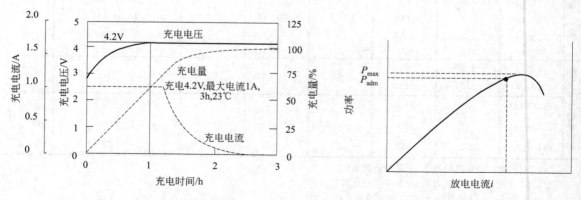

图 14-2 US18650 型锂离子电池的恒流、恒压充电过程

P_{max}
P_{adm}
功率
放电电流i

图 14-3 锂离子电池的输出功率与负荷电流的关系

随着锂离子电池的进一步发展，充电技术也得到不断提高，以期缩短充电时间、提高充电效率和改进充电效果，例如多阶段变电流间歇快速充电方法、大起始电流多阶段恒流充电等。在锂离子电池的充电过程中，不可避免会发生由欧姆极化、浓差极化和电化学极化等构成的极化现象，导致充电电压升高、充电效率降低。为了减小充电过程产生的极化量，有效增大充电电量、提高充电效率，可以采用去极化的方式。去极化的方式主要有两种：自然去极化（即采用中途停止充电、间歇的方式）和强制去极化（即采用放电脉冲的方式）。脉冲充电和去极化脉冲的方式也可以对锂离子电池进行充电。

为了提高锂离子电池充电的效果，除了进行变电流充电以及充电波形（利用间歇和放电脉冲）的改进，还需要考虑电池状态（包括荷电状态或可接受充电电流以及老化状态）对充电的影响。随电池充电量的增多，其可接受充电电流减小。并且，随着电池循环次数的增多，电池老化严重，其充电特性也逐渐变劣。

为了衡量锂离子电池的循环性能，很显然，全部进行测试，一直到结构破坏为止将花费大量的时间。通过一系列的试验，也可以建立一套模型，采用该模型来估计锂离子电池的循环寿命，该方法比较省时，还可以建立模型来优化条件从而将电池性能和寿命最大化。

14.2 液体电解质锂离子电池的充放电行为

液体电解质锂离子电池的充电、放电容量与充电、放电所处的环境有关。以 18650 型锂离子电池为例（以石墨化碳为负极、$LiCoO_2$ 为正极、EC/DEC（体积比为 1：1）的 1mol/L $LiPF_6$ 为电解液），如图 14-4（a）所示，温度低，充入的电量较低。以室温（23℃）1C 充电、0.7C 放电所放出的容量为 100%，那么 0℃只能充入 90%的容量。同样放出的容量亦受放电温度的影响，0℃的放电量只有室温的 80%。40℃进行充放电基本上没有问题。另外，充放电所处的温度还影响充放电曲线［见图 14-4(b)］。在 50℃时，不仅充放电容量受到影响，同时使用寿命也会受到影响。初步研究表明，每升高 15℃，循环次数要减半。因此低温和高温性能还有待于提高。

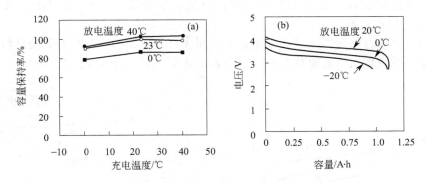

图 14-4 （a）US18650 型锂离子电池的充电温度对充电容量的影响：充电 1C，4.2V；放电 0.7C，室温，终止电压 2.75V；（b）石墨化 MCF 为负极的 863448 型圆柱电池在不同温度下的放电曲线

高低温性能最主要的影响因素是电解质，表 14-3 给出了几种电解液的使用温度范围。当然，也与电极材料有一定的关系。对于锂离子电池在低温下的充放电行为，对该方面的研究还不充分，目前的研究结果各种各样。有人认为主要是低温下液体锂离子电池性能不理想，传质阻抗比较大造成的；也有人认为是负极的极化造成的。PC 基电解液比 EC 基的适用温度低。在 EC/DEC(3：7) 的电解液中加入适量的 PC，尽管电导率稍有下降，但是低温性能得到明显

提高。采用由 EC、DEC、DMC、EMC 组成的四元电解液在低至 $-50\,℃$ 时还具有良好的电化学性能，能够满足火星探测的要求。

表 14-3 几种常见电解液的使用温度范围

电解液组成	使用温度/℃
EC：DMC：DEC 1：1：1；1mol/L LiPF$_6$	$-40\sim+25$
EC：DEC：DMC：MA(或 EA、EP、EB)1：1：1：1；0.64mol/L LiPF$_6$	$-60\sim+25$
EC：DEC：DMC：PC 3：3：3：1；0.9mol/L LiPF$_6$	-30
EC：DEC：DMC：EMC 3：5：4：1；0.8mol/L LiPF$_6$	-42.5
PC：EC：EMC 1：1：3；1mol/L LiPF$_6$	$-60\sim+60$
PC：EC：EMC 1：1：3；1mol/L LiBOB+LiODFB+LiBF$_4$	$-50\sim+25$
EC：DMC：EMC 15：37：4；0.7~1.1mol/L LiTFSI	$-40\sim+70$
EC：DEC：DMC：GBL 1：1：1：1；1mol/L LiPF$_6$	$-60\sim+25$
EC：DMC：EMC 1：1：1；1mol/L LiPF$_6$	$-40\sim+40$
PC：EC：EMC，$(1-x)$LiBF$_4$+xLiBOB	$-40\sim+40$

高温下性能的劣化，主要与正极、负极的表面 SEI 膜的变化以及活性锂的量发生损失有关。然而让人想不到的是，当充放电深度不大时，随循环的进行，在 $40\sim70\,℃$ 范围内，随温度的增加，电池的直流电阻也增加。在电解液中加入添加剂有利于降低锂离子电池的工作温度，减少电解液中锂盐的自催化分解。

充电和放电速率同样影响能量的储存和释放以及充放电曲线（见图 14-5），长期的循环性能也不一样。例如对于 Sony18650 型锂离子电池，在 1C 循环时，300 次容量衰减为 9.5%，而在 2C 和 3C 时则分别为 13.2% 和 16.9%，主要原因与界面膜有关。充放电速率越大，界面膜的生长越厚，导致阻抗增加以及活性锂的减少。适当的电压和充放电条件能将电池的循环寿命提高约 30%。当放电速率较大时，容量下降较大，锂离子电池无法满足动力汽车的使用需要。但是随着社会的发展，对于大电流的需求逐渐增大。例如由 Li(Ni$_{1/3}$Co$_{1/3}$Mn$_{1/3}$)O$_2$/石墨组成的 18650 型电池在 $8\sim10$C 下也能得到良好的电化学性能。

过充会严重影响电池性能，正负极材料结构会遭到破坏，产生的高温也会造成容量的下降。在液体电解液中加入一定添加剂可以保护电池，如苯基环己烷（CHB）、苯甲酸异丙酯（IPB）和甲苯（TOL）等。

对于不同的负极材料例如焦炭和石墨化中间相碳纤维（MCF），由于负极材料本身的电化学性能不一样，所表现出来的充放电曲线以及容量也不一样（见图 14-6）。

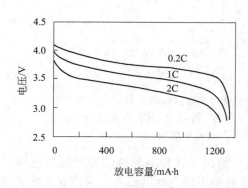

图 14-5 放电速率对放电容量的影响
（三洋公司的石墨/LiCoO$_2$ 电池；
充电电流 1C，温度 25℃）

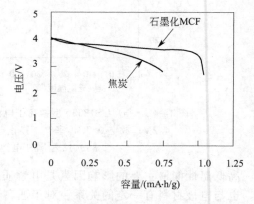

图 14-6 不同负极材料组成的锂离子电池的
放电曲线（正极为 LiCoO$_2$，电解液为
EC、DEC 的 1mol/L LiPF$_6$ 溶液）

如第 4 章所述，尖晶石 $Li_4Ti_5O_{12}$ 可以作为锂离子电池的负极材料，理论嵌锂电位为 $1.55V(vs. Li^+/Li)$，理论比容量为 $175mA\cdot h/g$，并且在锂离子的嵌入/脱出过程中晶型结构几乎不发生变化，体积变化小于 1％，称为"零应变材料"，这种性能既保证了良好的循环，又保证了锂离子的高迁移速率，可用于大倍率充放电。它可以与不同的正极材料组成锂离子电池，图 14-7 为不同组成的充放电电压曲线，其具有良好的安全性能。

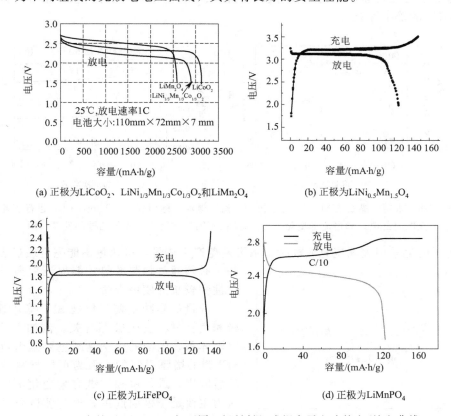

(a) 正极为 $LiCoO_2$、$LiNi_{1/3}Mn_{1/3}Co_{1/3}O_2$ 和 $LiMn_2O_4$

(b) 正极为 $LiNi_{0.5}Mn_{1.5}O_4$

(c) 正极为 $LiFePO_4$

(d) 正极为 $LiMnPO_4$

图 14-7 尖晶石 $Li_4Ti_5O_{12}$ 与不同正极材料组成锂离子电池的充/放电曲线

采用脉冲充电，将提高活性物质的利用率。较通常的直流充电而言，容量高，循环寿命长，这主要是脉冲充电可以减少浓差极化、提高能量转换速率、减少充电时间。

如图 14-8 所示，采用钴部分取代镍的氧化镍锂作为锂离子电池的正极材料，石墨与焦炭的混合物作为负极材料，也具有优良的循环性能。在 70％充放电深度循环 2000 次后，负极材料的可逆容量残留率高达 91％。采用钴和铝共同掺杂的 $LiCo_{0.15}Al_{0.05}Ni_{0.8}O_2$ 作为锂离子电池正极材料，也具有良好的循环性能，例如以 60％的充放电深度 1C 进行充放电，测试循环次数大于 300000 次。索尼公司研发出了一种 Nexelion 电池，正极采用 $LiCo_xNi_yMn_2O_2$ 与 $LiCoO_2$ 的混合物，负极使用 Sn-Co-C 复合材料，以 2C 倍率充电，30min 内可以充满 90％的容量。

采用 $LiCo_{0.2}Ni_{0.8}O_2$ 和 $LiCo_{0.15}Al_{0.05}Ni_{0.8}O_2$

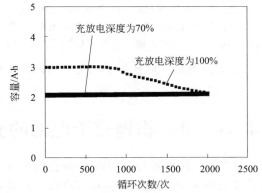

图 14-8 采用 $LiNi_{0.7}Co_{0.3}O_2$ 为正极材料、石墨与焦炭（质量比 4：1）为负极材料组成的 30650 型锂离子电池（标称容量 3A·h、10W·h）在以 1190mA 电流进行充放电的测试结果

作为正极材料的锂离子电池在高温（60℃和70℃）下的衰减行为与 $LiCoO_2$ 为正极材料的基本一样。但是，正极材料表面的 SEI 膜对电池容量的衰减似乎影响更大，限制了锂离子的迁移和电荷传递，而负极材料基本上没有多少衰减。

采用尖晶石（见图 14-9）和非计量尖晶石 $Li_{1+x}Mn_2O_4$（见图 14-10）作为正极材料的锂离子电池的电化学性能也非常优良。采用水热法合成 $LiMn_2O_4/C$ 复合材料，也可以很大程度上提高 $LiMn_2O_4$ 的倍率性能。

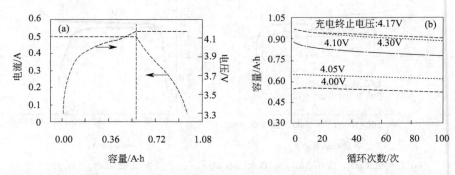

图 14-9　采用尖晶石 $LiMn_2O_4$ 为正极的锂离子电池（标称容量 1050mA·h）进行正常
充电时的电压和电流的变化（a）以及在不同充电终止电压下的循环性能（b）

当锂离子电池采用大电流充放电时，不可避免产生热量，该热量不能完全通过表面散热除去，必须通过强制散热才能保证锂离子电池的安全性和较长的使用寿命。

容量的衰减主要与负极 SEI 膜电阻增加、正极和负极材料发生破坏有关。例如 $LiCoO_2/$石墨电池体系，电池的容量衰减主要是由负极特别是 SEI 膜的增厚引起的，因为正极材料经过长期循环后取出，进行单独测试容量变化不明显。有人认为主要是正极引起的，这与测试条件有关，例如锂离子充电终止电压超过 4.3V 时，在充放电过程中还存在热效应，因为在体系中存在电阻。热效应对锂离子电池的安全性能而言，比较重要。针对不同形状的锂电池，建立二维或三维模型来估计电池内部不同位置的温度和热量传递，从实验数据来看，圆柱形结构电池的平均使用寿

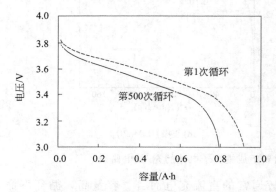

图 14-10　Cell-Batt® 锂离子电池以 0.75A 进行充
放电在第 1 次循环和第 500 次循环的放电曲线
（正极材料为 International Battery Technology 的
$Li_{1+x}Mn_2O_4$，负极为碳，标称容量 1050mA·h）

命要长于方形结构的锂离子电池，原因是圆柱形结构更有利于热量的散发。

14.3　聚合物锂离子电池的充放电行为

如第 11 章和第 12 章所述，聚合物锂离子电池较使用液体电解质的锂离子电池相比，主要优点表现在能量密度高；循环寿命长；具有高的可靠性和良好的加工性；电池自放电低；可以做成全塑料结构，更易于装配；没有自由电解液，不会发生液漏；可以采用轻的塑料包装而不像传统锂离子电池那样需要用金属外壳；使用安全。另外，聚合物膜电解质和塑料电极的紧密叠合，使聚合物锂离子电池的形状灵活多变，甚至可做成小型的超薄电池，应用范围更加广泛。但是聚合物电解质的发展不是一诞生就明显优于液体电解质锂离子电池。图 14-11（a）为

日本 Yuasa 公司 1994 年和 1998 年研究的聚合物锂离子电池与液体电解质锂离子电池的比较。能量密度（180W·h/L）与圆柱形液体电解质锂离子电池（220～260W·h/L）相比，有待于提高。另外，从快速放电能力［见图 14-11（b）］来看，也有待于提高。目前而言，聚合物锂离子电池的性能基本上要优于液体电解质锂离子电池。例如，聚合物锂离子电池在 70℃的放电容量高达常温放电容量的 95％左右，这是液体电解质锂离子电池所不能比拟的。在低温下的极化行为也得到了改善。采用 1C 进行充放电，循环 500 次后其容量都能保持在初始容量的80％以上。

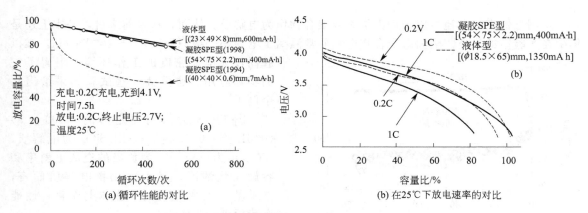

(a) 循环性能的对比　　　　　　　(b) 在25℃下放电速率的对比

图 14-11　聚合物锂离子电池的充放电行为

Ultralife 采用 Belcore 公司的技术，以共聚（偏氟乙烯-六氟丙烯）为聚合物，1mol/L $LiPF_6$ 的 EC/DEC（体积比 2：1）电解液为增塑剂，制备小型的聚合物锂离子电池（74mA·h）。在不同充放电速率下的放电曲线和不同循环次数的充放电曲线示于图 14-12。表 14-4 为 Belcore公司改进的聚合物锂离子电池与其他可充电电池体系性能的部分对比。目前的研究表明，该凝胶型聚合物锂离子电池的耐过充能力比液体锂离子电池要强。

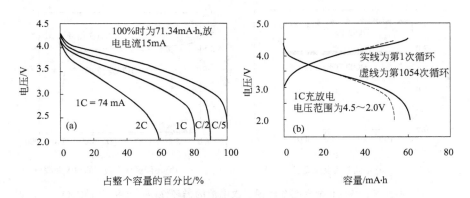

图 14-12　Ultralife 制备小型的聚合物锂离子电池（74mA·h）在不同充放
电速率下的放电曲线（a）和不同循环次数的充放电曲线（b）

表 14-4　Belcore 公司的聚合物锂离子电池（塑料锂离子电池）与其他可充电电池体系性能的部分对比

电池体系	能量密度		平均放电电压/V	20℃每月自放电速率/％	循环次数
	W·h/kg	W·h/L			
Belcore 塑料锂离子电池	116	280	3.6	＜10	＞1000
Ni-Cd	30～55	85～150	1.2	＞15	＞1000
Ni-MH	50～80	155～185	1.2	＞20	500
液体电解质锂离子电池	90～120	225～350	3.6	～8	＞1000

索尼公司研发的凝胶聚合物电解质是在 P(VDF-HFP) 共聚物中添加 $LiPF_6$ 的 PC-EC 溶液，该电解质在 25℃ 的电导率为 9×10^{-3} S/cm，可与液体电解质相媲美。凝胶型聚合物锂离子电池的低温性能与聚合物基体、增塑剂的种类有关。例如，在低温下 EC 含量高的电阻要明显高于含量低的。在循环过程中，容量的衰减似乎与正极材料的关系更密切些。

14.4 全固态锂离子电池的充放电行为

全固态锂离子电池可以采用无机物或聚合物作为电解质。然而，从目前来讲，基本上还是集中在实验室的研究。全固态聚合物电解质常温离子电导率一般只有 $10^{-5} \sim 10^{-4}$ S/cm，难以胜任较大电流密度的工作环境，阻碍了它的实际应用。这里就一些试验结果给出几个例子。

图 14-13 为采用无定形的 $(100-x)(0.6Li_2S \cdot 0.4SiS_2) \cdot xLi_4SiO_4$ 为电解质，$LiCoO_2$ 为正极，In 为负极的充放电斜率和容量变化情况。对于硫化物电解质而言，结果基本上变化不大。总体上而言，性能有待于进一步的提高。

尽管全固态聚合物电解质的离子电导率偏低，然而组装成金属锂二次电池后，如图 14-14 所示，电化学性能还是比较理

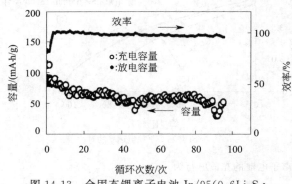

图 14-13 全固态锂离子电池 $In/95(0.6Li_2S \cdot 0.4SiS_2) \cdot 5Li_4SiO_4/LiCoO_2$ 的充放电行为
（电流密度为 $64\mu A/cm^2$）

想。但是对于大多数研究者而言，全固态聚合物电解质还是在较高温度下（例如 60℃）进行锂离子电池性能测试。

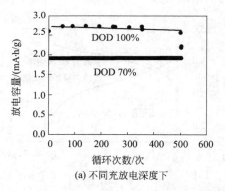
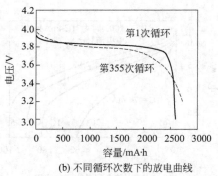

(a) 不同充放电深度下 　　　　　　(b) 不同循环次数下的放电曲线

图 14-14 10W·h 全固态金属锂二次电池的循环性能 ［正极为 $LiCoO_2$，电解质为（氧化乙烯-氧化丙烯）共聚物，功率 10W·h］

14.5 大容量锂离子电池的充放电行为

大容量电池主要期望用于电动汽车、电力调节和航空航天。对于电动汽车目前研究的有两种，一种为小型单体电池进行并联和串联组成的电池组，另一种为大型电池。图 14-15 表明组成电池组后，输出功率密度比单体电池还要高。电动汽车的功率密度与最高速率加速性能和爬坡能力等有关。对于电池组而言，放电深度为 70% 时功率密度为 300W/kg；放电深度为 80%

时功率密度为 200W/kg。同其他的电池体系相比而言要大，例如为镍氢电池的 1.8 倍，铅酸电池的 2 倍。

同样，电池组的充放电特性受充电、放电速率和温度的影响。如图 14-16 所示，放电速率越快，放电所处的温度越低，所释放的能量则越小，其容量随循环的进行而衰减，其机理与上述小型的锂离子电池基本上相同。

当然，单体电池也可以用于混合动力汽车，例如以尖晶石 $Li_{1+x}Mn_2O_4$ 为正极组装的容量为 4.3A·h 的单体电池（见图 14-17）。电流越大，放出来的量越小，同时电池的温度升得越高。使用 $LiFePO_4$（质量分数 2% C 包覆）和 $Li_4Ti_5O_{12}$ 为正负极制成的锂离子电池可以 10C 进行充电，6min 内充满，放电速率为 5C，循环寿命达到 20000 次以上。

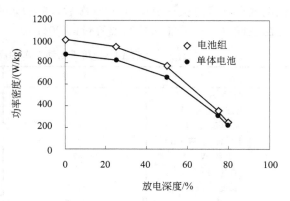

图 14-15　电动汽车用的大型电池的功率密度与放电深度的关系

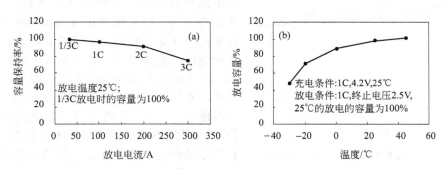

图 14-16　电动汽车用电池组的放电特性随放电速率（a）和温度（b）的关系

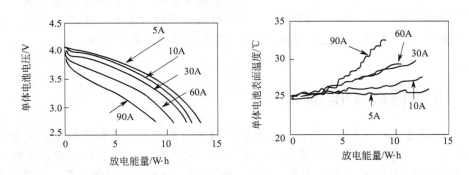

图 14-17　混合动力汽车用单体大电池的放电性能（正极材料为尖晶石 $Li_{1+x}Mn_2O_4$）

$Li(Ni_{1/3}Co_{1/3}Mn_{1/3})O_2$ 在 3.0~4.6V 区间内放电容量为 200mA·h/g，5C 下循环性能良好，通过 HPPC 测试证明其适用于混合动力汽车。$C/Li(Ni_{1/3}Co_{1/3}Mn_{1/3})O_2$ 电池在 4.1V 下进行充电，并能在 50℃ 下保存 50 天，性能比传统的 $Li(Ni_{0.8}Co_{0.2})O_2$ 优越。

索尼公司在日本为日产公司建造了第一个电动汽车的电池原型，使用 $LiCoO_2$ 作为正极材料。由于钴价格较高，江森自控-赛福特公司选择镍基正极 $LiNi_xCo_yAl_zO_2$ 作为高能电池材料。表 14-5 为高功率单体电池的参数。EnerDel 公司使用 $Li_4Ti_5O_{12}$ 替代碳作为负极，并以改性的尖晶石锰酸锂作为正极。利用钛酸盐替代碳的优点是降低了 Li^+ 插入时的结构应力，延长了电池寿命。据称，该电池与等效的镍氢电池相比较，体积减小 50%，质量减少 35%，而且该电池循环容量损失有限（1000 次后，5％），可在 90％～10％放电深度工作，并具有优良的低温性能（-30℃能保持室温容量的 90％）。

表 14-5　用于电动汽车的高能锂离子电池的主要参数

参　　数	VL7P	VL20P	VL30P
容量/A·h	7	20	30
最大连续电流/A	100	250	300
峰电流/A	250	500	500
C/3 下的能量/W·h	25	71	107
功率/W	670	1130	1250
直径/mm	41	54	54
长度/mm	145	163	222
质量/kg	0.37	0.80	1.1

用于电力调节的电池组在一般情况下充放电深度不大，但是要求在浅充放电深度下具有良好的循环性能。图 14-18 为单体电池及其组成的小电池模块的循环性能，预计在 70％的充放电深度下循环寿命可达到 3500 次。当然，性能还有待于提高。为了研究电池组适合的充放电条件和工作条件，研究者模拟了不同倍率对电池组串联/并联的影响和电池组在工作中热效应的影响。

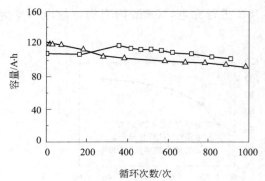

图 14-18　用于电力调节的电池组（电量为 1.1kW·h，由 4 个 270W·h 的单体电池组成）的循环性能

△ 270W·h 单体电池；□ 1.1kW·h 电池模块

对于航空航天应用的大电池而言，如第 15 章所述，不同的应用有不同的要求。对于低轨道航空器而言，25A·h 的锂离子电池在充放电深度为 25％时循环寿命大于 6 万次；而对于地球同步轨道卫星而言，预计以 80％充放电深度能使用 14 年以上。以 $LiCoO_2$ 为正极，石墨为负极，组装成容量为 100A·h 的锂离子电池，用于低轨道航空器时循环寿命大于 30000 次，用于地球同步轨道卫星时能达到 1800 次循环，充放电深度不足 100％时循环性能会提高。

14.6　微型锂离子电池

如第 13 章所述，微型锂电池主要由正极膜、固体电解质膜、负极膜构成，通过在某种衬底（如单晶硅片）上依次沉积正极集流体、正极膜、固体电解质膜、负极膜、负极集流体获得。目前的微型锂二次电池基本上采用金属锂、氧化物、硅及合金等为负极，过渡金属的氧化物或其与锂的复合氧化物为正极。电解质一般为氧化物或硫化物。常见的微型锂电池体系主要有 $Li/LiPON/LiCoO_2$、$SiTON/LiPON/LiCoO_2$、$SnN_x/LiPON/LiCoO_2$、$Cu/LiPON/LiCoO_2$ 和 $Li/LiPON/Li_xMn_{2-x}O_2$ 等。为了全面起见，在这里将微型锂离子电池的充放电行为进行简单的介绍。

图 14-19 为美国橡树岭国家实验室研制出来的一种微型锂离子电池的性能。与上述的液体电解质锂离子电池、聚合物电解质锂离子电池等均有一定的类似性，例如电流密度越大，放出来的电量越少，放电电压越低。一般而言微型电池的循环寿命比较长，至少能达几千次。同时，搁置寿命长，搁置几年后性能基本上不会发生变化；可以快速充电；也不存在记忆效应；工作温度范围宽，可以在 -20～100℃之间进行充放电，对于非金属锂的负极材料而言，可以

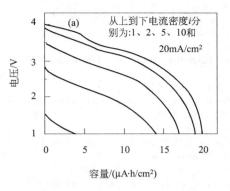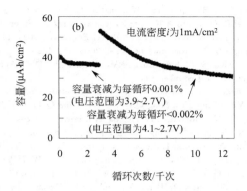

图 14-19 微型锂离子电池在不同电流密度下的充放电曲线（a）和循环性能（b）
［负极为 SnN_x、电解质为 LiPON、正极为 $LiCoO_2$；（a）中负极材料为 50nm 厚、
正极材料为 600nm 厚；（b）负极材料为 10nm 厚、正极材料为 200nm 厚］

高到 250℃，且充放电行为基本上不随温度发生变化。FET 公司研制的微型锂离子电池体积为
$1mm^3$，功率密度可达 300W·h/L，能量密度达到 1400W/L，循环寿命 3500 次可用于工作
10 年。

14.7 锂离子电池的使用

　　如上所述，由于过充和过放均影响锂离子电池的使用寿命，因此一般的电子元件均有防止
过充和过放的装置或电子线路，然而在使用中应尽可能防止过充及过放。例如手机电池的使用，在充电时，快充满时应及时与充电器进行分离。使用时，不要等到手机上出现了电池不足的信号时才去充电，更不要在出现此信号时继续使用，尽管出现此信号时还有一部分残余容量可供使用。放电深度浅时，循环寿命会明显提高。图 14-20 为索尼公司的 18650 型锂离子电池的测试结果，在 40%DOD 放电时使用寿命可达到 4000 次，而在 100%放电（DOD：degree of discharge）时使用寿命仅为 800 次，前者比后者的实际使用时间提高一倍。

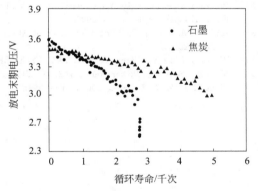

图 14-20 以石墨和焦炭为负极的索尼公司的 18650 型锂离子电池在 40%DOD 下的测试结果

　　除此以外，还应特别注意第 13 章提到的安全问题，不可将锂离子电池进行外部短路或放置危险的极端环境中，否则电池性能就会明显劣化，甚至产生危险。

参 考 文 献

[1] 吴宇平，戴晓兵，马军旗，程预江. 锂离子电池——应用与实践. 北京：化学工业出版社，2004.
[2] Rahimian SK，Rayman SC，White RE. J. Electrochem. Soc.，2010. 157：A1302.
[3] Ratnakumar BV，Smart MC，Huang CK，Perrone D，Surampudi S，Greenbaum SG. Electrochim. Acta.，2000，45：1513.
[4] Smart MC，Ratnakumar BV，Surampudi S. J. Electrochem. Soc.，2002，149：361.
[5] Aurbach D，Markovsky B，Salitra G，Markevich E，Talyossef Y，Koltypin M，Nazar L，Ellis B，Kovacheva D. J. Power Sources，2007，165：491.
[6] Smart MC，Ratnakumar B V，Surampudi S. J. Electrochem. Soc.，1999，146：486.
[7] Ding MS，Jow TR. J. Electrochem. Soc.，2004，151：A2007.

[8] Huang CK, Sakamoto JS, Wolfenstine J, Surampudi S. J. Electrochem. Soc. , 2000, 147: 2893.
[9] Mandal B K, Padhi A K, Shi Z, Chakraborty S, Filler R. J. Power Sources, 2006, 162: 690.
[10] Zhang S S, Xu K, Jow TR. J. Power Sources, 2003, 115: 137.
[11] Zhang S S. Electrochem. Commun, 2006, 8: 1423.
[12] Smart MC, Smith KA, Bugga RV, Whitcanack LD. 4th Annual International Conference: Lithium Mobile Power, 2008, Las Vegas, NV, December 8-9.
[13] Rahimian SK, Sean CR, White RE. J. Electrochem. Soc. , 2010, 157: A1302.
[14] He YB, Tang ZY, Song QS, Xie H, Yang QH, Liu YG, Ling GW. J. Power Sources, 2008, 185: 526.
[15] Iwayasu N, Honboua H, Horiba T. J. Power Sources, 2011, 196: 3881.
[16] Li JR, Tang ZL, Zhang ZT. Electrochem. Commun, 2005, 7: 894.
[17] Takami N, Inagaki H, Kishi T, Harada Y, Fujita Y, Hoshina K. J. Electrochem. Soc. , 2009, 156: A128.
[18] Xiang HF, Jin QY, Wang R, Chen CH, Ge XW. J. Power Sources, 2008, 179: 351.
[19] Oh JM, Geiculescu O, DesMarteau D, Creager S. J. Electrochem. Soc. , 2011, 158: A207.
[20] Martha SK, Haik O, Borgel V, Zinigrad E, Exnar I, Drezen T, Miners JH, Aurbach D. J. Electrochem. Soc. , 2011, 158: A790.
[21] Sony Corp. , Sony's New Nexelion Hybrid Lithium Ion Batteries, Feb 2005.
[22] Yue HJ, Huang XK, Lv DP, Yang Y. Electrochim. Acta. , 2009, 23: 5363.
[23] Chen SC, Wan CC, Wang YY. J. Power Sources, 2005, 140: 111.
[24] Ning G, White RE, Popov BN. Electrochim. Acta. , 2006, 51: 2012.
[25] Peterson SB, Apt J, Whitacre JF. J. Power Sources, 2010, 195: 2385.
[26] Edstrom K, Herstedt M, Abraham DP. J. Power Sources, 2006, 153: 380.
[27] Zhang HP, Fu LJ, Wu YP, Holze R. Jordan J. Chem. , 2010, 5, 283.
[28] Zhang HP, Fu LJ, Wu YP, Wu HQ. Electrochem. Solid-State Lett. , 2007, 10: A283.
[29] Zhou J, Notten PHL. J. Power Sources, 2008, 177: 553.
[30] Inui Y, Kobayashi Y, Watanabe Y, Energy Conversion and Management, 2007, 48: 2103.
[31] Zaghib K, Dontigny M, Guerfi A, Charest P, Rodrigues I, Mauger A, Julien CM. J. Power Sources, 2011, 196: 3949.
[32] Belharouak I, Sun YK, Liu J, Amine K. J. Power Sources, 2003, 123: 247.
[33] Miyamoto T, Touda M, Katayama K. Proceedings of the EVS13 Symposium, 1996, 1: 37.
[34] Broussely M, Rigobert G, Planchat JP, Sarre G. Proceedings of the EVS13 Symposium, 1996, 1.
[35] Green Car Congress, EnerDel to Market Automotive Li-Ion by End of 2008, 2007.
[36] Broussely M. in Industrial Applications of Batteries. From Cars to Aerospace and Energy Storage, M. Broussely and G. Pistoia, Eds. , Elsevier, Amsterdam, 2007.
[37] Andrew M. Li-ion: Enabling a Spectrum of Alternate Fuel Vehicles, CARB ZEV Symposium, Sacramento, CA, September, 2006.
[38] Wu MS, Lin CY, Wang YY, Wan CC, Yang CR. Electrochim. Acta. , 2006, 52: 1349.
[39] Mills A, Said A. J. Power Sources, 2005, 141: 307.
[40] Wang X. J. Power Sources, 2006, 161: 594.

第15章

锂离子电池的应用

在目前的商品化充电电池中，锂离子电池比能量很高，特别是聚合物锂离子电池，可以实现充电电池的薄形化。如1.5节所述，锂离子电池较传统的充放电电池相比具有明显的优点，因此从其商品化以来发展非常迅速，向多行业进行"渗透"，同时其利润也相当可观。从某种程度而言，该可观的利润应该属于"投资回收"，因为锂二次电池的研究开发已进行了近20年。世界上许多大公司竞先加入到该产品的研究、开发甚至生产的行列中，如索尼、三洋、东芝、三菱、富士通、日产、TDK、佳能、永备、贝尔、富士、松下、日本电信电话、三星等。

如第10章、第11章和第12章所述，锂离子电池从电解质来分，主要分为液体锂离子电池、聚合物锂离子电池和全固态锂离子电池。而从大小来分，可以分为大型电池、一般电池和微型电池。大型电池主要用于大型机械如电动汽车、航空航天、电网负荷调节等，一般电池则用于常见的电子元件如手机、笔记本电脑、摄像机等，而微型电池则主要用于微型机电仪器如微型侦察机、微型电动机等。如第14章所述，如果按照锂离子电池的型号来分，则其种类更是多种多样。在这里不再进行说明，下面按照应用进行说明。

15.1 锂离子电池在电子产品方面的应用

应用的电子产品可以用3C来概括，即通信（communication）、便携计算机（portable computer）和消费电子产品（consumer electronics），包括手机、笔记本电脑、平板电脑、电子翻译器、微型摄像机、IC卡、MP3、MP4等。目前，这些电子产品全部采用锂离子电池作为电源。图15-1为锂离子电池（包括聚合物锂离子电池）在电子产品的生产和需求预测情况，从其商品化以来发展非常迅速。随着中国电子产品的日益发展，锂离子电池的需求和生产将不断增长。例如以手机为例，其产量非常可观，2005年达到2.6亿部；2006年达到4.5亿部，出口3.5亿部；2007年达到近5亿部；2008年达到5.6亿部；2009年即使受到金融危机的影响，也达到了6.19亿部；2010年达到了10亿部，今后5年的增长率不低于10%。

对于笔记本电脑而言，2005年的全球生产量为5760万台，每台笔记本电脑需要6～8个

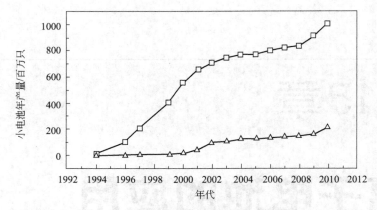

图 15-1　锂离子电池在电子产品的生产和需求预测情况
□ 液体锂离子电池；△ 聚合物锂离子电池

18650 型锂离子电池，消耗量为 3.5 亿只左右。2006 年为 7398 万台，2007 年为 9983 万台，2008 年为 1.3229 亿台，2009 年首次超过台式电脑。而且随着笔记本电脑市场的进一步普及，其市场将不断增加，我国 2010 年笔记本电脑出口出口量达到 1.938 亿台。平板电脑 2008 年就达到了 1143 万台，2009 年突破 2000 万台，近 5 年每年的增长率不低于 30%。数码相机的发展非常迅速，2002 年全球出货量仅仅为 2400 万台，2009 年全球数码相机出货量达到了 1.06 亿台。PMP/MP3 的产量 2005 年为 1.287 亿件，在 2011 年将达到 2.686 亿件，复合年均增长率达到 13%。总体而言，随着中国电子产品的日益发展，锂离子电池的需求和生产将不断增长。

15.2　锂离子电池在交通工具方面的应用

锂离子电池在交通方面的应用主要是现代汽车、电动自行车、电动汽车和混合动力汽车，由于汽车为一个国家的支柱产业，因此这方面的研究和开发不可小觑。

15.2.1　现代汽车

现代汽车与传统汽车的发展方向明显有所不同。现代汽车更注重车载电子系统的功能化、人性化、舒适化，它除了具备富有现代感与个性化的外表之外，先进的电子设备逐渐成为人们日益关注的热点，例如车载雷达导航与卫星定位系统、移动天线、可视电话系统、智能电脑系统、高级立体声传声系统、制冷系统、安全防撞气囊系统、照明系统等各种电子设备，而以上系统无一例外均要用电，而传统的铅酸电池由于能量密度问题已难以胜任越来越高的车用电力要求。对于燃料发动机汽车配置的启动电源，一般情况下都要求 1.2～2000W 的电力。对于大型的豪华房车、跑车和加长奔驰车等，每次启动均要 3～5kW 功率的蓄电池才能满足要求。以奔驰轿车为例，一个 12V、80A·h 的铅酸蓄电池连续启动 10 次，若每次按 60s 计，该车还未能启动，电池将耗尽本身的能量。而铅酸蓄电池的自放电高达 65%/月，一般车库停泊的汽车，超过 50 天不启动，它的蓄电池就没有动力。因此从 2002 年起，联合国在世界范围内全面强制规定，要求新出厂的汽车将原来 12V 铅酸蓄电池改为 36V 锂离子电池。该规定一方面是出于环境保护，另一方面也是出于上述消费者的要求。

有关专家估计，汽车蓄电池年产量约占全球电源总产值的 1/3，约为 1500 亿美元。目前，全球每天约有 6 亿辆汽车在运行，其中 90% 以上为轿车。因此锂离子电池在该方面的发展是不可估量的。

15.2.2　电动车

电动车的种类包括电动自行车、电动摩托车、电动汽车（小货车、厢型车、巴士、轿车等）。广义的电动车还包括电动推高机、电动高尔夫球车、电动（残疾）代步车、电动轮椅、电动搬运车、电动滑板车，甚至电动儿童游乐车等。下面主要就电动自行车、电动汽车和混合电动汽车进行说明。

15.2.2.1　电动自行车

据有关方面预测，我国人口总量将控制在 16 亿～17 亿之间，是美国人口的 6 倍，德国人口的 20 倍。在美国平均 1.5 人一辆汽车，德国平均 1.33 人一辆汽车。随着中国的发展，汽车的拥有量将不断增加，如果达到美国的水平，那么中国的汽油消耗量将相当于目前中东产油量的 2 倍。显然这是不现实的，这得依靠其他方法来解决。因此电动自行车是目前的选择之一，因为电动自行车在行驶时不会产生环境污染。我国的自行车拥有量很大，如果将电动自行车的时速限制在 15km 或 20～25km 以内，在行车安全方面不存在问题。因为电动自行车安装动力后，可以节省体力，但仍然是自行车；从交通方面而言，不作为机动车，该方面我国在 2003 年已有定论。

中国号称自行车王国，电动车的发展和产业化从电动自行车起步更符合中国国情，从居民平均收入水平和大众需求来看，它们比电动汽车更容易普及推广。电动自行车是助力自行车最好的替代产品；电动自行车的开发生产投资小、上马快，能迅速形成生产规模。从 1999 年 10 月在北京举行的第十六届国际电动汽车学术会议暨展览会情况看来，我国电动自行车整车及生产技术与电动汽车相比显得更为成熟。因此，电动自行车是我国发展电动国产业的又一个突破口。

采用铅酸蓄电池作为动力，则电池本身就有十几千克。如果采用锂离子电池，电池本身则只有 3 千克左右，搬到楼上很方便。这样的电动自行车轻快、便捷、安全、价廉，将会受到越来越多的欢迎，且其品牌、规格、花色也越来越多，具有广阔的前景。以北京市为例，随着交通管理部门对电动自行车限制的放松，市场需求量将达到 100 万辆。尽管目前大部分电动自行车采用铅酸蓄电池作动力，随着人们对环境保护意识的增强、国家环保政策的强化实施、锂离子电池价格的不断下调，铅酸蓄电池将逐步被锂离子电池取代。

我国 2010 年电动自行车的产量为 2954.4 万辆，出口 50 多万辆，出口额达到 26.1 亿美元。其中天津目前是世界上最大的电动车生产基地，2010 年电动自行车产量为 1343 万辆。

目前锂电池电动自行车发展的条件越来越成熟。锂电车轻巧的优势将充分显现。另外，电动自行车出口势头良好，特别是出口西欧国家增长很快，荷兰去年每卖出 4 辆自行车，其中就有 1 辆是电动自行车，而欧洲的电动自行车用的基本都是锂电池。

15.2.2.2　纯电动汽车

电动汽车的研发成功始于 1873 年的英国人 Robert Davidson，后来应用于私用轿车、送货车及公共汽车，曾经在 19 世纪末欧美等地区达到一个高潮。它比 1885 年德国人 Carl Benz 制造的第一辆以汽油为燃料的内燃机汽车早 12 年。一开始两者并驾齐驱，但是福特汽车公司于 1913 年大力生产后者，大大降低了成本，并且性能也不断提高。而电动汽车始终没有解决电池的比容量、功率以及寿命等方面的问题，因此电动汽车的性能远不及内燃机汽车，只好让内燃机汽车垄断市场。

20 世纪 70 年代各主要汽车制造厂商受石油危机的冲击，又着手研制电动汽车，速度、续航力都提高了，但因性能赶不上内燃机引擎汽车的发展及成本太高等原因，且石油危机也解除了，依然无法进入市场。近年来，因内燃机汽车造成的空气污染日趋严重，全球温室效应引发的二氧化碳减量与能源政策，使石油替代性能源（CNG、LPG、氢气、太阳能、甲醇、乙醇、电力等）车辆受到各国政府的重视，其中电动汽车被认为是最有希望的品种，诸多车家和各个大汽车公司例如通用、福特、克莱斯勒、日产、丰田、本田、马自达、三菱、奔驰、大众、PSA-标致-雪铁龙集团、雷诺、宝马等积极投入大量的人力、物力和财力，推动电动汽车的进一步发展。

对我国而言，内燃机汽车污染日益严重，尾气、噪声等对环境破坏到了必须加以控制和治理的程度；特别在一些人口稠密、交通拥挤的大中城市，情况更为严重。例如在我国上海市，1995 年市中心城区内机动车的 CO、C_xH_y、NO_x 排污负荷分别占该区域内相应排放总量的76%、93%和44%；如不采取措施，2010 年机动车排污负荷将进一步上升到 94%、98% 和75%。而且，内燃机汽车是以燃烧油料类重要的、不可再生的化工原料。按照目前的消耗速度，石油资源仅能再维持数十年的时间。2004 年我国将取代日本成为世界第二大石油消费国，2010 年原油净进口量首次突破 2 亿吨，对外依存度超过 55%。因此，发展新一代电动汽车，作为无污染、能源可多样化配置的新型交通工具，引起了人们的普遍关注。

新一代电动汽车是一种综合性的高科技产品，其关键技术包括高度可靠的动力驱动系统、电子技术、新型轻质材料、电池技术、整车优化设计与匹配的系统集成技术等。由于受到每一种单元技术的制约以及人们对这种新生事物的重视程度不够，尽管研制电动汽车的意义重大，项目开展也经历了数十年，但现在世界上真正能商业化的纯电动汽车还不多。

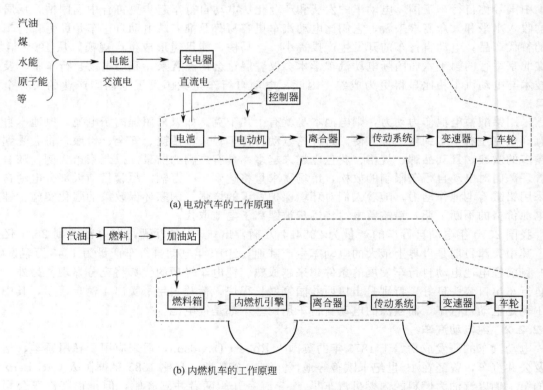

图 15-2　电动汽车与内燃机汽车的工作原理对比

电动汽车与传统内燃机引擎汽车在构造上的主要差异为动力系统，图 15-2 是电动汽车与内燃机引擎汽车的简单结构比较，我们可以说从内燃机引擎汽车卸下引擎、燃料箱、引擎控制装置、排气管（含催化转化器）等零组件，再取而代之以电动机、电池、控制器、充电器等零组件，就是电动汽车了。与传统内燃机引擎汽车相比，电动汽车具有以下明显的优势。

① 低污染排放：电动汽车行驶时不会排放有毒气体，即"零"排放率（zero emission vehicle：ZEV），因为它只以车载蓄电池提供动力。目前大气污染特别严重，有相当一部分是内

燃机汽车排放的尾气造成的，如 CO_2、CO、NO_x 等；另外全球气候因大气中二氧化碳含量增加而变暖，因此迫切需要零排放交通工具。据分析，若所有传统车辆均改成电动汽车，则可减少 99% 的 VOC 和 CO_2，以及 50% 的 NO_x 等有害污染物。即使将电动汽车电池充电所需的电量由发电厂发电所产生的污染计入，也远低于传统内燃机引擎车辆的废气排放量，而且电厂为固定污染源，较容易控制。

② 低噪声、无废热：电动行驶时的电动机噪声远比传统车辆的引擎及排气管口来得少，且不排出废热。

③ 提高能源利用效率：从图 15-3 可以看出电动汽车的效率比内燃机汽车要高 1 倍左右，因此电动汽车成为了替代方向之一。

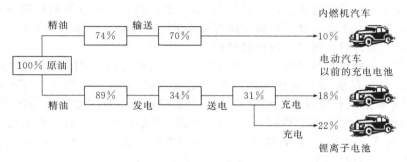

图 15-3　电动汽车与内燃机汽车的综合效率对比

④ 减缓能源危机：依世界能源协会估计再过 60 年（甚至更短），地球上的石油将会用完，届时机动车辆怎么办？电动汽车使用的电能可通过多种方法（石油、煤、水力、风力、CNG、LPG、地热、核能、太阳能等）得到，促进能源多元化，减轻对石油的依赖，减缓能源危机的发生。当然，电动汽车也可利用夜间用电低峰期充电，有助于电力供应的平稳。

⑤ 不会产生内燃机油污，耗油率为"零"。

⑥ 寿命长（>10 年）、维修费用低、驾驶成本经济、直接传动而驾驶平稳且无歇停振动现象等，因此备受各国关注。

目前，电动汽车存在的主要问题在于价格、续驶里程、动力性能等方面，而这些问题都是与电源技术密切相关的。电动汽车用动力蓄电池与一般启动用蓄电池不同。它是以较长时间的中等电流持续放电为主，间或以大电流放电用于启动、加速或爬坡，因此具有特殊的要求：

① 能量密度高，包括质量比能量和体积比能量；

② 功率密度和质量比功率高；

③ 较长的循环寿命，工作时间可达 10 年；

④ 较好的充放电性能和快速充放电性能，耐过充、过放能力好；

⑤ 电池一致性好；

⑥ 价格合理；

⑦ 使用维护方便；

⑧ 其他性能好，如安全性能好，发生交通事故时最好不发生起火或爆炸，无环境污染问题，在电池的生产、使用和报废回收的过程中不对环境产生不良影响等。

从目前已有的蓄电池而言，锂离子电池在库仑效率（见图 15-3）和能量密度（见图 15-4）方

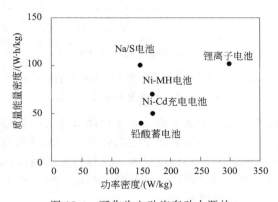

图 15-4　可作为电动汽车动力源的可充电电池的性能对比

面优于其他蓄电池体系，可作为理想的牵引动力，具有相当的前景。但是，电动汽车的普及必须在品质、价格和方便性三方面均能满足消费者的需求。

① 品质，包括设计品质和制造品质。设计品质包括续航力、充电时间、加速性、爬坡能力、剩余电量指示计的准确度等产品性能。在这些方面最好不要比内燃机引擎车辆逊色太多，否则无法满足消费者的需求。

② 成本，包括购置、使用（充电）、维修等总成本，最好是低于内燃机引擎车辆，让使用者牺牲一些产品性能而以总成本较低来弥补，才有可能被接受。

③ 方便性，指外围设施要满足使用者所需充电（交换电池）、停车及行驶道路方面的快速与方便性。

电池是电动汽车发展的首要关键，经过 10 多年的筛选，现在普遍看好锂离子电池。对于目前锂离子电池的技术而言，就应用而言还有待于进一步改性。改性的方面如下。

（1）充电一次的行驶距离和总的行驶里程

从目前索尼公司的试车结果来看（见表 15-1），一次充电的行驶距离可达 200km 以上，并且性能基本能达到美国尖端电池研究团（United States Advanced Battery Consortium：US-ABC）在 1991 年拟定的长期目标。我国"863"计划电动汽车重大专项计划书中要求锂离子电池作为电动汽车动力必须达到的性能。从这些指标可以推算出，充电 1 次的行驶距离将大于 200km。显然，如果该"863"计划能够在这些指标方面真正达到目标，将大大推动锂离子电池在我国电动汽车方面的应用。

表 15-1　索尼公司以锂离子电池为动力的电动汽车的部分试车结果

参　　数	性　　能	参　　数	性　　能
大小（长×宽×高）/mm	4145×1695×1565	每次充电行驶里程/km	＞200
乘客数/人	4	最大速率/(km/h)	120
质量/kg	1700	从 0 加速到 80km/h 所需时间/s	12

（2）成本

目前锂离子电池还不能应用于电动汽车的主要原因之一为价格。因为电动汽车搭载大量的电池，所以成本高，再加上锂离子电池本身为目前成本较高的充放电电池。降低成本的主要方向是电极材料和隔膜。如果在正极材料方面能够有所改善，采用一些价格更低的正极材料，将大大降低电池的成本。另外，随着锂离子电池模块产量的增加，如图 15-5 所示，价格将不断下降。与此同时，石油的价格将不断上涨，这样，电动汽车将逐渐在价格方面能够满足消费者的要求。

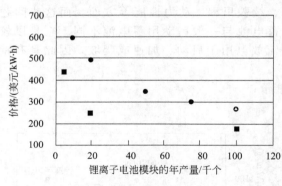

图 15-5　电动汽车用锂离子电池模块的价格估计
（■、●和△分别为不同公司的预测）

（3）安全方面

在实用上，大型锂离子电池或锂离子电池组的安全测试还未真正过关。如果采用锂离子电池作为动力源在安全性能有很大的突破，特别是不会爆炸，将大大提高其吸引力。其中研究对策之一为采用全固态锂离子电池或采用新型的锂离子电池体系，例如较低电压的正极材料和较高电压的负极材料，这样将大大减少电解液的分解和热量的产生。当然，通过理论模拟和计算来指导设计也是目前正在进行的一个方面。

（4）充电时间

锂离子电池的充电时间目前还较长，通常需要 1～3h，利用夜间充电较多，外出时电力补充就很困难（不管设置充电站或交换站，目前数量都很少），即使快速充电仍需 15min，与汽车加油相比，从快速方便而言，仍无法与燃料动力汽车相比。

但是，随着国家的不断介入和政策的不断调整，锂离子电池作为商品化电动汽车的动力源将为期不远。表 15-2 为有关电动汽车及锂离子电池在电动交通工具方面的发展情况及预测。

表 15-2　电动汽车及锂离子电池在电动交通工具方面的发展情况及预测

时　　间	发　　展
1873 年	英国人 Rober Davidson 研究开发第一辆电动汽车
1970 年	石油危机，重新开展电动汽车的研究
1990 年	美国加利福尼亚州规定 1998 年必须有一定比例（2%）的零排放汽车（尽管 1996 年 3 月 29 日进行了修改）；2003 年要达到 10%
1991 年	美国成立先端电池研究团（USABC）：由能源部、汽车制造商社和电力研究所组成并拟定了电动汽车的中长期目标
1991 年	法国工业部提供经费在巴黎地区引入 1000 辆电动汽车；每辆车平均补助 15000 法郎
1992 年	索尼公司着手锂离子电池为动力源的电动汽车的开发
1993 年	日本政府推动 Eco-Station 计划，到 2000 年在全国补助 3000 亿日元设置 2000 个充电站；通产省及电动汽车协会制定 2000 年 20 万辆电动汽车的目标
1993 年	Bellcore、EOF 和 CEA/CEREM 着手研究基于聚合物电解质的锂二次电池为动力源的电动汽车的开发
1994 年	法国政府决定推广电动汽车；力求 1999 年达到拥有 100000 辆电动汽车；并对购买电动汽车的个人、企业、政府机关等实行补贴
1995 年	日本规定 2000 年公务车中 10% 为低公害车计划
1996 年	在巴黎地面及地下停车场设 200 个充电站供电动汽车使用，电动汽车可免费停车
1996 年 1 月	德国在境内共设有 100 个充电站，其中 68% 完全免费，少部分仅收取充电费或停车费
1996 年 12 月	在北京电动汽车展览会上，日本三菱公司展示了其研制的以锂离子二次电池为动力源的电动汽车概念车
1997 年初	索尼及其与尼桑公司申请多项专利，保护其可用于电动汽车的大容量锂离子二次电池，其后还陆续申请了好几项专利，并进行了试车
1997 年 10 月	广州市引进 20 辆电动汽车，并宣布了广东佛山为电动汽车推广示范城市
2008 年	北京"绿色"奥运会采用电动汽车，提供交通运输
2010 年	上海世博会采用 1000 多辆电动汽车
2010 年	瑞士达到 20 万辆电动汽车的目标
2011 年	我国启动"十城（实际 25 城）千辆"计划

目前国外著名汽车公司都十分重视研究开发电动汽车，世界发达国家不惜投入巨资进行研究开发，并制定了一些相关的政策、法规来推动电动汽车的发展。以美国蓝鸟客车公司、英国的 Frzaernash 公司、日本丰田、日本本田为代表的电动客车和轿车已经上市，英国已有数万辆电动汽车在使用。法国是世界上推广应用纯电动汽车最成功的国家之一，成立了电动汽车推广应用国家部级协调委员会，巴黎和拉罗舍尔已经建立了比较完善的纯电动汽车充电站网基础设施，制定了优惠的支持和激励使用电动汽车的政策，且已经初步形成了纯电动汽车运行体系。经历了长期发展，纯电动汽车技术逐步成熟，并在美国、日本、欧洲等国家得到商业化的推广应用。目前世界上有近 4 万辆纯电动汽车在运行，其中法国 8000 辆，美国 7000 辆，日本 7400 辆，主要用在公共运输系统。

中国电动汽车虽然没有欧美等国家起步早，但国家从维护能源安全、改善大气环境、提高汽车工业竞争力实现我国汽车工业的跨越式发展的战略高度考虑，从"八五"开始到现在，电动汽车研究一直是国家计划项目，并在 2001 年设立了"电动汽车重大科技专项"。通过组织企业、高等院校和科研机构，集中各方面力量进行联合攻关，现正处于研发势头强劲阶段，部分技术已经赶上甚至超过世界先进水平。"电动汽车重大科技专项"实施以来，已成功开发出纯电动汽车，并已通过国家有关认证试验。

锂离子电池单位质量能量密度为铅酸电池的 3 倍，而且锂资源较丰富，是很有希望的电池。随着经济的发展，假如中国人均汽车持有量达到现在全球水平即每 1000 人有 110 辆汽车，中国汽车持有量将呈 10 倍增加，石油进口就成为大问题。因此，在中国研究发展电动汽车不是一个临时的短期措施，而是意义重大、长远的战略考虑。目前我国已经将电动汽车列为七大战略性新兴产业之一。图 15-6 为我国比亚迪纯电动汽车和日本丰田纯电动概念车 AEV 的图片。

(a)   (b)

图 15-6 比亚迪纯电动汽车（a）和丰田纯电动概念车 AEV（b）

在上海，第一批私人购买的纯电动车已在 2011 年 4 月挂牌上路。虽然第一批车一共只卖出 8 辆，却因其超前性而创造了一个私人消费纪录。据了解，上海已被确认为电动汽车国际示范城市，嘉定区则为电动汽车国际示范区。上海国际汽车城区域已启动包括充电桩及充电站在内的第一批配套充电设施建设，之后还将公布电动汽车国际示范城市建设规划。

由北京汽车行业协会提出的《北京汽车产业"十二五"发展规划》，2011 年 5 月已经通过了北京市经济和信息化委员会的审查。根据规划，2015 年北京的纯电动汽车在用车将达到 10 万辆的规模，并将以乘用车为主。根据规划，纯电动车是北京发展新能源车的重点，此外不排斥发展插电式、混合动力等其他类型新能源车。消费者在购买纯电动车时，除将享受与深圳相同水平的优惠补贴（12 万元）外，还将享受"不摇号、不限行、不纳税（国家代付）"的特殊优惠。

预计 2015 年我国电动汽车将达到 50 万～100 万辆；2030 年，我国 10%～20% 的汽车为电动汽车。到 2020 年，英国将有超过 100 万辆电动汽车，德国在马路上行驶的电动车将达到 100 万辆。

15.2.2.3 混合电动汽车

由于电动汽车从实用的角度而言还有待于提高，目前折中结果倾向于混合动力汽车。混合动力汽车并非最近的发展产物，早在 20 世纪 60 年代就提出来了，它将主动力装置与储能装置结合起来。主动力装置提供一般的动力需要；储能装置则调节汽车的功率波动，当爬坡或加速时供给能量，而刹车时则回收储存能量。一般的内燃机必须能迅速响应，供给足够的能量。在快速加速时，常常在 80kW 以上；而在一般的公路上行驶少于 8kW。由于负荷变化和快速响应的要求，降低了内燃机的热效率。对于混合动力汽车，由于内燃机一直处在优化的水平上运行，因此效率高、排放量低。目前开发的混合动力汽车用单体电池为 ϕ50mm×250mm，质量为 1.24kg，充电到 4.0V，容量可达 22A·h。

混合电动汽车的动力系统中同时包括电池组和内燃机，它兼有纯电动汽车和内燃机汽车二者的优点。一般可将混合电动汽车分为串联型 S-型和并联型 P-型。串联型中，由内燃机驱动发电机，发电机给蓄电池充电，蓄电池再给电动机提供电能，只有电动机能直接驱动汽车；并联型混合电动汽车的内燃机和电动机都可以直接驱动汽车，在郊外长途行驶中用内燃机按低排放标准运行，在人口稠密地区用电池组按"零排放"标准运行。混合电动汽车的优点主要是内燃机一直在低排放、高效率区工作，从而提高了内燃机效率并大大降低了污染物的排放：其耗油量只有普通汽车的一半，同时 CO_2 的排出量大约是普通汽车排出量的一半左右，CO、C_xH_y、NO_x 等废气和微尘的排出量只有普通汽车的 1/10；混合电动汽车的行驶距离是由油箱容积决定的，因此续驶里程长，且仍然使用加油站，不必另外配备其他公共设备，成本和销售价格比较低。不足之处是这种车消耗石油等资源；不能做到"零排放"，不能彻底解决污染问题；并且它同时包括两套动力装置，驱动系统复杂。混合电动汽车对电池的要求与电池电动汽车的要求有所不同，混合电动汽车要求电池在充、放电时有较大功率，以便和内燃机功率匹配，并为驱动车辆提供足够的动力，所以要求电池有高功率密度；另一方面，由于采用的电池一般为小容量电池，因此在能量密度方面的要求则可以低一些。锂离子电池当然可用于混合电动汽车，由于有内燃机一直在对电池充电，其容量可以较小。

欧洲各大汽车厂商争先恐后地推出了本公司研制的混合动力电动汽车，甚至德国的博世（BOSCH）等著名的零部件公司也积极与大汽车公司联手开发混合动力电动汽车技术。美国已有近 20 个城市试验使用混合动力电动公交车，瑞典、法国、德国、意大利、比利时等国家计划在 9 个欧洲城市开通混合动力电动公共汽车线路。目前，混合电动汽车在一些国家的发展如下。

（1）日本

从目前世界范围内的整个形势来看，日本是电动汽车技术发展速度最快的少数几个国家之一，特别是在发展混合动力汽车方面，日本居世界领先地位。目前，世界上能够批量产销混合动力汽车的企业，只有日本的丰田和本田两家汽车公司。1997 年 12 月，丰田汽车公司首先在日本市场上推出了世界上第一款批量生产的混合动力轿车 PRIUS。到 2012 年，其所有的车型将全部装上混合动力发动机。丰田汽车公司在实现混合动力系统的低能耗、低排放和改进行驶性能方面已经走在了世界的前列。

（2）美国

美国三大汽车公司只是小批量生产、销售过纯电动汽车，而混合动力和燃料电池电动汽车目前还未能实现产业化，日本的混合动力电动汽车在美国市场上占据了主导地位。2004 年，通用汽车公司与戴-克汽车公司对外宣布，双方将在开发混合动力电动汽车的技术领域携手，共同推进此项技术的发展。

（3）中国

目前中国各大汽车集团都在进行混合动力电动汽车研发，多数以混合动力电动客车为主，这种研发方向符合我国国情，有利于我国电动汽车的研究发展。奇瑞集团成立了国家节能环保汽车工程技术研究中心；吉利集团旗下的上海华普汽车已与同济大学汽车学院签署合作协议，预计 3 年内完成混合动力轿车商业化生产；深圳五洲龙汽车有限公司也表示，中国规模最大、投放车辆最多的混合动力示范运营线路即将在深圳市龙岗区开通。广州本田更是紧跟丰田的步伐，于 2006 年中下旬推出国产雅阁混合动力车。上汽集团与通用签署协议，将联手开发混合动力轿车和公交客车。来自中兴汽车的消息，中兴汽车与美国在"汽车混合动力技术、转子发动机技术及飞行汽车技术"等方面有着雄厚技术实力的梅尔莱普顿集团签订了合作意向书，正式介入"油汽混合动力技术"领域。与此同时，新能源汽车作为未来汽车的主要发展方向，国家一向给予支持和鼓励。如《汽车产业发展政策》、《"十一五"汽车产业发展规划》等政策和文件都鼓励清洁汽车、代用燃料及汽车节油技术的发展。

15.3 锂离子电池在航空航天领域的应用

在太空中，航天器不可能时时面对着太阳。当航天器位于阴暗面时，太阳能电池也就不能正常工作,需要储能的蓄电池供电。普通锂离子电池主要是从可行性、性能及成本等角度进行考虑,因此一般不能直接用于航天领域。用于航天领域的锂离子电池必须可靠性高、低温工作性能好、超长的循环寿命、能量密度高和体积更小等。而且由于许多航天器件的价格高昂和极难制备,电池体系必须具有远远超过一般工业要求的设计可靠性。由于存在质量和体积等设计方面的限制,因此应用该领域的电池均须具有高比能量和能量密度。如果电池质量减少,负荷质量可明显降低,这样可大大降低发射成本,因此电池材料的成本并不是一个重要的考虑因素。例如质量减少 200kg,可节省 3000 万美元的发射成本。同样,动力源的紧凑亦是必要的,特别是对于小航天器。对于每年发射 50～100 颗卫星的大航天公司而言,即使电池的质量减小一半,将节省上亿美元的开支。

不同的航天器,对可充电电池的要求也不一样(见表 15-3)。对于轨道飞行器,尽管放电深度相对较低(10%～30% DOD),但是循环寿命一般要求在 30000 次以上;电池的工作温度能很好进行调节,一般在 0℃ 以上。就目前的测试结果而言,在 25%DOD 测试时循环次数可达到 60000 次,基本上可以满足其要求。对于着陆器和漫游器而言,要求操作温度可以低至 −30℃,这样低的温度是选择电池的关键,甚至要求能低至 −60℃。在这样低的温度下,电流输出将会很小。另外,有时撞击星球硬表面的冲击力可达 80kg,因此耐冲击性亦是一个重要的考虑因素,目前用于该任务的主要还是 $Li/SOCl_2$ 原电池。

随着航空航天技术的发展,迫切需要降低电源系统的质量。研制开发输出功率高、质量轻的储能电源是航天科技工作者一直追求的目标。新型锂离子电池具有更高的比能量、低的自放电等突出优点,其比能量是氢镍电池的 2 倍、是镉镍电池的 4 倍;这就意味着,与氢镍电池和镉镍电池相比,在相同质量的条件下可以为航天器提供 2～4 倍的能量,非常适合航空航天技术的发展需要。国际上锂离子电池技术已在微小卫星、高轨道卫星、深空探测领域取得了工程化应用,正成为继镉镍电池、氢镍电池之后的第三代航天用储能电源,我国在航天用锂离子电池储能电源技术的研究中也取得突破性进展,在一些卫星工程型号产品上取得了应用,例如神舟 5 号的伴星就是采用了锂离子电池。

表 15-3　航天器对电池的要求

参数	着陆器 (lander)	漫游器 (rover)	地球同步 轨道卫星	低轨道卫星	航天工具	释放点[①] 的飞船
容量/A·h	20～40	5～10	10,20,35	10,20,35	3～5	20～25
电压/V	28	28	28～100	28	28	28
放电速度	C/5～1C	C/5～C/2	C/2	C/2～C	C/2	C/2
循环寿命	>500 (约 60% DOD)	>500 (>60% DOD)	2000 (>75% DOD)	>30000(>30% DOD) >60000(>25% DOD)	>100	50
工作温度/℃	−40～40	−40～40	−5～30	−5～0	0～50	25～30
比容量/(W·h /kg)	>100	>100	>100	>100	>100	100
能量密度 /(W·h/L)	120～160	120～160	120～160	120～160	>80	120～160

① 释放点处两个星体对航天器的吸引力基本上被平衡掉了。

15.4　锂离子电池在军事方面的应用

在国防军事领域,锂离子电池则涵盖了陆(单兵系统、陆军战车、军用通信设备)、海(潜艇、水下机器人)、空(无人侦察机)、天(卫星、飞船)等诸多兵种。锂离子电池技术已不是一项单纯的产业技术,它攸关信息产业和新能源产业的发展,更成为现代和未来军事装备不可缺少的重要能源。

军事装备对锂离子电池的特定要求：

① 高安全性　在高强度的冲击和打击时，电池要保证安全，不会造成人身伤亡；

② 高可靠性　要保证电池在使用时有效可靠；

③ 高环境适应性　要保证在不同气候条件下，高强度电磁环境下，高/低气压环境下，高放射性辐射环境下以及高盐分环境下均能正常使用。

目前锂离子电池已作为美国军队标准电池系列之一。表 15-4 为军用锂离子电池的参数要求。

表 15-4　军用锂离子电池的要求

质量能量密度/(W·h/kg)	体积容量密度/(W·h/L)	功率密度/(W/kg)	循环寿命/次	工作温度范围/℃
120	229	175	>224	-40~71

目前锂离子电池除了用于军事通信外，亦用在一些尖端武器中。尖端武器性能好坏的重要标志之一是动力装置，例如鱼雷、潜艇、导弹等，而锂离子电池具有非常好的性能，能量密度高，质量轻，可促进武器向灵活、机动方向发展。英国最近公开了耗资 560 万美元研制的新一代拆弹机器人的原型机"卡弗"，其电源将采用锂离子电池。

15.5　微型机电系统和其他微型器件

随着电子工业及微加工行业迅猛发展，电子产品小型化、微型化、集成化是当今世界技术发展的大势所趋。微电子机电系统如微型传感器、微型传动装置等是近年来最重要的技术创新之一。

微型机电系统是指运用微电子加工技术和微机械加工技术，在较小的物理尺寸上，集成微机械元件、微传感器、微机械、执行器、微电子元件、电路和供能部件的器件或系统，该系统通过电、光、磁等信号与外界发生联系，可以应用于许多领域，例如通信、计算、控制功能、自主能力等。它把许多功能结合在一起，减少传感器、传动机构系统的尺寸和质量，具有用传统工艺加工出来的产品所不具备的特性，比如更高的灵敏度、更高的分辨率、稳定性、高效率、低能耗。一般来说，这种系统具有移动性、自控性、集成化。移动性，意味着不使用线连接的电源。自控性，意味着不能使用一次性电池。常规电池已经开始不能满足 MEMS 系统对小型化、集成化日益增长的要求。而一般的电容器储能容量小，因此希望用高能质轻的微型电池来代替。这样，锂离子电池为理想的候选者。

在 20 世纪 80 年代初开始了薄膜型充电电池的研究，20 世纪 90 年代初才提出微型电池的概念。微型电池一般定义为底面积不大于 $10mm^2$ 的电池。目前，适用于 MEMS 的微型电池其尺度可能在毫米级，适用于微芯片的微型电池的尺度可能在微米级。微型电池的功率范围应在微瓦级，具有与微电子芯片、MEMS 能集成的相容性。表 15-5 为 MEMS 和其他微器件对电源的要求。

表 15-5　微型机电系统和其他微型器件对微型电池的应用要求

应用要求	遥感阵列	低功率显示器	嵌入式传感器	光学微型机电系统
尺寸	微	大/小	微/小	微/小
质量	很轻	轻/重	轻/很轻	轻/很轻
能量	低	中等	低	低/中等
装配难度	简单	中等	简单	简单/中等
外部充电	需要	需要	需要	不总需要
需何种电池	微型电池	传统电池/微型电池	微型电池	扣式电池/微型电池

近年来，微型电池的研究和开发已经受到许多国家的重视。美国、日本、韩国、英国、欧共体等都有微型电池研究的大量报道，例如美国有 Sandia 国家实验室、橡树岭国家实验室、美国航天局所属的喷气推进实验室等。日本通商产业省下属的新能源和工业技术发展组织在 2002 年实施了一个大规模的国家研究开发项目：超小型高密度电源技术的研究。我国亦已经开展了这方面的研究。

微型电池可以制成几乎任何形状、大小，还可以不同的组合方式应用于不同的场合。微型锂离子电池的能量密度和输出功率都不是很高，但是制造和生产并不简单。目前微型锂离子电池一般都制成薄膜电池的形式。对于全固态的锂离子电池，可以利用各种沉积技术，制成各种二维形状的电池，能够方便地与微型机电系统集成在一起。或者利用集成电路的制造工艺，大批量单独制造或是与集成电路同时制造微型锂离子电池，这方面的研究、开发已在第 13 章进行了说明。

微型锂离子电池可以作为微型机电系统的主要电源和备用电源。它可以独立于微型机电系统器件或集成电路单独制造，然后再从外部与已经做好的器件相连。也可以作为微型机电系统和集成电路的一个部件，作为内置式的电源使用，这种形式的微型电池可以减少集成电路的功耗。可作为微型的医疗器件、远程的传感器、小型的发报器、智能卡、生物芯片和人体内的微型手术器等的电源，也可以作为备用电源，应用于计算机存储卡和其他类型的静态存储（CMOS）等。

图 15-7 为橡树岭实验室制备的部分微型电池。图 15-7（a）为活性面积为 7.5cm^2 的可植入医疗器件的微型锂离子电池；图 15-7（b）为置于集成电路块［见图 15-7（c）］背面的面积为 6.5cm^2 的微型锂离子电池；图 15-7（d）为活性面积为 1cm^2 的典型试验电池。

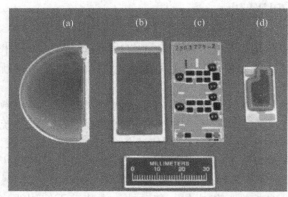

图 15-7　部分微型锂离子电池

国外媒体的最新消息显示，近日 UCLA 的研究人员为全新的研究项目制订了一个盐粒计划，据悉该计划旨在研发盐粒般大小的微型锂离子电池。据说研究成功之后这款电池将可以装载在笔记本电脑、手机和音乐播放器中。总的来说，微型锂离子电池距离真正实用阶段还有一段的距离。制造工艺、微型机电系统集成使用的方式等是必须进一步研究和发展的关键技术。随着全固态锂离子电池技术的发展，特别是原位（in-situ）技术的发展，将有可能提高微型锂离子电池的循环性能，实现其产业化。

15.6　锂离子电池在储能方面的应用

随着风电、光伏发电以及智能电网技术的发展，人们迫切需要建立大规模储能电站，以迎合峰谷电力调配及波动性较强的新能源电力并网的需要。目前最为业界所看好的适合于大规模储能应用的电池技术之一是锂离子电池，因为锂离子电池具有如第 1 章所述的许多优点。

15.6.1　太阳能和风能的储存

风能和太阳能这两种发电方式受到大自然条件变化的影响，具有间歇性和不可控性，属于非并网发电系统，因此都需要储能电池。小型风能和太阳能非并网发电系统普遍采用铅蓄电池组作为储能装置。目前风力发电机组已由千瓦级发展到兆瓦级，这就要求储能系统必须大型化。同时由于发电系统地理位置的限制，储能系统必须安全可靠、使用方便、价格便宜、充电效率高、使用寿命长，并且有充分的抗恶劣天气和使用条件的能力。

锂离子电池的能量密度很高，充电接受能力很好，没有记忆效应，不需要进行周期性维护充放电，对用户而言比较方便。

15.6.2　智能电网的建设

（1）智能电网的概念

简单地说，智能电网通过传感器把各种设备、资产连接到一起，以先进的计算机、电子设备和高级元器件等为基础，通过引入通信、自动控制和其他信息技术，形成一个客户服务总线，从而对信息进行整合分析，以此来实现对电力网络的改造，从而降低成本，提高效率，提高整个电网的可靠性，使运行和管理达到最优化。其核心内涵是，在电力系统各业务环节，实现新型信息与通信技术的集成，促进智能水平的提高，其覆盖范围包括从需求侧设施到广泛分散的分布式发电，再到电力市场的整个电力系统和所有相关环节，其中的每一个用户和节点都得到了实时监控，并保证了从发电厂到用户端电器之间的每一点上的电流和信号的双向流动及实时互动。

2003 年美国和加拿大停电后，美国电力行业面对陈旧老化的电力设施、与数字信息技术脱节的二次控制系统及巨额的投资改造计划，决心利用日新月异的信息技术对电网进行彻底改造，以期建成一个高效能、低投资、安全可靠、灵活应变的电力系统，其智能电网的定义就是在这一背景下提出的。

在欧洲，智能电网建设的驱动因素可以归结为市场、安全与电能质量、环境等三方面。欧洲电力企业受到来自开放的电力市场的竞争压力，亟需提高用户满意度，争取更多的用户。因此提高运营效率、降低电力价格、加强与客户的互动就成为了欧洲智能电网建设的重点之一，而对环境保护的极度重视，则使得欧洲智能电网建设十分关注可再生能源的接入。

（2）智能电网的结构优势

智能电网是常规电网发展的方向，其目的是通过信息化手段，使能源资源开发、转换（发电）、输电、储电、配电、供电、售电及用电的电网系统各个环节，进行智能交流，实现精确供电、互补供电，在保证供电安全前提下，提高能源利用效率，最大限度地接纳可再生能源，以节省用电成本，降低环境压力。

智能电网的结构能支持目前配电系统的结构所不能支持的两个基本要求：①综合考虑终端用户（分布式电源、电力调节设备、无功补偿设备和用户能量管理系统）控制和总体配电系统控制，以达到系统性能的优化，取得期望的稳定性和电能质量；②支持高比重的分布式电源，以提高系统的整体性、效率和灵活性。电网能够同时适应集中发电与分散发电模式，实现与负荷侧的交互，支持风电、太阳能发电等可再生能源的接入，扩大系统运行调节的可选资源范围，满足电网与自然环境物和谐发展，通过协同的、分布式的控制，利用分布式电源来优化系统性能，在发生重大系统故障时可利用分布式电源进行局部供电（微型电网）。

智能电网的实现将形成所谓的"神经系统"，将新的分布式技术——需求响应、分布式发电以及存储技术——与传统的电网发电、输电和配电设备相融合，一起协调控制整个电网。

未来的智能电网将是一个先进技术的复合体，包括信息通信技术、传感测量技术、电力电子技术、储能技术等，而其中储能技术则是智能电网能够顺利实施的关键支撑点，将在智能电网的多个环节中发挥非常重要的作用。

　　储能技术通过功率变换装置，及时进行有功/无功功率吞吐，可以保持系统内部瞬时功率的平衡，避免负荷与发电之间大的功率不平衡，维持系统电压、频率和功率的稳定，提高供电可靠性；改善电能质量，满足用户的多种电力需求，减少因电网可靠性或电能质量带来的损失；可以利用峰谷电价有效平衡负荷峰谷，减少旋转备用，实现用电的经济性，提高综合效益；此外，储能还可以协助系统在灾变事故后重新启动与快速恢复，提高系统的自愈能力。锂离子电池因其储能方面的优势，在智能电网的建设中成为首选。

　　(3) 智能电网的特点

　　a. 自愈和自适应。实时掌控电网运行状态，及时发现、快速诊断和消除故障隐患；在尽量少的人工干预下，快速隔离故障、自我恢复，避免大面积停电的发生。

　　b. 安全可靠。更好地对人为或自然发生的扰动做出辨识与反应。在自然灾害、外力破坏和计算机攻击等不同情况下保证人身、设备和电网的安全。

　　c. 经济高效。优化资源配置，提高设备传输容量和利用率；在不同区域间进行及时调度，平衡电力供应缺口；支持电力市场竞争的要求，实行动态的浮动电价制度，实现整个电力系统优化运行。

　　d. 兼容。既能适应大电源的集中接入，也支持分布式发电方式友好接入以及可再生能源的大规模应用，满足电力与自然环境、社会经济和谐发展的要求。

　　e. 与用户友好互动。实现与客户的智能互动，以最佳的电能质量和供电可靠性满足客户需求。系统运行与批发、零售电力市场实现无缝衔接，同时通过市场交易更好地激励电力市场主体参与电网安全管理，从而提升电力系统的安全运行水平。

　　智能电网是世界电网发展的新趋势，可以引导各方面更加高效地用电，实现节能减排，并将现有电网所强调的安全、可靠、稳定，提高到一个全新的高度；进一步体现了电网对环境、经济乃至整个社会的积极贡献。

15.6.3　峰谷电的调节

　　"调峰填谷"本身也属于智能电网的功能之一，但又与常见的智能电网不完全一样，因此在这里进行单独说明。简单来看就是在电能富余时将电能存储，电能不足时将存储的电能逆变后向电网输出，这即是储能系统的基本功能——调峰填谷功能（见图 15-8）。随着社会的飞速发展，电力需求与日俱增。就上海市而言，2007 年的高峰用电为 21.208GW，与用电低谷的差值为 8.0GW，相当于澳大利亚在建太阳能电站（0.154GW）功率的 50 多倍。2010 年上海的高峰用电达到了 26.2GW。从我国的电网负荷来看，白昼有一个长达十几小时的高"峰"，夜间有一个数小时的深"谷"，"谷"期的负荷甚至不及"峰"期的一半。如果发电场配备大规模储能系统用于电网的"削峰填谷"，在用电"谷"期将多余的电能储存，辅助设备容量也会大幅度降低，成本也随之降低；在用电"峰"期将储存的电能售给电网，上网电价可以达到"峰"期的市价，或至少较容易达成协议。可见，采用大规模储能装置，可以降低电网调峰负担，改善电力系统的供需矛盾，同时也可以增加发电的经济效益以及提高电利用的经济性和使用价值。用于电力"削峰填谷"的储能系统在国外已经得到了应用证明。

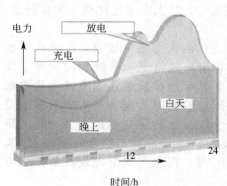

图 15-8　采用电池进行峰谷电调节的效果

　　锂离子电池技术因其在安全性、能量转换效率和经济性等方面已取得重大突破，产业化应用的条件也日趋成熟，因此是最适合我国大规模电力储能的方式之一。

15.7　锂离子电池在其他方面的应用

其他方面的应用包括采煤采矿业、医学、手表、地下采油等。

（1）采煤采矿业

随着全球资源的紧张，矿产资源的价格不断上升，其利润也不断提升。为了提高员工的工作环境，提升矿井的安全系数，原有的铅酸电池因为能量密度高而无法满足要求，因此必须采用高能量密度的锂离子电池。目前在我国大部分采煤和采矿业均采用锂离子电池作为电源，具有体积小、重量轻、免维护、安全可靠、照明时间长等优点，图 15-9 为目前的一种型号。

（2）医学方面

由于锂离子电池的诞生相对于别的充电电池而言比较晚，因此在这方面的应用开发相对较晚。

心律过速（tachycardia）会导致心室纤维性颤动，如果不治疗，将导致死亡。可植入心脏去纤颤器（implantable cardiac defibrillator）可以用来探测心室纤维性

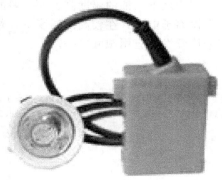

图 15-9　采用锂离子电池为电源、
LED 为光源的井下矿灯

颤动，并及时停止心室的纤维性颤动。第 1 套该类型的装置是在 1980 年生产的，采用 Li/V_2O_5 电池给缝合在心脏附近的电极提供能量。当心室纤维性颤动发生时，该装置通过静脉，产生 40J 的电击，停止颤动。心脏可植入心脏去纤颤器除了治疗心跳过速外，目前还同时具有心脏起搏器的功能。大小现在基本上少于 $35cm^3$。早期认为移动电话对可植入心脏去纤颤器会产生干扰，目前的结果表明，只要移动电话离该装置的距离大于 6cm，就不会产生干扰。

还有一些装置，其功能与心脏起搏器相似，可以用于其他用途，例如止痛等。功能性神经肌肉刺激器（functional neuromuscular stimulator）可以用来帮助截瘫患者，让其步行至少 30 英尺（ft）至一英里（1mile）。病人用手指触摸步行控制器，通过微型计算机发出指令，指令经皮肤提供刺激信号，让选择的外围神经发生作用。这些装置目前用 8 节 5 号电池，但是其需要的能量将逐渐达到可植入电池的范围。实验结果表明，对腹间丘脑神经核（ventral intermediate thalamic nucleus）提供低频率（50Hz）的电刺激，可以减少帕金森氏病人发病氏的颤动。采用电池给刺激器提供动力，控制植入电极。该法已经成功地用于对一些药物具有抗药性的病人，自 1997 年起，已经治疗过 14000 个病人。以前认为深度脑刺激器（deep brain stimulation）系统在植入心脏去纤颤器时，必须解除。但是最近的结果表明，深度脑刺激器可以保留。失禁（incontinence）可以用刺激骶骨神经进行治疗，癫痫症（epilepsy）可以用刺激迷走神经（vagal nerve）进行治疗。止痛也可以通过外部电池，用电刺激皮肤神经进行。

许多装置可以将声信号转变为机械能。对于一些还残留有一定听力和耳蜗显著变聋的病人而言，这些装置可以植入，以提高听力。以前有一些装置一般采用原电池，例如 Li/I_2-PVP 原电池，而原电池的成本比较高，对环境、资源的影响较大，在使用时由于电压下降会导致助听效果降低；另外，有些人特别是老人视力差，因此不好经常更换，采用锂离子电池就可以解决这方面的问题。目前的结果表明锂离子电池作为助听器的电源，完全可以满足要求，并完全能够达到安全方面的要求。例如采用 312 型扣式锂离子电池，容量为 $10mA \cdot h$ 用于助听器中，在背景电流为 $10\mu A$ 的情况下，可以产生 10s 100mA 的电流脉冲，非常实用。

目前进行开发采用锂离子电池作为动力的还有其他一些非生命维持器件。

（3）手表

一般手表使用原电池为动力，但是由于地球环境的恶化，人们越来越倾向于绿色能源，因此产生了以太阳能为动力的手表。但是晚上不可能有充足的阳光。为了储存能量，也就需要蓄电池。锂离子电池因其重量轻、能量密度大而作为候选者。

（4）地下采油

因为地下采油的温度高，而一般的电池是不可能做到的。如果采用聚合物电解质生产的全固态锂离子电池，在较高的温度下，聚合物的电导率提高，从而可有效地提供电力。这可能是将来待开发的应用领域之一。

参 考 文 献

［1］ 吴宇平，戴晓兵，马军旗，程预江．锂离子电池——应用与实践．北京：化学工业出版社，2004．
［2］ Pistoia G．电池应用技术——从便携式电子设备到工业产品．吴宇平，董超，段冀渊译．北京：人民邮电出版社，2010．

第16章

与锂离子电池有关的主要资源情况及其分布

生产锂离子电池所需的材料比较多，因此所涉及的自然资源种类也比较多。了解自然资源的分布和提纯情况对锂离子电池产业的发展具有明显的重要指导意义。与锂离子电池有关的主要资源包括石墨、锂、钴、镍、锰和铁。

16.1 石墨资源

16.1.1 石墨的一些物理化学性能及其工业用途

石墨为元素碳（C）结晶的矿物之一，与金刚石同为碳之同素异形体（polymorphism），硬度 1~2，密度 2.23g/cm³，主要有如下特性。

① 耐高温性：石墨的熔点为 (3850±50)℃，沸点为 4250℃，即使经超高电弧灼烧，重量的损失很小，热膨胀系数也很小。石墨强度随温度提高而加强，在 2000℃时，石墨强度提高一倍。

② 导电、导热性：石墨的导电性比一般非金属矿高一倍。导热性超过钢、铁、铅等金属材料。热导率随温度升高而降低，甚至在极高的温度下，石墨呈绝热体。

③ 润滑性：石墨的润滑性能取决于石墨鳞片的大小，鳞片越大，摩擦系数越小，润滑性能越好。

④ 化学稳定性：石墨在常温下有良好的化学稳定性，能耐酸、耐碱和耐有机溶剂的腐蚀，熔点高达 3000℃。

⑤ 可塑性：石墨的韧性很好，可碾成很薄的薄片。

⑥ 抗热震性：石墨在高温下使用时能经受住温度的剧烈变化而不致破坏，温度突变时，石墨的体积变化不大，不会产生裂纹。

由于石墨具有上述特殊性能，所以在冶金、机械、石油、化工、核工业、国防等领域得到广泛应用，如可作为耐火材料、导电材料、耐磨材料、密封材料、耐腐蚀材料、隔热材料、耐高温材料、防辐射材料等。当然，如第 3 章所述，也可以作为锂离子电池的负极材料。

16.1.2 石墨资源的种类

石墨资源也就是说天然石墨。天然石墨依其外观及性质分为鳞片石墨、土状石墨或非晶质石墨，多产在区域岩区或接触变质岩区，如石英岩与黑色片岩之间或板岩与板岩之间，常与方解石、石英共生。工业上将石墨矿石分为晶质石墨矿石和隐晶质石墨矿石两大类。晶质石墨矿又可分为鳞片状和致密状两种。隐晶质石墨主要为土状。我国石墨矿石以鳞片状晶质类型为主，其次为隐晶质类型，致密状晶质石墨只见于新疆托克布拉等个别地区。

16.1.3　石墨矿床的类型

石墨矿床从其成因来看，主要分为以下几类。

① 硅质沉积变质岩中浸染状鳞片石墨矿床：世界石墨产量的大部分来自像石英云母片岩、长石石英岩或云母石英岩和片麻岩之类的硅质沉积变质岩中。

② 煤或富碳沉积物变质形成的矿床：该类矿床的石墨几乎都是微晶质变种。世界非晶质石墨矿床大部分是来自这类矿床。

③ 充填断裂裂隙和洞穴的脉状矿床：脉状石墨矿床是独特的围岩裂隙或洞穴的填充物，为独特的层状或带状。在较薄矿脉中的石墨呈密集的束状、粒状、长板状，垂直于脉壁定向排列。

④ 大理岩中接触交代或热液矿床：石墨富集在硅化碳酸盐岩中，有的是明显的接触交代矿床，有的则是典型的热液矿床。这类矿床矿石品位很低，规模较小。

⑤ 浸染在大理岩中的鳞片石墨矿床：这类矿床的石墨可能来源于含碳杂质，一般石墨含量不到岩石的 1%，有的局部可达 5%。此类矿床构造复杂，变化大，对世界石墨生产影响较小。

石墨矿的成矿时代有太古宙、元古宙、古生代和中生代，以元古宙石墨矿为最重要。

16.1.4　石墨矿床的主要工业指标

由于石墨矿石类型不同，工业要求也不同，晶质鳞片石墨因可选性好，对原矿品位要求低，一般在 2.5% 以上就可达到工业品位。隐晶质石墨由于可选性差，对原矿品位要求较高，一般要求大于 65%～80% 就可以直接利用。目前，我国石墨矿床的一般工业要求见表 16-1。

表 16-1　石墨矿石工业要求

矿石类型	晶质石差	隐晶质石差
边界品位/%	2.5	60
工业品位/%	3～5	65～80
富矿品位/%	≥5	≥80
可采厚度/m	1	0.4～0.6
夹石剔除厚度/m	1	0.2～0.05

16.1.5　石墨矿石的物质组成和主要特征

鳞片状石墨矿石结晶较好，晶体粒径大于 1mm，一般为 0.05～1.5mm，大的可达 5～10mm，多呈集合体。矿石品位较低，一般为 3%～13.5%。伴生的矿物有云母、长石、石英、透闪石、透辉石、石榴石和少量硫铁矿、方解石等，有时还伴有金红石、钒云母等有用组分。

隐晶质石墨矿石一般呈微晶集合体，晶体粒径小于 1μm，只有在电子显微镜下才能观察到其晶型。矿石呈灰墨色、钢灰色，一般光泽暗淡，具有致密状、土状及层状、页片状构造。隐晶石墨的工艺性能不如鳞片石墨，工业应用范围也较小，矿石品位一般都较高，但矿石可选性差。矿物成分以石墨为主，伴生有红柱石、水云母、绢云母及少量黄铁矿、电气石、褐铁矿、方解石等。品位一般为 60%～80%、灰分为 15%～22%、挥发分为 1%～2%、水分为 2%～7%。

石墨矿物的主要特征如表 16-2 所示，石墨质软、有滑腻感。

表 16-2　石墨的主要性质

化学成分	C	化学成分	C
密度/(g/cm³)	2.1～2.3	颜色	铁黑钢灰
莫氏硬度	1～2	光泽	金属光泽
形状	六角板状鳞片状	条痕	光亮黑色
晶系	六方		

16.1.6　石墨矿资源的分布

据资料，世界石墨储量为 8600 万吨，基础储量为 28686 万吨。已发现的石墨资源相对集中分布在我国、捷克、墨西哥、巴西、朝鲜、印度和马达加斯加。

据国土资源部统计资料，我国石墨资源丰富，储量居世界第一，占世界的 70% 以上。其中晶质石墨储量 3085 万吨，基础储量 5280 万吨；隐晶质石墨储量 1358 万吨，基础储量 2371 万吨。我国石墨资源分布比较广，全国 20 个省（区）有石墨产出，探明储量的矿区有 91 处，总保有储量矿物 1.73 亿吨。晶质石墨分布在 19 个省（自治区），其中黑龙江省拥有可开发石墨储量 2200 万吨多，储量居全国第一，占全国的 64.1%。山东省有可开发石墨储量 1200 万吨，内蒙古有可开发石墨储量 400 万吨；隐晶质石墨分布在湖南省和吉林省，湖南郴州有全国储量最大的土状石墨，占全国储量一半以上，其中桂阳县境内土状石墨（隐晶质石墨）蕴藏量达 7000 万吨，年产量 50 万吨。我国著名的石墨矿床有黑龙江萝北县白云山石墨矿床、山东南墅石墨矿床、内蒙古兴和石墨矿、湖南鲁塘隐晶质石墨矿。目前全国有全民、集体、乡镇石墨采选及加工制品等大小企业 300 多家，生产能力 100 万吨/年。

捷克石墨储量 1140 万吨；墨西哥石墨矿产隐晶质石墨，储量 310 万吨；马达加斯加石墨储量 94 万吨；印度石墨矿床位于奥里萨州桑巴普尔地区，储量 80 万吨；巴西石墨储量 36 万吨，在 Minas Gerais 州主要是大鳞片石墨；加拿大石墨矿床位于安大略和魁北克。安大略 Bissett Creek 石墨矿富有鳞片石墨，石墨资源量 64 万吨。朝鲜、斯里兰卡、加拿大等国家石墨储量合计约为 510 万吨。

国外重要的石墨公司简况见表 16-3。

表 16-3　国外重要的石墨公司简况

公　　司	生产厂址	产品类型	碳含量/%	年产量/万吨
澳大利亚 Bay Resources	南澳大利亚	鳞片石墨	7.4% 13.7%	
美国 Fortune Gaphite Producers	加拿大	无定形石墨	95%	27
德国 Graphite Kropfmuhi	德国、我国、斯里兰卡、津巴布韦	所有类型		3
奥地利 Grafitbergbau Kaiserberg	奥地利	所有类型	85%～99.5%	
加拿大 Gambior		鳞片石墨	16.7%	
加拿大工业矿产有限公司	加拿大	鳞片石墨	94.7%	15
加拿大 Quinto Mining		鳞片石墨	15%～40%	
加拿大世界石墨公司	加拿大、斯洛坎、库存特奈	鳞片石墨	99.5%～99%	
捷克 Koh-i-Noor Gradfit	捷克、内托利采	鳞片石墨	65%～98%	
瑞典 Mirab 矿产资源公司	瑞典	鳞片石墨	11.6%	1.3
瑞典 Woxna 石墨公司	瑞典	鳞片石墨	10%～15%	
巴西 Nationable de Grafit	巴西、米纳斯吉拉德	所有类型		7
挪威 Skaland 石墨公司	挪威	鳞片石墨	85%～99%	1.2
瑞士 Timcal	加拿大	无定形/鳞片石墨		
乌克兰 Zavalievsky Grafitovy Kombinat	乌克兰	鳞片石墨		

16.1.7 石墨产品的质量标准

如前所述，石墨主要有鳞片石墨和隐晶质（无定形）石墨，因此也有不同的标准。

16.1.7.1 鳞片石墨的工业标准（GB 3518—95）

如前所述，鳞片石墨为天然晶质石墨，形似鱼鳞状，属六方晶系，呈层状结构。鳞片结晶完整，片薄且韧性好，物理化学性能优异；具有良好的耐高温、导电、导热、润滑、抗热震性、可塑及耐酸耐碱等性能。工业部门根据鳞片大小、固定碳含量和用户的要求以及用途制定石墨产品的标准。我国的标准对杂质无要求。在日本用于电刷的石墨产品要求含铁＜1％，用于耐火材料的石墨要求含铁＜2％。对于不同的石墨类型，标准不一样。

根据生产方法和固定碳含量的不同，将鳞片石墨分为高纯石墨、高碳石墨、中碳石墨和低碳石墨。鳞片石墨的牌号依次由代号、粒度和固定碳的数值构成，其部分种类、代号和部分牌号列于表 16-4。

表 16-4　石墨产品分类

名称	固定碳(C)范围/％	代号	牌号	意　义
高纯石墨	99.9～99.99	LC	LC50-999	粒度为 50 目,固定碳 99.9％
高碳石墨	94.0～99.0	LG	LG80-95	粒度为 80 目,固定碳 95％
中碳石墨	80.0～93.0	LZ	LZ(－)200-90	粒度－200 目,固定碳 90％
低碳石墨	50.0～79.0	LD	LD(－)100-70	粒度－100 目,固定碳 70％

以高纯鳞片石墨为例，其技术要求示于表 16-5。

表 16-5　高纯石墨的技术指标

牌　　号	固定碳含量≥/％	粒　度		水分含量≤/％
		筛上物含量≥/％	筛下物含量≥/％	
LC50-9999	99.99	80	85	
LC(－)100-9999	99.99	—	90	
LC(－)200-9999	99.99	—	75 或 80	
LC(－)325-9999	99.99	—	75 或 80	
LC25-999	99.9	80	—	
LC35-999	99.9	75 或 80	—	
LC50-999	99.9	80	—	0.2
LC80-999	99.9	80	85	
LC(－)100-999	99.9	—	85	
LC(－)200-999	99.9	—	75 或 80	
LC(－)325-999	99.9	—	75 或 80	

16.1.7.2 无定形石墨的国家标准（GB 3519—95）

无定形石墨即隐晶质石墨，又称土状石墨。无定形石墨是碳的结晶矿物之一，色灰墨或钢灰，有金属光泽。硬度低有滑感、易染手、化学性能稳定，能传热导电，耐高温，由于其晶体细小，故可塑性强，黏附力良好。根据其粒度粗细不同，分为无定形石墨粉和无定形石墨粒。无定形石墨粉分为 0.149mm、0.074mm 及 0.44mm 三个粒级，用阿拉伯数字作为代号。无定形石墨粒分为粗粒、中粒、细粒三种，均有上下限要求，用拼音字母作为粒度的代号。

产品牌号由石墨特性、固定碳的含量及粒度三部分组成。特性代号用 W 表示，其中有含铁量要求者的代号为 WT，部分牌号含义示于表 16-6。部分无定形石墨的技术要求见表 16-7。

表 16-6　无定形石墨牌号含义示例

牌号	含　　义
W80-1	固定碳 80％,粒度 0.149mm,筛上物不大于 10％
W85-2a	固定碳 85％,粒度 0.074mm,筛上物不大于 5％
WT88-3	含铁量有限制,固定碳 88％,粒度 0.044mm,筛上物不大于 10％
W78-Z	固定碳 78％,粒度范围 0.6～6.0mm

表 16-7　部分无定形石墨粉的技术指标

牌号	固定碳≥/%	挥发分≤/%	水分≤/%	溶于盐酸中铁≤/%	粒度/mm		
					0.149	0.074	0.044
					筛上物≤/%		
WT92-3	92.0	2.8			—	—	10
WT90-3	90.0	3.0	2.0	0.7	—	—	10
WT88-2	88.0	3.2			—	10	—
WT88-3	88.0	3.2			—	—	10

16.1.8　石墨资源的提纯

随着工业的发展，对石墨的产品要求向高纯、超细方向发展。一方面要求高纯大鳞片的石墨晶体，另一方面要求超细（为 $-5\mu m$、$-1\mu m$、$-0.5\mu m$ 等）的石墨粉。石墨提纯方法有化学提纯法、高温提纯法和混合法，其中化学提纯法又可分为湿法和干法两种，详见表 16-8。

表 16-8　将石墨浮选精矿（0.0147mm）进行提纯的方法

提　纯　方　法		提　纯　原　理
化学提纯	湿法（先后加入 NaOH 和 HCl）	NaOH 在 50℃ 以上时可使硅盐类矿物生成可溶性硅酸盐，HCl 在常温下可使金属离子杂物生成或可溶性金属离子杂物生成可溶性金属离子
	干法（将活性化学气体通过石墨）	活性气体与石墨中的灰分杂质发生化学反应，杂质转化为挥发性物质逸出
高温提纯		将石墨置于特制电炉中隔绝空气加热到 250℃时，其中杂质被蒸发出去

有些石墨尾矿中含有黄铁矿、金红石等有用组分，为增加企业的经济效益和更有效地利用矿物资源，可对这些有用组分进行综合回收。

下面以南墅石墨矿为例，简述其工艺流程。

南墅石墨矿位于山东省莱西县，选矿工艺流程包括如下步骤：粗磨、分级、搅拌、粗选、浓缩、扫选、再磨、精选、中矿再选，其中再磨、精选等步骤多达 5 次。其产品提纯的工艺流程见图 16-1。

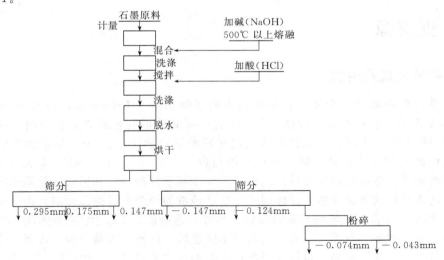

图 16-1　产品提纯工艺流程方框图

16.1.9　石墨矿的综合利用工艺

鳞片石墨可浮性好，多采用浮选法，浮选前要先将矿石进行破碎与磨矿。其主要选矿工序包括原矿石粗碎、细碎、粗磨、浮选、精矿再磨、精矿脱水、干燥分级和包装等过程。无定形石墨晶体极小，石墨颗粒常常嵌布在黏土中，分离很困难，但由于品位很高（一般在60%～90%之间），所以国内外许多石墨矿山，将采出的矿石直接进行粉碎加工，出售石墨粉产品，其工艺流程为：原矿→粗碎→中碎→烘干→磨矿→分级→包装。

石墨的主要选矿方法、工艺流程特征及采用的浮选药剂等情况列于表16-9。

表 16-9 石墨主要选矿方法

石墨种类	矿物成分	原矿品位/%	主要选矿方法及浮选药剂	工艺流程特征和指标	选矿厂举例
鳞片石墨	石墨、斜长石、透闪石、透辉石、石英、云母、绿泥石、黄铁矿、方解石等	2.13～15	浮选：常用捕收剂为煤油、柴油、重油、磺酸酯、硫酸酯、酚类、羧酸类等；常用起泡剂为二号油、四号油、醚醇、丁醚油等；调整剂为石灰、碳酸钠；抑制剂为石灰、水玻璃 重选：主要用摇床除去黄铁矿和预先提取大鳞片石墨 湿筛：用以提取大鳞片	粗精矿多次再磨多次精选（南墅为4次再磨6次精选，兴和为3次再磨，5(6)次精选，柳毛为4次再磨5次精选……）中矿集中或顺序返回闭路浮选流程，精矿品位可达90%以上，回收率80%左右	南墅、柳毛、兴和
土状石墨	石墨、黏土	60～90	粉碎：常用雷蒙磨、高速磨或气流磨 浮选：捕收剂为煤焦油，起泡剂为樟油、松油，调整剂为碳酸钠，抑制剂为水玻璃和氟硅酸钠	矿石粉碎后即为产品 浮选精尾矿同为产品，精矿品位90%	湖南郴州鲁塘、盘石

16.1.10 其他石墨产品

其他石墨产品主要有焙烧石墨粉和微粉石墨。焙烧石墨粉是通过将石墨进行高温缺氧煅烧，进一步降低石墨的可挥发物质，提高其纯度和抗氧化性。以磷片石墨和隐晶石墨作为原料，分别得到焙烧磷片石墨和焙烧隐晶石墨。以鳞片石墨或土状石墨为原料，通过机械粉碎，粉碎的细度达到纳米级的粉末和微米级的粉末，即为纳粉石墨和微粉石墨。

16.2 锂资源

16.2.1 锂的发现及用途

金属锂是自然界最轻的金属，它是瑞典人阿尔费德逊（Arfredson，1792～1841年）于1817年分析研究透锂长石得到硫酸锂而发现了锂。同时认识到它的硫酸盐与钠、钾的硫酸盐相似。因当时钾和钠已发现，所以锂在未制出单质前就被承认了。1855年才由本生等电解氯化锂而制出供研究用的金属锂。锂的外观呈银白色，密度为 $0.534g/cm^3$，熔点 $180.1℃$。金属锂可作传热介质，能简化积热元件的结构，减少冷却系统的体积和重量，是理想的热载体和宇航材料。随着科技的飞速发展，液体锂矿开采已经成为当今世界的新动向，由于电解金属生产技术日趋成熟，21世纪的峰值产品便是锂。另外，锂电池为21世纪的新能源。它广泛应用于电子元件、医疗器械、石英表、家用电器等不同领域。此外，锂是导弹、火箭、卫星等航天工业的理想材料，也是潜水艇、鱼雷等深海作业必不可少的材料，而锂-铝合金、锂-铝-镁合金等都是制造飞机、轮船的结构材料，也是氢弹、火箭、核潜艇和新型喷气飞机的重要燃料，在原子能技术及冶金等方面也都有广泛的用途。金属锂是军事工业上具有战略意义的物资。锂能吸收中子，在现代原子能技术上用以制造闪烁计数器，在原子反应堆中用作控制棒。军事上还用锂作信号弹、照明弹的红色发光剂和飞机用的稠润滑剂。而且在国民经济部门应用极为广泛，如生产电子管和真空器、轻质合金、蓄电池电解液、透射 X 射线及紫外线的特种玻璃中也都用到锂。锂被人们称为"金属新贵"。

16.2.2　锂矿资源的种类及其分布

锂矿资源的种类主要有矿石锂（Li_2O）和卤水锂矿（锂以氯化物存在）。国外 Li_2O 总储量为 2800 万吨以上，主要产于美国、加拿大、智利、前苏联及津巴布韦等地。锂矿共生石盐、钾盐、镁盐、硼等。常见的有磷铁锂矿（triphylite）、磷锰锂矿（lithiophilite）。

据 2008 年 1 月出版的《USGS 矿产品概要》，2006 年统计的全球查明的锂资源（以 Li_2O 计）为：储量为 882.52 万吨，储量基础为 2637.75 万吨。主要集中在智利、中国、巴西、加拿大和澳大利亚等国家，见表 16-10。

表 16-10　世界锂储量和储量基础　　　　　　　　　　　　　　　　　　　tLi_2O

国家	产量		储量	基础储量
	2006 年	2007 年①		
阿根廷	6242.25	6242.25	NA	NA
玻利维亚				11623500
葡萄牙	688.8	688.8	NA	NA
俄罗斯	4735.5	4735.5	NA	NA
津巴布韦	1291.5	1291.5	49508	58118
美国	W	W	817950	882525
澳大利亚	11838.75	11838.75	344400	559650
加拿大	1521.818	1521.818	387450	774900
巴西	520.905	520.905	408975	1958775
中国	6070.05	6070.05	1162350	2367750
智利	17650.5	17650.5	6457500	6457500
世界合计（粗略）	50583.75②	53812.50②	8825250	23677500

①估计值；②未计美国产量。
注：NA 不能提供；W 保密。

按全球 2006 年的锂产品产量 5.06 万吨（Li_2O 计），现有锂储量足以保证全球生产近 200 年（没有包括海水中的锂资源）。锂资源主要赋存于盐湖和花岗伟晶岩矿床中，其中盐湖锂资源占全球锂储量的 69％和全球锂储量基础的 87％。在世界 7 个国家的 19 个大型锂矿床中，有 4 个矿床的锂资源量（以 Li_2O 计）超过 100 万吨，它们是玻利维亚的乌龙尼盐湖、智利的阿塔卡玛盐湖、阿根廷的翁师雷穆埃尔托（Hombre Muerto）湖和我国青海的查尔汗盐湖。

我国是亚洲唯一盛产锂矿的国家，主要分布在 9 个省区，其中矿石锂主要分布在 7 个省区，以保有储量（Li_2O）排序依次为：四川、江西、湖南、新疆，4 省区合计占 98.8％。盐湖卤水锂主要分布在青海、西藏、湖北，其中青海占 80％以上。

以四川为例，锂的总量居全国第三位，锂矿主要分布在康定、金川、石渠三县。锂矿矿石品位很高，一般含氧化锂 12％以上。除细晶锂辉石外，尚有相当部分粗晶锂辉石，锂矿物占矿石的 15％～25％。矿石品位仅次于加拿大，较扎伊尔（0.6％）、美国（0.68％～0.7％）都高。资源高度集中，不乏世界级的大矿床，主要类型为花岗伟晶岩型矿床。矿床的形成与燕山期构造岩浆作用有关。该省内个别温泉水中含锂亦高，如大柴旦北温泉。该省有锂矿矿床 11 处，包括特大型矿床 1 处，大型矿床 1 处，中型矿床 4 处。在锂矿的探明储量中，5 个勘探矿区的储量占该省总储量的 95％。

我国探明 LiCl 储量 1674.36 万吨，如上所述，主要分布于青海。青海锂盐资源储量大、矿层高、品位高，已探明锂盐资源产地 10 处，氯化锂储量 1388.6 万吨，基中 C 级以上储量 871.3 万吨。青海锂矿主要产于柴达木盆地中部的第四纪现代盐湖中，为晶间卤水或孔隙卤水、湖水液体矿，与其他盐类矿产相共生，蕴藏量极其丰富；其矿床规模之大，探明储量之多，在全国名列前茅。该省已发现矿产地 14 处，上表矿产地 10 处，归并为矿床 8 处，其中大型矿床 4 处（一里坪及东、西台吉乃尔湖和察尔汗盐湖），中型 1 处（大柴旦湖），小型 3 处；另有矿点 6 处（其中包括玉树地区 4 处）。累计探明 LiCl 储量 1396.77 万吨，保有储量 1390.9 万吨，潜在价值为 3617.73 亿元，占全国 LiCl 保有储量 83%，居全国首位，是国内优势矿种之一。锂矿产地主要在柴达木一里坪和东、西台吉乃尔湖地区。其中一里坪锂矿位于柴达木盆地中西部，东距大柴旦镇 230km，西距老茫崖 180km，茶茫公路纵贯全区。矿区为一狭长的四周被丘陵环绕的半封闭状小盆地，地表水源缺乏，盐湖已干涸，被风砂覆盖。含矿卤水层呈层状。第一层分布面积 202km²，潜水面埋深 0.6～0.8m，含水层厚度 4～6m，含锂品位 0.1～8.4g/L，一般 1.5～3g/L；第二矿层分布面积 250km²，埋深 6～16m，厚度 10～20m，最厚 31m，含锂品位 0.14～9.7g/L，一般 1.5～2g/L。吉乃尔湖锂矿的矿床总储量为 170 万吨。康定地区的甲基卡矿田，在 62km² 范围内，有锂矿脉 74 条，探明储量 72 万吨，远远超过了被国外誉为储量"最大"的扎伊尔。在甲基卡矿田和石渠扎乌龙矿区，都有世界级规模的特大型矿脉，如甲基卡 134 号脉、308 号脉、扎乌龙 14 号脉，这些矿脉均超过了举世闻名的加拿大伯尼克湖主矿体，共有储量 2277 万吨。

西藏扎布耶盐湖科发现的硫酸锂矿石（命名为扎布耶石），扎布耶湖水卤水中锂的含量在世界盐湖中排第二，距拉萨 1050km。西藏山南地区罗布莎矿区锂的远景储量居世界前列，是我国锂矿资源的基地之一。

表 16-11 为我国锂矿主要产地情况。

表 16-11　我国锂矿主要产地一览表

编号	矿产地名称	锂的储锂规模	Li₂O 的平均品位/%	利用情况
1	江西宜春钽铌锂矿	超大	0.398	已用
2	河南卢氏铌钽矿	中	0.65	
3	湖北潜江凹陷卤水矿（含锂）	超大		
4	湖南临武香花铺尖峰山铌钽矿	大	0.299	
5	湖南道县湘源正冲锂铷多金属矿	大	0.557	
6	四川金川-马尔康可尔因锂铍矿	大	1.2～1.271	已用
7	四川康定甲基卡锂铍矿	超大	1.203	已用
8	四川石渠扎乌龙锂矿	中	1.109	未用
9	青海柴达木-里坪盐湖锂矿	大	LiCl 2.2g/L	未用
10	青海柴达木西台吉乃尔盐湖锂矿	超大	LiCl 2.57g/L	未用
11	青海柴达木东台吉乃尔盐湖锂矿	大	LiCl 3.12g/L	未用
12	新疆富蕴可可托海锂铍钽铌矿	大	0.982	已用
13	新疆富蕴柯鲁木特锂铍钽铌矿	中	0.987	已用
14	新疆福海库卡拉盖锂矿	中	1.10	未用

16.2.3　锂资源的提纯

锂矿石提锂是最早被采用，现已发展较成熟的方法，其主要工艺包括选矿、提取和加工三步。现在主要成熟的工艺流程有手选、磁选工艺、浮选、重选、磁选联合工艺、选矿、化学处理联合工艺、选-冶联合工艺等。各工艺有其自身特点，可依据锂矿床的组分和性质及主产品选择较合适的工艺。下面以盐湖卤水提锂为例进行简单的说明。

目前，盐湖卤水提锂的方法主要有沉淀法、蒸发结晶法、溶剂萃取法和吸附剂法。其中，蒸发结晶结合沉淀法是当前盐湖卤水提锂的较成熟方法；溶剂萃取法与吸附剂法是较有前途的方法，特别是吸附剂法。

（1）沉淀法

沉淀法的原理是利用太阳能将含锂卤水在蒸发池中自然蒸发、浓缩、制盐，然后通过脱硼、除钙、除镁等分离工序使锂存在于老卤中，当锂含量达到适当浓度后，以碳酸盐、铝酸盐或碱石灰与氯化钙的混合物为沉淀剂或盐析剂，使锂以碳酸锂的形式析出。从盐湖卤水中提锂包括碳酸盐沉淀法、铝酸盐沉淀法、水合硫酸锂结晶沉淀法以及最近出现的硼镁、硼锂共沉淀等方法。最早研究并已在工业上应用的方法是碳酸盐沉淀法，该法是利用自然蒸发、浓缩后的含锂卤水，用石灰除去其中残留的钙镁杂质，然后加入碳酸钠使锂以碳酸锂形式析出。该法将锂作为副产物进行回收，工艺技术较为成熟，可靠性高。

铝酸盐沉淀法是利用各种化学反应制得活性氢氧化铝，将制得的氢氧化铝按一定的铝锂质量比加入提硼后的卤水里沉锂除镁，将得到的铝锂沉淀物煅烧，室温下在水中浸取，使沉淀物中的铝锂分离，再用石灰乳和纯碱除去钙、镁等杂质，蒸发浓缩后，加入碳酸钠溶液进行反应，生成碳酸锂。

水合硫酸锂结晶沉淀法是通过蒸发浓缩盐湖卤水获得两种不同组成的卤水。两种卤水以三种形式混合：一是两种卤水先分别预热至 $30\sim70℃$，沉淀出水合硫酸锂晶体，再进行固液分离，洗涤；二是直接将两种卤水混合，沉淀出光卤石后固液分离，从母液中沉淀出水合硫酸锂晶体，再进行过滤、洗涤；三是先将由氯化钾、光卤石和硫酸锂饱和的卤水冷却至 $5\sim15℃$ 沉淀出光卤石，分离母液并预热至 $20\sim40℃$ 后，与另一种水氯镁石饱和的卤水混合沉淀出水合硫酸锂晶体，再进行固液分离、洗涤，流程中产生的多余母液送至蒸发池浓缩后再返回流程。

硼镁共沉淀法是将盐田析出钾镁混盐后的卤水经盐田脱镁，加入沉淀剂如氢氧化物、纯碱等，在一定温度、压力和 pH 条件下使硼镁共沉淀与锂分离，母液加 NaOH 深度除镁后再加 Na_2CO_3 沉淀出碳酸锂。硼锂共沉淀法采用了盐田析出钠、钾盐的老卤脱硫酸根后，自然蒸发去镁，加酸进行硼锂共沉淀，沉淀用水洗涤、深度除钙镁、加沉淀剂 Na_2CO_3 制取碳酸锂，采用硼镁、硼锂共沉淀法从高镁锂比盐湖卤水中进行锂、镁、硼的分离和碳酸锂的制取，分离工序简单，分离效率较高。

（2）溶剂萃取法

溶剂萃取法原理是在含有溶质的溶液中加入与之不相溶的、对溶质有较大溶解度的第二种液体，利用溶质在两相中的溶解度差异，促使部分溶质通过界面迁入第二液相，达到转相浓缩的目的，因而找到合适的萃取剂是萃取法的关键。针对盐卤尤其是高氯化镁盐湖卤水体系，国内外曾研究过多种萃取剂，如含磷有机萃取剂、胺类萃取剂、双酮、酮、醇、冠醚、混合萃取剂等，其中中性磷酸类萃取剂是锂的常用萃取剂。

（3）吸附剂法

吸附剂法是利用对锂离子有选择性吸附的吸附剂来吸附锂离子，再将锂离子洗脱下来，达到锂离子与其他杂质离子分离的目的。故其关键是寻求吸附选择性好、循环利用率高和成本相对较低的吸附剂。目前，在海水提锂的研究中主要应用溶剂萃取法和吸附剂法。由于海水中锂浓度仅为 $0.17mg/L$，因此从低锂浓度海水中提锂，吸附剂法被认为是最有前途的海水提锂方法。其中，复合锑酸型吸附剂、离子筛型氧化物用于海水中锂的吸附有较好的效果。

16.3　钴资源

16.3.1　钴的发现和用途

钴，原子序数 27，相对原子质量 58.9332。元素名来源于德文，原意是妖魔。早在约 16世纪时，萨克森的矿工们发现德国的银矿山有一种和普通矿石的性质不同的矿石（钴矿），它不能用通常的方法去冶炼，因而糟蹋了大批的普通矿石。很长时间，这种矿石使人们感到困惑不解，此矿石与铜相似，遇酸变为深蓝色溶液，而矿工们就认为这是地里的妖精为了迷惑人们施展的魔法。因此称这种矿石为"精灵"（Kobald）。"科波尔得"（Kobald）一词源自原始的日耳曼神话，在希腊语中表示"淘气的人"（Kobalos），英语中的 koblin（意为"妖魔"）也源于此。后来人们又发现这种矿石可使玻璃具有深绿色。1735 年，瑞典的化学家布朗特确认钴矿里含有一种遇酸可变成蓝色溶液的新金属，用高温煅烧后提取出金属钴。布朗特采用了过去矿工们的称呼，把新元素命名为 Cobalt，意为"精灵"。汉语译为"钴"，而在德语中就叫做"Kobalt"。他先指出辉钴矿中有钴，且还原钴矿得到了金属钴的熔块，是有磁性的灰色物，但当时他的说法未被承认。1780 年，由分析化学家柏格曼确认它为元素。自然界存在的稳定同位素只有 ^{59}Co。

钴为有光泽的银灰色金属，熔点 1495℃，沸点 2870℃，密度 $8.9g/cm^3$，钴具有铁磁性和延展性，力学性能比铁优良。钴的化学性质与铁、镍相似，在常温下与水和空气都不起作用；在 300℃ 以上发生氧化作用，极细粉末状钴会自动燃烧；钴能溶于稀酸中，在浓硝酸中会形成氧化薄膜而被钝化；在加热时能与氧、硫、氯、溴发生剧烈反应。

钴产量的 80％ 用于生产各种合金，它们在耐热性、耐磨损、抗腐蚀等方面有比较好的性质；钴用来生产永磁性和软磁性合金；人工放射性同位素 ^{60}Co 可代替 X 射线，也用来治疗癌症；钴化合物用于颜料、催干剂、催化剂和陶瓷釉料等；维生素 B_{12} 就是一种钴化物。与锂形成复合氧化物 $LiCoO_2$，是目前商品锂离子电池的主要正极材料。

16.3.2　钴资源的种类和分布

钴在自然界分布很广，但在地壳中的平均含钴量仅为 0.0023％，占第 34 位。海洋底的锰结核中钴的含量也很大，天然水、泥土和动植物中都有钴。

已知的含钴矿物约 100 种。钴矿的种类主要有：辉钴矿（钴的硫化物和砷化物）、方钴矿（skutterudite，化学式：$CoAs_{2\sim3}$）、水钴矿（水合氧化钴）、硫钴矿（钴及镍之硫化物）、砷钴矿（smaltite massive，化学式为 CoAs，砷化钴）、镍钴矿、硫镍钴矿 [siegenite，$(Ni，Co)_3S_4$]、方砷钴矿（skutterudite）、菱钴矿（sphaerocobalite，$CoCO_3$）等。其中硫镍钴矿晶体呈八面体，常见为双晶，钢灰色金属光泽，硬度 4.5～5.5，在空气中常转变为铜红色彩，与其他含硫矿物形成于热水矿脉中。方砷钴矿晶型多作立方体、八面体、五角十二面体，银灰色，硬度 5.5～6，发生于中温热液矿脉里，以主要产地挪威的 Skutterude 为名。世界（中国除外）矿山产钴量和钴储量见表 16-12。

表 16-12　世界矿山产钴量和钴储量

国别	储量/短吨	产量/短吨	品位/%
扎伊尔	1300000	16535	0.25～0.45
赞比亚	400000	3500	0.09～0.4
美国	350000		0.01～0.8
菲律宾	200000	1430	0.03～0.12
新喀里多尼亚	100000	230	0.05
澳大利亚	50000	1700	0.08～0.12
摩洛哥	50000	1000	1.2
加拿大	30000	1522	0.03～0.11
博茨瓦纳	30000	300	0.06
芬兰	20000	1320	0.2
其他国家	850000	7400	
总计	3380000	34937	

注：1 短吨＝907.1849kg。

当前世界上最重要的钴资源是硫铜钴矿，主要分布在扎伊尔和赞比亚，钴含量为0.11％～

0.15％，有的高达 2％；其次就是硫化铜镍矿，主要分布在加拿大、澳大利亚、博茨瓦纳、芬兰和俄罗斯，矿石一般含钴 1.04％～0.11％；另外还有砷钴矿和方钴矿等，主要分布在摩洛哥、加拿大和俄罗斯；钴土矿主要分布在扎伊尔和新客里多尼亚等地。海洋钴资源主要处在于深海的锰结核中，锰结核中的钴含量因区域的不同而异，在接近西沙摩亚岛有丰富的锰结核和富钴带，钴含量可达 2％以上，大西洋和太平洋中的锰结核一般含钴在 0.13％左右，人们估计在海洋中的钴储量约 6 亿吨。我国钴资源缺乏，钴精矿储量很少，多数以共生元素的形式存在于镍、铜、铁等矿脉当中，主要分布的地方有甘肃、山东、云南、河北、青海、山西等省，以上六省储量之和占全国总储量的 70％。国内探明钴资源虽有不少的储量，但是平均品位仅为1.02％，因而在生产的过程中具有回收率低、工艺复杂、生产成本高等不易开发的因素。甘肃金川探明储量占全国钴储量的 1/3 以上。目前开发利用较好的矿区有金川、盘石铜镍矿、铜录山、中条山、凤凰山、武山铜矿、大冶、金岭、莱芜铁矿等。这些矿床的含钴品位仅 1.02％～1.18％。攀枝花矿区的钴储量很乐观，尤其是红格矿，精选矿的钴含量可达 0.16％～1％，但是由于与铁、钛、钒共生，给回收带来许多困难。海南省的石录铜钴矿赋存在海南铁矿深部，估计钴储量万余吨，含钴 0.13％、铜 1.15％，选矿比较容易，回收率相对较高。世界钴矿开采量、储量及储量基础（钴金属）见表 16-13。

表 16-13　世界钴矿储量及开采量（钴金属）　　　　　单位：万吨

国别	储量	占世界储量比	储量基础	占世界储量基础比	1998 年钴矿生产量
英国		0	86	9	
澳大利亚	43	10	84	9	0.34
加拿大	4.5	1	26	3	0.62
扎伊尔	200	48	250	26	0.5
古巴	100	23	180	19	0.21
新喀里多尼亚	23	5	86	9	0.08
菲律宾		0	40	4	
俄罗斯	14	3	23	2	0.28
赞比亚	36	8	54	6	0.75
其他国家	9.0	2	120	13	0.25
世界合计	430	100	950	100	3.03

除陆地资源外，海洋资源亦是各国重要的争夺对象。海洋资源主要为富钴结壳，它是生长在海底岩石或岩屑表面的富含锰、铁、钴的结壳状自生沉积物，主要由铁锰氧化物构成，是深海最重要的固体矿产资源之一，它广泛分布于太平洋的海山区，由于富钴结壳分布区水深较浅（1000～3000m 的海山、海台及海岭的顶部和斜坡上），金属壳厚 1～6cm，最大厚度 20 多厘米，富含钴、铂等战略矿产，钴含量特别丰富（比陆地原生钴矿高几十倍），具有重要的经济价值，因此成为继多金属结核之后各发达国家竞相争夺的对象。据不完全统计，在太平洋西部火山构造隆起带，富钴结壳矿床潜在资源量达 10 亿吨，钴金属含量达百万吨。

另外在锰结核（具体见 16.5.2 节）也有相当的储量。例如每年从太平洋取上 100 万吨锰结核，便可提供世界需要的 12％～15％的钴矿。

目前国内每吨钴的生产成本为 10 万～15 万元，而世界产钴大国由于矿石品位高、工艺简短，钴的成本不超过 2000 美元/t，大大低于我国成本。

16.3.3　钴资源的提纯

钴矿物的赋存状态复杂，矿石品位低，所以提取方法很多而且工艺复杂，回收率低。一般先用火法将钴富集或转化为可溶性状态，然后再用湿法使钴进一步富集和提纯，最后得到钴化合物或金属钴，主要提钴工艺流程见图 16-2。

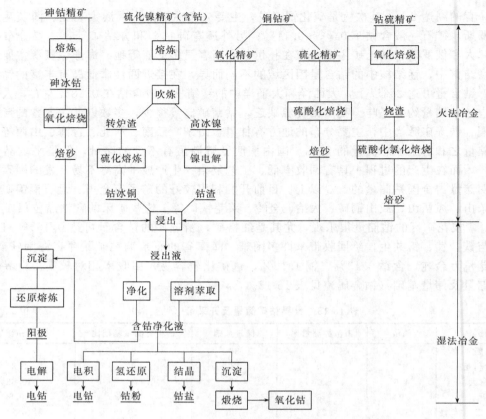

图 16-2 提钴工艺流程

（1）硫化镍矿提钴

硫化镍精矿一般含镍 4%～5%，含钴 0.1%～0.3%。在火法熔炼过程中，由于钴对氧和硫的亲和力介于铁镍之间，在转炉吹炼高冰镍时，可控制冰镍中铁的氧化程度，使钴富集于高冰镍或富集于转炉渣，分别用下述方法提取：

① 富集于高冰镍中的钴，在镍电解精炼过程中，钴和镍一起进入阳极液。在净液除钴过程中，钴以高价氢氧化钴的形态进入钴渣，钴渣含钴 6%～7%，含镍 25%～30%。从此种钴渣提钴的一种方法是：将钴渣加入硫酸溶液中，通二氧化硫使之溶解，制得含硫酸镍、硫酸钴和少量铜、铁、砷、锑等杂质的溶液；再用活性镍粉置换除去铜；通空气，氧化水解除去铁，通氯气氧化，加苏打中和沉淀钴，若所得氢氧化钴含镍较高，可再次溶解、沉淀分离钴镍，使其含镍小于 1%；经煅烧制得氧化钴出售，也可将氧化钴制成粗金属钴，经电解精炼得电解钴。

从钴渣提钴的另一种方法是以亚硫酸钠作还原剂，将钴渣溶解于硫酸溶液中，得到含硫酸镍、硫酸钴和少量铜、铁、锰、锌等杂质的溶液，而后用黄钠铁矾法除去溶液中的铁，用烷基磷酸类如二-2-乙基己基磷酸（D-2-EHPA）或其他烷基磷酸酯类萃取剂萃取其中的铜、铁、锰、锌等，并分离钴镍。萃取过程中获得的氯化钴溶液，用氟化铵除钙、镁后，再用草酸铵沉淀钴。所得草酸钴在 450℃下煅烧，得到的氧化钴粉，可作为最终产品，也可用氢还原法制取金属钴粉。

② 富集于炼镍转炉渣中的钴，在还原硫化熔炼过程中，与镍一起转入钴冰铜。转炉渣成分一般为：钴 0.25%～0.35%，镍 1%～1.5%；钴冰铜成分一般为：钴 1%～1.5%，镍 5%～13%。钴冰铜可以直接（常压或加压酸浸），也可以将钴冰铜熔烧成可溶性化合物后再酸浸，浸出液可按钴渣提钴工艺流程处理。

（2）含钴黄铁矿提钴

精矿焙烧脱硫后，再配以部分精矿在流态化炉内进行硫酸化焙烧，再经浸出、浓密、洗涤，浸出液通硫化氢使钴呈硫化钴沉淀。再利用舍利特高尔顿的高压浸出法和高压氢还原法生产钴粉。钴硫精矿在流态化焙烧炉内于 $580\sim620℃$ 下进行硫酸化焙烧，使钴、镍、铜等金属转化为可溶性的盐类。焙砂用水或稀硫酸浸出，用氯酸钠将浸出液中的铁氧化成高价铁后，用脂肪酸钠依次萃取铁和铜。然后，通入氯气使钴氧化，加碱水解生成高价氢氧化钴沉淀，而与镍分离。在反射炉内使氢氧化钴脱水、烧结，烧结块配以石油焦和石灰石在三相电弧炉内还原熔炼成粗金属钴。粗钴浇铸成阳极，进行隔膜电解，得到纯度较高的金属钴。钴硫精矿也可先经 $900\sim950℃$ 氧化焙烧，再配以氯化钠或氯化钙以及少量的钴硫精矿于 $680℃$ 下进行硫酸化氯化焙烧。焙砂按上述流程提钴。

（3）砷钴矿提钴

砷钴矿经选矿得到含钴 $10\%\sim20\%$ 的精矿，其中含砷 $20\%\sim50\%$。处理砷钴矿的方法主要有两种：一种是先用火法熔炼产出砷冰钴，再用湿法提取钴；另一种是用加压浸出法制得含钴溶液，再从中提取钴。我国采用前一种方法：将精矿配以焦炭和熔剂在反射炉或电炉内熔炼，使部分砷呈三氧化二砷挥发，产出砷冰钴。如原料含硫高，还产出部分钴冰铜。砷冰钴和钴冰铜磨细后焙烧，进一步脱砷和硫；焙砂用稀硫酸浸出，用次氯酸钠氧化浸出液中的铁，再用苏打调整 pH 为 $3\sim3.5$，使铁成为氧化铁和砷酸铁沉淀。滤液用铁屑置换除铜后，用次氯酸钠使钴氧化，加碱水解生成高价氢氧化钴沉淀而与镍分离。所得氢氧化钴在反射炉内于 $1000\sim1200℃$ 下煅烧，获得氧化钴，并使其中的碱式硫酸盐分解，将硫除去。然后配入木炭，在回转窑内于 $1000℃$ 左右还原成金属钴粉。也可将氢氧化钴熔炼成粗金属钴，再进行电解得电钴。焙砂的浸出液也可和前述硫化镍矿提钴一样，采用萃取法净液分离提钴。

加压酸浸法处理砷钴精矿是将精矿用稀硫酸浆化，用高压釜浸出，操作压力 $35kgf/cm^2$，温度 $190℃$，浸出时间 $3\sim4h$，钴的浸出率 $95\%\sim97\%$。浸出液除砷、铁、铜、钙等杂质后，加入液氨，使钴形成钴氨络合物，在高压釜内，用氢还原得到钴粉，操作压力 $50\sim55kgf/cm^2$，温度 $190℃$。此法流程简单，回收率高，劳动条件好。

（4）铜钴矿提钴

铜钴矿经选矿获得氧化精矿和硫化精矿。氧化精矿品位为：铜 25%，钴 1.5%；硫化精矿品位为：铜 45%，钴 2.5%。首先将硫化精矿在流态化焙烧炉内进行硫酸化焙烧，然后将焙砂和氧化精矿一起用铜电解废液浸出。氧化精矿中的钴主要呈三价氧化物形态，在硫酸中溶解度很小，但在铜电解废液中可由其中的亚铁离子将钴还原，溶于电解废液中：$Co（不溶性）+Fe\longrightarrow Co（可溶性）+Fe$，钴的浸出率可达 $95\%\sim96\%$。含钴和铜的浸出液用电解法析出铜，而钴和其他金属杂质留在溶液中。除杂质后，将溶液中的钴用石灰乳沉淀为氢氧化钴，再溶于硫酸中，得到高浓度的硫酸钴溶液，最后用不溶阳极电积金属钴。

16.4 镍资源

16.4.1 镍的发现和用途

1751 年，克隆斯塔特（Cronstedt，$1722\sim1765$ 年，瑞典人）用镍矿表面的风化物跟碳作用，还原出有磁性的白色金属镍，并且还研究了镍化合物溶液的性质。直到 1773 年，瑞典的化学家柏格曼制出了纯镍，才确定它为元素。

镍是一种银白色金属，具有机械强度高、延展性好、难熔、在空气中不易氧化等优良特性，用它制造的不锈钢和各种合金钢被广泛地用于飞机、坦克、舰艇、雷达、导弹、宇宙飞船和民用工业中的机器制造、陶瓷颜料、永磁材料、电子遥控等领域。在化学工业中，镍常被用作氢化催化剂。近年来，在彩色电视机、磁带录音机、通信器材等方面，镍的用途也在迅速增长。由于与锂组成复合氧化物 $LiNiO_2$ 的可逆储锂容量高，因此也可以作为锂离子电池的正极材料。

16.4.2 镍资源的种类和分布

在地球地壳中镍元素藏量位列第二十四位，一般常与砷、锑及硫等元素混合在矿石中。

主要的镍矿品种有红砷镍矿（Nickeline，化学式 NiAs）、红锑镍矿（Breithauptite，化学式为 NiS）、斜方砷镍矿（Rammelsbergite，化学式 $NiAs_2$）、砷镍矿（Maucherite，化学式 $Ni_{11}As_8$）和红土型镍矿等。

全球陆地镍资源较丰富，约 126 亿吨。如表 16-14 所示，陆基镍资源总量的 72.2％为红土镍矿，平均品位为 1.28％；陆基镍资源总量的 27.8％为硫化镍矿，平均品位为 0.58％。红土镍矿与硫化镍矿的矿产镍量比为 42：58。澳大利亚镍金属储量和基础储量都居世界首位，分别为 2200 万吨和 2700 万吨，各占全球总量的 35.5％和 19％。澳大利亚、俄罗斯、古巴、加拿大、巴西、新喀里多尼亚六个国家占全球总镍金属储量 77％，总镍基础储量的 65％。全球镍资源分布情况详见图 16-3。

表 16-14 全球陆基镍资源及矿产镍量

项目	资源/百万吨	镍品位/%	含镍量/百万吨	占总镍量的百分数/%	矿产镍量的比例/%
硫化镍矿	10.5	0.58	62	27.8	58
红土镍矿	12.6	1.28	161	72.2	42
总计	23.1	0.97	223	100.0	100

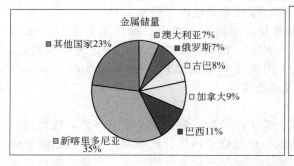
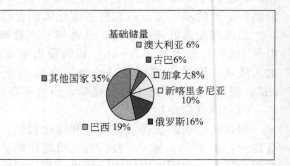

图 16-3 全球镍资源分布情况

我国已查明的镍金属储量为 360 万吨，占全球储量的 5.9％。我国镍金属储量的 62.2％主要分布在甘肃，其他主要分布在云南、新疆、吉林、四川和湖北等省。硫化镍矿占我国镍金属储量的 86％。甘肃金川（金昌）矿区称为我国的"镍都"，探明镍金属储量约占全国储量的 70％，为世界级的矿床，仅次于加命大萨得伯里镍矿，居世界同类型矿床第二。仅多金属共生铜镍矿就已探明镍储量 553.11 万吨。其中龙首山矿床是一个世界罕见的以镍为主的有色金属共生矿，蕴藏着丰富的硫化镍和其他有色金属资源。金昌镍矿发现于 20 世纪 50 年代末期，在 60 年代初投产，结束了我国不产镍的历史，使我国跃为世界镍矿资源最多国家之一。在甘肃敦煌-金川一带及北山地区有众多的超基性岩体，目前已发现一些重要找矿线索，显示该区有铜镍矿的潜力。

在新疆、吉林、云南、四川有少量镍矿分布。其中吉林省的红旗岭镍矿储量居全国第二位，新疆哈密的铜镍矿资源储量居全国第三位。我国现有镍矿山 35 处，大型 1 处、中型 3 处，从业人员 1.4 万人，为集中度最高的矿种。除甘肃金川有色金属公司以外，还有吉林镍业公司磐石镍矿和新疆喀拉通克镍矿、黄山镍矿。1999 年产镍矿石 415 万吨，精镍 3.88 万吨。青海镍矿资源较少，居全国第 8 位，探明镍金属储量 11.44 万吨，其中 A＋B＋C 级 3.8 万吨；保有储量 10.11 万吨，其中 A＋B＋C 级 3 万吨；潜在价值为 7.28 亿元。四川攀西地区是我国氧化镍矿资源最丰富的地区之一，该区资源自探明矿源迄今已数十年之久，但仍完全处于未开采状态。原因是品位低（平均为 0.3%），开发成本过高，商业开发价值不高。我国台湾省有名的镍矿为关山镍矿，在台东县的新武吕溪对岸，位于电光附近的海岸山脉中。

由于长期以来我国在镍钴矿床的找矿勘测方面无新的突破，而且现有资源仍以开采富矿为主，后续资源已经成为镍钴工业发展的一大制约。全国目前已探明的镍金属量仅 800 多万吨，其中可利用的只有 500 多万吨，富矿只有 200 万～300 万吨，到 21 世纪中期，我国的镍矿将采完，资源形势十分严峻。目前我国镍矿的主要问题为成本过高。国际上镍的成本已从 1990 年的约 2.4 美元/磅下降到 1998 年 1.8 美元/磅，到 21 世纪中期，比较合理的预计目标为 1.5 美元/磅。目前，我国的镍成本以金川公司为参考约为 2 美元/磅，金川电镍成本高于 80% 的世界镍产量平均成本。90 年代，金川镍矿成功引进国外先进的闪速熔炼技术，使我国镍火法熔炼装备与技术步入世界先进行列。

除了陆地资源外，在海洋中也有一定的分布，主要集中在锰结核（见 16.5.2 节）中，估计在太平洋的分布有镍 164 亿吨。

16.4.3　镍资源的提纯

世界上可开采的镍资源有两类：一类是硫化矿床，另一类是氧化矿床。由于硫化镍矿资源品质好，工艺技术成熟，现有 60%～70% 镍产量来源于硫化镍矿。而世界上镍储量的 65% 左右储存在氧化镍矿床中，由于其因含有氧化铁的缘故而呈红色，因此也俗称红土镍矿。下面以红土镍矿的工艺原理为例说明镍矿的提纯。

虽然红土镍矿处理工艺主要分为湿法冶炼工艺和火法冶炼工艺，但目前世界范围内比较成熟的利用红土镍矿冶炼镍-铁合金的工艺还是以火法冶炼为主。火法冶炼镍-铁是在高温条件下，以 C（或 Si）作还原剂，对氧化镍矿中的 NiO 及其他氧化物（如 FeO）进行还原而得。同时采用选择性还原工艺，合理使用还原剂，按还原顺序依次对 NiO、FeO、Cr_2O_3、SiO_2 进行还原反应。

$$NiO + C \longrightarrow Ni + CO \uparrow \qquad T = 420℃ \qquad (16-1)$$

$$FeO + C \longrightarrow Fe + CO \uparrow \qquad T = 650℃ \qquad (16-2)$$

$$Cr_2O_3 + C \longrightarrow Cr + CO \uparrow \qquad (16-3)$$

$$SiO_2 + C \longrightarrow Si + CO \uparrow \qquad (16-4)$$

因不同产地的镍矿成分不同，NiO 及各种氧化物之间组成的化合物也有所不同，因此在镍-铁冶炼过程中，其实际反应较复杂。反应生成的 Ni 和 Fe 能在不同比例下互溶，生成镍铁。

从上述式(16-1) 和式(16-2) 中可看出：NiO、FeO 还原反应开始温度较低，而且 NiO 的开始反应温度比 FeO 约低 200℃；因此，火法冶炼镍-铁过程中，尽管所采用的镍矿 NiO 含量较低，但 NiO 90% 以上被还原，而且在 Ni-Fe 很低的情况下，可通过不同的工艺操作，使产品含 Ni 量提高到较高水平，与铁合金其他产品（如高碳铬-铁、锰-硅合金等）相比，电炉粗镍冶炼难度相对较低。

以红土镍矿为例进行简单的说明。红土镍矿属非结晶型矿种。不同镍矿类型，成分波动范围为：Ni 0.87%～3.85%，Fe 6%～50%，MgO 1.5%～32%，SiO_2 5%～58%，Al_2O_3 1%～15%，P 0.0004%～0.0002%，S 0.001%～0.08%。

红土镍矿另一个特点是水分较高，尤其是目前我国红土镍矿主要进口国菲律宾和印尼两国气候多雨潮湿，镍矿中水分基本在 30%～35% 范围波动。为确保镍铁冶炼炉况稳定，镍矿在入炉前必须进行脱水、造块处理。不同的镍铁生产厂家对入炉前镍矿的脱水烧结处理普遍使用如下几种预处理方式：

① 回转窑烘干→造块→回转窑高温脱水、预热；

② 回转窑烘干→造块→竖炉烧结、预还原；

③ 回转窑烘干→脱水、烧结（包括预还原）。

不同的镍矿处理工艺的投资费用及工艺操作难度不同，对整个镍铁冶炼工艺综合能耗及产品质量的影响也有所不同。随着我国镍铁的规模化生产，选择何种镍矿预处理方式，值得分析。

镍的提纯工艺流程主要有如下几种：

（1）回转窑直接还原法

镍矿→烘干→破碎→配入焦炭、熔剂混合制团→预热→回转窑脱水、还原→固融态渣铁混合物→水淬→磨碎→跳汰、强磁选等多级渣铁分离→细粒镍铁→电炉重熔→精炼脱硫→镍-铁。该工艺利用回转窑全程对镍团矿进行脱水和焙烧、NiO 和 FeO 等氧化物还原、金属物聚集，最后生成融态海绵状夹渣镍-铁。熔炼过程热能来自煤粉（或重油）燃烧放出的热量，其是火法冶炼镍-铁生产中，设备最简单、生成金属流程最短、综合能耗最低的生产工艺。

（2）鼓风炉法

镍矿→回转窑烘干→制块→配入焦炭→鼓风炉冶炼→粗镍-铁→精炼降 Si、C、P、S→镍-铁。该工艺在冶炼设备结构方面与高炉法冶炼镍-铁有相似之处。冶炼过程中以焦炭燃烧放热作为热源，但反应机理有所不同。高炉直接冶炼出的镍铁，其含 Ni 量基本取决于入炉镍矿中的 Ni/Fe 比值，而鼓风炉法生产的粗镍，其含 Ni 量，不只受限于该比值的大小。该法是最早出现的红土镍矿冶炼镍-铁的技术，1875 年在新喀里多尼亚小高炉就已应用，后法国也有采用，但该法因消耗大量优质焦炭、污染严重，最终在市场竞争和环保压力下于 1985 年全部停止。

（3）高炉法

镍矿→脱水、烧结、造块→配入焦炭、熔剂→高炉冶炼→粗镍-铁→精炼降 Si、C、P、S→镍-铁。在国内，近年普遍采用火法冶炼镍-铁，主要是借用于现有炼铁小高炉直接转产，具体操作与小高炉生产生铁操作相似，特别适合于使用低 Ni、高 Fe 镍矿生产低 Ni 镍-铁（含镍生铁）。该工艺仍以焦炭燃烧放热作为冶炼热能，入炉镍矿中 FeO 可被焦炭中的 C 充分还原，故粗镍-铁中的 Ni 含量高低基本受限于入炉镍矿 Ni/Fe 的比值大小。

（4）电碳热法

镍矿→脱水、造块→配入焦炭、熔剂→电炉冶炼→粗镍-铁→降 C、Si、P、S 精炼→镍-铁。该法以 C 作还原剂，在电能高温条件下，对镍矿中的 NiO、FeO 等氧化物进行还原，冶炼出镍-铁，因而，在电炉冶炼过程中，调整合适的配炭量，限制 FeO 还原，可生产出 Ni 含量较高的电炉镍-铁。

国外火法冶炼镍-铁主要采用此工艺，国内厂家生产含 Ni 大于 10% 的产品时亦普遍采用。主要冶炼设备为矿热电炉，国内个别厂家也有使用与电弧炉结构相似的电炉生产（其设备最大容量为 9MVA），其镍矿预处理方式、冶炼工艺的具体操作、精炼工艺设备配套情况及精炼效果均不尽相同，各项指标对比也存在一定差异。

（5）电硅热法

镍矿→烘干→破碎→高温脱水煅烧成块→配入熔剂→矿热电炉熔化→NiO 熔体→倒入反应包→向反应包加入 45% 硅铁→倒包反应→粗镍-铁→降 P、Si 精炼→镍-铁。该法是以 Si 作还原剂，在高温条件下，对 NiO、FeO 等氧化物进行还原，生成镍-铁。电硅热法工艺是在炉外，通过倒包操作，使加入的 Si 对熔体中的 NiO 进行还原，生成镍-铁，与热兑法生产微碳铬-铁的反应机理和工艺操作基本相同，因而，可称之为热兑法工艺。

16.5　锰资源

16.5.1　锰的发现及其用途

1774 年，甘英（J. G. Gahn，1745～1818，瑞典人）用调有油的软锰矿粉跟木炭在坩埚里共热，得到一块钮扣大小的锰块，后把它交给舍勒而确定为元素锰（Mn）。

锰矿称为黑色金属资源，它是铁合金原料，能增加钢铁的硬度、延展性、韧性和抗磨能力，同时还是高炉的脱氧、脱硫剂。

16.5.2 锰矿资源的种类及分布

锰矿的主要种类有硬锰矿〔psilomelane，单斜晶系，$(Ba \cdot H_2O)_2 \cdot Mn_5O_{10}$〕、菱锰矿（rhodocrosite）、钨锰矿和它们的混晶构成的类质同象系列的中间成员例如钨锰铁矿、碳酸锰矿、铁锰矿等。

世界锰矿石主要生产国有中国、南非、澳大利亚、巴西、加蓬、哈萨克斯坦、乌克兰、印度、加纳、墨西哥等；世界锰合金主要生产国有中国、乌克兰、南非、巴西、日本、挪威、印度、澳大利亚、俄罗斯和韩国等。

世界陆地锰矿资源比较丰富，但分布很不均匀，锰矿资源主要分布在南非、乌克兰、加蓬、澳大利亚、印度、中国、巴西和墨西哥等国家。南非和乌克兰是世界上锰矿资源最丰富的两个国家，南非锰矿资源约占世界锰矿资源的77%，乌克兰占10%。2006年世界陆地锰矿石储量和储量基础分别为4.4亿吨和52.0亿吨（见表16-15）。世界海底锰结核及钴结壳资源也非常丰富，是锰矿重要的潜在资源。

世界锰矿矿床类型主要有：沉积型、火山沉积型、沉积变质型、热液型、风化壳型和海底结核-结壳型。在世界锰矿资源中高品位锰矿（大于35%）主要分布在南非、澳大利亚、加蓬和巴西。

世界锰矿资源十分丰富，仅陆地上锰矿储量就有9亿吨（金属量）。陆地锰矿储量在1亿吨以上的超大型锰矿产地有8处，分别是：南非的卡拉哈里和波斯特马斯堡、乌克兰的大托克马克和尼科波尔、加蓬的莫安达、加纳的恩苏塔、澳大利亚的格鲁特岛及格鲁吉亚的恰图拉。国外锰矿石品位一般都比较高，尤其是南非卡拉哈里矿区的锰矿石品位达30%～50%，澳大利亚的格鲁特岛矿区的锰矿石品位更高达40%～50%。我国锰矿石保有储量1.22亿吨，基础储量1.97亿吨，资源量3.46亿吨，资源总量5.43亿吨，富矿仅占6.4%，次于南非、乌克兰、加蓬，居世界第4位。

表 16-15　2006 年世界锰矿储量和储量基础　　　　　单位：万吨矿石量

国家或地区	储量	储量基础	国家或地区	储量	储量基础
南非	3200	400000	印度	9300	16000
乌克兰	14000	52000	巴西	2500	5100
加蓬	2000	16000	墨西哥	400	900
中国	4000	10000	其他	很少	很少
澳大利亚	7300	16000	世界总计	44000	520000

我国是世界上锰产品的生产和出口大国。大多为沉积型或次生氧化堆积型，但以中低品位和碳酸锰矿石为主，分布广泛，在全国21个省（区）均有产出。但产地大多集中于中南、西南两大区，包括桂、湘、黔、川、滇、鄂等省区，辽宁也有较大储量。其中广西锰矿总储量占全国的1/3，遍布全区34个县市，以桂平、钦县最为集中，年产量占全国50%左右。贵州锰矿也有相当储量，集中于遵义市郊。

我国虽拥有一定量的锰矿资源，但锰矿品位低，富锰矿较少。碳酸锰矿的比例大，高磷高铁高硅，品质较差。冶金用的低磷低铁低硅的优质富锰矿须从国外进口。富锰矿在保有储量中仅占6.4%。从地区分布看，以广西、湖南为最丰富，占全国总储量的55%，其中广西储量占全国的44%；贵州、云南、辽宁、四川等地次之。从矿床成因类型来看，以沉积型锰矿为主，如广西下雷锰矿、贵州遵义锰矿、湖南湘潭锰矿、辽宁瓦房子锰矿、江西乐平锰矿等；其次为火山-沉积矿床，如新疆莫托沙拉铁锰矿床；受变质矿床，如四川虎牙锰矿等；热液改造锰矿床，如湖南玛璃山锰矿；表生锰矿床，如广西钦州锰矿。从成矿时代来看，自元古宙至第四纪均有锰矿形成，以震旦纪和泥盆组为最重要。

贵州锰矿探明储量 9054 万吨，保有储量 7181 万吨，居全国第 3 位，占全国总量的 15%。全省有 16 个县市发现锰矿资源，其中以遵义市最为集中，其储量占全省的 1/2，铜锣井矿区为国内少有的大型矿区，储量为 3000 万吨。

四川（包括现在的重庆市）锰矿资源列全国第 5 位，但以高磷贫碳酸锰矿和铁锰矿为主，富矿很少。目前比较正规开采的仅有汉源轿顶山锰矿。全省探明锰储量 4825 万吨（保有储量 3890 万吨），主要集中分布在万县、涪陵、雅安、绵阳和阿坝 5 个地、市、州，其次在乐山金口河区和攀枝花、盐边等地也有分布。重庆秀山处于号称"我国锰业金三角"的最佳位置。秀山境内已探明的锰矿储量高达 2400 万吨，远景储量 1 亿吨，占全国总储量的 1/4。该省境内的锰矿主要有三种类型：

① 上奥陶统富锰矿：主要分布在汉源和金口河地区，主要矿区有汉源轿顶山锰矿，探明储量 138 万吨（保有储量 72 万吨），为富碳酸锰矿。矿床规模虽小，但品位高（含 Mn 3.185%）、含磷低（含磷 0.05%），是目前开采利用的主要矿山。外围金口河大瓦山锰矿，储量约 85 万吨，其中富矿 66 万吨。

② 上震旦统碳酸锰矿：主要分布在万县城口和涪陵秀山地区，共探明储量 2519 万吨，矿床规模较大，但矿石主要为高磷贫碳酸锰矿，矿石一般含 Mn 17%～20%、磷锰比 0.009～0.012。仅城口锰矿浅部有少量氧化富锰矿（储量 36 万吨）。

③ 下三叠统变质铁锰矿：主要分布在平武、松潘、南坪等地区，共探明储量 2084 万吨。矿床规模较大，以高磷铁锰矿为主，储量 1425 万吨，矿石含 Mn＋Fe 3.5%，P 0.6% 左右；其次为高磷贫碳酸锰矿，储量 659 万吨、矿石含 Mn 29%～25%，P 0.31%～1.05%。该类锰矿目前没有利用。

我国锰矿集中于广西、湖南、贵州，其次为重庆、福建、广东。重要矿山有连城、八一、下雷、建水、鹤庆、东平、龙头、瓦房子、桃江、城口、湘潭、遵义等。

由于锰矿的生产集中度差、品位低、杂质高、加工性能差，通过选矿烧结，与进口矿比，不论在质量上与价格上都不具竞争力。近年来，提出优质锰矿的概念，找矿和利用上均有新的突破，锰矿产量有所回升，进口量有所下降。2000 年进口锰矿石 120.4 万吨。

云南鹤庆锰矿已探明了 268 万吨富锰矿，品位达 40%，四川城口、新疆库车、云南澜沧等地均发现了高品位的锰矿资源。广西南宁地区富锰矿主要分布在大新、天等、靖西及其附近。其中大新县是全国富锰矿最丰富的地区，锰矿储量 1.3 亿多吨，占全国储量的 1/4，居世界第 5 位。

除了陆地资源外，锰矿的海洋资源也非常丰富。主要为锰结核，它是 20 世纪 70 年代才大量发现的著名的深海矿产。褐色的锰结核，外观像土豆，切片来看，一层层的又像葱头。这种结核体往往是以贝壳、珊瑚、鱼牙、鱼骨为核心，把其他物质聚集在周围。生长速度很缓慢，大约 1000 年生长 1mm，有的 100 万年才生长 4mm。锰结核除含有锰外，还含有镍、钴等 20 多种元素，其成分随地区变化很大。这类锰结核分布在世界各大洋水深 2000～6000m 处的洋底表层，在太平洋海底分布最广，估计在太平洋的分布面积约为 1800 万平方公里，蕴藏量估计为 1.7 万亿吨，占全世界蕴藏量约 3 万亿吨的一半多。这样就含有炼锰钢用的锰 4000 亿吨，炼不锈钢的镍 164 亿吨。如果每年从太平洋取 100 万吨锰结核，便可提供世界需要的 10%～12% 的锰矿以及 12%～15% 的钴矿。其中从墨西哥西南到夏威夷南部的一条长达 4600km、宽 900km 的海域里，海底表层密密麻麻布满了锰团块，平均密度为 $10kg/m^2$ 锰结核以上。这一带海域地形比较平坦，海况条件也比较好，有利于开采作业，是目前各国进行科学研究和开采试验的主要场所。联合国分配给我国开采的海域也位于这一地区。

16.5.3　锰资源的提纯

金属锰生产方法有火法冶炼和湿法冶炼。火法冶炼金属锰，生产工艺采用三步法，第一步用锰矿石炼成富锰渣；第二步用富锰渣炼制高硅-锰合金，第三步用富锰渣为原料，高硅-锰作还原剂，石灰作熔剂，即电硅热法制成金属锰。湿法冶炼主要是电解法，常称电解金属锰。生产工艺流程大致分硫酸锰溶液制备、电解、后处理三个生产工序。后处理是电解完成后包括产品纯化、水洗、烘干、剥离、包装等系列操作。最终获得合格电解金属锰产品，含 Mn 99.70%～99.95%。锰矿石冶炼产品主要有高碳锰-铁、中低碳锰-铁、锰-硅合金以及金属锰等，通称为锰质合金或锰系合金。下面以软锰矿为例进行简单的说明。

现行的软锰矿可分为焙烧法还原和湿法还原两大类。

(1) 焙烧法还原

软锰矿还原焙烧的基本过程是在 700～1000℃下，二氧化锰与还原剂产生反应，生成氧化锰，氧化锰可溶于酸，浸出液在经过各种净化过程，得到纯净的含锰溶液用于支取各种最终锰产品。

① 固定床堆积还原焙烧　固定床堆积还原焙烧工艺是在地面上挖掘一地窖，上面安装炉排，在炉排上铺上一层粗炉渣，再将颗粒状的软锰矿按 10:1 的比例混合均匀铺在炉渣层上形成物料层，通入主要成分为 CO_2 的非氧化性高温气体，并使水蒸气调节至 850～950℃，使之穿过料床，与料床中的碳产生反应。

还原焙烧方式几乎不需要专门的设备，与反射窑和回转窑相比可节省大量的设备投资，能耗也大为降低，据了解美国 KerrMcGee 公司在其 26 万吨/年 EMD 生产系统中即曾经采用此工艺。

② 沸腾炉和流态化炉还原焙烧　沸腾炉和流态化炉用煤气或还原性的燃烧气体作为流化介质加热还原软锰矿。沸腾炉和流态化炉还原焙烧目前在我国尚处探索和研制阶段，工艺还未成熟，亦存在着系统能耗大、热量不能回收、配套设备较复杂等缺点。

③ 硫酸化焙烧法　该方法将软锰矿的碳热焙烧还原和硫酸浸出合二为一，即将锰矿粉、煤粉和硫酸充分拌和，在 600～700℃下焙烧 1h，软锰矿被直接还原生成硫酸锰，同时重金属盐及可溶性硅酸盐可大部分转化为水不溶性氧化物，焙烧产物直接用水浸出、过滤后即得到硫酸锰溶液。亦有不需要碳作为还原剂直接将锰矿粉和硫酸（或硫酸铵）拌和物在 400℃焙烧 3h，再升温到 700℃继续焙烧 1h，焙烧产物用水浸取得到硫酸锰溶液。硫酸化焙烧法的缺点是能耗高、操作条件差、对环境有污染，因此未得到普遍使用。

(2) 软锰矿的湿法还原

① 两矿一步法　将软锰矿、黄铁矿和硫酸按一定的配比，在一定的温度下反应，即可使软锰矿中的高价锰还原生成硫酸锰。两矿一步法的优点是省去了高温焙烧工序，其还原、浸出和净化可在同一反应槽内完成，减少了设备投资。黄铁矿来源广，价格低廉，生产成本低，操作过程亦简单易行，与焙烧法相比大大改善了操作环境，还降低了酸耗，因此两矿一步法在当前已是我国低品位软锰矿生产锰系产品过程中最通行的工艺路线。该法的缺点是还原率和浸出率较低，渣量大，影响了锰的回收率，尤其在生产电解金属锰过程的工艺控制上，净化过程较难掌握，特别要求软锰矿和黄铁矿的矿源成分稳定，因此，两矿一步法虽然在硫酸锰和普通级电解二氧化锰生产中得到了广泛的应用，但是在生产电解金属锰的过程中，至今尚未得到普遍推广使用。

② 二氧化硫浸出法

二氧化硫气体通入软锰矿浆内，即可直接起还原反应生成硫酸锰。二氧化硫还原浸取软锰矿的反应不但速度很快，而且对矿物中的成分有选择性反应，可减少杂质进入浸出液。

③ 连二硫酸钙法浸出软锰矿

在浸出槽中将软锰矿粉与连二硫酸钙混合成矿浆通入二氧化硫即生成硫酸锰和连二硫酸

锰，生成的硫酸锰再与连二硫酸作用置换转化为连二硫酸锰溶液和硫酸钙沉淀，滤浸出液，碳酸钙即与浸出渣一起被过滤分离出去。滤液中加入石灰乳，则生成 $Mn(OH)_2$ 沉淀，将其过滤，即得到固体 $Mn(OH)_2$ 产品，可作为锰精矿或用酸溶解后制备锰系产品。而滤液中含 CaS_2O_6 可循环使用。二硫酸钙法浸出软锰矿的还原机理实际上是 SO_2 还原浸出法。

④ 硫酸亚铁浸出法

钢厂酸洗废液和硫酸法钛白粉生产均有大量的副产绿矾（$FeSO_4 \cdot 7H_2O$），可在酸性溶液中浸出软锰矿中作为还原剂，使软锰矿中的四价锰还原成硫酸锰，用于生产硫酸锰或其他锰系产品。热力学计算表明，该浸出反应在常温下可自发进行，热力学推动力较大，反应为放热反应。综合国内发表的用硫酸亚铁浸出软锰矿的试验报告可知其反应条件大体为：反应温度70～95℃，初始硫酸浓度180～210g/L，液固比（3～8）∶1，在搅拌下反应时间为2～3.5h，二氧化锰浸出率可达95％以上。

低品位软锰矿的还原工艺过程很多，对湿法冶金生产锰系产品的成本、能耗和操作环境具有很大的影响，应根据所用锰矿的种类和性质、各地原材料的供应情况以及产品的品质要求加以综合考虑，选择最适宜的工艺流程。

16.6 铁矿资源的种类及分布

16.6.1 铁矿资源的发现及用途

铁是世界上发现最早、利用最广、用量也是最多的一种金属，其消耗量约占金属总消耗量的95％左右。铁矿石主要用于钢铁工业，冶炼含碳量不同的生铁（含碳量一般在2％以上）和钢（含碳量一般在2％以下）。生铁通常按用途不同分为炼钢生铁、铸造生铁、合金生铁。钢按组成元素不同分为碳素钢、合金钢。合金钢是在碳素钢的基础上，为改善或获得某些性能而有意加入适量的一种或多种元素的钢，加入钢中的元素种类很多，主要有铬、锰、钒、钛、镍、钼、硅。此外，铁矿石还用于作合成氨的催化剂（纯磁铁矿）、天然矿物颜料（赤铁矿、镜铁矿、褐铁矿）、饲料添加剂（磁铁矿、赤铁矿、褐铁矿）和名贵药石（磁石）等，但用量很少。

16.6.2 铁矿资源的种类

铁在自然界（地壳）分布很广，但由于铁很容易与其他元素化合而成各种铁矿物（化合物）存在，所以地壳层很少有天然纯铁存在。我们所说的铁矿石是指在现代技术条件下能冶炼出铁而又在经济上合算的铁矿物。铁矿石是由一种或几种含铁矿物和脉石组成，其中还夹带一些杂质。脉石亦是由一种或几种矿物（化合物）组成。含铁矿物和脉石都叫矿物，都是具有一定的化学组成和结晶构造的化合物。

自然界含铁矿物很多，已被人们认识的就有300多种，但现阶段用作炼铁原料的还只有二十几种，其中最主要的是磁铁矿、赤铁矿、褐铁矿和菱铁矿四种类型。

① 磁铁矿主要含铁矿物为四氧化三铁，其化学分子式为 Fe_3O_4。理论含铁量为72.4％，外表颜色通常为炭黑色或略带有浅蓝的黑色，有金属光泽，条痕（在表面不平的白瓷板上划道时板上出现颜色）黑色，俗称青矿。这种矿石最突出的特点是具有磁性，这也是它名称的由来。磁铁矿一般很坚硬，组织致密，还原性能差。一般磁铁矿的硬度在5.5～6.5之间，相对密度在4.6～5.2之间。自然界这种矿石分布很广，储量丰富。

然而，地壳表层纯磁铁矿却很少见，因为磁铁矿是铁的非高价氧化物，所以遇氧或水要继续氧化。由于氧化作用使部分磁铁矿被氧化成赤铁矿，但仍保持磁铁矿的结晶形态，这种矿石我们称它为假象赤铁矿和半假象赤铁矿。通常用铁矿石中的全铁（TFe）与氧化亚铁（FeO）

的比值来划分，对纯磁铁矿其理论值为 2.34，比值越大说明铁矿石氧化程度越高：当 $T_{Fe/FeO}<$ 3.5 为磁铁矿；$T_{Fe/FeO}=3.5\sim7$ 为半假象赤铁矿；$T_{Fe/FeO}>7$ 为假象赤铁矿。

这里应当指出的是，这种划分只适用于由单一的磁铁矿和赤铁矿组成的铁矿床。如果矿石中含有硅酸铁（$FeO\cdot SiO_2$）、硫化铁（FeS）和碳酸铁（$FeCO_3$）等，由于其中的 FeO（或 Fe^{2+}）不具磁性，如比较时把它们也计算在 FeO 内就会出现假象。

另外，有的磁铁矿还含有钛（TiO_2）和钒（V_2O_5）的氧化物，分别叫做钛磁铁矿、钒磁铁矿或钒钛磁铁矿，也有和黄铁矿（FeS）共生的则叫做磁黄铁矿。

② 赤铁矿是指不含结晶水的三氧化二铁，其化学分子式为 Fe_2O_3（三氧化二铁）。纯赤铁矿理论含铁量为 70%。它外表颜色从红到浅灰，有时为黑色，条痕暗红色，俗称"红矿"。赤铁矿结晶组织不一，从非常致密到很分散、很松软的粉状，因而硬度也不一，前者一般为 $5.5\sim6.5$ 之间，后者则很低。一般较磁铁矿易还原，相对密度为 $4.8\sim5.3$ 之间。赤铁矿在自然界中储量丰富，但纯净的赤铁矿较少，常与磁铁矿、褐铁矿等共生。

③ 褐铁矿是含结晶水的三氧化二铁，化学式可用 $mFe_2O_3\cdot nH_2O$ 表示。它实际上是由针铁矿（$Fe_2O_3\cdot H_2O$）、水针铁矿（$2Fe_2O_3\cdot H_2O$）、氢氧化铁和泥质物的混合物所组成。自然界中褐铁矿绝大部分以 $2Fe_2O_3\cdot 3H_2O$ 形态存在。按结晶水含量不同，褐铁矿又可分为水赤铁矿、针赤铁矿、褐铁矿等。

褐铁矿是由其他铁矿石风化而成，因此其结构比较松软，密度小，含水量大。由于含结晶水量不同而有不同颜色，由黄褐色至深褐色或黑灰色，条痕黄褐色。褐铁矿的结晶水干燥时很容易除掉，褐铁矿的（脱水后的褐铁矿）气孔很多，容易还原。但由于褐铁矿硬度小（$1\sim4$）、结构疏松、粉末多，一般都得经过造块后方才适合高炉冶炼。

④ 菱铁矿是一种铁的碳酸盐，其化学分子式为 $FeCO_3$（碳酸铁），理论含铁量为 48.2%，含 FeO 为 62.1%，CO_2 为 37.9%。自然界中常见的是坚硬致密的菱铁矿，外表颜色为灰色和黄褐色，相对密度 3.8，硬度 $3.5\sim4$ 之间，无磁性。菱铁矿在氧和水的作用下易风化成褐铁矿，覆盖在其表层。常夹杂有镁、锰和钙等碳酸盐。一般含铁量不高（30%～40%），但经焙烧后，因分解放出 CO_2 含铁量显著增加，矿石也变得多孔，成为还原性良好的矿石。

16.6.3　铁矿资源的分布

根据美国地质调查局（USGS）《Mineral Commodity Summaries》（2009 年）最新报道，全球铁矿石储量为 1500 亿吨，基础储量为 3500 亿吨；按含铁量计算储量为 730 亿吨，基础储量为 1600 亿吨，主要分布在澳大利亚、俄罗斯、巴西等 12 个国家，这些国家的铁矿石储量合计占世界含铁基础储量的 88.6%（见表 16-16）。

表 16-16　世界主要铁矿石生产国储量表

国家	折算铁品位/%	含铁基础储量/亿吨	含铁储量/亿吨	原矿基础储量/亿吨	原矿储量/亿吨
巴西	53.5	170	89	330	160
俄罗斯	56	310	140	560	250
澳大利亚	61	280	100	450	160
乌克兰	30	200	90	680	300
中国	33	150	70	460	210
哈萨克斯坦	40	74	33	190	83
印度	63.5	62.42	98	66	
瑞典	60	50.22	78	35	
美国	30	46.21	150	69	
委内瑞拉	60	36.24	60	40	
加拿大	65	25.11	39	17	
南非	65	156.5	23	10	
全球合计	50	1600	730	3500	1500

16.6.4 铁资源的提纯

在日常生活中，钢铁已成为了一种运用最为普遍、需求量堪称冠军的金属，巨大的机床、农业机械、汽车、火车、远洋巨轮、重型坦克以及文具盒、铁锅、钢笔都需要钢铁来铸就。因而铁矿石的提纯工艺变得非常重要。下面以赤铁矿为例进行简单的说明。

它的提纯是一个氧化还原反应，反应中 CO 作还原剂，由于 CO 是气态而不是固态的炭 C，因而能与铁矿石充分接触，发生上述反应。高炉所需的还原剂 CO 是用焦炭和鼓入高炉热空气反应生成。焦炭先与空气中的氧反应生成二氧化碳，二氧化碳再与赤热的焦炭反应生成一氧化碳。实际上，高炉中的反应过程还应有一个关键环节。因为 100％的铁矿石并不存在，一般为 60％～30％，其中含有不少废石（也叫脉石，主要成分为 SiO_2）。废石很难熔化，但不除去就会影响生铁的冶炼。为了使炼铁更顺利进行，人们想出了一个办法（即加进石灰石）。石灰石在高温下分解可生成氧化钙即生石灰 CaO。而氧化钙能与二氧化硅反应，生成熔点低的硅酸钙（$CaSiO_3$），从而使得上面化学反应顺利进行。几个反应共同进行，同时发挥作用，就完成了炼铁过程的化学反应。在现代钢厂中，从高炉中流出来的铁水直接传输到炼钢炉中去进行"提纯"。

参 考 文 献

吴宇平，戴晓兵，马军旗，程预江. 锂离子电池——应用与实践. 北京：化学工业出版社，2004.

第17章

其他类型锂二次电池

其他类型的锂二次电池主要包括锂//硫电池、水溶液可充锂电池（简称为水锂电）、锂//聚合物自由基电池和锂//空气电池。它们从严格意义上不属于锂离子电池，但是均与锂有关，因此也在本书中进行说明。

17.1 锂//硫电池

1962 年首次提出采用硫材料作为电池器件的正极材料，指出硫材料具有很多十分有价值的优点，如低当量、低成本以及无毒性等。之后很多的科研工作者致力于碱金属//硫储能系统的开发，其中比较有代表性的有诸如在 300～350℃ 使用的 Na//S 电池以及在室温下使用的 Li//S 电池。Li//S 电池氧化还原反应可以被概括为式(17-1)：

$$S_8 + 16Li^+ + 16e^- \Longrightarrow 8Li_2S \tag{17-1}$$

其平均电压为 2.15V（vs. Li/Li$^+$），大约为目前已有的正极材料的 1/2～2/3，理论容量为 1672mA·h/g，在目前正极材料中非常高。因此，相对于传统的锂离子电池，Li//S 电池可能可以使用最低的成本来获得最大的能量密度。通过理论计算认为如果所有的硫材料都反应生成 Li$_2$S 的话，其质量能量密度或者其体积能量密度可以分别达到 2500W·h/kg 或 2800 W·h/L（见表 17-1）。

表 17-1 Li//S 电池与传统电池的对比

体系	平均放电电压/V	正极的理论容量/(mA·h/g)	正极的实际容量/(mA·h/g)	根据电极质量的电池能量密度/(W·h/kg)	电池的实际能量密度/(W·h/kg)
C//LiMO$_2$	3.6～3.7	275	160	410	135～200
Li//S	2.15	1672	500～1100	950～1700	350～700

Li//S 电池由正极片、负极片、隔膜以及电解液构成，正极物质由元素硫、导电剂（碳材料或者金属粉末等）以及交联剂构成，与金属锂负极用隔膜隔开。在有机电解液中，硫电极的放电曲线由三个部分构成（见图 17-1）：在较高的电位下，硫通过一系列阶梯的反应生成可溶性多硫离子 S$_4^{2-}$，化合价由 S 变化为 S$^{-0.5}$；第二步对应于不可溶 Li$_2$S$_2$ 的生成，硫的化合价由 S$^{-0.5}$ 变化为 S^{-1}；最后一步对应于固相中的 Li$_2$S$_2$ 向 Li$_2$S 的转化，受阻于固相的传输，这

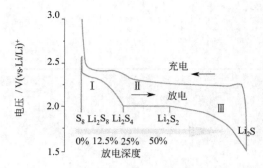

图 17-1 硫在有机电解液体系中的充放
电过程：以金属锂为参比电极

一步被认为是该三个反应中最缓慢的一步。相对放电过程，硫电极的充电过程则显得简单许多。循环伏安法表明，硫或者多硫化物电极只有一个简单的阳极氧化峰，表明多硫化物通过充电过程的转化在动力学上十分迅速，最终产物一般认为是 S_8，其各种中间产物之间的转化反应在图 17-1 上已经有所说明。

尽管 Li//S 电池有着各种各样的优点，但同时也面临着许多的挑战：①硫材料的绝缘性，使得硫电极的最后放电产物必须要与导电剂充分接触才能保证反应的继续进行，导致活性物质利用率低；②反应中间过程中生成的部分多硫化物具有可溶性，如果这些分子通过隔膜与锂负极接触，就会反应生成不溶性的 Li_2S 或者 Li_2S_2，一旦负极被完全覆盖，就会使得整个器件的寿命以及效率面临极大的问题；③对二次 Li//S 电池而言，由于锂负极存在的问题，主要是电池在循环过程中锂枝晶的生长问题。因此 Li//S 电池实现真正的应用之前，必须要通过对正负极材料的改性、隔膜的改善以及电解液的选择来解决这些问题。

17.1.1 硫正极的改性

为了解决硫电极存在的上述问题，常采用如下方法：

① 合成含—S—S—键的有机多硫化物，以稳定材料结构，提高材料的导电性，达到提高电池的循环可逆性和大电流充放电的目的。

人们曾经尝试将储能基团—S—S—结构通过化学交联与有机或聚合物基体连接，形成有机硫化物或聚硫化物正极材料，即聚合物主链为导电高分子，可以发生氧化还原的多硫链以侧链形式连接在主链上。这种结构既能改善正极材料的导电性，提高利用率，又可将部分硫固定在正极区，减小因多硫离子溶解而带来的电池性能下降。电极反应如式(17-2) 所示：

$$RSSR + 2Li \Longleftrightarrow LiRSSRLi \tag{17-2}$$

聚有机多硫化物中主链为碳—碳键或—C—S—键，侧链为—S—S—。聚有机硫化物作为锂//硫电池的正极材料，能量密度和功率密度都很高，许多方面的性能都比无机嵌入式化合物及共轭导电聚合物优越。从结构上看，聚有机硫化物可减缓电极反应中小分子硫化物的产生，减少在负极的沉积，提高循环性能。这样的硫化物有多硫代聚苯、多硫代苯、多硫化碳炔等，其中二巯基噻二唑（DMcT）是有机硫化物中作为锂电池正极活性物质的非常有应用前景的材料。充电时 DMcT 分子间反应生成聚二巯基噻二唑（Poly-DMcT），放电时聚合物解聚成单体或低聚物，如图 17-2 所示，DMcT 具有电化学可逆性好、比容量较高、制备相对简便等优点，但是作为正极材料，DMcT 在室温下氧化还原速度慢，电导率低，易溶于有机溶剂中，因此一般用于全固态电池的研究。

图 17-2 DMcT 分子充放电反应方程式

为了克服 DMcT 的缺点，人们试图通过改变 DMcT 末端的基团或寻求合适的添加剂来改善，但效果并不明显。近年来，人们将 DMcT 与聚苯胺（PAn）复合制备电极取得了一些进展。PAn 可大大催化 DMcT 的氧化还原速度，尤其是电化学制备的 PAn 效果更佳。在复合电极中，DMcT 是主要的活性物质，PAn 是高分子导电聚合物，本身也具有电化学活性，作为分子集流体，克服了有机硫化物导电性差的缺点。而且 DMcT 也同时有效提高了 PAn 的电化学活性，可将氧化态 PAn 还原，使其在高电位下仍保持良好的电化学活性和导电性。

以六氯代环戊二烯、六氯代苯等多卤代环状化合物为原料，与多硫化钠反应，制得网状多硫交联聚合物，初始放电比容量大于 1000mA·h/g，循环性能有所改善，但放电结束时聚合物会解聚为单体六锂盐，循环性能仍不能完全满足二次电池的实用化要求。

上述制备的有机硫化物表现出较好的电化学性能和循环性能，一定程度上弥补了单质硫作为正极材料的缺陷，但其理论比容量都不如单质硫（1675mA·h/g），不能很好地发挥硫高比容量的优势，所以上述改进并没有能够有效提高正极材料的使用容量和循环性能。此外，用于链接—S—S—结构的上述有机基体材料分子无一例外的由 C、H、O 等元素组成，因此不可避免地增加了材料的可燃性。再者，这样的正极材料制备工艺复杂，不利于商业化，研究学者开始设法以单质硫为研究的基础设计并制备一系列的复合材料。

② 将 S 材料复合在特定的模板结构如多孔炭等中或者在含硫材料中添加导电聚合物、纳米碳管、金属氧化物等物质，以提高电池的电化学性能。

碳材料作为电池工业常用导电剂在 Li//S 电池的 S 正极中扮演重要角色。将电极活性材料和导电剂通过机械研磨、热处理方法以及其他物理化学方法均匀混合在一起，也可以提高材料的导电性。在早期研究中，由于技术有限，大块的碳材料和硫材料被简单地机械混合，以此制备出了一些宏观复合电极材料，这些电极材料在应用中无论是导电性能还是循环性能，都不是很理想，但却为后来的研究提供很多可以借鉴的地方。

后来提出将硫材料复合在多孔碳材料上，以此来提高复合材料的导电率，同时提高电池的体积能量密度。最近活性炭被用做硫材料的载体，但是由于活性炭材料的孔径分布范围过大（微孔小于 2nm，大孔大于 50nm），结果分布在大孔中的硫材料与导电剂接触不充分，导致在充放电过程中硫电极的极化过大，产生很大的不可逆容量以及容量衰减，不利于大规模的使用。

近 20 年来，纳米碳材料飞速发展，这为 Li//S 电池的进步提供了契机，大量的纳米结构碳材料被应用在 Li//S 电池尤其是 S 电极的改性上。

将多壁碳纳米管（MWCNTs）与硫材料复合并应用于 Li//S 电池正极材料，使得电池容量以及循环性能得以提升，但是其首次放电容量仍然只有 480mA·h/g，如图 17-3 所示，远低于理论容量，这可能是由于大块的硫材料内部的活性物质没有得到充分利用所致。

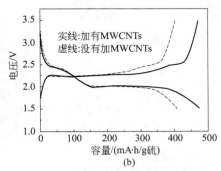

图 17-3　MWCNTs@S 电极材料的（a）SEM 图和（b）充放电曲线

在此基础之上通过加热，将硫升华制备均一的 S/MWCNTs 复合材料，在包覆上硫之后，碳纳米管的直径明显变粗，表明在碳纳米管表面均一地包覆上了硫单质，首次放电可逆容量达到 700mA·h/g 以上。然而，碳纳米管材料作为硫的载体也存在很多的不足。首先，就孔隙率和比表面积而言，碳纳米管比较小，仅仅只有 0.5cm³/g 和 350m²/g，远远不能将硫电极的容量充分释放出来。再者，由于碳纳米管的长度一般都在微米尺度，在如此大的尺度上进行包覆工作，很难真正保证硫单质包覆的均一性，容易造成硫包覆的间断，由于锂离子的传输一般

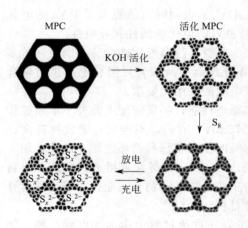

图 17-4 多孔碳/S 复合物的 SEM 图
以及循环曲线

只能沿着碳纳米管的轴向进行，这样从某种程度上就使得材料的利用率大大下降。

在孔径只有 7.3nm 的多孔碳（MPC）中填充硫单质，如图 17-4 所示，其不同的 S 填充量导致了不同的电化学性能，相对于传统的碳纳米管与硫的简单复合，这种复合手段在循环之前的内阻要相对高一些，初始容量也相对低一些，但却极大地提高了其循环稳定性（60 次循环后容量为 670mA·h/g）。

介孔碳在 Li//S 电池中的应用最近也被提出。目前结果比较良好的报道中采用了一种具有三维立体管道的介孔碳作为硫的担载体，如图 17-5 所示，熔融的硫通过毛细作用进入到介孔碳之中，通过该方法，活性物质的百分含量可以自由控制，这样剩下的空隙就可以作为电解液以及溶剂化锂离子的迁移通道。该框架结构可以对多硫离子的扩散起到很好的抑制作用，使得硫的各种价态之间的转化被抑制在该三维框架中完成，极大地降低了活性物质的流失。随后，采用聚合物如 PEG2000 等修饰的介孔碳材料（见图 17-6）也被应用到 Li//S 电池中，通过人为制造的化学障碍，进一步阻止多硫化物向电解液中的流失。首次充放电容量达到了 1320 mA·h/g，多硫化物没有明显的流失（库仑效率达到了 99%），这表明聚合物的修饰很好地解决了多硫化物通过电解质在正负极间迁移的问题，导致复合材料的循环性能得到提高，如图 17-7 所示。

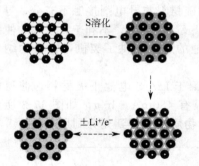

图 17-5 介孔碳/S 复合材料示意

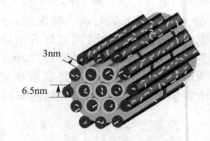

图 17-6 PEG2000 修饰的介孔碳材料

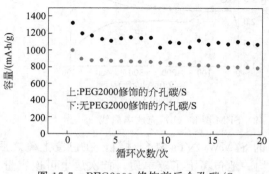

图 17-7 PEG2000 修饰前后介孔碳/S
复合材料的循环性能

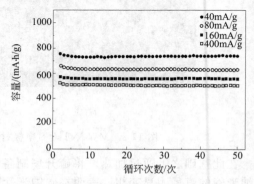

图 17-8 "极端小孔"碳材料/S 复合
材料的循环性能

其他新型的多孔碳结构也在最近被研究应用到 Li//S 电池中，比如一种"极端小孔"碳材料（孔径小于 3nm）被制备出来，并将此作为 S 的载体。当 S 的载量达到 57% 左右时，介孔基本被填充完毕，获得 740mA·h/g 的初始放电容量，且该电极材料的循环稳定性优良（见图 17-8）。通过对碳材料前驱体的处理，获得了一种微孔-介孔碳材料，依靠毛细作用，将 S 复载在微孔中，作为正极材料。介孔被用来承受 S 中间产物的互相转化，使得电极的电化学性能得到提高。

在这些复合材料中，S 的载量不同，电极的电化学性能则不一样。当担载时间在 12s 左右时，其首次放电容量大约为 818mA·h/g，而当担载时间在 4s 左右，报道称担载量约为 17%时，其首次放电容量甚至在 2500mA/g 时仍然达到了 1548mA·h/g，约为 S 电极理论容量的95%，容量显著提高，但是同时也发现，当担载量过大时，复合材料电极的循环稳定性下降很快，因此在进行 C/S 复合时务必要选择合适的 C/S 担载比例，以期达到最优的电化学性能。

③ 采用包覆技术或涂膜技术在含硫材料的表面包覆或涂附一层具有离子选择性的过渡金属硫化物或氧化物，以减小多硫化物及其还原产物在电解液中的溶解，达到提高电池的循环可逆性并抑制自放电的目的。

除此之外，在最近的研究中发现，在硫电极中加入特定的添加物，可以使得电解液中溶解的多硫离子浓度显著下降，以至难以透过隔膜发生正负极之间的迁移。例如在电极材料中添加 $Mg_{0.6}Ni_{0.4}O$ 纳米粒子（50nm 左右）可以有效地减少多硫化物进入电解液中的百分比。如果要使得多硫化物发生正负极之间的迁移，可能在电解液中多硫化物的浓度需要达到一个苛刻的极限。Al_2O_3 纳米粒子也具有类似的作用。当添加量达到 10%左右时，复合物电极可以保持相对稳定的放电容量（660mA·h/g）。

对电极表面的包覆被认为也可以从一定程度上改良硫电极的电化学性能。例如用化学聚合法制备了聚吡咯包覆硫复合材料，在锂硫电池中表现了很好的电化学性能，聚吡咯起到了三方面的作用：a. 提高导电性，同时增加粒子之间的接触；b. 作为活性物质提供一部分容量；c. 多孔结构可以吸收聚硫化锂，包覆聚吡咯后放电比容量 1100mA·h/g 提高到 1280mA·h/g，电池循环 20 次放电比容量保持在 600mA·h/g 左右（见图 17-9）。

在电极表面包覆上一层离子电子混合导体（简称 MIEC），可以快速地将电极表面累积的反应产物迁移出电极，从而保持电极的稳定性。

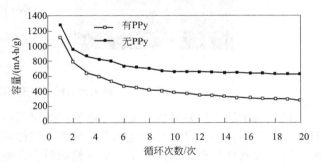

图 17-9　PPy 包覆的硫电极材料的 SEM 图以及循环性能

一般认为这些改性的最终目的都是在电极中引入了一种—N—O—键，从而与电池的负极或者电解质中的某些成分如 LiN(SO_2CF_3)$_2$ 或者 1,3-二噁茂环等反应生成一层保护膜状物质，其主要成分为 Li_xNO_y 或者 Li_xSO_y。

④ 优化电解液组分或采用凝胶电解质或全固态电解质。在 Li//S 电池中，硫的利用率、电化学反应速率、电池的放电电压和电极反应机理与电解液组分密切相关，电解液溶剂或锂盐的选择很重要。对电解液的电导率和黏度的测试表明，当电解液为 1mol/L LiN(SO_2CF_3)$_2$/DOL＋DME（50：50）时，硫电极表现出较好的电化学性能，在室温条件下，以 0.4mA/cm^2 的电流密度放电时，硫电极的首次放电比容量达 1050mA·h/g，第 50 次循环，放电比容量仍维持在 600mA·h/g 以上，可能和该电解液的电导率与黏度的比值最高有关。不同的黏合剂如聚环氧乙烷和水溶性聚合物 LA 对硫电极电化学性能影响也不相同。

在液态电解液基础上发展起来的凝胶聚合物电解质，不仅具有较高的离子电导率，还具有良好的电化学稳定性、环境友好性以及较好的机械强度。将凝胶聚合物电解质应用到 Li//S 电池中可以减少放电中间产物的溶失，改善电池的循环性能。例如采用 PVDF 凝胶聚合物电解质，首次放电曲线出现 2 个放电平台，在电位较高的平台区域发生反应：$2Li + nS \rightleftharpoons Li_2S_n$ ($n > 4$)，第 2 个平台发生 $Li_2S_n + (2n-2)Li \rightleftharpoons nLi_2S$。整个放电过程中，硫先转化为聚硫化锂，随着电位的降低转化为硫化锂，在充电过程中，硫化锂氧化为聚硫化锂而不是单质硫。

17.1.2 锂负极的改性

Li//S 电池的锂负极在循环过程中锂枝晶的生长问题，也是导致电池循环性能下降的一个因素，因此金属锂的改性或者表面修饰非常重要。改性主要有以下几个方向。

（1）锂本体材料的相貌改变

通过对采用锂粉末电极材料、泡沫电极材料以及改变锂电极表面形貌等方法，阻碍锂枝晶的生成，减少"死锂"的产生。

纳米材料由于其特殊的纳米效应，对很多研究和应用领域都产生了深远的影响。

早期的研究表明，粉末金属锂负极同片状金属锂负极性能存在明显差异。粉末锂负极的使用有效地改善了充放电过程中锂枝晶的生成，同时该电极材料的 SEI 膜的内部阻抗也明显低于传统的金属锂片负极。在此基础之上，采用滴核乳胶技术，合成均一度很好的粉末锂材料［见图 17-10(a)］，更进一步改良了锂负极的电化学性能［见图 17-10(b)］。

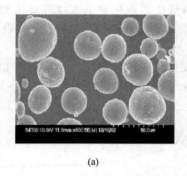

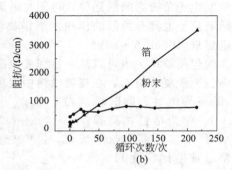

(a)　　　　　　　　　　　　　(b)

图 17-10　粉末锂电极材料的 SEM 图和电化学性能

但是关于纳米颗粒材料在 Li//S 电池中的应用还存在很多的挑战，首先，纳米材料的密度较体相材料小，因而尽管其质量比容量较高，但体积比容量却很小；其次，纳米颗粒间接触疏松，这导致其反复充放电过程中，纳米锂颗粒会在电沉积过程中逐渐长大，从而逐渐失去纳米材料的优势。

采用铜箔作为基底，采用电沉积的方法制备了高比表面的泡沫锂材料，用其作为电池器件的负极材料，有效地抑制了枝晶和死锂的生成，从而提高金属锂负极的循环性能和安全性。同样在泡沫镍基底上使用电化学沉积的方法也生长出了均一性很好的高比表面积泡沫锂金属（见

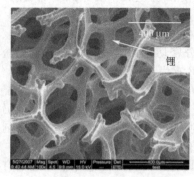

图 17-11　泡沫锂电极材料
的 SEM 图

图 17-11），交流阻抗测试显示，随着循环的进行，泡沫锂电极在保持很小内阻的前提下更具有稳定性，其循环效率相对于普通的锂箔电极提高了接近 12%，有效地提高了锂负极的电化学性能。

（2）表面包覆

按照表面包覆层的物质组成，可大致分为无机物包覆层、有机物包覆层和高分子包覆层三大类。

Li_2CO_3 是一种有效的 SEI 膜。如果在金属锂电极制备过程中就在其表面包覆一层致密的 Li_2CO_3 钝化层，无疑会大大简化电池的制备工艺。通过在切割金属锂电极时，利用干燥的 CO_2 在电极表面的原位反应获得了 Li_2CO_3 包覆层。这

样获得的 Li_2CO_3 包覆层提高了金属锂电极的循环性能，同时还有效避免了保存过程中微量水分和氧气对金属锂的腐蚀。但是，对于在金属锂表面涂覆的 Li_2CO_3 膜则效果不一样，虽然能够阻止电解液对于锂负极的腐蚀，有效提高了电极的循环性能。但是由于涂覆膜的厚度不可控，锂离子迁移速率低于通过电沉积获得的锂负极材料，同时由于 Li_2CO_3 膜结构疏松，不仅没有能够有效地改善负极的循环性能，反而由于增大了表面阻抗而使电池性能受到了负面影响。

当然，LiPON 以及 Li_3N 等一些具有较高锂离子电导率的材料也应用于锂金属负极的表面包覆。用溅射喷涂的方法在锂负极上包覆了一层无定形的 LiPON 薄层 [见图 17-12(a)]，该薄层作为一种锂离子优良传输介质，具有较低的内阻和离子传递阻抗 [见图 17-12(b)]，这在很大程度上阻止了电解液对于电极材料的腐蚀，最后该薄层在循环过程又被用来作为一种牺牲薄层，该物质可以与电解液反应生成一层趋近于钝化的 SEI 膜，保证了锂负极的循环稳定性 [见图 17-12 (c)]。

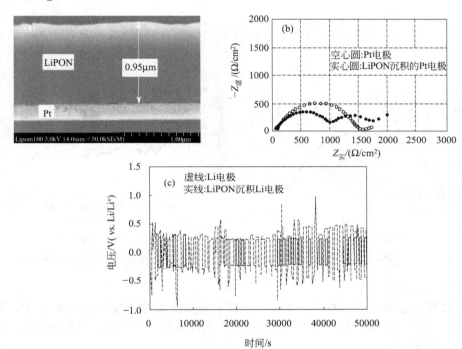

图 17-12　LiPON 薄膜包覆锂电极的 SEM 图（a）、交流阻抗图谱（b）以及循环性能（c）

上述这些无机材料包覆均能够对电池的循环性能有所改善，但是由于技术原因还不够成熟等离商品化还相距甚远。有机聚合物材料也可以对锂负极进行改性。

通过光聚合在金属锂负极表面包覆一层聚合物，以改善锂负极与电解质界面接触的效果，该聚合物分子式生成反应如图 17-13 所示。该聚合物薄膜不仅增强了负极与电解质的有效接触，明显降低了界面阻抗，还抑制了电解质在金属锂表面的电化学分解，因而电池的循环性能得到明显改善（见图 17-14）。在 Li//S 电池体系中，金属锂负极包覆后电池的循环寿命由 20 次提高到数百次，整体电池容量达到 270mA·h/g，且容量保持率在 100 次后仍然高于 80%，是包覆前的 4 倍。原因在于这种聚合物包覆在锂负极上，阻止了被认为对锂负极损害最大的电解液与锂负极之间的液-固反应，有效地阻止了多硫化物透过电解液向锂负极的迁移，保护了锂负极。

第 10 章说明了一些有机硅烷可以作为电解液的添加剂，其对于锂负极的电化学性能同样也有很大的提高。将锂负极浸渍在硅烷衍生物中，由于硅烷衍生物与锂表面的氢氧化物、氧化物以及碳酸盐反应，在锂负极上生成了一层具有很好的钝化保护作用以及离子电导的保护层，该保护层的主要组成部分为 LiCl、硅烷醇衍生物的锂化物以及烷基硅氧烷等。该保护层有效地保护锂负极远离与电解液发生的液-固反应，大大增强了锂负极的循环稳定性。

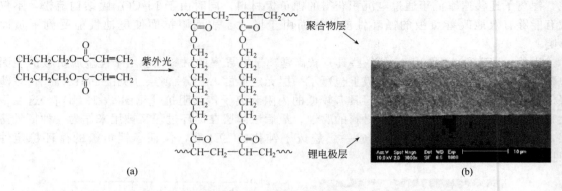

图 17-13　聚合物包覆锂负极聚合物的生成反应（a）以及电极 SEM 图（b）

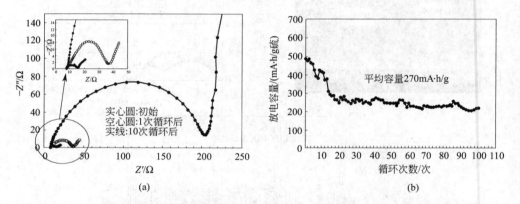

图 17-14　聚合物包覆的锂负极/电解质/S 整个电池的交流阻抗（a）和循环曲线（b）

（3）采取合金化的方式

金属锂负极与电解液之间的固-液界面化学反应以及金属锂负极与空气界面的气-固界面反应与金属锂的活泼性直接相关，因而通过复合技术来降低锂负极的反应活性也是锂二次电池性能改进的一个重要方向。

在锂负极中，复合了物质的量浓度为 11% 的 Li_3N 和 3% 的 Al，复合后金属锂电极的界面阻抗明显降低，只有在与 Li_3N 复合时，金属锂负极的锂沉积形貌和循环寿命才可以得到明显改善；而复合 Al 后，由于 Al-Li 合金的动力学原因，锂沉积过程中枝晶生长反而更加明显，电极循环寿命也有所降低。

经过对正负极材料以及各种工艺的改进，Li//S 电池已经相对于刚刚提出时取得了长足的进步，很多科研工作者，不断总结和创新，已经取得很多优良的结果，但是 Li//S 电池要想真正地实现实际的应用还有很多的挑战。

17.2　水锂电

水锂电全称为水溶液可充锂电池，其定义为：采用水溶液作为电解质，电极材料中至少有一种是含锂的嵌入化合物，且两极均是以法拉第方式进行电化学反应的二次电池体系。因此，对于有一极采用非法拉第方式进行充放电的应该归属于混合电容器，而不是水锂电。

水锂电的历史可以追溯到1994年，J. R. Dahn等于《Science》上首次进行了报道，其组成为 $LiMn_2O_4/Li_2SO_4/VO_2$，平均工作电压为1.5V，理论比能量为 $75W \cdot h/kg$，实际应用中这种电池的比能量接近 $40W \cdot h/kg$，大于铅酸电池（$30W \cdot h/kg$），与 Ni//Cd 电池相当，但循环性能很差。该新型储电体系的出现解决了有机体系锂离子电池中存在的高成本以及安全性问题；同时，由于在水溶液电解质中离子迁移率较高，使其可能在大倍率充放电环境中具有良好的应用前景。

水溶液电解质具有以下特点：

① 电导率高，由于溶剂水的介电常数大和黏度小，不仅溶解或离解电解质的能力强，而且对于离子（水合离子）移动阻力小，因此可以配成高电导率的电解质溶液，一般为 $1 \sim 10S/cm$。

② 成本很低。

③ 在生产过程中，对于外界空气和水分的要求不高。

锂离子嵌入化合物在水溶液电解质中的电极反应，必须考虑水分解析氢、析氧的反应，如果 Li^+ 在电极材料中的嵌入和脱出电位在氧气的析出电位之上或者在析出氢气电位之下，那么这种材料就不能作为电极材料，因此可选择的电极材料非常有限。但是在实际的操作过程中，由于超电势或过电位的存在，实际的析氢和析氧的过程会分别发生在更低和更高的电位，因此实际电池可以在更宽的电位范围内充放电，材料的选择范围也要宽得多。

从嵌入电位分析，现有锂离子电池4V正极材料，如 $LiCoO_2$、$LiMn_2O_4$、金属氧化物材料在水溶液中都可发生可逆的嵌入/脱出反应，都可作为水锂电的正极材料，至于负极材料的选择，考虑到水锂电的工作电压和析氢反应等问题，通常情况下，嵌入电位相对于 Li^+/Li 在 $2 \sim 3V$ 的电极材料均可作为负极材料。下面就水锂电的正负极材料进行说明。

17.2.1　水锂电正极材料

目前对于水锂电正极材料研究的比较多的大部分是嵌锂化合物类的钴酸锂、锰酸锂以及三元材料等。

图17-15为1mV/s扫描速率下 $LiCoO_2$、$LiMn_2O_4$ 和三元材料在 $0.5mol/L$ Li_2SO_4 溶液中的循环伏安曲线。$LiCoO_2$ 在有机电解液体系中在3.9V（vs. Li^+/Li）附近有一对氧化还原峰，而在硫酸锂溶液中在 $0.62V/0.71V$（vs. SCE）出现了一对氧化还原峰，对应于锂离子的可逆脱/嵌反应。而 $LiMn_2O_4$ 在 $0.74V/0.77V$（vs. SCE）和 $0.85V/0.91V$（vs. SCE）出现了两对氧化还原峰，这与其在有机电解液中4.0V（vs. Li^+/Li）和4.2V（vs. Li^+/Li）发生

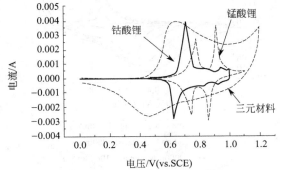

图17-15　$LiCoO_2$、$LiMn_2O_4$ 和三元材料在 $0.5mol/L$ Li_2SO_4 溶液中的循环伏安曲线（扫描速率1mV/s）

的两对氧化还原峰相似，也对应于锂离子的可逆嵌入/脱嵌。三元材料则在 $0.47V/0.65V$ 处有一对比较宽的氧化还原峰，表明了该材料在水溶液电解液体系中离子嵌入/脱出的可行性。

为了提高正极材料的倍率性能，纳米材料是一种有效的选择。图17-16为复旦大学吴宇平实验室研制的纳米 $LiCoO_2$ 和 $LiMn_2O_4$ 的SEM图，它们的电化学性能见图17-17。对于纳米 $LiCoO_2$ 而言，随着扫描速率的增大，氧化还原峰的间距由于过电位的增加会逐渐增加，但是即使扫描速率增加到50mV/s，电极的氧化还原峰型依然比较清晰。而对于纳米 $LiMn_2O_4$ 而言，扫描速率增加到20mV/s，电极的氧化还原峰型依然比较清晰。这不仅比有机电解液中要

好，而且也优于在水溶液中同类微米材料。在 1000mA/g 的电流密度下充放电曲线，其中 Li-CoO$_2$ 材料达到了 140mA·h/g 以上，LiMn$_2$O$_4$ 材料达到了 110mA·h/g 以上，为目前的最高值，但略低于有机电解液中的可逆容量。在该充放电曲线上，无论是 LiCoO$_2$ 还是 LiMn$_2$O$_4$ 材料，充电与放电的平台电压降很小。

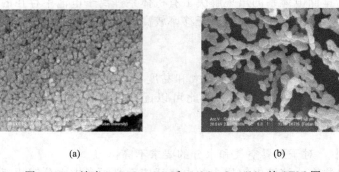

(a)   (b)

图 17-16   纳米 LiCoO$_2$ （a）和 LiMn$_2$O$_4$ （b）的 SEM 图

在极高的充放电倍率（10000mA/g）下，两种纳米材料在水溶液中都保持了很好的充放电平台和高的容量，这在传统的有机电解液体系中是很少见的；随着充放电倍率的增加，这些正极材料的可逆容量衰减非常小。例如对于纳米 LiCoO$_2$ 材料，在 10000mA/g 的电流密度下，容量依然能够达到在 1000mA/g 时的 90% 以上，大于 130mA·h/g；对于纳米 LiMn$_2$O$_4$ 材料而言，在相同条件下，容量保有率也达到了 90% 以上，达到 93mA·h/g。这表明，目前科学技术的发展完全体现出了水锂电优良的高倍率性能，具有超快的充放电能力，优于目前报道的在有机体系中工作的任何正极材料。

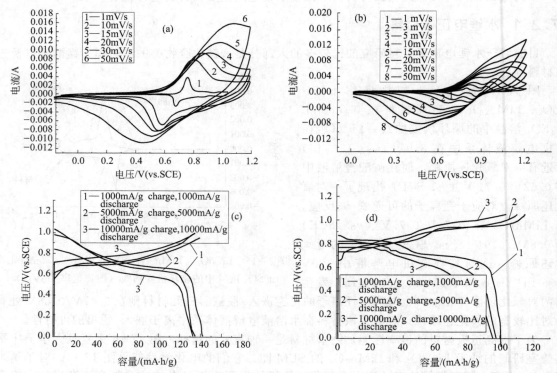

图 17-17   在 0.5mol/L Li$_2$SO$_4$ 溶液中纳米 LiCoO$_2$ （a）和纳米 LiMn$_2$O$_4$ （b）在不同的扫描速率的循环伏安曲线及其不同电流密度下的充放电曲线（c）和（d）

17.2.2 水锂电负极材料

水锂电负极材料，从理论来说具有多种选择，但在实际操作过程中，真正实现应用的还比较少，目前研究比较多的材料主要有：金属氧化物如 VO_2、LiV_3O_8、MoO_3、$Li_3Ti_2(PO_4)_3$ 和导电聚合物。

关于 VO_2 的性能研究最早由 Dahn 提出，该工作最早在 1994 年在《Science》上发表，由此开辟了水锂电的先河，随后其又对 VO_2 的性能进行了系统的研究，如图 17-18 所示，VO_2 在不同的质子盐溶液中表现出了迥异的电化学性能。在其活性相对较高的 $LiNO_3$ 以及 H_3BO_3 体系中，其在 0.6V 以及 0.74V 的位置有一对十分明显的氧化还原峰。

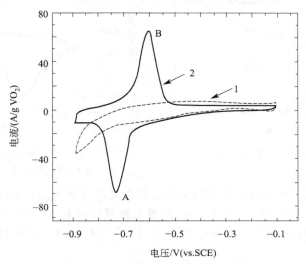

图 17-18 VO_2 在不同质子盐溶液体系中的循环伏安曲线

1—0.1mol/L H_3BO_3＋3mol/L KNO_3；2—0.1mol/L H_3BO_3＋3mol/L $LiNO_3$

LiV_3O_8 在 -0.5V 附近具有一对明显的氧化还原峰。为了提高其大电流充放电性能，根据以前的报道，吴宇平等人制备出了具备纳米棒结构的钒酸锂（见图 17-19）负极材料，宽约 500nm，长约 $2\mu m$。其初步电化学性能示于图 17-20，该材料在水溶液中的锂离子嵌/脱反应比较稳定，且在 5mV/s 的扫描速度下仍能在循环伏安图上清晰地观察到一对氧化还原峰。在 20mA/g、50mA/g、100mA/g 的电流密度下首次可逆充电容量分别为 72.2mA·h/g、62.5mA·h/g 和 52.6mA·h/g。同时，该材料在 0～1.2V 范围内的循环性能比较优良，50 次充放电后容量分别保持 64mA·h/g、47mA·h/g 和 40mA·h/g。

图 17-19 纳米钒酸锂材料的 SEM 图

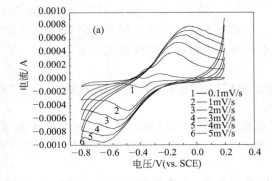

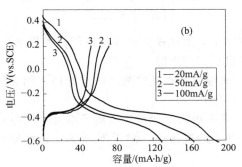

图 17-20 纳米 LiV_3O_8 材料在 0.5mol/L Li_2SO_4 电解液中的循环伏安曲线 (a) 和充放电曲线 (b)

目前已有的工作主要针对是 MoO_3 材料在水锂电负极材料中的应用。复旦大学吴宇平实验室首次报道了该负极材料。图 17-21 为这种材料作为水锂电负极材料在 0.5mol/L Li_2SO_4 溶液中的循环伏安曲线。该氧化物在电解液中表现出了对应于 Li^+ 进出 MoO_3 固相晶格的氧化还原峰，位于 $-0.75V$ 和 $-0.6V$（vs. SCE）。

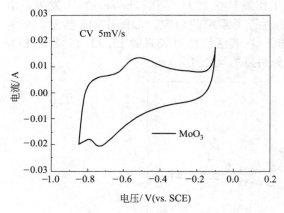

图 17-21 MoO_3 的循环伏安曲线

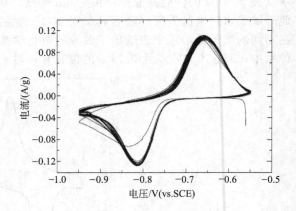

图 17-22 碳包覆 $LiTi_2(PO_4)_3$ 在 1mol/L 硫酸锂电解液中的循环伏安曲线

$LiTi_2(PO_4)_3$ 材料在水锂电体系中的应用目前也被学者所提出，如图 17-22 所示，经过碳层包覆的 $LiTi_2(PO_4)_3$ 材料在 1mol/L 的硫酸锂电解液中同样表现出了十分稳定的电化学性能，其嵌/脱锂电位大约出现在 $-0.65V$ 以及 $-0.82V$（vs. SCE）的位置，同时循环性也得到了提高。

目前研究的导电聚合物负极材料主要是聚吡咯。从其循环伏安曲线来看，如图 17-23 所示，

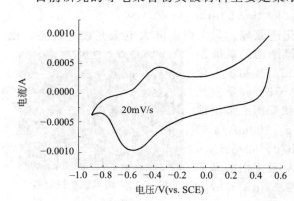

图 17-23 聚吡咯在 0.5mol/L Li_2SO_4 电解液中的循环伏安曲线

发生离子掺杂和脱掺杂的电位为 $-0.6V$/-0.4V（vs. SCE），可以作为水锂电的负极材料。这样构成一种新型机理的水锂电：即负极是依靠掺杂/脱掺杂进行氧化还原，而正极还是通过嵌入/脱嵌进行工作，与全部是采用嵌入/脱嵌的材料具有明显的不同。

17.2.3 水锂电的性能

已有的正负极材料在锂盐的水溶液中进行组合，构成水锂电器件。水锂电因其采用水溶液作为电解液，具有很多独特的性能。

① 安全性高：传统有机电解液电池在不当使用下会发烟甚至起火，存在严重的安全问题，限制了其大规模大尺度的应用，如果采用水锂电系统将极大地改善其安全性，为未来大型储能提供更多的保障；

② 水锂电具有良好的环境友好性，因为体系中可以完全不使用有毒的材料，减少了电池的二次污染；

③ 成本很低：相对于锂离子电池中使用成本高的有机电解液和隔膜，水锂电的成本很低；水锂电在生产过程中，对于外界空气和水分的要求不严格，容易实现大规模生产，生产成本较低；

④ 能量密度适中：能量密度高于传统水系电容器以及铅酸电池。如图 17-24 所示，

$MoO_3//LiMn_2O_4$ 构成的水锂电的能量密度能够和铅酸电池相媲美，能够达到 45W·h/kg 以上；

⑤ 能够大电流充放电：由于水的介电常数大和黏度小，不仅溶解或离解电解质的能力强，而且对于离子（水合离子）的移动阻力小，可以配成高电导率的电解质溶液（1～10S/cm），能够大倍率地进行快速充放电；

⑥ 功率密度高：在 3000W/kg 时还具有 30W·h/kg 以上；

⑦ 循环性能已经取得很大的进步。水锂电在发展之初之所以没有能够得到足够的重视，主要局限于其较差的循环性能，随着水锂电的快速发展，目前水锂电器件的循环性已经取得长足的进步。

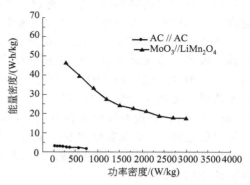

图 17-24　$MoO_3//LiMn_2O_4$ 构成的水锂电与传统超级电容器 AC//AC 的功率密度与能量密度之间的对比

17.2.4　水锂电发展展望

水锂电作为未来大型储能器件的杰出代表之一，目前还有许多问题要解决，例如对于其电极材料的大电流快速充放电问题。因此，在提高负极材料的电化学反应速率需要考虑的因素主要有：

① 反应物向电极表面的传质（迁移扩散对流）；

② 电子转移（或称电子转移、电荷传递）；

③ 产物离开电极或者进入电极内部；

④ 电子转移前或者电子转移后在溶液中进行的化学转化；

⑤ 电极表面反应，如吸附、电结晶、生成气体等。

在电极表面不需要形成保护膜的情况下，将体系的充放电倍率提高时，主要克服的问题是体系的极化问题，主要包括电化学极化、浓差极化等。在较低的充放电倍率下，电流较小，传质速度可以满足电极反应的速度，电化学极化占到主导的地位，此时水溶液电解液体系高的电导率基本上就可以克服这部分的极化，不需要对电极材料进行过多的改性，体系在一定程度上就会表现出比传统材料较高的倍率性能。

但是当体系达到一个极高的充放电速率（≥100C），体系的极化电流很高，此时传质控制不可忽略，体系进入到一个电化学极化与浓差极化共同控制的阶段，电极内部的反应就成为整个电化学反应的控制步骤，其中整个电极体系的电流密度、界面电子转移反应控制的电化学极化，以及锂离子迁移嵌入/脱出电极材料控制的浓差极化就成为整个体系极化的重要组成部分，此时传统的微米级电极材料已经不能承受如此快的电化学反应速率，因此就必须要提高电极材料的整体利用率（降低电流密度），降低材料的大小尺度，甚至到纳米结构尺度。

另一个比较重要的问题是循环性能，因为储能必须是长期的，循环寿命至少能够达到3000 次，这样 10 年一更换才能具有明显的节能效果。

一旦这些问题得到解决，水锂电在未来节能减排以及国家大力扶植新能源行业的契机下必将会取得长足的发展。

17.3　锂//聚合物自由基电池

自从 1956 年发现稳定自由基以来，人们对单体和二聚体稳定自由基在水溶液和非水溶液中的电化学性能研究得比较多。聚合物自由基作为一种全新的锂二次电池正极材料体系，在充放电循环过程中发生可逆的氧化还原反应，即与集电体之间发生电子转移反应，而它的分子链结构不发生变化，而且在氧化还原过程中不产生单个的阴离子和阳离子自由基，因此，具有优良的电化学稳定性、可逆性和快速充放电性能；且原材料资源丰富、价廉和无毒，与电解液相容性好，具有生物降解性，容易通过变换其中有机基团的组成与结构或者共聚、共混来改善其物理与化学性能。可以作为二次锂电池正极材料的导电聚合物主要是 PTMA。

PTMA 是 TEMPO（2，2，6，6-tetramethyl-1-piperidinyloxy）衍生物的一种。利用流体前驱体合成了具有很高比表面积的 PTMA 聚合物材料，其合成路线如图 17-25 所示。将该材料与一定量的碳纤维以及 PVDF 混合制备电极，采用锂片作为负极，制作成为半电池。在循环伏安曲线（见图 17-26）中，在 3.7V/3.4V 处有一对明显的氧化还原峰，其放电容量接近 100mA·h/g。改进电极的制备方法，可以制备出倍率性能优良的 PTMA 复合电极，50C 放电容量仍能达到 1C 放电容量的 95% 以上，同时该器件还具有很好的循环寿命，1000 次循环之后容量衰减低于 90%，其组装的 100mA·h 的 PTMA//石墨电池电化学性能良好，已经具有很高的应用价值。

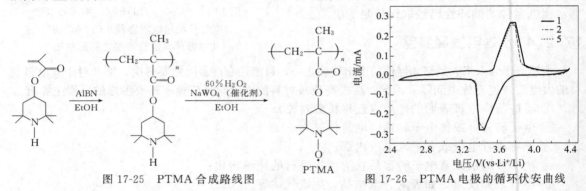

图 17-25　PTMA 合成路线图　　　　　　图 17-26　PTMA 电极的循环伏安曲线

其实 TEMPO 的很多衍生物在锂电池中都具有很高的应用前景，如图 17-27 所示，目前的很多研究者已经开始对它们进行研究。

影响聚合物自由基的电化学性能的因素有很多，除了自由基本身的物理化学性质外，其在电极中的担载量以及电极片的厚度也十分关键。

当 PTMA 在电极中含量不同时，电极的电化学性能不同。例如当 PTMA 在电极中含量为 20% 以及 40% 时，电极材料外观表现为均一的纳米颗粒，这无疑保证了活性物质的充分利用，在适当的充放电倍率下，容量能够达到 110mA·h/g 以上；但是当 PTMA 在电极中含量达到 60% 之后，电极材料发生了很严重的团聚，形成了很厚的绝缘聚合物层，致使电极材料的导电性下降，导致电极的阻抗增大，严重影响了电极材料中活性物质的利用，最高的容量也只能达到 80mA·h/g 左右（见图 17-28）。

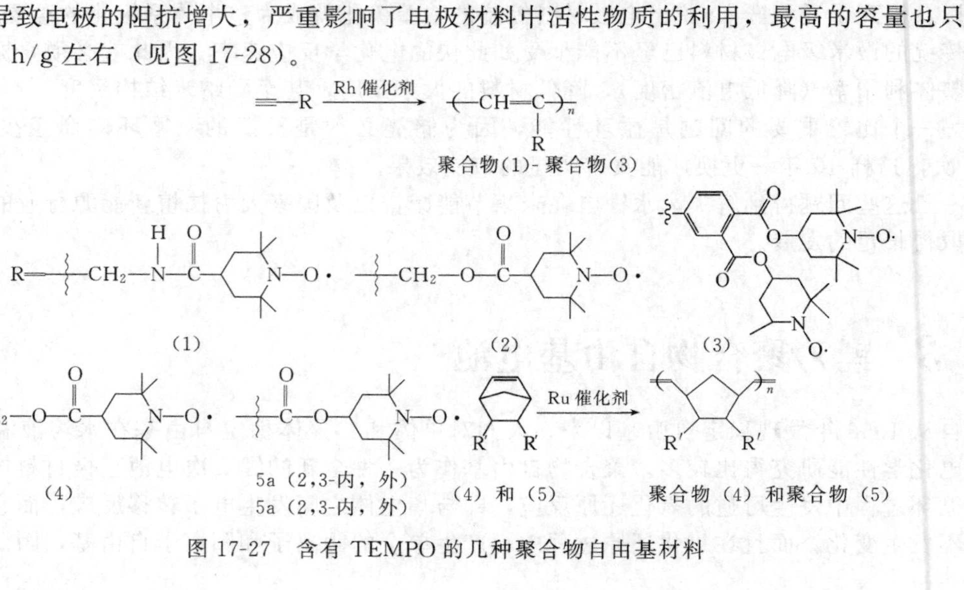

图 17-27　含有 TEMPO 的几种聚合物自由基材料

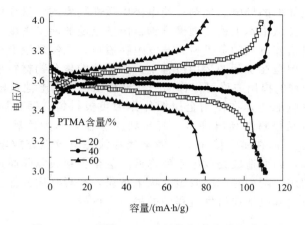

图 17-28　不同 PTMA 含量电极的充放电曲线

聚合物材料层的厚度对于电极电化学性能也具有影响。通过溶液铸造法在导电碳层上覆盖一层微米尺度的 PTMA 聚合物层，尽管不同厚度电极的循环性能没有太大的区别，但是单电极容量相差很大。包覆层薄的电极，即使在很大的充放电倍率下，依然比容量最大；包覆层较厚的电极显示出了较大的界面阻抗以及在充放电过程中的极化，使得电池的电化学性能下降很快。

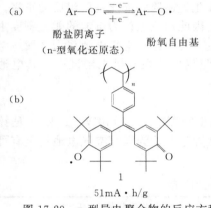

图 17-29　n-型导电聚合物的反应方程
以及理论容量

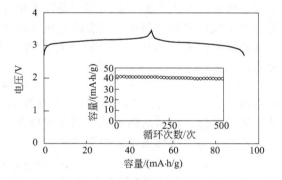

图 17-30　Li//聚 [2,6-二叔丁基-α-(3,5-叔丁
基-4-氧-2,5-环己二烯亚基)-对苯基氧基-
苯乙烯] 在 10C 充放电以及循环曲线

另一方面，随着人们对电化学电容器研究的深入，导电聚合物在这一领域的应用也得到了长足的发展，尤其是 n-型导电聚合物的研究具有较大的应用价值。目前典型的为聚聚 [2,6-二叔丁基-α- (3，5-叔丁基-4-氧-2，5-环己二烯亚基)-对苯基氧基-苯乙烯]，其反应示意于图 17-29，其理论容量经过计算约为 $51\text{mA} \cdot \text{h/g}$ [$Q = 96485 \times a / (F_w \times 3600)$ （mA·h/g），其中 a 为聚合物循环单体数，F_w 为聚合物的相对分子质量]，该聚合物的充放电平台电压约在 3V （vs. Li^+/Li) 左右，循环性能良好（见图 17-30）。

n-型掺杂导电聚合物的使用使聚合物正极材料应用于二次锂离子电池成为可能。如果采用其他合适的阳离子代替 Li^+ 作为电池组分，则意味着新型高能化学电源的诞生。

未来锂//聚合物自由基电池的研发重点则会放在提高能量密度上。由于在制作聚合物电极过程中，为了保证电极的电化学性能，不得不大量添加导电剂如乙炔黑、碳纤维等，这在一定程度上限制了锂//聚合物自由基电池的质量能量密度和体积能量密度，严重限制了锂//聚合物自由基电池的应用。未来应该面向具有更好导电性或者具有离子/电子双电导性的聚合物材料的开发以及更具有导电效率的导电添加剂，使电极中活性物质的含量在保证电化学性能的前提下，可以得到提升，以其从根本上提高锂聚合物自由基电池的能量密度。

再者，锂聚合物自由基电池的负极材料开发迫在眉睫。虽然理论上很多导电聚合物可以被用作电池的负极材料，但是在实际的运用过程中，大部分的聚合物材料还仅仅局限于作为正极材料来使用，n-型聚合物的提出或许可以作为锂//聚合物自由基电池负极材料的一个选择，但是在实际过程中，很多电池还是在使用金属锂片作为负极材料。锂金属的容量密度可以达到3860mA·h/g，较其他负极材料高出许多。若能利用锂金属作为负极，则电池的理论容量密度可以达到62W·h/kg。但在实际使用上，锂金属在液态电解液充放电过程中，会在锂金属表面上产生树枝状结晶，因而造成充放电效率降低，甚至会穿破隔膜而造成短路，产生严重的安全问题。因此如何利用搭配固态或凝胶聚合物电解质，或者利用其他方法来解决这项技术问题，将是锂//聚合物自由基电池在研发过程中的另一大挑战。

17.4 有机电解液型锂//空气电池

对于未来新能源汽车的发展，无论是混合动力还是燃料电池电动等，均需要高性能二次电池发挥作用。目前发展的瓶颈是电池容量的不足，新型的锂//空气电池可能在该方面能够起到一定的作用。

金属//空气电池通常包括金属负极、电解质以及由催化氧还原的催化剂层组成的正极。由于其正极活性物质来源于空气而不是预先储存在电池中，因此理论上认为电池的能量密度主要受限于负极材料的利用率，而实际上还与氧气体电极有关。其中锂//空气电池作为金属//空气电池的新兴代表，具有高于目前所有已知电池的理论能量密度。在有机电解液中，其电池反应为：

$$4Li + O_2 = 2Li_2O \tag{17-3}$$

开路电压2.91V，如表17-2所示，不计算氧，则理论能量密度约为11140W·h/kg，是锌空气电池的8倍，可与内燃机油气系统相媲美。因此业界从理论上认为锂//空气电池完全有可能成为未来电动工具的主要能源供给装置。

表 17-2 不同的金属//空气电池的比较

金属/O_2 电对	电池的理论反应	计算的开路电压（25℃）/V	理论能量密度/(W·h/kg)	
			包括 O_2	不包括 O_2
Li/O_2	$4Li + O_2 = 2Li_2O$	2.91	5200	11140
Al/O_2	$4Al + 3O_2 = 2Li_2O_3$	2.73	4300	8130
Ca/O_2	$2Ca + O_2 = 2CaO$	3.12	2990	4180
Zn/O_2	$2Zn + O_2 = 2ZnO$	1.65	1090	1350

有机电解液型锂//空气电池于1996年被Abraham等人提出，该电池模型有含锂材料负极（现在一般采用锂金属负极）、有机电解质以及空气正极组成，其两个可能电极反应如式（17-4）所示：

$$Li(s) + \frac{1}{2}O_2 \longrightarrow \frac{1}{2}Li_2O_2 \quad (i)$$

$$Li(s) + \frac{1}{4}O_2 \longrightarrow \frac{1}{2}Li_2O \quad (ii)$$

其中 $E_0^i = 2.959V$；$E_0^{ii} = 2.913V$ \tag{17-4}

其实在真正的锂//空气电池中其电池反应可以被分解为正极反应和负极反应两个部分，如式（17-5）所示：

$$Li(s) \Longleftrightarrow Li^+ + e^- \text{（负极反应）} \quad (ⅲ)$$

$$Li^+ + \frac{1}{2}O_2 + e^- \Longleftrightarrow \frac{1}{2}Li_2O_2 \text{（正极反应）} \quad (ⅳ)$$

$$Li^+ + e^- + \frac{1}{4}O_2 \Longleftrightarrow \frac{1}{2}Li_2O \text{（正极反应）} \quad (ⅴ) \quad (17\text{-}5)$$

在该反应方程中，负极反应是明显可逆的，因此正极反应的可逆性成为了整个电池系统可逆性的重要条件之一。

有机体系的锂//空气电池在构造上与传统意义上的溶液电解液金属//空气电池类似，但同时也存在很多的区别，主要表现在以下两个方面：

① 由于使用的是有机电解液，其很容易进入到正极材料中，电极反应生成的产物不溶于有机电解液，容易导致正极的空隙被堵塞，因此空气负极具有与金属//空气电池截然不同的电化学过程，一般被作为空气与电解液反应的两相反应器。因此，如果不采用新的技术，其实际能量密度不高；

② 有机电解液的引入避免了锂金属负极被腐蚀的同时，为金属//空气电池的电压提高创造了空间，使得在某种程度上提高金属空气的能量密度成为可能，但是同时又会产生严重的安全问题。

就目前的研究而言，限制锂//空气电池稳定性的因素主要取决于空气正极。这主要是因为锂//空气电池的空气正极是电池大部分能量的来源，而且它还承担了电池的绝大部分电压降。如图 17-31 所示的整个锂//空气电池的电压分布，图上显示，整个电池的负极电压基本维持在 0.02V（vs. Li^+/Li）左右，而空气电极几乎承担了整个电池的电压降，空气电极的改善将会在很大程度上提高锂//空气电池的整体性能。

在实际操作中，锂//空气电池在空气电极中的所有空隙填充满 Li^+ 之前，就已经停止了放电反应，从而导致不可能发挥出锂//空气电池的容量优势。造成这种现象的主要原因在于，正极空隙中生成的放电沉析物（主要是锂的氧化物）无法溶解于电解质，导致正极材料的空隙被堵塞，造成后续的 O_2 以及 Li^+ 无法正常进入正极材料的内部空洞，尽管从理论上来说仍然有一部分的空洞未被沉析物填充，放电反应还是会停止。事实上，在过去的研究中，很多结果表明，在锂//空

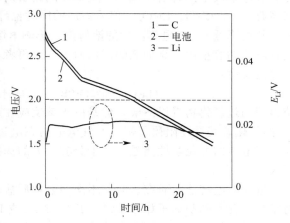

图 17-31　有机电解液型锂//空气电池的电压分布

气电池放电终止后，仍然有一部分的正极空隙未被沉析物填充。关于会造成放电反应终止的正极材料空隙被产物填充的百分数目前还没有定论，有报道称当正极碳的担载量在 1.96mg/cm² 时是 47%；碳的担载量在 14.9mg/cm² 时是 20%；碳的担载量在 12.57mg/cm² 时是 7%，这些沉析物一般沉积在正极材料的孔洞口或者在距离孔洞口为孔洞半径 20% 处（见图 17-32）。

由于以上原因，很多科学工作者将提高锂//空气电池的重点定位于开发更新锂空气的正极材料上，旨在开发出一种不易于被锂的氧化物堵塞，在放电过程中能够保证持续的 Li^+ 以及 O_2 扩散的多孔正极材料。研究表明具有微孔以及大孔双机结构的炭材料十分能够耐受持续的沉析物堵塞，从而确保正常的锂//空气电池的持续放电过程。

采用具有多重孔径分布的活性炭材料，在经过活化处理后用作锂//空气电池的正极材料，取得了较好的结果，并且首次得到正极材料的孔径分布与锂//空气电池的容量之间的线性关系（见图 17-33）。

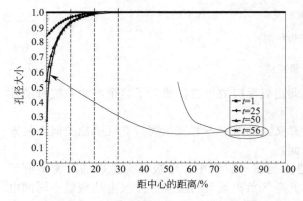

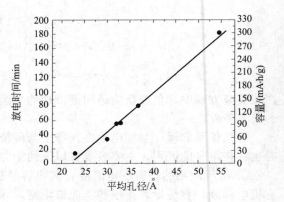

图 17-32 锂//空气电池放电结束后正极孔隙
沉积物分布示意

图 17-33 锂//空气电池容量与材料平均
孔径大小的关系

对于适合于锂//空气电池的空气正极材料进行了计算，并对具有多种孔径结构的双级炭材料以及单一孔道结构的炭材料进行了比较，计算表明双级系统最有可能在最大程度上延长锂//空气电池的放电时间：第一级的孔洞作为锂的氧化产物的存储空间，第二级孔洞由于不易被放电产物堵塞，所以可以用作 O_2 传输以及离子迁移介质，保证 O_2 以及离子可以进入到电极材料的内部结构中。该研究结果最近被在燃料电池中付诸实践，获得很好的结果。

同时还有一个阻止正极材料的空隙被填充的方式是采用可以促进锂的氧化物以及过氧化物在有机电解液中溶解的添加剂。例如使用路易斯酸如三（五氟苯基）硼烷作为添加剂，可以适当溶解 LiF、Li_2O、Li_2O_2，但是添加的同时也导致电极材料的腐蚀加速以及电解液的黏度增加，从而降低 O_2 在电解液中的溶解度，影响电解液的电导率以及其与炭材料的接触角，最终使得电池的容量由于添加剂的添加而下降。再者，添加剂的使用虽然在锂//空气电池的充电过程通过反应：

$$(Li_2O_2) + [TPFPB]_2 \longrightarrow O_2 \uparrow + 2Li^+ + 2e^- + 2[TPFPB] \tag{17-6}$$

使得锂的过氧化物得以溶解，但是由于该反应在反应中产生了氧气，却又在某种程度上阻碍了 O_2 的氧化，甚至还阻碍了锂//空气电池的充电过程。所以，虽然通过电解液添加剂来改善锂//空气电池的电化学性能是一个十分有潜力的选择，但是由于种种的问题，关于其研究还有待深入。

近期对电解液的研究表明，不同的电解质盐对于锂//空气电池的电化学性能也会产生重要的影响。含不同阳离子如 TBA^+、K^+、Na^+ 或 Li^+ 的电解质的结果表明，不同的阳离子会对电解液的性能如黏度、电导率等产生影响，从而导致其与氧气反应会有不同的电化学过程。较大的阳离子如 TBA^+ 等，趋向于与 O_2 形成可逆的 O_2/O_2^- 氧化还原电对，而相对较小的阳离子如 Li^+（Na^+ 以及 K^+）等趋向于氧气发生不可逆的反应生成氧化物（过氧化物）。因此，在锂空气电解液制作时，可以选择性地采用含有较小的阳离子盐如 Li^+、K^+ 或 Na^+ 与较大的阳离子如 TBA 盐的混合电解质盐，以此来减少不溶性产物的产生，增加可以被分解的 O_2 的量，以此来提高锂//空气电池的容量，同时，较大阳离子与 O_2 反应的可逆性也可以在某种程度上增加锂//空气电池的可逆性。

就目前的研究现状来看，有机电解液型锂//空气电池的实际能量密度低，功率密度也只有大约 0.46mW/g（目前市场化的锂离子电池在 0.2C 的条件大约有 42mW/g），同时该电池模型在 50 次循环后容量衰减接近一半（传统市场化的锂离子电池在循环 300 次之后容量衰减约为 25%），另外，充电电压和放电电压之间的滞后较大，所以相对于目前比较成熟的锂离子电池，锂//空气电池要想真正地实现应用化在近期是不可能的，还有很多的问题需要解决：

① 锂//空气电池的两相界面反应（溶解氧/有机相电解液/炭材料以及溶解氧/有机相电解

液/金属锂负极）还需要更加深入的研究；

② 正极材料催化剂，必须控制正极炭材料表面的还原过程，提高锂的氧化物或者过氧化物的溶解度，增加锂//空气电池的可逆性；

③ 开发具有多级孔结构的炭材料正极，使得正极材料耐受沉析物堵塞的能力得到增强，从而保证在充放电过程中的氧以及锂离子向正极材料内部的传递，从而达到保证锂//空气电池放电容量以及可逆性的目的；

④ 研发适宜于锂//空气电池的电解质，在不增加电解液黏度和降低电导率的前提下，提供更高的氧气迁移能力，并能够有效阻止水和氧气向锂负极扩散，达到保护负极的作用；

⑤ 解决进入锂//空气电池中的空气除水、除杂等实际问题，否则不可能具有较好的循环性能。

17.5 混合型锂//空气电池

虽然有机电解液型的锂//空气电池具有非常高的理论能量密度，但是受到很多实际因素的限制，实际能量密度并不高。最近日本学者提出了一种混合型锂//空气电池的概念。负极（金属锂）采用聚合物电解质或有机电解液，正极（空气）方面则使用水溶液电解质，正负极之间由固体电解质隔开，以防止两电解液发生混合（见图 17-34。由于固体电解质只通过锂离子，因此电池的反应可无阻碍地进行。正极放电生成物具有水溶性，不产生固体物质。实验证明该电池可连续放电 50000mA·h/g 空气极的单位质量）。据悉，该技术有望用于电动汽车中。如果在汽车用支架上更换正极的水溶液电解质，用卡盘等方式补充负极金属锂的话，汽车可实现连续行驶且无需充电等待时间，而且从用过的水溶液电解质中可提取金属锂，锂能够反复使用，可以说是用金属锂作为燃料的新型燃料自池。因此，从实用的角度而言，可能比有机电解液型锂//空气电池更具吸引力。

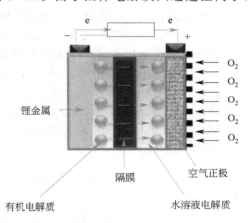

图 17-34 混合型 Li/O_2 电池的结构示意

17.5.1 混合型锂//空气电池电解质

混合型锂//空气电池电解质分成有机电解液部分和水溶液电解质部分，其有机电解液部分与传统有机电解液型锂//空气电池电解质类似，这里不再赘述。

混合型锂//空气电池的水性电解质部分按照其酸性可以分为碱性电解质和酸性电解质。在混合型锂//空气电池被提出之初，稀的 LiOH 溶液被用来作为空气正极这一侧的电解质，在正负极之间用锂离子传导的固体隔膜（如锂离子玻璃陶瓷 LIC-GC）隔开。固体隔膜在混合型锂//空气电池是一个至关重要的器件，它不仅要具有很好的锂离子电导率，而且在隔开有机电解液以及稀的 LiOH 溶液的同时还要对两种电解质具有较好的化学稳定性。这样的混合型锂//空气电池的电池总反应可以被归纳为如式（17-7）所示：

$$4Li + O_2 + 2H_2O \Longleftrightarrow 4LiOH \tag{17-7}$$

LiOH 作为放电产物在电荷交换的过程中在正极炭材料的表面形成，然后溶解在水性电解质中，其中 LiOH 的最大溶解量取决于 LiOH 在水中的溶解度（12.5g/100g，25℃），当其溶解的量达到最大值时，水溶液电解质就不再能够溶解 LiOH，多余的 LiOH 就会从水溶液电解质中析出，最终堵塞正极炭材料的介孔，阻碍 O_2 和锂离子的扩散，阻碍电池的电化学过程。为了阻止这样的一个过程，在实际的操作中往往会添加额外的水来溶解 LiOH，考虑到 LiOH 在水中的溶解度，通过式(17-8) 计算可知，为了溶解 1mol 的 LiOH 需要额外添加水的物质的量约为 10.64mol。

$$x = \frac{\frac{100g}{M_{LiOH}}}{\frac{12.5g}{M_{H_2O}}} = \frac{100g \times 23.94g/mol}{12.5g \times 18g/mol} = 10.64 \tag{17-8}$$

因此电池中整体的质量守恒可以被表述如式(17-9)：

$$Li + 0.5O_2 + 0.5H_2O + 10.64H_2O \longrightarrow Li^+ + OH^- + 10.64H_2O \tag{17-9}$$

由此在不考虑 O_2 的前提下，电池系统的理论电容量可以通过式(17-10) 计算得知：

$$c_p = \frac{F}{M_{Li} + 0.5M_{H_2O} + 10.64M_{H_2O}}$$
$$= \frac{96485C/mol}{6.94g/mol + 11.14 \times 18g/mol} = 465C/g = 129mA \cdot h/g \tag{17-10}$$

其可操作电压设定为 3.69V，则该电池的理论能量密度为 $c_p V_0 = 477W \cdot h/kg$。

虽然这样的锂//空气电池模型的提出从理论上解决了混合型锂//空气电池的可逆性以及持续性的问题，但是在实际操作的时候，使用 LISICON 型陶瓷电解质隔膜存在很多的问题：该陶瓷电解质隔膜长时间在碱性电解质中使用，会变得不稳定，导致电导率下降，不能够很好地隔离有机电解质与水性电解质和离子连接的介质。

酸性电解质的使用也许有助于阻止陶瓷隔膜在水溶液电解质中的性能衰退。与以上的碱性电解液混合型锂//空气电池在反应过程中需要大量消耗水不同的是，采用酸性电解液的混合型锂//空气电池在电化学过程中会在空气正极产生水。以乙酸电解质为例，其组装成的混合型锂//空气电池的总体电化学反应可以被写为如式(17-11) 所示：

$$4Li + O_2 + 4CH_3COOH \longrightarrow 4CH_3COOLi + 2H_2O \tag{17-11}$$

乙酸锂在水中的溶解度为 45g/100g 水，如上面所描述的一样，要想阻止固体物质的析出，1mol 乙酸锂需要 8.15mol 的水来溶解，所以这样的电池模型其比容量可以如式(17-12) 计算（不考虑氧气的量）：

$$c_p = \frac{F}{M_{Li} + M_{C_2H_4O_2} + 7.65M_{H_2O}}$$
$$= \frac{96485C/mol}{6.94g/mol + 60.05g/mol + 7.65 \times 18g/mol} = 131mA \cdot h/g \tag{17-12}$$

其理论能量密度约为 483W·h/kg，与采用碱性电解质的混合型锂//空气电池的理论能量密度接近，同样其能量密度主要受到电池中水的含量的影响。

不同的酸性电解质，其电化学过程和理论能量密度也是不同的，在表 17-3 和表 17-4 中将不同酸性电解质组装的混合型锂//空气电池的电化学过程以及能量密度等参数分别列出。虽然酸性电解质在一定程度上保护了混合型锂//空气电池的陶瓷隔膜免于被腐蚀，但是随着长时间持续深度放电的条件下，电解液的 pH 会逐渐升高，最终导致酸性电解质转变为碱性电解质，继续对陶瓷隔膜进行腐蚀，影响电池的电化学性能。目前的研究中提出两种方法可以对这种情况进行一定程度上的缓解。第一种为采用中性的水性电解质（LiCl 稀溶液），但是严格控制电池操作时的放电深度，进而控制水性电解质的碱化；第二种为采用缓冲水溶液电解质，在实际使用的过程中在隔膜（$Li_{1+x+y}Ti_{2-x}Al_xSi_yP_{3-y}O_{12}$：LTAP）外面增加了一层保护层，其包含水溶液电解质主要由乙酸和乙酸锂组成。这样能够在电池工作过程中很好地保持水溶液电解质的酸性（pH 低于 4.0）。

需要指出的是，以表 17-3 中列出的水溶液电解质很多还停留在试验设计阶段，目前真正被采取的只有 LiOH 以及乙酸电解液。从表 17-3 中可以看出，采用强酸作为电解质可以最大化地增加放电产物的溶解，从而获得最大的能量密度，但是由于很多实际的问题如电极材料的稳定性、集流体的腐蚀以及隔膜的退化等还没有解决，所以就目前而言，这种混合型锂//空气电池模型的水性电解质采用还需要进一步的研究。

表 17-3 使用不同水性电解质的混合型 Li/O_2 电池的电化学过程

电解质盐	摩尔质量/(g/mol)	整个反应方程式	放电产物	溶解度/(g/100g H_2O)	产物的摩尔质量/(g/mol)
稀 LiOH	23.95	$4Li+O_2+2H_2O \longrightarrow 4LiOH$	LiOH	12.5	23.95
乙酸	60.05	$4Li+O_2+4CH_3COOH \longrightarrow 4CH_3COOLi+2H_2O$	CH_3COOLi	45	65.99
氯酸	84.46	$4Li+O_2+4HClO_3 \longrightarrow 4LiClO_3+2H_2O$	$LiClO_3$	459	90.40
高氯酸	100.46	$4Li+O_2+4HClO_4 \longrightarrow 4LiClO_4+2H_2O$	$LiClO_4$	58.7	106.40
甲酸	46.03	$4Li+O_2+4HCOOH \longrightarrow 4HCOOLi+2H_2O$	HCOOLi	39.3	51.97
硝酸	63.01	$4Li+O_2+4HNO_3 \longrightarrow 4LiNO_3+2H_2O$	$LiNO_3$	102	68.95
水杨酸	138.12	$4Li+O_2+4C_6H_4(OH)COOH \longrightarrow 4C_6H_4(OH)COOLi+2H_2O$	$C_6H_4(OH)COOLi$	133.3	144.06
硫酸	98.08	$4Li+O_2+2H_2SO_4 \longrightarrow 2Li_2SO_4+2H_2O$	Li_2SO_4	34.2	109.96
HBr	80.91	$4Li+O_2+4HBr \longrightarrow 4LiBr+2H_2O$	LiBr	181	86.85
HCl	36.46	$4Li+O_2+4HCl \longrightarrow 4LiCl+2H_2O$	LiCl	84.5	42.40
HSCN	59.09	$4Li+O_2+4HSCN \longrightarrow 4LiSCN+2H_2O$	LiSCN	120	65.03

表 17-4 使用不同水性电解质的混合型 Li/O_2 电池的相关理论参数

电解质盐	1mol 产物需要的最小水量/mol	1mol 产物需要的额外水量/mol	比容量/(mA·h/g)	开路电压为 3.69V 时的能量密度/(W·h/kg)	质量比(Li/盐/水)
稀 LiOH	11.14	11.14	129.19	476.70	3.35/0/96.65
乙酸	8.15	7.65	130.97	483.28	3.39/29.35/67.26
氯酸	1.09	0.59	262.51	968.68	6.80/82.73/10.47
高氯酸	10.07	9.57	95.83	353.63	2.48/35.92/61.60
甲酸	7.35	6.85	152.10	561.24	3.94/26.12/69.94
硝酸	3.76	3.26	208.49	769.33	5.40/49.02/45.58
水杨酸	6.00	5.50	109.78	405.10	2.84/56.58/40.58
硫酸	17.86	17.36	72.73	268.37	1.88/13.31/84.81
HBr	2.67	2.17	211.31	779.74	5.47/63.79/30.74
HCl	2.79	2.29	316.88	1169.29	8.20/43.11/48.69
HSCN	3.01	2.51	240.97	889.19	6.24/53.13/40.63

17.5.2 混合型锂//空气电池正极材料

影响混合型锂//空气电池性能的一个重要因素在于空气正极的电化学性能，所以自有机电解质型锂//空气电池提出伊始，关于空气正极的研究就没有停止过。混合型锂//空气电池的空气正极一般采用具有介孔的炭材料作为最基础的载体，在电化学过程中作为电子转移反应的"容器"以及 O_2 和锂离子的传递介质。

Ketjen black（一种炭黑，EC600JD，Akzo Nobel，1400m^2/g 左右）被用来作为基础炭材料，制备均一性和分散性都较好的空气正极材料（见图 17-35），其最大容量达到 3000mA·h/g 以上，同时得到了关于炭材料的担载量对于锂//空气电池容量的影响关系（见图 17-36），在

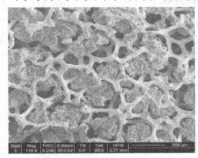

图 17-35 混合型 Li/O_2 电池中均一性和分散性好的空气电极的 SEM 图

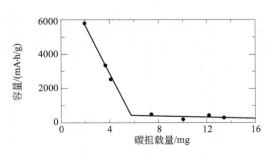

图 17-36 混合型 Li/O_2 电池的空气电极碳担载量与电池容量的关系

一定的条件下，碳的担载量反而不利于电池容量的提高。

采用以 SWNT/CNF 为原材料的碳纸作为锂//空气电池的空气正极，锂//空气电池的容量达到 2500mA·h/g 以上。通过充电前后的 SEM 图分析，发现沉析物在电极上的分布十分不均匀，由此认为未来单纯炭电极的发展方向更趋近于采用一种具有一定多孔性梯度的炭材料，这样可以在保证材料充分利用的前提下，更好地保证锂//空气电池中 O_2 和锂离子传递的持续性。

当然，在正极材料中使用催化剂能够有效提高电池的充电容量，减少充电过程中的过电势，提高电池的循环寿命。在目前的研究结果中，MnO_2 依然以其很高的性价比被认为将来最有可能得到实际应用的催化剂。采用高效的 $MnO_2@C$ 复合材料，锂//空气电池的首次放电容量达到 4500mA·h/g 以上。$MnO_2@C$ 复合材料经过热处理之后，炭材料的介孔在氧化物颗粒缩水过程中被进一步活化，该方法制备的电极材料容量远远高于不经过热处理的 MnO_2。

除 MnO_2 外，V_2O_5 和 CF_x 也可以作为催化剂，其中 CF_x 催化剂使得炭材料正极的容量与能量密度得到很大的提升（见图 17-37）。如果在 CF_x 材料中再复合一些 KB 炭材料，则可以有效提高体系的电导率，从某种程度上大大提升 CF_x 材料的利用率，复合材料电极的容量与能量密度可以通过调节 CF_x 与 KB 的量达到最优化。

对于正极材料的电化学性能具有催化作用的材料很多，如表 17-5 列出了目前已经有所涉及的大部分催化剂材料的电化学性能，但是如何真正让这些催化剂规模化，直至进一步达到产品化，还有很多的问题有待解决。

混合型锂//空气电池的提出为锂//空气电池的发展提供了全新的思路，使得可充电锂//空气电池成为可能，但是由于在这样的电池模型中涉及太多的部件，如何使得这些部件在发挥出最大效用的同时不对其他的部件产生干扰是未来研究的重点：尽可能开发利用多种水溶液电解质，寻求到一些可操作性强的水溶液电解质；对固体玻璃陶瓷隔膜进行改性，增强其对于有机电解质和水溶液电解质的双重稳定性；设计出具有多级结构的氧气正极，增加电极材料的利用率；加大对氧气电极催化剂的开发力度，使得电池的可逆性以及稳定性得到提高。

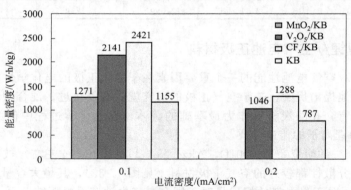

图 17-37　不同催化剂与碳复合电极的能量密度

表 17-5　不同催化剂与碳复合电极的充放电容量

催化剂	首次放电容量/(mA·h/g)	循环容量/(mA·h/g)	每次循环的平均容量保持/%
MnO_2	262	653	248
Co_3O_4	199	304	152
NiO	298	362	121
Fe_2O_3	264	285	108
Pd	277	859	310
RuO_2	317	330	104
CuO	292	658	225
V_2O_5	216	829	383
MoO_3	152	152	100
Y_2O_3	238	213	89
Ir_2O_3	345	354	102

参 考 文 献

［1］　吴宇平，戴晓兵，马军旗，程预江. 锂离子电池——应用与实践. 北京：化学工业出版社，2004.

［2］　Ji X, Linda FN. J. Mater Chem. , 2010, 20：9821.

［3］　李丹丹. 新型锂硫二次电池材料的制备和性能研究：［学位论文］. 上海：上海交通大学，2008.

［4］　马萍. 新型二次锂电池正负极材料的研究：［学位论文］. 哈尔滨：哈尔滨工业大学，2007.

［5］　许慧华. 聚二硫代二苯胺及其无机复合物的制备与性能：［学位论文］. 南京：东南大学，2008.

［6］　Ryu HS, Guo Z, Ahn HJ, Cho GB, Liu, H. J. Power Sources, 2009, 189：1179.

［7］　Han SC, Song MS, Lee, H, Kim HS, Ahn HJ, Lee JY. J. Electrochem. Soc. , 2003, 150：A889.

［8］　Zheng W, Liu YW, Hu XG, Zhang CF. Electrochim. Acta, 2006, 51：1330.

［9］　Niu JJ, Wang JN, Jiang Y, Su LF, Ma J. Micropor. Mesopor. Mat. , 2007, 100：1.

［10］　Yuan L, Yuan H, Qiu X, Chen L, Zhu W. J. Power Sources，2009, 189：1141.

［11］　Ji X, Lee KT, Nazar LF. Nat Mater, 2009, 8：500.

［12］　Lai C, Gao XP, Zhang B, Yan TY, Zhou Z. J. Phys. Chem. C. , 2009, 113：4712.

［13］　Liang C, Dudney NJ, Howe JY. Chem. Mater, 2009, 21：4724.

［14］　Song MS, Han SC, Kim HS, Kim JH, Kim KT, Kang YM, Ahn HJ, Dou SX, Lee JY. J. Electrochem. Soc. , 2004, 151：A791.

［15］　Choi YJ, Jung BS, Lee DJ, Jeong JH, Kim KW, Ahn HJ, Cho KK, Gu HB. Phys. Scr. , 2007, 129：62.

［16］　Visco SJ, Chu MY. US Pat. , 2001, 6：832.

［17］　Aurbach D, Pollak E, Elazari R, Salitra G, Kelley CS, Affinito J. J. Electrochem Soc. , 2009, 156：A694.

［18］　余仲宝，王维坤，王安邦. 电池，2006, 36：3.

［19］　Ryu HS, Ahna HJ, Kim KW. J. Power Sources, 2006, 153：360.

［20］　王殿龙，王崇，戴长松. 金属锂二次电池泡沫锂电极的研究. 第十四次全国电化学会议. 2007，厦门.

［21］　王莉，何向明，蒲薇华，姜长印，万春荣. 化学进展，2006, 18：641.

［22］　Chunga K, Leea JD, Kima EJ, Kimb WS, Choc JH, Choic YK. Microchemi J. , 2003, 75：71.

［23］　Chung K, Kim WS, Cho YK. J. Electroanal Chem. , 2004, 566：263.

［24］　Choi NS, Lee YM, Park JH, Park JK. J. Power Sources, 2003, 119-121：610.

［25］　Lee YM, Choi NS, Park JH, Park JK. J. Power Sources, 2003, 119-121：972.

［26］　Choi NS, Lee YM, Seol W, Lee JA, Park JK. Solid State Ionics, 2004, 172：19.

［27］　Marchioni F, Star K, Menke E, Buffeteau T, Servant L, Dunn B, Wudl F. Langm. , 2007, 23：11597.

［28］　李国欣. 新型化学电源技术概论. 上海：上海科学技术出版社，2007.

［29］　Wang GJ, Fu LJ, Zhao NH, Yang LC, Wu YP, Wu HQ. Angew. Chem. Int. Ed. , 2007, 46：295.

［30］　Ruffo R, Wessells C, Huggins RA, Cui Y. Electrochem. Commun, 2009, 11：247.

［31］　Wang GJ, Qu QT, Wang B, Zhang HP, Wu YP, Holze R. Electrochim. Acta, 2009, 54：1199.

［32］　Qu QT, Wang GJ, Liu LL, Tian S, Shi Y, Wu YP, Holze R. Funt. Mater Lett. , 2010, 3：151.

［33］　Wang GJ, Fu LJ, Wang B, Zhao NH, Wu YP, Holze R. J. Appl Electrochem. , 2008, 38：579.

［34］　Tang W, Tian S, Liu LL, Li L, Zhang HP, Yue YB, Bai Y, Wu YP, Zhu K. Electrochem. Commun, 2011, 13：205.

［35］　Tang W, Liu LL, Tian S, Li L, Yue YB, Wu YP, Guan SY, Zhu K. Electrochem. Commun, 2010, 12：1524.

［36］　Athouel L, Moser F, Dugas R, Crosnier O, Belanger D, Brousse T. J. Phys. Chem. C. , 2008, 112：7270.

［37］　Chou SL, Wang JZ, Chew SY, Liu HK, Dou SX. Electrochem. Commun, 2008, 10：1724.

［38］　Fan Z, Chen J, Zhang B, Liu B, Zhong X, Kuang Y. Diamond Relat Mater, 2008, 17：1943.

［39］　Reddy ALM, Shaijumon MM, Gowda SR, Ajayan PM. Nano Lett. , 2009, 9：1002.

［40］　Zhang MJ, Dahn JR. J. Electrochem. Soc. , 1996, 143：2730.

［41］　Wang GJ, Qu QT, Wang B, Shi Y, Tian S, Wu YP, Holze R. J. Power Sources, 2009, 189：503.

［42］　Liu XH, Wang JQ, Zhang JY, Yang SR. J. Mater Sci. , 2007, 42：867.

［43］　Cheng C, Li ZH, Zhan XY, Xiao QZ, Lei GT, Zhou XD. Electrochim. Acta. , 2010, 55：4627.

［44］　Liu LL, Tang W, Tian S, Shi Y, Wu YP. Funct. Mater Lett. , 2011, 4：in press.

［45］　Luo JY, Cui WJ, He P, Xia YY. Nat. Chem. , 2010, 2：760.

［46］　Wang GJ, Qu QT, Wang B, Shi Y, Tian S, Wu YP. Chem. Phys. Chem. , 2008, 9：2299.

［47］　Wang GJ, Yang LC, Qu QT, Wang B, Wu YP, Holze R. J. Solid State Electrochem. , 2010, 14：865.

［48］　Qu QT, Zhang P, Wang B, Chen YH, Tian S, Wu YP, Holze R. J. Phys. Chem. C. , 2009, 113：14020.

［49］　Qu QT, Wang GJ, Liu LL, Tian S, Shi Y, Wu YP. Funt. Mater. Lett. , 2010, 3：3.

［50］　Qu QT, Fu LJ, Zhan XY, Samuelis D, Li L, Guo WL, Li ZH, Wu YP. J. Maier, Energ Environ Sci. , 2011, 4：DOI：10.1039/c0ee00673d.

［51］　Wang GJ, Fu LJ, Zhao NH, Yang LC, Wu YP, Wu HQ. Angew. Chem. Int. Ed. , 2007, 46：295.

［52］　杨惠，石兆辉，陈野，张密林. 电池，2005, 35：477.

［53］　Hu C, Guo H, Chang K, Huang C. Electrochem. Commun, 2009, 11：1631.

［54］　Katsumata T, Satoh M, Wada J, Shiotsuki M, Sanda F, Masuda T. Macromol Rapid Commun, 2006, 27：1206.

［55］　Suguro M, Iwasa S, Nakahara K. Macromol Rapid Commun, 2008, 29：1635.

[56] Kim JK, Cheruvally G, Ahn JH, Seo YG, Choi DS, Lee SH, Song CE. J. Ind Eng Chem., 2008, 14: 371.

[57] Kim JK, Cheruvally G, Choi JW, Ahn JH, Lee SH, Choi DS, Song CE. Solid State Ionics, 2007, 178: 1546.

[58] Suga T, Ohshiro H, Sugita S, Oyaizu K, Nishide H. Adv. Mater, 2009, 21: 1627.

[59] Kraytsberg A, Ein-Eli Y. J. Power Sources, 2011, 196: 886.

[60] Zhang SS, Foster D. J. Power Sources, 2010, 195: 1235.

[61] Beattie SD, Manolescu DM, Blair SL. J. Electrochem Soc., 2009, 156: A44.

[62] Zhang JG, Wang D, Xu W, Xiao J, Williford RE. J. Power Sources, 2010, 195: 4332.

[63] Kuboki T, Okuyama T, Ohsaki T, Takami N. J. Power Sources, 2005, 146: 766.

[64] Sandhu SS, Fellner JP, Brutchen GW. J. Power Sources, 2007, 164: 365.

[65] Trana C, Yang XQ, Qu D. J. Power Sources, 2010, 195: 2057.

[66] Williford RE, Zhang JG. J. Power Sources, 2009, 194: 1164.

[67] Cindrella L, Kannan AM, Lin JF, Saminathan K, Ho Y, Lin CW, Wertz J. J. Power Sources, 2009, 194: 146.

[68] Wang X, Zhang H, Zhang J, Xu H, Zhu X, Chen J, Yi B. J. Power Sources, 2006, 162: 474.

[69] Foster DL, Read J, Behl WK. 11th Electrochemical Power Sources R&D Symposium, Baltimore, MD, July 13 - 16, 2009, http: //www. 11ecpss. betterbtr. com/. xThursday/ TH1-foster%20navy%20talf-20%2009. pdf.

[70] Xu W, Xiao J, Wang D, Zhang J, Zhang JG. J. Electrochem Soc., 2010, 157: A219.

[71] Laoire CO, Mukerjee S, Abraham KM, Plichta EJ, Hendrickson MA. J. Phys. Chem. C., 2009, 113: 20127.

[72] Laoire CO, Mukerjee S, Abraham KM, Hendrickson MA. J. Phys. Chem. C., 2010, 114: 9178.

[73] http: //www. batteryspace. com/Li-ion-18650-Cylindrical-Rechargeable-Cell-3. 7V-2800mAh-10. 36Wh-LG-Bra. aspx.

[74] Wang Y, Zhou H. J. Power Sources, 2010, 195: 358.

[75] Zhang T, Imanishi N, Shimonishi Y, Hirano A, Takeda Y, Yamamotoa O, Sammesb N. Chem. Commun, 2010, 46: 1661.

[76] Hasegawa S, Imanishi N, Zhang T, Xie J, Hirano A, Takeda Y, Yamamoto O. J. Power Sources, 2009, 189: 371.

[77] Zhang T, Imanishi N, Shimonishi Y, Hirano A, Takeda Y, Yamamoto O, Sammes N. Chem. Commun, 2010, 46: 1661.

[78] Imanishi N, Hasegawa S, Zhang T, Hirano A, Takeda Y, Yamamoto O. J. Power Sources, 2008, 185: 1392.

[79] Zhang T, Imanishi N, Hasegawa S, Hirano A, Xie J, Takeda Y, Yamamoto O, Sammes N. Electrochem. Solid-State Lett., 2009, 12: A132.

[80] Zhang T, Imanishi N, Shimonishi Y, Hirano A, Xie J, Takeda Y, Yamamoto O, Sammes N. J. Electrochem. Soc., 2010, 157: A214.

[81] Beattie SD, Manolescu DM, Blair SL. J. Electrochem Soc., 2009, 1561: A44.

[82] Zhang GQ, Zheng JP, Liang R, Zhang C, Wang B, Hendrickson M, Plichtae EJ. J. Electrochem Soc., 2010, 157: A953

[83] Lu YC, Gasteiger HA, Parent MC, Chiloyan V, Shao-Horn Y. Electrochem. Solid-State Lett., 2010, 13: A69.

[84] Debart A, Bao J, Armstrong G, Bruce PG. J. Power Sources, 2007, 174: 1177.

[85] Dobley A, Morein C, Abraham KM, 208th ECS Meeting, Abstract #823, 2006.

[86] Lu YC, Xu Z, Gasteiger HA, Chen S, Hamad-Schifferli K, Shao-Horn Y. J. Am. Chem. Soc., 2010, 7.

[87] Cheng H, Scott K. J. Power Sources, 2010, 195: 1370.

[88] Debart A, Paterson AJ, Bao J, Bruce PG. Angew Chem. Int. Ed., 2008, 47: 4521.

[89] Ominde N, Yang XQ, Qu D. 215th ECS Meeting, Abstract #240, 2009.

[90] Omindea D, Bartlett N, Yang XQ, Qua D. J. Power Sources, 2008, 185: 747.

[91] Xiao J, Xu W, Wang D, Zhang JG. J. Electrochem. Soc., 2010, 157: A294.

[92] Thapa AM, Saimen K, Ishihara T. Electrochem. Solid-State Lett., 2010, 13: A165.